A+U

本书获评住房和城乡建设部“十四五”规划教材
住房城乡建设部土建类学科专业“十三五”规划教材
A+U 高等学校建筑学与城乡规划专业教材

Architecture
and
Urban

建筑力学与结构

天津大学　王爱英　王立雄　周　婷　编著

第2版

中国建筑工业出版社

图书在版编目（CIP）数据

建筑力学与结构/王爱英，王立雄，周婷编著．—2版．—北京：中国建筑工业出版社，2021.12（2023.12重印）
住房城乡建设部土建类学科专业“十三五”规划教材 A+U高等学校建筑学与城乡规划专业教材
ISBN 978-7-112-26556-5

Ⅰ．①建… Ⅱ．①王… ②王… ③周… Ⅲ．①建筑科学－力学－高等学校－教材 ②建筑结构－高等学校－教材 Ⅳ．①TU3

中国版本图书馆CIP数据核字（2021）第191310号

为了更好地支持相应课程的教学，我们向采用本书作为教材的教师提供课件，有需要者可与出版社联系。
建工书院：http://edu.cabplink.com
邮箱：jckj@cabp.com.cn　电话：（010）58337285

责任编辑：陈　桦　王　跃
文字编辑：柏铭泽
责任校对：芦欣甜

住房城乡建设部土建类学科专业“十三五”规划教材
A+U高等学校建筑学与城乡规划专业教材
建筑力学与结构
（第2版）
天津大学　王爱英　王立雄　周　婷　编著
*
中国建筑工业出版社出版、发行（北京海淀三里河路9号）
各地新华书店、建筑书店经销
北京建筑工业印刷厂制版
河北鹏润印刷有限公司印刷
*
开本：787毫米×1092毫米　1/16　印张：21¾　字数：519千字
2022年4月第二版　2023年12月第三次印刷
定价：**59.00** 元（赠教师课件）
ISBN 978-7-112-26556-5
（38091）

第2版前言 Second Edition Preface

本教材是将大学本科建筑学与城乡规划专业所需的理论力学、结构力学、材料力学等多门力学知识，与相关建筑结构知识有机融合之后编写的一本专业基础课教材。

建筑力学与结构是建筑学与城乡规划专业本科生的一门重要的专业基础课，通过课程学习，从力学与结构两个角度，要求学生掌握力学知识，学会建筑结构与构件的力学分析与计算，结合结构体系与具体受力状况进一步构建专业学习基础。通过学习掌握结构的受力概念、承重构件的相关关系、构件的典型受力特征，正确处理结构体系、形式与建筑设计的关系。

本教材编写工作严格依照我国最新颁布的建筑结构的各种规范和规程，紧扣教学大纲的要求，并紧密贴合工程实际应用。将力学与结构有机地结合，通过大量图示、例题降低力学知识的抽象化程度，使之易于学生理解并能扎实地掌握与运用知识要点，结合工程实例，使学生能够从书本中放眼工程实例，有效衔接理论与实际。整本书紧密贴合当代建筑发展水平与趋势，力争从建筑师的眼光出发，从设计工作的要点、顺序去研究建筑结构问题，逐步引出结构知识要点。使学生完整有效地掌握建筑力学及结构知识。

本教材在天津大学建筑学院的组织下，由长期担任该课程教学的教师编写完成，参加编写的有王立雄（第 1 ~7章）、王爱英（第8 ~ 13章）、周婷（第14 ~ 19章）。臧志远、黄成为本书绘制了全部插图。

限于编者的水平，书中的不妥之处，恳切希望得到各方面的及时批评和指正。

第1版前言　First Edition Preface

本教材是将大学本科建筑学专业所需的理论力学、结构力学、材料力学等多门力学知识，与相关建筑结构知识有机融合之后编写的一本建筑学专业基础课教材。

建筑力学与结构是建筑学专业本科生的一门重要的专业基础课，通过课程学习，要求学生掌握建筑结构的基本概念、结构体系和结构构件的估算，包括结构的受力概念、承重构件的相关关系、典型构件的受力特征、结构构件的实际应用以及正确处理结构体系、形式与建筑设计的关系。

本教材编写工作严格依照我国最新颁布的建筑结构的各种规范和规程，并注重注册建筑师考试，以及教学大纲的要求。将力学与结构有机地结合，利用大量图例的方法降低力学知识的抽象化程度，使之易于学生理解并能扎实地掌握知识要点。建筑结构部分，强调反映当今建筑结构领域的发展，结合实际工程设计实例，力争从建筑师的眼光出发，从设计工作的顺序思路去研究建筑结构问题，逐步引出结构知识要点，使建筑学专业的学生能完整有效地掌握建筑力学及结构知识。

本教材在天津大学建筑学院的组织下，由长期担任该课程教学的教师编写完成，参加编写的有王爱英（第1～7章）、王立雄（第9～17章）、王立扬（北京滕远设计事务所）（第8章、第18章、第19章）。臧志远、黄成、李卓为本书绘制了全部插图。

限于编者的水平，书中的不妥之处，恳切希望得到各方面的及时批评和指正。

目录

Contents

Chapter1

第1章 建筑力学的基本理论

Basic Theory of Building Mechanics

1.1 建筑力学的任务

建筑的主要作用是提供一个内部或者外部的空间，建筑结构是使这一空间得以实现的重要保证。建筑结构的主要作用是承受荷载和传递荷载。合理的建筑结构设计应当是在满足安全性的基础上，最大限度地节省材料。

在荷载作用下，承受荷载和传递荷载的建筑结构和构件会引起周围物体对它们的反作用。同时构件本身也会因受荷载作用而将产生变形，并且存在着发生破坏的可能性。但结构本身具有一定的抵抗变形和破坏的能力，即具有一定的承载能力，而构件的承载能力的大小是与构件的材料性质、截面的几何尺寸和形状、受力性质、工作条件和构造情况等有关。因此，建筑力学就是提供建筑结构受力分析和计算理论依据的一门学科，是最基本的建筑基础知识之一。

建筑力学的主要任务是研究各种结构在荷载作用下维持平衡的条件以及承载能力的计算方法，为解决工程实际问题提供理论基础，从而使所设计的建筑结构既安全合理，又经济实用。建筑力学主要包括如下几个方面的内容：

（1）力系的简化和力系的平衡问题。

（2）强度问题，即研究材料、构件和结构抵抗破坏的能力。在设计建筑结构时要保证在荷载作用下，建筑构件正常工作情况时不会发生破坏。

（3）刚度问题，即研究构件和结构抵抗变形的能力。控制结构在荷载作用下产生的变形不能过大，如果超出所规定的范围，也会影响正常工作和使用。

（4）稳定性问题。对于比较细长的中心受压杆，当压力超过某一定值时，杆件就不能保持直线形状，而是突然从原来的直线形状变成曲线形状，改变它原来受压的工作性质进而发生失稳破坏。

本书主要针对杆系结构，就上述问题分别讨论。

1.2 建筑结构的荷载

荷载是指周围环境或其他物体作用在建筑上的力，也就是作用在建筑上的外力，例如建筑构件的自重、风、人、家具、雪、地震等，都有可能成为施加在建筑上的荷载。

在这些荷载的作用下，建筑结构内部会产生相互作用力，即产生内力。在建筑结构设计中，首先要确定作用在建筑上的荷载，然后才能进行受力分析，确定结构构件的材料、形状、尺寸，等等。因此确定荷载是结构设计之初首先要解决的问题，荷载计算的准确性也将直接影响到受力分析的结果。对建筑设计过程中所涉及的绝大多数荷载，在《建筑结构荷载规范》GB 50009—2012 中都可以查到，对其计算方法也做出了明确的规定。

1.2.1 建筑荷载的分类

按照作用时间的长短分为：

（1）永久荷载：又称恒荷载，是指那些恒定不变的荷载，大小和作用点都不会随着时间的推移发生变化。例如构件自重，它始终存在，是最典型的永久荷载。

（2）可变荷载：又称活荷载，是指那些大小和作用点有可能发生变化的荷载，例如楼面活荷载、屋面活荷载、风荷载、吊车荷载、雪荷载等都是可变荷载。对于不同的建筑类型，活荷载的取值也会不同，这些在《建筑结构荷载规范》GB 50009—2012 中一般可以查到。

（3）偶然荷载：在建筑使用过程中不一定出现，一旦出现，其数值很大而且作用时间较短的荷载。例如爆炸荷载、撞击力等。

按照荷载的分布形式分为：

（1）集中荷载：是指集中作用在结构某一点上的荷载。事实上，荷载总是作用在一定的面积上，而不会集中在一点上。只要是分布面积远远小于受其作用的构件面积的那些荷载都可以看作是集中荷载。例如人站在桥上，人与桥面接触的双脚相对于桥面的面积很小，那么人的重量对桥面来说就可以看作集中荷载。集中荷载用单个箭头表示，箭头的方向指向其作用的方向，箭头所在的位置表示其作用点，见图 1-1。集中荷载的单位与力的单位一致，为 kN 或 N。

（2）分布荷载：是指作用点分布在一定面积上的荷载。根据分布情况，又可以分为均布荷载和非均布荷载。构件的自重是最典型的均布荷载，对于梁这样细长的构件，它的自重用每米长度上的重量来表示，单位是 kN/m 或者 N/m，这样的荷载又称为均布线荷载，如图 1-2 所示；楼板的自重也是均布荷载，一般用单位面积上的重量来表示，单位是 kN/m^2 或者 N/m^2，这样的荷载又称为均布面荷载，如图 1-3 所示。三角形、梯形或者分布毫无规律的荷载属于非均布分布荷载。

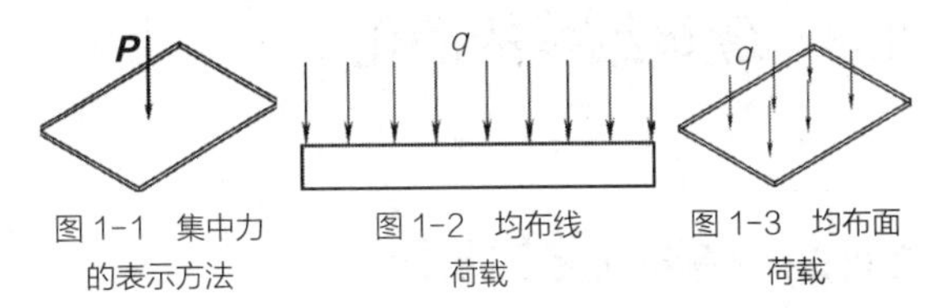

图 1-1 集中力的表示方法　　图 1-2 均布线荷载　　图 1-3 均布面荷载

1.2.2 常见的建筑荷载

1. 重力荷载

重力荷载即自重，是由地心引力产生的，它作用在所有物体上，方向指向地球中心，并且与水平面垂直。建筑构件的自重可以根据构件的尺寸和材料单位体积或面积的重量计算得到。例如钢筋混凝土梁，截面尺寸为 200 mm × 400 mm，钢筋混凝土的重度为 25 kN/m^3，那么梁所受到的重力荷载就是：

$$q = 0.2\ \text{m} \times 0.4\ \text{m} \times 25\ \text{kN/m}^3 = 2.0\ \text{kN/m}$$

同样的道理，钢筋混凝土楼板，如果厚度为 100 mm，那么其重力荷载为：

$$q = 0.1\ \text{m} \times 25\ \text{kN/m}^3 = 2.5\ \text{kN/m}^2$$

各种建筑材料单位体积或面积的重量的都可以从《建筑结构荷载规范》GB 50009—2012 中查到，表 1-1 列举了几种常见的建筑材料的自重。

表 1-1 常见的建筑材料的自重

杉木	4 kN/m^3
花岗石	28 kN/m^3
普通砖	18 kN/m^3
钢筋混凝土	24 ~ 25 kN/m^3
松木地板	0.18 kN/m^2

2. 楼面均布活荷载

楼面活荷载是指楼面在使用过程中有可能承受的人、家具、设备等重量产生的荷载，虽然始终与楼面垂直，但是这些荷载的大小和作用位置随时都有可能发生变化，但是出于建筑结构计算方便和安全考虑，通常用一个固定的楼面均布活荷载来代替。《建筑结构荷载规范》GB 50009—2012 提供了常见的楼面活荷载标准值以供计算之用，这些数值是经过对各种类型场所的楼面活荷载进行统计，得到的一个安全合理的数值。表 1-2 列举了少数几个民用建筑场所的楼面活荷载标准值，从中可以看到建筑的功能不同，取值也不同，越是人口密集的公共场所的取值一般越高。

表 1–2 典型场所的楼面活荷载

住宅、旅馆、办公楼	2.0 kN/m²
会议室	2.0 kN/m²
教室	2.5 kN/m²
展览厅	3.5 kN/m²
商店	3.5 kN/m²

对于各种工业和民用建筑的屋面，其均布活荷载和积灰荷载的取值，荷载规范也都做了相应的规定。

3. 风荷载

风荷载是建筑物必须要抵抗的另一种可变荷载，它是由于空气流动在建筑物表面产生压力形成的。由于空气流动始终是不稳定的，所以风的作用效应也是一个十分复杂的问题。《建筑结构荷载规范》GB 50009—2012 中的风荷载的确定是经过简化认为比较具有可操作性的结论。风荷载的作用方向始终是与建筑物表面相垂直。风荷载的大小与很多因素有关，例如当地的基本风压、建筑物体形、高度等有关，其中基本风压是以当地比较空旷平坦地面上离地 10 m 高统计所得的 30 年一遇的最大风速作为基本风速 v_0（m/s）为标准，按照 $w_0=\frac{v_0^2}{1600}$ 计算得到。一般来说，随着高度的增加风荷载逐渐增大，因此风荷载属于不均匀分布荷载。风荷载对高层建筑的结构设计影响很大。

4. 雪荷载

雪荷载是冬天雪落在建筑上堆积而产生的压力。在南方有些地区终年不下雪，一般就可以不考虑雪荷载。但是在北方特别是在东北地区和新疆北部地区，雪荷载在结构设计时是必须要考虑的。根据《建筑结构荷载规范》GB 50009—2012 的规定，屋面水平投影面上的雪荷载标准值等于屋面积雪分布系数和基本雪压的乘积，其中屋面积雪分布系数与屋面的形状有关；基本雪压则以当地一般空旷平坦地面上统计所得的 30 年一遇最大积雪的自重确定。有些地区的基本雪压可能会很大，在我国黑龙江省鸡西市基本雪压为 0.75 kN/m^2，而在新疆阿勒泰地区达到了 1.2 kN/m^2。这些地区如果设计雪荷载考虑不足，当有暴雪产生时往往会造成建筑物倒塌，导致人畜伤亡。

1.2.3 荷载效应组合

建筑结构的主要功能是承受荷载，结构在使用过程中有可能同时受到各种荷载的作用，但是各种荷载同时达到最大值几乎是不可能的。除了永久荷载始终不变，可变荷载的作用是没有规律的，因此《建筑结构荷载规范》GB 50009—2012 规定，建筑结构设计应根据结构可能同时受到的荷载作用，按照承载能力极限状态和正常使用极限状态，分别进行荷载效应组合，并取各自的最不利组合进行设计。所谓承载能力极限状态是指当结构内力超过其承载能力时的状态，而正常使用极限状态则是当结构的变形、裂缝或应力超过允许值的状态。

1.3 建筑结构的简化

1.3.1 结构简化的原则

在实际的建筑工程中，建筑结构、构造及荷载作用情况一般都比较复杂，在进行结构设计时不可能、也没有必要严格按照实际情况进行受力分析和计算，而是用经过抽象化处理的结构体系来代替，这个过程就是结构的简化过程。那些经过简化的、用来进行受力分析的图形称为结构计算简图，它是对建筑结构进行力学分析的基础，也是建筑力学的研究对象。

结构的简化过程并非随心所欲，它必须能够正确地反映建筑结构的实际的受力情况，同时又不至于过于复杂。结构的简化一般遵循以下的原则进行：

（1）符合建筑结构实际的受力情况。

（2）方便受力分析和计算，尽量做到简单易行。

（3）要满足一定的精度要求。

事实上，计算简图在选取时如何做到既方便计算，又能满足精度要求是需要经验和技巧的。在工程实践中，有很多常见的结构形式，经过多年来的探索和实践，已经形成固定的业内公认的简化模式。

1.3.2　结构体系的分类

常见的建筑结构根据几何形状的不同可以分为：杆系结构、薄壁结构、实体结构、特殊结构等。杆系结构是指由细长杆件组成的结构体系，例如框架结构、网架结构等；薄壁结构是指面积大但是厚度较小、具有一定形状的结构，例如壳体、薄板等；实体结构是指体积大，三个方向尺寸相当的结构，例如堤坝、基础等。

杆系结构又分为平面杆系结构和空间杆系结构。平面杆系结构的所有构件都位于同一平面内，如平面刚架，而空间杆系结构的杆件在三维空间分布，最典型的例子是经常用在体育馆屋架的空间网架结构。本书的研究对象主要是平面杆系结构。常见的杆系结构包括梁、拱、桁架、刚架以及组合结构等。

1.3.3　杆件及节点的简化

对于杆系结构来说，杆件的截面尺寸相对于杆件的长度很小，所以在结构的计算简图中往往用穿过杆件轴线的线段来代替杆件本身。对于梁、柱这样的直杆用直线来表示，对于曲杆采用曲线来表示。

杆件与杆件之间连接的部分叫作节点。在工程实践中，节点的形式多种多样，有焊接、铆接、浇筑等，但是在计算简图中一般都根据实际的受力特点简化成两种：刚节点和铰节点。

铰节点的特点是从这一节点出发的杆件可以绕该节点旋转。在工程实践中，绝对的铰节点是很难找到的，但是仍有很多情况可以把它们看作铰节点来处理。例如网架的球节点，一般采用焊接或螺栓连接，但是在计算时依然看作铰节点来计算，因为这更符合节点实际的受力情况如图 1-4 所示。刚节点的特点是从该结点出发的杆件在外力的作用下始终保持原来的角度不变。最典型的刚结点是钢筋混凝土结构中现浇的节点，如图 1-5 所示。

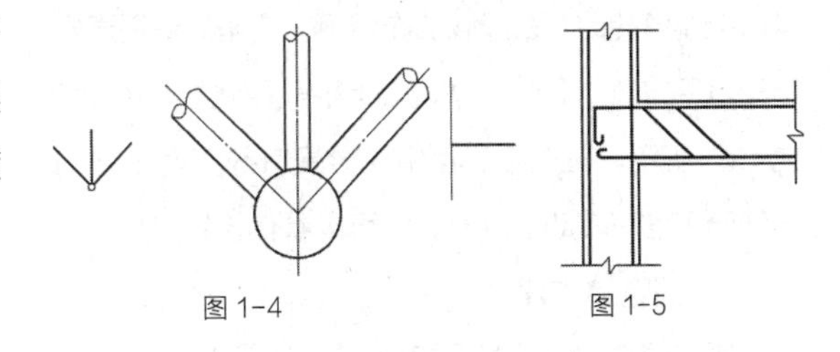

图 1-4　　图 1-5

1.3.4　支座的简化

结构与基础或地面的连接部分叫作支座，支座为上部结构提供支撑力，同时也限制了上部结构的运动，因此又叫约束。实际工程中的支座形式是多种多样的，最常见的包括滚轴支座（活动铰支座）、铰链支座（固定铰支座）和固定端支座等。

1. 滚轴支座

滚轴支座的示意图如图 1-6（a）所示，构件不但可以在水平方向移动，而且可以绕铰转动，在荷载的作用下，支座提供垂直方向的支座反力，其计算简图如图 1-6（b）或（c）所示。在实际工程中，在某些构件支承处垫上沥青杉板之类的柔性材料，当构件受到荷载作用时，它的一端可以在水平方向作微小的移动，又可绕支撑点作微小的转动，这种情况也可看成是活动铰支座。

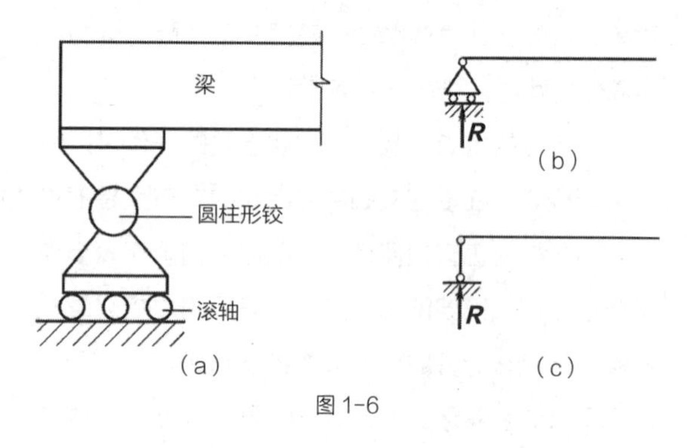

图 1-6

2. 铰链支座

铰链支座的示意图如图 1-7（a）所示，构件既不可以在水平方向移动，也不可以在垂直方向移动，但是可以绕铰转动。在荷载的作用下，支座提供垂直方向和水平方向的支座反力，其计算简图如图 1-7（b）或（c）所示。在实际工程中只要具有约束两个方向移动而不约束转动的支座，都可以看作铰链支座。

3. 固定端支座

固定端支座的示意图如图 1-8（a）所示，构件既不可以在水平方向和在垂直方向移动，也不可以转动。在荷载的作用下，支座提供垂直方向和水平方向的支座反力，以及构件抵抗旋转的力矩，其计算简图如图 1-8（b）所示。在实际工程中很多用混凝土现浇的支座都可以看作这一类支座。

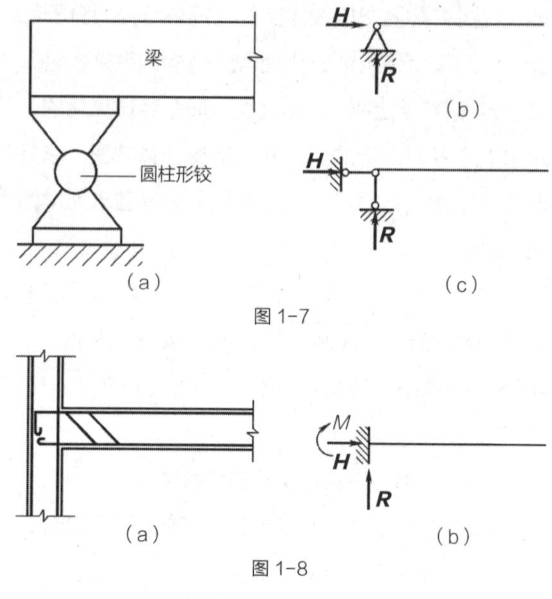

图 1-7

图 1-8

1.3.5 荷载的简化

荷载的简化可以按照第 1.2 节进行，实际结构构件通常会在垂直方向受到重力荷载、楼面（或屋面）活荷载等，在水平方向受到风荷载地震作用等，可以根据实际情况表示在结构计算简图上。

结构计算简图的选取是一个复杂的问题，为了恰当地选取实际结构的计算简图，不仅要掌握以上的基本方法，更需要有较多的实践经验。对于一些新型结构往往还要通过反复试验和实践，才能获得比较合理的计算简图。

1.4 建筑力学的基本假设

建筑结构所使用的材料物理性质方面是多种多样的，但他们的共同点是在外力作用下都会发生变形。为解决构件的强度、刚度、稳定性问题，需要研究构件在外力作用下的内力、应力、变形等。所以不能将建筑构件看作不会发生变形的刚体，而应视为可变形固体。在进行理论分析时，为了使问题得到简化，对材料的性质作如下的基本假设。

1.4.1 连续性假设

假设在材料体积内部充满了物质，密实而无孔隙。在此假设下，物体内的一些物理量才能用坐标的连续函数表示它们的变化规律。实际可变形固体内部不同程度地存在着气孔、杂质等缺陷，但其与构件尺寸相比极为微小，可忽略不计。

1.4.2 均匀性假设

假设材料内部各部分的属性是完全相同并且均匀分布的。

1.4.3 各向同性假设

假设材料沿各方向的力学性能完全相同，即物体的力学性质不会随方向的不同而改变，对这类材料从不同方向作理论分析时，可得到相同的结论，这种材料属性称作各向同性。各向同性的材料包括钢材、铸铁、玻璃、混凝土等。如果材料沿不同方向表现出不同的力学性能，如木材、复合材料，称为各向异性。本书涉及的大多数是各向同性的材料。

构件在外力作用下将发生变形，在一定范围内，构件虽然产生变形，但是当撤除外力后能恢复到原来的状态，这种变形称为弹性变形；当外力超出某一范围时，有些变形是不能恢复的，称为塑性变形。本书只在材料的弹性范围内讨论力学问题。

因此，当对建筑构件进行强度、刚度、稳定性等力学方面的研究时，把构件材料看作连续、均匀、各向同性、在弹性范围内工作的可变形固体。

Chapter2

第2章 静力平衡

Static Balance

2.1 力的基本概念

2.1.1 力和力系的概念

1. 力的概念

力是物体间的相互作用，它的作用效果是使物体产生运动或发生变形。由于本书的研究范围主要对于静止的建筑物，所以力的作用结果往往是使物体发生变形。

根据牛顿第三运动定律物体间的作用总是相互的。用手击排球，球受到手的作用力，同时也给手一个反作用力。用锤敲石头，石头受到锤的打击力，同时也给锤一个反作用力。作用力与反作用力，总是同时存在，它们的大小相等、方向相反、沿同一直线分别作用在两个物体上。事实上很难分得清楚哪一个是作用力哪一个是反作用力。

力的三要素包括力的大小、方向和作用点。力是一个矢量，通常用大写字母 $\boldsymbol{P}$ 表示。

当作图表示时一般用线段的长度按所定的比例表示力的大小，用箭头的指向表示力的方向，用箭尾或箭头表示该力的作用点。力的单位是 kN 或者 N。

2. 力系的概念

在很多实际问题中的物体，往往受力不止一个。将物体所受的一群力总称为力系。分析力系对物体的作用，不能单看其中某一力的作用效果，而要看所有力共同作用的效果。

为了研究力系对物体总的作用效果，常需要把各力合成，求出它们的合力或者用一个较简单的力系代替原有力系，而不改变它对物体的作用效果。这类问题叫作力系的简化。

实际的物体受到的力系作用十分复杂，它们往往可以分布在空间的各个方向，我们称之为空间力系。空间力系的分析和计算工作相对来说比较困难。本书所涉及的力系一般都是平面力系，也就是力的方向局限在某个平面内，这样使问题得到很大简化。

2.1.2 力的分解和合成

1. 平行四边形法则

实验证明，用相交两力为邻边作一个平行四边形，从两力交点作该平行四边形的对角线，即为合力。这就是著名的力的平行四边形法则。

2. 力的合成

运用平行四边形法则可以进行力的合成。例如图 2-1 所示，已知有 $\boldsymbol{N}_1$、$\boldsymbol{N}_2$ 两力作用在某一物体上的 A 点，两力的夹角为 α。则过 A 点按比例画 $\boldsymbol{N}_1$、$\boldsymbol{N}_2$，以 $\boldsymbol{N}_1$、$\boldsymbol{N}_2$ 为边作平行四边形 $ABCD$，那么对角线 AC 线段的长度就是合力的数值，其方向也即为合力 $\boldsymbol{N}$ 的方向。

多个共点力合成时，可以先由两个力开始，用平行四边形法则求出它们的合力再与第三个力合成，如此重复运用平行四边形法则，最后可求出一个合力。

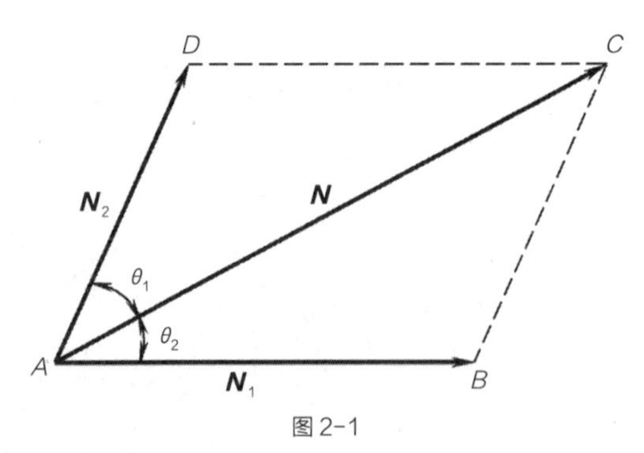

图 2-1

3. 力的分解

用力的平行四边形法则反过来也可以将任意一

个力分解为两个分力。如图 2-1 中的 $\boldsymbol{N}_1$ 和 $\boldsymbol{N}_2$ 可以看作是 $\boldsymbol{N}$ 分解而成。

事实上，在进行力的分解时，力 $\boldsymbol{N}$ 可以根据不同的夹角 θ_1 和 θ_2 以及 $\boldsymbol{N}_1$ 和 $\boldsymbol{N}_2$ 的大小，作出无数多种可能的分解结果。比较特殊的一种分解方法就是将一个力分解为互相垂直的两个分力，称为正交分解。这也是建筑力学中最常用到的分解方法。图 2-1 中当 $\boldsymbol{N}_1$ 和 $\boldsymbol{N}_2$ 的夹角 θ_1 和 θ_2 之和为 90° 就是正交分解。

2.1.3 支座反力

物体放在支座上，物体本身对支座会产生作用力，同时支座也给物体一个反作用力，这种支座对物体的反作用力称为支座反力。在建筑结构设计中，作用在结构上的荷载是根据设计要求和实际情况预先设定的。但结构所受的支座反力却不能预先给定，因为它不但与作用在结构上的荷载有关，而且还与该结构同其他物体相互联系的支座形式有关。

实际中的建筑物，其结构的支座形式是多种多样的，下面分别介绍几种常见的、典型的支座所能够提供的支座反力。

1. 活动铰支座（滚轴支座）

与活动铰支座连接的构件不但可以沿水平方向移动，而且可以绕铰转动。所以在荷载的作用下，活动铰支座只能提供垂直方向的支座反力，通常用字母 $\boldsymbol{R}$ 表示，如图 2-2（a）所示。

2. 固定铰支座

与固定铰支座连接的构件既不可以沿水平方向移动，也不可以沿垂直方向移动，但是可以绕铰转动。所以在荷载的作用下，支座提供垂直方向和水平方向的支座反力，如图 2-2（b）所示。水平方向的支座反力用字母 $\boldsymbol{H}$ 表示，垂直方向的支座反力用字母 $\boldsymbol{R}$ 表示。

3. 固定端支座

与固定端支座连接的构件既不可以沿水平方向和垂直方向移动，也不可以绕铰转动。所以在荷载的作用下，固定端支座提供垂直方向和水平方向的支座反力，以及构件抵抗旋转的力矩 $\boldsymbol{M}$，如图 2-2（c）所示。

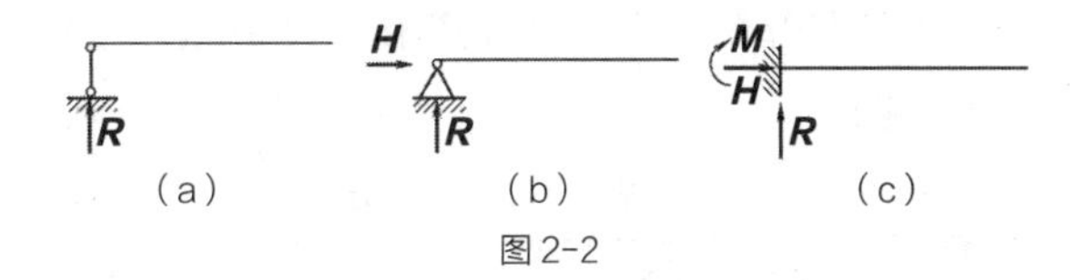

图 2-2

2.1.4 画受力图

画受力图就是把单独的构件或者构件的一部分作为对象，去除与构件相关的支撑和连接，而用力来代替，并用图示方法分析构件的受力情况的过程。适当地选择研究对象、正确地画出构件的受力图，是求解物体的支座反力和对物体进行力学分析的重要环节。

正确的受力图应该画出研究对象所受的全部外力。这些外力既包括那些已知外力，也包括支座反力。此时要解除所有的支座而代之以相应的支座反力。这样就好像把研究对象从它周围的物体中“脱离”出来，所以研究对象又叫脱离体，它的受力图又叫“脱离体图”，或者叫“受力图”。

在画受力图时，有许多力的大小还是未知的，所以受力图上代表各力的箭头，只要求明确表示出它们的作用点和方向，而不必按比例尺画出它们的大小。一般来说，箭头应画在它的实际作用点处，箭头的指向如果暂时无法确定，可以先行假定，等计算后，再根据计算结果的正负号进行修正。

将画受力图的基本步骤总结如下：

（1）根据研究问题的性质、范围选定研究对象。它可以是一个物体，也可以是若干物体组成的一个系统。

（2）画出研究对象的大概形状。

（3）画出已知外力。

（4）逐个解除支座，画出相应的支座反力。每一支座反力都应根据该支座的类型和性质来确定。

图 2-3 是简支梁 *AB* 经过简化，去除支座之后的受力图。

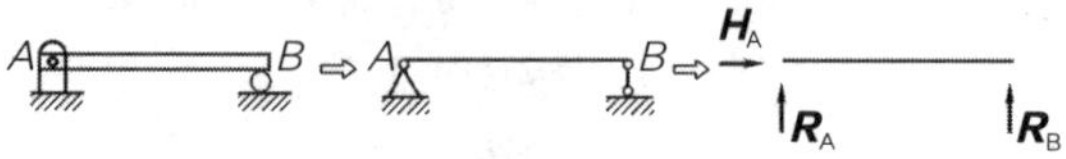

图 2-3

2.2 力矩与力偶

2.2.1 力矩

力矩是衡量力使物体转动效应的物理量。日常生活中广泛使用的杠杆、铡刀、剪刀、扳子等省力工具（或机械），它们的工作原理中都包含着力矩的概念。

在图 2-4 中要使物体绕 *A* 点发生转动，必须使作用力 ***F*** 的作用线与 *A* 点之间有一定的垂直距离 *AC*（称为力臂）。当力 ***F*** 的作用线通过 *A* 时，无论力 ***F*** 多么大，也不能使物体绕 *A* 点转动。

由实验知，力使物体转动的效果，既与力的大小成正比，又与力臂的大小成正比。所以用力与力臂的乘积来度量力使物体转动的效果，这个乘积称为力矩。力矩常用的国际单位为 N · m 或 kN · m，力矩一般针对外力而言。

讨论力使物体绕某点转动的可能性，这一点可以是转动中心，也可以是平面中任意选取的一点。被选定计算力矩的参考点叫作矩心。这时力臂就是力作用线到矩心的垂直距离。因为同一个力对于不同矩心的力臂可能不同，其力矩也就不同，所以在谈到力矩时应该同时指明矩心的位置，称为力对某点取矩。

矩心和力作用线决定的平面，称为力矩作用面。过矩心而与此平面垂直的直线，就是该力矩使物体转动的轴线。顺着力矩的转动轴线看力矩所在的平面，如图 2-5 所示，从上往下看，物体绕矩心转动的方向有逆时针和顺时针两种，所以力矩的转向也有这两种。因此在同一平面内几个力矩相加求代数和，称为求它们的合力矩。在同一平面内，只要是相对于同一个矩心的力矩，就可以求和。应该指出，力矩的符号采用顺时针为正逆时针为负或顺时针为负逆时针为正的规定都可以，只要在同一问题中统一即可。习惯上力矩的正负号往往以顺时针方向为正，逆时针方向为负。

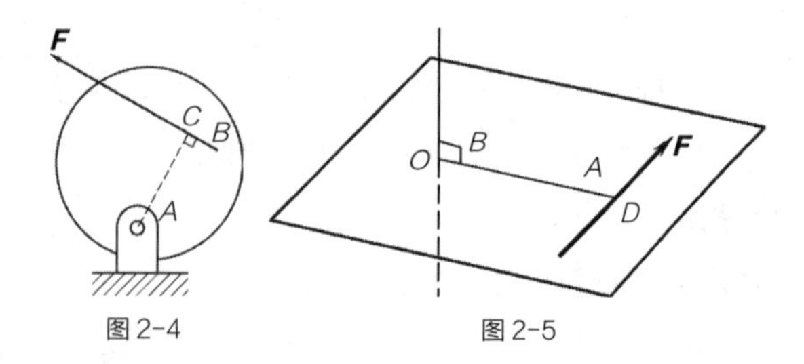

图 2-4　　图 2-5

2.2.2 力偶

力偶是平面内一对等值反向且不在同一直线上的平行力，它是一个不能再简化的基本力系。它对物体作用的运动效果是使物体产生单纯的转动，而力对物体产生的是移动的效应，所以力与力偶是两个相互独立的物理量，二者不能互相替代。

日常生活中用手拧开水龙头、用钥匙开锁、用螺丝刀上紧螺丝、两手转动方向盘等，就是利用力偶工作。图 2-6 中作用在扳手上的两个大小相等方向相反的一对力 **P** 就构成一个力偶。两个力的作用线构成的平面称为力偶的作用平面，两个力作用线之间的垂直距离 h 称为力偶臂。

力偶对物体产生转动的效应，用力偶矩 **M** 来度量，力偶矩等于力和力偶臂的乘积。与力矩相同，力偶矩常用的国际单位也是 N · m 或 kN · m。

那么力偶与力矩有什么共同点呢？它们的相同之处在于都使物体产生转动的效应，同时他们的量纲是相同的，都是 [力的单位] × [长度的单位] 。它们的不同点在于力矩是力对某一点而言的，对于不同的矩心，力矩往往会有所不同，而力偶在其作用平面内可以任意移动，而不改变它对物体产生的转动效果。图 2-7（a）中在物体上作用一个两力为 **P** 的力偶，其两力作用线的垂直距离为 h，该力偶矩可看作两力 **P** 分别对垂线中点 O 为矩心的力矩之和：

$$M = P \cdot \frac{h}{2} + P \cdot \frac{h}{2} = Ph$$

如果在力偶作用平面内任取一点 A 作为矩心，如图 2-7（b）所示，两力对矩心的力矩和为：

$$M = P \cdot (l + h) - p \cdot l = Ph$$

从上式可以看出，这个计算结果与 O 点的具体位置无关。也就是说。无论矩心在何处，此力偶矩之和都为一常数 Ph。

力偶在作用面内的转向，也有逆时针和顺时针两种，所以在共面力偶系中，各力偶矩可以看作代数量，其正负号规定与力矩统一。在受力图中常用一个带箭头的圆弧线或 来表示力偶矩。

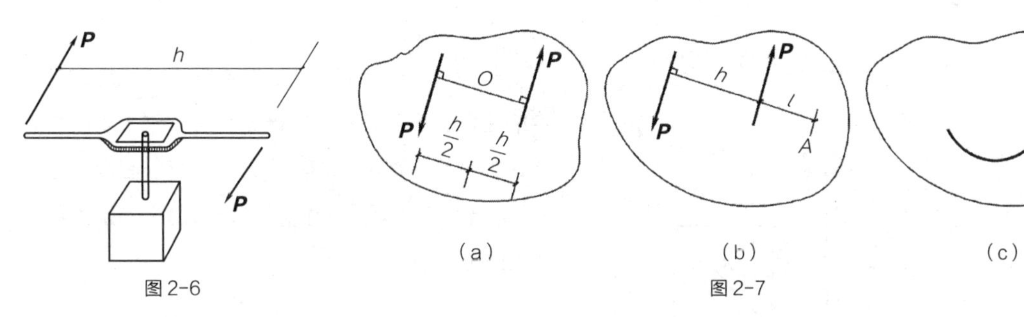

图 2-6　　(a)　(b)　(c)　图 2-7

2.2.3　力的平移

作用在物体上的力，它对物体作用的效应，取决于力的三要素：力的大小、方向、作用点。当我们把力的作用点改变位置以后，力的作用效果也会发生改变。图 2-8 中力并不作用在柱的轴线上，而是偏离一个距离 e（称为偏心距），为了力学分析的方便需要把 **N** 移到轴线上，此时为了与原始状态保持一致，必须要增加一力 $\boldsymbol{N}_1 = \boldsymbol{N}$，以及与之抵消的力偶 $M = Ne$，见图 2-8（b），最后得到图 2-8（c）的结果。因此当把物体上的力平移到任意一点时，必须增加一个力偶，附加力偶等于力对新作用点的力矩。这就是力的平移法则，在有偏心情况存在或者对力进行简化时经常会用到。

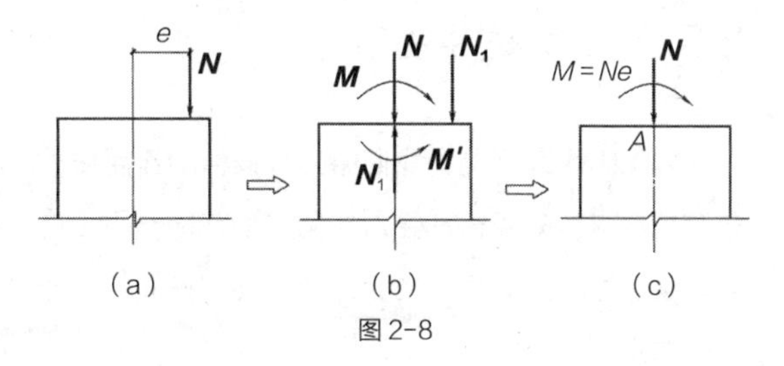

(a)　(b)　(c)

图 2-8

2.3 力系的平衡

2.3.1 力在坐标轴上的投影

为了用解析法研究力系的平衡，这里引入力在坐标轴上的投影的概念。力是一个矢量，它可以用一带箭头的直线段代表，箭头的长度按某一比例尺表示力的大小，箭头的方向表示力的方向。

图 2-9 中设力 $\boldsymbol{F}$ 作用于物体的 A 点，在力 $\boldsymbol{F}$ 所在平面内取直角坐标系，从力 $\boldsymbol{F}$ 的两端点 A 和 B 分别向坐标 x 轴作垂线，两垂足间的线段就是力 $\boldsymbol{F}$ 在 x 轴上的投影，用 X 表示。X 同样有正负之分，当 $\boldsymbol{F}_x$ 与 x 轴的正方向一致时为正，见图 2-9（a），反之则为负，见图 2-9（b）。同样道理，也可以对 y 轴作投影，得到 Y 值。X 和 Y 的计算公式如下：

$$\begin{cases} X = \pm F\cos\alpha \\ Y = \pm F\sin\alpha \end{cases} \tag{2-1}$$

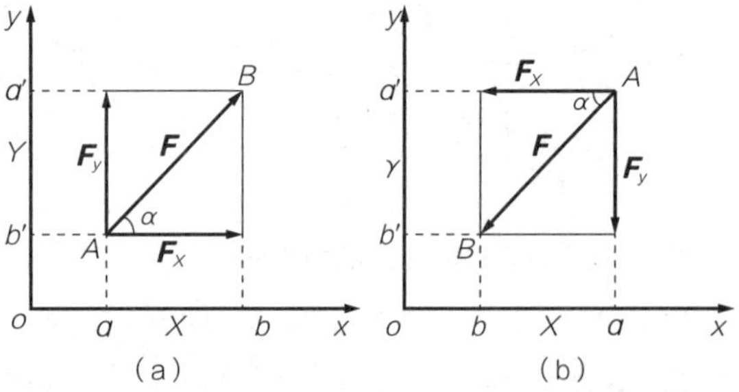

（a） （b）

图 2-9

2.3.2 力系的平衡条件

为便于研究问题，我们将力系按各力作用线的分布情况进行分类：凡各力作用线都在同一平面内的力系称为平面力系，凡各力作用线不在同一平面内的力系称为空间力系。这两种力系又可各自分为三类：各力作用线汇交于一点的力系称为汇交力系，各力作用线相互平行的力系称为平行力系，各力作用线既不全平行又不汇交于一点的力系称为任意力系。

1. 平面汇交力系的平衡方程

平面汇交力系是力系中最简单、最基本的力系，它不仅在工程上有其直接的应用，而且是研究其他复杂力系的基础。

一般以平面力系的汇交点为坐标原点建立二维的 x，y 直角坐标系。将各力向坐标轴投影。若该力系是平衡的。则其合力应为零，也即合力在 x，y 轴上的投影代数和应分别为零。用公式表示为：

$$\begin{cases} \sum X = 0 \\ \sum Y = 0 \end{cases} \tag{2-2}$$

式（2-2）称为平面共点力系的平衡方程，这两个方程互相独立，可以用它联立求解两个未知力。

2. 空间汇交力系的平衡方程

一般以空间共点力系的交点为坐标原点建立三维的直角坐标系，将各力向三个坐标轴分别投影。若该力系是平衡的，则其合力应为零。因此合力在 X、Y 与 Z 三个轴上的投影代数和也应分别为零。用公式表示为：

$$\begin{cases} \sum X = 0 \\ \sum Y = 0 \\ \sum Z = 0 \end{cases} \tag{2-3}$$

式（2-3）为空间汇交力系的平衡方程，这三个方程互相独立，可以用它联立求解三个未知力。

3. 平面任意力系的平衡方程

由力的平移我们知道平面任意力系内的各力都可以分别向某一点平移，平移的结果将形成一个平面汇交力系和一个平面力偶系。因此，我们可以在平面汇交力系的基础上建立任意力系的平衡方程，即在式（2-2）的基础上补充一个合力偶矩为零的方程。用公式表示为：

$$\begin{cases} \sum X = 0 \\ \sum Y = 0 \\ \sum M_O = 0 \end{cases} \quad (2\text{-}4)$$

式（2-4）的含义是：平面力系中所有各力在两个坐标轴上投影的代数和都为零，而且这些力对平面内其一点的力矩代数和也等于零。矩心的位置可以根据需要选择，从理论上说平面上任意一点都可以作为矩心，可以列出无数个力矩平衡方程，但是实际上这些方程并不互相独立。这一点在后面的例题中可以看出。应该说式（2-4）在求解平面力系的平衡中具有普遍的使用价值，本书所涉及的静力平衡问题，绝大多数都是用这一公式求解的。

4. 空间任意力系的平衡方程

空间力系由于具有三维的坐标系，因此除了力对三个轴的投影为零可以写出三个独立的方程之外，力偶矩也将有三个作用平面，由此可以写出三个力偶矩为零的方程。由于本书的力学部分很少涉及空间力系，所以具体的计算公式此处从略。

2.3.3　用静力平衡方程求支座反力

对建筑结构而言，外力包括荷载和支座反力等，荷载往往是已知的，而支座反力则是未知的外力。利用静力平衡方程可以求出支座反力，其具体步骤如下：

（1）解除支座，用支座反力来代替。不同的支座所能提供的支座反力会有所不同。

（2）画脱离体图，将荷载和未知的支座反力分别标出。

（3）列静力平衡方程，求解支座反力。

（4）用未使用的静力平衡方程对求解结果进行校核。

下面举例说明：

【例题 2-1】图 2-10（a）为一外伸梁的计算简图，试求梁的支座反力。

【解】设支座反力为 R_A 与 R_B，其方向均假设为向上，画脱离体图如图 2-10（b）所示。本题力矩以顺时针方向为正，力以向上为正。

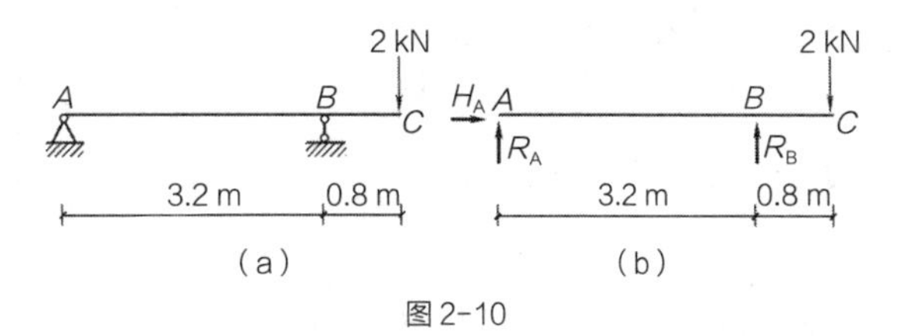

图 2-10

对 B 点取矩，由 $\sum M_B = 0$ 得：

$$R_A \times 3.2\ \text{m} + 2\ \text{kN} \times 0.8\ \text{m} = 0$$

解上述方程得：　$R_A = -0.5\ \text{kN}$

求得负值说明力的实际方向与假设的方向相反，因此 R_A 是向下的 0.5 kN。

由 $\sum M_A = 0$ 可知：

$$-3.2\ \text{m} \times R_B + 2\ \text{kN} \times 4\ \text{m} = 0$$

$$R_B = 2.5\ \text{kN}$$

可以用 $\sum Y = 0$ 对计算结果进行验证：

$$R_A + R_B - 2\ \text{kN} = -0.5\ \text{kN} + 2.5\ \text{kN} - 2\ \text{kN} = 0$$

上式满足平衡条件，说明求得的结果正确。

这里需要注意的是支座反力的方向：首先对支座反力假设一个方向，待静力平衡方程求解完毕后，如果所求得的结果为正，则说明支座反力的方向与假设的方向相同，如果所求得的结果为负，则说明支座反力的方向与假设的方向相反。

在列静力平衡方程时，对方向的正负没有一定之规，因为它们本身是方程，左右相等。但是通常我们习惯于在列 $\sum X = 0$ 时以向右为正，列 $\sum Y = 0$ 时以向上为正，列 $\sum M_O = 0$ 时以顺时针方向为正。

【例题 2-2】求图 2-11（a）所示悬臂梁的支座反力。

【解】按照固端支座特性假设 A 端的支座反力为 M_A

（抵抗力矩）、H_A（水平方向的支撑力）和 R_A（垂直方向的支撑力），画脱离体图如图 2-11（b）所示。本题力矩以顺时针方向为正，力以向上为正。

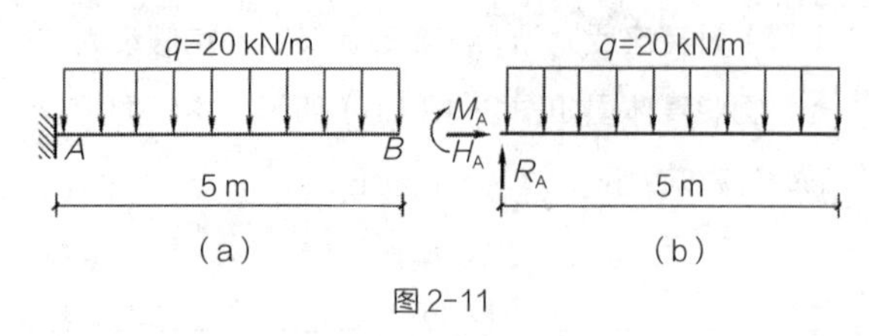

图 2-11

对 A 点取矩，由 $\sum M_A = 0$ 得：

$$M_A + 20\ \text{kN/m} \times 5\ \text{m} \times 2.5\ \text{m} = 0$$

解上述方程得：$M_A = -250\ \text{kN} \cdot \text{m}$

求得负值说明力的实际方向与假设的方向相反，因此 M_A 是逆时针方向的。

由 $\sum X = 0$ 可知：

$$H_A + 0 = 0，所以\quad H_A = 0$$

可以用 $\sum Y = 0$ 可知：

$$R_A - ql = R_A - 20\ \text{kN/m} \times 5\ \text{m} = 0,$$

$$所以\quad R_A = 100\ \text{kN}$$

2.3.4 叠加原理

结构在多个荷载作用下的某一量值（反力、内力、应力、变形等）的大小，等于各个荷载单独作用时所引起的该量值的代数和，这就是叠加原理。

叠加原理是力学中应用最广泛的原理之一，其适用条件是：① 结构处于弹性限度内和小变形条件下；② 荷载和某量值的关系是线性关系。

用叠加法求支座反力时，可首先由观察迅速确定各荷载单独作用下的支座反力，然后进行叠加。叠加法中应用了一些显而易见的简单结论，所以必须熟悉这些结论才能有效地应用叠加法。但是，当结构作用荷载很多时，叠加法求支座反力并不比应用静力平衡条件求来得简便。

【例题 2-3】用叠加法求图 2-12（a）中 A 和 B 支座处的支座反力 R_A 和 R_B。

【解】将（a）结构看作是（b）、（c）两个结构叠加而成。（1）求集中力 60 kN 单独作用时的支座反力：

可以对 A 点取矩，得到：

$R_{B1} = 20\ \text{kN}$，向上

对 B 点取矩，得到：$R_{A1} = 40\ \text{kN}$，向上

（2）求集中力 180 kN 单独作用时的支座反力：

同样对 A 点取矩，得到：$R_{B2} = 120\ \text{kN}$，向上

对 B 点取矩，得到：$R_{A2} = 60\ \text{kN}$，向上

（3）将计算结果叠加

得到：$R_A = R_{A1} + R_{A2} = 40\ \text{kN} + 60\ \text{kN} = 100\ \text{kN}$（向上）

$R_B = R_{B1} + R_{B2} = 20\ \text{kN} + 120\ \text{kN} = 140\ \text{kN}$（向上）

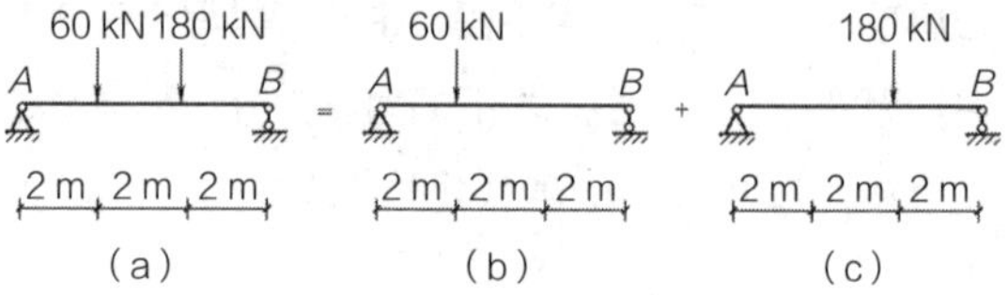

图 2-12

2.4 重心

2.4.1 重心的概念

物体的重力是地球对物体的吸引力，重力的大小称之为重量。物体可看作由各微小的体积所组成，地球对物体各微小体积的吸引力应该全部汇交于地球的中心。可是人类建造的建筑物不管如何巨大，相对于地球来说，总是很渺小的，所以从工程应用的角度出发，可将物体各微小体积的重力视为互相

平行且垂直于地面的空间平行力系。该力系的合力作用点就是物体的重心位置。

对重心的研究，在工程实际中具有重要意义。例如，水坝、挡土墙、起重机的倾覆稳定性问题就与这些物体的重心位置直接有关。在建筑设计中，重心的位置影响建筑物的平衡和稳定。重心较低的建筑物给人的感觉较沉重，但有利于结构的稳定；重心较高的建筑物给人的感觉较飘逸，虽然有时可以取得一定的艺术效果，但不利于结构的稳定。

2.4.2 物体的重心

本书将略去公式的推导过程，直接给出重心和形心的坐标计算公式。

1. 一般物体重心的坐标计算公式

$$x_c=\frac{\sum \Delta G_i\cdot x_i}{G},\quad y_c=\frac{\sum \Delta G_i\cdot y_i}{G},\quad z_c=\frac{\sum \Delta G_i\cdot z_i}{G} \tag{2-5}$$

式中 ΔG_i——每一微小部分所受的重力；

x_i，y_i，z_i——各微小部分重心坐标；

G——物体的质量。

2. 均质物体重心的坐标计算公式

$$x_c=\frac{\sum \Delta V_i\cdot x_i}{V},\quad y_c=\frac{\sum \Delta V_i\cdot y_i}{V},\quad z_c=\frac{\sum \Delta V_i\cdot z_i}{V} \tag{2-6}$$

式中 ΔV_i——每一微小部分的体积

V——物体的体积。

由式（2-6）可见，均质物体的重心位置完全取决于物体的几何形状，而与物体的质量无关。由物体的几何形状和尺寸所决定的物体的几何中心，称为形心。所以上式也是体积形心的坐标公式，对于均质物体来说，重心和形心是重合的。

2.4.3 平面图形的重心

平面图形的重心（形心）位置只与平面图形的几何形状、尺寸有关。当图形具有一个对称轴时，其重心一定会在此对称轴上；当图形具有两个对称轴时，其形心应为两对称轴的交点；三角形的形心在三角形的三根中线的交点上。

平面图形的形心坐标：

$$x_c=\frac{\sum \Delta A_i\cdot x_i}{A},\quad y_c=\frac{\sum \Delta A_i\cdot y_i}{A} \tag{2-7}$$

式中 ΔA_i——每一微小部分的面积；

A——物体的面积。

【例题 2-4】求图 2-13 所示 L 形截面的重心位置。

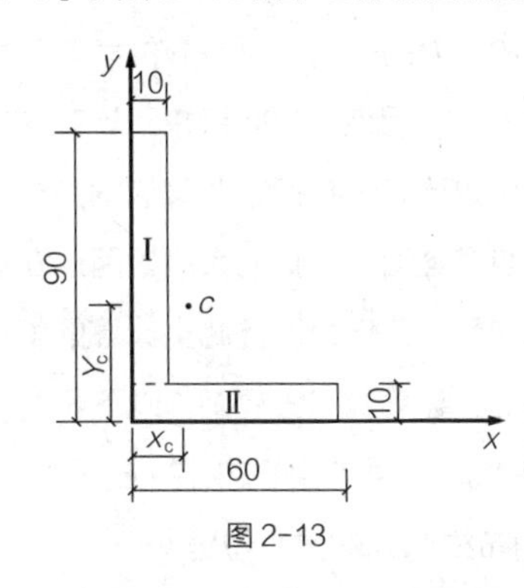

图 2-13

【解】建立如图所示的坐标系。将图形按图中虚线分为两个矩形。

则 I 矩形：面积 A_1 = 80 mm × 10 mm = 800 mm^2。

形心坐标：x_{c1} = 5 mm

y_{c1} = 50 mm

Ⅱ矩形：面积 A_2 = 60 mm × 10 mm = 600 mm²

形心坐标：x_{c2} = 30 mm

y_{c2} = 5 mm

由式（2-7）得：

$$x_c = \frac{A_1 \cdot x_{c1} + A_2 \cdot x_{c2}}{A_1 + A_2}$$

$$= \frac{800\ \text{mm}^2 \times 5\ \text{mm} + 600\ \text{mm}^2 \times 30\ \text{mm}}{800\ \text{mm}^2 + 600\ \text{mm}^2}$$

$$= 15.7\ \text{mm}$$

$$y_c = \frac{A_1 \cdot y_{c1} + A_2 \cdot y_{c2}}{A_1 + A_2}$$

$$= \frac{800\ \text{mm}^2 \times 50\ \text{mm} + 600\ \text{mm}^2 \times 5\ \text{mm}}{800\ \text{mm}^2 + 600\ \text{mm}^2}$$

$$= 30.7\ \text{mm}$$

所以 L 形截面在这个坐标系中的重心坐标为（15.7，30.7）。

2.4.4 分布荷载的重心

对于集中荷载，其作用点十分明确，而对于分布荷载，由于力的作用点是分散的状态，所以很难为其确定一个作用点，由此带来了计算这一类荷载的麻烦，比如计算分布荷载对某点的力矩，没有集中的作用点很难确定力臂的大小。因此在这里采用分布荷载的重心，作为进行此类计算的解决方法。分布荷载的实际情况十分复杂，以下仅给出常见的几种简单的分布荷载的重心的计算方法。

1. 均布线荷载的重心位置

此时可将均布线荷载看作一个矩形平面，显然它的重心是此矩形的对角线交点。因此，在求均布线荷载对某点的力矩时，可以将均布线荷载“集中”到重心这一点并将其假想为一个集中力，其大小等于均布线荷载与长度的乘积。图 2-14（a）中是均布线荷载作用在沿长度 l 范围内，其大小为 q（kN/m），即每米上有 q kN 的力。图 2-14（b）中 P 是用来代替均布荷载的集中力，其作用点就是该矩形的重心。

经过以上的处理后，在求某均布线荷载对某点的力矩时，就可以采用一个集中力对某点的力矩的办法。比如图 2-14（c）求此均布荷载对 A 点的力矩 M_A 有：

$$M_A = ql \cdot \frac{l}{2} = \frac{ql^2}{2} \qquad (2\text{-}8)$$

图 2-14（d）中如果对 B 点取矩，则有：

$$M_B = -q \cdot a \cdot \frac{a}{2} + q \cdot b \cdot \frac{b}{2}$$

公式（2-8）是均布荷载对某端点取矩的公式，今后会经常用到，应当熟记。

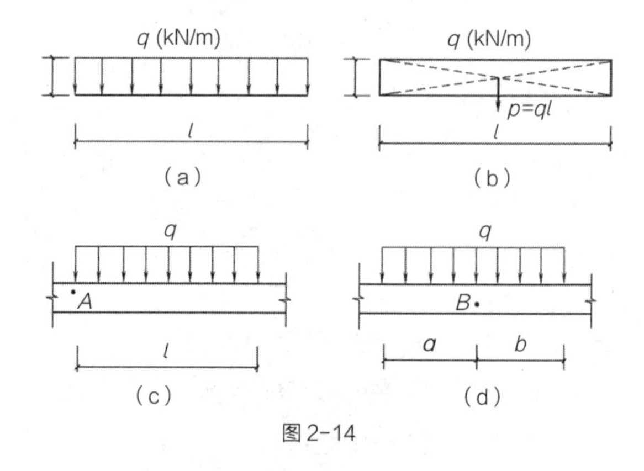

图 2-14

2. 三角形线荷载的重心位置

碰到三角形线荷载，其重心位置可按几何学中三角形的重心位置处理，如图 2-15（b）。在对某点取矩时可以将三角形荷载转化为集中力，集中力的大小等于三角形的面积，集中力的作用点就在三角形的重心处。如图 2-15（c）三角形荷载对 A 点的力矩 M_A 为：

$$M_A = \frac{1}{2} q \cdot l \cdot \frac{2}{3} l$$

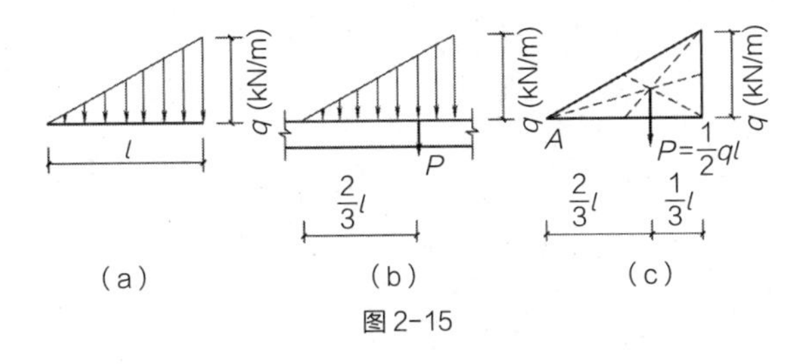

图2-15

习　题

1. 求图示各梁的支座反力。

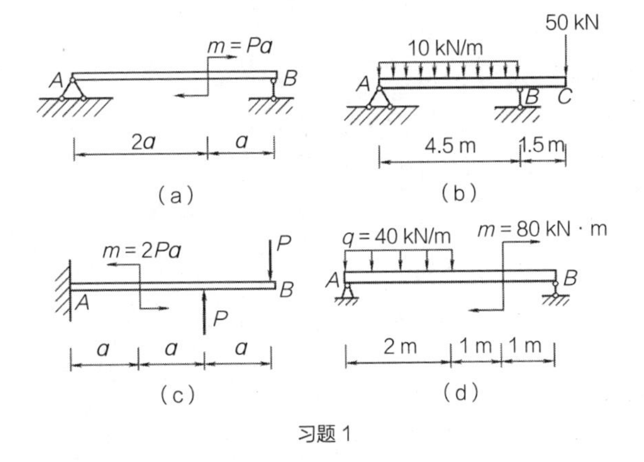

习题1

2. 求图示刚架的支座反力。

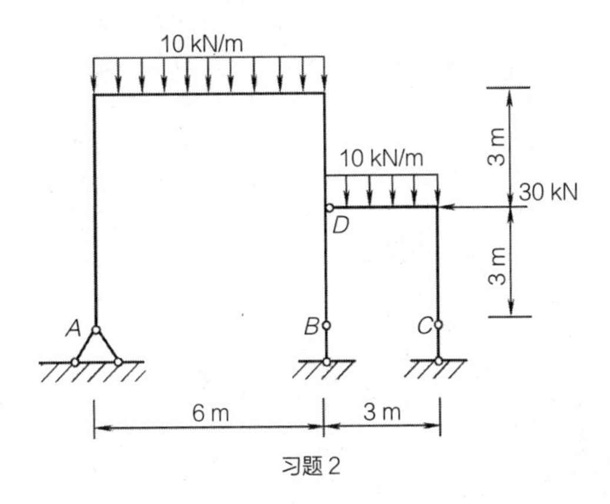

习题2

Chapter3

第3章 静定结构的内力

Internal Force of Statically Determinate Structure

所谓静定结构是指通过静力平衡方程可以求出所有支座反力的结构；反之，不能仅通过静力平衡方程求出所有支座反力的结构，称之为超静定结构。在实际工程中静定结构得到广泛应用，它的受力分析过程相对简单，是超静定结构分析的基础。本书所涉及的静定结构都是平面结构，即通过 $\sum X=0$，$\sum Y=0$ 和 $\sum M_z=0$ 可以求得全部的支座反力。

结构的外力是指来源于结构外部作用在结构上的力，包括荷载和支座反力等；结构的内力是由外力作用引起的结构内部材料之间所产生的相互作用力。内力分析是建筑力学的基础知识之一，根据内力分析的结果可以确定结构是否会破坏，破坏的性质（拉、压、剪、弯、扭等）、构件破坏的位置、截面上破坏的位置等，这些都是进行后期的建筑结构设计的基础。

3.1 内力和内力图

3.1.1 内力的概念

根据建筑力学的可变形固体假设，任何物体在外力作用下，都会产生不同程度的变形。物体由于受外力的作用而产生变形，其内部材料各微小部分之间的位置也就发生变化。于是各微小部分之间就会有某种“力”的产生来抵抗这种变形。这种物体内部材料各微小部位之间的相互作用就形成了内力。外力企图改变物体的形状，而内力则抵抗这种变形。它们的出现无所谓先后，它们是作用力和反作用力的关系。

3.1.2 内力的主要形式

在建筑工程中，最常见的建筑结构内力主要有轴力、剪力和弯矩三种：

1. 轴力（*N*）

轴力是在杆件截面上沿轴向作用的拉力或压力，作用的结果是使构件伸长或缩短。如图 3-1 所示，轴力用大写字母 N 表示。轴力的方向规定：受拉为正，受压为负。如图 3-2 所示。如果 $N=-60$ kN，表示杆件受到的轴力是 60 kN 的压力。

2. 剪力（*V*）

剪力是垂直于构件轴向作用的力，它使得构件上垂直于轴向上的两个相邻截面产生相互错动。我们通常是研究构件横截面上的剪力。剪力用大写字母 $\boldsymbol{V}$ 表示。剪力的正负号的规定是这样的：相对于截面顺时针方向为正，逆时针方向为负，如图 3-3 所示。同一个结构，同一个截面，剪力会因为杆件的方向不同而使得剪力的正负号不同，如图 3-4 所示。

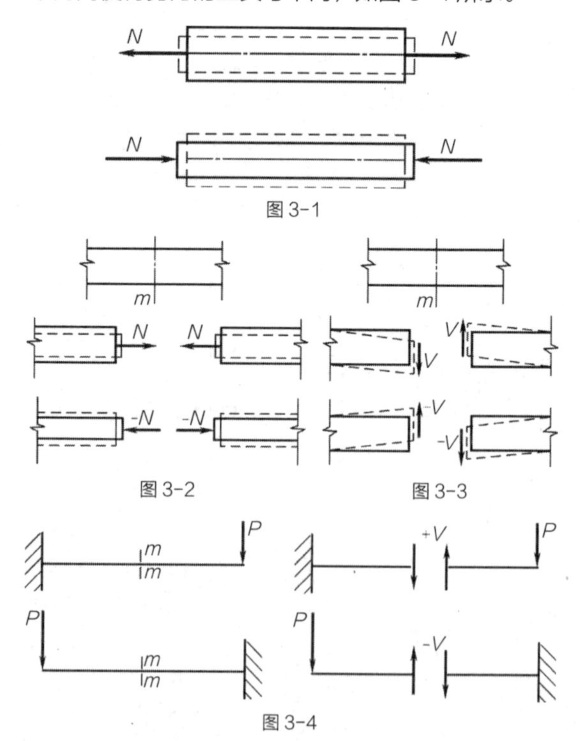

图 3-1

图 3-2

图 3-3

图 3-4

【例题 3-1】图 3-5 所示的截面 m-m 上的剪力为 -10 kN，求 A 处的支座反力 R_A。

根据剪力符号的规定，相对于截面 m，- 10 kN 的剪力应该是向上的，所以列静力平衡方程：

$\sum Y = 0$ 则有：

$$R_A + 10\ \text{kN} - 2\ \text{kN} = 0$$

所以　　$R_A = -8\ \text{kN}$（向下）

3. 弯矩（M）

构件截面任一侧所有外力对该截面形心力矩的代数和被称为弯矩，它在垂直于轴线的截面上同时产生拉力和压力。弯矩用大写字母 M 表示。弯矩的符号我们是这样规定的：截面下表面受拉（也即上表面受压）为正，截面上表面受拉（也即下表面受压）为负，如图 3-6 所示。当简支梁只受到向下的荷载作用，通常会向下产生弯曲，此时杆件上每个截面都是下表面受拉，也就是说梁的每个截面上的弯矩都是正弯矩，如图 3-7 所示。

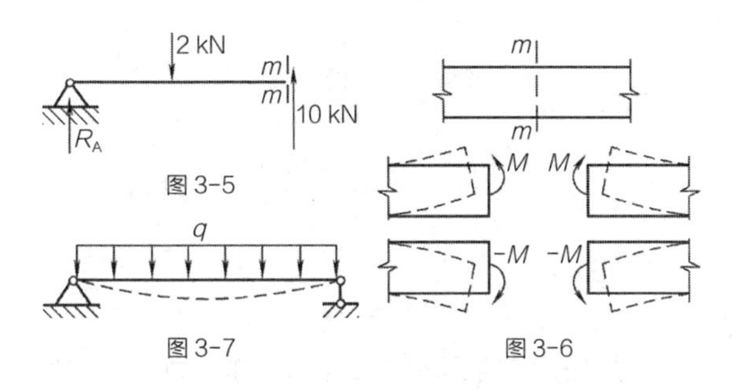

图 3-5

图 3-7

图 3-6

值得注意的是，不管是轴力、剪力还是弯矩，它们的正负号不会因为脱离体的取法不同而有改变，也即取截面的左侧或右侧所得内力正负号结果是相同的。

还需要说明的是，本章研究结构在受弯曲的内力时，只考虑“平面弯曲”的情况，它是弯曲中最简单也最普通的形式，今后若无特别说明，均指平面弯曲。

3.1.3　求静定结构指定截面的内力

求指定截面的内力一般使用截面法，把杆件从某一个截面断开，取其中一部分为脱离体，然后用静力平衡的方法求得该截面的内力。具体的求解步骤如下：

（1）求出支座反力（在有些情况下可以不求，比如悬臂梁）。

（2）假设所求截面三种内力（即弯矩、剪力和轴力）都存在，取其中的一半画脱离体图；但是对于桁架，已经知道它的内力只有轴力，就没有必要假设弯矩和剪力了。

（3）列静力平衡方程，求出截面的内力（弯矩、剪力和轴力）。

【例题 3-2】求图 3-8 中图（a）简支梁在跨中截面 C 的内力。

【解】

（1）首先根据前一章讲到的静力平衡方法求支座反力：

去掉支座并分别用支座反力来代替支座。假设支座 A 提供的支座反力分别为垂直方向上的 R_A 和水平方向的 H_A；支座 B 的支座反力为垂直方向的 R_B，见图 3-8（b）。

由 $\sum X = 0$ 得到：$H_A = 0$

由 $\sum Y = 0$ 及其对称性得到：

$$R_A = R_B = \frac{ql}{2}$$

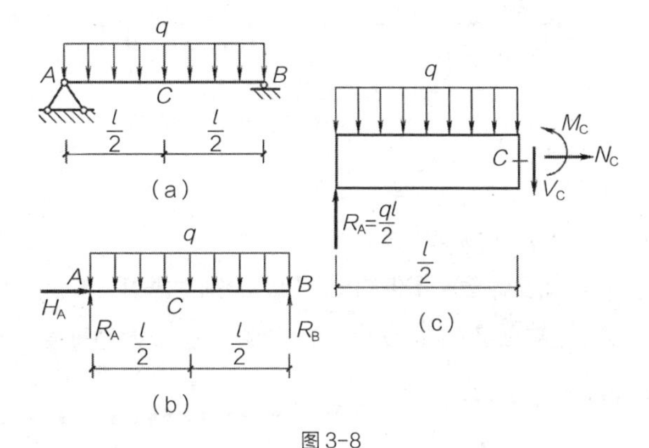

图 3-8

（2）把梁从指定的截面断开，取左边为脱离体，如图 3-8（c）中所示。假设在 C 截面处的各种内力（包括轴力 $\boldsymbol{N}$、剪力 $\boldsymbol{V}$、和弯矩 $\boldsymbol{M}$）都存在，并把它们都画在脱离体图上。按照静力平衡的原理，此时依然要满足 $\Sigma X=0$、$\Sigma Y=0$ 以及 $\Sigma M=0$。因此，根据 $\Sigma X=0$ 得到：$N_C=0$

根据 $\Sigma Y=0$ 得到：

$$\frac{ql}{2}-V_C-q\cdot\frac{1}{2}=0$$

所以：　　$V_C=0$

对 C 截面中心取矩则由 $\Sigma M_C=0$ 得到：

$$R_A\cdot\frac{l}{2}-\frac{q}{2}\cdot\frac{l^2}{4}-M_C=0$$

$$M_C=\frac{ql^2}{8}$$

这道题如果选择右边为脱离体应该得到同样的结果。对于简支梁受到均布荷载的作用时，跨中弯矩值和剪力值的大小和方向应当记住，今后在必要的时候可以作为已知条件使用。

【例题 3-3】求图 3-9（a）中图简支梁在跨中截面 C 的内力。

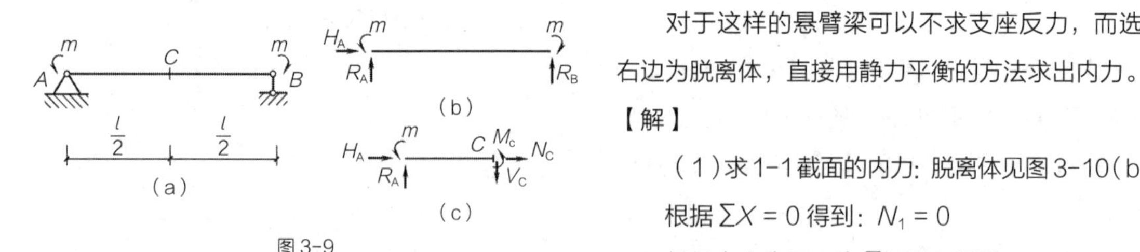

图 3-9

【解】

（1）用静力平衡方法求支座反力：

假设支座 A 提供的支座反力分别为垂直方向上的 R_A 和水平方向的 H_A；支座 B 的支座反力为垂直方向的 R_B，见图 3-9（b）。

由 $\Sigma X=0$ 得到：　　$H_A=0$

对 A 点取矩则有：　　$\Sigma M_A=0$

若以顺时针方向为正则有：$-R_B\cdot l-m+m=0$

得到：　　$R_B=0$

再由 $\Sigma Y=0$ 得到：　$R_A=0$

（2）把梁从指定的截面断开，取左边为脱离体，如图 3-9 中（c）所示。假设在 C 截面处内力轴力 N_C、剪力 V_C、和弯矩 M_C 都存在，并把它们都画在脱离体图上。

根据 $\Sigma X=0$ 得到：$N_C=0$

根据 $\Sigma Y=0$ 得到：$V_C=0$

对 C 截面中心取矩则由 $\Sigma M_C=0$ 得到：

若以顺时针方向为正则有：　$-m-M_C=0$

即：　　$M_C=-m$

【例题 3-4】求图 3-10（a）中悬臂梁在截面 1 和截面 2 处的内力。

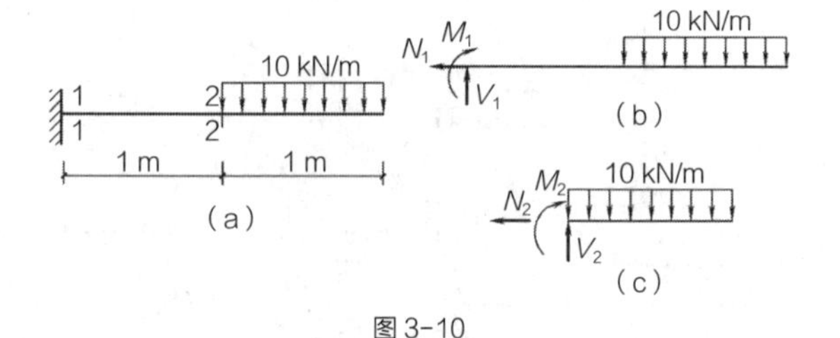

图 3-10

对于这样的悬臂梁可以不求支座反力，而选择右边为脱离体，直接用静力平衡的方法求出内力。

【解】

（1）求 1-1 截面的内力：脱离体见图 3-10（b）。

根据 $\Sigma X=0$ 得到：$N_1=0$

假设向上为正，由 $\Sigma Y=0$ 得到：

$$V_1-1\,\mathrm{m}\times10\,\mathrm{kN/m}=0$$

$$V_1=10\,\mathrm{kN}$$

若以顺时针方向为正，对截面 1-1 中心取矩则由 $\Sigma M_1=0$ 得到：

$$M_1+10\,\mathrm{kN/m}\times1\,\mathrm{m}\times1.5\,\mathrm{m}=0$$

则有：　　$M_1=-15\,\mathrm{kN\cdot m}$

（2）求2-2截面的内力：脱离体图见图3-10（c）。

根据 $\sum X = 0$ 得到：$N_2 = 0$

假设向上为正，由 $\sum Y = 0$ 得到：

$$V_1 - 1\,\text{m} \times 10\,\text{kN/m} = 0$$

$$V_1 = 10\,\text{kN}$$

若以顺时针方向为正，对截面 2-2 中心取矩则由 $\sum M_2 = 0$ 得到：

$$M_2 + \frac{1}{2} \times 10\,\text{kN/m} \times (1\,\text{m})^2 = 0$$

则有：$M_2 = -5\,\text{kN} \cdot \text{m}$

【例题 3-5】图 3-11 中，$P = 10\,\text{kN}$，$m = 20\,\text{kN} \cdot \text{m}$，$l = 3\,\text{m}$，求梁在截面 C 和截面 D 处的内力。

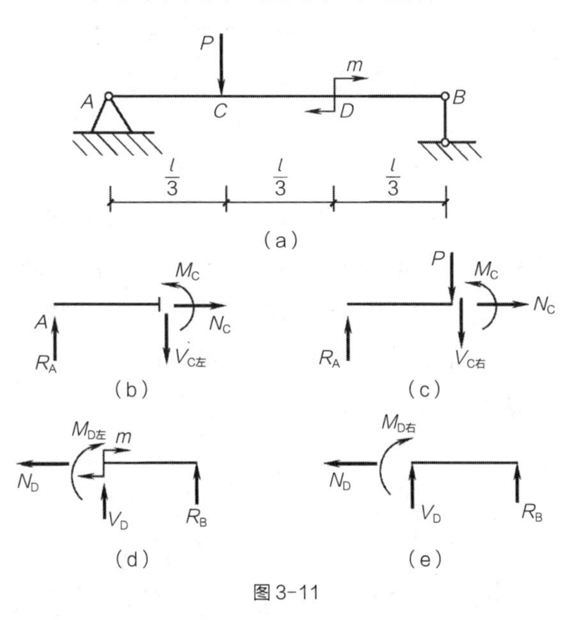

图 3-11

【解】（1）求支座反力。

由 $\sum M_A = 0$ 得到：

$$-R_B \times 3 + 10 \times 1 + 20 = 0$$

$$R_B = 10\,\text{kN}$$

由 $\sum Y = 0$ 得到：

$$R_A - P + R_B = 0$$

$$R_A = 0$$

（2）求 C 截面处的内力。

在 C 截面处正好是荷载 P 作用的截面，所以脱离体图就有图 3-11（b）和（c）两种情况。

根据图 3-11（b）所示的脱离体图得到：

$$N_{C左} = 0，V_{C左} = 0，M_{C左} = 0$$

根据图 3-11（c）所示的脱离体图得到：

$$N_{C右} = 0，V_{C右} = -10\,\text{kN}，M_{C右} = 0$$

我们看到在集中力 P 作用的截面剪力值出现了两个，而弯矩和轴力都没有发生变化，这个结论在今后画内力图时还会用到。

（3）求 D 截面处的内力：

在 D 截面处正好是集中力偶 m 作用的截面，所以脱离体图就有图 3-11（d）和（e）两种情况。

根据图 3-11（d）所示的脱离体图得到：

$$N_{D左} = 0$$

由 $\sum Y = 0$ 得到：$V_{D左} = -10\,\text{kN}$

由 $\sum M_D = 0$ 得到：

$$M_{D左} + m - 10\,\text{kN} \times 1\,\text{m} = 0$$

$$M_{D左} = -10\,\text{kN} \cdot \text{m}$$

根据图 3-11（e）所示的脱离体图得到：

$$N_{D右} = 0$$

$$\sum Y = 0 \quad V_{D右} = -10\,\text{kN}$$

$$\sum M_D = 0 \quad M_{D右} - 10 \times 1 = 0 \quad M_{D右} = 10\,\text{kN} \cdot \text{m}$$

我们看到在集中力偶 m 作用的截面弯矩值出现了两个，而剪力和轴力都没有发生变化，这个结论在今后画内力图时也会用到。

3.1.4　内力图

从以上的例题可以看到，在一般情况下，梁在不同截面上的内力是不同的。由于以后在讨论梁的强度计算时，需要知道各个横截面上的轴力、剪力及弯矩中各自的最大值和它们相应的截面位置，因此就必须知道内力在构件上的分布情况。为了达到上述目的，用图形来表示是很形象和直观的，因此通常把内力在构件上的分布情况用图形来表示。这种表示内力变化规律的坐标图形，叫作内力图，对应轴力、剪力和弯矩分别叫作轴力图、剪力图和弯矩图（即 N 图、V 图和 M 图）。

画内力图的方法是：建立坐标系，先分别列出轴力、剪力和弯矩随截面位置而变化的数学函数式，再由函数式定出若干个特征点，这样便可以画出相应的坐标图来。

具体的步骤为：

（1）建立直角坐标系，坐标原点的位置从理论上讲可以任意选取。在实际使用中，梁的坐标原点一般取在左支座，有时也取在右支座或跨中某点。刚架的原点一段取在左柱的支座，有时亦有例外。

（2）建立函数方程，一般每一种内力均可写成与其所受外力及横坐标的数学关系式。此时的内力即为 y 坐标量。

（3）在函数方程的基础上，对照函数关系可以选取两至三个特征点，求出特征点的值，并在直角坐标图中标出它们的位置。

（4）由函数方程的性质判别出函数图形的大致形状，比如 x 的一次函数是一条直线，x 的二次函数是一条抛物线。再根据步骤（3）所确定的特征点，即可描绘出函数的图像。

【例题 3-6】有一悬臂梁，自由端作用一个集中力 P，如图 3-12 所示，画出此梁的内力图。

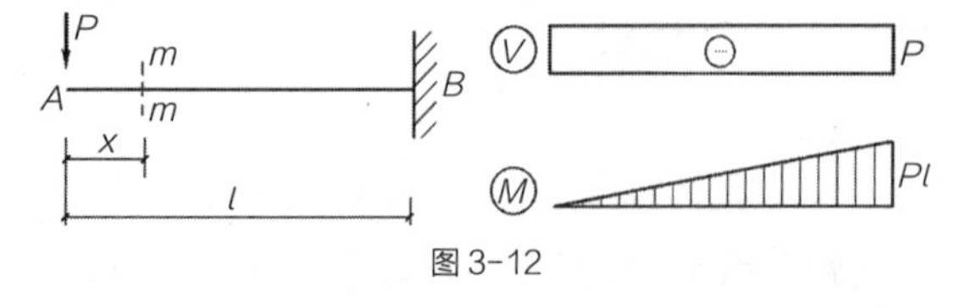

图 3-12

【解】（1）建立坐标系，以 A 点为原点，坐标向右为正。

（2）取距离 A 点为 x 的任一横截面 m-m，按求指定截面内力的办法，取左侧为脱离体，列出该截面上的剪力和弯矩的表达式分别为：

$$V(x) = -P$$

$$M(x) = -Px$$

此处梁在垂直于其轴线的外荷载作用下，它的轴力为零，当然也就没有轴力图。但是对于刚架或受有斜向荷载的梁，截面内部会有轴力，因此也就需画出轴力图，将在后面看到这样的例子。

这里用 V 和 M 分别代表 m-m 截面上的剪力、弯矩。由于该截面是距左端为 x 的任意截面，因此，通过以上两式便可算出各个截面上的剪力和弯矩。也就是说，以上两式是剪力和弯矩的函数表达式，又称为剪力方程和弯矩方程。这两个表达式对这根梁的任何截面部是适用的，即它们的适用范围为 $0 \leqslant x \leqslant l$。

（3）确定特征点。

特征点的选取位置和函数表达式有关，对于函数表达式是常数和一次函数，一般选取杆件的起点和终点两个特征点，如果函数表达式是二次函数一般还要再增加一个跨中截面作为特征点。本题中特征点为：

当 $x = 0$ 时，$V(0) = -P$，$M(0) = 0$；

当 $x = l$ 时，$V(l) = -P$，$M(l) = -Pl$。

（4）分析内力图的形状，画出内力图。

我们看到这里剪力表达式为一常量，表明各截面的剪力都相同。所以，剪力图为一平行于横坐标轴的直线，如图 3-12 中的 V 图。把正的剪力画在横坐标轴的上边，负的剪力画在下边；弯矩表达式是 x 的一次函数，所以弯矩图应该是一条斜直线。只要确定直线上的两个点，便可画出此直线，我们把特征点的位置标出，用一条直线相连，得到图 3-12 中所示的 M 图。弯矩图通常画在受拉的一侧，这里弯矩值为负值，上表面受拉，所以画在上边。

【例题 3-7】一简支梁承受均布荷载如图 3-13（a）所示，求作它的剪力图和弯矩图。

【解】（1）先求出支座反力：

$$R_A = R_B = \frac{ql}{2}，方向向上$$

（2）取 A 为坐标原点，列出内力的表达式分别为：

$$V(x) = R_A - q \cdot x = q \cdot \left(\frac{l}{2} - x\right)$$

$$M(x) = R_A \cdot x - q \cdot x \cdot \frac{x}{2} = \frac{q}{2} \cdot x \cdot (l - x)$$

此两式对任何截面适用，即适用范围 $0 \leqslant x \leqslant l$。

（3）分析内力表达式，确定特征点。

剪力的表达式是 x 的一次函数，故剪力图为一斜直线，选取杆件起点和终点为特征点：

当 $x=0$ 时　$V(0) = \dfrac{ql}{2}$；

当 $x=l$ 时　$V(l) = -\dfrac{ql}{2}$。

弯矩的表达式是 x 的二次函数，故弯矩图为一条抛物线，选取杆件起点、跨中截面和终点为特征点：

当 $x=0$ 时　$M(0)=0$；

当 $x=\dfrac{l}{2}$ 时　$M\left(\dfrac{l}{2}\right) = \dfrac{ql^2}{8}$；

当 $x=l$ 时　$M(l)=0$。

（4）画出内力图。

把正的剪力画在横坐标轴的上边，负的剪力画在下边，得到如图 3-13（b）所示的 V 图；弯矩图画在受拉的一侧，跨中弯矩值为正值，下表面受拉，所以画在下边，得到图 3-13 所示的 M 图。

内力图是建筑结构受力分析的重要组成部分，特别是在研究梁和刚架的内力时有着广泛的应用。对于桁架，由于各杆一般只受轴向力，且各杆的轴力为一常数。因此一般不作内力图。

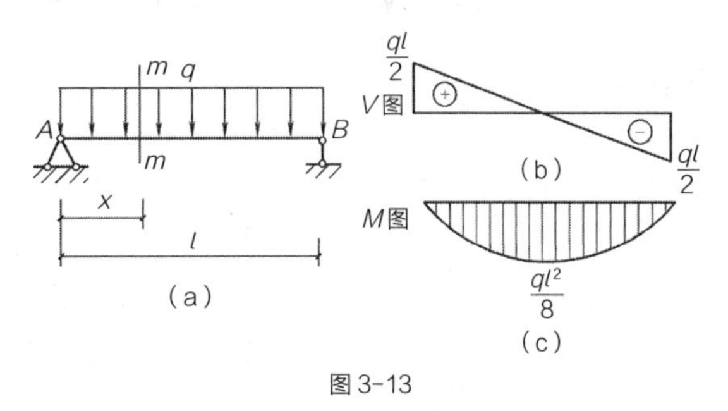

图 3-13

3.2　静定梁的内力

3.2.1　梁的荷载、剪力图、弯矩图之间的关系

以上讲到的画内力图的方法，必须先列出内力的表达式，这种方法对荷载比较简单的结构可以使用，但是当荷载的类型和分布变得复杂时，列内力的表达式就变得相对困难，所以有必要从梁的荷载、剪力图、弯矩图之间的关系入手，寻求更方便的画图方法。

由于梁的内力是由荷载引起的，荷载和作用的位置有关，也即是 x 的函数，而梁的内力也是 x 的函数，所以它们之间必然会存在一定的联系。下面以图 3-14 所示悬臂梁为例，讨论梁的内力与荷载之间的关系。

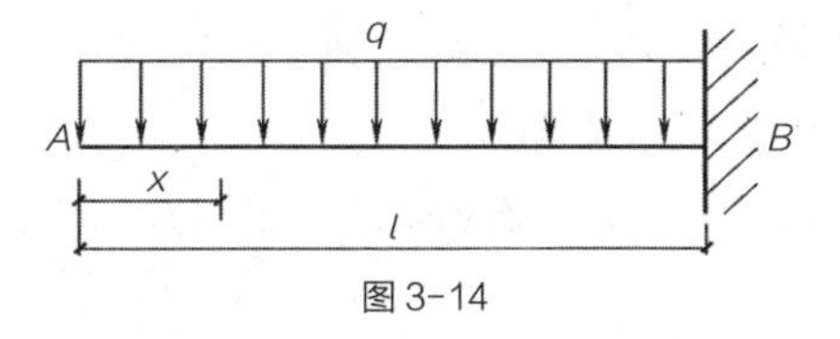

图 3-14

假设 q 的方向向上为正，x 轴以向右为正。由截面法可得梁任意截面的剪力方程和弯矩方程分别为：

$$V(x) = -qx \quad (0 \leqslant x \leqslant l)$$

$$M(x) = -\frac{1}{2}qx^2 \quad (0 \leqslant x \leqslant l)$$

分别对它们求导可得：

$$\frac{dM(x)}{dx} = -qx = V(x) \qquad (3\text{-}1a)$$

$$\frac{dV(x)}{dx} = -q \qquad (3\text{-}1b)$$

$$\frac{d^2M(x)}{dx^2} = -q \qquad (3\text{-}1c)$$

可以证明，上述微分关系是普遍存在的。其几何意义为：

由式（3-1a）可知，弯矩图上各点的切线斜率等于相应各点处截面上的剪力；

由式（3-1b）可知，剪力图上各点的切线斜率等于相应各点处的分布荷载；

由式（3-1c）可知，弯矩图的弯曲形状与分布荷载有关，它的凸方向总是与分布荷载的指向一致。

由上述关系，可以总结出剪力图和弯矩图具有下列规律。在运用这些规律时应注意 x 轴以向右为正。

1. 在无分布荷载作用的梁段

由于 $q = 0$，即 $\frac{dV(x)}{dx} = -q = 0$，因此，$V(x)$ 为常数，剪力图是一条平行于梁轴的直线；又由 $\frac{dM(x)}{dx} = V(x) =$ 常数可知，该段弯矩图上各点切线的斜率为常数。因此，弯矩图为一条斜直线，这时可能出现三种情况：

如果 $V(x) =$ 常数＞0，弯矩图为一条向下斜的直线；

如果 $V(x) =$ 常数＜0，弯矩图为一条向上斜的直线；

如果 $V(x) =$ 常数 = 0，弯矩图为一条水平线。

2. 在均布荷载作用的梁段

由于 $q =$ 常数，即 $\frac{dV(x)}{dx} = -q =$ 常数，因此，剪力图上各点切线的斜率为常数，即剪力图是一条斜直线，弯矩图为二次函数。这时可能出现两种情况：

$q =$ 常数＜0，则剪力图为向上斜的直线，弯矩图为向上凸的抛物线；

$q =$ 常数＞0，则剪力图为向下斜直线，弯矩图为向下凸的抛物线。

3. 由 $\frac{dM(x)}{dx} = V(x)$ 可知

在 $V(x) = 0$ 处，$M(x)$ 有极值，即在剪力等于零的截面上弯矩有极值（极大值或极小值）。

下面将荷载、剪力图和弯矩图之间的关系总结列于表 3-1 中。

表 3-1 荷载、剪力图和弯矩图之间的关系

编号	荷载	剪力图特征	弯矩图特征
1	无荷载段	平行于基线的直线	斜（平）直线
2	均布荷载段	斜直线	二次抛物线，凸起的方向与均布荷载作用的方向相同
3	集中荷载作用处	剪力图有突变，突变值等于集中荷载	弯矩图连续，有尖突，突起的方向与集中荷载的方向相同
4	集中力偶作用处	剪力图连续	弯矩图有突变，突变值等于集中力偶

3.2.2 静定梁的内力图举例

掌握了分布荷载与剪力、弯矩间的微分关系以及在集中力、集中力偶作用下剪力图、弯矩图的形状特征，可以不再列出内力的函数表达式，而更简便地绘制剪力图和弯矩图，也便于对它们进行校核。

【例题 3-8】作图 3-15 所示外伸梁的剪力图和弯矩图。

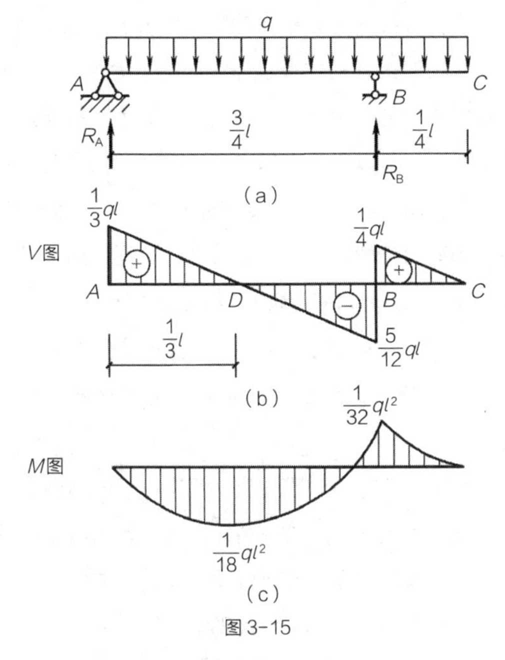

图 3-15

【解】（1）求支座反力。

由静力平衡方程可以求得：

$$R_A=\frac{1}{3}ql\text{，方向向上。}$$

$$R_B=\frac{2}{3}ql\text{，方向向上。}$$

（2）对各段内力图的形状进行分析。

AB 段受均布荷载的作用，其剪力图应为斜直线，应寻找两个特征点确定这条直线；其弯矩图应为向下凸起的抛物线，应寻找三个特征点来确定这条抛物线。

BC 段同样受均布荷载的作用，其剪力图应为斜直线，应寻找两个特征点确定这条直线；其弯矩图应为向下凸起的抛物线，应寻找三个特征点来确定这条抛物线。

还应该看到在支座 *B* 的位置，支座反力相当于一个集中荷载，所以在这里剪力值会出现突变，而弯矩图会出现向上的尖突（由于 R_B 向上）。

这样问题就转化成了求截面 *A*、截面 *B*、截面 *C* 和截面 *D* 的内力。

（3）求特征点。

用截面法可以得到：

在 *A* 截面上，　$V_A=\frac{ql}{3}$　$M_A=0$

在 *B* 截面上剪力会出现两个数值，

$$V_{B左}=-\frac{5}{12}ql \qquad V_{B左}=\frac{1}{4}ql$$

$$M_B=-\frac{1}{32}ql^2$$

在 *C* 截面上，　$V_C=0$　$M_C=0$

在 *D* 截面上，　$M_D=\frac{1}{18}ql^2$

（4）画剪力图和弯矩图。

最后画出的 *V* 图和 *M* 图分别如图 3-15（b）和（c）所示。

【例题 3-9】作图 3-16 所示简支梁的剪力图和弯矩图。

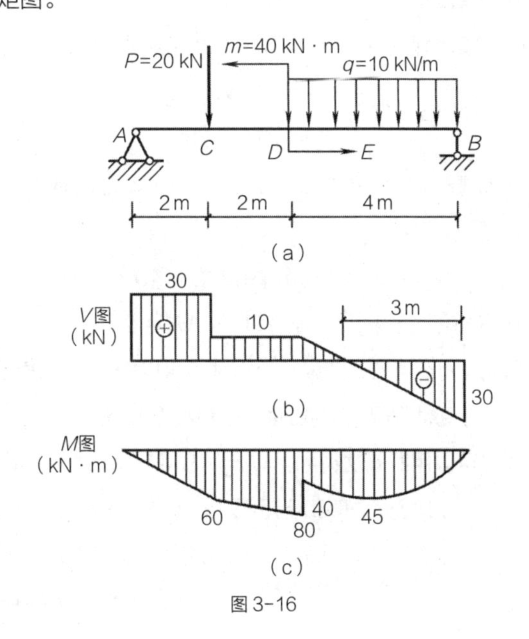

图 3-16

（1）求支座反力。

由静力平衡方程可以求得：

$R_A = 30$ kN，方向向上。

$R_B = 30$ kN，方向向上。

（2）对各段内力图的形状进行分析。

AC 段和 *CD* 段无荷载作用，其剪力图应为平行于基线的直线，应寻找一个特征点确定这条直线，其弯矩图应为斜直线，应寻找两个特征点确定这条直线；

DB 段受均布荷载的作用，其剪力图应为斜直线，应寻找两个特征点确定这条直线；其弯矩图应为向下凸起的抛物线，应寻找三个特征点来确定这条抛物线。

在集中荷载 *P* 作用的截面，剪力值会出现突变，而弯矩图会出现向下的尖突（和 *P* 的方向一致）。

在集中力偶 *m* 作用的截面，剪力图是连续的，而弯矩图会出现突变。

（3）求特征点。

用截面法可以得到：

在 *A* 截面上：　　$M_A = 0$

在 *C* 截面有集中力的作用，剪力会出现两个数值：

$$V_{C左} = 30\ \text{kN} \qquad V_{C右} = 10\ \text{kN}$$

$$M_C = 60\ \text{kN} \cdot \text{m}$$

在 *D* 截面上有集中力偶的作用，弯矩会出现两个数值：

$$M_{D左} = 80\ \text{kN} \cdot \text{m} \qquad M_{D右} = 40\ \text{kN} \cdot \text{m}$$

在 *B* 截面上：$V_B = -30$ kN　　$M_B = 0$

BD 之间弯矩图上的第三个特征点可以由 $V = 0$ 确定出弯矩最大值所在的截面，在距离 *B* 支座 3 m 处，同样可以用截面法得到：$M_E = 45$ kN · m。

（4）画剪力图和弯矩图

最后画出的 *V* 图和 *M* 图分别如图 3-16（b）和（c）所示。

3.2.3　叠加法画梁的内力图

在研究梁的剪力和弯矩时我们发现，各个剪力方程式和弯矩方程式都是荷载的齐次函数，符合前述叠加原理的应用条件。因此，当梁上同时作用几种荷载时，可以先分别做出各个荷载单独作用时的剪力图和弯矩图，然后应用叠加原理，将其对应截面处的剪力和弯矩值代数相加，即可得到所有荷载共同作用下的剪力图和弯矩图。

出于在常见荷载作用下，梁的剪力图比较简单，一般不用叠加法绘制。下面只讨论用叠加法作弯矩图。

需要注意的是：所谓叠加，是将同一截面上的弯矩值代数相加。反映在弯矩图上，是各简单荷载作用下的弯矩图在对应点处垂直于杆轴的纵坐标相叠加，而不是若干个弯矩图的简单拼合。

【例题 3-10】简支梁受荷载作用如图 3-17 所示，试用叠加法作该梁的弯矩图。

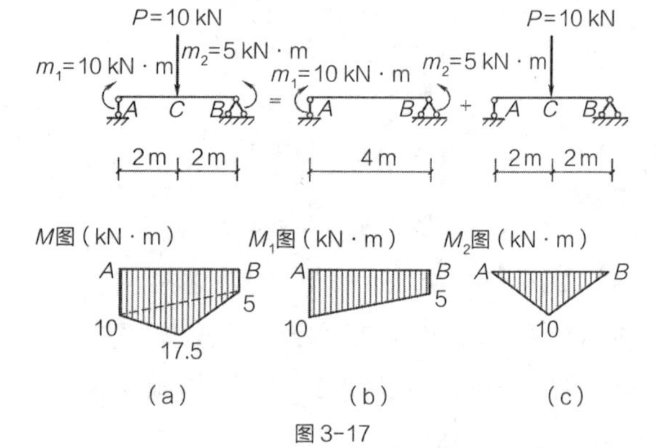

图 3-17

【解】先将荷载分为两组：两个外力偶 m_1 和 m_2 为一组，集中力 *P* 为一组。分别做出 m_1 和 m_2 作用下的弯矩图和集中力 *P* 单独作用下的弯矩图，如图 3-17（b）和（c）所示。然后叠加。

叠加方法是先叠加各段控制点的值，然后根据叠加后的控制点值作出 *M* 图。

截面 A 处，$M_A=M_{A1}+M_{A2}=10+0=10\,\text{kN}\cdot\text{m}$

截面 D 处，$M_B=M_{B1}+M_{B2}=5+0=5\,\text{kN}\cdot\text{m}$

截面 C 处，$M_C=M_{C1}+M_{C2}=\dfrac{5+10}{2}+10=17.5\,\text{kN}\cdot\text{m}$

将这些控制截面的数值标出，然后用直线相连，即可作出 M 图 3-17（a）。因为 M_1 图和 M_2 图在 AC、CB 段均为直线，故叠加后各段一定仍为直线。

对比 M 图、M_1 图和 M_2 图可以看出，受两端力偶 m_1、m_2 及荷载 P 作用的简支梁的弯矩图，是以两端弯矩 m_1、m_2 纵坐标的连线为基线（图 3-17a 中，M 图中虚线所示），再叠加上简支梁受荷载 P 作用的弯矩图而得到的。

3.3 静定刚架的内力

3.3.1 刚架的概念

刚架是由横梁和柱共同组成的一个整体承重结构。刚架的特点是在刚节点处各杆之间的夹角始终保持不变，这是刚架的特点之一。

如图 3-18（a）为一悬臂刚架，图 3-18（c）为一门式刚架，它们在荷载作用下均产生变形，刚节点因而会产生位移和转角，但原来刚节点处梁、柱轴线的夹角始终保持 90° 不变。

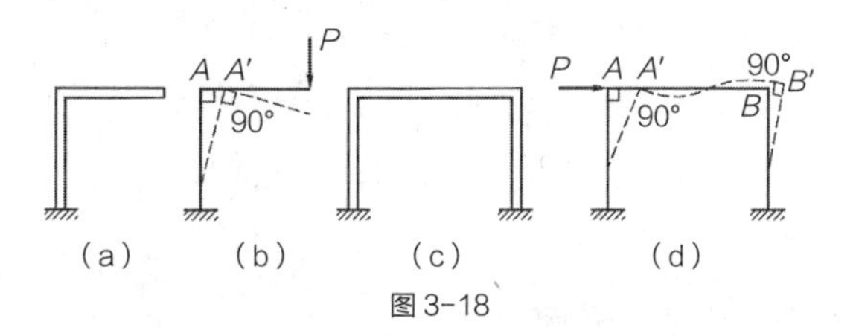

图 3-18

在受力方面，由于刚架具有刚节点，梁和柱能作为一个整体共同承担外荷载的作用，结构整体性好，刚度大，内力分布较均匀。在大跨度、重荷载的情况下，是一种较好的承重结构，所以刚架结构在工业与民用建筑中，被广泛地采用。

3.3.2 静定刚架的内力图

绘制静定刚架的内力图，特别是弯矩图和剪力图，完全可以用绘制梁的内力图的方法。因此．有关梁的内力图形状特征的描述和用叠加法作弯矩图等，同样适用于刚架中各个杆件。刚架内力图正负号规定是：轴力图和剪力图可以画在杆件的任意一侧，但相同符号的内力必须画在同一侧（内侧或外侧），而且必须标明正负号；弯矩图画在杆件的受拉侧，不用标明正负号。

为了明确表示各截面内力，特别是为了区别相交于同一刚节点的不同杆端截面的内力，在内力符号右下角采用两个脚标。其中，第一个脚标表示内力所属截面，第二个脚标表示该截面所属杆件的另一端。例如 M_{AB} 表示 AB 杆 A 端截面的弯矩，M_{BA} 则表示 AB 杆 B 端截面的弯矩。

【例题 3-11】作图 3-19（a）所示悬臂刚架的内力图。

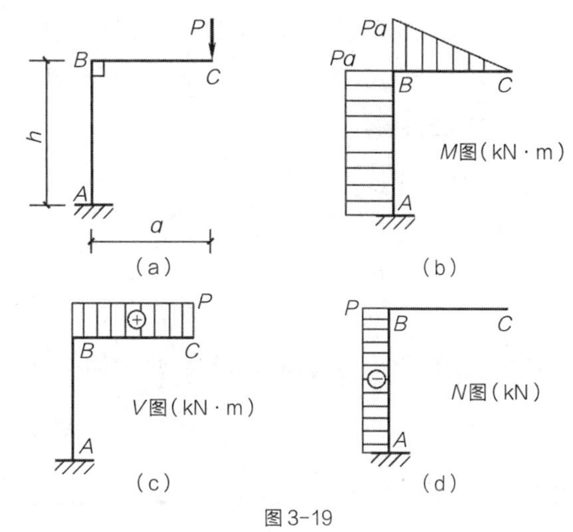

图 3-19

【解】悬臂刚架的内力计算和悬臂梁基本相同，一般可从自由端开始，取右边为脱离体，不必求出支座反力。

（1）作 M 图。

根据前面总结的梁在不同荷载作用下的弯矩图特征，可以判断出刚架各段的弯矩图的基本形状。这里 AB 杆和 BC 杆均无中间荷载作用，可以判断其弯矩图为斜线必须分别找出两个特征点。通过截面法求出 M_{AB}、M_{BA}、M_{BC} 和 M_{CB} 分别为：

$$M_{AB}=Pa，M_{BA}=Pa$$

$$M_{BC}=Pa，M_{CB}=0$$

把特征点分别用直线相连，得到的 M 图如图 3-19（b）所示。按规定，弯矩图应画在杆件受拉的一侧，可以不注明正负号。

（2）作 V 图。

根据前面总结的梁在不同荷载作用下的剪力图特征，可以判断出刚架各段的剪力图的基本形状。这里 AB 杆和 BC 杆均无中间荷载作用，可以判断其剪力图为平行于基线的直线，必须分别找出一个特征点。通过截面法求出：

$$V_{BA}=V_{AB}=0$$

$$V_{BC}=V_{CB}=P$$

把特征点分别用直线相连，得到的 V 图如图 3-19（c）所示。按规定，剪力图可画在杆轴线任一侧，但必须注明正负号。

（3）作 N 图。

用截面法求各杆端轴力：

$$N_{BA}=N_{AB}=-P$$

$$N_{BC}=N_{CB}=0$$

把特征点分别用直线相连，得到的 N 图如图 3-19（d）所示。

（4）校核。

作出的内力图是否正确，可应用平衡条件来校核。方法是任取一节点或杆件为脱离体，根据脱离体所受的荷载及内力画出其受力图，然后利用平衡方程检查它们是否满足平衡条件。

由于刚节点处应满足平衡条件，故当刚节点上无外力偶作用时，作用于刚节点上的所有杆端弯矩之代数和应等于零。对于两杆节点来说，两杆端弯矩应大小相等，方向相反。反映在弯矩图上为这两杆端弯矩图必同在节点的内侧或外侧，且大小相等。这个规律可用来检查刚架 M 图正确与否。

【例题 3-12】作图 3-20（a）所示简支刚架的内力图。

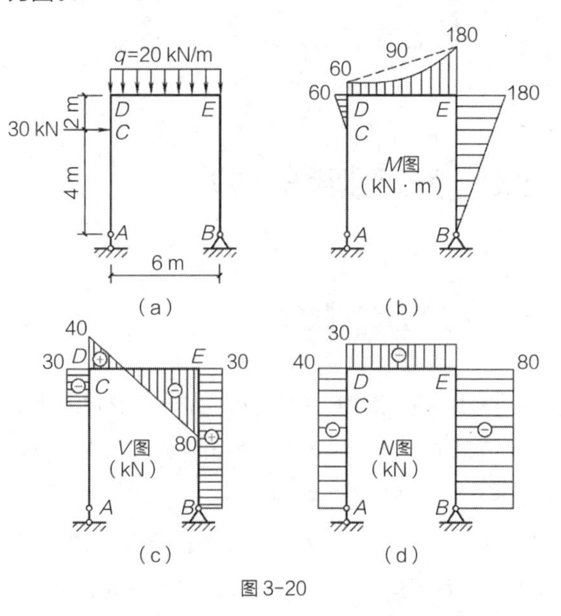

图 3-20

【解】简支刚架的内力计算方法与简支梁相类似，必须先求出支座反力。

（1）求支座反力。

由静力平衡条件可得：$H_B=30$ kN（向左）

$R_A=40$ kN（向上）

$R_B=80$ kN（向上）

（2）作弯矩图。

AC 段、CD 段、EB 段均无中间荷载作用，弯矩图应为斜直线，分别求出两个特征点；DF 之间有均布荷载作用，所以弯矩图为抛物线，应求出三个特征点。

由截面法求得各杆特征点的弯矩值如下：

$$M_{AC} = M_{CA} = 0$$

$$M_{CD} = 0，M_{DC} = 60\ \text{kN} \cdot \text{m}$$

$$M_{DE} = M_{DC} = 60\ \text{kN} \cdot \text{m}$$

$$M_{ED} = 180\ \text{kN} \cdot \text{m}$$

$$M_{EB} = 180\ \text{kN} \cdot \text{m}，M_{BE} = 0$$

得到的弯矩图如图 3-20（b）所示。

（3）作剪力图。

AC 段、*CD* 段、*EF* 段均无中间荷载作用，剪力图应为平行于基线的直线，分别求出一个特征点；*DF* 之间有均布荷载作用，所以剪力图为斜直线，应求出两个特征点。

由截面法求得各杆特征点的剪力值如下：

$$V_{AC} = 0$$

$$V_{CD} = -30\ \text{kN}$$

$$V_{DE} = 40\ \text{kN}$$

$$V_{ED} = -80\ \text{kN}$$

得到的剪力图如图 3-20（c）所示。

（4）作轴力图。

由截面法求得各杆轴力值如下：

$$N_{AD} = -40\ \text{kN}$$

$$N_{DE} = -30\ \text{kN}$$

$$N_{EB} = -80\ \text{kN}$$

得到的剪力图如图 3-20（d）所示。

（5）校核分别取刚节点 *D*、*E* 为脱离体，画出其受力图，发现各力均满足平衡条件，可知计算结果无误。

【例题 3-13】作图 3-21（a）所示三铰刚架的内力图。

【解】（1）求支座反力。

先取整个刚架为研究对象。由 $\sum M_B = 0$ 得到：

$R_A = -60\ \text{kN}$（向下）

由 $\sum Y = 0$ 得到：$R_B = 60\ \text{kN}$（向上）

由 $\sum X = 0$ 得到：$H_A + 120 = H_B$

再以 *BC* 部分为研究对象，则由 $\sum M_C = 0$ 得到：$H_B = 30\ \text{kN}$（向左）

因此　　$H_A = -90\ \text{kN}$（向左）

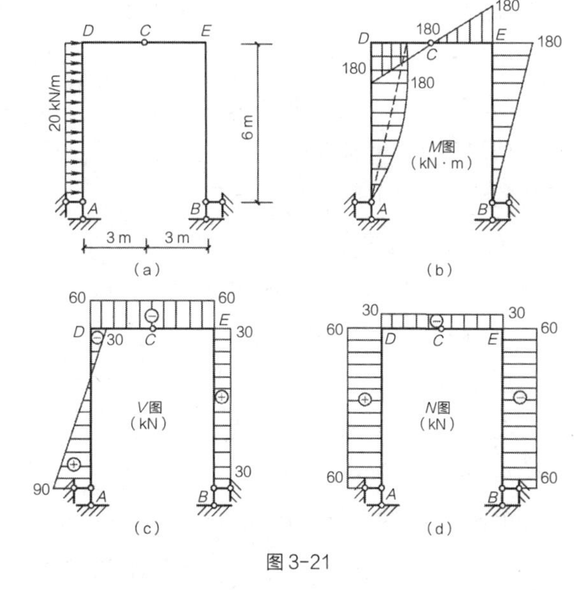

图 3-21

（2）作弯矩图。

AD 之间作用有均布荷载，弯矩图的形状应该是一条抛物线，所以应确定三个特征点；其他杆件没有荷载作用，弯矩图应该是一条斜线，应分别确定两个特征点。分别画脱离体图，求得各个特征点的弯矩值如下：

AD 杆：$M_{AD} = 0$，$M_{DA} = 180\ \text{kN} \cdot \text{m}$（右侧受拉）

DC 杆：$M_{DC} = 180\ \text{kN} \cdot \text{m}$（下表面受拉），$M_{CD} = 0$

CE 杆：$M_{CE} = 0$，$M_{EC} = 180\ \text{kN} \cdot \text{m}$（上表面受拉）

EB 杆：$M_{BE} = 0$，$M_{EB} = 180\ \text{kN} \cdot \text{m}$（右侧受拉）

画出的弯矩图如图 3-21（b）所示。

（3）作剪力图。

AD 之间作用有均布荷载，剪力图应该是一条斜线，应确定两个特征点；其他杆件没有荷载作用，剪力图应该是一条平行于基线的直线，应分别确定一个特征点。分别画脱离体图，求得各个特征点的剪力值如下：

AD 杆：$V_{AD}=90\ kN$，$V_{DA}=-30\ kN$

DC 杆：$V_{DC}=-60\ kN$

CE 杆：$V_{CE}=-60\ kN$

EB 杆：$V_{EB}=30\ kN$

画出的剪力图如图 3-21（c）所示。

（4）作轴力图。

分别画脱离体图，求得各个杆的轴力如下：

AD 杆：$N_{AD}=60\ kN$

DC 杆：$N_{DC}=-30\ kN$

CE 杆：$N_{CE}=-30\ kN$

EB 杆：$N_{EB}=-60\ kN$

画出的轴力图如图 3-21（d）所示。

三铰刚架属于静定结构，它与普通刚架的内力的计算方法基本相同，只是在求支座反力时需要将其拆开，取其中的一半为脱离体，利用中间铰的弯矩等于零这一特殊条件求得支座反力。从最后得到的弯矩图我们也可以看到中间铰节点的弯矩等于零。

静定刚架的内力计算，是建筑力学的基本内容之一，它不仅是静定刚架强度计算的依据，而且是分析超静定刚架和位移计算的基础。绘制弯矩图时应注意以下几点：

（1）刚节点处应满足力矩平衡。

（2）铰节点处弯矩必为零（在无外力偶的情况下）。

（3）无荷载区段弯矩图为直线。

（4）均布荷载作用的区段弯矩图为二次抛物线，曲线的凸方向与均布荷载指向一致。

3.4 静定桁架的内力

3.4.1 桁架的特点

桁架是指由若干直杆在两端用铰连接所组成的结构。在平面桁架的计算中通常作如下假定：

（1）各杆在两端用绝对光滑、无摩擦的理想铰相互连接。杆件自重不计。

（2）各杆轴线都是在同一平面内的直线，且通过铰的中心。

（3）荷载和支座反力都作用在节点上且位于桁架所在的平面内。

图 3-22（a）为根据上述假定所作的桁架计算简图，各杆均可用轴线表示，且各杆均为只受轴向力的二力杆，如图 3-22（b）所示。这种桁架称为理想桁架。理想桁架由于各杆只受轴力，应力分布均匀，材料可以得到充分利用。在实际工程中，对于如图 3-23（a）所示的钢筋混凝土屋架结构，常采用上述理想桁架作为它的计算简图。这是因为根据理想桁架分析的结果，能比较好地反映出上述结构的主要受力特征，其计算简图为图 3-23（b）所示。

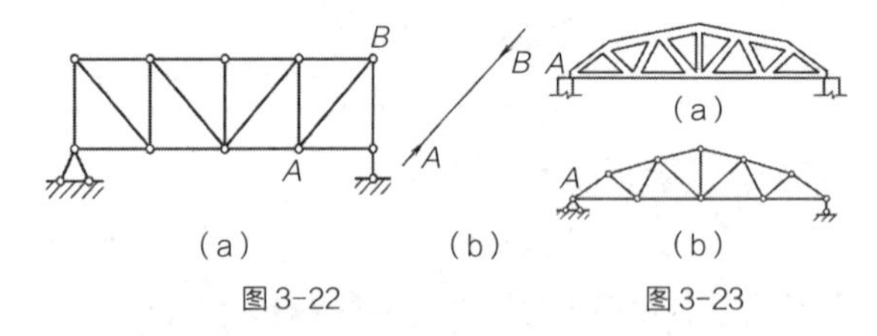

图 3-22　　图 3-23

由于桁架杆件主要只承受轴力，杆上应力分布比较均匀，故材料的效用可得到充分发挥，因而桁架与截面应力不均匀的梁相比，用料省，自重轻，在屋架、桥梁等大跨度结构中多被采用。

组成桁架的各杆依其所在位置可分为弦杆和

腹杆两类。弦杆是指桁架外围的杆件，上边的称为上弦杆，下边的称为下弦杆。上、下弦杆之间的杆件称为腹杆，腹杆又分为竖杆和斜杆。弦杆上相邻两节点间的区间称为节间，其间距称为节间长度。桁架最高点到两支座连线的距离称为桁高。两支座之间的距离称为跨度。桁架各部分名称如图3-24所示。

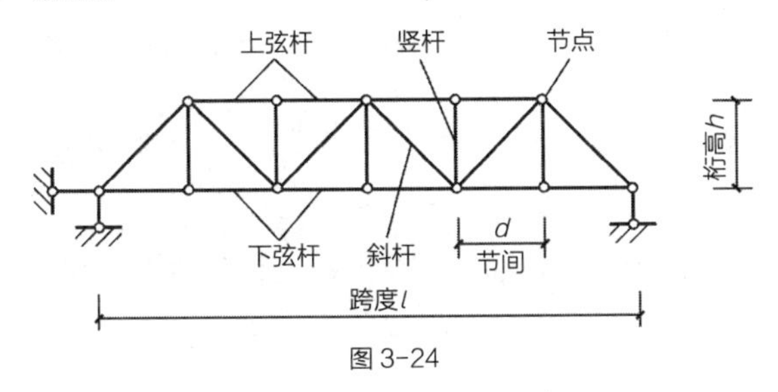

图3-24

3.4.2 平面桁架的分类

（1）按桁架的外形分，可分为平行弦桁架如图3-25（a）所示、曲线形桁架如图3-25（b）所示，三角形桁架如图3-25（c）所示。

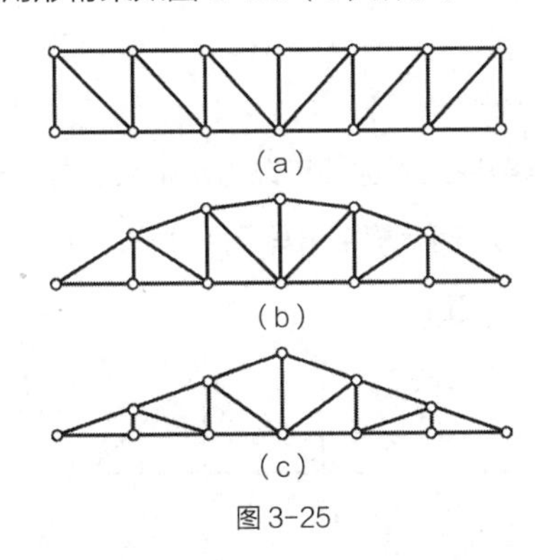

图3-25

（2）按照支座反力的特点分为无推力桁架或梁式桁架和有推力桁架或拱式桁架，如图3-26所示。

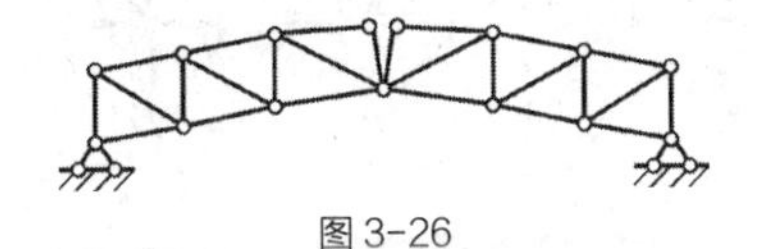

图3-26

3.4.3 静定桁架内力计算

桁架的内力计算，与前述梁和刚架的内力计算有较大的差别，其内力计算方法有节点法、截面法和联合法。

在求桁架各杆的内力时，我们可以截取桁架中的一部分为脱离体，考虑脱离体的平衡，由静力平衡方程求出各杆的内力。如果截取的脱离体只包含一个节点，就叫节点法；如果截取的脱离体包含两个及以上的节点时，就叫截面法。

1. 节点法

节点法是截取桁架的节点作为隔离体，由节点的静力平衡条件来计算杆件的内力。由于桁架的各杆只承受轴力，所以，作用于任一节点上的各力（包括荷载、支反力和内力）组成一平面汇交力系。因此，可就每一节点列出两个平衡方程进行计算。

节点法是分析桁架内力的基本方法之一。从理论上讲，它可以计算任何类型的静定平面桁架。在实际计算中，为了避免解算联立方程，采用节点法时，应从未知力不超过两个的节点开始计算，并且在计算过程中应尽量使每次截取的节点，作用其上的未知力不超过两个。一般来说节点法适用于计算比较简单的桁架。

在计算过程中，通常先假设杆件内力为拉力（即背离节点），计算结果如得正值，表示实际内力是拉力；如得负值，则为压力。

由静力平衡的方程出发，可以事先不加计算的快速判定出一些杆件的内力为零。内力为零的杆件称为零杆。由节点平衡条件得到零杆的判定规则如下：

（1）在不共线的两杆节点上无荷载作用时，则两杆均为零杆，如图3-27（a）所示。

（2）有两杆共线的三杆节点上，无荷载作用时，则不共线的第三杆的必为零杆，共线的两杆内力大小相等，符号相同，如图 3-27（b）所示。

（3）两两共线的四杆节点上无荷载作用时，则共线的两杆内力大小相等，符号相同，如图 3-27（c）所示。

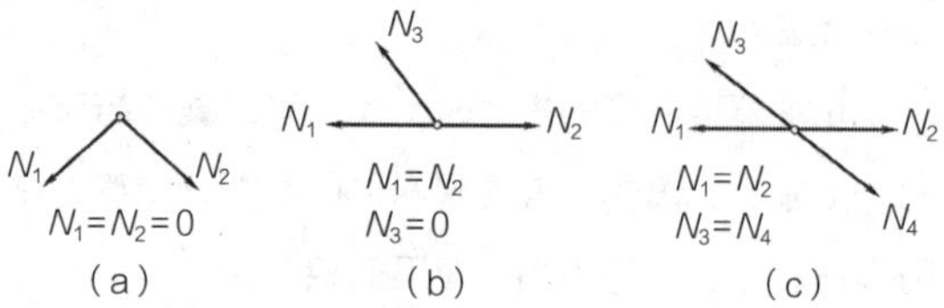

N_1 N_2 $N_1=N_2=0$ （a）

N_3 N_1 N_2 $N_1=N_2$ $N_3=0$ （b）

N_3 N_1 N_2 N_4 $N_1=N_2$ $N_3=N_4$ （c）

图 3-27

应用上述零杆的判断规则可以判断出如图 3-28 所示各桁架中，虚线所示各杆均为零杆，这样可以使计算工作简化。一般来说，零杆判别应在对桁架进行内力计算之前进行，这样可以将计算简图中的零杆视为不存在。当然在实际制作桁架时这些零杆还是需要的，因为如果结构的荷载可以发生变化，原来的零杆就不一定是零杆了。

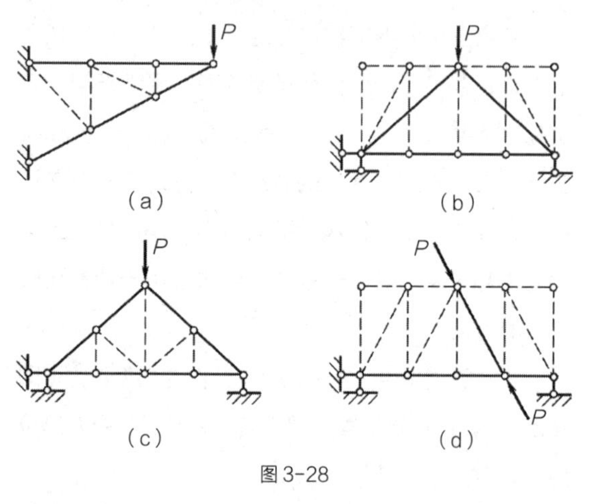

图 3-28

【例题 3-14】用节点法求图 3-29（a）所示桁架的内力。

【解】（1）找出零杆。根据零杆的判定规则可以知道，杆 CF、GD、EH 为零杆，杆 AF 和杆 FG 内力相等，杆 GH 和杆 HB 内力相等，杆 CD 和杆 DE 内力相等。

（2）求支座反力。

解除支座用支座反力代替，将桁架视为一个整体，由静力平衡方程求得支座反力。

由 $\sum X=0$ 得到 $H_A=0$，

由 $\sum M_B=0$ 得到 $R_A=25$ kN（向上），

再由 $\sum Y=0$ 得到 $R_B=25$ kN（向上）。

（3）根据节点平衡求各杆内力。

利用对称性，只需求桁架一半杆件的内力。

从节点 A 开始：受力图如图 3-29（b）所示，由

$\sum Y=0$，$N_{AC}\times\dfrac{3}{5}+25\text{ kN}=0$，得到 $N_{AC}=-41.7$ kN。

由 $\sum X=0$，$N_{AF}-41.7\text{ kN}\times\dfrac{4}{5}=0$，得到 $N_{AF}=$ 33.3 kN。

节点 C：受力图如图 3-29（c）所示，由 $\sum Y=0$，

$N_{CG}\times\dfrac{3}{5}+20\text{ kN}-41.7\text{ kN}\times\dfrac{3}{5}=0$，得到 $N_{CG}=8.3$ kN。

由 $\sum X=0$，$8.3\text{ kN}\times\dfrac{4}{5}+41.7\text{ kN}\times\dfrac{4}{5}+N_{CD}=0$，得到 $N_{CD}=-40$ kN。

可根据图 3-29（d）所示节点 G 受力图对计算结果进行校核。

根据结构的对称性可以得出桁架另外一半各个杆件的内力，将计算结果写于图 3-29（e）中。

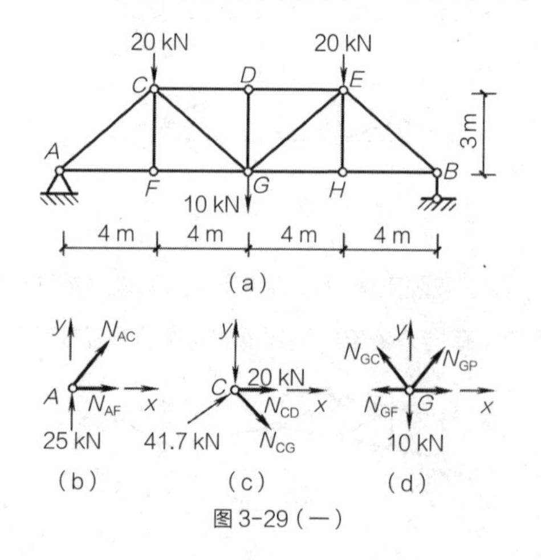

图 3-29（一）

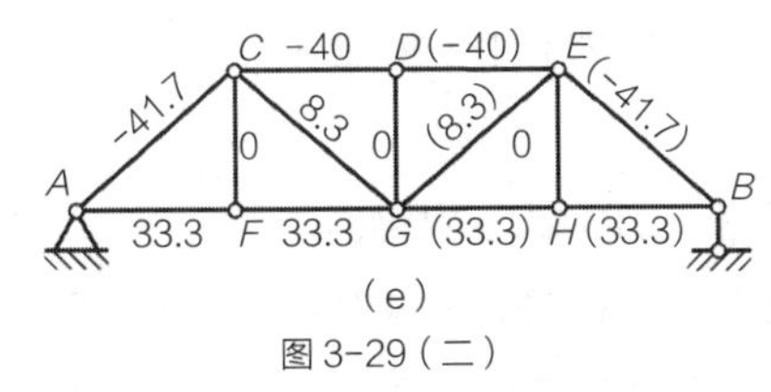

（e）

图3-29（二）

2. 截面法

在分析桁架内力时，有时仅需求出某一个或几个指定杆件的内力，这时用截面法比较方便。由于脱离体包含两个及以上的节点，故其受力图在一般情况下属于平面任意力系，可建立三个平衡方程，求解三个未知量。为避免解联立方程，使用截面法时，脱离体上未知力的个数最好不多于三个．且尽量使一个平衡方程只包含一个未知量。

【例题3-15】用截面法求图3-30（a）所示桁架中1、2、3杆的内力。

【解】

（1）找出零杆。这里没有杆件符合零杆的判定规则，所以没有零杆。

（2）求支座反力。

解除支座用支座反力代替，将桁架视为一个整体，由静力平衡方程求得支座反力如下：

$$H_A = 50\ \text{kN}（向右）$$

$$R_A = 22.2\ \text{kN}（向上）$$

$$R_B = -22.2（向下）$$

（3）将桁架从Ⅰ-Ⅰ截面断开，取左边为脱离体，如图3-30（b）所示。

则由$\sum M_D = 0, 50\ \text{kN} \times 4\ \text{m} - 22.2\ \text{kN} \times 3\ \text{m} - N_1 \times 4\ \text{m} = 0$

得到$N_1 = 33.4\ \text{kN}$；

则由$\sum M_E = 0, 50\ \text{kN} \times 4\ \text{m} - 22.2\ \text{kN} \times 4.5\ \text{m} + N_3 \times 4\ \text{m} = 0$

得到$N_3 = -25\ \text{kN}$；

则由$\sum Y = 0，22.2\ \text{kN} + N_2 \times \dfrac{2.67}{2.85} = 0$

得到$N_2 = -23.7\ \text{kN}$；

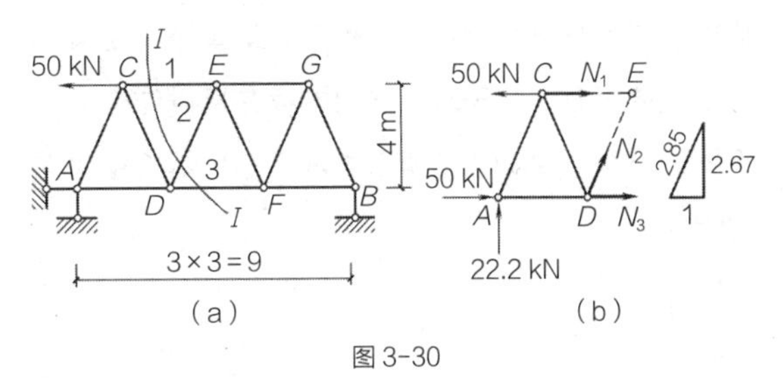

图3-30

在将桁架某个截面断开，取一边为脱离体，用静力平衡方程求杆件内力时，对某点取矩可以大大简化解题过程。此时矩心的选择十分关键，可以将几个未知力的交点作为矩心，一般就能避免解联立方程。

在一些比较复杂的桁架中，仅用单纯的节点法或截面法不容易求得所有杆件的内力，可以联合使用节点法与截面法。

3.5　拱的内力

3.5.1　静定拱的特点

拱结构是指杆轴为曲线且在竖向荷载作用下能产生水平推力的结构。拱结构与梁的区别，不仅在于外形的不同，而更重要的还在于水平推力的存在。例如图3-31（a）所示的结构，其杆轴虽为曲线，但是在竖向荷载作用下无水平推力产生，其内力与相应简支梁的相同，称为曲梁；而图3-31（b）所示的结构，由于两端都是铰支座，在竖向荷载作用下能产生水平推力，故属于拱。拱的优点是用料较为节省，自重轻，能形成较大的跨度。此外，由于水平推力的存在，使拱主要受轴向压力，故可利用抗压性能好而抗拉性能差的材料（如砖、石、混凝土等）来建造。其缺点是需要比梁更为坚固的基础或支承结构抵抗水平推力，外形较梁复杂，带来了施工上的困难。由于水平推力的存在是拱结构区别于梁的一个重要标志，所以通常又把拱结构称为推力结构。

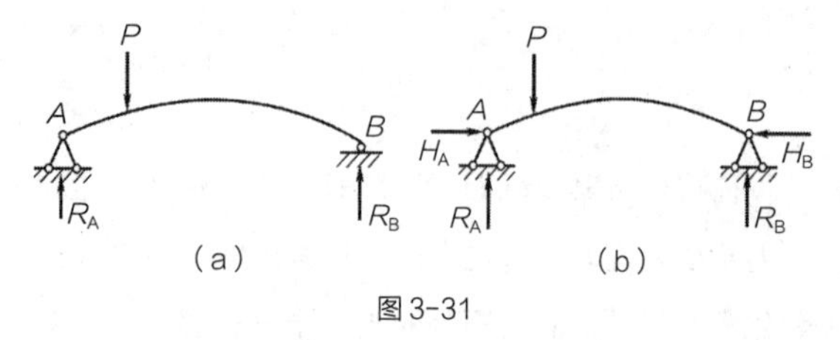

图 3-31

在工程中常见的拱结构如图 3-32 所示，其中图 3-32（a）是无铰拱，图 3-32（b）是双铰拱图，图 3-32（c ~ e）是三铰拱。

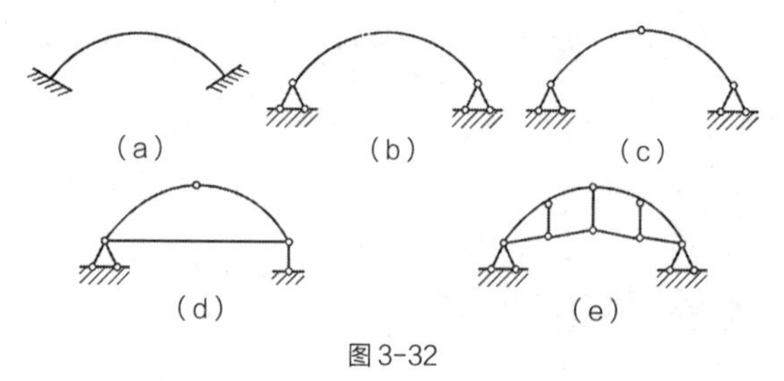

图 3-32

拱的两端支座处称为拱趾，中间最高点称为拱顶。三铰拱的拱顶通常是布置铰的地方（图 3-33）。由拱顶到两支座连线的竖向距离 f 为矢高。矢高 f 与跨度 l 之比 $\frac{f}{l}$ 称为拱的矢跨比。

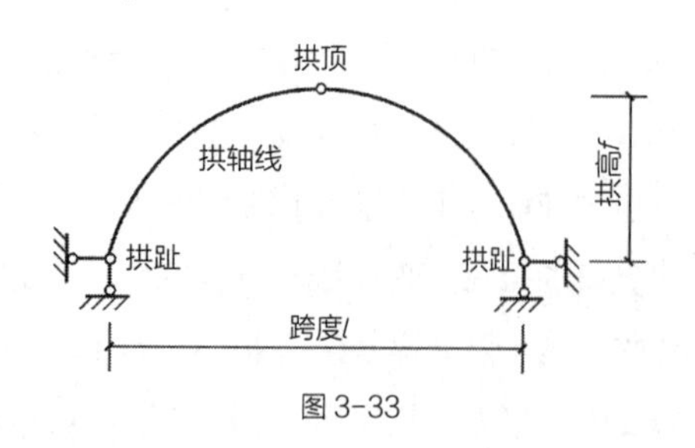

图 3-33

三铰拱是比较简单的一种静定拱，其力学特性在拱结构中具有代表性，下面的讨论主要围绕三铰拱展开。

3.5.2 三铰拱的支座反力

三铰拱的两端均为固定铰支座，因此，共支座反力共有四个未知数，故需列出四个静力平衡方程。除了整体平衡的三个方程外，还可利用中间铰弯矩等于零的特性来建立一个补充方程。

以图 3-34 中的三铰拱为例，首先考虑整体平衡由 $\Sigma M_B = 0$ 及 $\Sigma M_A = 0$ 可以求得两支座的竖向反力:

$$R_A = \frac{\Sigma P_i b_i}{l},\ R_B = \frac{\Sigma P_i a_i}{l}$$

由 $\Sigma X = 0$ 得到 $H_A = H_B$

由铰点 C 处不能产生弯矩，即 $\Sigma M_C = 0$，取左半拱为脱离体则有:

$$H = \frac{R_A l_1 - P_1(l_1 - a_1) - P_2(l_1 - a_2)}{f}$$

上式分子恰好是与三铰拱同样跨度受同样荷载作用的简支梁在 C 截面的弯矩 $M_{C梁}$，所以上式又可写为:

$$H = \frac{M_{C梁}}{f}$$

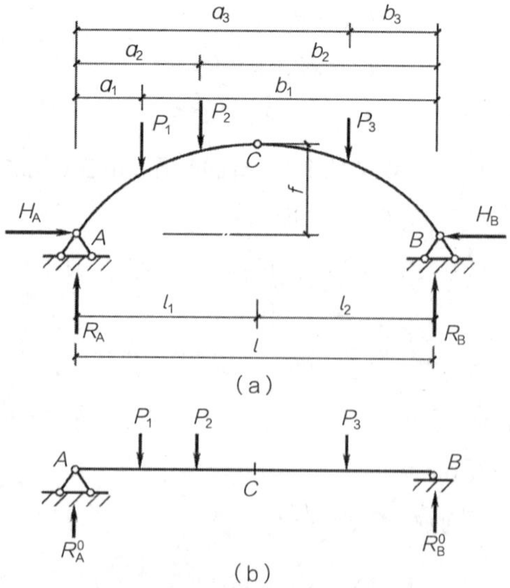

（a）

（b）

图 3-34

与受同样荷载、相同跨度的简支梁相比可以看出，它们的竖向支座反力相等，如图3-35所示。对水平推力H进行分析发现，在一定荷载作用下，推力H只与三个铰的位置有关，而与各铰间的拱形状无关；也就是，只与拱的矢跨比$\frac{f}{l}$有关。当矢跨比$\frac{f}{l}$越大时则水平推力H越小，反之，若矢跨比$\frac{f}{l}$越小则水平推力H越大；而当$f=0$时，H将趋于∞，此时，三铰已在一条直线上，根据几何组成分析可知，它已属于瞬变体系，建筑结构工程中不允许出现这样的结构。

3.5.3　三铰拱的内力

首先建立以A点为坐标原点向右、向上为正的坐标系，任意选取与拱轴线成垂直的截面K，该截面的坐标为x_K、y_K，如图3-35（a）所示。

该截面的内力分别是弯矩M_K、剪力V_K和轴力N_K，如图3-35（b）所示。下面分别研究这三种内力的计算。

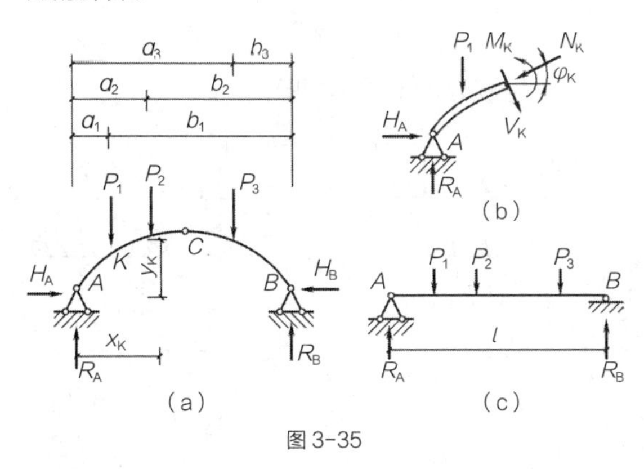

图3-35

1. 三铰拱弯矩的计算

首先规定使拱的内侧纤维受拉的弯矩为正，反之为负。取左半边拱为隔离体，如图3-35（b）所示，对K截面形心取矩，由$\sum M_K=0$可得：

$$M_K=[R_A\cdot x_K-P_1(x_K-a_1)]-H\cdot y_K$$

简支梁相应截面的弯矩为：

$$M_{K梁}=R_A\cdot x_K-P_1(x_K-a_1)$$

故上式可改写为：$M_K=M_{K梁}-H\cdot y_K$

由此可见，拱内任一截面的弯矩，等于相应简支梁对应截面的弯矩减去由于拱推力H所引起的弯矩$H\cdot y_K$。也即出于水平推力的存在，减小了拱截面的弯矩，因此拱的截面尺寸要比其对应的简支梁为小。就这一点而言，三铰拱比简支梁更为经济，并能跨越较大的跨度。

2. 三铰拱剪力的计算

对于拱的剪力其正负号规定与梁相同，使截面有顺时针转动趋势时则为正，反之为负。把图3-35（b）脱离体中所有的力沿K截面切线方向即V_K所在轴线方向分解，所有的力分解之后求代数和应该等于零。于是得到：

$$V_K=(R_A-P_1)\cdot\cos\varphi_K-H\cdot\sin\varphi_K$$

式中φ_K为截面K处拱轴切线的倾角，在图示坐标系中，φ_K在左半拱为正，而在右半拱为负。相应简支梁在截面K处的剪力为：$V_{K梁}=R_A-P_1$，可见拱的剪力比梁要小得多。

3. 三铰拱轴力的计算

拱在截面上的轴力规定使拱截面受压则为正，反之为负。把图3-35（b）脱离体中所有的力沿K截面法线方向即N_K所在轴线方向分解，所有的力分解之后求代数和应该等于零。于是得到：

$$N_K=(R_A-P_1)\cdot\sin\varphi_K-H\cdot\cos\varphi_K$$

在竖向荷载作用下，梁的截面没有轴力，而拱的截面内轴力较大。在选择恰当的拱轴的条件下，拱的截面主要受压，因此拱式结构可利用砖石、混凝土等抗压性能较好的材料制作，充分发挥这些材料的作用。

3.5.4 拱的合理轴线

由拱的弯矩计算公式可知，只要设计得恰当，完全可以使拱上各个截面弯矩等于零，而只有轴力和剪力。此时，各截面都处于均匀受压的状态，因而材料能得到充分的利用，相应的拱截面尺寸将是最小的。设计这样的拱将是最经济的，故称这样的拱轴为拱的合理轴线。

当拱轴为合理轴线时拱的弯矩处处为零，所以：

$$M_{K}=M_{K梁}-H\cdot y=0$$

$$y=\frac{M_{K梁}}{H}$$

由此可知，合理轴线的纵坐标 y 是与相应简支梁的弯矩成比例。当拱上所受荷载为已知时，只需求出相应简支梁的弯矩方程，然后除以水平推力 H，便得到拱的合理轴线方程。下面以图 3-36（a）中受均布荷载作用的三铰拱为例说明合理轴线的求法。

首先画出与三铰拱相应的简支梁如图 3-36（b）所示，在图示坐标系下可得简支梁任意截面的弯矩为：

$$M_{梁}=\frac{1}{2}qlx-\frac{1}{2}qx^{2}=\frac{1}{2}qx(l-x)$$

根据 $H=\dfrac{M_{C梁}}{f}$ 则有：$H=\dfrac{ql^{2}}{8f}$

代入 $y=\dfrac{M_{K梁}}{H}$ 则有：

$$y=\frac{\frac{1}{2}qx(l-x)}{\frac{ql^{2}}{8f}}=\frac{4f}{l^{2}}x(l-x)$$

由此可知，在满跨的竖向均布荷载作用下，三铰拱的合理轴线是一条抛物线。正因为如此，所以在房屋建筑中拱的轴线常用抛物线。

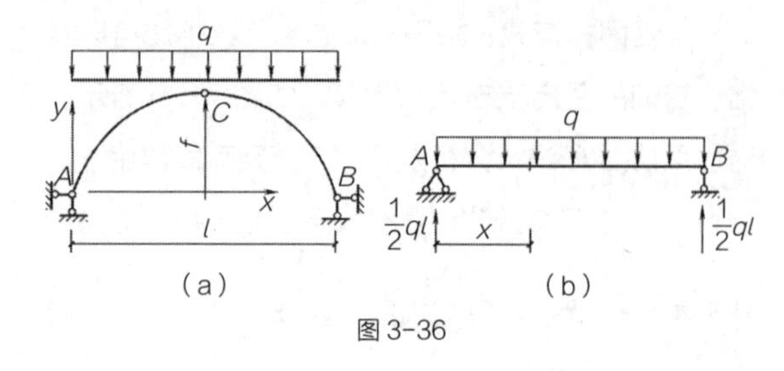

图 3-36

习 题

1. 求图示各梁指定截面的内力。

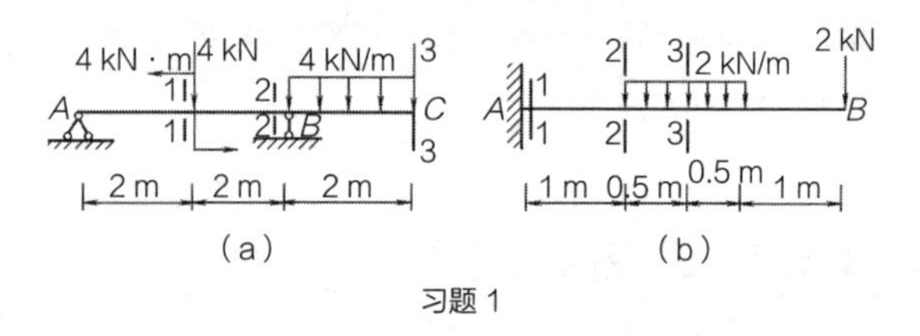

习题 1

2. 求图示桁架的内力。

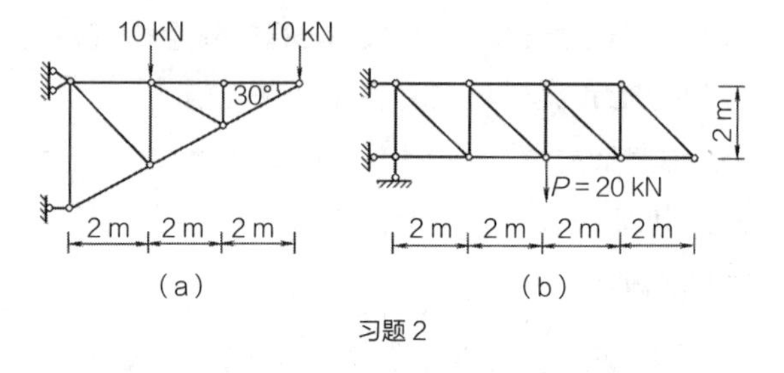

习题 2

3. 画图示各结构的内力图。

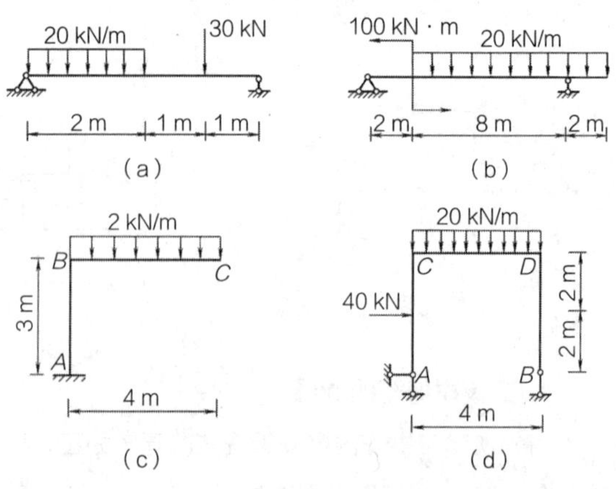

习题 3

Chapter4

第4章 应力与强度

Stress and Strength

上一章我们研究了静定结构在荷载作用下的内力（即轴力、弯矩、剪力）的计算问题，通过画内力图可以清楚地知道内力在各个杆件上的分布情况，从而可以确定最大和最小内力发生的截面。但是，为了研究构件在外力作用下能否安全、正常工作，仅知道最大内力所在位置还是远远不够的，还必须满足强度、刚度和稳定性的要求。本章主要研究强度问题，刚度和稳定性问题将在以后各章中陆续讨论。

满足强度要求就是要求构件具有足够的抵抗破坏的能力，在荷载作用下不至于发生破坏。为了研究强度问题除了知道哪个截面上的内力最大，还要知道截面上哪个位置最容易破坏，也即截面上应力的分布情况。

4.1 应力和强度的概念

4.1.1 应力

用相同的材料做成的两根直杆，一根粗一些，另一根细一些，承受同样大小的拉伸荷载 P。由截面法可知，这两根杆的内力都等于 P。但是当荷载增加时，显然是细的杆件首先开始断裂。这说明，内力的大小不足以反映构件的强度。由于内力是分布在杆件横截面上的，当粗细两杆内力相同时，显然细杆内力分布的密集程度较粗杆要大一些，内力的密集程度才是影响强度的主要原因。我们把内力在一点处的集度称为应力。应力的单位是帕斯卡（简称帕），符号为 Pa，常用单位还有兆帕（MPa），或者使用牛顿每平方米作为应力单位也可以。帕和牛顿每平方米的换算关系：

$$1\ \text{Pa} = 1\ \text{N/m}^2$$

杆件的单位横截面积范围内法向力的集合称为正应力，如果这种正应力使杆件纤维沿它的纵轴方向有伸长的趋势，那么称为拉应力，反之则称为压应力。正应力用符号 σ 表示。拉应力前面带正号，通常略去不写，压应力前面带负号。

同样，剪应力为单位横截面积上切向应力的集合，剪应力是由于该截面上有剪力时产生的。剪应力用符号 τ 表示。

截面上有轴力 N 单独作用的情况下，横截面上的应力是正应力，且正应力在横截面上是均匀分布的。若杆件的横截面面积为 A，轴力为 N，则轴向拉（压）时横截面上的正应力计算公式为：

$$\sigma = \frac{N}{A} \tag{4-1}$$

截面受弯矩、剪力以及扭矩作用下的应力将在后面的章节专门讨论。

4.1.2 强度

我们不仅要研究截面上的内力大小和应力的分布，而且进一步要保证该截面的安全，这就是强度计算的目的。显然，截面不能承受任意大的应力，因此，截面安全工作的应力值应该限制在某个允许的数值，这个值就叫作容许应力或许用应力。通常容许正应力以字母加括号 [σ] 表示，容许剪应力以 [τ] 表示。

一般来说常见建筑材料的 [σ] 和 [τ] 都可以从有关规范或手册中查到，它们是由大量的实验再加上安全度分析给出的。

4.1.3 强度条件

强度计算的内容是根据截面上内力的大小、性质和分布规律寻求出该截面上的最不利或者理解为最大的应力，用它与容许应力进行比较。即：

$$\sigma_{max} \leqslant [\sigma]$$

$$\tau_{max} \leqslant [\tau]$$

满足了以上不等式即可认为结构满足强度要求，这也是今后进行强度校核的基本条件。

4.2　弯曲时的正应力

4.2.1　纯弯曲梁的概念

习惯上把只受弯矩而无剪力作用的梁称为纯弯曲梁。图4-1中的梁即为纯弯曲梁，这样弯曲的结果使得在梁的下层纤维产生拉伸而上层纤维产生压缩。这种情况可以用一块长方形的橡皮块很容易地证实。因此有理由认为，在此上下两层纤维之间的某处有一些应力为零的点。所有这样一些点的轨迹称为中性轴（层）。中性轴是在弯矩的作用下截面上从受拉到受压的一个过渡位置。对于对称匀质截面，中性轴就是对称轴，而对于任何截面中性轴总是通过横截面积的形心。

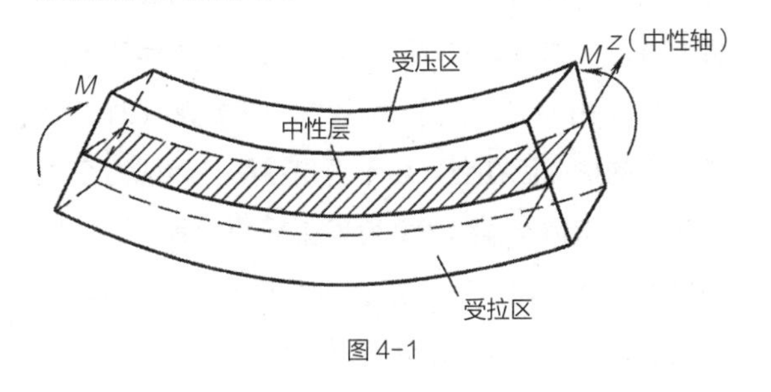

图4-1

4.2.2　弯曲时的正应力推导

图4-2为截取后的梁上的一部分，其中图4-2（a）为受弯前的情况，图4-2（b）为受弯后的情况。原来平行的两个横截面 HF 和 GE，受弯后最终位置变为 $H'F'$ 和 $G'E'$，它们形成一个夹角 θ。取距离中性轴为 y 的一层纤维 AB，梁受弯后 AB 将伸长为 $A'B'$。由于应变等于伸长的长度与原长之比，所以：

$$\text{纤维}AB\text{的应变} = \frac{A'B' - AB}{AB}$$

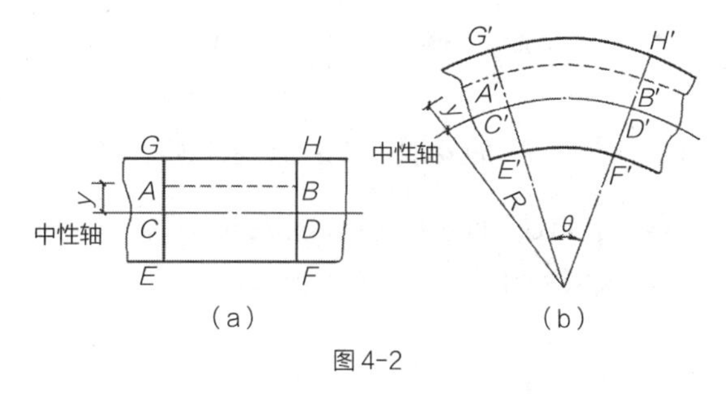

图4-2

从图4-2中可以看出 $AB = CD$，由于中性轴上纤维既不受拉也不受压，因而长度没有变化，所以 $CD = C'D'$。因此上式可以继续写为：

$$\text{纤维}AB\text{的应变} = \frac{A'B' - C'D'}{C'D'}$$

$$= \frac{(R+y)\cdot\theta - R\cdot\theta}{R\cdot\theta} = \frac{y}{R}$$

从物理学可知应力和应变的关系为：

$$\frac{\text{应力}}{\text{应变}} = \text{弹性模量}$$

将弹性模量用字母 E 表示，则有：

$$\text{应变} = \frac{\sigma}{E}$$

使上面两个应变表达式的右边相等，则有：

$$\frac{\sigma}{E} = \frac{y}{R}$$

变换一下成为：

$$\frac{\sigma}{y} = \frac{E}{R} \qquad (4\text{-}2)$$

考察如图4-3所示的截面，设距离中性轴y的窄条的面积为dA，则作用于窄条上的力为：$dF=\sigma\cdot dA$

将式（4-2）代入则有：

$$dF=\frac{E}{R}\cdot y\cdot dA$$

截面上的弯矩是截面上每一微元面积上的正应力对中性轴产生的力偶矩的代数和。所以：

$$M=\int dF\cdot y=\frac{E}{R}\int y^2 dA$$

式中$\int y^2 dA$是截面相对于中性轴的惯性矩，用字母$I_{中}$表示，它是截面本身所具有的几何特性，与截面的形状和尺寸有关。则上式可改写为：

$$M=\frac{E}{R}\cdot I_{中}$$

将式（4-2）代入上式整理可以得到：

$$\sigma=\frac{M}{I_{中}}\cdot y \qquad (4-3)$$

式（4-3）是梁纯弯曲时横截面上任意一点的正应力计算公式。此式表明：正应力与所在截面的弯矩M成正比，与截面对中性轴的惯性矩成反比。正应力沿截面高度线性分布，离中性轴愈远正应力愈大，中性轴上（$y=0$）的正应力等于零，如图4-4所示。

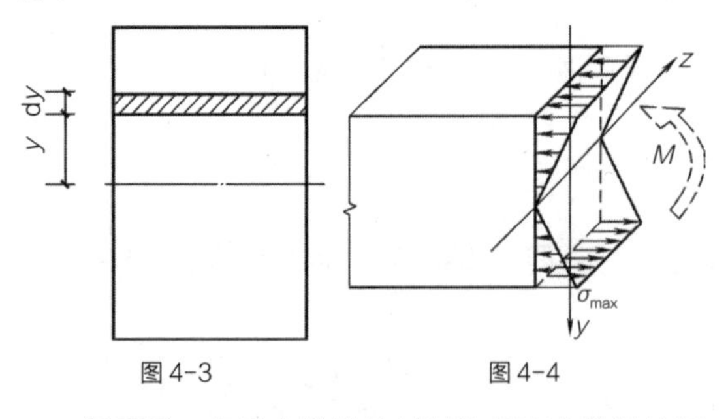

图4-3　　图4-4

很明显，靠近中性轴的材料比起离中性轴较远处的材料来总是承受比较小的应力。因此为了充分发挥材料的承载特性，最好选择大量截面积尽量远离中性轴的那些截面。由于这个原因，在实际工程中，以弯曲为主的大型构件截面往往采用工字形截面或T形截面。

对于上下对称的截面来说，在弯矩作用下截面上的正应力会出现最大拉应力与最大压应力大小相等的情况，如图4-5（a）所示，但是当截面是T形截面或其他上下不对称的截面，由于距离中性轴的距离不同，所以最大拉应力和最大压应力并不相等，如图4-5（b）所示。

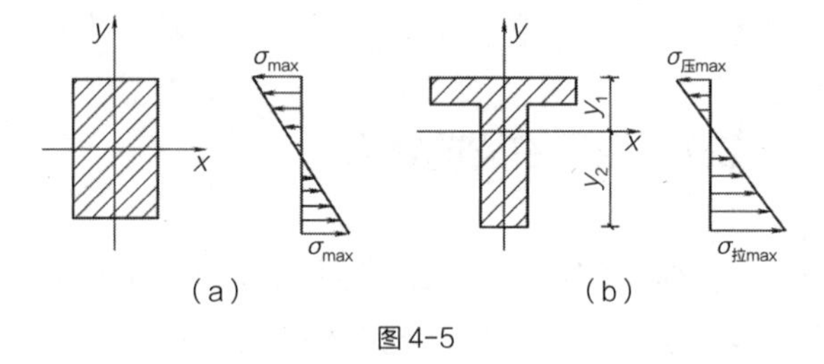

图4-5

在用式（4-3）计算正应力时，可不考虑式中M与σ的正负号，均以绝对值代入，最后由梁的变形来确定某一点上是拉应力还是压应力。当截面上的弯矩为正时，梁下边受拉、上边受压，所以中性轴以下为拉应力，中性轴以上为压应力。当截面上的弯矩为负时，则相反。

需要说明的是，正应力计算式（4-3）是在纯弯曲情况下导出的，而工程上最常见的弯曲问题是横力弯曲，这时梁的截面上既有由弯矩引起的正应力，又有由剪力引起的剪应力。由于剪应力的存在，梁的横截面在变形后不再是平面，而成为空间曲面，通常称作梁的横截面发生翘曲。此外，各纵向纤维之间还存在挤压应力。经实验结果证明，对于梁的跨度l与横截面高度H之比大于5的梁，虽有上述因素，但按式（4-3）计算弯曲正应力，误差很小，已能满足工程上的精度要求，而且工程实际中的梁大多数其高跨比$l:H\geqslant 5$，所以纯弯曲时的正应力公式可推广应用于横力弯曲中。

4.3　截面的几何特征

截面的几何特征是影响构件承载能力的重要因素。从上一节的正应力计算公式中可以看出，应力的大小与截面几何性质密切相关。本节集中讨论这些截面的几何特征的概念和计算方法。截面的几何特征是纯粹的几何问题，与研究对象的力学性质无关。

4.3.1　截面的惯性矩

截面的惯性矩在上一节中曾经提到，在这里给出具有普遍意义的惯性矩的概念。图4-6的图形中，相对于 x 轴的惯性矩定义为：

$$I_x = \int y^2 \mathrm{d}A \qquad (4\text{-}4)$$

相对于 y 轴的惯性矩定义为：

$$I_y = \int x^2 \mathrm{d}A \qquad (4\text{-}5)$$

惯性矩 I 总是正值，且不会等于零。其单位为长度的四次方，通常用 m^4、mm^4 等表示。下面根据以上定义分别求出常见截面的惯性矩。

图4-7是一个矩形截面，假设其高度为 H，宽度为 B，首先要求其相对于中性轴 x 轴的惯性矩。

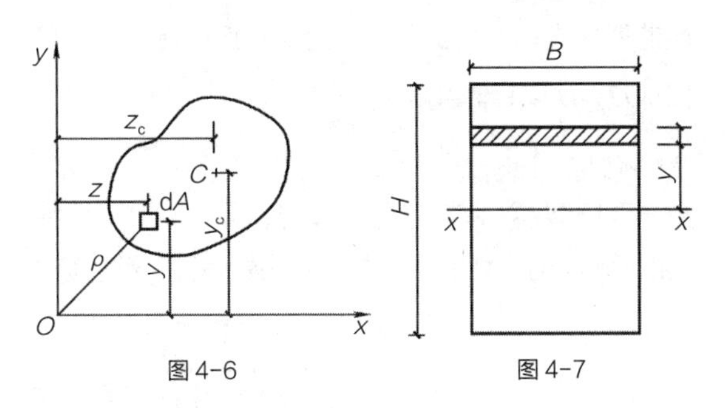

图4-6　　图4-7

选取距离 x 轴距离为 y 高度为 $\mathrm{d}y$ 的微元，在 $\pm\dfrac{H}{2}$ 之间积分则有：

$$I_{中} = \int y^2 \mathrm{d}A = \int_{-\frac{H}{2}}^{\frac{H}{2}} y^2 \cdot B \cdot \mathrm{d}y = \frac{BH^3}{12} \qquad (4\text{-}6)$$

这是矩形截面相对于其中性轴的惯性矩公式，今后会经常用到。

同样，还可求出矩形截面相对于底边的惯性矩：

$$I_{底} = \int y^2 \mathrm{d}A = \int_0^H y^2 \cdot B \cdot \mathrm{d}y = \frac{BH^3}{3}$$

直径为 D 的圆形截面相对于其中性轴的惯性矩为：

$$I_{中} = \frac{\pi D^4}{64}$$

惯性矩可以相加减，但是前提条件是必须都是相对于同一个轴的惯性矩才可以相加减。对于工程上常见的组合截面，如工字形、T形等对某一个轴的惯性矩，先把它们分解成简单的图形，分别求出它们对同一轴的惯性矩，然后再相加或相减。图4-8中的工字形截面相对于中性轴的惯性矩可以写为：

$$I_{中} = \frac{BH^3}{12} - 2 \cdot \frac{bh^3}{12}$$

为了方便地求出复杂截面的惯性矩还必须引入平行轴定理；

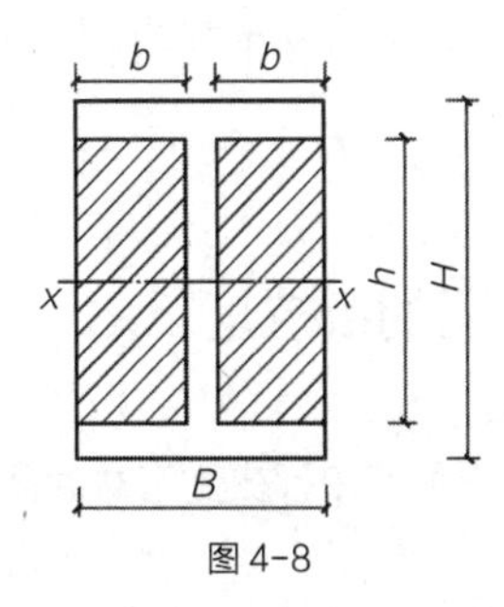

图4-8

截面对与其中性轴平行的任意轴的惯性矩可按下式计算：

$$I = I_{中} + Ad^2 \qquad (4\text{-}7)$$

式中　$I_{中}$——截面对自身中性轴的惯性矩，m^4；

d——截面的中性轴与任意轴间的距离，m；

A——截面面积，m^2。

【例题 4-1】求图 4-9 所示 T 形截面相对于 x 方向中性轴的惯性矩。

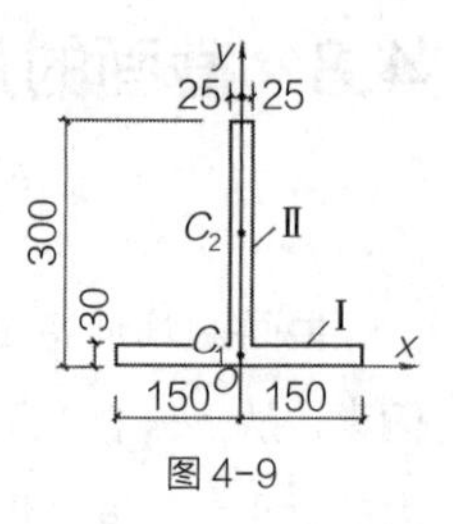

图 4-9

【解】（1）找出 T 形截面形心，确定中性轴的位置。

把整个 T 形截面分为Ⅰ、Ⅱ两个矩形，两个矩形的形心到 x 轴的距离分别为 15 mm 和 165 mm。则 T 形截面形心坐标为：

$$x_c = 0$$

$$y_c = \frac{15\ \text{mm} \times 30\ \text{mm} \times 300\ \text{mm} + 165\ \text{mm} \times 50\ \text{mm} \times 270\ \text{mm}}{30\ \text{mm} \times 300\ \text{mm} + 50\ \text{mm} \times 270\ \text{mm}} = 105\ \text{mm}$$

（2）分别求出各个矩形相对于自身中性轴的惯性矩。

$$I_{\text{I}} = \frac{300\ \text{mm} \times (30\ \text{mm})^3}{12} = 6.75 \times 10^5\ \text{mm}^4$$

$$I_{\text{II}} = \frac{50\ \text{mm} \times (270\ \text{mm})^3}{12} = 5.51 \times 10^6\ \text{mm}^4$$

（3）应用平行轴定理，求各个矩形相对于公共中性轴的惯性矩。

$$I_{\text{IC}} = I_{\text{I}} + 30\ \text{mm} \times 300\ \text{mm} \times [(105 - 15)\ \text{mm}]^2 = 7.358 \times 10^7\ \text{mm}^4$$

$$I_{\text{IIC}} = I_{\text{II}} + 50\ \text{mm} \times 270\ \text{mm} \times [(165 - 105)\ \text{mm}]^2 = 1.31 \times 10^8\ \text{mm}^4$$

（4）求 T 形截面相对于中性轴的惯性矩。

$$I_C = I_{\text{IC}} + I_{\text{IIC}} = 2.04 \times 10^8\ \text{mm}^4$$

4.3.2 截面的抵抗矩

由式（4-3）可知，在受弯时截面中的最大正应力为：

$$\sigma_{max} = \frac{M}{I_{中}} \cdot y_{max} = \frac{M}{\left(\frac{I_{中}}{y_{max}}\right)}$$

式中 $\frac{I_{中}}{y_{max}}$——截面抵抗矩，用字母 W 表示。

因此上式可改写为：

$$\sigma_{max} = \frac{M}{W} \qquad (4-8)$$

某种特定横截面的 W 值越大，则在给定的最大应力下梁能够抵抗的弯矩也就越大。对于铸铁或钢筋混凝土这样的材料，它们在拉伸和压缩时的性质大不相同，在实际应用中就运用最大拉应力和最大压应力两个允许应力值。这在非对称截面（例如 T 形截面）的情况中要特别注意，因为此时 y_{max} 在中性轴两边是不同的，因而截面抵抗矩会出现两个值。

4.3.3 截面的回转半径

有时把截面的惯性矩 I 表示成面积和长度的平方这样一种乘积的形式，因为惯性矩 I 的单位是长度的四次方，而面积和长度的平方相乘其单位也是四次方，所以它们可以互等。即：

$$I = A \cdot i^2$$

式中的 i 定义为面积 A 对惯性矩 I 所取同一轴线的回转半径。工程中大量已知的是截面的惯性矩 I 和截面面积 A，此时的回转半径不难表示为：

$$i = \sqrt{\frac{I}{A}}$$

回转半径 i 与熟知的圆半径 R 是截然不同的概念，比如半径为 R（直径为 D）的圆，回转半径 i 为：

$$i = \sqrt{\frac{I}{A}} = \sqrt{\frac{\frac{\pi D^4}{64}}{\frac{\pi D^2}{4}}} = \frac{D}{4}$$

回转半径 i 将在今后研究压杆的稳定和钢结构、木结构的受压杆件等内容中用到。

4.3.4　静矩

与截面的惯性矩相类似，图 4-6 的图形中，相对于 x 轴的静矩定义为：

$$S_x = \int y \mathrm{d}A$$

相对于 y 轴的静矩定义为：

$$S_y = \int x \mathrm{d}A$$

由于静矩是表示截面面积对某轴之矩，因此对不同的轴，静矩是不同的，由上式可知，静矩的数值可能为正，也能为负，也可能为零。静矩的单位是长度的三次方，通常用 m^3、cm^3、mm^3 等表示。

我们知道平面图形形心的坐标公式为：

$$x_C = \frac{\sum \Delta A_i \cdot x_i}{A},\quad y_C = \frac{\sum \Delta A_i \cdot y_i}{A}$$

写成积分形式为：$x_C = \frac{\int x \mathrm{d}A}{A}$，$y_C = \frac{\int y \mathrm{d}A}{A}$

代入静矩的定义公式可得：

$$S_x = A \cdot y_C,\quad S_y = A \cdot x_C$$

即：截面对 x 轴（或 y 轴）的静矩，等于该截面面积与其形心坐标的乘积。当坐标轴通过截面的形心时，其静矩为零，反之，若截面对某轴的静矩为零，则该轴必通过截面的形心。静矩将在分析截面剪应力时用到。

4.4　梁的正应力强度

4.4.1　梁的正应力强度计算

为了保证安全性，梁必须满足强度要求，梁内的最大应力不能超过一定的限度，该限度就是材料的容许应力。梁在受弯的情况下，可以算出任一截面上的最大正应力，建立正应力的强度条件，从而对梁进行正应力的强度计算。

对梁上某一截面来说，弯矩值一定，则该截面上最大正应力为：

$$\sigma_{max} = \frac{M}{W}$$

截面的抵抗矩 W 与截面上的最大正应力 σ_{max} 成反比，W 越大则 σ_{max} 越小。

对于矩形截面：

$$W = \frac{\frac{BH^3}{12}}{\frac{H}{2}} = \frac{BH^2}{6}$$

对圆形截面；

$$W = \frac{\frac{\pi D^4}{64}}{\frac{D}{2}} = \frac{\pi D^3}{32}$$

对工字钢、槽钢、角钢等型钢截面，W 值可由型钢表中查得（见附录中的型钢表）。

对于等截面梁来说，W 是常量，所以最大正应力一定发生在最大弯矩所在的截面上。根据强度要求，同时考虑留有一定的安全储备，梁内的最大正应力不能超过材料的容许应力，则有：

$$\sigma_{max}=\frac{M_{max}}{W}\leqslant[\sigma] \qquad (4\text{-}9)$$

这是梁在受弯时按正应力计算的强度条件。式中，[σ] 为弯曲时材料的容许正应力，不同的材料取值也会不同，常见建筑材料的 [σ] 值都可以在有关规范或手册中查到。

利用式（4-9）的强度条件，可解决工程中常见的下列三类问题。

1. 强度校核

当已知梁的截面形状、尺寸，梁所用的材料以及梁上荷载时，可校核梁是否满足强度要求。即比较下式两边的值是否符合不等式：

$$\frac{M_{max}}{W}\leqslant[\sigma] \qquad (4\text{-}10)$$

2. 选择截面

当已知梁所用的材料及梁上荷载时，根据强度条件先算出所需的截面抵抗矩，即：

$$W\geqslant\frac{M_{max}}{[\sigma]} \qquad (4\text{-}11)$$

然后，依所选的截面形状，再由 W 值确定截面的尺寸。

3. 计算梁所能承受的最大荷载

当已知梁所用的材料、截面的形状和尺寸时，根据强度条件，先算出梁所能承受的最大弯矩，即：

$$M_{max}\leqslant W\cdot[\sigma] \qquad (4\text{-}12)$$

再由 M_{max} 与荷载的关系，算出梁所能承受的最大荷载。

值得注意的是当截面不以中性轴为对称或者虽对称，但材料的 [$\sigma_{拉}$] 和 [$\sigma_{压}$] 不同时，应分两种情况验算。

【例题 4-2】矩形截面的简支木梁，梁上作用均布荷载，如图 4-10 所示，已知，l = 4 m，b = 14 cm，h = 21 cm，q = 2 kN/m，弯曲时木材的容许应力 [σ] = 1.1 × 10^4 kPa，试校梁的强度。

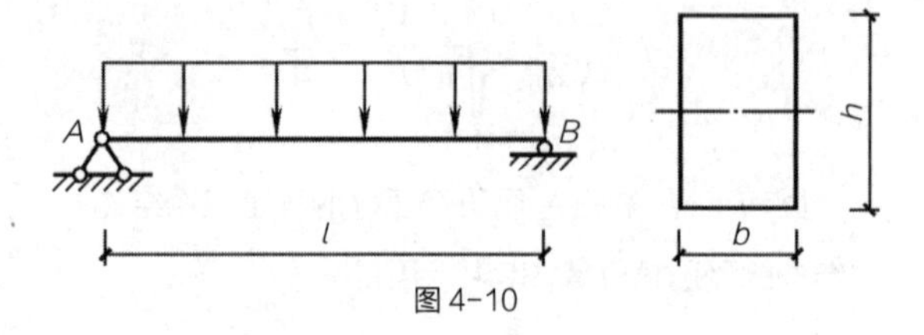

图 4-10

【解】最大拉应力发生在弯矩最大的跨中截面上。

$$M_{max}=\frac{1}{8}ql^2=\frac{1}{8}\times2\ \text{kN/m}\times(4\ \text{m})^2=4\ \text{kN}\cdot\text{m}$$

截面抵抗矩为：

$$W=\frac{1}{6}BH^2=\frac{1}{6}\times0.14\ \text{m}\times(0.21\ \text{m})^2\approx1.03\times10^{-3}\text{m}^3$$

最大正应力为：

$$\sigma_{max}=\frac{M_{max}}{W}=\frac{4\ \text{kN}\cdot\text{m}}{1.03\times10^{-3}\text{m}^3}\approx3.883\times10^3\text{kPa}$$

所以满足强度要求。

【例题 4-3】就【例题 4-2】，求梁能承受的最大荷载（即求 q_{max}）。

【解】由式（4-12）知，梁能承受的最大弯矩为：$M_{max}\leqslant W\cdot[\sigma]$

跨中最大弯矩与荷载 q 的关系为：$M_{max}=\frac{1}{8}ql^2$

代入上式有：$\frac{ql^2}{8}\leqslant W\cdot[\sigma]$

所以：

$$q\leqslant\frac{8\cdot W\cdot[\sigma]}{l^2}$$

$$=\frac{8\times1.03\times10^{-3}\text{m}^3\times1.1\times10^4\text{kPa}}{(4\ \text{m})^2}$$

$$=5.665\ \text{kN/m}$$

即梁能承受的最大均布荷载为 5.665 kN/m。

【例题 4-4】简支梁上作用两个集中力，如图 4-11 所示。已知：l = 6 m，P_1 = 15 kN，P_2 = 21 kN，

如果梁采用热轧普通工字钢，钢的容许应力 $[\sigma]=1.7\times10^5\,\text{kPa}$，试选择工字钢的型号。

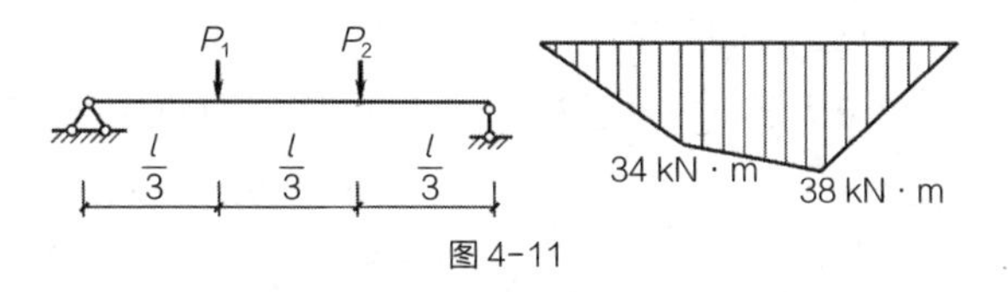

图 4-11

【解】先画出简支梁的弯矩图，求出最大弯矩。最大弯矩发生在 P_2 作用截面上，其值为 38 kN · m。根据式（4-11），得到梁所需的抗弯截面抵抗矩为：$W\geqslant\dfrac{M_{max}}{[\sigma]}=\dfrac{38\ \text{kN}\cdot\text{m}}{17\times10^5\,\text{kPa}}\approx2.24\times10^{-4}\,\text{m}^3=224\ \text{cm}^3$

根据算得的 W 值，在型钢表上大于该值的型钢都满足要求，但是出于节约用料的考虑，还应选择与该值最相近的型钢。在附录的型钢表中，选取 20a 工字钢，它的 W 值为 237 cm^3。

【例题 4-5】T 形截面的外伸梁如图 4-12 所示，已知 $l=60$ cm，$a=4$ cm，$b=3$ cm，$c=8$ cm，$P_1=40$ kN，$P_2=15$ kN，材料的容许拉应力为 $[\sigma]_{拉}=4.5\times10^4\,\text{kPa}$，容许压应力为 $[\sigma]_{压}=1.75\times10^5\,\text{kPa}$。试校核梁的强度。

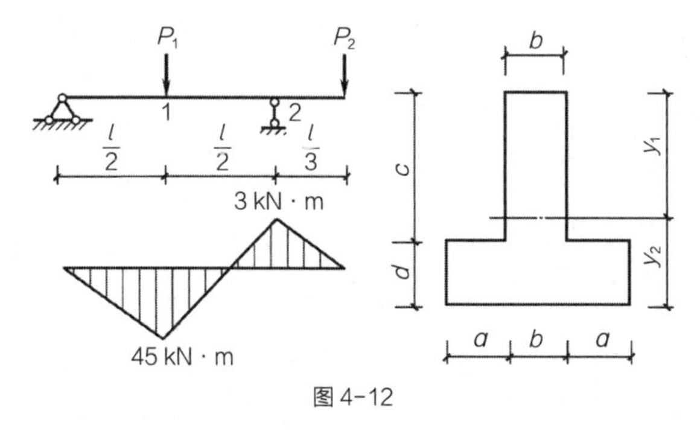

图 4-12

【解】

（1）确定中性轴的位置。

求出形心坐标也即确定了中性轴的位置。建立如图所示的坐标系，应用形心计算公式得到：

$$x_C=0$$

$$y_C=\frac{3\ \text{cm}\times11\ \text{cm}\times1.5\ \text{cm}+3\ \text{cm}\times8\ \text{cm}\times7\ \text{cm}}{3\ \text{cm}\times11\ \text{cm}+3\ \text{cm}\times8\ \text{cm}}\approx3.8\ \text{cm}$$

即：$y_2=3.8$ cm

那么 $y_1=7.2$ cm

（2）求出 $I_{中}$。

应用平行轴定理可以求得 T 形截面的惯性矩 $I_{中}$为：

$$I_{中}=\frac{11\ \text{cm}\times(3\ \text{cm})^3}{12}+11\ \text{cm}\times3\ \text{cm}\times[(3.8-1.5)\text{cm}]^2+\frac{3\ \text{cm}\times(8\ \text{cm})^2}{12}$$
$$+8\ \text{cm}\times3\ \text{cm}\times[(7.2-4)\text{cm}]^2\approx5.73\times10^{-6}\,\text{m}^4$$

（3）画出梁的弯矩图，如图 4-12 所示。

因材料的抗拉与抗压性能不同，截面对中性轴又不对称所以需对最大拉应力与最大压应力分别进行校核。

（4）校核最大拉应力。

首先要分析最大拉应力发生在哪里。由于截面对中性轴不对称，而正负弯短又都存在，因此，最大拉应力不一定发生在弯矩绝对值最大的截面上。应该对最大正弯矩和最大负弯矩两个截面上的拉应力进行分析比较。在最大正弯矩 M_1 作用截面上，最大拉应力发生在截面的下边缘，其值为：

$$\sigma_{拉max1}=\frac{M_1\cdot y_2}{I_{中}}=\frac{4.5\,\text{kN}\cdot\text{m}\times0.038\,\text{m}}{5.73\times10^{-6}\,\text{m}^4}$$

$$\approx2.98\times10^4\,\text{kPa}$$

在最大负弯矩 M_2 作用截面上，最大拉应力发生在 M_2 作用的截面的上边缘：

$$\sigma_{拉\,max2}=\frac{M_2\cdot y_1}{I_{中}}=\frac{3.0\,\text{kN}\cdot\text{m}\times0.072\,\text{m}}{5.73\times10^{-6}\,\text{m}^4}$$

$$\approx3.77\times10^4\,\text{kPa}$$

所以最大拉应力发生在中间支座截面处，由于：

$$\sigma_{拉\,max2}=3.77\times10^4\,\text{kPa}<[\sigma]_{拉}$$

所以，拉应力满足强度要求。

（5）校核最大压应力。

与分析最大拉应力一样，要比较两个截面。M_1 截面上最大压应力发生在截面的上边缘，中间支座截面上的最大压应力发生在下边缘，因为 M_1 与 y_1 均大于 M_2 与 y_2，所以最大压应力一定发生在 M_1 作用截面上。

$$\sigma_{压\,max1}=\frac{M_1\cdot y_1}{I_{中}}=\frac{4.5\,\text{kN}\cdot\text{m}\times0.072\,\text{m}}{5.73\times10^{-6}\,\text{m}^4}$$

$$\approx5.65\times10^4\,\text{kPa}$$

所以　$\sigma_{压\,max1}=5.65\times10^4\,\text{kPa}<[\sigma]_{压}$

压应力也满足强度要求。

4.4.2 提高梁抗弯能力的措施

在工程实际中，为了充分发挥材料的作用，往往采取一些措施提高梁的抗弯曲能力。弯曲正应力的强度条件为：

$$\sigma_{max}=\frac{M_{max}}{W}\leqslant[\sigma] \qquad (4-9)$$

所以，要提高梁的弯曲强度应该从三方面考虑：一是合理安排梁的受力情况，尽量减小 M_{max} 的数值；二是采取合理截面以提高 W 的数值；三是提高 $[\sigma]$，也即选择抗弯性能好的材料。

1. 合理布置支座和荷载，改善梁的受力情况

我们知道梁的弯矩图与荷载作用的位置和梁的支座位置有关。

如图 4-13 所示，在均布荷载作用下的简支梁为例，两种不同的支座布置最大弯矩值有明显改变。后者跨中最大弯矩值仅为前者的 1/5。所以合理地布置支座有利于提高梁的抗弯能力。另外，合理布置荷载也将有助于提高梁的抗弯能力。如果能将梁上的集中荷载适当地分散，也可提高梁的抗弯曲能力。如图 4-14 所示，由于将集中荷载 P 作为均布荷载作用于整根梁上跨中最大弯矩值减小到原来的$\frac{1}{2}$。

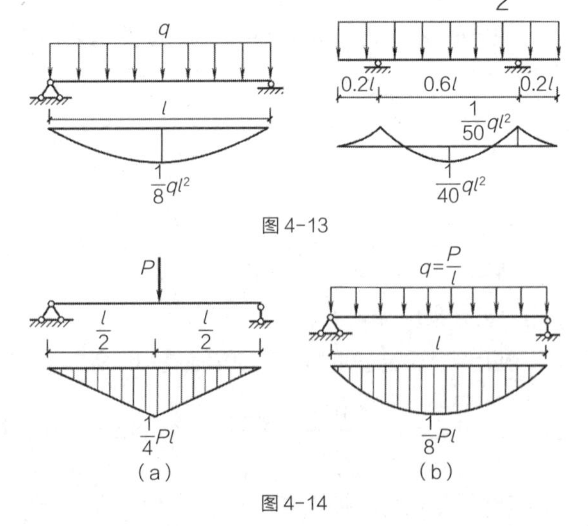

图 4-13

图 4-14

2. 选择合理的截面形状和尺寸

由梁的正应力强度条件式（4-9）可见，W 越大，横截面上的 σ_{max} 越小，梁的抗弯能力越强；另一方面，由使用材料来说，梁横截面的面积越大，消耗材料越多，构件自重越大。因此，梁的合理截面应该是，横截面面积 A 相同时，使其有尽可能大的截面抵抗矩 W。例如一个宽为 b 高为 h 的矩形面梁，平放或竖放抵抗弯曲的能力就不同：

$$W_{竖}=\frac{I_x}{\frac{h}{2}}=\frac{\frac{bh^3}{12}}{\frac{h}{2}}=\frac{bh^2}{6}$$

$$W_{横}=\frac{I_y}{\frac{b}{2}}=\frac{\frac{hb^3}{12}}{\frac{b}{2}}=\frac{hb^2}{6}$$

$$\frac{W_{竖}}{W_{横}}=\frac{h}{b}$$

由于 $h>b$，显然 $W_{竖}>W_{横}$，可见相同的受力情况下，应将梁设计成竖放，这正是日常所见的梁往往都是高度大于宽度的原因。当然为了满足某些具体要求（例如构造、美观）也有将梁设计成平放的时候。

同样，可以通过比较得知，当截面面积相同时，矩形比方形好，方形比圆形好。如果以同样面积做成工字形，将比矩形还要好。因为 W 值是与截面的高度及截面分布有关。截面的高度越大，面积分布得离中性轴越远，W 值就越大；相反，截面高度小，截面面积大部分集中在中性轴附近，W 值就小。由于工字形截面的大部分面积分布在离中性轴远的上、下翼缘上，所以 W 值比其他几种形状都大。而圆形截面的大部分面积是分布在中性轴附近，因而 W 值就很小。

工程中常用的空心板以及挖孔的薄腹梁（图4-15）等，其孔都是开在中性轴附近，这就减少了没有充分发挥作用的材料，而收到较好的经济效果。

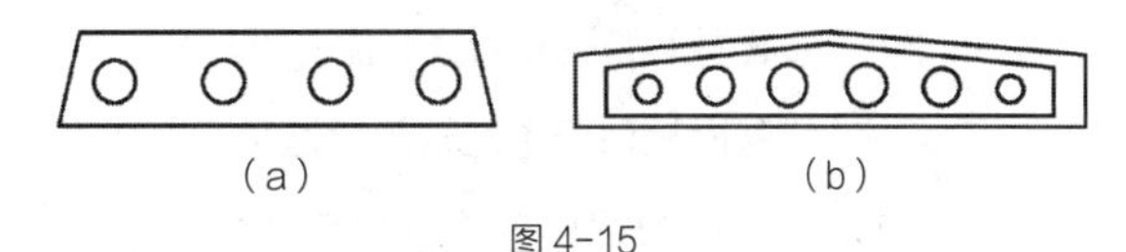

图4-15

同样为了更好地发挥材料的作用，可以在梁上弯矩比较大的地方采用较大的截面，在弯矩小的地方采用较小的截面。这种截面沿着梁轴线变化的梁，称为变截面梁。最理想的变截面梁，是使梁的各个截面上的最大应力同时达到材料的容许应力。

3. 选择合适的材料。

从材料角度来讲，越是 $[\sigma]$ 大的材料抗弯能力越强。如果选用 $[\sigma]$ 大的材料可以相应缩小梁的横截面积，从而减轻自重。总的来说钢材的抗弯能力最强，钢筋混凝土次之，而木材最差。但是需要特别注意的是，有些材料的 $[\sigma]_{拉}$ 和 $[\sigma]_{压}$ 会有较大的差别，例如砖、石等材料具有很强的抗压能力，而抗拉能力却很差，因此并不适合用来制作受弯构件。

4.5　梁的剪应力强度

4.5.1　梁的剪应力计算公式

前面讨论了与弯矩对应的正应力计算公式，现在来讨论有剪力存在时，与剪力对应的剪应力计算公式，从而建立剪应力强度条件。横截面上的弯矩值是横截面正应力的总和，而剪力也应该是横截面上剪应力的合力。

下面直接给出梁的剪应力计算公式：

$$\tau = \frac{|V| \cdot |S_中|}{I_中 \cdot b} \qquad (4\text{-}10)$$

式中 τ——截面上任意一点的剪应力值，kN/m²。

$|V|$——横截面上的剪应力绝对值，kN。

$I_中$——横截面相对于中性轴的惯性矩，m⁴。

$|S_中|$——所求应力点以外（或以内）的面积相对于中性轴的静矩的绝对值，m³。可以代入 $S_x = A \cdot y_C$ 求得，即某个面积对 x 轴的静矩，等于该面积与其形心坐标的乘积。可以证明，应力点以外的面积相对于中性轴的静矩与应力点以内的面积相对于中性轴的静矩是完全相等的。

b——应力点所在的位置的横截面宽度，m。

上式求得的剪应力值总是正值，具体的剪应力方向可以通过剪力的方向判断，应该和剪力的方向一致。将各个数值分别代入，可以得到剪应力在该截面上的分布规律，以图 4-16 所示的矩形截面为例：

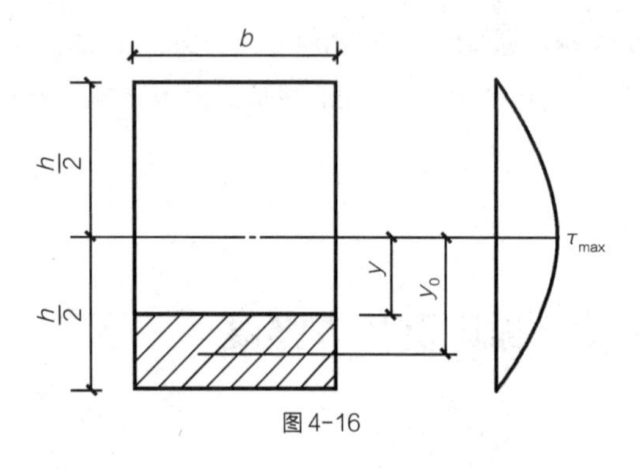

图 4-16

求截面上相距中性轴距离为 y 的一点的剪应力。先求该点以外的面积相对于中性轴的静矩：

$$S_中 = -b \cdot \left(\frac{h}{2} - y\right) \cdot \left[y + \frac{\frac{h}{2} - y}{2}\right] = -\frac{b}{2} \cdot \left(\frac{h^2}{4} - y^2\right)$$

该截面相对于中性轴的惯性矩为：

$$I_中 = \frac{bh^3}{12}$$

将各值代入得到矩形截面剪应力计算公式：

$$\tau = \frac{|6V|}{bh^3} \cdot \left(\frac{h^2}{4} - y^2\right)$$

此式因有 y^2，表明矩形截面上剪应力沿截面高度呈二次抛物线形状，如图 4-16 所示。当 $\pm\frac{h}{2}$ 时，也即在截面的上下边缘处剪应力最小，并且等于零。当 $y = 0$ 时，也即在截面的中性轴上剪应力最大：

$$\tau_{max} = \frac{3V}{2bh} = \frac{3V}{2A}$$

上式表明，对矩形截面而言，截面上的最大剪应力是该截面上平均剪应力的 1.5 倍。值得注意的是以上从矩形截面得到的剪应力分布规律对其他截面同样适用，但是截面上的最大剪应力是该截面上平均剪应力的 1.5 倍这个结论仅仅适用于矩形截面。

【例题 4-6】求图 4-17 中 m-m 截面上的最大剪应力。已知 $b = 0.03$ m，$y_1 = 0.072$ m，$I_中 = 0.573 \times 10^{-5}$ m⁴，该梁的剪力图已给出。

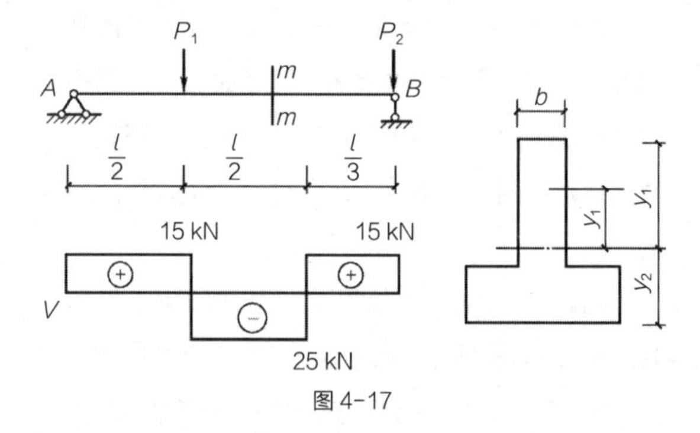

图 4-17

【解】先求出 m-m 截面上的剪力。从剪力图可以得到 m-m 截面上的剪力为 −25 kN。

最大剪应力在截面中性轴上。已知中性轴到上边缘的距离 $y_1 = 0.072$ m，故中性轴上侧的面积对中性轴的静矩为：

$$S = \frac{by_1^2}{2} = \frac{0.03\text{ m} \times (0.072\text{ m})^2}{2} \approx 7.78 \times 10^{-5}\text{ m}^3$$

所以最大剪应力为：

$$\tau_{max}=\frac{|V|\cdot|S_{中}|}{I_{中}\cdot b}=\frac{25\ kN\times 7.78\times 10^{-5}\ m^3}{0.573\times 10^{-5}\ m^4\times 0.03\ m}\approx 1.13\times 10^4\ kPa$$

4.5.2　梁的剪应力强度校核

如果该截面上某一点的剪应力过大，则有可能导致梁发生剪切破坏。所以除进行正应力强度计算外，还要进行剪应力的强度计算。与梁的正应力强度计算一样，梁在荷载作用下产生的最大剪应力也不应超过材料的容许剪应力，即：

$$\tau_{max}\leqslant[\tau]$$

此式即为剪应力的强度条件，其中 $[\tau]$ 可由材料手册查到。

在进行梁的强度计算时，必须同时满足正应力和剪应力的强度条件，但两者有主有次，在一般情况下，梁的强度计算由正应力强度条件控制。因此，在选择梁的截面时，一般都是按正应力强度条件选择，选好截面后再按剪应力强度条件进行校核。但在某些情况下，梁的剪应力强度条件也可能起控制作用。例如，当梁的跨度很小或在支座附近有很大的集中力作用，这时梁的最大弯矩比较小，而剪力却很大，因而梁的强度计算就可能由剪应力强度条件控制。又如，在木梁中，由于木材顺纹的抗剪能力很差，当剪应力较大时，梁就可能沿顺纹层剪坏，这时剪应力强度条件也可能起控制作用。

【例题4-7】一外伸工字形钢梁，工字钢型号为22a，梁上荷载如图4-18所示。已知 $l=6\ m$，$P=30\ kN$，$q=6\ kN/m$，材料的容许应力 $[\sigma]=1.7\times 10^5 kPa$，$[\tau]=1.0\times 10^5 kPa$，检查此梁是否安全。

【解】需分别检查正应力与剪应力。

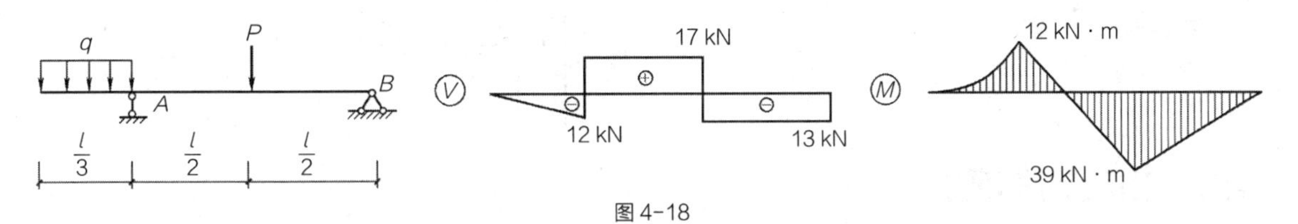

图4-18

（1）先画出内力图，包括弯矩图和剪力图，如图4-18所示。最大正应力发生在弯矩最大的截面上，$M_{max}=39\ kN\cdot m$，最大剪应力发生在最大剪力的截面上，$V_{max}=17\ kN$。

（2）从型钢表中查出各个参数值。

$$W=309\ cm^3$$

$$\frac{I_{中}}{S}=18.9\ cm$$

$$b=0.75\ cm$$

（3）进行正应力强度校核。

$$\sigma_{max}=\frac{M_{max}}{W}=\frac{39\ kN\cdot m}{3.09\times 10^{-4}\ m^3}\approx 1.26\times 10^5 kPa<[\sigma]$$

（4）进行剪应力强度校核。

$$\tau_{max}=\frac{|V|\cdot|S_{中}|}{I_{中}\cdot b}=\frac{17\ kN}{0.189\ m\times 0.0075\ m}\approx 1.2\times 10^4\ kPa<[\tau]$$

正应力和剪应力均满足强度要求，所以梁是安全的。

【例题4-8】一矩形截面简支木梁，梁上作用均布荷载，如图4-19所示。已知：$l=4\ m$，$q=4\ kN/m$，弯曲时材料的容许拉应力为 $[\sigma]=1.1\times 10^4 kPa$，容许的剪应力为 $[\tau]=1.2\times 10^3 kPa$。如果取截面高宽比为3：2，试确定矩形截面的高和宽。

【解】可由梁的正应力强度条件确定截面尺寸，再

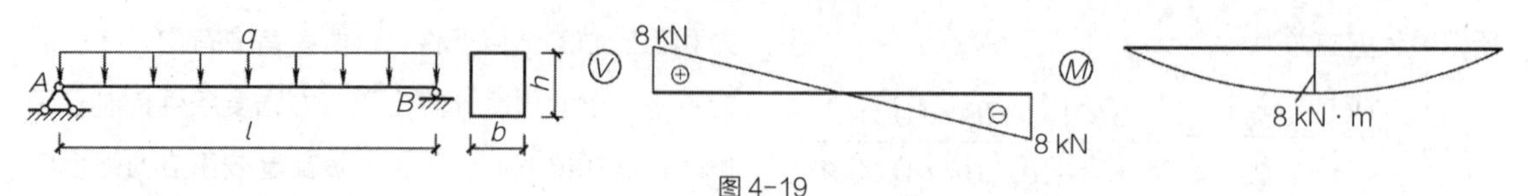

图 4-19

按剪应力强度条件校核。

梁所需的抗弯截面抵抗矩为：

$$W=\frac{M_{max}}{[\sigma]}=\frac{8\ \text{kN}\cdot\text{m}}{1.1\times10^{4}\ \text{kPa}}\approx7.27\times10^{-4}\ \text{m}^3$$

对该矩形截面有：

$$W=\frac{bh^2}{6}=\frac{3b^3}{8}$$

以上两式相等可以得到：$b=0.13\ \text{m}$

根据 b 和 h 的比例关系可以得到：$h=0.19\ \text{m}$

按以上结果校核剪应力：

$$\tau_{max}=\frac{3V}{2A}=\frac{3\times8\ \text{kN}}{2\times0.13\ \text{m}\times0.19\ \text{m}}$$

$$\approx486\ \text{kPa}<[\tau]$$

所以满足剪应力强度要求。

4.6 扭转时的应力

4.6.1 扭转的概念

扭转变形是杆件的基本变形之一。杆件在一对大小相等、方向相反、作用平面垂直于杆件轴线的外力偶矩的作用下，使杆件任意两横截面绕杆件的轴线发生相对转动，这种变形称为扭转变形。如图 4-20 所示，截面 B 相对于截面 A 转了一个角度 ϕ，ϕ 称为扭转角。同时杆件表面的纵向直线也转了一个角度，变为螺旋线。

在建筑工程中，受扭杆件是很多的，最典型的例子是房屋的雨篷梁，如图 4-21 所示，除了受梁上的墙压力和雨篷板上的荷载引起弯曲变形外，还有雨篷板的荷载对梁的力矩（分布扭力矩 M_k）而引起的扭转变形，如图 4-21（b）所示。此外，汽车方向盘的操纵杆、钻机的钻杆、工业厂房里的吊车梁等，都存在不同程度的扭转变形。因此，研究杆件受扭时所引起的应力和变形的计算，从而解决强度和刚度问题，是很有必要的。

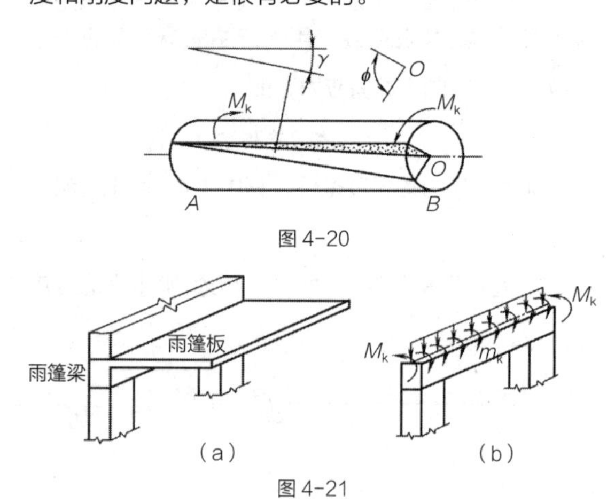

图 4-20

图 4-21

4.6.2 扭矩的计算

要研究受扭杆件的应力和变形，首先要计算内力。设有一个如图 4-22（a）所示的圆轴 AB，受外扭矩 M_k 作用，求任意截面的内力。

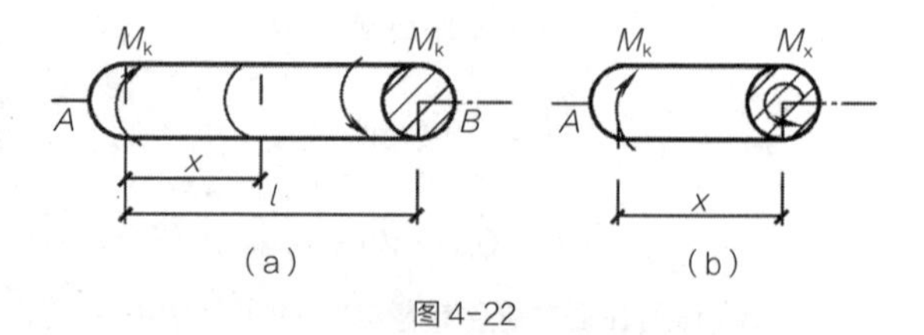

图 4-22

求内力的基本方法仍是截面法。假想用一个垂直于杆轴的截面在 x 处将轴切开，取左段为脱离体，

如图4-22（b），截面x上的内力亦为一力偶，其力偶矩为M_n，则根据$\sum M_x = 0$

得：　　$M_n = M_k$

即内力偶矩M_n的大小等于外扭矩M_k，且转向相反。该内力偶矩M_n称为扭矩。扭矩的正负号一般规定为：从截面的法线方向向截面看，逆时针转为正，顺时针转为负。扭矩的单位是N·m或kN·m。

若轴上作用着两个以上的外扭矩，仍用截面法，此时被切开截面上的扭矩值等于每个扭矩所引起的扭矩的代数和。

4.6.3　圆杆的扭转应力

在弹性范围内，设应力与应变成正比，而后者随距中心的距离按直线性变化，所以应力也随距圆杆中心线距离作线性变化。由上述假设所导致的应力本质上是剪应力，它位于垂直于构件轴线的截面内。剪应力的变化如图4-23所示。可以发现最大剪应力τ_{max}发生在离中心最远的点处。这些点位于截面上离中心距离为c的圆周上。由于应力的线性分布，离开O点距离为ρ的任意点处，其剪应力为：

$$\tau = \frac{\rho \cdot \tau_{max}}{c}$$

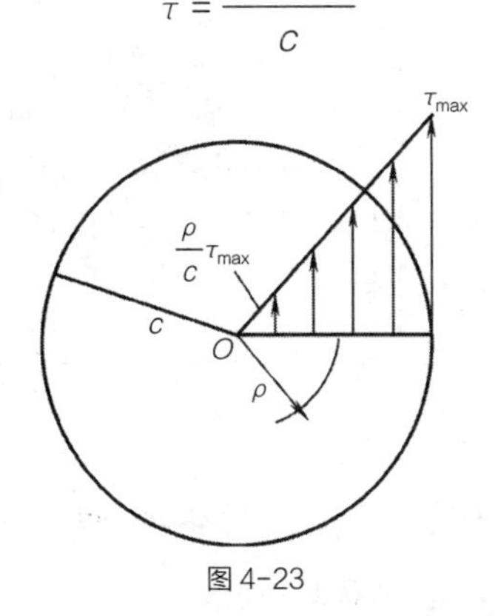

图4-23

截面上的应力分布一经确定，就可以用应力来表示抵抗力矩。这样求出的抵抗力矩就是内扭矩。它应与外扭矩的代数和相平衡。对内扭矩，可以列出如下等式：

$$\int \frac{\rho}{c}\tau_{max} \cdot dA \cdot \rho = T$$

式中积分把作用在截面上距轴O为ρ处的微分力所产生的全部扭矩对整个横截面的面积进行了求和，T为抵抗力矩的符号，即内扭矩。

对于给定的截面，τ_{max}和c是常量。习惯上将c用圆半径R代替，所以，上述方程式可以写成：

$$\frac{\tau_{max}}{R}\int \rho^2 dA = T$$

式中$\int \rho^2 dA$为截面的极惯性矩，一般用J来表示，它的单位也是m^4或cm^4。对一具体的截面积来说J是一个常数。对于圆截面有：

$$J = \int \rho^2 dA = \int_0^R 2\pi\rho^3 d\rho = \frac{\pi R^4}{2}$$

代入上式则有：$\tau_{max} = \dfrac{T \cdot R}{J}$

这就是圆轴扭转公式。离截面中心为ρ的任意一点处的剪应力τ可以用下式计算：

$$\tau = \frac{\rho \cdot \tau_{max}}{R} = \frac{T \cdot \rho}{J}$$

以上结论同样可以适用于圆筒，只是需要对极惯性矩J值进行修正。

4.6.4　矩形杆的扭转应力

如果杆件的截面是矩形，当扭矩施加上去时，垂直于杆轴的横截面会发生翘曲，如图4-24所示。此时截面上的应力分布十分复杂，而且不能再应用则圆杆扭转时的应力与变形公式。

图4-25为受扭时矩形截面上剪应力分布情况，图中给出沿从中心出发的三条半径线上的剪应力分布，可以发现剪应力在各个角上均为零，而在长边

的中点处为最大。

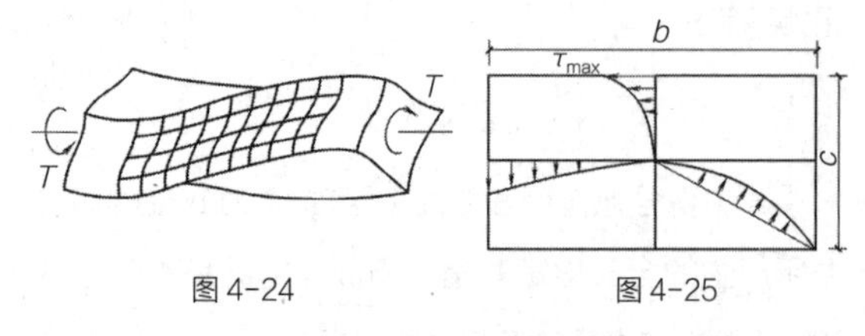

图 4-24 图 4-25

对于在扭矩作用下矩形截面上所形成的最大剪应力可以通过下式计算：

$$\tau_{max}=\frac{T}{\beta bc^2}$$

式中 b——矩形截面的长边；

T——内扭矩；

c——矩形截面的短边。

参数 β 的值则取决于 b 和 c 比值，可以从下表查出。对于 b 远大于 c 的截面，则 β 值均趋近于 1/3。

表 4-1 矩形截面杆的扭转系数

$b:c$	1.00	1.50	2.00	3.00	6.00	10.0	∞
β	0.208	0.231	0.246	0.267	0.299	0.312	0.333

【例题 4-9】求宽为 8 cm，高为 6 cm 的矩形截面杆，在受到 400 kN · m 的扭矩作用时，截面上的最大剪应力。

【解】b = 8 cm，c = 6 cm，则 $b/c\approx 1.3$ 查表 4-1 并进行插值得 $\beta=0.220$

代入 $\tau_{max}=\frac{T}{\beta bc^2}$ 有：

$$\tau_{max}=\frac{400\ \text{kN}\cdot\text{m}}{0.220\times 0.08\ \text{m}\times(0.06\ \text{m})^2}\approx 6.31\times 10^6\ \text{Pa}$$

4.7 构件组合变形时的强度

在工程实际中，大多数杆件受荷载作用后，往往有几种内力在截面上同时出现，杆件发生两种或两种以上的基本变形，这种变形称为组合变形。例如图 4-26（a）所示的烟囱，除由自重引起的轴向压缩变形外，还有因水平风力而引起的弯曲变形。图 4-26（b）所示厂房柱，由于受到偏心压力的作用，使柱子产生的变形是轴向压缩和弯曲的组合。图 4-26（c）所示的屋架檩条，荷载不是作用在纵向对称平面内，所以，檩条的弯曲不是平面弯曲。将檩条所受的荷载 P 沿 y 轴和 z 轴分解后可见，檩条的变形是两个互相垂直的平面弯曲的组合。

那么“组合应力”就是构件同时存在几种基本变形（如拉伸、压缩、弯曲、扭转等）的情况下截面上所产生的应力。组合应力的计算是以荷载作用的叠加原理为根据的，即构件在复杂荷载作用下的应力等于构件在每一简单荷载单独作用时所产生的应力的总和。杆件组合变形时具体的强度计算方法是先将荷载分解成只产生基本变形时的荷载，并分别计算各基本变形所产生的应力，然后根据叠加原理将所求截面的应力相应地叠加，最后根据叠加结果建立强度条件。叠加原理的适用范围是以弹性材料做成的构件在小变形的情况下才可适用。

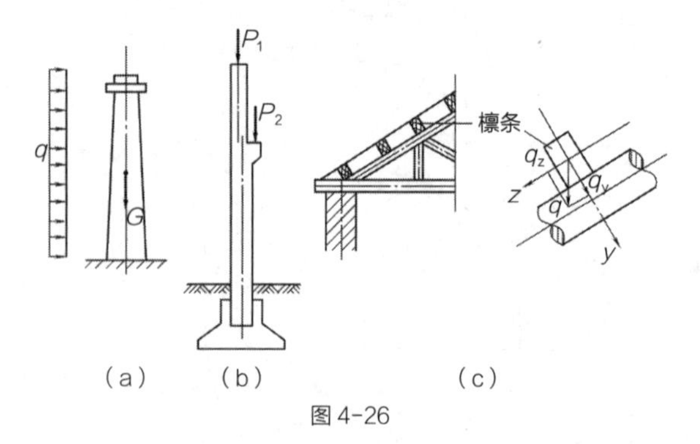

图 4-26

【例题 4-10】图 4-27 所示矩形截面钢梁，自重不计，求梁截面上的最大正应力。

【解】显然在拉力 N 作用下截面沿全长的拉应力处处相同，在力 P 的作用下，在 P 作用点处将产生最

大弯矩 M_{max}。

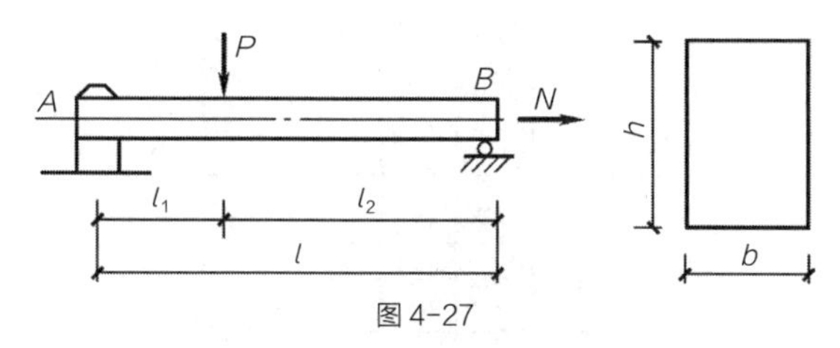

图4-27

在 N 作用下，截面的拉应力为：

$$\sigma_{N拉}=\frac{N}{A}=\frac{N}{b\cdot h}$$

在 P 作用下，截面的法向正应力在中性轴以上为压应力，中性轴以下为拉应力，最大压应力和拉应力分别发生在截面上下边缘处。

最大弯矩：$M_{max}=\dfrac{Pl_1l_2}{l}$

截面抵抗矩：$W=\dfrac{bh^2}{6}$

所以：

$$\sigma_{M拉}=\frac{M_{max}}{W}=\frac{\frac{Pl_1l_2}{l}}{\frac{bh^2}{6}}=\frac{6Pl_1l_2}{bh^2l}$$

$$\sigma_{M压}=-\frac{M_{max}}{W}=-\frac{6Pl_1l_2}{bh^2l}$$

实际的正应力应该是在两个荷载分别作用下的正应力的代数和，最大拉应力发生在截面下边缘，其值为：

$$\sigma_{max拉}=\sigma_{N拉}+\sigma_{M拉}=\frac{N}{bh}+\frac{6Pl_1l_2}{bh^2l}$$

最大压应力发生在截面上边缘，其值为：

$$\sigma_{max压}=\sigma_{N拉}+\sigma_{M压}=\frac{N}{bh}-\frac{6Pl_1l_2}{bh^2l}$$

【例题4-11】校核图4-28中松木矩形截面短柱的强度。$P_1=50\text{ kN}$，$P_2=5\text{ kN}$，$[\sigma]_{压}=1.2\times10^4\text{ kPa}$，$[\sigma]_{拉}=1.0\times10^4\text{ kPa}$，柱自重不计。

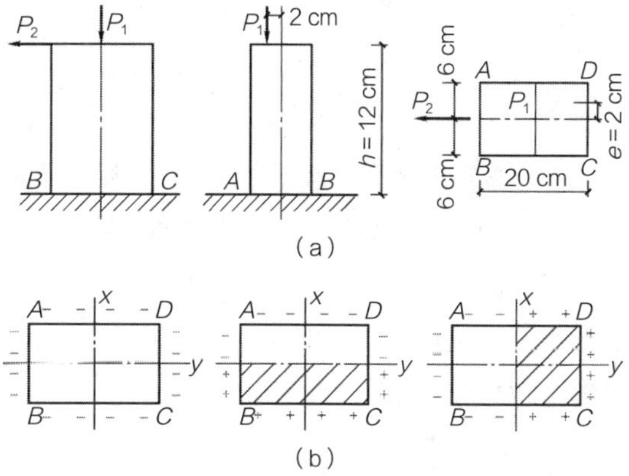

（a）

（b）

图4-28

【解】由于 P_1 引起柱偏心压缩，为了计算方便，将 P_1 平移到截面的形心，平移后应增加绕 y 轴旋转的附加力矩 $P_1\cdot e$。P_2 引起柱子绕 x 轴平面弯曲，在柱根部截面产生的弯矩最大，其值为 $P_2\cdot h$。将三个荷载单独作用在柱子根部截面产生的应力按正负号表示在图4-28（b）中。从图中分析可知，截面最大压应力发生在 A 点，而截面最大拉应力发生在 C 点。下面分别求出其值。

$$\sigma_{max压}=-\frac{P_1}{A}-\frac{P_1\cdot e}{W_y}-\frac{P_2\cdot h}{W_x}=-\frac{50\text{ kN}}{0.12\text{ m}\times0.2\text{ m}}-\frac{50\text{ kN}\times0.02\text{ m}\times6}{0.2\text{ m}\times(0.12\text{ m})^2}-\frac{50\text{ kN}\times0.12\text{ m}\times6}{0.12\text{ m}\times(0.2\text{ m})^2}$$

$$\approx-1.17\times10^4\text{ kPa}<[\sigma]_{压}$$

$$\sigma_{max拉}=-\frac{P_1}{A}+\frac{P_1\cdot e}{W_y}+\frac{P_2\cdot h}{W_x}=-\frac{50\text{ kN}}{0.12\text{ m}\times0.2\text{ m}}+\frac{50\text{ kN}\times0.02\text{ m}\times6}{0.2\text{ m}\times(0.12\text{ m})^2}+\frac{50\text{ kN}\times0.12\text{ m}\times6}{0.12\text{ m}\times(0.2\text{ m})^2}$$

$$\approx7.5\times10^3\text{ kPa}<[\sigma]_{拉}$$

所以该柱满足强度要求。

习 题

1. 矩形截面简支梁受力及截面尺寸如下图所示。试求截面 C 上 a、b、c、d 四点处正应力和剪应力的大小。

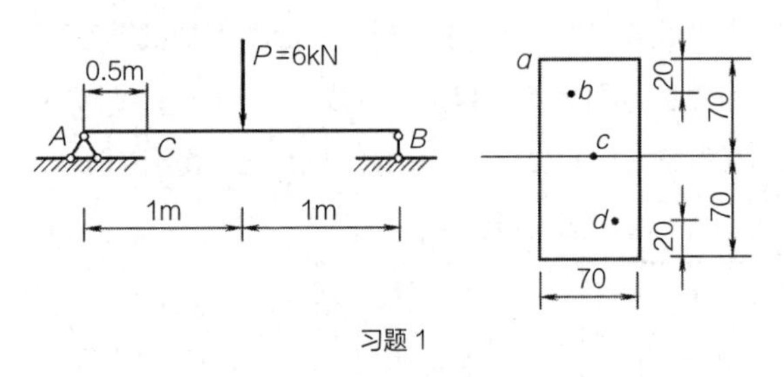

习题 1

2. 计算矩形截面对其形心轴的惯性矩，已知 b = 150 mm，h = 300 mm。如按图中虚线所示，将矩形截面的中间部分移至两边缘变成工字形，计算此工字形截面对 z 轴的惯性矩。并求工字形截面的惯性矩较矩形截面的惯性矩增大的百分比。

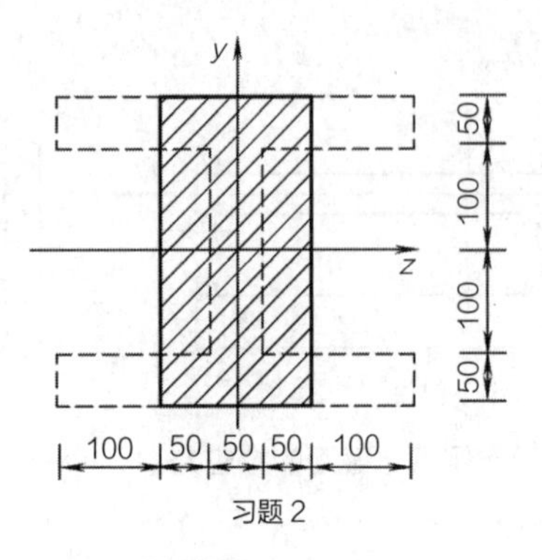

习题 2

3. 如图矩形截面悬臂梁，已知：[σ] = 120 MPa，E = 200 GPa，h = 2b，试按强度条件选择矩形截面的尺寸。

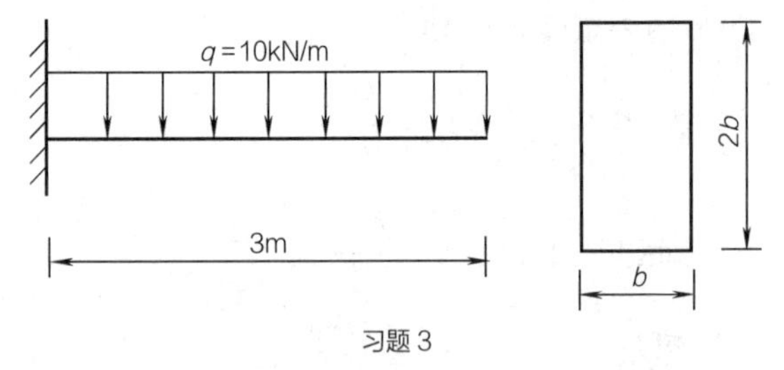

习题 3

Chapter 5 第5章 Stability of the Pressure Bar 压杆的稳定

在前面讨论杆件轴向拉伸或压缩时，杆件的破坏都是由于它的强度不足造成的。实践证明，这对于轴向受拉杆件是完全正确的，而对于轴向受压杆件，情况并不完全是这样。用以下实验可以证明这一点。

如图5-1所示，取两根截面都是5 mm×30 mm的松木直杆做压缩实验，一根长20 mm，另一根长1 000 mm，已知松木的压缩强度极限为40 MP。若按强度问题考虑，两杆的极限承载能力（乘以面积）均应为6 000 N。但实验结果表明，短杆在压力P约为6 000 N时，因木纹出现压裂而破坏；而长杆则在压力P加到约30 N时突然弯向一侧，继续增加压力，弯曲迅速增大，杆随即折断，显然，长压杆的这种破坏绝不是由于强度不足造成的。

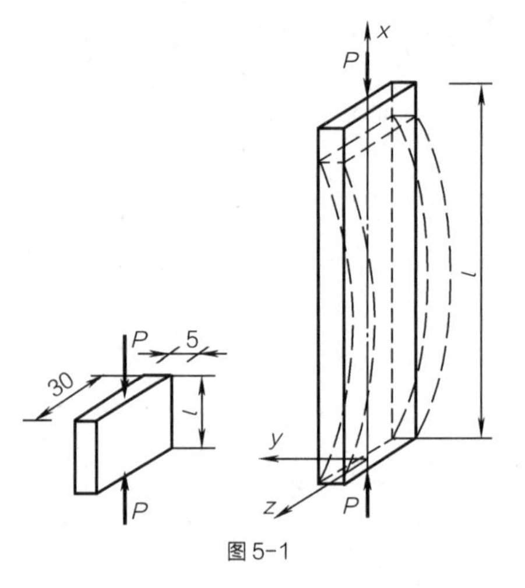

图5-1

压杆保持它原来直线平衡状态的能力称为压杆的稳定性。上述长压杆的破坏称为失稳破坏。由于导致丧失稳定破坏的压力比发生强度破坏时的压力要小得多（上例中，短压杆能承受的压力是长压杆的200倍），故对细长压杆必须进行稳定性计算。

对压杆稳定性问题的研究在工程上具有非常重要的意义。从某种意义上说，压杆的稳定性问题要比其强度及刚度问题重要得多，因为压杆因强度或刚度不足而造成破坏之前都有先兆，而压杆失稳破坏之前没有任何先兆，当压力达到某个临界数值时就会突然破坏。因此，这种破坏形式在工程上具有很大的危险性。

5.1 压杆的平衡状态

5.1.1 平衡状态的稳定性

怎样来判断压杆平衡状态的稳定与不稳定呢？现以小球的三种平衡状作比拟，对平衡状态的稳定性加以说明。

如图5-2所示，小球在A、B、C三个位置虽然都可以保持平衡，但这些平衡状态却具有本质上的不同。图5-2（a）所示小球的平衡状态用于稳定平衡状态。因为使小球离开平衡状态的干扰力一旦消失，小球能回到原来的位置继续保持平衡。图5-2（c）所示小球的平衡状态属于不稳定平衡状态，因为即使撤销使小球离开平衡位置的干扰力，小球也不会再回到原来的平衡位置，而是继续向下滑。所以，考察平衡状态是否稳定，可用干扰力去破坏原有平衡状态，然后撤去干扰力，看它是否恢复原有平衡状态来判断。图5-2（b）所示的小球，在受到干扰后，小球从C处移到C_1处，干扰消失后，小球既不会回到原处，也不会继续滚动，而是在新的位置处保持新的平衡，这种平衡称为随遇平衡。因小球受干扰后不能回到原来的平衡位置，已具有不稳定平衡状态的特点，可看成是不稳定平衡的开始，故又称为临界平衡状态。

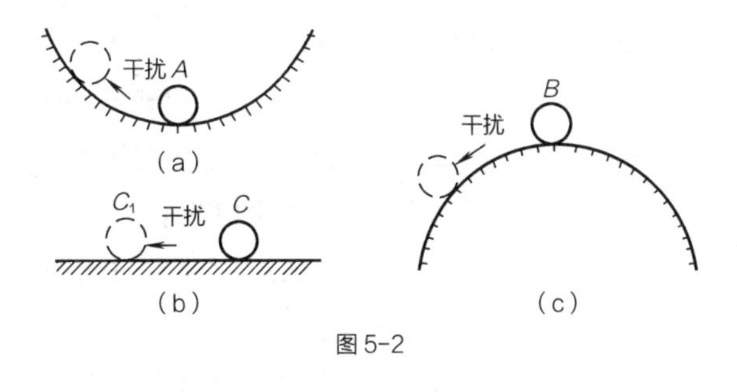

图5-2

5.1.2　压杆的三种平衡状态

对压杆来说，其平衡状态也有稳定与不稳定的区别，它与描述小球平衡状态的稳定性相类似。所不同的是，小球的原有平衡状态是指原来的位置，而压杆的原有平衡状态是指压杆原来具有的直线形状。影响小球稳定性的因素是支承面的形状，而影响压杆稳定性的因素是轴向压力的大小。

图5-3（a）所示为一根两端铰支的细长直杆，在轴向压力P作用下，压杆在直线状态下保持平衡。给压杆一微小的横向干扰力后，杆离开直线状态而发生弯曲，如图5-3（b）所示。撤去干扰力后，压杆将随轴向压力的不同而出现下述几种情况：

（1）当轴向压力P小于某一特定值P_{lj}时，在撤去干扰力后，压杆能自动回复到原来的直线平衡状态，如图5-3（c）所示，即原来的平衡状态是稳定的。

（2）当轴向压力增大到某一特定值P_{lj}时，在撤去干扰力后，压杆在弯曲状态下保持平衡，不再回复到原来的直线平衡状态，如图5-3（d）所示，此时，杆件处于随遇平衡状态，即临界平衡状态。此时的轴向压力称为临界力，用P_{lj}表示。

（3）当轴向压力P大于临界力P_{lj}时，如果压杆的几何形状、材料和承受的荷载都是理想的，则理论上杆只有在受到干扰力后才会发生突然弯曲而不能回复到原来的直线平衡状态。但实际上压杆总是有缺陷的（初始曲率、偏心荷载、材料的不均匀性），使得压杆在发生轴向压缩之外还有微小的弯曲变形。上述这些因素就可当作是一种干扰力，并且这种干扰力是不可避免的。所以，即使此时压杆不再受任何外来的干扰力，也会因为它本身的干扰力而发生突然弯曲，失去稳定。P力再继续增加，弯曲也就很快地增大，直至破坏，如图5-3（e）所示。所以，临界力就是压杆稳定的破坏荷载。

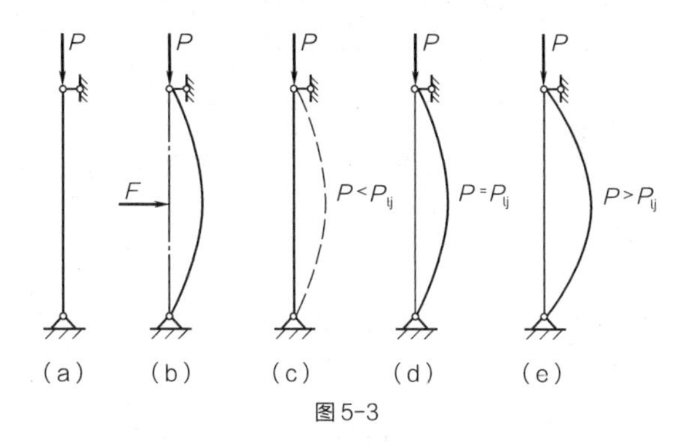

图5-3

因此，研究压杆的稳定性问题，关键在于分析压杆的临界状态，从而确定临界力，以便建立稳定条件，对压杆进行稳定性计算。

5.2　临界应力和临界力

5.2.1　压杆的柔度

压杆稳定计算中有一个重要的几何参数-λ，称为压杆的长细比或柔度。它综合反映了压杆的长度、支承情况、截面形状和尺寸等因素对临界应力的影响。λ是一个无量纲量，可以用下式表示：

$$\lambda=\frac{\mu\cdot l}{i}$$

式中　$\mu\cdot l$——压杆的“相当长度”；

l——压杆的实际长度；

μ——压杆的长度系数，与压杆两端的支撑情况有关，可以查表 5-1 得到；

i——杆件横截面的回转半径，可以由公式 $i=\sqrt{\frac{I}{A}}$ 计算得到。

表 5-1 μ 的取值

支撑情况	两端铰支	一端固定 一端自由	两端固定	一端固定 一端铰支
μ	1.0	2.0	0.5	0.7

可以发现，柔度越大的杆件，越是细长，反之，柔度越小的杆件越是粗短。

5.2.2 临界应力总图

工程上常用所谓临界应力总图来说明某一根压杆的临界应力，图 5-4 是一个临界应力总图的示意图。横坐标为柔度 λ，纵坐标为临界应力 σ_{lj}。

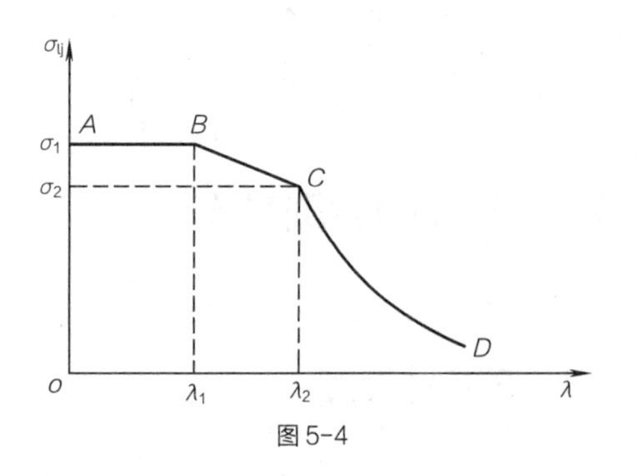

图 5-4

图中 λ 分为三段：

（1）坐标原点至 λ_1 段，这样的压杆称为小柔度杆，一般表现为短而粗，其临界应力 σ_{lj} 为一个常数，其值等于它的屈服极限应力 σ_s，应力可以从材料的力学实验得到，工程中常有现成表格可查。

（2）λ_1 至 λ_2 段，这样的压杆称为中柔度杆，其临界应力与柔度为线性关系，其值小于材料的屈服极限 σ_s 而大于材料的比例极限 σ_p。

（3）当 λ 大于 λ_2，临界应力与柔度的关系曲线表现为二次抛物线，其临界应力将小于材料的比例极限 σ_p，比例极限也可以从材料的实验中得到。

分析临界应力总图可以发现，压杆细而长，则柔度大，临界应力小，稳定性差；压杆短而粗，则柔度小，临界应力较大，稳定性好。必须要说明的是，对于不同的材料做成的压杆，有不同的临界应力总图与之对应。

5.2.3 临界力

临界力等于临界应力乘以杆件的横截面积，可以用下式表示：

$$P_{lj}=\sigma_{lj}\times A$$

式中 P_{lj} 代表临界力，σ_{lj} 表示临界应力，A 代表杆件横截面面积。

临界应力可以通过临界应力总图得到，如果在工程设计之前能够事先知道某一根压杆的临界应力，压杆所能承受的临界荷载也可以知道。

【例题 5-1】图 5-5 中，一两端铰支的 A3 钢压杆，横截面尺寸为 40 mm × 50 mm，杆件长度为 2 m。A3 钢临界应力总图一并给出。试求其临界荷载 P_{lj}。

【解】杆件有可能沿 x 轴和 y 轴两个方向失稳破坏，所以应从两个方向计算，取其最不利的结果。

（1）首先求出柔度。

先确定杆件横截面在两个方向的回转半径：

$$i_x=\sqrt{\frac{I_x}{A}}=\sqrt{\frac{\left[\frac{5\,\text{cm}\times(4\,\text{cm})^3}{12}\right]}{5\,\text{cm}\times4\,\text{cm}}}\approx1.15\,\text{cm}$$

$$i_y=\sqrt{\frac{I_y}{A}}=\sqrt{\frac{\left[\frac{4\,\text{cm}\times(5\,\text{cm})^3}{12}\right]}{5\,\text{cm}\times4\,\text{cm}}}\approx1.44\,\text{cm}$$

由表 5-1 查得两端铰支时 $\mu = 1.0$，所以：

$$\lambda_x = \frac{\mu \cdot l}{i_x} = \frac{1.0 \times 200\ \text{cm}}{1.15\ \text{cm}} \approx 174$$

$$\lambda_y = \frac{\mu \cdot l}{i_y} = \frac{1.0 \times 200\ \text{cm}}{1.44\ \text{cm}} \approx 139$$

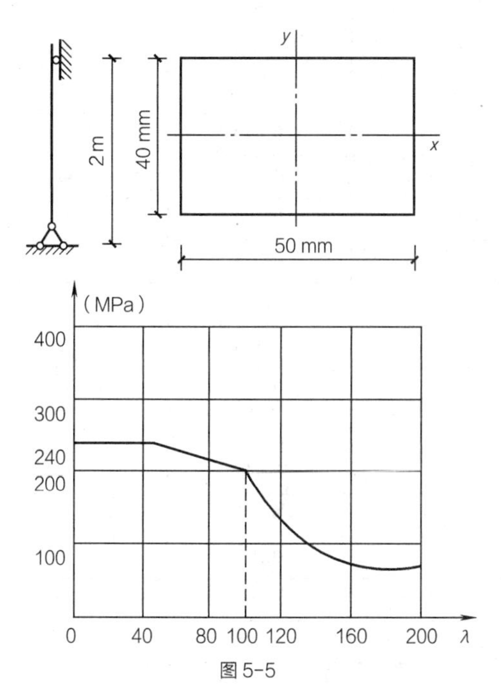

图 5-5

（2）由给出的 A3 钢临界应力总图查出临界应力。

当 $\lambda_x = 174$ 时，$\sigma l_{jx} = 70$ MPa；

当 $\lambda_y = 139$ 时，$\sigma l_{jy} = 90$ MPa。

（3）求临界力。

在两个方向的临界荷载分别为：

$$P_{ljx} = \sigma_{ljx} \times A = 70 \times 10^6\ \text{Pa} \times 0.05\ \text{m} \times 0.04\ \text{m} = 140\ \text{kN}$$

$$P_{ljy} = \sigma_{ljy} \times A = 90 \times 10^6\ \text{Pa} \times 0.05\ \text{m} \times 0.04\ \text{m} = 180\ \text{kN}$$

由此可知杆件首先会在荷载达到 140 kN 时沿 x 轴破坏。由此说明了对同一根压杆当横截面两个主轴方向尺寸不同时，应取较小的回转半径作为决定临界应力的依据。因为此时算得的柔度 λ 最大，相应的临界应力最小，也就是说压杆的最大承载力或临界力应该等于最小的临界应力乘以横截面积。

5.3　压杆稳定的计算

除了从理论上提出压杆的临界应力这一概念，工程上还对临界应力除以安全系数的方法来保证压杆的稳定安全。考虑了安全系数以后的临界应力才是工程上真正允许使用的，叫作“容许临界应力”，记作 $[\sigma]_{lj}$。实际工程中对压杆的计算往往不直接采用容许临界应力的概念，而是将这一概念并入截面的强度计算的容许应力之中。简单地说，就是建立一个类似强度计算的公式。

$$[\sigma]_{lj} = \varphi \cdot [\sigma] \tag{5-1}$$

式中　$[\sigma]_{lj}$——容许临界应力；

φ——折减系数，既包含了材料的容许应力折减为临界应力这一概念，又包含了将临界应力考虑安全系数以后的折减。φ 值与压杆的柔度值和安全系数两个因素有关，可根据不同的材料和柔度，由表 5-2 查到，表中未列出的中间数值可以通过差值获得相应的 φ 值。

在式（5-1）的基础上，对压杆进行计算就可以用下面的方法进行，使用起来十分方便。

$$\frac{P}{A} \leqslant \varphi \cdot [\sigma] \tag{5-2}$$

其中 P 为压杆的实际承载力，A 为压杆的横截面积。

表 5–2 压杆的折减系数 φ

λ	φ 值				
	A3 钢	16 锰钢	铸铁	木材	混凝土
0	1.000	1.000	1.000	1.000	1.00
20	0.981	0.973	0.91	0.932	0.96
40	0.927	0.895	0.69	0.822	0.83
60	0.842	0.776	0.44	0.658	0.70
70	0.789	0.705	0.34	0.575	0.63
80	0.731	0.627	0.26	0.460	0.57
90	0.669	0.546	0.20	0.371	0.46
100	0.604	0.462	0.16	0.300	—
110	0.533	0.384	—	0.248	—
120	0.466	0.325	—	0.209	—
130	0.401	0.279	—	0.178	—
140	0.349	0.242	—	0.153	—
150	0.303	0.213	—	0.134	—
160	0.272	0.188	—	0.117	—
170	0.243	0.168	—	0.102	—
180	0.218	0.151	—	0.093	—
190	0.197	0.136	—	0.083	—
200	0.180	0.124	—	0.075	—

【例题 5–2】直径为 d = 200 mm 的圆截面木柱，长为 l = 6 m，两端铰支。若 [σ] = 10 MPa，问该柱承受轴向压力 P = 60 kN 时是否安全。

【解】截面直径 d = 200 mm 的圆截面木柱，其回转半径各向相同：

$$i=\sqrt{\frac{I}{A}}=\sqrt{\frac{\frac{\pi d^4}{64}}{\frac{\pi d^2}{4}}}=\frac{200\ \text{mm}}{4}=50\ \text{mm}$$

由此求得柔度：

$$\lambda=\frac{\mu\cdot l}{i}=\frac{1.0\times 6\ \text{m}}{0.05\ \text{m}}=120$$

由表 5–2 查得 φ = 0.209，代入式（5–2）有：

$$\frac{P}{\varphi\cdot A}=\frac{60\times 10^3\ \text{N}}{0.209\times\frac{\pi\times(0.2\ \text{m})^2}{4}}\approx 9.14\times 10^6\ \text{Pa}<[\sigma]$$

所以该柱满足稳定性要求。

【例题 5–3】一圆截面木柱，柱高 2 m，截面直径 d = 100 mm，一端固定，一端铰支。木材的容许应力 [σ] = 10 MPa，试确定此木柱所能承受的轴向压力 P。

【解】（1）求 λ 值。

查表 5–1 知一端固定，一端铰支时，μ = 0.7

圆截面回转半径 $i=\frac{d}{4}=\frac{100\ \text{mm}}{4}=25\ \text{mm}$

所以有 $\lambda = \dfrac{\mu \cdot l}{i} = \dfrac{0.7 \times 2\,000\ \text{mm}}{25\ \text{mm}} = 56$

（2）确定 φ 值。

查表 5-2 知：$\lambda = 40$ 时，$\varphi = 0.882$

$\lambda = 60$ 时，$\varphi = 0.658$

用直线内插法可求得 $\lambda = 56$ 时的 φ 值为：

$$\varphi = 0.658 + \frac{60 - 56}{60 - 40} \times (0.822 - 0.658) \approx 0.691$$

（3）确定木柱所能承受的轴向压力 P。

由式（5-2）变换得：

$$P \leqslant \varphi \cdot [\sigma] \cdot A$$

$$= 0.691 \times 10 \times 10^3 \times \frac{\pi}{4} \times 0.1^2$$

$$\approx 54.24\ \text{kN}$$

如果运用稳定条件设计截面 A，由于柔度 λ 与面积 A 有关，而面积 A 与回转半径 i 有关，所以设计荷载 P 本身也与 A 有关。因此，在面积 A 尚未确定时，λ 也不能确定。所以工程上通常的做法是根据经验先假设一个折减系数，采用试算法来设计截面。

5.4　提高压杆稳定性的措施

压杆的计算由公式 $\dfrac{P}{A} \leqslant \varphi \cdot [\sigma]$ 可以看出，提高压杆稳定性的方法应该是使不等式左边尽量的小，而右边尽量的大，可以从以下几个方面入手：

1. 增大折减系数 φ 值。

折减系数 φ 和柔度 λ 密切相关，总的趋势是柔度 λ 越大，折减系数 φ 越小，所以要想提高 φ 值就应尽量减小 λ 值。而 $\lambda = \dfrac{\mu \cdot l}{i}$，所以不难得出如下的措施：

（1）减小杆件长度 l 的数值。

减小压杆的支承长度：随着压杆长度的增加，其柔度 λ 增加而临界应力减小。因此，在条件允许时，应尽可能减小压杆的长度，或者在压杆的中间增设支座，以提高压杆的稳定性。

（2）减小 μ 值。μ 的取值与杆件两端的支撑情况密切相关，若杆端约束刚性越强，则压杆长度系数 μ 越小，即柔度越小，从而临界应力越高。因此，应尽可能改善杆端约束情况，加强杆端约束的刚性。

（3）选择合理的截面形状，增大横截面的回转半径 i。

由于　　$i = \sqrt{\dfrac{I}{A}}$

所以对于一定长度和支撑方式的压杆，在面积一定的前提下，应尽可能使材料远离截面形心，以加大惯性矩，从而减小压杆的柔度。

例如，当横截面面积一定时，采用空心的环形截面将比实心的圆形截面更为合理。但这时应注意，若为薄壁圆筒，则其壁厚不能过薄，要有一定限制，以防止圆筒出现局部失稳现象。

值得注意的是，如果压杆在各个纵向平面内的支承情况相同，则应尽可能使截面的两个惯性矩相等，即 $I_x = I_y$，这可使压杆在各纵向平面内有相同或接近相同的稳定性。从这个方面来说，图 5-6 中的组合截面（b）显然比（a）更合理。

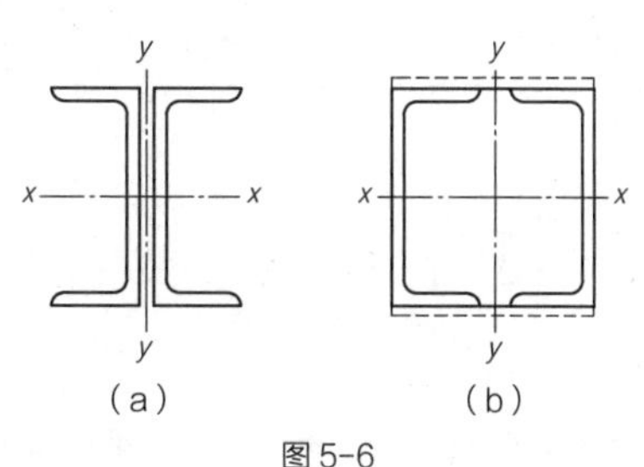

图 5-6

2. 提高材料弹性模量

提高材料的弹性模量 E 值也可以改善压杆的工作状况，但是对于大体同样性质的材料，其 E 值相差有限，故大柔度杆采用高强钢材来制造并不能有效地提高其临界应力，反而造成浪费。

习 题

截面为 160 mm × 240 mm 的矩形木柱，长 6 m，两端铰支，若材料的容许应力 $[\sigma] = 10\ \text{MPa}$，试求木柱承受轴向压力 $P = 60\ \text{kN}$ 时，是否安全？

Chapter6

第6章 结构的变形

Structural Deformation

构件在荷载作用下，会产生内力同时也会发生变形。为了保证构件的正常工作，构件除了要满足强度要求外，还需满足刚度要求。满足刚度要求就是控制结构的变形，使构件在荷载作用下产生的变形不至于过大而影响工程上的正常使用。变形计算目的就是校核结构的实际变形是否满足允许的变形要求。变形的允许值通常在结构设计规范中有明确的规定。另外，对于超静定结构还要增加变形条件来求解内力。

根据结构材料的物理特性，在卸去荷载后，有些变形是可以恢复的，而有些其变形将永久保留而不能恢复。前者称为弹性变形，而后者称为塑性变形。塑性变形计算十分复杂，所以本书只讨论弹性变形。

6.1 内力与变形的关系

结构在荷载作用下会产生内力，在内力的作用下会产生变形。在弯矩、剪力和轴力作用下产生的变形分别叫作弯曲变形、剪切变形和轴向变形。本节将主要讨论两种力与变形的关系—轴向力与轴向变形、弯矩与弯曲变形，这是结构分析者研究平面结构所感兴趣的。虽然平面结构也有剪切变形，但是对多数构件来说，剪切变形是可以忽略的，因此不予讨论。

6.1.1 轴向变形与轴力的关系

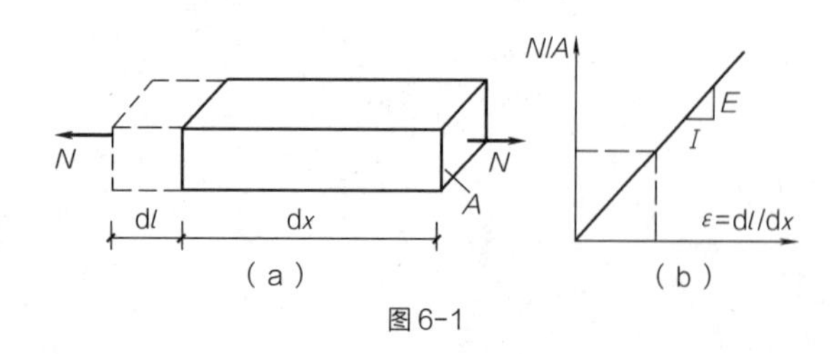

图 6-1

取受轴向力为 N 的单元，长度为 dx，截面面积为 A，如图 6-1 所示。截面上的正应力为：

$$\sigma = \frac{N}{A} \tag{6-1}$$

根据应变的定义可知：

$$\varepsilon = \frac{dl}{dx} \tag{6-2}$$

式中 dl——长度的增量或称构件的变形；

dx——单元未产生变形之前的原长。

对于线性弹性材料，如以应力为纵坐标，就得到图 6-1（b）所示的线性关系。应力应变关系式表达为：

$$\sigma = E \cdot \varepsilon \tag{6-3}$$

式中 E——弹性模量，是一种材料本身的特性，可由材料手册查得。

将式（6-3）代入式（6-1）得：

$$\varepsilon = \frac{N}{EA} \tag{6-4}$$

将式（6-2）代入式（6-3）得：

$$dl = \frac{N}{EA}dx \tag{6-5}$$

当杆件满足三个条件：① 整个长度材料均匀，即它的弹性模量 E 值为常数，② 杆件的横截面积不变，即 A 为常数；③ 作用在杆上的力 N 保持不变时，式（6-5）可以有进一步的演变为：

$$\Delta l = \frac{N \cdot l}{EA} \tag{6-6}$$

其中 Δl 指长为 l 的杆件的总伸长（或缩短）量。

上式说明了梁段伸长或缩短 dl 与梁段所受轴力 N 成正比关系。

6.1.2　弯曲变形与弯矩的关系

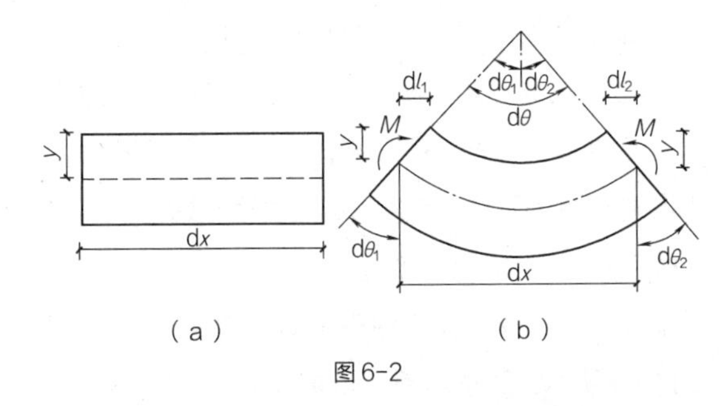

图 6-2

取图 6-2（a）所示长为 dx 的一段梁，承受弯矩 M。当梁弯曲时，梁的上部纤维受到压缩，下部纤维受到拉伸。在两者之间存在着长度不变的纵向纤维一中性层。如果在梁单元两端中性轴处作切线，很明显，构件产生了角位移 dθ 。由图 6-2（b）中的几何关系可看出：

$$d\theta = d\theta_1 + d\theta_2 \qquad (6-7)$$

由于 θ_1 和 θ_2 均很小，所以：$d\theta_1=\frac{dl_1}{y}$，$d\theta_2=\frac{dl_2}{y}$

令 $dl_1 + dl_2 = dl$ 代入式（6-7）中得：

$$d\theta = \frac{dl_1}{y} + \frac{dl_2}{y} = \frac{dl}{y} \qquad (6-8)$$

式中 dl 为上部纤维的总缩短量，y 为中性轴到梁段上边缘的距离。

将式（6-2）代入式（6-8）得：$d\theta = \frac{\varepsilon \cdot dx}{y}$

再将式（6-3）代入得：

$$d\theta = \frac{\sigma}{E} \cdot \frac{dx}{y} \qquad (6-9)$$

将杆件受弯时应力和弯矩的关系式 $\sigma = \frac{M \cdot y}{I}$

代入得：

$$d\theta = \frac{M \cdot dx}{EI} \qquad (6-10)$$

上式说明了梁段弯曲后的转角 dθ 与梁段所受到的弯矩 M 成正比关系。

6.2　梁在弯曲时的变形

6.2.1　弯曲变形的基本概念

图 6-3 所示为简支梁弯曲变形的示意图。取左端 A 为坐标原点．以变形前的梁轴线为 x 轴，y 轴则按向下为正。在平面弯曲情况下，弯曲后的梁轴线将是位于 xAy 平面内的一条连续、光滑的曲线，称为挠曲线或弹性曲线。观察梁在平面弯曲时的变形，可以看出梁的横截面产生了两种位移：

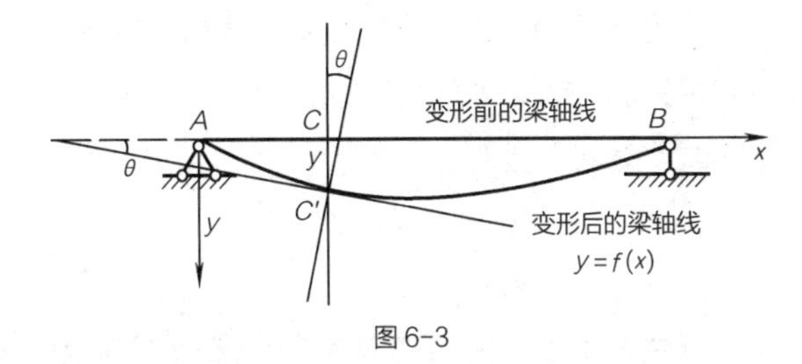

图 6-3

（1）挠度：梁轴线上任一点（横截面形心）沿 y 轴方向的线位移 CC' 称为该截面的挠度，用 f 表示，并以向下为正。单位与长度单位一致，用 cm 或 mm。横截面形心沿 x 轴方向的线位移由于很小，可忽略不计。

（2）转角：梁任一横截面绕中性轴转动的角度称为该截面的转角，用 θ 表示。并以顺时针转动为正，单位是弧度。

6.2.2　挠曲线方程

梁产生平面弯曲后，不同横截面的挠度和转角是不同的，它们都是坐标x的函数。因此，梁的挠曲线可表示为：

$$y=f(x)$$

称为梁的挠曲线方程，它表示了梁的挠度沿梁的长度的变化规律。

由数学关系可知，挠曲线上任一点的切线与x轴夹角的正切，就是挠曲线上该点的斜率。即：

$$\mathrm{tg}\theta=\frac{\mathrm{d}y}{\mathrm{d}x}=f'(x)$$

由于实际变形非常小，故可认为$\mathrm{tg}\theta=\theta$，所以

$$\theta=\frac{\mathrm{d}y}{\mathrm{d}x}=f'(x) \qquad (6\text{-}11)$$

上式称为梁的转角方程。它反映了梁上任意横截面的转角与挠度间的内在关系。显然，计算梁的挠度和转角，关键在于确定挠曲线方程。

为得到梁的挠曲线方程，必须建立变形与外力之间的关系。若以x轴以向下为正，则将式（6-11）代入式（6-10）得：

$$\frac{\mathrm{d}^2y}{\mathrm{d}x^2}=-\frac{M(x)}{EI} \qquad (6\text{-}12)$$

式中EI称为梁的抗弯刚度。式（6-12）称为梁的挠曲线近似微分方程。利用它即可求得梁的转角方程和挠曲线方程，从而可求得梁任一截面的挠度和转角。

6.2.3 梁受弯变形的计算

从式（6-12）可以看出，只要求得梁的弯矩方程，将其代入公式积分，就能得到梁的转角方程和挠曲线方程。将式（6-12）积分一次可得转角方程：

$$\theta=\frac{\mathrm{d}y}{\mathrm{d}x}=-\frac{1}{EI}\{[\int M(x)\mathrm{d}x]\mathrm{d}x+C\}$$

再积分一次就得到挠曲线方程：

$$y=\frac{\mathrm{d}^2y}{\mathrm{d}x^2}=-\frac{1}{EI}\{\int[\int M(x)\mathrm{d}x]\mathrm{d}x+Cx+D\}$$

以上两式中的C、D是积分常数，可以通过梁在其支座处的已知挠度和已知转角来确定。这种已知的条件称为边界条件。例如图6-3所示的简支梁，其边界条件为两个铰支座处的挠度等于零，即$x=0$时$y=0$，$x=l$时$y=0$。

【例题6-1】悬臂梁在自由端受集中力P作用，如图6-4所示。EI为常数，试求该梁的转角方程和挠曲线方程，并计算最大挠度和最大转角。

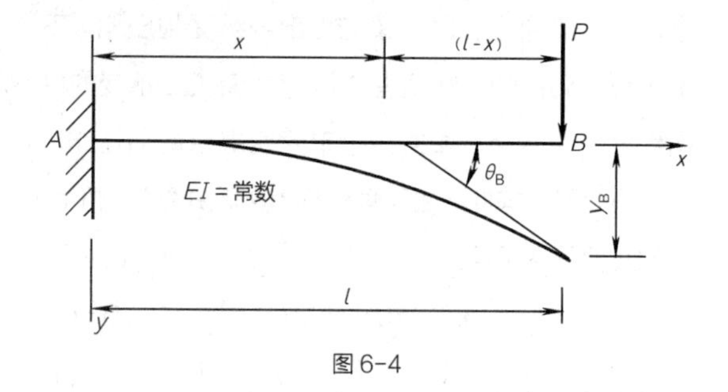

图6-4

【解】（1）列弯矩方程。

设坐标系如图所示，则弯矩方程为：

$$M(x)=-P(l-x)=Px-Pl$$

（2）列挠曲线近似微分方程。由式（6-12）得：

$$\frac{\mathrm{d}^2y}{\mathrm{d}x^2}=-\frac{M(x)}{EI}=\frac{Pl-Px}{EI}$$

积分一次得到转角方程：

$$\theta=\frac{\mathrm{d}y}{\mathrm{d}x}=\frac{1}{EI}\left(Plx-\frac{P}{2}x^2+C\right)$$

再积分一次得到挠曲线方程：

$$y=\frac{1}{EI}\left(\frac{Pl}{2}x^2-\frac{P}{6}x^3+Cx+D\right)$$

（3）确定积分常数

悬臂梁的边界条件是固定端处的挠度和转角都等于零，即$x=0$时$\theta=0$，$y=0$，代入以上两式得：

$C=0$，$D=0$

（4）建立转角方程和挠曲线方程。

将积分常数 C、D 的值代入上式，得到梁的转角方程为：$\theta=\frac{1}{EI}\left(Plx-\frac{P}{2}x^2\right)$

挠曲线方程为：$y=\frac{1}{EI}\left(\frac{Pl}{2}x^2-\frac{P}{6}x^3\right)$

（5）求转角和挠度得最大值。

根据梁的受力情况和边界条件，可大致画出梁的挠曲线示意图。由数学上求极值的方法可知，梁的最大挠度和最大转角均发生在自由端 B 截面。将 $x=l$ 代入上式，即得：

$$\theta_{\max}=\frac{Pl^2}{2EI}\text{（顺时针方向）}$$

$$y_{\max}=\frac{Pl^3}{3EI}\text{（向下）}$$

【例题 6-2】简支梁受均布荷载 q 作用，如图 6-5 所示。EI 为常数，试求该梁的转角方程和挠曲线方程，并求支座截面的转角 θ_A、θ_B 和梁的最大挠度 $y_{\max}$。

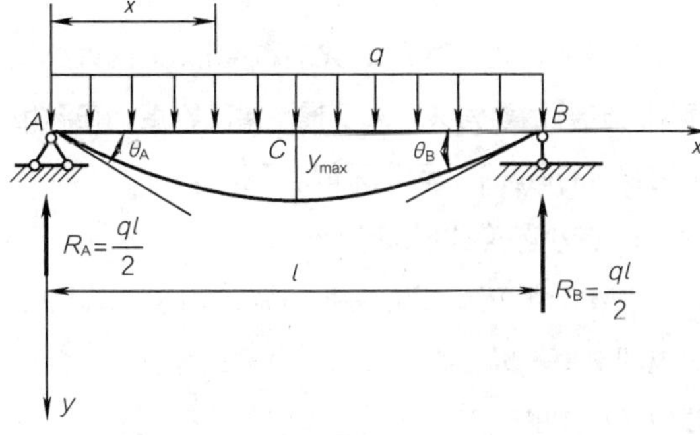

图 6-5

【解】（1）列弯矩方程。

设坐标系如图示，则弯矩方程为：

$$M(x)=\frac{1}{2}qlx-\frac{1}{2}qx^2$$

（2）列挠曲线近似微分方程。

$$\frac{d^2y}{dx^2}=\frac{1}{EI}\left(-\frac{1}{2}qlx+\frac{1}{2}qx^2\right)$$

积分一次得：

$$\theta=\frac{1}{EI}\left(-\frac{1}{4}qlx^2+\frac{1}{6}qx^3+C\right)$$

再积分一次得：

$$y=\frac{1}{EI}\left(-\frac{1}{12}qlx^3+\frac{1}{24}qx^4+Cx+D\right)$$

（3）确定积分常数。

简支梁的边界条件是两个铰支座处的挠度为零，即 $x=0$ 时，$y=0$，$x=l$ 时，$y=0$，代入上式得：

$C=\frac{ql^2}{24}$，$D=0$

（4）建立转角方程和挠曲线方程。

将积分常数 C、D 的值代入，得梁的转角方程为：$\theta=\frac{1}{EI}\left(-\frac{qlx^2}{4}+\frac{qx^3}{6}+\frac{ql^3}{24}\right)$

挠曲线方程为：$y=\frac{1}{EI}\left(-\frac{ql}{12}x^3+\frac{q}{24}x^4+\frac{ql^3}{24}x\right)$

（5）求 θ_A、θ_B 和梁的最大挠度 $y_{\max}$。

将 $x=0$ 和 $x=l$ 分别代入转角方程得：

$$\theta_A=\frac{ql^3}{24EI}\text{（顺时针方向）}$$

$$\theta_B=\frac{ql^3}{24EI}\text{（逆时针方向）}$$

由对称性可知，梁的最大挠度在跨中 C 截面，$x=\frac{1}{2}$ 代入挠度方程得：

$$y_{\max}=\frac{5ql^4}{384EI}\text{（向下）}$$

表 6-1 给出了基本类型的梁结构受弯时最大挠度。

表 6-1　基本类型的梁结构受弯时最大挠度

基本条件	最大挠度	最大挠度发生的位置
端部作用有集中荷载 P 的悬臂梁	$\frac{Pl^3}{3EI}$	悬臂梁自由端
全长作用有均布荷载 q 的悬臂梁	$\frac{ql^4}{8EI}$	悬臂梁自由端
中点作用有集中荷载 P 的简支梁	$\frac{Pl^3}{48EI}$	简支梁中点
全长作用有均布荷载 q 的简支梁	$\frac{5ql^4}{384EI}$	简支梁中点

二次积分法求变形，是计算梁变形的基本方法，其优点在于可以求得梁的转角方程和挠曲线方程，对梁的变形有一个全面的了解。缺点是计算过程较烦琐。特别是在梁上荷载较复杂的情况下，确定积分常数的工作将非常麻烦。工程中计算梁变形的方法很多，后面将会讲到用“单位荷载法”求指定截面的位移。

6.2.4　变形校核

建筑工程中，所谓变形校核大多只校核挠度。在校核挠度时，通常是以挠度的容许值与跨长 l 的比 $\left[\frac{f}{l}\right]$ 作为校核的标准。即梁在荷载作用下产生的最大挠度 y_{max} 与跨长 l 的比值不能超过允许值 $\left[\frac{f}{l}\right]$，即：$\frac{y_{max}}{l} \leqslant \left[\frac{f}{l}\right]$。

此式就是梁应满足的刚度条件。根据不同的工程用途，在有关规范中，对 $\left[\frac{f}{l}\right]$ 均有具体的规定。

强度条件和刚度条件都是梁必须满足的，在一般情况下，强度条件常起控制作用，由强度条件选择的梁大多能满足刚度要求。因此，在设计梁时，一般是先由强度条件选择梁的截面，选好后再校核一下梁的刚度。

【例题 6-3】一承受均布荷载的简支梁如图 6-6 所示，已知：$l = 6\text{ m}$，$q = 4\text{ kN/m}$，$\left[\frac{f}{l}\right] = \frac{1}{400}$，梁采用 22 a 号工字钢，其惯性矩为 $I = 0.334 \times 10^{-4}\text{ m}^4$，弹性模量 $E = 2 \times 10^8\text{ kPa}$，试校核梁的刚度。

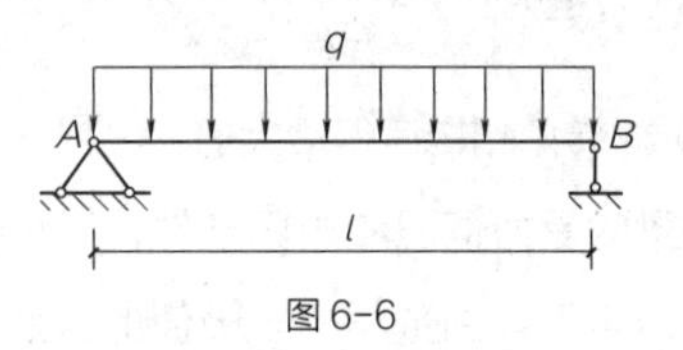

图 6-6

【解】由表 6-1 知，梁跨中的最大挠度为：

$$y_{max} = \frac{5ql^4}{384EI} = \frac{5 \times 4\text{ kN/m} \times (6\text{ m})^4}{384 \times 2 \times 10^8\text{ kPa} \times 0.334 \times 10^{-4}\text{ m}^4} \approx 0.01\text{ m}$$

$$\frac{y_{max}}{l} = \frac{0.01}{6} = \frac{1}{600} < \frac{1}{400}$$

所以满足刚度要求。

6.2.5　提高梁刚度的措施

从前面对梁变形的分析计算中可以看到，梁的变形与梁的抗弯刚度 EI、梁的跨度 l、荷载大小及作用方式等因素有关。为了提高梁的刚度，在满足使用要求的情况下，可以采取以下措施。

1. 减小跨度或增加支座

由表 6-1 可知，梁的变形与其跨度的 n 次幂（三次或四次幂）成正比。设法减小梁的跨度，将会有效地减小梁的变形。当梁的跨度无法改变时，可采用增加支座的办法来提高梁的刚度。例如均布荷载作用下的简支梁，在跨中最大挠度为 $f = \frac{5ql^4}{384EI}$，若跨度 l 减小一半，则最大挠度为 $f' = \frac{5q\left(\frac{l}{2}\right)^4}{384EI} = \frac{f}{16}$，若在梁跨中点增加一支座，则梁的最大挠度约为原梁的$\frac{1}{38}$。

2. 增大梁的抗弯刚度 EI

由于梁的变形与EI成反比，增大梁的EI可使变形减小。对钢梁来说由于各类钢材的E值非常接近，故没有必要用高强钢材来提高梁的抗弯刚度。因此，增大梁的EI主要是设法增大梁横截面的惯性矩I。在截面面积不变的情况下，采用合理的截面形状使其面积的分布远离中性轴，例如采用工字形、箱形、圆环截面等，可提高惯性矩I。

3. 改善荷载的作用情况

弯矩是引起变形的主要因素。改善荷载的作用情况，减小梁内弯矩，可达到减小变形，提高刚度的目的。可以将较大的集中力移到靠近支座附近，或使集中力尽量分散，甚至改为分布荷载。

4. 预加反向变形

在工程上对于刚度要求高的构件还可以事先预加相反方向的变形。对于跨度较大的梁，可以采用预应力技术，使构件在未受到实际荷载作用之前，在事先施加的钢筋应力的作用下产生一个反向的变形，从而抵消一部分梁的弯曲变形，增大了结构可以提供的跨度。例如对受荷载后向下弯曲的天车梁，一般在制造时要求给它$\frac{l}{700}\sim\frac{l}{500}$的预拱，从面改善工作时的变形条件。

6.3 单位荷载法求结构的变形

前一节已经讲到求梁的挠曲线的方法。一旦挠曲线方程确定了，那么只要给定一个x值，就可以求出相应的挠度值。这种方法虽然很严密，但是在结构设计中经常碰到的问题，是要计算梁在指定的其一个位置发生的挠度变形，并不需要求出挠度曲线。这就产生了另外一种方法，即所谓的单位荷载法，这种方法使用起来更为方便。

6.3.1 单位荷载法的基本公式

单位荷载法用所谓虚功方法导出，这里我们不加证明地直接引用其用于求解静定梁位移的计算公式：

$$\Delta=\int\frac{\overline{M}_1\cdot M_P}{EI}dx \tag{6-13}$$

式中　Δ——欲求得某一指定截面的变形，可以是该截面的转角，也可以是该截面的挠度；

$\overline{M}_1$——仅仅在欲求位移的截面施加单位力后结构所产生的弯矩方程；当欲求某一截面的转角变形时，那么加的单位力是数值等于1的力偶，当欲求某一截面的挠度变形时，那么加的单位力是一个数值等于1的集中力；

M_P——结构受外荷载作用时的弯矩方程；

E——结构材料的弹性模量，可由有关规范查取；

I——截面的惯性矩；

dx——杆件微小长度。

6.3.2 用单位荷载法求静定梁指定截面的位移

求梁在外荷载作用下所产生的位移，用单位荷载法计算时的步骤如下：

（1）在实际荷载下作梁的弯矩方程，这个弯矩方程称作荷载弯矩方程，用M_P表示。

（2）在虚设单位荷载下求梁的弯矩方程，这个弯矩方程称作单位弯矩方程，用 $\overline{M_1}$ 表示。

（3）将 M_P 和 $\overline{M_1}$ 代入式（6-13），即求出位移 Δ。

计算结果如果是正值表示位移 Δ 的方向与所加单位力方向相同，如果是负值表示位移 Δ 的方向与所加单位力方向相反。

【例题 6-4】等截面梁如图 6-7 所示，受均布荷载 q 的作用，求 B 端转角 Δ。

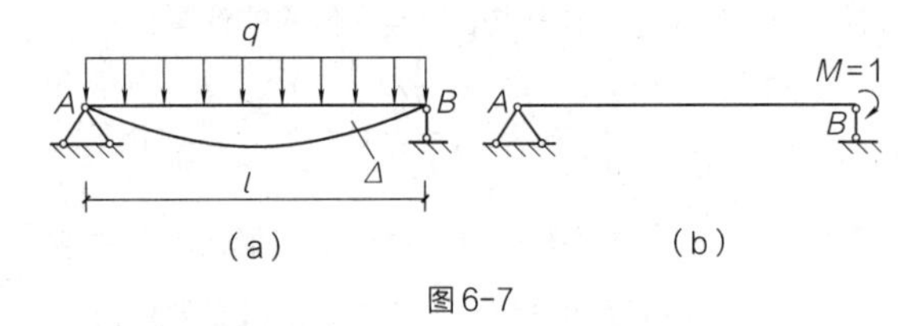

图 6-7

【解】首先建立以 A 点为坐标原点，向右为正的坐标系。

（1）列荷载弯矩方程。在荷载 q 作用下有：

$$M_P=\frac{qlx}{2}-\frac{qx^2}{2}$$

（2）求单位弯矩方程。由于要求的是 B 点的转角，所以在 B 处施加虚设的单位力偶 1，如图 6-7（b）所示，得到任意截面的弯矩方程为：

$$\overline{M_1}=-\frac{x}{l}$$

（3）求位移 Δ。将 M_P 和 $\overline{M_1}$ 代入式（6-13）有：

$$\Delta=\int\frac{\overline{M_1}\cdot M_P}{EI}\mathrm{d}x=\frac{1}{EI}\int_0^l\left(-\frac{x}{l}\right)\cdot\left(\frac{qlx}{2}-\frac{qx^2}{2}\right)\mathrm{d}x$$

$$=\frac{q}{EI}\left[\left(-\frac{x^3}{6}+\frac{x^4}{8l}\right)\right]_0^l=-\frac{ql^3}{24EI}$$

计算结果为负值，所以 B 端转角为逆时针方向，与假设的单位力偶方向相反。

【例题 6-5】图 6-8 中等截面悬臂梁 AB 在 A 点作用集中荷载 P，试求中点 C 的竖向位移 Δ_C。

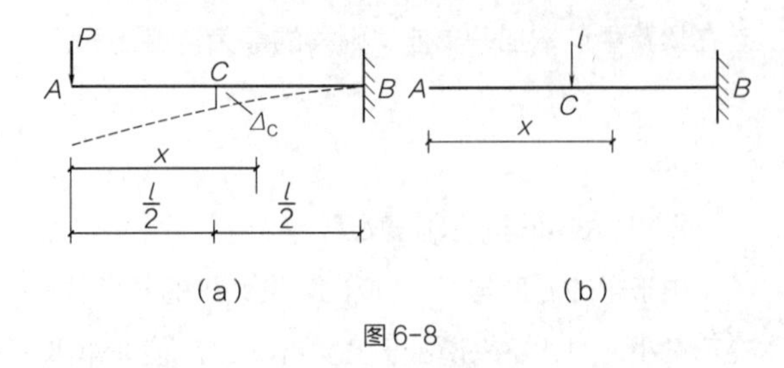

图 6-8

【解】首先建立以 A 点为坐标原点，向右为正的坐标系。

（1）列荷载弯矩方程。在荷载 P 作用下有：

$$M_P=-Px$$

（2）求单位弯矩方程。由于要求的是 C 点的竖向位移，所以在 C 处施加虚设的单位力 1，如图 6-8（b）所示，得到的弯矩方程分为两段列出：

$$0\leqslant x\leqslant\frac{l}{2}\text{时，}\overline{M_1}=0$$

$$\frac{l}{2}\leqslant x\leqslant l\text{时，}\overline{M_1}=-1\times\left(x-\frac{l}{2}\right)$$

（3）求位移 Δ。将 M_p 和 $\overline{M_1}$ 代入式（6-13）有：

$$\Delta C=\int\frac{\overline{M_1}\cdot M_P}{EI}\mathrm{d}x$$

$$=\int_0^{\frac{l}{2}}\frac{0\times(-Px)}{EI}+\int_{\frac{l}{2}}^{l}\frac{-\left(x-\frac{l}{2}\right)\times(-Px)}{EI}\mathrm{d}x$$

$$=\frac{5Pl^3}{48EI}$$

计算结果为正值，所以 C 处位移向下，与假设的单位力方向相同。

6.3.3 用单位荷载法求静定刚架在指定截面的位移

静定刚架在荷载作用下，截面上有弯矩、轴力和剪力。和静定梁一样，通常轴力和剪力对位移的影响远较弯矩的影响为小。因此在实际应用中，求刚架的位移时，一般只考虑弯矩的影响，用单位荷载法求静定刚架指定截面位移的计算公式为：

$$\Delta = \sum \int \frac{\overline{M}_1 \cdot M_P}{EI} dx \qquad (6-14)$$

上式各个符号的含义均与式（6-13）相同，其中的积分号也表示沿某一杆件的全长积分。唯一的不同之处在于求刚架在指定截面的位移时应对各杆的积分求代数和。对于复杂一点的结构可以使用图乘法计算，如有必要请参阅有关结构力学的书籍。上面介绍单位荷载法的另外一个目的是为后面用力法方程求解超静定结构作准备。

6.4　超静定梁

6.4.1　超静定梁概述

所谓静定梁，就是仅用静力平衡条件就可确定其支座反力的梁。如果梁的支座反力的数目多于可列出的独立的静力平衡方程式的数目，此时单凭静力平衡条件，不能确定支座反力，这类梁称为超静定梁。例如，在悬臂梁的自由端增加一支座，如图6-9（a），这时作用在梁上的支座反力共有4个，而对该梁只能列出3个独立的静力平衡方程，该梁就是超静定梁。又如，在图6-9（b）所示的简支梁的跨中增加一支座，也成为超静定梁。

前面例中增加的这些支座，习惯上称为多余支座，相应的反力称多余未知力。多余支座的存在，是超静定梁在构造上区别于静定梁的特点。把超静定梁的多余支座去掉后，就成为静定梁。由于多余支座起着改善变形的作用，因此在相同荷载作用下，超静定梁比静定梁的变形小，且受力更为均匀。因而在工程结构中，更多的是采用超静定梁。

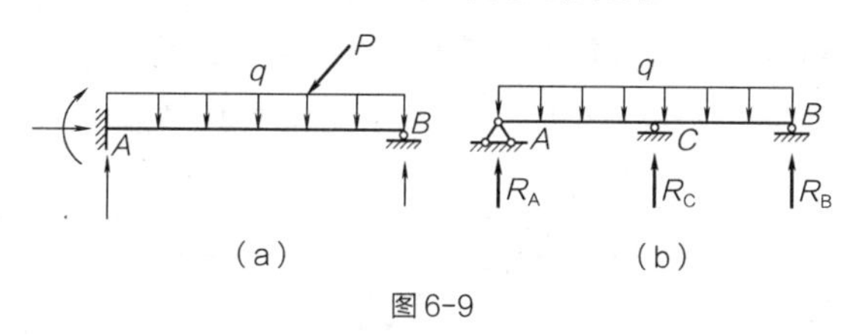

图6-9

在超静定梁中，未知支座反力的数值与可列出的独立的静力平衡方程的数目之差，称为超静定次数。例如图6-9（a）所示的超静定梁，其未知的支座反力为4个，而能列出的独立静力平衡方程式有3个，那么该梁为一次超静定梁；图6-9（b）所示的梁也是一次超静定梁；图6-10所示的梁则为二次超静定。超静定的次数与多余反力的数目相同，有几个多余反力即为几次超静定。

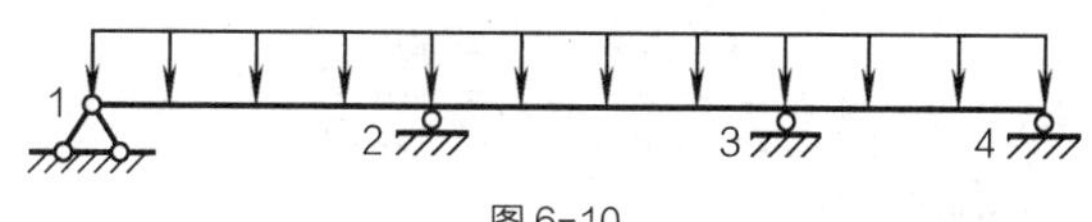

图6-10

由于未知反力的数目多于能列出的静力平衡方程的个数，因此，要想确定超静定梁的支座反力，除了利用平衡条件外，还必须考虑梁的变形条件来建立补充方程。

6.4.2　变形比较法解超静定梁

解超静定梁的方法很多，变形比较法是最基本的一种方法。解超静定梁，首先需确定梁的超静定次数，几次超静定就需建立几个补充方程。

图6-11（a）所示的梁，为一次超静定，只需建立一个补充方程。下面以这个一次超静定梁为例，来说明变形比较法。

设想将支座B视为多余约束，并将该支座去掉代

之以多余反力 R_B。如果把 R_B 当作已知力，图 6-11（a）所示的梁就变成在荷载 q 和支座反力 R_B 作用下的静定梁如图 6-11（b）所示。该静定梁称为原超静定梁的静定基。此静定基（悬臂梁）在 q 和 R_B 的共同作用下的变形情况，应与原超静定梁完全相同。

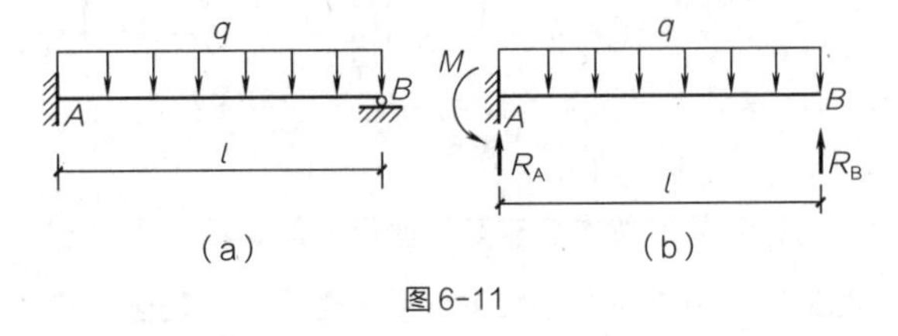

图 6-11

根据叠加原理，将图 6-11（b）所示的静定梁进行分解，如图 6-12 所示。显然，B 点在 q 单独作用下产生的向下的位移 y_1，B 点在 R_B 单独作用下向上的位移 y_2，叠加到一起应等于超静定结构 B 点的实际位移，即 $y_1+y_2=0$。这是根据变形条件，建立的一个补充方程。根据表 6-1 知：

$$y_1=-\frac{ql^4}{8EI},\ y_2=\frac{R_B\cdot l^3}{3EI}$$

代入 $y_1+y_2=0$ 得：

$$-\frac{ql^4}{8EI}+\frac{R_B\cdot l^3}{3EI}=0$$

$$R_B=\frac{3ql}{8}$$

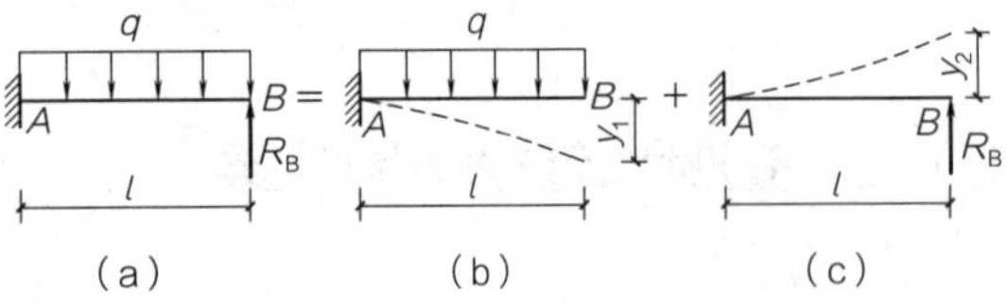

（a）　（b）　（c）

图 6-12

求得多余未知力 R_B，将它视为作用在悬臂梁上的已知荷载，这样超静定梁就变成了静定梁。支座 A 的反力及梁的内力等，便均可通过静力平衡条件求出来。求得 A 处的支座反力为：

$$M_A=\frac{ql^2}{8},\ R_A=\frac{5ql}{8}$$

画出弯矩图和剪力图如图 6-13 所示。

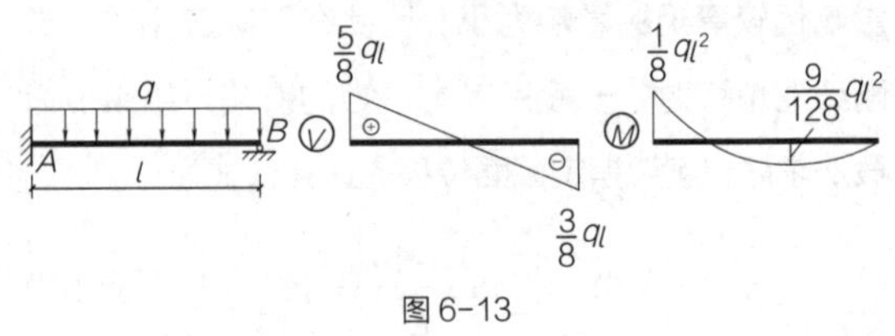

图 6-13

从以上的讨论看到，解超静定梁主要是计算多余反力。计算多余反力的步骤为：① 选取静定基，将去掉的多余支座代之以多余反力。② 根据多余支座处的位移情况，建立补充方程式并求解。需要注意的是，超静定梁的静定基并不是唯一的，在选取静定基时，可选取不同形式的静定梁，只要静定梁可以承受荷载均可作为静定基。

6.5 力法解超静定梁

6.5.1 力法的基本原理

力法是计算各类超静定结构的最基本方法。它的大致思路是，首先解除结构的多余约束，以支座多余未知力作为基本的未知量（这点与变形比较法相同），然后根据解除多余约束处的位移条件，建立含有多余未知力的力法方程（视问题的大小，方程组可大可小），力法方程数与多余未知力数对应相等。力法方程中的系数用单位荷载法求得后，即可解方程，求出多余未知力，超静定结构便可转化为静定结构计算。

下面通过简单的例子来说明力法的基本原理。图 6-14（a）所示为一根一次超静定梁，有一个多余的联系。选择 B 点的支座为多余联系，B 支座处的反力为 X_1 称作多余未知力。把多余联系去掉，代

之以多余未知力 X_1，图 6-14（a）所示的超静定结构就转化为图 6-14（b）所示的静定结构。这个静定结构称作基本体系。只要设法把多余未知力 X_1 计算出来，剩下的问题就是悬臂梁的计算问题。

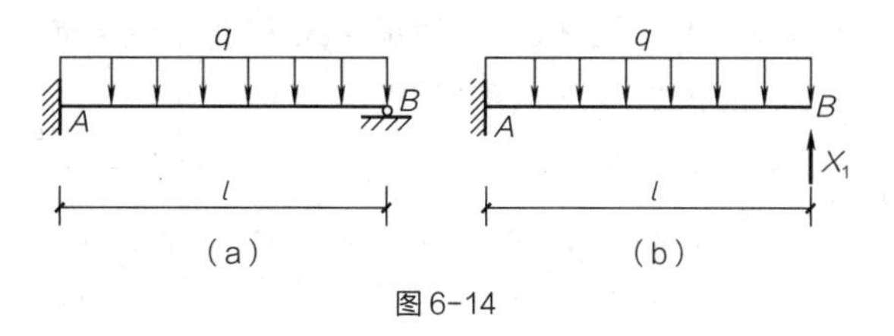

图 6-14

6.5.2　力法方程

1. 一次超静定结构的力法方程

图 6-14（b）所示的静定结构中，在这个基本体系中，如果未知力 X_1 过大，则梁的 B 端将会往上翘，如果 X_1 过小，B 端将会往下垂。只有当 B 端的竖向位移正好等于零时，基本体系才完全与原结构相同。由此可见，基本体系等同原结构的条件是沿多余未知力方向的位移等于零。这个变形条件就是计算多余未知力时所需要的补充条件。

下面把变形条件写出来，并通过它来确定多余未知力。变形条件可用公式表达如下：

$$\Delta=\Delta_{1P}+\Delta_{11}$$

这里 Δ 是基本体系沿 B 点的总位移，Δ_{1P} 是基本体系在外荷载作用下 B 点的位移，Δ_{11} 是基本体系在未知力 X_1 作用下 B 点的位移，如图 6-15 所示。位移 Δ 的方向与力 X_1 的正方向相同时，位移 Δ 规定为正。

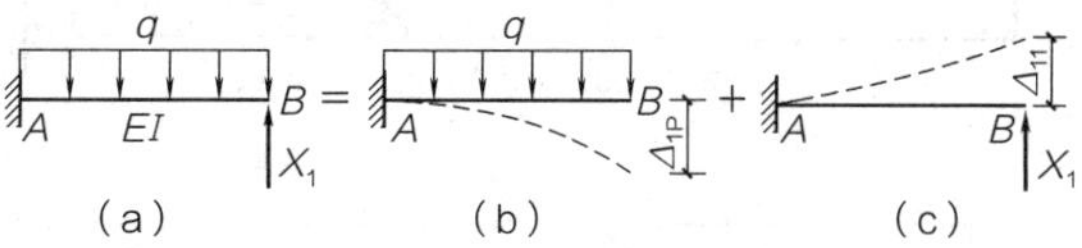

图 6-15

基本体系在未知力 X_1 作用下沿 X_1 方向的位移 Δ_{11}，与 X_1 成正比，可以写成：

$$\Delta_{11}=\delta_{11}\cdot X_1$$

其中 δ_{11} 是当单位力 $X_1=1$ 时，基本体系沿 X_1 方向产生的位移，因此变形条件可写为：

$$\delta_{11}\cdot X_1+\Delta_{1P}=0 \tag{6-15}$$

这个方程就是一次超静定结构的力法方程。

力法方程中的系数 δ_{11} 和自由项 Δ_{1P} 都是静定结构的位移，都可以用单位荷载法计算出来。

为了用单位荷载法计算 δ_{11} 和 Δ_{1P}，须先列出基本体系在荷载作用下的弯矩方程：

$$M_P=-\frac{ql^2}{2}$$

和基本体系在 $X_1=1$ 作用下的弯矩方程：$\overline{M_1}=x$

代入单位荷载法求得：

$$\Delta_{1P}=\int\frac{\overline{M_1}\cdot M_P}{EI}dx=\int_0^l\frac{\left(-\frac{ql^2}{2}\right)\cdot x}{EI}dx=-\frac{ql^4}{8EI}$$

$$\delta_{11}=\int\frac{\overline{M_1}\cdot\overline{M_1}}{EI}dx=\int_0^l\frac{x^2}{EI}dx=\frac{l^3}{3EI}$$

代入式（6-15）得：$\frac{l^3}{3EI}\cdot X_1-\frac{ql^4}{8EI}=0$

求得：$X_1=\frac{3ql}{8}$

求得的未知力是正号的，表示 X_1 的方向与假设的方向相同。多余未知力求出以后就可以利用平衡条件求静定结构的内力。

2. 二次超静定结构的力法方程

图 6-16（a）所示的三跨连续梁是两次超静定结构。如果以支座 B 和 C 为多余联系，则得到图 6-16（b）所示的基本体系。

为了确定多余未知力 X_1 和 X_2，把基本体系在 B 点和 C 点的竖向位移等于零作为补充变形条件，即：$\Delta_1=0$，$\Delta_2=0$。这里 Δ_1 是基本体系沿多余未知力 X_1 方向的总位移，即 B 点的竖向位移；Δ_2 是

沿 X_2 方向的总位移，即 C 点的竖向位移。

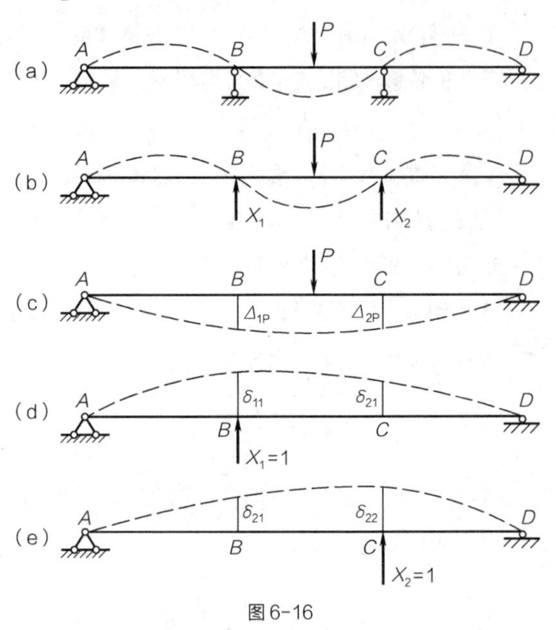

图 6-16

为了计算基本体系在荷载 P 和多余未知力 X_1、X_2 共同作用下的总位移 Δ_1、Δ_2，先分别计算基本体系在 P、X_1 和 X_2 单独作用时的位移。

（1）荷载 P 单独作用，相应位移为 Δ_{1P}、Δ_{2P}，如图 6-16（c）所示；

（2）单位力 $X_1=1$ 单独作用，相应位移为 δ_{11}、δ_{21}，如图 6-16（d）所示；

（3）单位力 $X_2=1$ 单独作用，相应位移为 δ_{21}、δ_{22}，图 6-16（e）所示。

由叠加原理知：

$$\Delta_1=\delta_{11}\cdot X_1+\delta_{12}\cdot X_2+\Delta_{1P}$$

$$\Delta_2=\delta_{21}\cdot X_1+\delta_{22}\cdot X_2+\Delta_{2P}$$

得到二次超静定结构的力法方程为：

$$\begin{cases}\delta_{11}\cdot X_1+\delta_{12}\cdot X_2+\Delta_{1P}=0\\ \delta_{21}\cdot X_2+\delta_{22}\cdot X_2+\Delta_{2P}=0\end{cases}\quad(6\text{-}16)$$

式中位移符号中采用两个脚标，第一个脚标表示位移发生的位置，第二个角标表示位移产生的原因。例如 δ_{12} 表示在 $X_2=1$ 作用下，在 X_1 处产生的位移。

多余未知力 X_1、X_2 求出以后，基本体系的内力便可以由静力平衡条件来确定。

3. *n* 次超静定结构的力法方程

若结构为 n 次超静定，有 n 个多余未知力 X_1、X_2、…、X_n。则在 n 个多余联系处的 n 个变形条件为：

$$\begin{cases}\delta_{11}\cdot X_1+\delta_{12}\cdot X_2+\cdots+\delta_{1n}\cdot X_n+\Delta_{1P}=0\\ \delta_{21}\cdot X_1+\delta_{22}\cdot X_2+\cdots+\delta_{2n}\cdot X_n+\Delta_{2P}=0\\ \cdots\cdots\\ \delta_{n1}\cdot X_1+\delta_{n2}\cdot X_2+\cdots+\delta_{nn}\cdot X_n+\Delta_{nP}=0\end{cases}$$

这是超静定结构力法方程的一般形式。从力法方程解出多余未知力 X_1、X_2、…、X_n，结构的内力已经转化为静定结构的内力，静力平衡方法就可以解决了。

习　题

1. 分别用列挠曲线方程的方法和单位荷载法计算 A 端的转角。

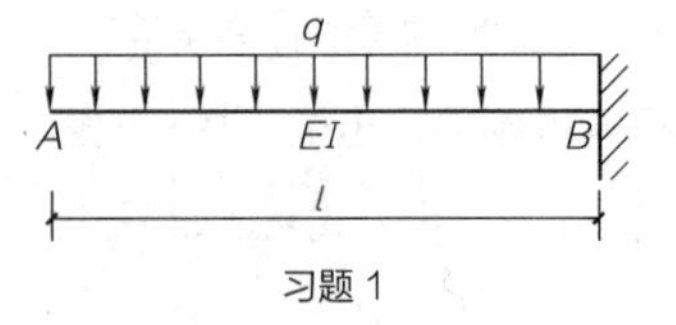

习题 1

2. 第 4 章习题 3，若 $\left[\dfrac{f}{l}\right]=\dfrac{1}{250}$，试校核该梁的刚度。

3. 确定图示各结构的超静定次数。

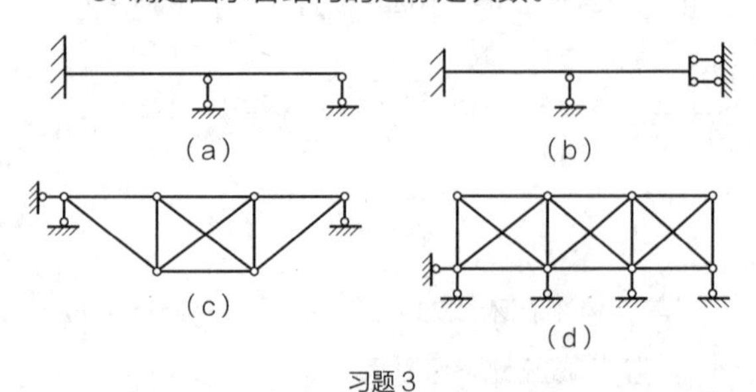

习题 3

Chapter7

第7章 力矩分配法解超静定结构

Solution of Statically Indeterminate Structures by Moment Distribution Method

超静定结构在实际工程中经常采用，与静定结构相比，超静定结构能承受比较大的荷载而产生较小的变形和应力，从而可以大大节省建筑材料。此外超静定结构还能保持整个结构良好的稳定性，不会因为其中的某个支座破坏而导致整个结构的倒塌。但是超静定结构有可能因为相对沉陷、温度改变引起的杆件长度变化或者制造误差等，使结构内部产生应力。

关于超静定结构的内力计算，经典方法有"力法"和"位移法"。力法是将超静定结构的多余未知力作为首先解决的对象，通过把多余未知力计算出来成为已知力以后，剩下的问题便可归结为静定结构的计算了；位移法是通过向原结构中沿独立位移方向人为地添加约束，并引入未知位移作为首先解决的对象，当把未知的节点位移计算出来以后，然后就可以把杆件的杆端弯矩求出，从而转化成静定结构计算。

值得说明，力法和位移法虽是计算超静定结构的基本方法，但是实践中往往由于需要解算未知元素很多的线性方程组，对于稍复杂的结构手算似难以完成，一般用计算机来完成。本章将要讲到的"力矩分配法"是一种近似方法，非常适合手算，在结构设计中被广泛采用。

7.1 杆件的刚度

7.1.1 刚度的定义

在结构分析中，力和位移起着关键的作用。力和位移之间的相互关系是：力是位移的起因，位移意味着力的存在。由于力和位移有着互为因果的性质，因此确定一个术语来度量两个量之间的关系。刚度就是大量使用的概念之一。

刚度最基本的定义，是在力所作用的点产生单位位移时所需的作用力。刚度的定义式为：

$$K=\frac{P}{\Delta}$$

即刚度 K 等于力和该力方向上所产生位移的比值。式中的位移 Δ 并不限于只是线位移，还可以是角位移即转角，力 P 也不限于只是力，也可以是力偶。

7.1.2 杆件的线刚度

所谓线刚度是杆件横截面抗弯刚度 EI 被杆件的长度 l 去除的值。线刚度一般用 i 表示：

$$i=\frac{EI}{l} \qquad (7\text{-}1)$$

杆件的线刚度与杆件截面的 EI 值成正比，与杆件的长度成反比。

杆件的线刚度概念在决定汇交于刚节点上诸杆各自的抗弯能力时有重要的应用。比如一个二跨单层刚架，当横梁的线刚度 $i_{梁}$ 为侧柱线刚度 $i_{柱}$ 的 20 倍以上时横梁的跨中弯矩较大而支座弯矩很小，如图 7-1（a）所示，相当于梁两端与柱铰接。当 $i_{梁}$ 为 $i_{柱}$ 的 1 ： 20 以下时，梁的跨中弯矩较小而支座弯矩较大，如图 7-1（b），相当于两端固定在柱上。当 $i_{梁}$ 与 $i_{柱}$ 之比在（1：20）~（20：1）之间时，这时梁的跨中弯矩和支座弯矩将不同程度地变化，柱也将发生内力上的变化，如图 7-1（c）。

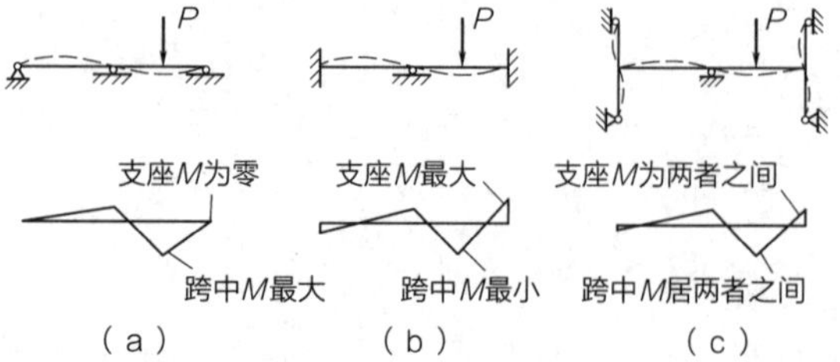

图 7-1

7.1.3　转动刚度

转动刚度表示靠近节点的杆件端部对该节点转动的反抗能力。杆端的转动刚度以 S 表示，等于使杆端产生单位转角需要施加的力矩，$S=\dfrac{M}{\theta}$，这与杆件刚度的定义是相似的。问题是要说明既然有了线刚度的概念，为什么还要引入转动刚度？它们之间有何联系？图7-2所示等截面杆件 AB，当 B 端为不同支承情况时，A 端的转动刚度的 S_{AB} 数值。这里需要指出的是，施力端只能发生转角，不能发生线位移。只要满足上述条件，不论施力端是铰支座、滚轴支座还是可转动的刚节点，结果全是一样的。图7-2中 A 端只画了铰支的情况，是为了明确 A 端只能转动，不能移动。理论分析可以得出：

$$S_{AB}=n\cdot i \qquad (7\text{-}2)$$

其中 i 是杆件的线刚度，n 的取值由远端的支撑情况决定：

（1）图7-2（a）当远端 B 为固定支座时，$n=4$。

（2）图7-2（b）当远端 B 为铰支座时，$n=3$。

（3）图7-2（c）当远端 B 为滑动支座时，$n=1$。

（4）图7-2（d）当远端 B 为自由端时，$n=0$。

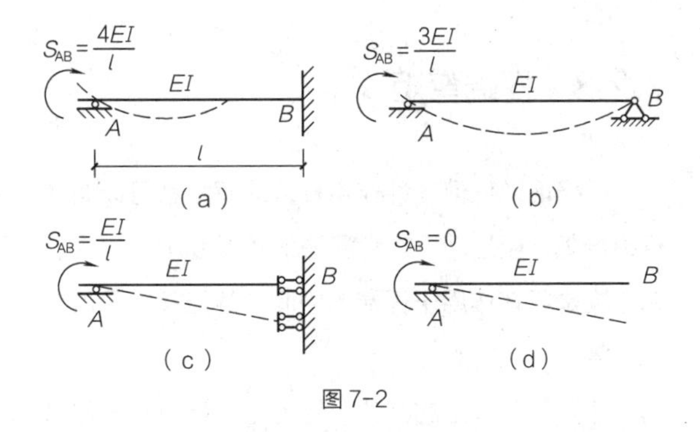

图7-2

S_{AB} 中的第一个角标 A 是表示 A 端，第二个角标 B 是表示杆的远端是 B。S_{AB} 表示 AB 杆在 A 端的转动刚度。

转动刚度 S 可以看作是对杆件线刚度 i 的一种数值上的修正。这种修正视所研究的节点 A 上各根杆件的远端支座形式而定，而与近端无关。

7.2　力矩分配法的相关概念

本节主要讲解力矩分配法中会用到的一些概念，为后面讲力矩分配法作准备。

7.2.1　分配系数

图7-3所示三杆 AB、AC 和 AD 由刚节点 A 联结一起，为了便于说明问题，设 B 端为固定支座，C 端为滑动支座，D 端为铰支座。

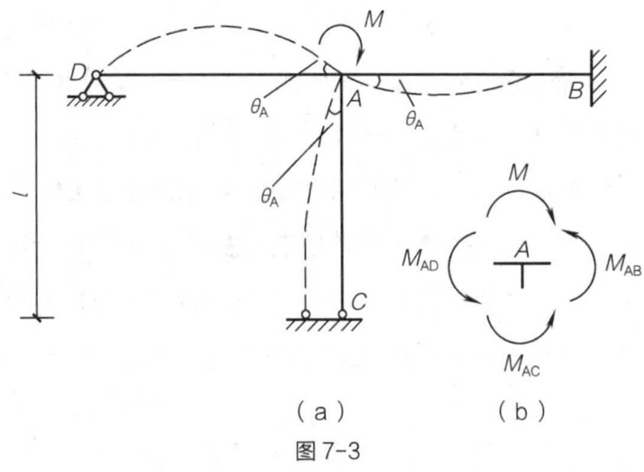

图7-3

设有力矩 M 作用于节点 A，使节点 A 产生转角 θ_A，然后达到平衡。试求 AB 杆 A 端的弯矩 M_{AB}、AC 杆 A 端的弯矩 M_{AC} 和 AD 杆在 A 端的弯矩 M_{AD}。

由转动刚度的定义可知：

$$\begin{cases} M_{AB}=S_{AB}\cdot\theta_A=4\,i_{AB}\cdot\theta_A \\ M_{AC}=S_{AC}\cdot\theta_A=i_{AC}\cdot\theta_A \\ M_{AD}=S_{AD}\cdot\theta_A=3\,i_{AD}\cdot\theta_A \end{cases} \qquad (7\text{-}3)$$

利用A节点的平衡条件$\sum M=0$，如图7-3（b）所示得：

$$M=S_{AB}\cdot\theta_A+S_{AC}\cdot\theta_A+S_{AD}\cdot\theta_A$$

所以得到：

$$\theta_A=\frac{M}{S_{AB}+S_{AC}+S_{AD}}=\frac{M}{\sum S} \quad (7\text{-}4)$$

其中$\sum S$表示从A节点出发的所有杆件的转动刚度之和。将式（7-4）代入式（7-3）得：

$$\begin{cases} M_{AB}=\dfrac{S_{AB}}{\sum S}\cdot M \\ M_{AC}=\dfrac{S_{AC}}{\sum S}\cdot M \\ M_{AD}=\dfrac{S_{AD}}{\sum S}\cdot M \end{cases} \quad (7\text{-}5)$$

由此看来，各杆A端所承担的弯矩与各杆A端的转动刚度成正比。可以用下列公式表示计算结果；

$$M_{Aj}=\mu_{Aj}\cdot M \quad (7\text{-}6)$$

式中的角标A表示被研究的节点，j表示某杆远端节点符号，对图7-3可能是B、C或D。μ_{Aj}为分配系数，如μ_{AB}表示AB杆在A端的分配系数。它表示AB杆的A端在该节点出发所有杆件中，承担反抗外力矩的百分比，等于AB杆的转动刚度与交于A点各杆的转动刚度之和的比值，即：

$$\mu_{Aj}=\frac{S_{Aj}}{\sum S} \quad (7\text{-}7)$$

式（7-7）说明分配系数应当总是小于（或等于）1。节点上各杆的分配系数之和总是等于1，即：$\sum\mu_{Aj}=1$

7.2.2 传递系数

在图7-3中，外力矩M加于节点A，使各杆的A端（或称为各杆的近端）产生弯矩。与此同时也将使各杆的另一端（或称远端）产生弯矩。需要说明的是，近端弯矩和远端弯矩是为了叙述方便而引入的名词。比如AB杆，如果研究靠A端的节点，那么A端杆上的截面弯矩可叫近端弯矩，靠近B端的截面弯矩叫远端弯矩。杆件当近端有转角（即近端产生弯矩）时远端弯矩与近端弯矩的比值称为传递系数，用C表示。因此一般可由近端弯矩乘以传递系数C得出远端弯矩。对于等截面杆件来说，传递系数C随远端的支座形式而有不同，数值如下：

（1）当远端为固定的边支座或为非边支座时，$C=\frac{1}{2}$。

（2）当远端为活动边支座，$C=-1$。

（3）当远端为铰支边支座时，$C=0$。

以上所谓边支座系指尽端的那个支座。

那么杆件远端的弯矩就可以通过杆件近端的弯矩乘以传递系数得到，即：

$$M_{BA}=C_{AB}\cdot M_{AB} \quad (7\text{-}8)$$

系数C_{AB}称为由A端至B端的传递系数。

综合以上，节点A作用的外力矩M，按各杆的分配系数μ分配给各杆的近端；远端的弯矩等于近端弯矩乘以传递系数。

7.2.3 杆端弯矩

严格地说任何一种作用杆端的弯矩都可以叫作杆端弯矩，但是用弯矩分配法解题过程中所指的杆端弯矩是所有作用于杆端的中间计算过程的最后总的效果。

计算杆端弯矩的目的，是因为杆端弯矩一旦求出，则每相邻节点之间的“单跨梁”将可以作为一根静定的脱离体取出来进行该杆的内力分析。其上作用的荷载有外荷载，每一杆端截面上一般有一个剪力和一个弯矩，两端共有二个剪力和两个弯矩。这两个弯矩就是两端的杆端弯矩，既然它们已经求出，那么余下的两个剪力可由两个静力平衡方程解出。

上面步骤完成以后，每两个相邻节点之间的一段梁上的内力可以很方便地运用静力平衡的方法对它进行内力分析，逐段进行，就可以作出整个结构的内力图来。应该指出，内力分析中，弯矩分析是重点，因为它对结构的强度往往起控制作用，同时也因为弯矩的求出可以为进一步求剪力等内力打下基础。

杆端弯矩的正负号规定是：相对于弯矩所在的截面的形心顺时针方向为正，逆时针方向为负。

7.2.4 固端弯矩

固端弯矩用 $\overline{M}$ 表示，它的含义是：将每相邻两节点之间的杆件视为一根两端支座为固定支座的单跨梁，这样的梁在各种外荷载作用下的杆端弯矩叫作固端弯矩。固端弯矩的计算是力矩分配法的基础。

固端弯矩 $\overline{M}$ 可以用力法等计算出来，但工程上在求解连续梁或刚架等超静定结构时，涉及求单跨梁的固端弯矩时，则往往使用现成的图表，将单跨梁按荷载和两端支座形式与该图表对号入座，按所给出的现成公式求出。本书亦采用这一方法，并将常见情况下单跨梁的固端弯矩汇集于表 7-1 中。

表 7-1 等截面单跨梁的固端弯矩

编号	计算简图	固端弯矩	
		$\overline{M}_{AB}$	$\overline{M}_{BA}$
1	A P B a b l	$-\dfrac{Pab(l+b)}{2l^2}$	0
2	q A B l	$-\dfrac{ql^2}{8}$	0
3	q A B l	$-\dfrac{ql^2}{15}$	0
4	q A B l	$-\dfrac{7ql^2}{120}$	0
5	P A B a b l	$-\dfrac{Pab^2}{l^2}$	$\dfrac{Pab^2}{l^2}$
6	q A B l	$-\dfrac{ql^2}{20}$	$\dfrac{ql^2}{30}$

续表

编号	计算简图	固端弯矩	
		$\overline{M}_{AB}$	$\overline{M}_{BA}$
7	A, B, q, l	$-\dfrac{ql^2}{12}$	$\dfrac{ql^2}{12}$
8	A, B, M, a, b, l	$\dfrac{b(3a-l)M}{l^2}$	$\dfrac{a(3b-l)M}{l^2}$

7.3 力矩分配法计算连续梁和刚架

力矩分配法在数学上属于逐次逼近法，主要适用于连续梁和刚架的计算。用力矩分配法计算超静定结构不需要解联立方程，而能够直接得出杆端弯矩。由于计算简便，力矩分配法在结构设计中被结构工程师广泛采用。

7.3.1 一个中间节点的超静定结构的计算

1. 两跨连续梁的计算步骤

（1）将中间节点固定，根据各个“单跨”梁的荷载情况和支座特征，查表 7-1，求出各杆件在杆端的固端弯矩 $\overline{M}$。固端弯矩是有正负的，它的正负号规定与杆端弯矩相同，即相对于弯矩所在的截面的形心顺时针方向为正，逆时针方向为负。

（2）放松中间节点，根据中间节点的平衡条件，求出附加弯矩。

（3）将附加弯矩按照中间节点左、右两侧杆件的分配系数进行分配。

（4）根据中间节点左、右远端支座情况确定传递系数，将分配弯矩分别向杆件的远端传递。

（5）将以上求得的同一节点两侧杆端的固端弯矩、分配弯矩、传递弯矩分别求代数和，最后结果即为杆端弯矩。值得注意的是，同一支座两侧的杆端弯矩代数和必须为零才能满足静力平衡条件。

力矩分配法求出的杆端弯矩是带有正负号的，正号就表示弯矩绕截面的形心顺时针方向转动，负号表示弯矩绕截面的形心逆时针方向转动。在画弯矩图应注意判断哪一侧受拉，从而把弯矩图画在受拉边。

2. 两跨连续梁的计算举例

【例题 7-1】用力矩分配法求图 7-4 中的两跨连续梁的弯矩，并画出弯矩图。

【解】（1）求分配系数。

先求出中间节点 B 出发的各个杆件的转动刚度，由式（7-2）和式（7-1）知：

$$S_{BA}=4i=\frac{4EI}{6}=\frac{2EI}{3}$$

$$S_{BC}=3i=\frac{3EI}{6}=\frac{EI}{2}$$

根据式（7-7）可得：

$$\mu_{BA}=\frac{S_{BA}}{\sum S}=0.571$$

$$\mu_{BC}=\frac{S_{BC}}{\sum S}=0.429$$

将分配系数分别写入表格中相应的位置，如图7-4（b）所示。

（2）求固端弯矩。

将中间节点B看成固定端，把梁看成两根独立的单跨梁，根据荷载和支座的情况由表7-1查出各个杆件固端弯矩分别为：

$$\overline{M_{AB}}=-\frac{Pab^2}{l^2}=-\frac{20\,\text{kN}\times3\text{m}\times(3\text{m})^2}{(6\,\text{m})^2}=-15\,\text{kN}\cdot\text{m}$$

$$\overline{M_{BA}}=\frac{Pa^2b}{l^2}=\frac{20\,\text{kN}\times(3\text{m})^2\times3\text{m}}{(6\text{m})^2}=15\,\text{kN}\cdot\text{m}$$

$$\overline{M_{BC}}=-\frac{ql^2}{8}=-\frac{2\,\text{kN/m}\times(6\,\text{m})^2}{8}=-9\,\text{kN}\cdot\text{m}$$

$$\overline{M_{CB}}=0$$

将以上结果写在相应杆端的下方，如图7-4（b）所示。

（3）求附加弯矩。在中间节点B处，附加弯矩为：

$$M'_B=-(M_{BA}+M_{BC})=-(15-9)\text{kN}\cdot\text{m}$$
$$=-6\text{kN}\cdot\text{m}$$

（4）按照分配系数对附加弯矩进行分配。

分配弯矩分别为：

$$M_{BA}=0.571\times(-6)\,\text{kN}\cdot\text{m}\approx-3.43\,\text{kN}\cdot\text{m}$$

$$M_{BC}=0.429\times(-6)\,\text{kN}\cdot\text{m}\approx-2.57\,\text{kN}\cdot\text{m}$$

将以上结果写在相应杆端的下方，如图7-4（b）所示。

（5）按照传递系数计算传递力矩。

远端为固定的边支座时，传递系数$C=\frac{1}{2}$；当远端为铰支座时，$C=0$。所以求得传递力矩：

$$M_{AB}=\frac{1}{2}\times M_{BA}=\frac{1}{2}\times(-3.43)\,\text{kN}\cdot\text{m}$$
$$\approx-1.72\,\text{kN}\cdot\text{m}$$

$$M_{CB}=0$$

将传递力矩写在相应杆端的下方，如图7-4（b）所示。

（6）将以上结果竖向相加得到最后的杆端弯矩，如图7-4（b）所示。

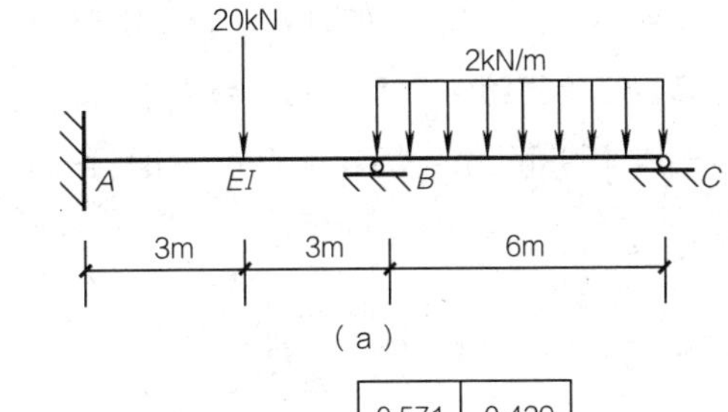

（a）

		0.571	0.429	
$\overline{M}$	−15	15	−9	0
B	−1.72 ←	−3.43	−2.57	0
M	−16.72	11.57	−11.57	0

（b）

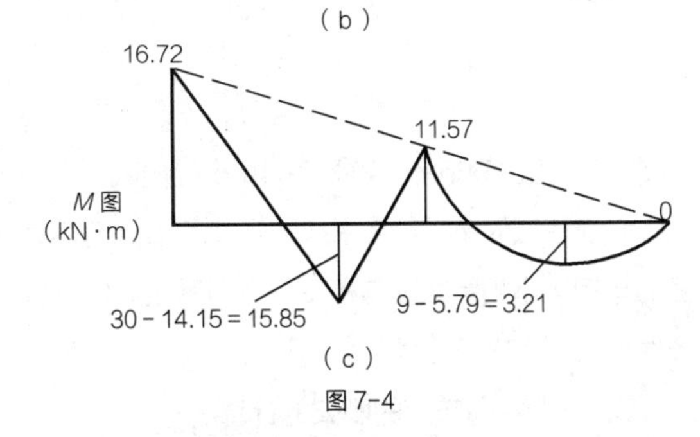

（c）

图7-4

（7）计算跨中弯矩。

要画弯矩图还需要计算跨中弯矩值。所谓跨中弯矩，是指相邻两支座间梁中点处的弯矩，梁上每一跨的跨中弯矩都可以用以下方法求出，下面结合本题加以说明。

将AB梁按简支梁画出计算简图，其上的荷载有两种，一是本来存在的集中荷载，二是两端按弯矩分配法算出的杆端弯矩，以集中力偶的形式作用于AB杆两端，如图7-5（a）。所要求的跨中弯矩应该是以上两种荷载作用下的结果进行叠加。

将AB梁按两端简支梁情况下，仅作用有集中荷载时求出在中点的弯矩，如图7-5（b）所示。$M_{荷载}=30\,kN\cdot m$。将AB梁按两端简支梁情况下，仅在两端分别有杆端弯矩作用下求出中点的弯矩，实际上是一个梯形的中位线长度。$M_{杆端}=\left(\dfrac{16.72+11.57}{2}\right)$ kN · m≈14.15 kN · m，如图7-5（c）所示。

叠加后得到跨中弯矩：$M_{跨中}=M_{简支}+M_{杆端}=(30-14.15)kN\cdot m=15.85kN\cdot m$，如图7-5(d)所示。

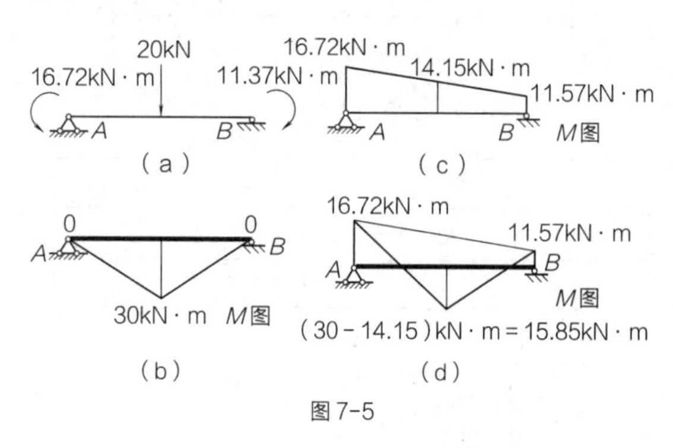

图7-5

（8）画出弯矩图，如图7-4（c）所示。

必须注意的是，最后求得的中间节点处两侧截面的弯矩大小相等，方向相反，也即满足弯矩平衡条件。

3. 一个中间节点的刚架的计算

一个中间节点的刚架与两跨的连续梁从计算方法上来说没有任何区别，只是中间节点出发的杆件不再是两个而有可能是三个或者四个，中间节点的平衡应当是所有中间节点处的杆端弯矩求和应该等于零。

【例题7-2】试用力矩分配法计算图7-6（a）所示刚架，并且画出弯矩图、剪力图、轴力图。各杆件旁边的数值为相对线刚度。

【解】（1）求分配系数。

$$S_{BA}=3i_{BA}=3\times2=6$$

$$S_{BC}=4i_{BC}=4\times2=8$$

$$S_{BD}=4i_{BD}=4\times1.5=6$$

$$\mu_{BA}=\frac{S_{BA}}{\sum S}=0.3$$

$$\mu_{BC}=\frac{S_{BC}}{\sum S}=0.4$$

$$\mu_{BD}=\frac{S_{BD}}{\sum S}=0.3$$

（2）求固端弯矩。

$$\overline{M_{BA}}=\frac{15\,kN/m\times(4\,m)^2}{8}=30\,kN\cdot m$$

$$\overline{M_{BC}}=-\frac{50\,kN\times3m\times(2m)^2}{(5m)^2}=-24\,kN\cdot m$$

$$\overline{M_{CB}}=\frac{50\,kN\times(3m)^2\times2m}{(5m)^2}=36\,kN\cdot m$$

其他固端弯矩均等于零。

（3）求分配弯矩和传递弯矩。

求出分配弯矩和传递弯矩分别列入图7-6(b)中。

（4）求杆端弯矩。

将同一截面处的固端弯矩、分配弯矩和传递弯矩分别竖列相加，求出各杆的杆端弯矩，如图7-6（b）所示。

（5）画弯矩图。

根据$M_{跨中}=M_{简支}+M_{杆端}$求出AB杆和BC杆的跨中弯矩，将正弯矩画在受拉一侧，得到弯矩图如图7-6（c）所示。

（6）画剪力图。

将各个杆件分别作为脱离体，把已知荷载和两端截面的弯矩表示在脱离体图中，用静力平衡条件可以求出各截面的剪力值，画出的剪力图如图7-6（d）所示。

（7）画轴力图。

取中间节点 B 为脱离体，用静力平衡条件可以求出各杆的轴力值，画出的轴力图如图 7-6（e）所示。

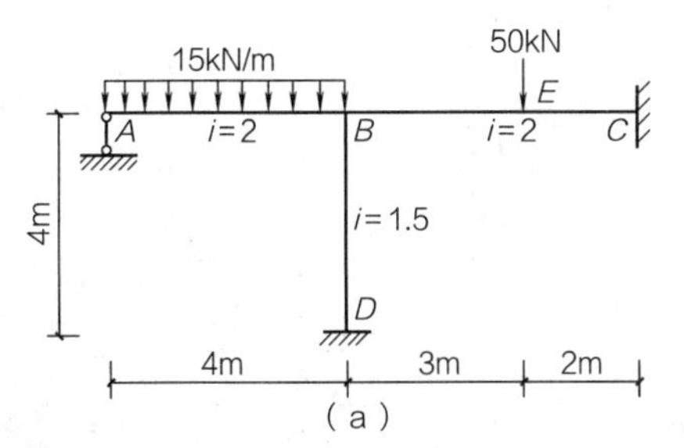

（a）

杆端名称	AB	DB	BD	BA	BC	CB
分配系数	—	—	0.3	0.3	0.4	—
固端弯矩	0	0	0	+30	−24	+36
分配与传递弯矩	0	−0.9	−1.8	−1.8	−2.4	−1.2
最终杆端弯矩	0	−0.9	−1.8	+28.2	−26.4	+34.8

（b）

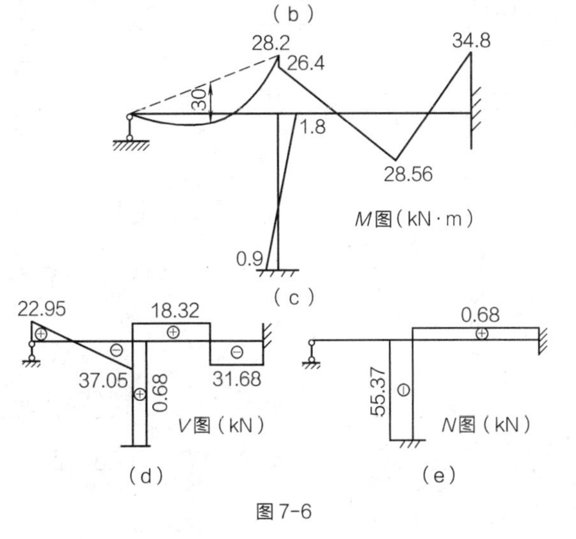

（c）

（d）　　（e）

图 7-6

7.3.2　两个和两个以上中间节点的超静定结构的计算

1. 两跨以上的超静定梁

对于两跨以上的连续梁，它们的中间节点应有两个以上，基本思路与两跨梁相似，但是由于中间节点的增加会有所不同。基本步骤如下：

（1）将所有中间节点固定。

（2）根据各个“单跨”梁的荷载情况和支座特征，查表 7-1，求出各杆件在杆端的固端弯矩 $\overline{M}$。

（3）将中间节点隔点放松，将已经固定的节点看作固定端，其他未固定的中间节点处于放松状态。对放松的中间节点，根据中间节点的平衡条件，求出附加弯矩。

（4）将附加弯矩按照该节点左、右两侧杆件的分配系数进行分配，然后将分配弯矩按传递系数。分别向杆件的远端传递。

（5）将步骤（2）中放松的节点固定，固定的节点放松。对放松的中间节点，根据中间节点的平衡条件，求出附加弯矩。然后重复步骤（3）。

（6）由于传递弯矩的存在，使得在步骤（2）中曾经达到弯矩平衡的那些放松的节点再次不平衡，因此还要重复步骤（2）到步骤（4）。重复到一定次数后，所有中间节点会越来越接近平衡，当满足精度要求后就可以停止计算。

（7）将以上求得的同一节点两侧杆端的固端弯矩、分配弯矩、传递弯矩分别求代数和，最后结果即为杆端弯矩。

用力矩分配法计算两跨以上的连续梁时，中间的分配和传递过程将可能要进行多次。这种次数只要进行得足够多，从理论上讲将可以达到任意要求的精确度。但是工程实践上则只要进行两到三个循环即可满足结构设计的要求。

【例题 7-3】用力矩分配法计算图 7-7（a）所示刚架，并且画出弯矩图和剪力图。

【解】（1）求分配系数。

$$S_{BA} = 4\,i_{BA} = 4 \times \frac{0.75\,EI}{6} = 0.5\,EI$$

$$S_{BC} = 4\,i_{BC} = 4 \times \frac{1.5\,EI}{8} = 0.75\,EI$$

$$S_{CB}=4i_{CB}=4\times\frac{1.5EI}{8}=0.75EI$$

$$S_{CD}=3i_{CD}=3\times\frac{EI}{6}=0.5EI$$

$$\mu_{BA}=\frac{S_{BA}}{\sum S}=0.4,\ \mu_{BC}=\frac{S_{BC}}{\sum S}=0.6$$

$$\mu_{CB}=\frac{S_{CB}}{\sum S}=0.6,\ \mu_{CD}=\frac{S_{CD}}{\sum S}=0.4$$

（2）求固端弯矩。将中间节点全部看作固定端，查表 7-1 可得：

$$\overline{M_{AB}}=-\frac{45\,\text{kN}\times2\,\text{m}\times(4\,\text{m})^2}{(6\,\text{m})^2}=-40\,\text{kN}\cdot\text{m},$$

$$\overline{M_{BA}}=\frac{45\,\text{kN}\times(2\,\text{m})^2\times4\,\text{m}}{(6\,\text{m})^2}=20\,\text{kN}\cdot\text{m}$$

$$\overline{M_{BC}}=-\frac{15\,\text{kN/m}\times(8\,\text{m})^2}{12}=-80\,\text{kN}\cdot\text{m},$$

$$\overline{M_{CB}}=\frac{15\,\text{kN/m}\times(8\,\text{m})^2}{12}=80\,\text{kN}\cdot\text{m}$$

$$\overline{M_{CD}}=-\frac{3\times40\,\text{kN}\times6\,\text{m}}{16}=-45\,\text{kN}\cdot\text{m},\ \overline{M_{DC}}=0$$

（3）分配与传递。

因为 B 节点上附加力矩较大，为了加快收敛速度（指附加力矩趋于零的速度），所以先放松 B 节点。将 B、C 两节点交替放松，所得分配弯矩与传递弯矩均列于表中，如图 7-7（b）所示。当分配弯矩精确到 0.1，即可停止。

（4）求杆端弯矩。

将同一截面处的固端弯矩、分配弯矩和传递弯矩分别竖列相加，求出各杆的杆端弯矩，如图 7-7（b）所示。

（5）画弯矩图

根据 $M_{跨中}=M_{简支}+M_{杆端}$求各个杆的跨中弯矩，与杆端弯矩一起画到弯矩图中，如图 7-7（c）所示。

（6）画剪力图。

将各个杆件分别作为脱离体，把已知荷载和两端截面的弯矩表示在脱离体图中，用静力平衡条件可以求出各截面的剪力值，画出的剪力图如图 7-7（d）所示。

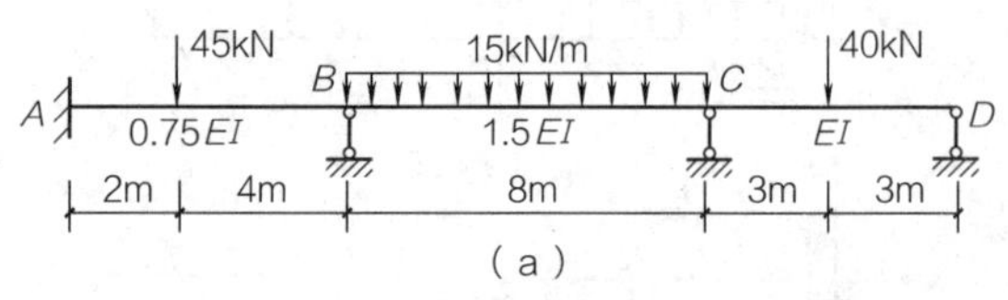

（a）

分配系数		0.4	0.6	0.6	0.4	
固端弯矩	-40.0	+20.0	-80.0	+80.0	-45.0	0
分配弯矩与传递弯矩	+12.0 ←	+24.0	+36.0 →	+18.0		
			-15.9 ←	-31.8	-21.2	
	+3.2 ←	+6.4	+9.5 →	+4.8		
			-1.5 ←	-2.9	-1.9	
	+0.3 ←	+0.6	+0.9 →	+0.5		
			-0.2 ←	-0.3	-0.2	
		+0.1	+0.1			
最终杆端弯矩	-24.5	+51.1	-51.1	+68.3	-68.3	0

（b）

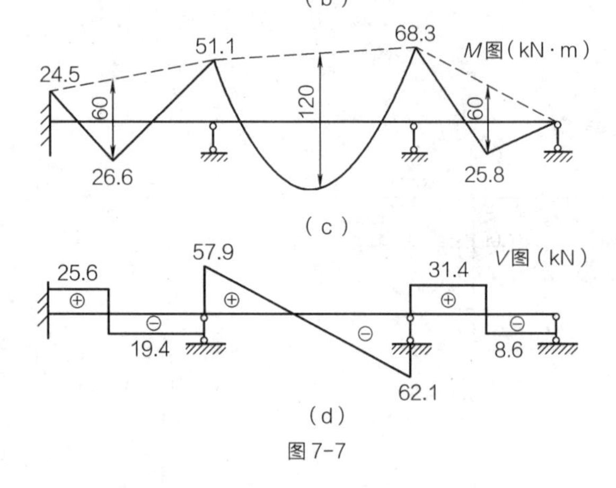

（c）

（d）

图 7-7

有了以上计算结果，此题还可以根据 B 节点和 C 节点的平衡，求出 B 支座和 C 支座的支座反力。

2. 两个和两个以上中间节点的超静定刚架

用力矩分配法计算具有两个和两个以上中间节点的超静定刚架的杆端弯矩，基本步骤和两跨以上的连续梁完全相同，只是对于刚架节点来说，参加分配系数计算的不仅有水平杆件，还有垂直杆件。

【例题 7-4】用力矩分配法计算图 7-8 所示刚架各杆的杆端弯矩，并绘制弯矩图。各杆 EI 的数值标于图中杆件旁。

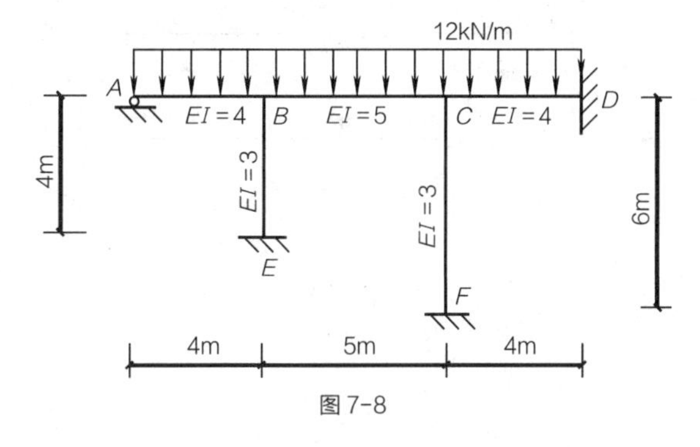

图 7-8

【解】（1）求分配系数。

$$S_{BA}=3i_{BA}=3\times\frac{4}{4}=3$$

$$S_{BE}=4i_{BE}=4\times\frac{3}{4}=3$$

$$S_{BC}=S_{CB}=4i_{CB}=4\times\frac{5}{5}=4$$

$$S_{CF}=4i_{CF}=4\times\frac{3}{6}=2$$

$$S_{CD}=4i_{CD}=4\times\frac{4}{4}=4$$

$$\mu_{BA}=\frac{3}{3+3+4}=0.3,\quad \mu_{BC}=\frac{4}{3+3+4}=0.4$$

$$\mu_{BE}=\frac{3}{3+3+4}=0.3,\quad \mu_{CB}=\frac{4}{4+2+4}=0.4$$

$$\mu_{CF}=\frac{2}{4+2+4}=0.2,\quad \mu_{CD}=\frac{4}{4+2+4}=0.4$$

（2）求固端弯矩。将中间节点全部看作固定端，查表 7-1 可得：

$$\overline{M_{AB}}=0,\quad \overline{M_{BA}}=\frac{12\,\text{kN/m}\times(4\,\text{m})^2}{8}=24\,\text{kN}\cdot\text{m}$$

$$\overline{M_{BC}}=-\frac{12\,\text{kN/m}\times(5\,\text{m})^2}{12}=-25\,\text{kN}\cdot\text{m},$$

$$\overline{M_{CB}}=\frac{12\,\text{kN/m}\times(5\,\text{m})^2}{12}=25\,\text{kN}\cdot\text{m}$$

$$\overline{M_{CD}}=-\frac{12\,\text{kN/m}\times(4\,\text{m})^2}{12}=-16\,\text{kN}\cdot\text{m}$$

$$\overline{M_{DC}}=\frac{12\,\text{kN/m}\times(4\,\text{m})^2}{12}=16\,\text{kN}\cdot\text{m}$$

（3）分配与传递。

将 B、C 两节点交替放松，所得分配弯矩与传递弯矩均列于表中，如图 7-9（a）所示。当分配弯矩精确到 0.1，即可停止。

（4）求杆端弯矩。

将同一截面处的固端弯矩、分配弯矩和传递弯矩分别竖列相加，求出各杆的杆端弯矩。

（5）画弯矩图。

根据 $M_{跨中}=M_{简支}+M_{杆端}$ 求各杆的跨中弯矩，与杆端弯矩一起画到弯矩图中，如图 7-9（b）所示。

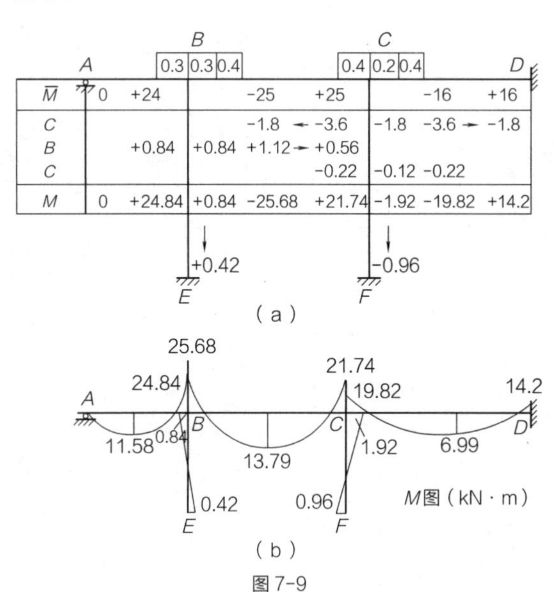

图 7-9

习 题

1. 试用力矩分配法求算不连续梁，画弯矩图。

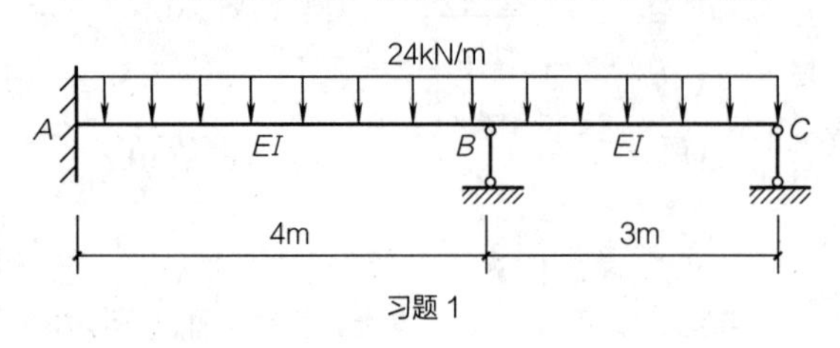

习题 1

2. 试用力矩分配法计算图示连续梁，画弯矩图、剪力图，并求支座反力。

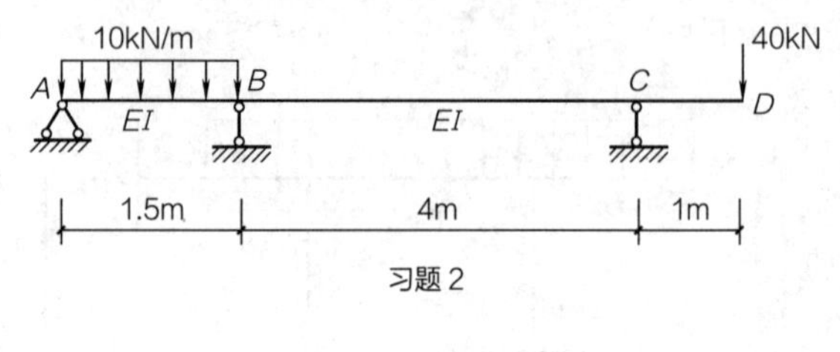

习题 2

Chapter8

第8章 建筑结构设计概论

Introduction to Building Structure Design

8.1 建筑结构与建筑的关系

人类建造建筑物的目的，是需要建筑物具备两个最基本的功能：一是抵御自然作用（包括气候、自然灾害）对人的行为的影响；二是具有防御敌对势力侵害的功能。所以，古罗马的维多维丘（Vitruvius）曾为建筑定下基本要求：坚固（结构的永久性）、适用和美学。在这些原则中，又以坚固最为重要，它由结构构造所决定。结构自有建筑以来它就与建筑设计不可分割。无论这个建筑是简单的低小的住所，还是高大的宗教、商业空间，它都必须能抵抗重力、风力以及火灾。

凡是建筑物，住宅、办公楼或厂房、体育馆，都是由屋盖、楼板、墙、柱、基础等结构构件所组成。这些构件在房屋中互相支承、互相协作，直接或间接地、单独或协同地承受各种荷载作用，构成了一个结构整体——建筑结构。建筑结构是房屋的骨架，是建筑物赖以存在的物质基础，它的质量好坏，对于建筑物的坚固和寿命具有决定性作用。

建筑结构与建筑有着密切的关系，在房屋设计一开始，在决定建筑设计的空间构成、平面、立面和剖面的时候，就应该考虑结构方案，既要保证建筑使用的要求，又要照顾材料的选用、结构的可能和施工的难易。因为不同类型的建筑，它们的结构具有不同的受力特点和构造特点，大至结构体系的构成及选型，小至构件尺寸的大小，建筑设计工作者都应具有比较清晰的概念。

一个成功的设计必然是以选择一个经济合理的结构方案为基础，就是要选择一个切实可行的结构形式和结构体系；同时在各种可行的结构形式和结构体系的比较中，又要能在特定的物质与技术条件下，具有尽可能好的结构性能、经济效果和建造速度。

针对具体的建筑项目，一般都是相对地突出某一方面或两方面性能来表达其合理性，例如特别重要的建筑物（如机场航站楼），结构的安全可靠则是十分重要和突出的性能；而对于大量性的居住建筑，则要求具有尽可能好的经济效果和建造速度，当然其他方面也是需要认真地对待。结构方案的选择还必须有可靠的施工方法来保证，如果没有一个适宜的施工方法加以保证，则结构方案的合理性和经济性就难以实现，方案本身也难以成立。当然，与建筑设计密切配合无疑是结构方案选择的根本出发点，但反过来又必然对建筑设计提出要求和限制，设计者如对结构知识有较深刻的了解，将可使两者的矛盾最大限度地减小。所以，建筑与结构之间的关系处理得好，就能相得益彰，做到功能、美观、经济，俱佳的效果，相反，两者关系处理不好，不是结构妨碍建筑，就是建筑给结构带来困难，两者互相制约。

传统上建筑师应同时为主要的结构设计师，这在过去不会有什么问题。因长久以来结构系统的改变并不大，建筑师可依据经验值来决定结构尺寸。工业社会，技术突飞猛进地发展，建造技术建筑材料日新月异，建筑师在进行设计时，自身的结构理论与知识常显不足，这时，结构工程师便可以协助建筑师达到设计中结构的具体技术要求。

为了扮好统筹者的角色，建筑师对结构应有相当的了解。这是因为：第一，建筑师在方案及初步设计阶段充分考虑结构的需求与限制，对决定建筑物的设计与建造的难易程度、建筑物的经济合理性具有重大的战略意义。第二，建筑师只有对结构具有较全面的了解，才能与结构工程师作充分的沟通，圆满完成设计工作。第三，建筑师在具备相应的结构知识后，才能落实结构工程师的建议，并兼顾设计及预算。

8.2　建筑结构的分类与应用概况

建筑结构的分类与应用问题，可从结构所用材料的不同和结构受力构造的不同两个方面来讨论。建筑结构按所用材料的不同来说，可分钢筋混凝土结构、钢结构、木结构和砌体结构等。

钢筋混凝土结构在房屋建筑中是最主要的建筑结构，它的应用范围非常广泛，几乎任何建筑工程都可用它，除了一般工业与民用建筑构件外，高烟囱、水塔等构筑物也都广泛采用钢筋混凝土结构；公共建筑的高层楼房、大跨度会堂、剧院、展览馆等，也都可用钢筋混凝土结构建造。钢筋混凝土作为建筑材料具有许多优点，如强度大、耐久性好、抗震性好，并具有可塑性等，所以它是一种主要的房屋结构材料。但是，钢筋混凝土也有一些缺点，如自重大、建造周期长等。自从装配式和预应力的混凝土结构出现以后，钢筋混凝土结构的应用范围又得到扩大。预应力混凝土结构是钢筋混凝土结构的一个重大革命和飞跃发展，由于预应力混凝土结构克服了普通钢筋混凝土结构的缺点，因而在跨度和载重方面大大地超越了普通的钢筋混凝土结构。

钢结构是主要的建筑结构之一，它的特点是：① 钢材强度高，做成的构件截面小、重量轻、运输架设方便；② 钢材是接近各向同性的材料，质地均匀，可靠性高；③ 钢材具有可焊性，制造工艺比较简单；④ 钢容易锈蚀，经常性的维修费用高；⑤ 钢材耐火性远较钢筋混凝土和砖石差。钢结构在解决较大跨度和层数较多建筑的结构需求时具有较大优势，所以，钢结构一般多用于跨度很大的建筑屋盖和跨度很大或吊车吨位很大的工业厂房骨架及吊车梁，以及一些高层公共建筑。

木结构是具有悠久历史的结构体系，木结构质量轻，抗震性能良好，舒适度好，纯木结构常用于低层和多层建筑，当跨度较大或层数较高时，也可采用钢木组合结构等。

砌体结构在房屋建筑中的应用历史悠久，砖石砌体具有许多优点，如就地取材、成本低廉、耐久性和化学稳定性好等，所以目前应用还比较普遍。但砌体结构的施工砌筑进度缓慢，现场作业量大、结构自重大，不能适应建筑工业化发展的要求。为了改变“秦砖汉瓦”的落后面貌，实现建筑工业化，近年来国内正在大力推广大型板材建筑和砌块建筑。

根据建筑结构按受力和构造特点的不同，可分为承重墙结构、排架结构、框架结构和其他形式的结构。

承重墙结构的传力途径是：屋盖的重量由屋架承担，屋架支承在承重墙上；楼层的重量由楼盖承担，楼板和梁支承在承重墙上。因此，屋盖荷载（如屋盖自重、雪荷载等）以及楼层荷载（如楼盖自重、楼面荷载等）均由承重墙承担，墙下有基础，基础下为地基，全部荷载通过墙、基础传到地基上。这种具有承重墙的房屋叫作承重墙结构。这种房屋的屋盖或楼盖一般用钢筋混凝土制造，承重墙一般用砖、砌块、石材等砌筑，因为它是由两种不同的结构材料混合组成的房屋承重结构体系，故承重墙结构通常也可称为混合结构。一般层数不多的民用建筑如宿舍、住宅、教学楼、办公楼等多用混合结构。

排架结构的主要承重体系由屋架（或梁）和柱组成。屋架与柱的顶端为铰接连接，而柱的下端嵌固于基础内。这种具有铰接受力特点的房屋结构叫作排架结构。一般单层工业厂房结构大多属于排架结构。

框架结构的主要承重体系由横梁及柱组成，但横梁与柱为刚性连接，从而构成了一个整体“刚架”（或称框架）。这种具有刚接受力特点的房屋结构叫作框架结构。一般多层工业厂房或大型高层民用房屋结构大多属于框架结构。

以上是一般建筑中常用和常见的房屋结构。现在，高层建筑已经广泛采用“框架—剪力墙结构体系”“全剪力墙结构体系”“筒体体系”等。

在解决房屋跨度问题上，最初采用的屋盖结构形式如梁、桁架、拱、门式刚架等，在力学范畴中都属于“平面结构体系”，但随着跨度尺寸的增加，以及工程技术的发展，后来逐渐出现一种新的结构体系，即“空间结构”。它比平面结构的适用跨度要大得多，由于空间结构受力好、刚度大、本身重量轻，能解决平面结构所不能解决的问题，因此，空间结构是解决大跨度建筑的更好形式。现代常用的空间结构有壳体结构、网架结构和悬索结构。

壳体结构的形式有球壳、柱面壳（筒壳）和双曲扁壳等。球壳是最早用在屋盖上的壳体形式。古代罗马万神庙的圆顶就是球壳的雏形，内径 43.5 米，用石料建成。由于当时对壳体受力规律还没有足够认识，所以屋顶做得很厚，每 1 平方米竟达 9 吨重。工程实践发展到了近代，人们已经掌握壳体的力学计算方法，加以钢筋混凝土等新材料的出现，今天我们采用钢筋混凝土建造直径 40 米左右的球壳，每平方米重量不大于 200 千克，而壳的厚度只有几十毫米就可以了。

网架结构是一种受力性能很好的空间结构体系，这种结构是高次超静定结构，它是空间受力的结构。网架结构跨度大、自重轻、节省材料，常用于大型跨越式建筑物中。

8.3 建筑结构设计方法

由于建筑的复杂性和支持技术的多样性，建筑设计人员和工程结构设计人员必要相互支持相互配合，才能在建筑工程中将他们的能力充分发挥出来，一幢完美的建筑物应是建筑师和工程师创造性合作的产物。建筑要表现空间形式，同时它又被感受为一种总体环境。设计任务既是综合的，又是具体的，它既有形，又无形，这使事物变得复杂了。

通常对于结构问题，一个专业水准较高的建筑师在他进行设计时，其设计思想首先着眼于总体，而不是个别因素，在设计的早期阶段尤其如此，因为这时建筑师必须构思一个总体的空间形式，目标是保证活动功能、物质的及象征性要求的协调一致。然后他才用这种全盘考虑的方法来指导以后的工作和合作的建筑设计的过程。

8.3.1 设计的三个阶段

设计过程中建筑师必须处理使用活动、物质的、象征性需求等空间问题，以保证表现为一个整体。因此他们要将相互有关的空间形式分体系组成的总体系形成一个建筑环境，这是一个复杂的任务，要实现它，建筑师需要有分阶段的设计过程，它至少有三个“反馈”考虑阶段，即：方案阶段、初步设计阶段和施工图设计阶段（图 8-1）。

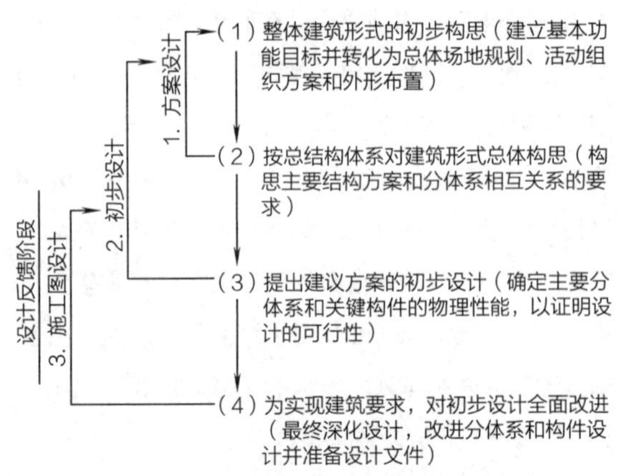

图 8-1 建筑设计阶段及其反馈

这种分阶段的设计方法可以突出设计构思的概念阶段，从而避免基本思路受到无数细节问题的干扰。事实上，可以说一个建筑师能否从许多细节中分辨出更为基本的内容，是他能否成功地成为设计者的重要因素。

1. 方案阶段

如果设计者在方案阶段就可预见所做方案的结构整体性，并考虑其施工可行性及经济性，那将是很有帮助的。但是这就要求建筑师能够把控主要分体系之间的关系，而不是从构件细节去构思总体结构方案，这样的构思易于反馈以改进空间形式方案。

2. 初步设计阶段

建筑师的侧重点就转移到精心改善最有希望的设计方案上去。建筑师对结构的要求也转移到做分体系具体方案的粗略设计上。在这个阶段，总体结构方案，发展到中等具体程度，着重论证和设计主要分体系，以确定其主要几何尺寸、构件和相互关系。在总体系这个目标下，弄清和解决分体系相互关系以及设计中的矛盾。结构工程师可以在这方面起重要作用，但各细部的考虑尚有选择余地。当然，这些初步设计阶段所作的决定，仍然可以反馈回去，使方案概念进一步改善，或甚至可能有重大的变化。

3. 施工图设计阶段

设计者和使用者对初步设计的方案可行性满意了，全部设计的基本问题解决了，细节设计也不再会引起大的改变。这时侧重点再一次改变，进入细部设计。

在这个阶段，着重于所有分体系构件的细部设计。此时，不同领域的专业人员，包括结构工程师，他们的作用很大，因为所有施工的细节都必须设计出来。在这个阶段所做的决定可能反馈到第2阶段，可能会改变第2阶段的设计。但是，如果第1阶段和第2阶段的工作做得深入，在方案和初步设计阶段作出的各种决定，以及施工图阶段的细部设计都应该是不存在全部重新设计的问题。而整个过程应该是一个逐步发展的过程，从创造和改进（或者修改）总体体系设计概念进而做出精确的构件设计和细部构造。

综上所述，在第1阶段，建筑师首先必须用概念的方式来确定基本方案的全部空间形式的可行性。在这个阶段，专业人员之间的合作是有益的，但仅在于形成总的构思方面。在第2阶段，建筑师必须能够用图形表达出对主要分体系的要求，而且通过近似估计关键构件的性能来证明它们相互关系的可行性。也就是说，主要分体系的性能需做到一定深度，要证明它们的基本形式和性能的相互关系是协调一致的。这意味着与专业人员的合作比第1阶段要更具体一些。在第3阶段，建筑师和专业人员必须继续合作，完成所有构件设计细节，并制定良好的施工文件。

8.3.2　建筑形式中结构作用的层次

设计者一定要研究基本的结构分体系，它们是总体系整体性假设所要求的。在这方面，总体方法使创造性容易实现了。整体性假设意味着设计者应当了解需要什么样的分体系基本形式及它们之间的相互关系才能真正获得所假定的整体性。在方案设计阶段，设计者应能把基本设计方案概念化，提出需要的分体系及它们的相互关系。在初步设计阶段，目标是分层次证明相互作用的分体系的可行性，并确定其主要尺寸，这时，有近似值就足够了。有关细节问题的考虑可推迟到设计过程的最后阶段——施工图设计阶段（图8-2）。这种想法是希望在建筑设计的最初阶段有最大的灵活性，这时候希望对方案进行简化考察以获得总体系性能。

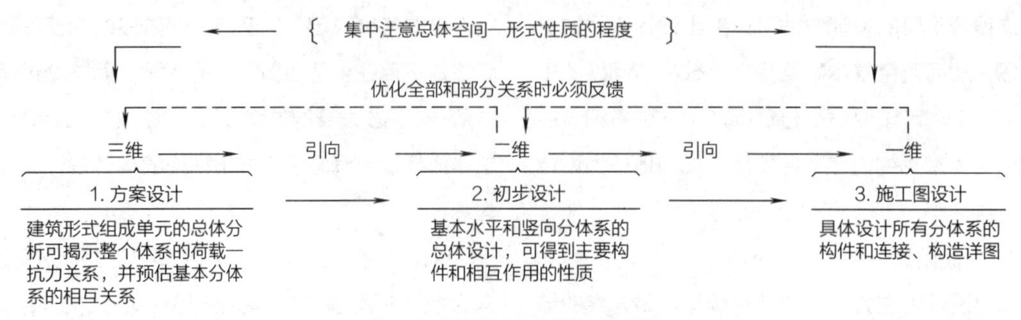

图 8-2 设计阶段和结构构思的层次

当认识到总体与分体系构思的相互关系的空间性质时，这种分层次研究方法的意义和价值就显而易见了。首先，设计者关心的是建立一个符合建筑空间形式的空间（三维）结构方案。但是整个结构必然是由一些大致是平面的单元所组成，因此在阶段 2，要扩展方案，要把那些体现初步设计基本要求的、主要是二维的平面分体系包括进去。正如图 8-2 所示可以把方案构思（三维）作为设计过程的第 1 阶段；（二维的）分体系的初步设计作为第 2 阶段；而在最后的第 3 阶段，处理一维的构件设计，这个阶段的目标是通过所有单个构件和连接的具体设计，对第 n 阶段作出的粗略决定进行细化。

三个阶段是可以分隔的，但是为了优化总体系和分体系的构思，反馈是必需的。在第 1 和第 2 阶段，重点是放在总体构思，用近似方法分析基本性质。

8.3.3 总体结构概念

进行建筑方案设计时，可以将建筑物看作成实心的简单体块，虽然像埃及金字塔和柬埔寨寺庙塔这样的实心建筑物较少，但设想成实心的体块可以更有效地把握总体结构。

1. 估算建筑形式上的总作用力

对作用在建筑上的总竖向力和水平力进行近似估算时，可把建筑物形式看作总结构体系。这样的近似计算会很粗略，但是如果设计师希望掌握抵抗水平力和竖向力的要求的实际概念，那么第一步就必须进行这种估算。

由于重力作用，建筑物的质量产生竖向荷载，估算任意一个建筑物的总重（W），通常都是比较简单的。因为当恒载是均布时，W 的大小主要取决于楼板面积和结构类型，而和建筑形式无关。所以对于某一种结构类型，只要估算出一个近似的单位面积上恒载的平均值，再乘以总的楼层面积就可粗略估算该幢建筑的全部重量。只有在竖向荷载合力与支承反力合力之间的偏心会引起很大的倾覆力矩时，建筑形式才成为决定性因素。

地震引起的水平方向作用力会产生剪力及倾覆设计问题。总地震作用的大小以及它的倾覆力臂都取决于该建筑形式由顶部到底部的质量分布。通常，顶部质量的惯性作用最大，在地面或地面以下的质量，惯性作用为零。但是在大多数建筑设计中，楼层面积分布可以代表质量分布，它是由总的建筑形式决定的。因此，根据 W 值和房屋形式的性质之间的关系，就能够估算总的力及其力臂。

2. 高宽比与抗倾覆

通过总体悬臂作用抵抗倾覆，则建筑物支承体系上的合力（W）必须与恒载合力形成偏心。即倾覆力矩必须由支承体系的竖向力形成的力偶来抵抗。

因此在设计竖向支承分体系时，必须考虑W和抗倾覆力的综合效果。为此，需要引进有关建筑物设计中的结构高宽比的概念。

高宽比的定义为$H:B$，其中H是建筑物的总高，B是倾覆方向支承体系的总宽度。在其他条件均相同情况下，$H:B$变大将对建筑的结构设计带来更多问题。

3. 建筑物的承载力和刚度

当假定建筑形式具有整体性而进行分析时，同时也假定了全部结构体系具有足够的承载力和刚度。承载力是指结构体系能抵抗荷载而不致完全破坏的一种能力，而刚度是指结构体系具有能够限制荷载作用下变形的一种性质。例如，一根钓鱼竿可看成一个结构，它必须具有足够的防止断裂的承载力，又应具有柔性，能产生相当大的变形。但是一幢建筑物在荷载作用下，既不能发生倒塌破坏，也不应出现过大变形。

轴向变形是竖向荷载作用引起建筑物均匀缩短或压缩的结果。由于缩短是均匀的，在结构体系的任意一个水平截面上，压应力也是均匀的，即轴向刚度直接受材料线性的应力—应变关系性质的影响，称为弹性模量。弹性模量越低，在一定荷载作用下的变形就越大。材料的截面面积和弹性模量都是轴向刚度的影响参数。

另一方面，弯曲刚度与建筑物抵抗转动变形有关，而与轴向变形无关。在转动变形下，一个水平截面中位于中和轴一侧的材料将在竖向受拉而伸长，位于另一侧的材料将受压而缩短，中和轴处无变形。各部分伸长和缩短的量随该部分材料到中和轴的距离而变化。因此，拉应力和压应力大小也将随截面积相对于中和轴的分布情况而变化。

很明显，建筑物的形状、受力方向宽度和材料性质将共同决定结构体系抵抗弯曲变形的能力。

在给定荷载—弯矩、材料数量和支承平面布置的情况下，弹性模量越高，转动变形就越小。但是，建筑物平面形状和受力方向宽度这些几何因素，将决定材料利用的有效程度。而且，各种类型截面形状的总效能可以通过面积与截面高度的效能系数的乘积进行比较。

4. 建筑的对称性对结构的影响

由于不对称而引起的结构问题一般可归纳为以下三种情况。

（1）由于建筑物立面不对称产生的偏心。通常，当建筑立面对称时，恒载不会引起总体水平弯曲，这是因为荷载对于总体支承平面是轴向的。然而，当建筑立面为非对称时，将引起总体弯曲。

当非对称引起弯曲时，支承体系中的受力分析类似于水平荷载作用下的分析。通过恒载合力与其反力合力之间的实际偏心距与平衡设计的偏心距对比，也可确定受力分布。但是在大多数情况中，竖向荷载的偏心问题不会像风荷载和地震作用那样成为主要的设计问题，这是因为柱子和墙面积可以随竖向荷载的分布而变化，从而可减小偏心。但是，在与地震和风荷载组合时，偏心的恒载可能成为重要问题。例如地震和风作用的转动与恒载偏心转动方向相反时，可能是有利的，但是当作用方向一致时，将使倾覆问题更为严重。由于风或者地震作用方向是任意的，因此应该在最初就要分析竖向荷载的偏心，并将非对称的竖向及水平作用组合起来。

（2）建筑总体形式与支承体系之间不对称产生的偏心。这种情况也会引起风荷载和地震作用合力与抵抗剪力之间存在水平方向不对称的问题，这会产生由于支承平面不对称造成的水平扭转。

（3）由于永久荷载与支撑体系形心不重合产生的偏心。

以上这些问题应在方案阶段引起充分的注意并加以解决，这样，在后续的结构设计过程中才能较顺利的进行。

如果假定每个主要组成单元都是整体，就可能把注意力集中在设计方案的总体性能，以及各个单元间的连接上。应该注意的是，连接部位正是方案设计中的关键部位，因为各单元之间有效的连接将使方案变成真正的整体。

如果不断地把形式进行再分割，那么从上到下的每一个楼层都可以进行分析并确定最优平面布置和有效支承体系所需的尺寸。而这正是技术设计阶段所要做的（在力学分析中取隔离体），分析的深度不同，但基本概念是相同的。

这样，通过对单元的整体假定，设计师可以在方案设计阶段，也是建筑形式及结构方案最容易修改的阶段，就先找出结构与形式之间的总体问题，并加以解决。一些小的次要问题在以后的设计阶段再处理，那时可以细化。当然，在采用这种概念的方法解决一些大问题时，也还必须记住各个分体系的经济和施工可行性问题。

建筑结构与建筑在设计过程中关系十分密切，本书第 8 章以后的内容就是力图使学生在建筑设计的过程中能具有结构总体知识，对所设计建筑的结构体系、结构布置及结构形式有所了解，并在建筑设计的基础上能对常用的和比较简单的结构进行计算。对于功能复杂、技术先进的大型建筑设计也略具初步的结构知识。

这部分内容和建筑工程实践联系密切，因此，在学习过程中必须注意理论联系实际的原则，既要重视和加强基础理论的学习，又要注意专业的特点和实际。还可以根据各地实际情况有所侧重，有所取舍。学习时要触类旁通，相互对比，不断提高综合分析问题和解决问题的能力。

8.3.4 结构的设计流程

结构设计的基本流程如图 8-3 所示。首先要根据建筑设计初步确定结构的类型和总体布置，再进行外部荷载的选择、计算、简化和组合，荷载的选取和组合要符合《建筑结构荷载规范》GB 50009—2012 的要求，然后进行结构的简化，结构构件通常被简化为杆件或者二维壳体构件，施加荷载后，计算不同荷载组合下的内力图，验算整体结构和构件的力学性能，通过验算，可调整结构布置和构件尺寸，直至整体结构和构件的所有指标满足相关规范要求。

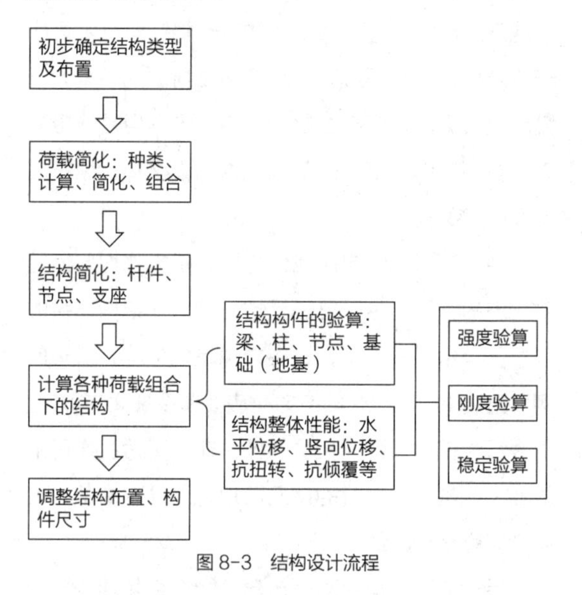

图 8-3 结构设计流程

8.4 建筑结构构件设计准则

8.4.1 结构的设计使用年限与安全等级

结构设计是建筑工程设计的重要环节，为统一各类材料的建筑结构可靠度设计的基本原则和方法，使设计符合技术先进，经济合理、安全适用、确保质量的要求，设计时应遵循《建筑结构可靠性设计统一标准》GB 50068—2018 中规定的各项基本原则。

结构的设计使用年限

结构的设计使用年限应按表 8-1 采用。建筑结构设计时，应根据结构破坏可能产生的后果（危及人的生命、造成经济损失、产生社会影响等）的严重性，采用不同的安全等级。建筑结构安全等级的划分应符合表 8-2 的要求。

表 8-1　设计使用年限分类

类别	设计使用年限（年）	示例
1	5	临时性结构
2	25	易于替换的结构构件
3	50	普通房屋和构筑物
4	100	纪念性建筑和特别重要的建筑结构

表 8-2　建筑结构的安全等级

安全等级	破坏后果	建筑物类型
一级	很严重	重要的房屋
二级	严重	一般的房屋
三级	不严重	次要的房屋

8.4.2　结构设计的两个基本要求

1. 功能要求

结构在规定的设计使用年限内应满足下列功能要求：

（1）在正常施工和正常使用时，能承受可能出现的各种作用。即，安全。

（2）在正常使用时具有良好的工作性能。即，适用。

（3）在正常维护下具有足够的耐久性能。即，耐久。

（4）在设计规定的偶然事件发生时及发生后，仍能保持必需的整体稳定性。

为满足功能要求，设计时要对构件及构件组进行刚度、强度、稳定性分析与计算。

2. 经济要求

设计时应满足造价投资少、维修投资少、管理投资少（在高层建筑上特别明显）的经济要求。经济要求与功能要求是矛盾的，这就要求设计师在结构设计中处理好各方面问题，满足要求。

8.4.3　极限状态设计原则

极限状态可分为下列两类：

建筑结构设计应根据使用过程中在结构上可能同时出现的荷载，按承载能力极限状态和正常使用极限状态分别进行荷载效应组合，并应取各自的最不利效应组合进行设计。

1. 承载能力极限状态

结构或构件达到最大承载能力或者达到不适于继续承载的变形状态，称为承载能力极限状态。采用承载能力极限状态计算的目的在于保证结构安全可靠，这就要求作用在结构上的荷载或其他作用对结构产生的效应不超过在达到承载能力极限状态时结构的抗力，即：

$$\gamma_0 S \leqslant R \qquad (8\text{-}1)$$

式中　γ_0——结构重要性系数，对结构安全等级为一级或设计使用年限为 100 年及以上的结构构件，不应小于 1.1，对安全等级为二级或设计使用年限为 50 年的结构构件，不应小于 1.0，对安全等级为三级或设计使用年限为 5 年的结构构件，不应小于 0.9；

S——结构的作用效应设计值；

R——结构的抗力设计值。

对于承载能力极限状态，应按荷载效应的基本组合或偶然组合进行荷载效应组合。当结构或结构构件出现下列状态之一时，应认为超过了承载能力极限状态。

（1）整个结构或结构的一部分作为刚体失去平衡（如倾覆等）。

（2）结构构件或连接因超过材料强度而破坏（包括疲劳破坏），或因过度变形而不适于继续承载。

（3）结构转变为机动体系。

（4）结构或结构构件丧失稳定（如压屈等）。

（5）地基丧失承载能力而破坏（如失稳等）。

2. 正常使用极限状态

正常使用极限状态指结构或构件达到正常使用或耐久性能中某项规定限度的状态。比如，当结构或构件出现影响正常使用的过大变形、裂缝过宽、局部损坏时，可以认为结构或构件超过了正常使用极限状态。超过正常使用极限状态结构或构件就不能保证适用性和耐久性的功能要求。

按正常使用极限状态计算，包括计算结构构件的变形和裂缝宽度，使其不超过《混凝土结构设计规范》GB 50010—2010（2015 年版）所规定的限值，即：

$$S_d \leqslant C \tag{8-2}$$

式中 S_d——变形、裂缝等荷载效应的设计值；

C——设计对变形、裂缝等规定的相应限值。

这种极限状态对应于结构或结构构件达到正常使用或耐久性能的某项规定限值。当结构或结构构件出现下列状态之一时，应认为超过了正常使用极限状态：

（1）影响正常使用或外观的变形。

（2）影响正常使用或耐久性能的局部损坏（包括裂缝）。

（3）影响正常使用的振动。

（4）影响正常使用的其他特定状态。

Chapter9 第9章 The Main Physical and Mechanical Properties and Design Methods of Reinforced Concrete Materials 钢筋混凝土材料的主要物理力学性能及设计方法

钢筋与混凝土的物理力学性能以及共同工作的特性直接影响混凝土结构和构件的性能，也是混凝土结构计算理论和设计方法的基础。本章讲述钢筋与混凝土的主要物理力学性能以及混凝土与钢筋的粘结。

9.1 单向应力状态下的混凝土强度

普通混凝土是由水泥、砂、石材料用水拌合硬化后形成的人工石材，是多相复合材料。混凝土中的砂、石、水泥胶体中的晶体、未水化的水泥颗粒组成错综复杂的弹性骨架，主要承受外力，并使混凝土具有弹性变形的特点。而水泥胶体中的凝胶、孔隙和界面初始微裂缝等，在外力作用下使混凝土产生塑性变形。同时混凝土中的孔隙、界面微裂缝等缺陷又是混凝土受力破坏的起源。在荷载作用下，微裂缝的扩展对混凝土力学性能有极为重要的影响。由于水泥胶体的硬化过程需要多年才能完成，所以混凝土的强度和变形也随时间逐渐增长。

虽然实际工程中的混凝土构件和结构一般处于复合应力状态，但是单向受力状态下混凝土的强度是复合应力状态下强度的基础和重要参数。混凝土的强度与水泥强度等级、水灰比有很大关系，骨料的性质、混凝土的级配、混凝土成型方法、硬化时的环境条件及混凝土的龄期等也不同程度地影响混凝土的强度。试件的大小和形状、试验方法和加载速率也影响混凝土强度的试验结果，因此各国对各种单向受力下的混凝土强度都规定了统一的标准试验方法。

9.1.1 混凝土的抗压强度

1. 混凝土的立方体抗压强度和强度等级

立方体试件的强度比较稳定，所以我国把立方体强度值作为混凝土强度的基本指标，并把立方体抗压强度作为评定混凝土强度等级的标准。我国国家标准《混凝土物理力学性能试验方法标准》GB/T 50081—2019规定以边长为150 mm的立方体为标准试件，标准立方体试件在（20±2）℃的温度和相对湿度95%以上的潮湿空气中养护28 d（天），按照标准试验方法测得的抗压强度作为混凝土的立方体抗压强度，单位为N/mm^2。《混凝土结构设计规范》GB 50010—2010（2015年版）规定混凝土强度等级应按立方体抗压强度标准值确定，用符号$f_{cu,k}$表示。即用上述标准试验方法测得的具有95%保证率的立方体抗压强度作为混凝土的强度等级。《混凝土结构设计规范》GB 50010—2010（2015年版）规定的混凝土强度等级有C20、C25、C30、C35、C40、C45、C50、C55、C60、C65、C70、C75和C80，共14个等级。例如，C30表示立方体抗压强度标准值为30 N/mm^2。其中，C50～C80属高强度混凝土范畴。

《混凝土结构设计规范》GB 50010—2010（2015年版）规定，钢筋混凝土结构的混凝土强度等级不应低于C20；当采用强度等级400 MPa及以上钢筋时，混凝土强度等级不应低于C25。预应力混凝土结构的混凝土强度等级不宜低于C40，且不应低于C30；承受重复荷载的钢筋混凝土构件，混凝土强度等级不应低于C30。

混凝土的立方体强度与成型后的龄期有关。如图9-1所示，混凝土的立方体抗压强度随着成型后混凝土的龄期逐渐增长，增长速度开始较快，后来逐渐缓慢，强度增长过程往往要延续几年，在潮湿环境中往往延续更长。

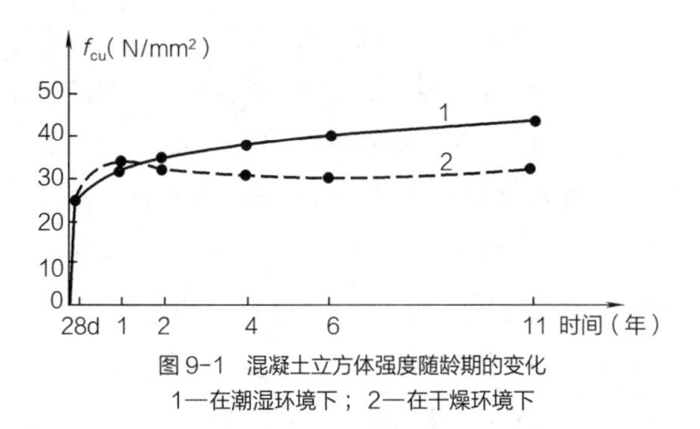

图9-1　混凝土立方体强度随龄期的变化
1—在潮湿环境下；2—在干燥环境下

2. 混凝土的轴心抗压强度

混凝土的抗压强度与试件的形状有关，采用棱柱体比立方体能更好地反映混凝土结构的实际抗压能力。用混凝土棱柱体试件测得的抗压强度称轴心抗压强度。我国《混凝土物理力学性能试验方法标准》GB/T 50081—2019规定以150 mm × 150 mm × 300 mm的棱柱体作为混凝土轴心抗压强度试验的标准试件。棱柱体试件与立方体试件的制作条件相同。由于棱柱体试件的高度越大，试验机压板与试件之间摩擦力对试件高度中部的横向变形的约束影响越小，所以棱柱体试件的抗压强度都比立方体的强度值小，并且棱柱体试件高宽比越大，强度越小。但是，当高宽比达到一定值后，这种影响就不明显了。根据资料，一般认为试件的高宽比为（2：1）~（3：1）时，可以基本消除上述因素的影响。

《混凝土结构设计规范》GB 50010—2010（2015年版）规定以上述棱柱体试件试验测得的具有95%保证率的抗压强度为混凝土轴心抗压强度标准值，用符号 f_{ck} 表示。试验结果表明，混凝土的轴心抗压强度标准值大约是混凝土立方体抗压强度标准值的0.88倍。

国外常采用混凝土圆柱体试件来确定混凝土轴心抗压强度。例如美国、日本和欧洲混凝土协会（CEB）系采用直径6英寸（152 mm）、高12英寸（305 mm）的圆柱体标准试件的抗压强度作为轴心抗压强度的指标。

9.1.2 混凝土的轴心抗拉强度

抗拉强度是混凝土的基本力学指标之一，也可用它间接地衡量混凝土的冲切强度等其他力学性能。混凝土的轴心抗拉强度可以采用直接轴心受拉的试验方法来测定。但是，由于混凝土内部的不均匀性，加之安装试件的偏差等原因，准确测定抗拉强度是很困难的。所以，国内外也常用如图9-2所示的圆柱体或立方体的劈裂试验来间接测试混凝土的轴心抗拉强度。试验表明，劈裂抗拉强度略大于直接受拉强度，劈拉试件的大小对试验结果也有一定影响；在数值上轴心抗拉强度只有立方抗压强度的 $\frac{1}{17}\sim\frac{1}{8}$，混凝土强度等级越高，这个比值越小。

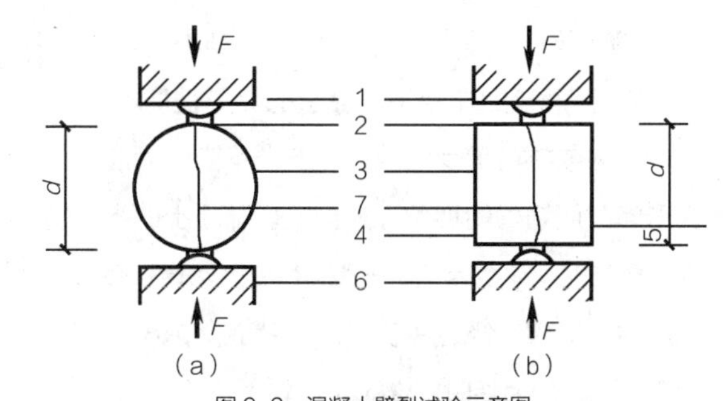

图9-2　混凝土劈裂试验示意图
（a）用圆柱体进行劈裂试验；（b）用立方体进行劈裂试验
1—压力机上压板；2—弧形垫条及垫层各一条；3—试件；4—浇模顶面；5—浇模底面；6—压力机下压板；7—试件破裂线

9.1.3 混凝土的变形

混凝土变形一般有受力变形、体积变形两种。在一次短期加载、荷载长期作用和多次重复荷载作用下混凝土产生的变形称为受力变形。由于硬化过程中的收缩以及温度和湿度变化引起混凝土的变形称为体积变形。变形是混凝土的一个重要力学性能。

1. 一次短期加载下混凝土的变形性能

混凝土受压时的应力—应变关系是混凝土最基本的力学性能之一。一次短期加载是指荷载从零开始单调增加至试件破坏，也称单调加载。图 9-3 为实测的典型混凝土棱柱体受压应力—应变曲线。试验表明，低强度混凝土的下降比较明显，延性较长且平缓；高强度混凝土的下降段则短而陡，可见高强度混凝土的延性比低强度混凝土的低。

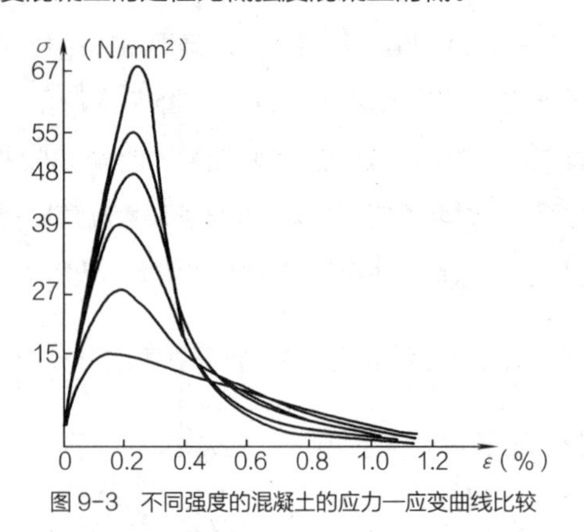

图 9-3 不同强度的混凝土的应力—应变曲线比较

2. 荷载长期作用下混凝土的变形性能

结构或材料承受的荷载或应力不变，而应变或变形随时间增长的现象称为徐变。混凝土的徐变特性主要与时间参数有关。一般，徐变开始增长较快，以后逐渐减慢，经过较长时间后就逐渐趋于稳定。徐变应变值约为瞬时应变的 1～4 倍。

试验表明，混凝土的徐变与混凝土的应力大小有密切关系。应力越大徐变也越大，随着混凝土应力的增加，混凝土徐变将发生不同的情况。当混凝土应力较小时，徐变与应力成正比，这种情况称为线性徐变。在线性徐变的情况下，加载初期徐变增长较快，6 个月时，一般已完成徐变的大部分，后期徐变增长逐渐减小，1 年后趋于稳定，一般认为 3 年左右徐变基本终止。

试验还表明，加载时混凝土的龄期越早，徐变越大。此外，混凝土的组成成分对徐变也有很大影响。水泥用量越多，徐变越大；水灰比越大，徐变也越大。骨料越坚硬，混凝土的徐变越小。此外，混凝土的制作方法、养护条件，特别是养护时的温度和湿度对徐变也有重要影响，养护时温度越高、湿度越大，水泥水化作用越充分，徐变越小。而受到荷载作用后所处的环境温度越高、湿度越低，则徐变越大。构件的形状、尺寸也会影响徐变值，大尺寸试件内部失水受到限制，徐变减小。

徐变对混凝土结构和构件的工作性能有很大的影响。由于混凝土的徐变，会使构件的变形增加，在钢筋混凝土截面中引起应力重分布。在预应力混凝土结构中会造成预应力损失。

3. 混凝土在重复荷载作用下的变形（疲劳变形）

混凝土在重复荷载即多次重复加载卸载作用下的强度与变形，与一次加载不同。重复荷载作用下引起的破坏称为疲劳破坏。疲劳现象大量存在于工程结构中，钢筋混凝土吊车梁受到重复荷载的作用发生破坏，钢筋混凝土道桥受到车辆振动的影响而破坏的现象等都属于疲劳破坏现象。

试验表明，混凝土棱柱体试件在多次加载、卸载作用下，应力—应变曲线的环形会越来越密合，经过多次重复，这个曲线就密合成一条直线。当荷载重复到某一定次数时，混凝土试件会因严重开裂或变形过大而导致破坏。疲劳破坏的特征是裂缝小而变形大。

9.2 钢筋的物理力学性能

9.2.1 钢筋的品种和级别

混凝土结构中使用的钢材按化学成分可分为碳

素钢及普通低合金钢两大类。碳素钢除含有铁元素外还含有少量的碳、硅、锰、硫、磷等元素。根据含碳量的多少，碳素钢又可以分为低碳钢（含碳量＜0.25%）、中碳钢（含碳量0.25%~0.6%）和高碳钢（含碳量0.6%~1.4%），含碳量越高强度越高，但是塑性和可焊性会降低。普通低合金钢除碳素钢中已有的成分外，再加入少量的硅、锰、钛、钒、铬等合金元素，加入这些元素后可以有效地提高钢材的强度和改善钢材的其他性能。目前我国普通低合金钢按加入元素种类有以下几种体系：锰系（20MnSi、25MnSi）、硅钒系（40Si2MnV、45SiMnV）、硅钛系（45Si2MnTi）、硅锰系（40Si2Mn、48Si2Mn）、硅铬系（45Si2Cr）。

《混凝土结构设计规范》GB 50010—2010（2015年版）规定，用于钢筋混凝土结构的国产普通钢筋可使用热轧钢筋。用于预应力混凝土结构的国产预应力钢筋可使用消除应力钢丝、螺旋肋钢丝、刻痕钢丝、钢绞线，也可使用热处理钢筋。

热轧钢筋是低碳钢、普通低合金钢在高温状态下轧制而成。热轧钢筋为软钢，其应力一应变曲线有明显的屈服点和流幅，断裂时有“颈缩”现象，伸长率比较大。热轧钢筋根据其力学指标的高低，分为HPB300级、HRB335级、HRB400级和HRB500级四个种类。

消除应力钢丝是将钢筋拉拔后，校直，经中温回火消除应力并稳定化处理的光面钢丝。螺旋肋钢丝是以普通低碳钢或低合金钢热轧的圆盘条为母材，经冷轧减径后在其表面冷轧成二面或三面有月牙肋的钢筋。光面钢丝和螺旋肋钢丝按直径可分为ϕ4、ϕ5、ϕ6、ϕ7、ϕ8和ϕ9六个级别。

刻痕钢丝是在光面钢丝的表面上进行机械刻痕处理，以增加与混凝土的粘结能力，分ϕI5和ϕI7两种。钢绞线是由多根高强钢丝捻制在一起经过低温回火处理清除内应力后而制成，分为2股、3股和7股三种。

热处理钢筋是将特定强度的热轧钢筋再通过加热、淬火和回火等调质工艺处理的钢筋。热处理后钢筋强度能得到较大幅度的提高，而塑性降低并不多。热处理钢筋是硬钢。其应力一应变曲线没有明显的屈服点，伸长率小，质地硬脆。热处理钢筋有40Si2Mn、48Si2Mn和45Si2Cr三种。

另外，用冷拉或冷拔的冷加工方法可以提高热轧钢筋的强度。冷拉时，钢筋的冷拉应力值必须超过钢筋的屈服强度。冷拉后，经过一段时间钢筋的屈服点比原来的屈服点有所提高，钢筋经过冷拉以后，能提高屈服强度、节约钢材，但冷拉后钢筋的塑性（伸长率）有所降低。为了保证钢筋在强度提高的同时又具有一定的塑性，冷拉时应同时控制应力和控制应变。

冷拔钢筋是将钢筋用强力拔过比它本身直径还小的硬质合金拔丝模，这时钢筋同时受到纵向拉力和横向压力的作用，截面变小而长度拔长。经过几次冷拔，钢丝强度比原来有很大提高，但塑性降低很多。冷拉只能提高钢筋抗拉强度，冷拔则可同时提高抗拉及抗压强度。冷加工钢筋应用时可参照相应的行业标准。

钢筋混凝土结构中使用的钢筋可以分为柔性钢筋及劲性钢筋。常用的普通钢筋统称为柔性钢筋，其外形有光圆和带肋两类，带肋钢筋又分等高肋和月牙肋两种。光圆钢筋、带肋钢筋统称为变形钢筋。钢丝的外形通常为光圆，也有在表面刻痕的。柔性钢筋可绑轧或焊接成钢筋骨架或钢筋网，分别用于梁、柱或板、壳结构中。钢筋形式见图9-4。

劲性钢筋是由各种型钢、钢轨或者用型钢与钢筋焊成的骨架。劲性钢筋本身刚度很大，施工时模板及混凝土的重力可以由劲性钢筋本身来承担，因此能加速并简化支模工作，承载能力也比较大。

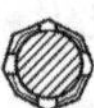
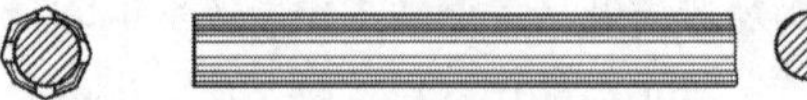

图 9-4 钢筋的形式

9.2.2 钢筋的强度与变形

钢筋的强度和变形性能可以用拉伸试验得到的应力—应变曲线来说明。钢筋的应力—应变曲线，有的有明显的流幅，例如热轧低碳钢和普通热轧低合金钢所制成的钢筋；有的则没有明显的流幅，例如高碳钢制成的钢筋。

图 9-5 是有明显流幅钢筋的应力—应变曲线。从图中可以看到，应力值在 A 点以前，应力与应变成比例变化，与 A 点对应的应力称为比例极限。过 A 点后，应变较应力增长为快，到达 B' 点后钢筋开始塑流，B' 点称为屈服上限，它与加载速度、截面形式、试件表面光洁度等因素有关，通常 B' 点是不稳定的。待 B' 点降至屈服下限 B 点，这时应力基本不增加而应变急剧增长，曲线接近水平线。曲线延伸至 C 点，B 点到 C 点的水平距离的大小称为流幅或屈服台阶。有明显流幅的热轧钢筋屈服强度是按屈服下限确定的。过 C 点以后，应力又继续上升，说明钢筋的抗拉能力又有所提高。随着曲线上升到最高点 D，相应的应力称为钢筋的极限强度，CD 段称为钢筋的强化阶段。试验表明，过了 D 点，试件薄弱处的截面将会突然显著缩小，发生局部颈缩，变形迅速增加，应力随之下降，达到 E 点时试件被拉断。

由于构件中钢筋的应力到达屈服点后，会产生很大的塑性变形，使钢筋混凝土构件出现很大的变形和过宽的裂缝，以致不能使用，所以对有明显流幅的钢筋，在计算承载力时以屈服点作为钢筋强度限值。对没有明显流幅或屈服点的预应力钢丝、钢绞线和热处理钢筋，为了与钢筋国家标准相一致，《混凝土结构设计规范》GB 50010—2010（2015 年版）中取 0.002 残余应变所对应的应力 $\sigma_{p0.2}$ 作为其条件屈服强度标准值，如图 9-6 所示。

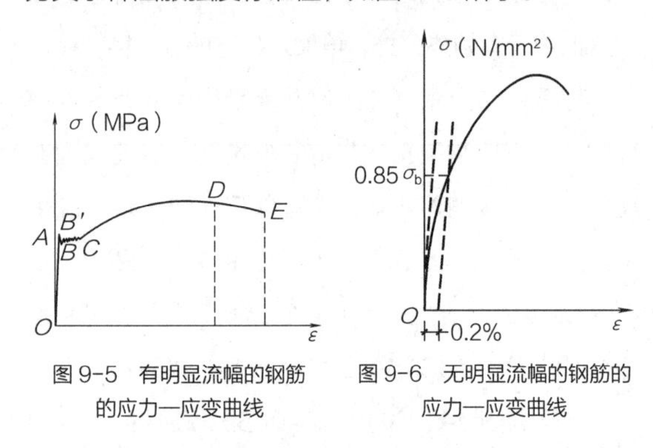

图 9-5 有明显流幅的钢筋的应力—应变曲线

图 9-6 无明显流幅的钢筋的应力—应变曲线

另外，钢筋除了要有足够的强度外，还应具有一定的塑性变形能力。通常用伸长率和冷弯性能两个指标衡量钢筋的塑性。钢筋拉断后（例如，图 9-5 中的 E 点）的伸长值与原长的比率称为伸长率。伸长率越大塑性越好。冷弯是将直径为 d 的钢筋绕直径为 D 的弯芯弯曲到规定的角度后无裂纹断裂及起层现象，则表示合格。弯芯的直径 D 越小，弯转角越大，说明钢筋的塑性越好。

国家标准规定了各种钢筋所必须达到的伸长率的最小值（比如，δ100、δ10 和 δ5 分别表示标距 $l=100d$，$l=10d$ 和 $l=5d$ 时伸长率的最小值）以及冷弯时相应的弯芯直径及弯转角的要求，有关参数可参照相应的国家标准。

9.2.3 混凝土结构对钢筋性能的要求

1. 钢筋的强度

所谓钢筋强度是指钢筋的屈服强度及极限强度。钢筋的屈服强度是设计计算时的主要依据（对无明显流幅的钢筋，取它的条件屈服点）。采用高强度钢筋可以节约钢材，取得较好的经济效果。另外，对钢筋进行冷加工也可以提高钢筋的屈服强度。使用冷拔和冷拉钢筋时应符合专门规程的规定。

2. 钢筋的塑性

要求钢材有一定的塑性是为了使钢筋在断裂前有足够的变形，在钢筋混凝土结构中，能给出构件将要破坏的预告信号，同时要保证钢筋冷弯的要求。钢筋的伸长率和冷弯性能是施工单位验收钢筋是否合格的主要指标。

3. 钢筋的可焊性

可焊性是评定钢筋焊接后的接头性能的指标。可焊性好，即要求在一定的工艺条件下钢筋焊接后不产生裂纹及过大的变形。

4. 钢筋的耐火性

热轧钢筋的耐火性能最好，冷轧钢筋其次，预应力钢筋最差。结构设计时应注意混凝土保护层厚度满足对构件耐火极限的要求。

5. 钢筋与混凝土的粘结力

为了保证钢筋与混凝土共同工作，要求钢筋与混凝土之间必须有足够的粘结力。钢筋表面的形状是影响粘结力的重要因素。

9.2.4　混凝土与钢筋的粘结

钢筋和混凝土这两种材料能够结合在一起共同工作，除了二者具有相近的线膨胀系数外，更主要的是由于混凝土硬化后，钢筋与混凝土之间产生了良好的粘结力。为了保证钢筋不被从混凝土中拔出或压出，与混凝土更好地共同工作，还要求钢筋有良好的锚固。粘结和锚固是钢筋和混凝土形成整体、共同工作的基础。

钢筋端部加弯钩、弯折，或在锚固区贴焊短钢筋、贴焊角钢等，可以提高锚固能力。光圆钢筋末端均需设置弯钩。

影响钢筋与混凝土粘结强度的因素很多，主要影响因素有混凝土强度、保护层厚度及钢筋净间距、横向配筋及侧向压应力，以及浇筑混凝土时钢筋的位置等。

（1）光圆钢筋及变形钢筋的粘结强度都随混凝土强度等级的提高而提高。

（2）与光圆钢筋相比，变形钢筋具有较高的粘结强度。但是，使用变形钢筋，在粘结破坏时容易使周围混凝土产生劈裂裂缝。裂缝对结构的耐久性是非常不利的。钢筋外围的混凝土保护层太薄，可能使外围混凝土因产生径向劈裂而使粘结强度降低。增大保护层厚度，保持一定的钢筋间距，可以提高外围混凝土的抗劈裂能力，有利于粘结强度的充分发挥。

（3）混凝土构件截面上有多根钢筋并列在一排时，钢筋间的净距对粘结强度有重要影响，钢筋净间距过小，外围混凝土将发生水平劈裂，形成贯穿整个梁宽的劈裂裂缝，造成整个混凝土保护层剥落，粘结强度显著降低。一排钢筋的根数越多，净间距越小，粘结强度降低的就越多。

（4）横向钢筋（如梁中的箍筋）可以限制混凝土内部裂缝的发展，提高粘结强度。横向钢筋还可以限制到达构件表面的裂缝宽度，从而提高粘结强度。因此，在使用较大直径钢筋的锚固区、搭接长度范围内，以及当一排的并列钢筋根数较多时，应设置一定数量的附加箍筋，以防止混凝土保护层的劈裂崩落。同时，配置箍筋对保护后期粘结强度，改善钢筋延性也有明显作用。

（5）在直接支承的支座处，如梁的简支端，钢筋的锚固区受到来自支座的横向压应力，横向压应力约束了混凝土的横向变形，使钢筋与混凝土间抵抗滑动的摩阻力增大，因而可以提高粘结强度。

（6）粘结强度与浇筑混凝土时钢筋所处位置有关。浇筑混凝土时，深度过大（超过 300 mm），钢筋底面的混凝土会出现沉淀收缩和离析泌水，气泡逸出，使混凝土与水平放置的钢筋之间产生强度较低的疏松空隙层，从而会削弱钢筋与混凝土的粘结作用。

另外，钢筋表面形状对粘结强度也有影响，变形钢筋的粘结强度大于光圆钢筋。

9.2.5 钢筋的锚固与搭接

1. 保证粘结的构造措施

保证粘结的构造措施有如下几个方面：

（1）对不同等级的混凝土和钢筋，要保证最小搭接长度和锚固长度。

（2）为了保证混凝土与钢筋之间有足够的粘结，必须满足钢筋最小间距和混凝土保护层最小厚度的要求。

（3）在钢筋的搭接接头范围内应加密箍筋。

（4）为了保证足够的粘结在钢筋端部应设置弯钩。

此外，在浇筑大深度混凝土时，为防止在钢筋底面出现沉淀收缩和泌水，形成疏松空隙层，削弱粘结，对高度较大的混凝土构件应分层浇筑或二次浇捣。

钢筋表面粗糙程度影响摩擦阻力，从而影响粘结强度。轻度锈蚀的钢筋，其粘结强度比新轧制的无锈钢筋要高，比除锈处理的钢筋更高。所以，一般除重锈钢筋外，可不必除锈。

2. 基本锚固长度

钢筋受拉会产生向外的膨胀力，这个膨胀力导致拉力传送到构件表面。为了保证钢筋与混凝土之间有可靠的粘结，钢筋必须有一定的锚固长度。钢筋的基本锚固长度取决于钢筋强度及混凝土抗拉强度，并与钢筋的外形有关。为了充分利用钢筋的抗拉强度，《混凝土结构设计规范》GB 50010—2010（2015 年版）规定纵向受拉钢筋的锚固长度作为钢筋的基本锚固长度 l_a，它与钢筋强度、混凝土抗拉强度、钢筋直径及外形有关。钢筋的锚固可采用机械锚固的形式。机械锚固的形式如图 9-7 所示，主要有弯钩、贴焊钢筋及焊锚板等。

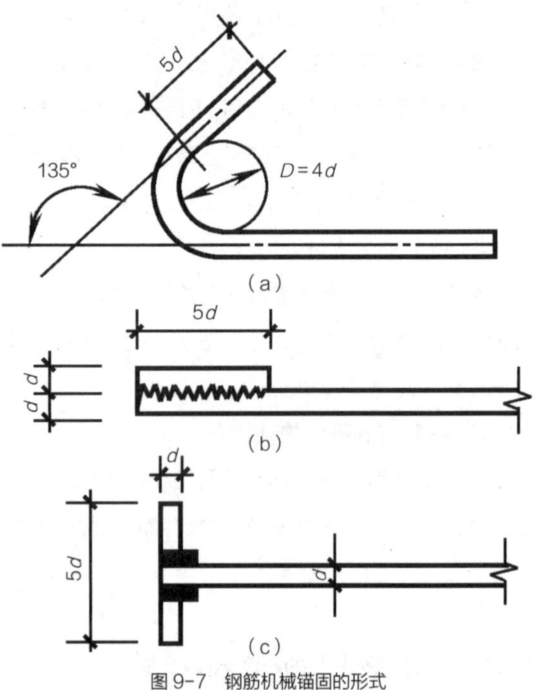

图 9-7 钢筋机械锚固的形式
（a）末端带 135° 弯钩；（b）末端与短钢筋双面贴焊；（c）末端与钢板穿孔塞焊

3. 钢筋的搭接

钢筋长度不够时，或需要采用施工缝或后浇带等构造措施时，钢筋就需要搭接。搭接是指将两根钢筋的端头在一定长度内并放，并采用适当的连接将一根钢筋的力传给另一根钢筋。力的传递可以通过各种连接接头实现。由于钢筋通过连接接头传力总不如整体钢筋，所以钢筋搭接的原则是：接头应设置在受力较小处，同一根钢筋上应尽量少设接头，机械连接接头能产生较牢固的连接力，所以应优先采用机械连接。对于受压钢筋的搭接接头及焊接骨架的搭接，也应满足相应的构造要求，以保证力的传递。

Chapter 10

第10章 钢筋混凝土受弯构件承载力

Bearing Capacity of Reinforced Concrete Flexural Members

钢筋混凝土结构（Reinforced Concrete Structure）中的受弯构件主要是指各种类型的梁与板，它是建筑结构中经常遇到的一种基本构件。尽管它们的结构形式和使用场合各有不同，但所受的内力都是弯矩和剪力，故统称为受弯构件。本章内容主要是介绍受弯构件的一般构造和不同截面形式构件的抗弯与抗剪承载力计算。要求我们能够了解受弯构件的破坏机理，掌握截面的计算方法和熟悉有关构造规定。

10.1 梁和板的一般构造

10.1.1 截面形状与尺寸

梁、板常用矩形、T 形截面、I 字形、槽形、空心板和倒 L 形梁等对称和不对称现浇梁、板的截面尺寸宜按下述采用，如图 10-1 所示。

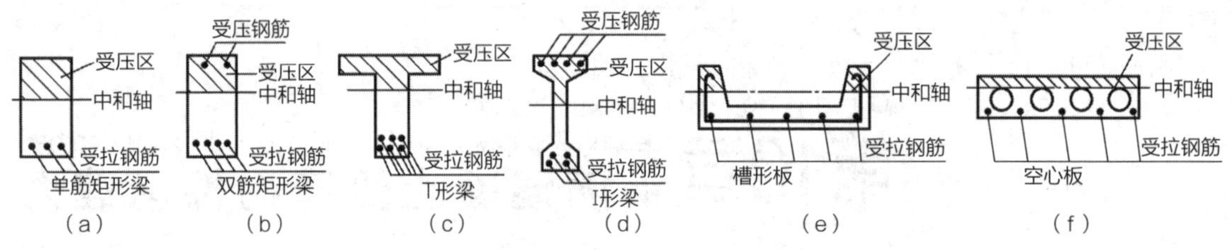

图 10-1　常用梁、板截面形状

梁的截面高度 h 与梁的跨度 l 及所受荷载大小有关。从刚度要求出发，梁的高跨比 $h:l_0$ 可参照表 10-1 的规定选择，其中 l_0 为梁的计算跨度。

表 10-1　梁的高跨比选择

构件类型＼支撑情况	简支	两端连续	悬臂
独立梁或整体肋形梁的主梁	$\frac{1}{12}\sim\frac{1}{8}$	$\frac{1}{14}\sim\frac{1}{8}$	$\frac{1}{6}$
整体肋形梁的次梁	$\frac{1}{18}\sim\frac{1}{10}$	$\frac{1}{20}\sim\frac{1}{12}$	$\frac{1}{8}$

矩形截面梁的高宽比 $h:b$ 一般取（2：1）~（3.5：1）；T 形截面梁的 $h:b$ 一般取（2.5：1）~（4：1）（此处 b 为梁肋宽）。矩形截面的宽度或 T 形截面的肋宽 b 一般取为 100、120、150、（180）、200、（220）、250 和 300 mm，300 mm 以上的级差为 50 mm；括号中的数值仅用于木模。

梁的高度采用 h = 250、300、350、750、800、900、1000 mm 等尺寸。800 mm 以下的级差为 50 mm，以上的为 100 mm。

现浇板的宽度一般较大，设计时可取单位宽度（b = 1000 mm）即“板带”进行计算。其厚度除应满足各项功能要求外，还不应小于表 10-2 中规定的数值。

表 10-2　现浇钢筋混凝土板的最小厚度（单位：mm）

板的类别		最小厚度
单向板	屋面板	60
	民用建筑楼板	60
	工业建筑楼板	70
	行车道下的楼板	80
双向板		80
密肋板	肋间距小于或等于 700 mm	40
	肋间距大于 700 mm	50
悬臂板	板的悬臂长度小于或等于 500 mm	60
	板的悬臂长度大于 500 mm	80
无梁楼板		150

10.1.2 材料选择与一般构造

1. 混凝土强度等级

钢筋混凝土结构的混凝土强度等级不应低于

C20；当采用 HRB335 级钢筋时，混凝土强度等级不宜低于 C20；当采用 HRB400 和 RRB400 级钢筋以及承受重复荷载的构件，混凝土强度等级不得低于 C25。梁、板常用的混凝土强度等级是 C20、C30、C40。提高混凝土强度等级对增大受弯构件正截面受弯承载力的作用不显著。

2. 钢筋强度等级及常用直径

（1）梁的钢筋强度等级和常用直径

梁中纵向受力钢筋宜采用 HRB400 级或 RRB400 级和 HRB335 级，常用直径为 12、14、16、18、20、22 mm 和 25 mm。根数最好不少于 3（或 4）根。设计中若采用两种不同直径的钢筋，钢筋直径相差至少 2 mm，以便于在施工中能用肉眼识别。对于绑扎的钢筋骨架，其纵向受力钢筋的直径：当梁高为 300 mm 及以上时，不应小于 10 mm 当梁高小于 300 mm 时，不应小于 8 mm。

为了便于浇筑混凝土以保证钢筋周围混凝土的密实性，纵筋的净间距应满足图 10-2 所示的要求。

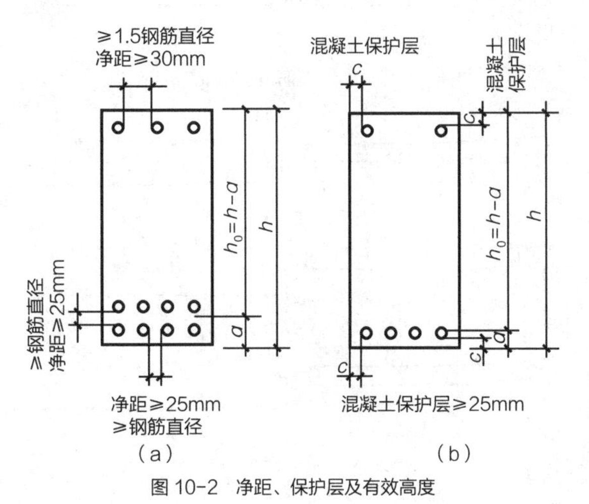

图 10-2　净距、保护层及有效高度

对于单筋矩形截面梁，当梁的跨度小于 4 m 时，架立钢筋的直径不宜小于 8 mm；当梁的跨度等于 4 ~ 6 m 时，不宜小于 10 mm；当梁的跨度大于 6 m 时，不宜小于 12 mm。

梁的箍筋宜采用 HRB335 和 HRB400 级的钢筋，少量用 HPB300 级钢筋，常用直径是 6、8、10 mm。

（2）板的钢筋强度等级及常用直径

板内钢筋一般有纵向受拉钢筋与分布钢筋两种。板的纵向受拉钢筋常用 HRB400 级和 HRB500 级钢筋，常用直径是 6、8、10、12 mm，其中现浇板的板面钢筋直径不宜小于 8 mm，如图 10-3 所示。

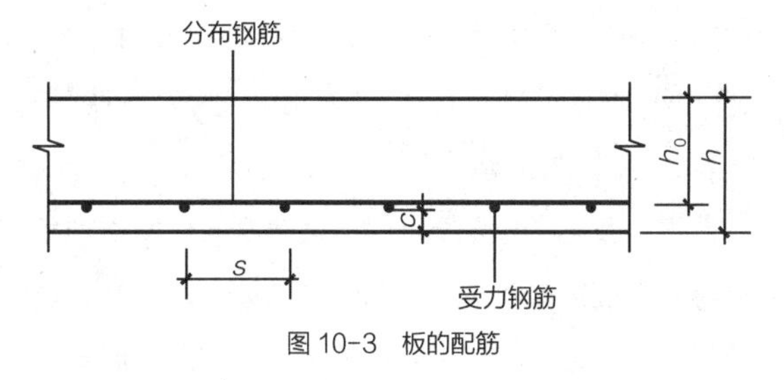

图 10-3　板的配筋

为了便于浇筑混凝土，保证钢筋周围混凝土的密实性，板内钢筋间距不宜太密，为了正常地分担内力，也不宜过稀。钢筋的间距一般为 70 ~ 200 mm，当板厚 $h \leqslant 150$ mm，不宜大于 200 mm；当板厚 $h >$ 150 mm，不宜大于 $1.5h$，且不应大于 250 mm。

板的分布钢筋宜采用 HRB400 级和 HRB335 级的钢筋，常用直径是 6 mm 和 8 mm。分布钢筋的间距不宜大于 250 mm，直径不宜小于 6 mm。温度变化较大或集中荷载较大时，分布钢筋的截面面积应适当增加，其间距不宜大于 200 mm。

（3）纵向受拉钢筋的配筋百分率

设正截面上所有纵向受拉钢筋的合力点至截面受拉边缘的竖向距离为 a，则合力点至截面受压区边缘的竖向距离 $h_0 = h - a$。这里，h 是截面高度，h_0 为截面的有效高度，b 是截面宽度。

纵向受拉钢筋的总截面面积用 A_s 表示，单位为 mm^2。它与截面的有效面积 bh_0 的比值，称为纵向受拉钢筋的配筋百分率，用 ρ 表示，或简称配筋率，即:

$$\rho=\frac{A_s}{bh_0}(\%) \qquad (10-1)$$

纵向受拉钢筋的配筋百分率 ρ 在一定程度上标志了正截面上纵向受拉钢筋与混凝土之间的面积比率，它是对梁的受力性能有很大影响的一个重要指标。

（4）混凝土保护层厚度

纵向受力钢筋的外表面到截面边缘的垂直距离，称为混凝土保护层厚度，用 c 表示。混凝土保护层有三个作用：① 保护纵向钢筋不被锈蚀；② 在火灾等情况下，使钢筋的温度上升缓慢；③ 使纵向钢筋与混凝土有较好的粘结。

梁、板、柱的混凝土保护层厚度与环境类别和混凝土强度等级有关，见附表。由该表知，当环境类别为一类时，即在室内环境下，梁的最小混凝土保护层厚度是 20 mm，板的最小混凝土保护层厚度是 15 mm。此外，纵向受力钢筋的混凝土保护层最小厚度（从钢筋外边缘到混凝土表面的距离）尚不应小于钢筋的公称直径。

10.2 受弯构件正截面破坏过程

与构件的计算轴线相垂直的截面称为正截面。结构和构件要满足承载能力极限状态和正常使用极限状态的要求。梁、板正截面受弯承载力计算就是从满足承载能力极限状态出发的，即要求满足：

$$M < M_u \qquad (10-2)$$

式中的 M 是受弯构件正截面的弯矩设计值，它是由结构上的作用所产生的内力设计值，在受弯构件正截面受弯承载力计算中，M 是已知的。式中的 M_u 是受弯构件正截面受弯承载力的设计值，它是由正截面上材料所产生的抗力。钢筋混凝土受弯构件正截面受弯承载力 M_u 的计算及其应用将是本章的中心问题。

正截面受弯的三种破坏形态

一般钢筋混凝土梁中的各种钢筋如图 10-4 所示。纵向受拉钢筋配筋率比较适当的正截面称为适筋截面，具有适筋截面的梁叫作适筋梁。影响钢筋混凝土正截面承载力的因素较多，如混凝土强度等级、截面尺寸及纵向钢筋配筋率等。实验表明，由于纵向受拉钢筋配筋百分率 ρ 的不同，受弯构件正截面受弯破坏形态有适筋破坏、超筋破坏和少筋破坏三种，如图 10-5 所示。与这三种破坏形态相对应的梁称为适筋梁、超筋梁和少筋梁。

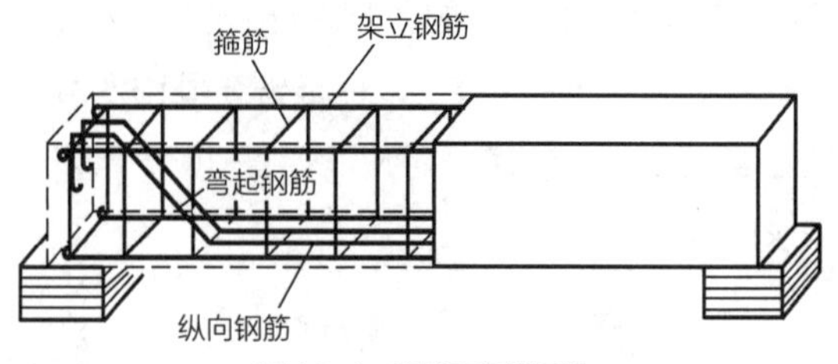

图 10-4 箍筋和弯起钢筋

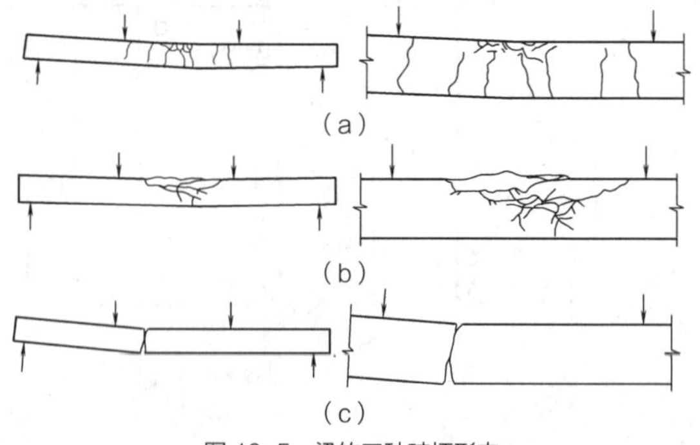

图 10-5 梁的三种破坏形态

（a）适筋破坏；（b）超筋破坏；（c）少筋破坏

1. 适筋破坏形态

当 $\rho_{min} \leqslant \rho \leqslant \rho_b$ 时发生适筋破坏，其特点是纵向受拉钢筋先屈服，受压区混凝土随后压碎。这里

ρ_{min}、ρ_b 分别为纵向受拉钢筋的最小配筋率、界限配筋率。

适筋梁的破坏特点是破坏始自受拉区钢筋的屈服。在钢筋应力到达屈服强度之初，受压区边缘纤维的应变尚小于受弯时混凝土极限压应变。在梁完全破坏以前，由于钢筋要经历较大的塑性变形，随之引起裂缝急剧开展和梁挠度的激增，它将给人以明显的破坏预兆，属于延性破坏类型。适筋梁在截面承载力没有明显变化的情况下，具有较大的变形能力。即，具有较好的延性，延性是度量结构或截面后期变形能力的一个指标。表 10-3 简要地列出了适筋梁正截面受弯的三个受力阶段的主要特点。

表 10-3　适筋梁正截面受弯三个受力阶段的主要特点

主要特点＼受力阶段		第 1 阶段	第 2 阶段	第 3 阶段
习称		未裂阶段	带裂缝工作阶段	破坏阶段
外观特征		没有裂缝，挠度很小	有裂缝，挠度还不明显	钢筋屈服，裂缝宽，挠度大
弯矩—截面曲率（$M-\varphi^0$）		大致成直线	曲线	接近水平的曲线
混凝土应力图形	受压区	直线	受压区高度减小，混凝土压应力图形为上升段的曲线，应力峰值在受压区边缘	受压区高度进一步减小，混凝土压应力图形为较丰满的曲线；后期为有上升段与下降段的曲线，应力峰值不在受压区边缘而在边缘的内侧
	受拉区	前期为直线，后期为有上升段的曲线，应力峰值不在受拉区边缘	大部分退出工作	绝大部分退出工作
纵向受拉钢筋应力		$\sigma_s \leqslant 20\sim30\ \text{N/mm}^2$	$20\sim30\ \text{N/mm}^2<\sigma_s<f_y^0$	$\sigma_s=f_y^0$
与设计计算的联系		用于抗裂验算	用于裂缝宽度及变形验算	用于正截面受弯承载力计算

2. 超筋破坏形态

当 $\rho>\rho_b$ 时发生超筋破坏，其特点是混凝土受压区先压碎，纵向受拉钢筋不屈服。在受压区边缘纤维应变到达混凝土受弯极限压应变值时，钢筋应力尚小于屈服强度，但此时梁已宣告破坏。试验表明，钢筋在梁破坏前仍处于弹性工作阶段，裂缝开展不宽，延伸不高，梁的挠度亦不大。总之，它在没有明显预兆的情况下由于受压区混凝土被压碎而突然破坏，故属于脆性破坏类型。

超筋梁虽配置过多的受拉钢筋，但由于梁破坏时其应力低于屈服强度，不能充分发挥作用，造成钢材的浪费。这不仅不经济，且破坏前没有预兆，故设计中不允许采用超筋梁。

3. 少筋破坏形态

当 $\rho<\rho_{min}$ 时发生少筋破坏。由于钢筋较少，其特点是受拉区混凝土一旦开裂，受拉钢筋立即达到屈服强度，有时可迅速经历整个流幅而进入强化阶段，在个别情况下，钢筋甚至可能被拉断。

少筋梁破坏时，裂缝往往只有一条，不仅开展宽度很大，且沿梁高延伸较高。即使受压区混凝土暂未压碎，但因此时裂缝宽度大于 1.5 mm 甚至更大，已标志着梁的“破坏”。从单纯满足承载力需要出发，少筋梁的截面尺寸过大，故不经济；同时它的承载力取决于混凝土的抗拉强度，属于脆性破坏类型，故在土木工程中不允许采用。水利工程中，往往截面尺寸很大，为了经济，有时也允许采用少筋梁。

10.3 单筋矩形截面受弯构件正截面承载力计算

10.3.1 基本计算公式及适用条件

1. 基本计算公式

单筋矩形截面受弯构件的正截面受压区混凝土的应力图形可简化为等效的矩形应力图。正截面受弯承载力计算简图如图 10-6 所示。

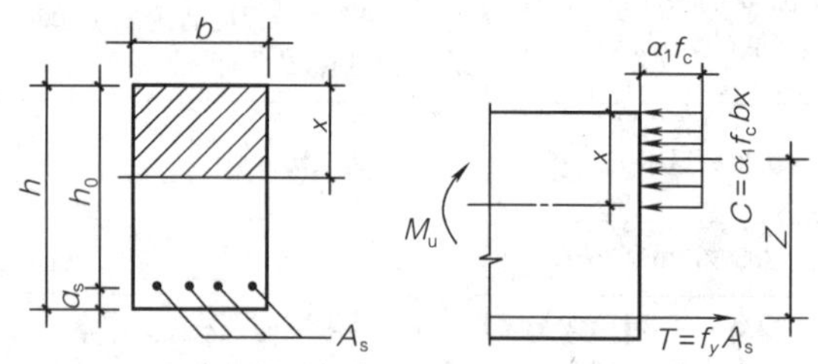

图 10-6 单筋矩形截面受弯构件正截面受弯承载力计算简图

由力的平衡条件得：

$$\alpha_1 f_c bx = f_y A_s \qquad (10\text{-}3)$$

由力矩平衡条件得：

$$M_u = \alpha_1 f_c bx\left(h_0 - \frac{x}{2}\right) \qquad (10\text{-}4)$$

或

$$M_u = f_y A_s\left(h_0 - \frac{x}{2}\right) \qquad (10\text{-}5)$$

式中 α_1——系数，其含义是受压区混凝土矩形应力图的应力值与混凝土轴心抗压强度设计值的比值。当混凝土强度等级不超过 C50 时，α_1 取为 1.0，当混凝土强度等级为 C80 时，α_1 取为 0.94，其间按线性内插法确定。

f_c——混凝土轴心抗压强度设计值，N/mm^2；

b——梁宽，mm；

x——矩形应力图的受压区高度，mm；

f_y——普通钢筋抗拉强度设计值，N/mm^2；

A_s——受拉区纵向钢筋的截面面积，mm^2；

M_u——构件正截面受弯承载力的设计值，kN · m；

h_0——截面有效高度，mm。

上图可以看出：

$$h_0 = h - a_s$$

式中 h——截面高度，mm；

a_s——纵向受拉钢筋（非预应力）合力点至截面近边的距离，mm。

2. 适用条件

（1）
$$\rho \leqslant \rho_b = \alpha_1 \xi_b \frac{f_c}{f_y} \qquad (10\text{-}6\,a)$$

或
$$x \leqslant \xi_b h_0 \qquad (10\text{-}6\,b)$$

（2）
$$\rho \geqslant \rho_{min} \qquad (10\text{-}7)$$

式中 ρ_b——界限配筋率，超出界限配钢筋将会是超筋；

ξ_b——界限相对受压区高度，其值可见表 10-4，一般情况 $\xi = \rho \dfrac{f_y}{\alpha_1 f_c}$。

表 10-4 界限相对受压区高度ξ_b取值

混凝土强度等级	≤ C50			C60			C70			C80		
钢筋级别	HPB300	HRB355	HRB400	HPB300	HRB355	HRB400	HPB300	HRB355	HRB400	HPB300	HRB355	HRB400
ξ_b	0.576	0.550	0.518	0.556	0.531	0.499	0.537	0.512	0.481	0.518	0.493	0.463

适用条件①是为了防止超筋破坏，因此单筋矩形截面在受压区高度 $x=\xi_b h_0$ 时达到最大受弯承载力。

$$M_{u,\max}=\alpha_1 f_c b h_0^2 \xi_b(1-0.5\xi_b) \quad (10-8)$$

适用条件②是为了防止少筋破坏。设计时只有同时满足这两个条件，才能保证构件破坏时纵向受力钢筋首先屈服。我国《混凝土结构设计规范》GB 50010—2010（2015年版）规定：

① 受弯构件、偏心受拉、轴心受拉构件，其一侧纵向受拉钢筋的配筋百分率不应小于0.2%和 $45\dfrac{f_t}{f_y}$ 中的较大值；

② 卧置于地基上的混凝土板，板的受拉钢筋的最小配筋百分率可适当降低，但不应小于0.15%。

当弯矩设计值 M 确定以后，我们可以设计出不同截面尺寸的梁。当配筋率 ρ 取得小些，梁截面就要大些；当 ρ 大些，梁截面就可小些。根据不同方案中钢材、水泥、砂石等材料价格及施工费用（包括模板费用），可以得出一个理论上最经济的配筋率。但根据我国生产实践经验，当 ρ 波动在最经济配筋率附近时，对总造价的影响是很不敏感的。因此，没有必要去求得理论上最经济的配筋率。

按照我国经验，板的经济配筋率为0.3%~0.8%；单筋矩形梁的经济配筋率为0.6%~1.5%。

10.3.2　截面承载力计算

受弯构件正截面受弯承载力计算包括截面设计、截面复核两类问题。

1. 截面设计

截面设计时，要求正截面弯矩设计值 M 与截面受弯承载力设计值 M_u 相等，即 $M=M_u$。

已知条件是：构件截面尺寸 $b\times h$、混凝土强度等级 f_c、钢筋强度等级 f_y、M，求所需的受拉钢筋截面面积 A_s。

求解过程是：先选定 a_s，得 h_0，到并按混凝土强度等级确定 α_1，解二次联立方程式，得 x。然后验算适用条件①，即要求满足 $x\leqslant\xi_b h_0$。若不满足，需加大截面，或提高混凝土强度等级，或改用双筋矩形截面。若满足条件，则计算继续进行，按求出 A_s 选择钢筋，采用的钢筋截面面积与计算所得 A_s 值，两者相差±5%，并检查实际的 a_s 值与假定的是否大致相符，如果相差太大，则需重新计算。最后应该以实际采用的钢筋截面面积来验算适用条件②，即要求满足 $\rho\geqslant\rho_{\min}$。如果不满足，则纵向受拉钢筋应按 $\rho_{\min}$ 配置。

依据基本计算式，具体计算时采用以下计算方法：

首先设定以下系数：

配筋系数（相对受压区高度）

$$\xi=\frac{x}{h_0}=\rho\frac{f_y}{\alpha_1 f_c} \quad (10-9a)$$

截面抵抗矩系数 $\alpha_s=\dfrac{M}{\alpha_1 f_c b h_0^2}$，即：

$$\alpha_s=\xi(1-0.5\xi) \quad (10-9b)$$

内力矩力臂系数 $\gamma_s=\dfrac{z}{h_0}$，即：

$$\gamma_s=1-0.5\xi \quad (10-9c)$$

令 $M=M_u$，解联立方程式（10-3）与式（10-4）或式（10-3）与（10-5），可得：

$$\xi=1-\sqrt{1-2\alpha_s} \quad (10-9d)$$

$$\gamma_s=\frac{1+\sqrt{1-2\alpha_s}}{2} \quad (10-9e)$$

$$A_s=\frac{M}{f_y\gamma_s h_0} \quad (10-10)$$

在正截面受弯承载力设计中，钢筋直径、数量和排列等还都是未知的，因此纵向受拉钢筋合力点到截面受拉边缘的距离 a_s 需要预先估计。当环境类别为一类时（即室内环境）一般取：

梁内一层钢筋时，$a_s = 35\ \text{mm}$；

梁内两层钢筋时，$a_s = 50 \sim 60\ \text{mm}$；

对于板，$a_s = 20\ \text{mm}$。

2. 截面复核

这类问题主要是对已建成的建筑物中某一承弯构件的承载力进行复核。

已知条件是：M、b、h、A_s、混凝土强度等级 f_c、钢筋强度等级 f_y，求 M_u。

先由 $\rho = \dfrac{A_s}{bh_0}$ 计算 $\xi = \rho \dfrac{f_y}{\alpha_1 f_c}$，如果满足 $\xi < \xi_b$，及 $\rho \geqslant \rho_{min}$ 两个适用条件，

$$M_u = \alpha_1 f_c b h_0^2 \xi (1 - 0.5\xi)$$

或
$$M_u = f_y A_s h_0 (1 - 0.5\xi)$$

当 $M_u \geqslant M$ 时，认为截面受弯承载力满足要求，否则为不安全。

当 M_u 大于 M 过多时，该截面设计不经济。

【例题 10-1】已知一矩形梁截面尺寸 $b \cdot h = 250\ \text{mm} \times 500\ \text{mm}$，纵向受拉钢筋采用 HRB335 钢筋，混凝土强度等级为 C25。承受的弯矩 $M = 145\ \text{kN} \cdot \text{m}$，环境类别为一类，求所需受拉筋截面面积。

【解】$f_c = 11.9\ \text{N/mm}^2$，$f_t = 1.27\ \text{N/mm}^2$，$f_y = 300\ \text{N/mm}^2$，$\xi_b = 0.55$

混凝土保护层最小厚度为 25 mm，故设 $a_s = 35\ \text{mm}$。

$$h_0 = 500\ \text{mm} - 35\ \text{mm} = 465\ \text{mm}$$

（1）求计算系数。

$$\alpha_s = \frac{M}{\alpha_1 f_c b h_0^2} = \frac{145 \times 10^6\ \text{N} \cdot \text{mm}}{1.0 \times 11.9\ \text{N/mm}^2 \times 250\ \text{mm} \times 465\ \text{mm}^2} \approx 0.225$$

$\xi = 1 - \sqrt{1 - 2\alpha_s} \approx 0.258 < \xi_b = 0.55$，满足适用条件，

$$\gamma_s = \frac{1 + \sqrt{1 - 2\alpha_s}}{2} \approx 0.871$$

$$A_s = \frac{M}{f_y \gamma_s h_0} = \frac{145 \times 10^6\ \text{N} \cdot \text{mm}}{300\ \text{N/mm}^2 \times 0.871 \times 465\ \text{mm}} \approx 1\,193\ \text{mm}^2$$

选用 4Φ20 钢筋，$A_s = 1\,256\ \text{mm}^2$

（2）验算适用条件。

① 适用条件①前面已验算满足。

② $\rho = \dfrac{A_s}{bh_0} = \dfrac{1\,256\ \text{mm}^2}{250\ \text{mm} \times 465\ \text{mm}} = 1.08\% >$

$$\rho_{min} = 45 \times \frac{f_t}{f_y} = 45 \times \frac{1.27\ \text{N/mm}^2}{300\ \text{N/mm}^2} \approx 0.19\%$$

同时 $\rho > 0.2\%$，满足条件。

【例题 10-2】一矩形梁截面尺寸 $b \cdot h = 250\ \text{mm} \times 450\ \text{mm}$，纵向受拉钢筋为 3 根直径为 18 mm 的 HRB335 钢筋，采用 C30 混凝土。承受的弯矩 $M = 80\ \text{kN} \cdot \text{m}$，环境类别为一类。验算此梁截面是否安全。

【解】$f_c = 14.3\ \text{N/mm}^2$，$f_t = 1.43\ \text{N/mm}^2$，$f_y = 300\ \text{N/mm}^2$，$A_s = 763\ \text{mm}^2$。

混凝土保护层最小厚度为 25 mm，故设 $a_s = 35\ \text{mm}$。

$$h_0 = 450\ \text{mm} - 35\ \text{mm} = 415\ \text{mm}$$

$$\rho = \frac{A_s}{bh_0} = \frac{763\ \text{mm}^2}{250\ \text{mm} \times 415\ \text{mm}} = 0.74\% >$$

$$\rho_{min} = 45 \times \frac{f_t}{f_y} = 45 \times \frac{1.43\ \text{N/mm}^2}{300\ \text{N/mm}^2} \approx 0.21\%$$

同时 $\rho > 0.2\%$，

$$\xi = \rho \frac{f_y}{\alpha_1 f_c} = 0.007\,4 \times \frac{300\ \text{N/mm}^2}{1.0 \times 14.3\ \text{N/mm}^2} \approx 0.155 < \xi_b = 0.55$$

满足适用条件，

$M_u = \alpha_1 f_c b h_0^2 \xi (1 - 0.5\xi) = 1.0 \times 14.3\ \text{N/mm}^2 \times$

$250\,mm \times 415^2\,mm^2 \times 0.155\,(1-0.5\times 0.155) \approx 88.04\,kN\cdot m > M$　结论：安全。

10.4　双筋矩形截面受弯构件正截面承载力计算

单筋矩形截面梁内部配筋可见图 10-4 所示。受压区的纵向架立钢筋虽然受压，但对正截面受弯承载力的贡献很小，所以只在构造上起架立钢筋的作用，在计算中是不考虑的。如果在受压区配置的纵向受压钢筋数量比较多，不仅起架立钢筋的作用，而且在正截面受弯承载力的计算中必须考虑它的作用，则这样配筋的截面称为双筋截面。在正截面受弯中，采用纵向受压钢筋协助混凝土承受压力是不经济的，因而从承载力计算角度出发，双筋截面只适用于以下情况：

① 弯矩很大，按单筋矩形截面计算会出现超筋梁（$\xi > \xi_b$），而梁截面尺寸受到限制，混凝土强度等级又不能提高时；

② 在不同荷载组合情况下，梁截面承受异号弯矩。

但另一方面，纵向受压钢筋对截面延性、抗裂性、变形等是有利的。

10.4.1　基本计算公式及适用条件

1. 基本计算公式

双筋矩形截面受弯构件正截面受弯的截面计算图形如图 10-7（a）所示。

由力的平衡条件可得：

$$\alpha_1 f_c bx + f_y' A_s' = f_y A_s \qquad (10\text{-}11)$$

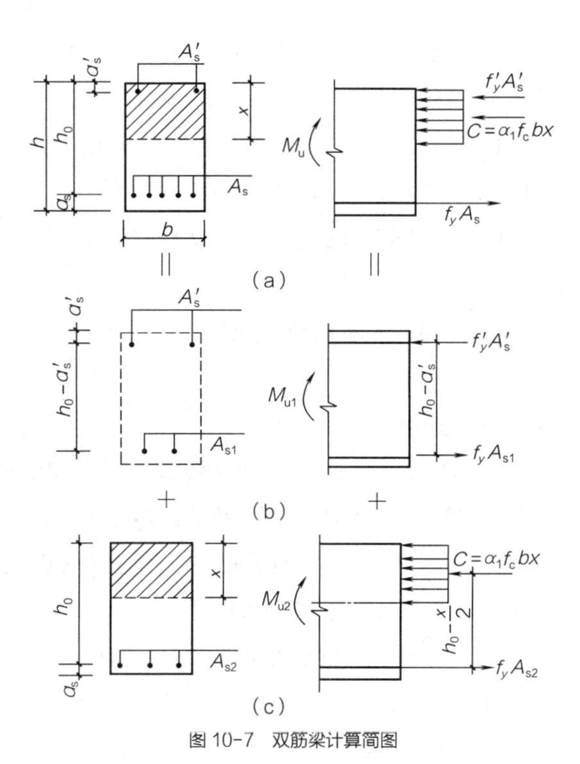

图 10-7　双筋梁计算简图

由力矩平衡条件得：

$$M_u = \alpha_1 f_c bx\left(h_0 - \frac{x}{2}\right) + f_y' A_s'(h_0 - a_s') \qquad (10\text{-}12)$$

式中　f_y'——普通钢筋抗压强度设计值，N/mm^2；

A_s'——受压区纵向钢筋的截面面积，mm^2；

a_s'——纵向受压钢筋（非预应力）合力点至截面近边的距离，mm。

2. 适用条件

使用以上两式时，必须满足下列适用条件：

① $x \leqslant \xi_b h_0$；

② $x \geqslant 2a_s'$。

当不满足条件②时，正截面承载力可按下式计算：

$$M_u = f_y A_s (h_0 - a_s') \qquad (10\text{-}13)$$

适用条件②的含义为受压钢筋位置不低于矩形受压应力图形的重心。当不满足条件②时，则表明受压钢筋的位置离中和轴太近，受压钢筋的应变 ε_s' 太小，以致其应力达不到抗压强度设计值 f_y'。

此外，必须注意，在计算中若考虑受压钢筋作用时，应按规范规定，箍筋应做成封闭式，其间距不应大于 15 d（d 为受压钢筋最小直径）。否则，纵向受压钢筋可能发生纵向弯曲（压屈）而向外凸出，引起保护层剥落甚至使受压混凝土过早发生脆性破坏。

10.4.2 截面承载力计算

1. 截面设计

双筋梁的截面设计，一般有两种情况：① 已知截面尺寸等，求受压钢筋和受拉钢筋。② 因构造要求，或由连续梁的相邻跨通过来，受压钢筋截面面积为已知，求受拉钢筋。截面设计时，令 $M = M_u$。

（1）第一种情况的已知条件：构件截面尺寸 b 及 h，混凝土强度等级 f_c，钢筋强度等级 f_y、M，求所需的受压钢筋截面面积 A_s'，受拉钢筋截面面积 A_s。

由于式（10-11）及式（10-12）的两个基本计算公式中含有 x、A_s'、A_s 三个未知数，其解是不定的，故尚需补充一个条件才能求解。显然，在截面尺寸及材料强度已知情况下，最大限度地发挥受压区混凝土的承载力，即 $x = \xi_b h_0$，是最经济的选择。由式（10-12）可得：

$$A_s' = \frac{M - \alpha_1 f_c b h_0^2 \xi_b (1 - 0.5\xi_b)}{f_y' (h_0 - a_s')} \qquad (10\text{-}14)$$

由式（10-11）可得：

$$A_s = A_s' \frac{f_y'}{f_y} + \xi_b \frac{\alpha_1 f_c b h_0}{f_y} \qquad (10\text{-}15)$$

在工程实践中一般多选择 $f_y' = f_y$，这使得上式得到进一步简化。

（2）第二种情况的已知条件：构件截面尺寸 $b \cdot h$，混凝土强度等级 f_c，钢筋强度等级 f_y、M 及受压钢筋截面面积 A_s'，求受拉钢筋截面面积 A_s。

由于 A_s' 已知，从图 10-7 中可得出：

$$M_u = M_{u1} + M_{u2} \qquad (10\text{-}16)$$

$$A_s = A_{s1} + A_{s2} \qquad (10\text{-}17)$$

在这里，可以把 M_{u1} 想象成仅有钢筋（没有混凝土）的梁，M_{u2} 就相当于单筋梁，可得：

$$M_{u1} = f_y' A_s' (h_0 - a_s') \qquad (10\text{-}18)$$

$$f_y' A_s' = f_y A_{s1} \qquad (10\text{-}19)$$

当 $f_y' = f_y$ 时 $A_{s1} = A_s'$

$$M_{u2} = M_u - M_{u1} = \alpha_1 f_c b x \left(h_0 - \frac{x}{2}\right) \qquad (10\text{-}20)$$

$$\alpha_1 f_c b x = f_y A_{s2} \qquad (10\text{-}21)$$

通过式（10-17）可求出 x，进而得出：

$$A_{s2} = \frac{\alpha_1 f_c b x}{f_y} \qquad (10\text{-}22)$$

2. 截面复核

已知条件：构件截面尺寸 $b \cdot h$、混凝土强度等级 f_c、钢筋强度等级 f_y、受压钢筋截面面积 A_s'、受拉钢筋截面面积 A_s。求构件正截面受弯承载力的设计值 M_u。

由式（10-11）求 x，当 $2a_s' \leqslant x \leqslant \xi_b h_0$ 时可利用式（10-12）求出 M_u。

若 $x < 2a_s'$ 可利用式（10-13）求出 M_u。

【例题 10-3】一矩形梁截面尺寸 $b \cdot h = 250\,\text{mm} \times 500\,\text{mm}$，混凝土强度等级为 C30，钢筋为采用 HRB335 钢筋，承受的弯矩 $M = 300\,\text{kN} \cdot \text{m}$，环境类别为一类。求所需受压和受拉筋截面面积 A_s'、A_s。

【解】$f_c = 14.3\,\text{N/mm}^2$，$f_y = f_y' = 300\,\text{N/mm}^2$，$\xi_b = 0.55$，$\alpha_1 = 1.0$

设受拉钢筋为两排，则 $a_s = 60\,\text{mm}$。

$$h_0 = 500\,\text{mm} - 60\,\text{mm} = 440\,\text{mm}$$

$$\alpha_s = \frac{M}{\alpha_1 f_c b h_0^2} = \frac{300 \times 10^6\,\text{N} \cdot \text{mm}}{1.0 \times 14.3\,\text{N/mm}^2 \times 250\,\text{mm} \times 440^2\,\text{mm}^2} \approx 0.433$$

$$\xi = 1 - \sqrt{1 - 2\alpha_s} \approx 0.634 > \xi_b = 0.55,$$

即，如果设计成单筋矩形截面，将会出现 $x > \xi_b h_0$ 的超筋梁情况。在不加大截面尺寸、不提高混凝土强度等级的情况下，设计成双筋梁可满足要求。

考虑到受压筋一般常用一排，设 $a_s' = 35\ \text{mm}$。

设 $\xi = \xi_b = 0.55$，由式（10-14）得:

$$A_s' = \frac{M - \alpha_1 f_c b h_0^2 \xi_b (1 - 0.5\xi_b)}{f_y'(h_0 - a_s')}$$

$$= \frac{300 \times 10^6\ \text{N} \cdot \text{mm} - 1.0 \times 14.3\ \text{N/mm}^2 \times 250\ \text{mm} \times 440^2\ \text{mm}^2 \times 0.55\ (1 - 0.5 \times 0.55)}{300\ \text{N/mm}^2 \times (440 - 35)\ \text{mm}} \approx 197.7\ \text{mm}^2$$

$$A_s = A_s' \frac{f_y'}{f_y} + \xi_b \frac{\alpha_1 f_c b h_0}{f_y} = 197.7\ \text{mm}^2 \times \frac{300\ \text{N/mm}^2}{300\ \text{N/mm}^2} + 0.55 \times \frac{1.0 \times 14.3\ \text{N/mm}^2 \times 250\ \text{mm} \times 440\ \text{mm}}{300\ \text{N/mm}^2}$$

$$\approx 3\ 081.5\ \text{mm}^2$$

受拉筋选用4Φ25+3Φ22的钢筋，$A_s = 3\ 104\ \text{mm}^2$，受压筋选用2Φ12的钢筋，$A_s' = 226\ \text{mm}^2$。

【例题10-4】已知条件同【例题10-3】，但在受压区中已配置3Φ18钢筋，$A_s' = 763\ \text{mm}^2$。求所需受拉筋截面面积 A_s。

即HRB335钢筋，承受的弯矩 $M = 300\ \text{kN} \cdot \text{m}$，环境类别为一类。求所需受拉筋截面面积 A_s。

【解】$f_c = 14.3\ \text{N/mm}^2$，$f_y = f_y' = 300\ \text{N/mm}^2$，$\xi_b = 0.55$，$\alpha_1 = 1.0$。

设受拉钢筋为两排，则 $a_s = 60\ \text{mm}$，$a_s' = 35\ \text{mm}$

$$h_0 = 500\ \text{mm} - 60\ \text{mm} = 440\ \text{mm}$$

$$A_s' = A_{s1} = 763\ \text{mm}^2$$

$$M_{u1} = f_y' A_s' (h_0 - a_s') = 300\ \text{N/mm}^2 \times 763\ \text{mm}^2 \times (440 - 35)\ \text{mm} \approx 92.7\ \text{kN} \cdot \text{m}$$

$$M_{u2} = M_u - M_{u1} = 300\ \text{kN} \cdot \text{m} - 92.7\ \text{kN} \cdot \text{m} = 207.3\ \text{kN} \cdot \text{m}$$

$$\alpha_s = \frac{M_{u2}}{\alpha_1 f_c b h_0^2} = \frac{207.3 \times 10^6\ \text{N} \cdot \text{mm}}{1.0 \times 14.3\ \text{N/mm}^2 \times 250\ \text{mm} \times 440^2\ \text{mm}^2} \approx 0.300$$

$\xi = 1 - \sqrt{1 - 2\alpha_s} \approx 0.368 < \xi_b = 0.55$，满足适用条件①。

$x = \xi h_0 = 0.368 \times 440\ \text{mm} \approx 161.9\ \text{mm} > 2a_s' = 70\ \text{mm}$，满足适用条件②。

$$\gamma_s = \frac{1 + \sqrt{1 - 2\alpha_s}}{2} \approx 0.816$$

$$A_{s2} = \frac{M_{u2}}{f_y \gamma_s h_0} = \frac{207.3 \times 10^6\ \text{N} \cdot \text{mm}}{300\ \text{N/mm}^2 \times 0.816 \times 440\ \text{mm}} \approx 1\ 924.6\ \text{mm}^2$$

$$A_s = A_{s1} + A_{s2} = 763\ \text{mm}^2 + 1\ 924.6\ \text{mm}^2 = 2\ 687.6\ \text{mm}^2$$

受拉筋选用4Φ25+2Φ22的钢筋，$A_s = 2\ 724\ \text{mm}^2$。

【例题10-5】一矩形梁截面尺寸 $b \cdot h = 200\ \text{mm} \times 400\ \text{mm}$，纵向受拉钢筋为3Φ25的HRB335钢筋，

受压钢筋为 2 Φ16 的 HRB335 钢筋，采用 C30 混凝土。承受的弯矩 $M = 110\ \text{kN}\cdot\text{m}$，环境类别为一类。验算此梁截面是否安全。

【解】$f_c = 14.3\ \text{N/mm}^2$，$f_y = f'_y = 300\ \text{N/mm}^2$，$\xi_b = 0.55$，$\alpha_1 = 1.0$，

$$A_s = 1\,473\ \text{mm}^2,\ A'_s = 402\ \text{mm}^2$$

混凝土保护层最小厚度为 25 mm，故 $a_s = 25\ \text{mm} + \dfrac{25\ \text{mm}}{2} = 37.5\ \text{mm}$，

受压钢筋为一排，则 $a'_s = 35\ \text{mm}$

$$h_0 = 400\ \text{mm} - 37.5\ \text{mm} = 362.5\ \text{mm}$$

由式 $\alpha_1 f_c bx + f'_y A'_s = f_y A_s$ 得：

$$x = \frac{f_y A_s - f'_y A'_s}{\alpha_1 f_c b} = \frac{300\ \text{N/mm}^2 \times 1\,473\ \text{mm}^2 - 300\ \text{N/mm}^2 \times 402\ \text{mm}^2}{1.0 \times 14.3\ \text{N/mm}^2 \times 200\ \text{mm}} \approx 112.3\ \text{mm}$$

$x < \xi h_0 = 0.55 \times 362.5\ \text{mm} = 199.4\ \text{mm}$，且 $x > 2a'_s = 70\ \text{mm}$，满足适用条件①、②。

$$M_u = \alpha_1 f_c bx\left(h_0 - \frac{x}{2}\right) + f'_y A'_s(h_0 - a'_s) = 1.0 \times 14.3\ \text{N/mm}^2 \times 200\ \text{mm} \times 112.3\ \text{mm} \times \left(362.5 - \frac{112.3}{2}\right)\text{mm}$$

$$+\ 300\ \text{N/mm}^2 \times 402\ \text{mm}^2 \times (362.5 - 35)\ \text{mm} \approx 137.9\ \text{kN}\cdot\text{m} > 110\ \text{kN}\cdot\text{m}$$ 截面安全。

10.5 T 形截面受弯构件正截面受弯承载力计算

10.5.1 概述

受弯构件在破坏时，大部分受拉区混凝土早已退出工作，如果将受拉区混凝土的一部分去掉，余下的部分只要能容纳下纵向受拉钢筋，原来的矩形截面就成了 T 形截面，见图 10-8（a），而截面的承载力计算值与原有矩形截面完全相同。这样做不仅可以节约混凝土且可减轻自重。T 形截面梁在建筑中应用广泛。例如在现浇肋梁楼盖中，楼板与梁浇筑在一起形成 T 形截面梁。在预制构件中，槽形板、空心板及 T 形吊车梁等，尽管外形差别较大，从结构设计的角度分析，实际上都是 T 形截面。

但是，若翼缘在梁的受拉区，即如图 10-8（b）所示的倒 T 形截面梁，当受拉区的混凝土开裂以后，翼缘对承载力就不再起作用了。对于这种梁应按肋宽为 b 的矩形截面计算受弯承载力。

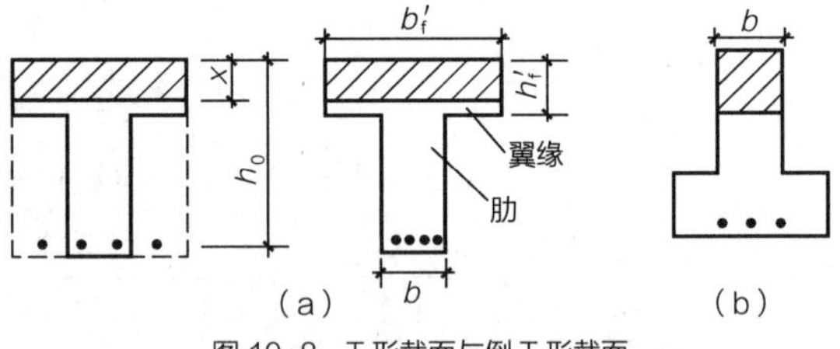

图 10-8 T 形截面与倒 T 形截面
（a）T 形截面；（b）倒 T 形截面

由实验和理论分析知，T 形截面梁受力后，翼缘上的纵向压应力是不均匀分布的。离梁肋越远压应力越小。在工程中，对于现浇 T 形截面梁，即肋形梁，翼缘有时很宽，考虑到远离梁肋处的压应力很小，故在设计中把翼缘限制在一定范围内，称为翼缘的计算宽度 b'_f，并假定在 b'_f 范围内压应力是均匀分布的。表 10-5 中列有《混凝土结构设计规范》GB 50010—2010（2015 年版）规定的翼缘计算

宽度 b_f'，计算T形梁翼缘宽度 b_f' 时，应取表中有关各项中的最小值。

表 10–5 T形、I形及倒L形截面受弯构件翼缘计算宽度 b_f'

项次	考虑情况		T形截面		倒L形截面
			肋形梁（板）	独立梁	肋形梁（板）
1	按计算跨度 l_0 考虑		$\frac{l_0}{3}$	$\frac{l_0}{3}$	$\frac{l_0}{6}$
2	按梁（肋）净距 s_n 考虑		$b+s_n$	—	$b+\frac{s_n}{2}$
3	按翼缘高度 h_f' 考虑	当 $\frac{h_f'}{h_0}\geqslant 0.1$	—	$b+12h_f'$	—
		当 $0.1>\frac{h_f'}{h_0}\geqslant 0.05$	$b+12h_f'$	$b+6h_f'$	$b+5h_f'$
		当 $\frac{h_f'}{h_0}<0.05$	$b+12h_f'$	b	$b+5h_f'$

注：① 表中 b 为梁的腹板宽度；
② 如肋形梁在梁跨内设有间距小于纵肋间距的横肋时，则可不遵守表列情况3的规定；
③ 对有加腋的T形、I形和倒L形截面，当受压区加腋的高度 $h_h \geqslant h_f'$ 且加腋的宽度 $b_h \leqslant 3h_h'$ 时，则其翼缘计算宽度可按表列情况3规定分别增加 $2b_h$（T形、I形截面）和 b_h（倒L形截面）；
④ 独立梁受压区的翼缘板在荷载作用下经验算沿纵肋方向可能产生裂缝时，其计算宽度应取用腹板宽度 b。

10.5.2 基本计算公式及适用条件

基本计算公式

T形梁根据中和轴所在的位置的不同，可分为两种类型：

第一种类型 中和轴在翼缘内，即 $x \leqslant h_f'$；

第二种类型 中和轴在翼缘以下的肋内，即 $x > h_f'$。

为了研究两种类型T形梁的界限，首先分析一下中和轴恰好通过翼缘下边缘，即图10–9所示 $x = h_f'$，的特殊情况。由力的平衡条件可得：

$$\alpha_1 f_c b_f' h_f' = f_y A_s \qquad (10\text{–}23)$$

由力矩平衡条件，可得：

$$M_u = \alpha_1 f_c b_f' h_f' \left(h_0 - \frac{h_f'}{2}\right) \qquad (10\text{–}24)$$

式中 b_f'——T形截面受弯构件受压区的翼缘宽度；

h_f'——T形截面受弯构件受压区的翼缘高度。

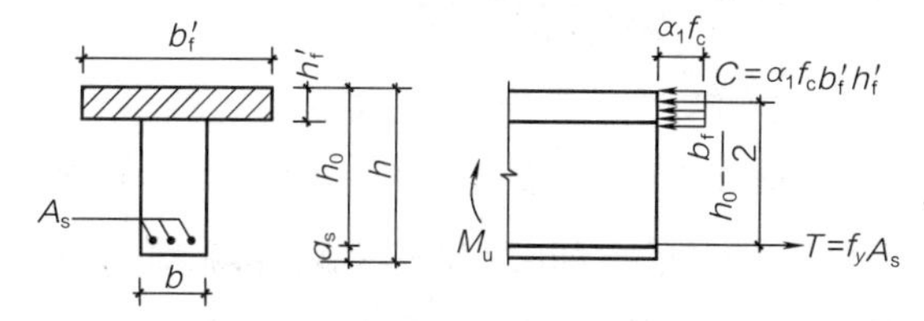

图 10–9 $x = h_f'$ 时的T形梁

在截面设计时，构件的弯矩设计值 M 已知，可用式（10–24）式来判别类型：

$M \leqslant M_u=\alpha_1 f_c b_f' h_f'\left(h_0-\frac{h_f'}{2}\right)$ 为第一种类型T形梁；

$M > M_u=\alpha_1 f_c b_f' h_f'\left(h_0-\frac{h_f'}{2}\right)$ 为第二种类型T形梁。

在截面复核时，构件的配筋及截面已知，可用式（10–23）式来判别类型：

$\alpha_1 f_c b_f' h_f' \geqslant f_y A_s$ 为第一种类型T形梁；

$\alpha_1 f_c b_f' h_f' < f_y A_s$ 为第二种类型T形梁。

（1）第一种类型的计算公式及适用条件

这种类型与梁宽为 b_f' 的矩形梁完全相同。这是因为受压区面积仍为矩形，而受拉区形状与承载力计算无关，见图10–10。故计算公式：

$$\alpha_1 f_c b_f' x = f_y A_s \qquad (10\text{–}25)$$

$$M_u = \alpha_1 f_c b_f' x\left(h_0 - \frac{x}{2}\right) \qquad (10\text{–}26)$$

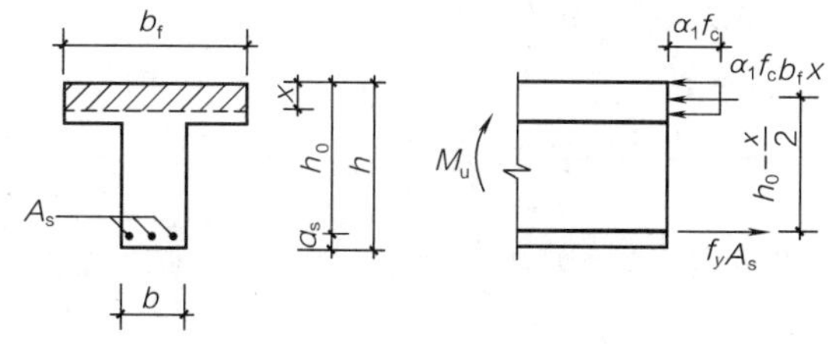

图 10–10 第一种类型T形截面梁

适用条件：

① $x \leqslant \xi_b h_0$，一般 x 较小，故通常均可满足该条件，不必验算。

② $\rho \geqslant \rho_{min}$，必须注意，此处 ρ 是对梁肋部计算的，即 $\rho = \dfrac{A_s}{bh_0}$ 而不是相对于 $b_f' h_0$ 的配筋率。

（2）第二种类型的计算公式

这类T形截面的承载力情况可按图10-11所示分解为两部分，即由翼缘挑出部分混凝土的压力和相应受拉纵筋 A_{s1} 的拉力所组成的抵抗弯矩 M_1（见图10-11 b），以及由肋部混凝土压力和余下部分受拉纵筋 A_{s2} 的拉力所组成的抵抗弯矩 M_2（见图10-11 c）。

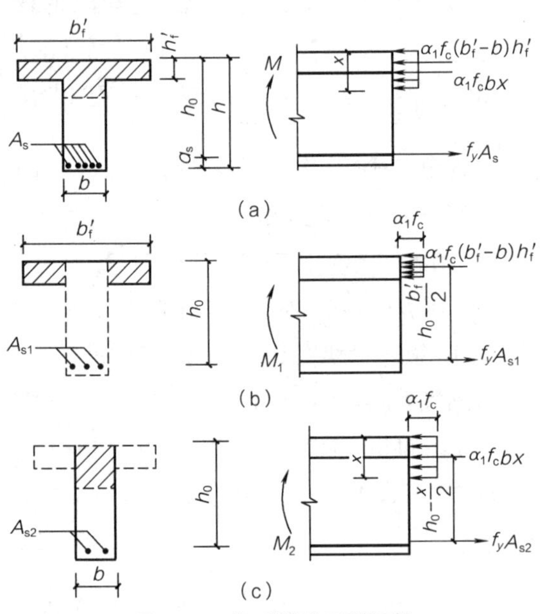

图10-11 第二种类型T形截面梁

由力矩平衡条件可得：

$$\alpha_1 f_c (b_f' - b) h_f' + \alpha_1 f_c bx = f_y A_s \quad (10\text{-}27)$$

由力矩平衡条件，可得：

$$M_u = \alpha_1 f_c (b_f' - b) h_f' \left(h_0 - \frac{h_f'}{2}\right) + \alpha_1 f_c bx \left(h_0 - \frac{x}{2}\right) \quad (10\text{-}28)$$

或分解成以下两部分：

第一部分：$\alpha_1 f_c (b_f' - b) h_f' = f_y A_{s1}$ （10-29）

$$M_1 = \alpha_1 f_c (b_f' - b) h_f' \left(h_0 - \frac{h_f'}{2}\right) \quad (10\text{-}30)$$

第二部分：$\alpha_1 f_c bx = f_y A_{s2}$ （10-31）

$$M_2 = \alpha_1 f_c bx \left(h_0 - \frac{x}{2}\right) \quad (10\text{-}32)$$

这里 $A_s = A_{s1} + A_{s2}$

$M_u = M_1 + M_2$

适用条件：

① $x \leqslant \xi_b h_0$，这和单筋矩形受弯构件一样，是为了保证破坏时始自受拉钢筋的屈服；

② $\rho \geqslant \rho_{min}$，一般均能满足，可不验算。

10.5.3 截面承载力计算的两类问题

1. 截面设计

已知条件：构件截面尺寸 $b_f' \cdot h_f'$ 及 $b \cdot h$，混凝土强度等级 f_c，钢筋强度等级 f_y、M，求所需的受拉钢筋截面面积 A_s。

令 $M = M_u$：

（1）由式（10-24）判别属于哪一类T形截面。

（2）若 $M \leqslant \alpha_1 f_c b_f' h_f' \left(h_0 - \dfrac{h_f'}{2}\right)$ 则属于第一类型T形截面。其计算步骤与截面为 $b_f' \times h_f'$ 的单筋矩形梁完全相同。

（3）若 $M > \alpha_1 f_c b_f' h_f' \left(h_0 - \dfrac{h_f'}{2}\right)$ 则属于第二类型T形截面。

由式（10-29）可知，平衡翼缘挑出部分的混凝土压力所需的受拉钢筋截面面积 A_{s1} 为：

$$A_{s1} = \frac{\alpha_1 f_c (b_f' - b) h_f'}{f_y}$$

又由$M_2=M-M_1$，依式（10-31）、式（10-32）按单筋矩形梁的计算方法，求得A_{s2}，最终$A_s=A_{s1}+A_{s2}$。最后，验算适用条件。

2. 截面复核

已知条件：构件截面尺寸$b'_f \cdot h'_f$及$b \cdot h$、混凝土强度等级f_c、钢筋强度等级f_y、受拉钢筋截面面积A_s。求构件正截面受弯承载力的设计值M_u。

（1）由式（10-23）判别属于哪一种类型T形截面。

（2）若$\alpha_1 f_c b'_f h'_f \geqslant f_y A_s$，则属于第一种类型T形截面。其计算步骤与截面为$b'_f \times h'_f$的单筋矩形梁完全相同。

（3）若$\alpha_1 f_c b'_f h'_f < f_y A_s$，则属于第二种类型T形截面。可依式（10-27）求出x，再通过式（10-28）求出M_u。

验算$M_u \geqslant M$。

【例题10-6】一T形梁截面尺寸$b \cdot h=200\text{ mm}\times 600\text{ mm}$，$b'_f=1000\text{ mm}$，$h'_f=90\text{ mm}$，承受的弯矩$M=350\text{ kN}\cdot\text{m}$，混凝土强度等级为C25，钢筋为采用HRB335钢筋，环境类别为一类。求所需受拉筋截面面积A_s。

【解】$f_c=11.9\text{ N/mm}^2$，$f_y=f'_y=300\text{ N/mm}^2$，$\xi_b=0.55$，$\alpha_1=1.0$。

判别T形梁类型：

考虑到弯矩较大且截面宽度较窄，设受拉钢筋为两排，则$a_s=60\text{ mm}$

$$h_0=600\text{ mm}-60\text{ mm}=540\text{ mm}$$

$$\alpha_1 f_c b'_f h'_f\left(h_0-\frac{h'_f}{2}\right)=1.0\times 11.9\text{ N/mm}^2\times 1\,000\text{ mm}\times 90\text{ mm}\times\left(540-\frac{90}{2}\right)\text{mm}$$

$$\approx 530.1\text{ kN}\cdot\text{m}>M=410\text{ kN}\cdot\text{m}$$

属于第一类种型T形梁。故按单筋矩形截面计算，$b=b'_f$

$$\alpha_s=\frac{M}{\alpha_1 f_c b'_f h_0^2}=\frac{350\times 10^6\text{ N}\cdot\text{mm}}{1.0\times 11.9\text{ N/mm}^2\times 1\,000\text{ mm}\times 540^2\text{ mm}^2}\approx 0.101$$

$$\xi=1-\sqrt{1-2\alpha_s}\approx 0.107<\xi_b=0.55,$$

$$\gamma_s=\frac{1+\sqrt{1-2\alpha_s}}{2}\approx 0.947$$

$$A_s=\frac{M}{f_y\gamma_s h_0}=\frac{350\times 10^6\text{ N}\cdot\text{mm}}{300\text{ N/mm}^2\times 0.947\times 540\text{ mm}}\approx 2\,281\text{ mm}^2$$

受拉筋选用6Φ22的钢筋，$A_s=2\,281\text{ mm}^2$。

$$\rho=\frac{A_s}{bh_0}=2.11\%>\rho_{\min}=45\times\frac{f_t}{f_y}=45\times\frac{1.27\text{ N/mm}^2}{300\text{ N/mm}^2}\approx 0.19\%$$

同时$\rho>0.2\%$，满足公式适用条件。

【例题10-7】一T形梁截面尺寸$b \cdot h=300\text{ mm}\times 700\text{ mm}$，$b'_f=600\text{ mm}$，$h'_f=120\text{ mm}$，承受的弯矩$M=550\text{ kN}\cdot\text{m}$，混凝土强度等级为C25，钢筋为HRB335钢筋，环境类别为一类。求所需受拉筋截面面积A_s。

【解】$f_c=11.9\text{ N/mm}^2$，$f_y=f'_y=300\text{ N/mm}^2$，$\xi_b=0.55$，$\alpha_1=1.0$

判别 T 形梁类型：

考虑到弯矩较大且截面宽度较窄，设受拉钢筋为两排，则 $a_s = 60\ \text{mm}$

$$h_0 = 700\ \text{mm} - 60\ \text{mm} = 640\ \text{mm}$$

$$\alpha_1 f_c b_f' h_f' \left(h_0 - \frac{h_f'}{2}\right) = 1.0 \times 11.9\ \text{N/mm}^2 \times 600\ \text{mm} \times 120\ \text{mm} \times \left(640 - \frac{120}{2}\right)\text{mm}$$

$$\approx 496.9\ \text{kN} \cdot \text{m} < M = 550\ \text{kN} \cdot \text{m}$$

属于第二种类型 T 形梁。

$$M_1 = \alpha_1 f_c (b_f' - b) h_f' \left(h_0 - \frac{h_f'}{2}\right)$$

$$= 1.0 \times 11.9\ \text{N/mm}^2 \times (600 - 300)\ \text{mm} \times 120\ \text{mm} \times \left(640 - \frac{120}{2}\right)\text{mm} \approx 248.5\ \text{kN} \cdot \text{m}$$

$$M_2 = M - M_1 = 550\ \text{kN} \cdot \text{m} - 248.5\ \text{kN} \cdot \text{m} = 301.5\ \text{kN} \cdot \text{m}$$

$$\alpha_s = \frac{M_2}{\alpha_1 f_c b h_0^2} = \frac{301.5 \times 10^6\ \text{N} \cdot \text{mm}}{1.0 \times 11.9\ \text{N/mm}^2 \times 300\ \text{mm} \times 640^2\ \text{mm}^2} \approx 0.206$$

$$\xi = 1 - \sqrt{1 - 2\alpha_s} \approx 0.233 < \xi_b = 0.55,\quad \gamma_s = \frac{1 + \sqrt{1 - 2\alpha_s}}{2} \approx 0.883$$

$$A_{s2} = \frac{M_2}{f_y \gamma_s h_0} = \frac{301.5 \times 10^6\ \text{N} \cdot \text{mm}}{300\ \text{N/mm}^2 \times 0.883 \times 640\ \text{mm}} \approx 1\,778\ \text{mm}^2$$

$$A_{s1} = \frac{\alpha_1 f_c (b_f' - b) h_f'}{f_y} = \frac{1.0 \times 11.9\ \text{N/mm}^2 \times (600 - 300)\ \text{mm} \times 120\ \text{mm}}{300\ \text{N/mm}^2} \approx 1\,428\ \text{mm}^2$$

$$A_s = A_{s1} + A_{s2} = 1\,428\ \text{mm}^2 + 1\,778\ \text{mm}^2 = 3\,206\ \text{mm}^2$$

受拉筋选用 7 Φ25 的钢筋，$A_s = 3\,436\ \text{mm}^2$。

10.6 斜截面抗剪承载力计算

10.6.1 概述

钢筋混凝土受弯构件除了在主要承受弯矩的区段内会产生垂直裂缝外，还有可能在剪力和弯矩共同作用的支座附近区段内，会沿着斜向裂缝发生斜截面受剪破坏或斜截面受弯破坏。因此，在保证受弯构件正截面受弯承载力的同时，还要保证斜截面承载力，即斜截面受剪承载力和斜截面受弯承载力。斜截面受弯承载力通常是通过对纵向钢筋和箍筋的构造要求来满足的。一般来说板的跨高比较大，具有足够的斜截面承载力，故受弯构件斜截面承载力主要是对梁及厚板而言的。

为了防止梁沿斜裂缝破坏，应使梁具有一个合理的截面尺寸，并配置必要的箍筋（图 10-4）。箍筋、纵筋和架立钢筋绑扎（或焊）在一起，形成钢筋骨架，使各种钢筋得以在施工时维持正确的位置。当梁承受的剪力较大时，可再补充设置斜钢筋。

斜钢筋一般由梁内的纵筋弯起而形成，称为弯起钢筋，有时采用单独添置的斜钢筋。箍筋、弯起钢筋（或斜筋）统称为腹筋。

10.6.2　斜截面受剪破坏的三种主要形态

1. 剪跨比

图10-12为一简支梁承载及裂缝示意图。图中，集中力到临近支座的距离a称为剪跨，剪跨a与梁截面有效高度h_0的比值，称为计算剪跨比，用λ表示，承受集中荷载时，$\lambda=\dfrac{a}{h_0}$，承受均布荷载时λ与跨高比$l:h_0$成正比关系。剪跨比在一定程度上反映了截面上弯矩与剪力的相对比值。它对梁的斜截面受剪破坏形态和斜截面受剪承载力，有着极为重要的影响。

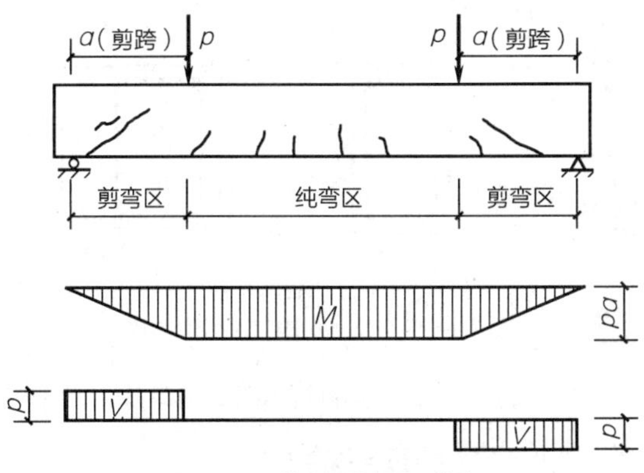

图10-12　简支梁受力图及剪跨

当剪跨比很小时，就可能在集中荷载与支座反力之间形成短柱而压坏；而当剪跨比很大时，可能产生斜向受拉破坏。试验也表明，无腹筋梁的斜截面受剪破坏形态与剪跨比λ有重要关系，主要有斜压破坏、剪压破坏和斜拉破坏三种形态，见图10-13。

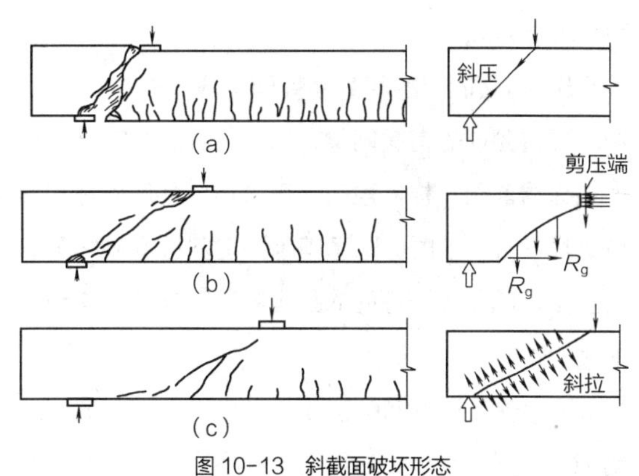

图10-13　斜截面破坏形态

（a）斜压破坏；（b）剪压破坏；（c）斜拉破坏

2. 斜压破坏

$\lambda<1$时，发生斜压破坏。这种破坏多数发生在剪力大而弯矩小的区段，以及梁腹板很薄的T形截面或工字形截面梁内。破坏时，混凝土被斜裂缝分割成若干个斜向短柱而压坏，破坏是突然发生的。

3. 剪压破坏

$1\leqslant\lambda\leqslant3$时，常发生此种破坏。其破坏的特征通常是，在剪弯区段的受拉区边缘先出现一些垂直裂缝，它们沿竖向延伸一小段长度后，就斜向延伸形成一些斜裂缝，而后又产生一条贯穿的、较宽的主要斜裂缝，称为临界斜裂缝，临界斜裂缝出现后迅速延伸，使斜截面剪压区的高度缩小，最后导致剪压区的混凝土破坏，使斜截面丧失承载力。

4. 斜拉破坏

$\lambda>3$时，常发生这种破坏。其特点是当垂直裂缝一出现，就迅速向受压区斜向伸展，斜截面承载力随之丧失。破坏荷载与出现斜裂缝时的荷载很接近，破坏过程急骤，破坏前梁变形亦小，具有很明显的脆性。

各种破坏形态的斜截面承载力各不相同，斜压破坏时最大，其次为剪压，斜拉最小。它们在达到峰值荷载时，跨中挠度都不大，破坏后荷载都会迅速下降，表明它们都属脆性破坏类型，而其中尤以斜拉破坏为甚。

5. 有腹筋梁的斜截面受剪破坏形态

配置箍筋的有腹筋梁，它的斜截面受剪破坏形态与无腹筋梁一样，也有斜压破坏、剪压破坏和斜拉破坏三种。这时，除了剪跨比对斜截面破坏形态有重要影响以外，箍筋的配置数量对破坏形态也有很大的影响。

当 $\lambda>3$ 且箍筋配置数量过少时，斜裂缝一旦出现，与斜裂缝相交的箍筋承受不了原来由混凝土所负担的拉力，箍筋立即屈服而不能限制斜裂缝的开展，与无腹筋梁相似，发生斜拉破坏。如果 $\lambda>3$，箍筋配置数量适当的话，则可避免斜拉破坏，而转为剪压破坏。这是因为斜裂缝产生后，与斜裂缝相交的箍筋不会立即屈服，箍筋的受力限制了斜裂缝的开展，使荷载仍能有较大的增长。随着荷载增大，箍筋拉力增大。当箍筋屈服后，不能再限制斜裂缝的开展，使斜裂缝上端剩余截面缩小，剪压区混凝土达到极限强度，发生剪压破坏。

如果箍筋配置数量过多，箍筋应力增长缓慢，在箍筋尚未屈服时，梁腹混凝土就因抗压能力不足而发生斜压破坏。在薄腹梁中，即使剪跨比较大，也会发生斜压破坏。

对有腹筋梁来说，只要截面尺寸合适，箍筋配置数量适当，剪压破坏是斜截面受剪破坏中最常见的一种破坏形态。

10.6.3 斜截面受剪承载力计算公式

1. 影响斜截面受剪承载力的主要因素

（1）剪跨比

随着剪跨比 λ 的增加，梁的破坏形态按斜压、剪压和斜拉的顺序演变，其受剪承载力则逐步减弱。当 $\lambda>3$ 时，剪跨比的影响将不明显。

（2）混凝土强度

斜截面破坏是因混凝土到达极限强度而发生的，故混凝土的强度对梁的受剪承载力影响很大。斜压破坏时，混凝土抗压强度对受剪承载力影响最大。斜拉破坏时，受剪承载力取决于混凝土的抗拉强度，而抗拉强度的增加较抗压强度来得缓慢，故混凝土强度的影响就略小。剪压破坏时，混凝土强度的影响则居于上述两者之间。

（3）箍筋配箍率

配箍率反映了梁中箍筋的数量，以式（10-33）表示：

$$\rho_{sv}=\frac{A_{sv}}{bs}=\frac{nA_{sv1}}{bs} \qquad (10\text{-}33)$$

式中 A_{sv}——配置在同一截面内箍筋总截面面积；

n——同一截面内箍筋的肢数，见图 10-14；

A_{sv1}——单肢箍筋的截面面积；

s——沿构件长度方向箍筋的间距；

b——梁的宽度。

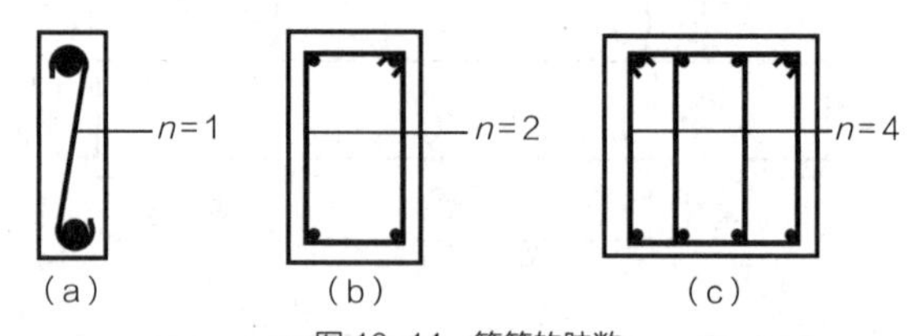

图 10-14　箍筋的肢数

（a）单肢箍；（b）双肢箍；（c）四肢箍

从试验中得出：梁的斜截面受剪承载力随配箍率增大而提高，两者呈线性关系。

（4）纵筋配筋率

纵筋能限制斜裂缝的伸展，从而扩大了剪压区的高度。所以，纵筋的配筋率越大，梁的受剪承载力也就高。

（5）截面形状

主要是指 T 形梁，其翼缘大小对受剪承载力有影响。适当增加翼缘宽度，可提高受剪承载力，但翼缘过大，增大作用就趋于平缓。另外，梁宽增厚也可提高受剪承载力。

2. 斜截面受剪承载力计算公式

（1）基本假设

前面分析梁的三种斜截面受剪破坏形态，在工程设计时都应设法避免，但采用的方式有所不同。对于斜压破坏，通常用限制截面尺寸的条件来防止；对于斜拉破坏，则用满足最小配箍率条件及构造要求来防止；对于剪压破坏，因其承载力变化幅度较大，必须通过计算，使构件满足一定的斜截面受剪承载力，从而防止剪压破坏。我国混凝土结构设计规范中所规定的计算公式，就是根据剪压破坏形态而建立的。所采用的是理论与试验相结合的方法，同时引入一些试验参数。其基本假设如下：

1）梁发生剪压破坏时，斜截面所承受的剪力由三部分组成，即：

$$V_u = V_c + V_s + V_{sb} \quad (10\text{-}34)$$

式中　V_u——梁斜截面破坏时所承受的总剪力；

V_c——混凝土剪压区所承受的剪力；

V_s——与斜裂缝相交的箍筋所承受的剪力；

V_{sb}——与斜裂缝相交的弯起钢筋所承受的剪力。

2）梁剪压破坏时，与斜裂缝相交的箍筋和弯起钢筋的拉应力都达到其屈服强度，斜截面末端的剪压区混凝土到达极限强度。

（2）计算公式

1）均布荷载下矩形、T形和Ⅰ形截面的简支梁，当仅配箍筋时，斜截面受剪承载力的计算公式：

$$V_u = V_{cs} = 0.7 f_t b h_0 + f_{yv} \cdot \frac{A_{sv}}{s} \cdot h_0 \quad (10\text{-}35)$$

式中　V_{cs}——构件斜截面上混凝土和箍筋的受剪承载力设计值；

f_t——混凝土轴心抗拉强度设计值，按附表2-2取用；

f_{yv}——箍筋抗拉强度设计值；

A_{sv}——配置在同一截面内箍筋总截面面积，$A_{sv} = n \cdot A_{sv1}$，其中n为在同一个截面内箍筋的肢数，A_{sv1}为单肢箍筋的截面面积；

s——沿构件长度方向箍筋的间距；

b——矩形截面的宽度，T形或Ⅰ形截面的腹板宽度；

h_0——构件截面的有效高度。

这里所指的均布荷载，也包括作用有多种荷载，但其中集中荷载对支座边缘截面或节点边缘所产生的剪力值应小于总剪力值75%。

2）对集中荷载作用下的矩形、T形和Ⅰ形截面的独立简支梁（包括作用有多种荷载，且其中集中荷载对支座截面或节点边缘所产生的剪力值占总剪力值的75%以上的情况），当仅配箍筋时，斜截面受剪承载力的计算公式

$$V_u = V_{cs} = \frac{1.75}{\lambda + 1.0} f_t b h_0 + f_{yv} \cdot \frac{A_{sv}}{s} \cdot h_0 \quad (10\text{-}36)$$

3）设有弯起钢筋时，梁的受剪承载力计算公式。

当梁中还设有弯起钢筋时，其受剪承载力的计算公式中，应增加一项弯起钢筋所承担的剪力值

$$V_u = V_{cs} + V_{sb} \quad (10\text{-}37)$$

式V_{cs}即为上述式（10-35）或式（10-36）中混凝土和箍筋所共同承担的剪力值，V_{sb}就是弯起钢筋的拉力在垂直于梁轴方向的分力值按下式计算：

$$V_{sb} = 0.8 f_y \cdot A_{sb} \cdot \sin\alpha_s \quad (10\text{-}38)$$

式中　f_y——弯起钢筋的抗拉强度设计值；

A_{sb}——与斜裂缝相交的配置在同一弯起平面内的弯起钢筋截面面积；

α_s——弯起钢筋与梁纵轴线的夹角，一般为45°，当梁截面超过800 mm时，通常为60°。

4）计算公式的适用范围。

由于梁的斜截面受剪承载力计算公式仅是根据剪压破坏的受力特点而确定的，因而具有一定的适用范围，也即公式有其上下限值。

a. 截面的最小尺寸（上限值）

当梁截面尺寸过小，而剪力较大时，梁往往发生斜压破坏，这时，即使多配箍筋，也无济于事。因而，设计时为避免斜压破坏，同时也为了防止梁在使用阶段斜裂缝过宽（主要是薄腹梁），必须对梁的截面尺寸作如下的规定：

当$\frac{h_w}{b} \leqslant 4$时（厚腹梁，也即一般梁），应满足：

$$V \leqslant 0.25\beta_c f_c b h_0 \qquad (10\text{-}39)$$

当$\frac{h_w}{b} \geqslant 6$时（薄腹梁），应满足：

$$V \leqslant 0.2\beta_c f_c b h_0 \qquad (10\text{-}40)$$

当$4 < \frac{h_w}{b} < 6$时，按线性内插法取用。

式中 V——剪力设计值；

β_c——混凝土强度影响系数，当混凝土强度等级不超过C50时，取$\beta_c = 1.0$；当混凝土强度等级为C80时，取$\beta_c = 0.8$，其间按线性内插法取用；

f_c——混凝土抗压强度设计值；

b——矩形截面的宽度，T形截面或I形截面的腹板宽度；

h_w——截面的腹板高度，矩形截面取有效高度h_0，T形截面取有效高度减去翼缘高度，I形截面取腹板净高。

对于薄腹梁，采用较严格的截面限制条件，是因为腹板在发生斜压破坏时，其抗剪能力要比厚腹梁低，同时也为了防止梁在使用阶段斜裂缝过宽。

b. 箍筋的最小含量（下限值）

箍筋配量过少，一旦斜裂缝出现，箍筋中突然增大的拉应力很可能达到屈服强度，造成裂缝的加速开展，甚至箍筋被拉断，而导致斜拉破坏。为了避免这类破坏，规定了配箍率的下限值，即最小配箍率：

$$\rho_{svmin} = 0.24\frac{f_t}{f_{yv}} \qquad (10\text{-}41)$$

10.6.4 计算例题

【例题10-8】一钢筋混凝土矩形截面简支梁，截面尺寸、支座情况及纵筋配置见图10-15。该梁承受均布荷载设计值90 kN/m（包括自重），混凝土强度等级为C20，箍筋为HPB300级钢筋，纵筋为HRB335级钢筋。求：箍筋和弯起钢筋的数量。

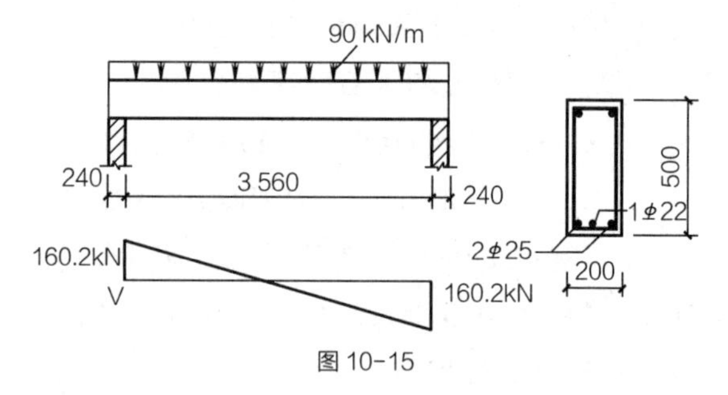

图10-15

【解】C20混凝土$f_t = 1.1\,\text{N/mm}^2$，$f_c = 9.6\,\text{N/mm}^2$

箍筋$f_{yv} = 270\,\text{N/mm}^2$，纵筋$f_y = 360\,\text{N/mm}^2$

纵向钢筋为一排，则$a_s = 35\,\text{mm}$

$$h_0 = 500\,\text{mm} - 35\,\text{mm} = 465\,\text{mm}$$

（1）计算剪力设计值。

支座边缘处截面的剪力值最大

$$V_{max} = \frac{1}{2}ql_0 = \frac{1}{2} \times 90\,\text{kN/mm} \times 3.56\,\text{m} = 160.2\,\text{kN}$$

（2）验算截面尺寸。

由于截面为矩形，故 $h_w = h_0 = 465\ \text{mm}$，$\dfrac{h_w}{b} = \dfrac{465\ \text{mm}}{200\ \text{mm}} \approx 2.325 < 4$ 为厚腹梁，按式（10-39）验算：

混凝土强度等级为C20，取 $\beta_c = 1.0$，

$$0.25\beta_c f_c b h_0 = 0.25 \times 1.0 \times 9.6\ \text{N/mm}^2 \times 200\ \text{mm} \times 465\ \text{mm} = 223.2\ \text{kN} > V_{max}$$

截面符合要求。

（3）验算是否需按计算配置箍筋。

$0.7 f_t b h_0 = 0.7 \times 1.1\ \text{N/mm}^2 \times 200\ \text{mm} \times 465\ \text{mm} \approx 71.6\ \text{kN} < V_{max} = 160.2\ \text{kN}$，故需要计算配箍筋。

（4）只配箍筋而不用弯起钢筋时箍筋设计。

选用 ϕ8@100 的箍筋设计，

$$V_{cs} = 0.7 f_t b h_0 + 1.25 f_{yv} \cdot \frac{A_{sv}}{s} \cdot h_0$$

$$= 0.7 \times 1.1\ \text{N/mm}^2 \times 200\ \text{mm} \times 465\ \text{mm} + 1.25 \times 270\ \text{N/mm}^2 \times \frac{2 \times 50.3\ \text{mm}^2}{100\ \text{mm}} \times 465\ \text{mm} \approx 229.5\ \text{kN}$$

$$V_{cs} > V = 160.2\ \text{kN}$$

$$\rho_{sv} = \frac{nA_{sv1}}{bs} = \frac{2 \times 50.3\ \text{mm}^2}{200\ \text{mm} \times 100\ \text{mm}} = 0.503\%$$

最小配箍率：$\rho_{svmin} = 0.24\dfrac{f_t}{f_{yv}} = 0.24 \times \dfrac{1.1\ \text{N/mm}^2}{270\ \text{N/mm}^2} \approx 0.098\% < \rho_{sv}$ 配筋方案成立。

（5）使用弯起钢筋后的箍筋设计。

将纵向钢筋中的1C22以45°弯起，则其承担的剪力为：

$$V_{sb} = 0.8 f_y A_{sb} \sin\alpha_s = 0.8 \times 360\ \text{N/mm}^2 \times 380.1\ \text{mm}^2 \times 0.707 = 77.4\ \text{kN}$$

混凝土与箍筋承担的剪力：

$$V_{cs} = V - V_{sb} = 160.2\ \text{kN} - 77.4\ \text{kN} = 82.8\ \text{kN}$$

选用 ϕ6@200 的箍筋设计，

$$V_{cs} = 0.7 f_t b h_0 + 1.25 f_{yv} \cdot \frac{A_{sv}}{s} \cdot h_0$$

$$= 0.7 \times 1.1\ \text{N/mm}^2 \times 200\ \text{mm} \times 465\ \text{mm} + 1.25 \times 270\ \text{N/mm}^2 \times \frac{2 \times 28.3\ \text{mm}^2}{200\ \text{mm}} \times 465\ \text{mm}$$

$$\approx 116.0\ \text{kN}$$

$$V_{cs} > 82.8\ \text{kN}$$

$$\rho_{sv} = \frac{nA_{sv1}}{bs} = \frac{2 \times 28.3\ \text{mm}^2}{200\ \text{mm} \times 200\ \text{mm}} = 0.142\%$$

最小配箍率：$\rho_{svmin} = 0.24\dfrac{f_t}{f_{yv}} \approx 0.098\% < \rho_{sv}$ 配筋方案成立。

10.7 保证斜截面受弯承载力的构造措施

10.7.1 概述

斜截面承载力包括斜截面受剪承载力和斜截面受弯承载力两个方面。梁的斜截面受弯承载力是指斜截面上的纵向受拉钢筋、弯起钢筋、箍筋等在斜截面破坏时，它们各自所提供的承载能力，但是，通常斜截面受弯承载力是不进行计算的，而是用梁内纵向钢筋的弯起、截断、锚固及箍筋的间距等构造措施来保证。这些构造措施我国《混凝土结构设计规范》GB 50010—2010（2015 年版）中都有严格的相应规定。由于纵筋的弯起、截断、锚固等内容繁杂并已超出本书范围，故本节中只箍筋的间距要求进行介绍。

10.7.2 箍筋的间距

箍筋的间距除按计算要求确定外，其最大的间距还应满足表 10-6 的规定。当 $V > 0.7f_tbh_0$ 时，箍筋的配箍率还不应小于 $0.24\dfrac{f_t}{f_{yv}}$。

表 10-6 梁中箍筋的最大间距（单位：mm）

梁高 h	$V > 0.7f_tbh_0$	$V \leqslant 0.7f_tbh_0$
$150 < h \leqslant 300$	150	200
$300 < h \leqslant 500$	200	300
$500 < h \leqslant 800$	250	350
$h > 800$	300	400

箍筋的间距在绑扎骨架中不应大于 15 d，同时不应大于 400 mm，d 为纵向受压钢筋中的最小直径。这是为了使箍筋的设置与受压钢筋协调，以防止受压筋的压曲。因此，当梁中配有计算需要的纵向受压钢筋时，箍筋还必须做成封闭式。当一层内的纵向受压钢筋多于 3 根时，还应设置复合箍筋（例如四肢箍），但当梁宽不大于 400 mm，且纵向钢筋一层内不多于 4 根时可不设。当一层内的纵向受压钢筋多于 5 根且直径大于 18 mm 时，箍筋的间距必须小于或等于 10 d。

当梁中绑扎骨架内纵向钢筋为非焊接搭接时，在搭接长度内，箍筋直径不宜小于搭接钢筋直径的 0.25 倍，箍筋的间距应符合以下规定：

受拉时，间距不应大于 5 d，且不应大于 100 mm；

受压时，间距不应大于 10 d，且不应大于 200 mm。d 为搭接钢筋中的最小直径。

当受压钢筋直径大于 25 mm 时，应在搭接接头两个端面外 100 mm 范围内，各设置两个箍筋。

采用机械锚固措施时，锚固长度范围内的箍筋不应少于 3 个，其直径不应小于纵向钢筋直径的 0.5 倍，其间距不应大于纵向钢筋直径的 5 倍。当纵向钢筋的混凝土保护层厚度不小于钢筋直径或等效直径的 5 倍时，可不配置上述箍筋。

习 题

1. 已知梁的截面尺寸 $b \cdot h = 250\ \text{mm} \times 500\ \text{mm}$，承受弯矩设计值 $M = 90\ \text{kN} \cdot \text{m}$，采用混凝土强度等级 C30，HRB335 钢筋，环境类别为一类。求所需纵向钢筋截面面积。

2. 已知矩形截面简支梁，梁的截面尺寸 $b \cdot h = 200\ \text{mm} \times 450\ \text{mm}$，梁的计算跨度 $l = 5.20\ \text{m}$，承受均布线荷载：活荷载标准值 8 kN/m，恒荷载标准值 9.5 kN/m（不包括梁的自重），采用混凝土强度等级 C40，HRB400 钢筋，结构安全等级为二级，环境类别为二类。试求所需钢筋的截面面积。

3. 已知梁的截面尺寸$b \cdot h = 200\ \text{mm} \times 450\ \text{mm}$，混凝土强度等级为C30，配有4根直径16 mm的HRB335钢筋，环境类别为一类。若承受弯矩设计值$M = 60\ \text{kN} \cdot \text{m}$，试验算此梁正截面承载力是否安全。

4. 已知一双筋矩形截面梁，$b \cdot h = 200\ \text{mm} \times 500\ \text{mm}$，混凝土强度等级为C25，HRB335钢筋，截面弯矩设计值$M = 260\ \text{kN} \cdot \text{m}$，环境类别为一类。试求纵向受拉钢筋和纵向受压钢筋截面面积。

5. 已知T形截面梁的尺寸为$b = 200\ \text{mm}$，$h = 500\ \text{mm}$、$b_f' = 400\ \text{mm}$，$h_f' = 80\ \text{mm}$，混凝土强度等级为C30，钢筋为HRB335，环境类别为一类，承受弯矩设计值$M = 250\ \text{kN} \cdot \text{m}$，求该截面所需的纵向受拉钢筋。

6. 已知一钢筋混凝土简支梁，$b \cdot h = 200\ \text{mm} \times 500\ \text{mm}$，$a_s = 35\ \text{mm}$，混凝土强度等级为C30，承受剪力设计值$V = 1.4 \times 10^5\ \text{N}$，环境类别为一类，试求所需的箍筋。

Chapter 11

第11章 Bearing Capacity of Reinforced Concrete Compression Members 钢筋混凝土受压构件承载力

以承受轴向压力为主的构件属于受压构件。建筑物中柱、拱、屋架上弦杆，多层和高层建筑中的框架柱、剪力墙、筒体、桩等均属于受压构件。受压构件按其受力情况可分为，轴心受压构件、单向偏心受压构件和双向偏心受压构件。

对于单一匀质材料的构件，当轴向压力的作用线与构件截面形心轴线重合时为轴心受压，不重合时为偏心受压。钢筋混凝土构件由两种材料组成。为了方便，不考虑混凝土的不匀质性及钢筋不对称布置的影响，近似地用轴向压力的作用点与构件正截面形心的相对位置来划分受压构件的类型。当轴向压力的作用点位于构件正截面重心时，为轴心受压构件。当轴向压力的作用点只对构件正截面的一个主轴有偏心距时，为单向偏心受压构件。当轴向压力的作用点对构件正截面的两个主轴都有偏心距时，为双向偏心受压构件。

11.1　受压构件一般构造要求

11.1.1　材料强度要求

混凝土强度等级对受压构件的承载能力影响较大。充分发挥混凝土的抗压性能，减小构件的截面尺寸，节省钢材，宜采用较高强度等级的混凝土。一般采用C30、C35、C40，对于高层建筑的底层柱，必要时可采用高强度等级的混凝土。

纵向钢筋一般采用HRB400级、HRB500级和RRB400级，不宜采用高强度钢筋，这是由于它与混凝土共同受压时，不能充分发挥其高强度的作用。箍筋一般采用HRB400级、HRB335级钢筋，也可采用HPB300级钢筋。

11.1.2　截面形式及尺寸

轴心受压构件截面一般采用方形或矩形，因其模板简单，施工方便。有时也采用圆形或多边形。偏心受压构件一般采用矩形截面，但为了节约混凝土和减轻柱的自重，特别是在装配式柱中，较大尺寸的柱常常采用I形截面。拱结构的肋常做成T形截面。

方形柱的截面尺寸不宜小于250 mm×250 mm。为了避免矩形截面轴心受压构件长细比过大，承载力降低过多，常取$\frac{l_0}{b}\leqslant 30$。此处$l_0$为柱的计算长度，$b$为矩形截面短边边长。此外，为了施工支模方便，柱截面尺寸宜使用整数，800 mm及以下的，宜取50 mm的倍数，800 mm以上的，可取100 mm的倍数。

对于I形截面，翼缘厚度不宜小于120 mm，因为翼缘太薄，会使构件过早出现裂缝，同时在靠近柱底处的混凝土容易在车间生产过程中碰坏，影响柱的承载力和使用年限。腹板厚度不宜小于100 mm，抗震区使用I形截面柱时，其腹板宜再加厚些。

11.1.3　纵筋

纵向受力钢筋的直径不宜小于12 mm，通常在16～32 mm范围内选用。为了减少钢筋在施工时可能产生的纵向弯曲，宜采用较粗的钢筋。从经济、施工以及受力性能等方面来考虑，全部纵向钢筋的配筋率不宜大于5%。

轴心受压构件的纵向受力钢筋应沿截面的四周均匀放置，钢筋根数不得少于4根，见图11-1（a）。圆柱中纵向钢筋宜沿周边均匀布置，根数不宜少于8根，且不应少于6根。

偏心受压构件的纵向受力钢筋应放置在偏心方

向截面的两边。当截面高度大于等于600 mm时，在侧面应设置直径为10～16 mm的纵向构造钢筋，并相应地设置附加箍筋或拉筋，见图11-1（b）。

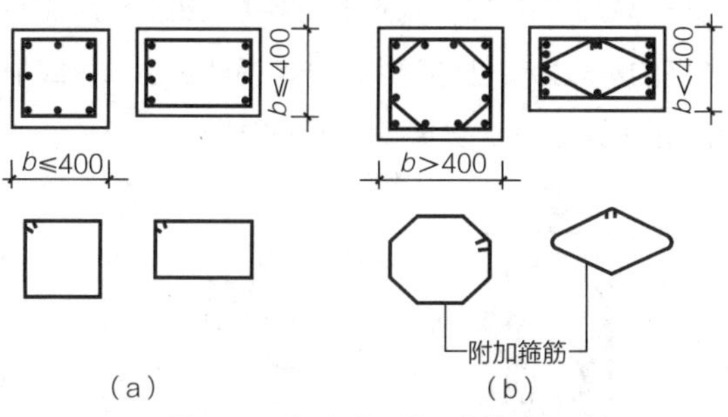

图11-1　方形、矩形截面箍筋形式

柱内纵筋的混凝土保护层厚度对一级环境取20 mm。纵筋净距不应小于50 mm。在水平位置上浇筑的预制柱，其纵筋最小净距可减小，但不应小于30 mm和1.5 d（d为钢筋的最大直径）。纵向受力钢筋彼此间的中距不应大于300 mm。

11.1.4　箍筋

为了能箍住纵筋，防止纵筋压曲，柱中箍筋应做成封闭式；其间距在绑扎骨架中不应大于15 d，在焊接骨架中则不应大于20 d（d为纵筋最小直径），且不应大于400 mm，也不大于构件横截面的短边尺寸。

箍筋直径不应小于$\frac{d}{4}$（d为纵筋最大直径），且不应小于6 mm。

当纵筋配筋率超过3%时，箍筋直径不应小于8 mm，其间距不应大于10 d（d为纵筋最小直径），且不应大于200 mm。

当构件截面各边纵筋多于3根时，应设置复合箍筋，见图11-1（a）；当截面短边不大于400 mm，且纵筋不多于4根时，可不设置复合箍筋，见图11-1（b）。

在纵筋搭接长度范围内，箍筋的直径不宜小于搭接钢筋直径的0.25倍；箍筋间距应加密，当搭接钢筋为受拉时，其箍筋间距不应大于5 d，且不应大于100 mm；当搭接钢筋为受压时，其箍筋间距不应大于10 d，且不应大于200 mm。d为受力钢筋中的最小直径。当搭接受压钢筋直径大于25 mm时，应在搭接接头两个端面外100 mm范围内须设置2根箍筋。

对于截面形状复杂的构件，不可采用具有内折角的箍筋，避免产生向外的拉力，致使折角处的混凝土破损，见图11-2。

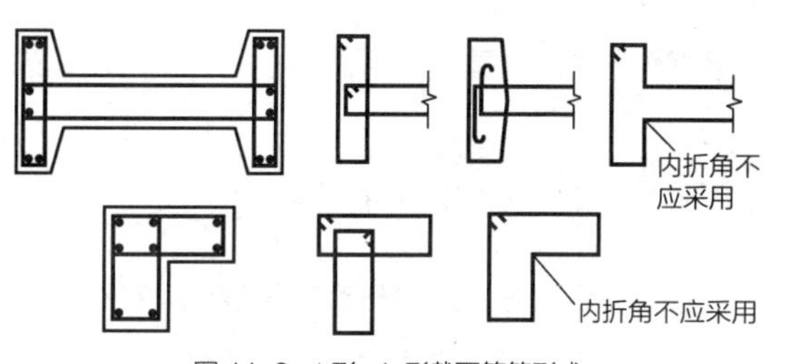

图11-2　I形、L形截面箍筋形式

11.2　轴心受压构件正截面受压承载力

在实际工程结构中，由于混凝土材料的非匀质性，纵向钢筋的不对称布置，荷载作用位置的不准确及施工时不可避免的尺寸误差等原因，使得真正的轴心受压构件几乎不存在。但在设计以承受恒荷载为主的多层房屋的内柱及桁架的受压腹杆等构件时，可近似地按轴心受压构件计算。

一般把钢筋混凝土柱按照箍筋的作用及配置方式的不同分为两种：配有纵向钢筋和普通箍筋的柱，简称普通箍筋柱；配有纵筋和螺旋式（或焊接环式）箍筋的柱，简称螺旋箍筋柱，如图11-3所示。

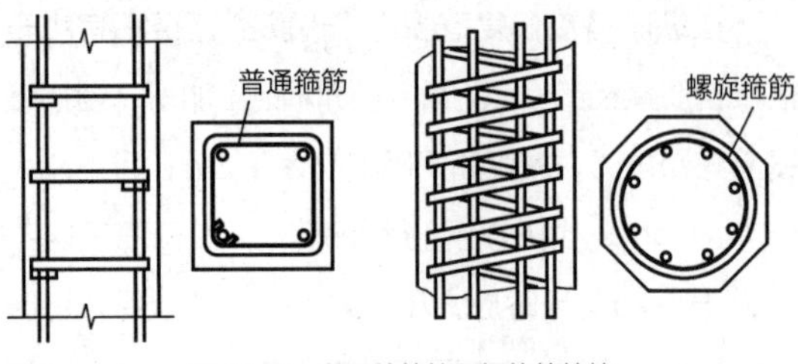

图 11-3 普通箍筋柱和螺旋箍筋柱

11.2.1 轴心受压构件破坏过程

柱的长细比$\frac{l_0}{b}$会对柱的承载能力产生影响。目前通常划分的方法是：$\frac{l_0}{b} \leqslant 8$ 为短柱；$\frac{l_0}{b}$ 在 8 ~ 30 之间时为长柱；$\frac{l_0}{b} > 30$ 为细长柱。

轴心受压短柱的实验研究结果表明，在荷载作用下，钢筋和混凝土之间的粘结力能够可靠地保证两者共同变形，共同受力，直至破坏。临破坏时，混凝土产生纵向裂缝，保护层开始剥落，最后混凝土被压碎，钢筋向外凸出（图 11-4）。此时混凝土已达到轴心抗压强度，对于 HRB400 级、HRB335 级、HPB235 级和 RRB400 级热轧钢筋已达到屈服强度。而对于屈服强度或条件屈服强度大于 400 N/mm² 的钢筋，在计算 f_y' 时只能取 400 N/mm²。

对长轴心受压构件所做的实验表明，构件在破坏前往往发生纵向弯曲，随着侧向挠度的增大，破坏时，首先在凹侧出现纵向裂缝，随后混凝土被压碎，纵筋被压屈向外凸出；凸侧混凝土出现垂直于纵轴方向的横向裂缝，侧向挠度急剧增大，最后，柱子破坏（图 11-5）。

试验表明，长柱的破坏荷载低于其他条件相同的短柱破坏荷载，长细比越大，承载能力降低越多。其原因在于，长细比越大，由于各种偶然因素造成的初始偏心距将越大，从而产生的附加弯矩和相应的侧向挠度也越大。对于长细比很大的细长柱，还可能发生失稳破坏现象。此外，在长期荷载作用下，由于混凝土的徐变，侧向挠度将增大更多，从而使长柱的承载力降低的更多，长期荷载在全部荷载中所占的比例越多，其承载力降低得越多。

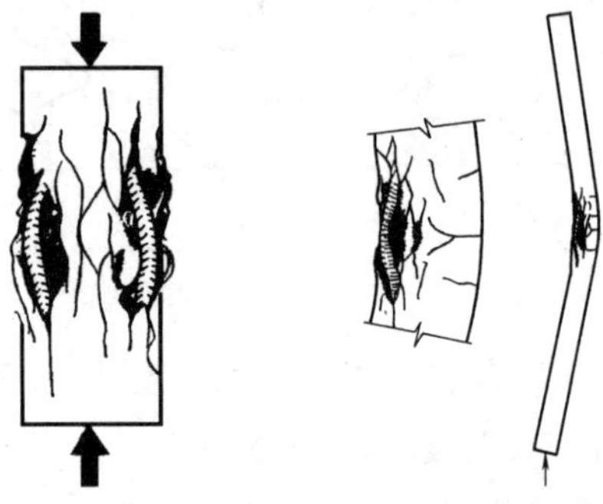
图 11-4 轴心受压短柱的破坏 图 11-5 细长轴心受压构件的破坏

《混凝土结构设计规范》GB 50010—2010（2015 年版）采用稳定系数 φ 来表示长柱承载力的降低程度，即：

$$\varphi = \frac{N_u^l}{N_u^s} \tag{11-1}$$

式中 N_u^l、N_u^s——分别为长柱和短柱的承载力。

表 11-1 是《混凝土结构设计规范》GB 50010—2010(2015 年版)对不同长细比$\left(\frac{l_0}{b}\right)$下稳定系数值。

表 11-1 钢筋混凝土构件的稳定系数

$\frac{l_0}{b}$	$\frac{l_0}{d}$	$\frac{l_0}{i}$	φ	$\frac{l_0}{b}$	$\frac{l_0}{d}$	$\frac{l_0}{i}$	φ
≤8	≤7	≤28	≤1.0	30	26	104	0.52
10	8.5	35	0.98	32	28	111	0.48
12	10.5	42	0.95	34	29.5	118	0.44
14	12	48	0.92	36	31	125	0.40
16	14	55	0.87	38	33	132	0.36
18	15.5	62	0.81	40	34.5	139	0.32
20	17	69	0.75	42	36.5	146	0.29
22	19	76	0.70	44	38	153	0.26
24	21	83	0.65	46	40	160	0.23
26	22.5	90	0.60	48	41.5	167	0.21
28	24	97	0.56	50	43	174	0.19

注：表中 l_0 为构件计算长度；b 为矩形截面的短边尺寸；d 为圆形截面的直径；i 为截面最小回转半径。

11.2.2　承载力计算公式

根据以上分析，配有纵向钢筋和普通箍筋的轴心受压短柱破坏时，横截面的计算应力图形如图 11-6 所示。在考虑长柱承载力的降低和可靠度的调整因素后，规范给出的轴心受压构件承载力计算公式如下：

$$N_u = 0.9\varphi(f_c A + f'_y A'_s) \quad (11\text{-}2)$$

式中　N_u——轴向压力承载力设计值；

0.9——可靠度调整系数；

φ——钢筋混凝土轴心受压构件的稳定系数，见表 11-1；

f_c——混凝土的轴心抗压强设计值；

A——构件截面面积；

f'_y——纵向钢筋的抗压强度设计值；

A'_s——全部纵向钢筋的截面面积。

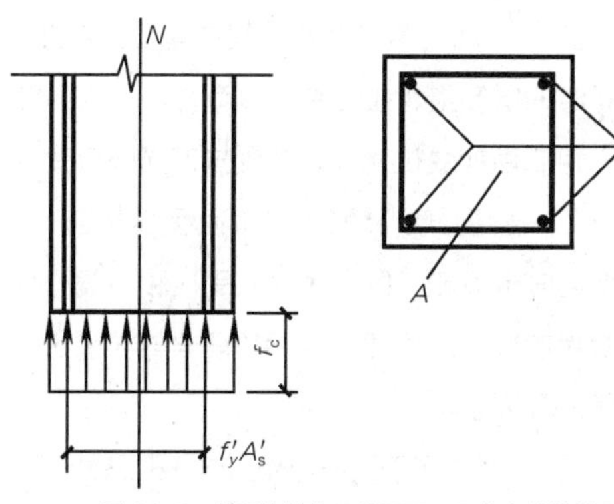

图 11-6　普通箍筋柱正截面受压承载力计算简图

当纵向钢筋配筋率大于 3% 时，式中 A 应改用（$A - A'_s$）。

构件计算长度与构件两端支承情况有关，当两端铰支时，取 $l_0 = l$（l 是构件实际长度）；当两端固定时，取 $l_0 = 0.5l$；当一端固定，一端铰支时，取 $l_0 = 0.7l$；当一端固定，一端自由时取 $l_0 = 2l$。表 11-2 规定了框架结构建筑物各层柱的计算长度。

表 11-2　框架结构各层柱的计算长度

楼盖类型	柱的类别	l_0
现浇楼盖	底层柱	$1.0H$
	其余各层柱	$1.25H$
装配式楼盖	底层柱	$1.25H$
	其余各层柱	$1.5H$

注：表中 H 对底层柱为从基础顶面到一层楼盖顶面的高度；对其余各层柱为上、下两层楼盖顶面之间的高度。

【例题 11-1】某现浇柱截面尺寸为 300 mm×300 mm，由两端支撑情况决定其计算高度 $l_0 = 3$ m，柱内配有 4 根直径 20 mm HRB335 级钢筋，混凝土强度等级 C30。柱的轴向力设计值 $N = 1\,100$ kN。求：截面是否安全。

【解】C30 混凝土 $f_c = 14.3\ \text{N/mm}^2$，$f'_y = 300\ \text{N/mm}^2$，$A'_s = 1\,256\ \text{mm}^2$

由 $\dfrac{l_0}{b} = \dfrac{3\,000\ \text{mm}}{300\ \text{mm}} = 10$，查表 11-1 得稳定系数 $\varphi = 0.98$

$$N_u = 0.9\varphi(f_c A + f'_y A'_s) = 0.9 \times 0.98 \times (14.3\ \text{N/mm}^2 \times 300\ \text{mm} \times 300\ \text{mm} + 300\ \text{N/mm}^2 \times 1\,256\ \text{mm}^2)$$
$$= 1\,467.5\ \text{kN} > N = 1\,100\ \text{kN}$$

故截面是安全的。

11.3　偏心受压构件正截面受压承载力

11.3.1　偏心受压构件的两种破坏形式

当构件承受轴心压力 N 和弯矩 M 联合作用时，相当于承受一个偏心距为 $e_0 = \dfrac{M}{N}$ 的偏心力作用。当弯矩 M 相对较小时，e_0 很小，构件接近轴心受压；

反之当轴力 N 相对较小时，e_0 很大，构件接近受弯。因此，随着偏心距由小到大，构件的工作性质和破坏特点将由类似于轴心受压逐步过渡到类似于受弯。

实验研究结果表明，偏心受压构件破坏时可能有如图 11-7 所示三种应力分布状态。

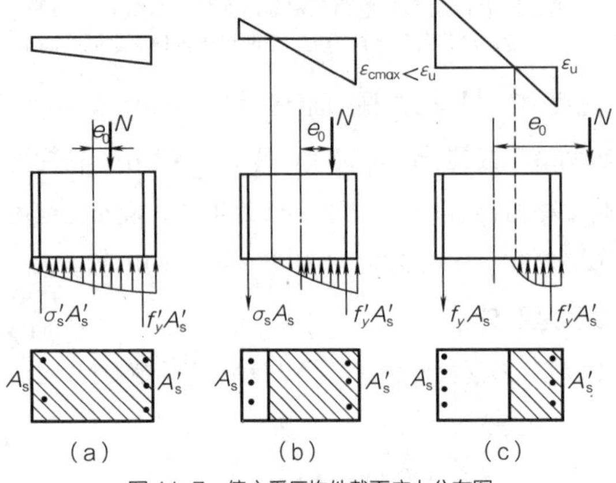

图 11-7　偏心受压构件截面应力分布图
（a）、（b）小偏心受压；（c）大偏心受压

图 11-7（a）表示偏心距很小的情况，加荷后整个截面全部受压，在一般情况下靠近偏心力一侧的混凝土压应力较高。破坏时压应力较大一侧的混凝土先达到极限压缩应变，混凝土被压碎。相应的钢筋也同时达到普通钢筋的屈服强度。另一侧的混凝土及钢筋一般来讲则均低于各自的抗压强度。图 11-7（b）表示偏心距稍大时的情况。加荷后靠近偏心压力的一侧受压，另一侧则出现了拉应力。但由于拉应力很小，受拉区可能出现裂缝，也可能不出现裂缝。相应钢筋中的应力也很小。破坏总是由于受压区混凝土被压碎，同时受压钢筋也达到屈服强度。

上述两种情况的破坏实质是一样的，破坏都是由于靠近偏心压力一侧混凝土达到极限，我们称为小偏心受压。

图 11-7（c）表示偏心距较大时的情形。加荷后截面部分受压，部分受拉。破坏前受拉钢筋首先达到屈服强度，由于钢筋塑性变形的发展，裂缝不断开展，受压区高度很快减小，应变迅速增加，最后混凝土达到极限应变而被压碎。构件的这种破坏性质与双筋受弯构件类似，我们称为大偏心受压。

如果这时在构件受拉区配有很多钢筋，尽管偏心距较大，受拉区钢筋在构件破坏时达不到屈服，破坏仍然是由于受压区混凝土被压碎而引起，其性质与小偏心受压相同。这种情形类似于超配筋的受弯构件，由于不能充分利用钢筋的强度，设计时应予避免。

11.3.2　区分大、小偏心受压破坏形态的界限

大、小偏心受压之间的根本区别是截面破坏时受拉钢筋是否屈服，亦即受拉钢筋的应变是否超过屈服应变值。随着偏心距的减少或受拉钢筋的增加，构件破坏时的钢筋最大拉应变将逐渐减小。当继续减少偏心距或增加受拉钢筋，则受拉钢筋的应变将进一步减小，甚至受压，即转入小偏心受压状态。

由上述分析可知：区分大偏心受压和小偏心受压的界限状态，与区分适筋梁和超筋梁的界限状态完全相同，因而可得：

当 $\xi \leqslant \xi_b$ 时，属于大偏心受压破坏形态；

当 $\xi > \xi_b$ 时，属于小偏心受压破坏形态。

11.3.3　偏心距增大系数 η

试验表明，钢筋混凝土柱在承受偏心受压荷载后，会产生纵向弯曲。但长细比小的柱，即所谓“短柱”，由于纵向弯曲小，在设计时一般可忽略不计。对于长细比较大的柱则不同，它会产生比较大的纵向弯曲，设计时必须予以考虑。

偏心受压长柱在纵向弯曲影响下，可能发生两种形式的破坏。长细比很大时，构件的破坏不是由于材料引起的，而是由于构件纵向弯曲失去平衡引起的，称为“失稳破坏”。当柱长细比在一定范围内时，虽然在承受偏心受压荷载后，偏心距会增加，使柱的承载能力比同样截面的短柱减小，但就其破坏本质来讲，跟短柱破坏相同，属于“材料破坏”即为截面材料强度耗尽的破坏。

我国《混凝土结构设计规范》GB 50010—2010（2015 年版）对长细比较大的偏心受压构件，采用把初始偏心距 e_i 值乘以一个偏心距增大系数 η 来近似考虑弯矩的影响，即：

$$e_i + f = \left(1 + \frac{f}{e_i}\right) = \eta e_i \qquad (11\text{-}3)$$

$$e_i = e_0 + e_a \qquad (11\text{-}4)$$

式中　f——长柱纵向弯曲后产生侧向最大挠度值；

η——考虑弯矩影响的偏心距增大系数；

e_i——初始偏心距；

e_0——轴向力对截面重心的偏心距，$e_0 = \frac{M}{N}$；

e_a——附加偏心距，其值取偏心方向截面尺寸的 $\frac{1}{30}$ 和 20 mm 中的较大值。

附加偏心距 e_a 是考虑荷载作用位置的不定性、混凝土质量的不均匀性和施工误差等因素的综合影响。

我国《混凝土结构设计规范》GB 50010—2010（2015 年版）中对 η 规定了方法与公式，限于本书范围，这里不再详细介绍。对于长细比 $\frac{l_0}{b} \leqslant 8$ 的短柱，由于构件挠度很小，计算时可近似取 $\eta = 1$。其他情况可依规范中计算公式求出。一般来说 $\frac{l_0}{b} > 8$ 时，$\eta > 1$。

11.3.4　矩形截面大偏心受压构件正截面受压承载力计算公式

大偏心受压构件的破坏特征与适量配筋的受弯构件类似。所以对其破坏时的截面应力图形也可仿照受弯构件作如下假设：

（1）受拉区混凝土开裂，拉力全部由受拉钢筋承担，构件破坏时受拉钢筋应力达到屈服强度 f_y。

（2）受压区混凝土的曲线应力分布图形用矩形应力图来代替，其应力值取为 $\alpha_1 f_c$，受压区高度取为 x，受压钢筋应力亦达到抗压强度 f_y' 大偏心受压破坏的截面计算图形如图 11-8 所示。

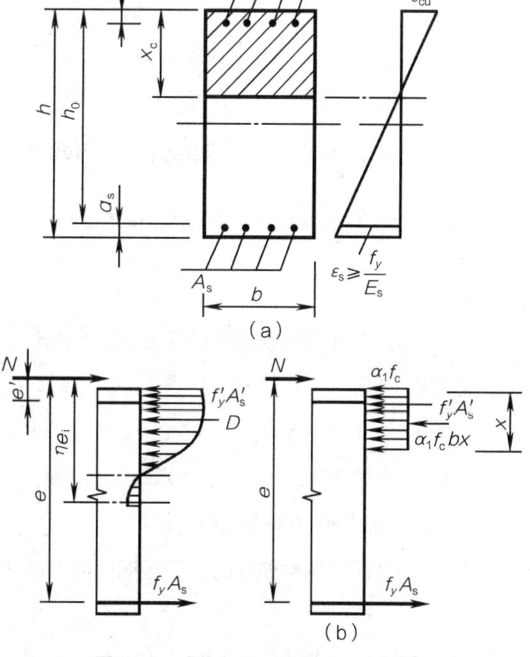

图 11-8　大偏心受压破坏的截面计算图形
（a）截面应变分布和应力分布；（b）等效计算图形

1. 计算公式

由力的平衡条件及各力对受拉钢筋合力点弯矩的力矩平衡条件，可以得到下面两个基本计算公式：

由力的平衡条件可得：

$$N_u = \alpha_1 f_c bx + f_y' A_s' - f_y A_s \quad (11\text{-}5)$$

由力矩平衡条件得：

$$N_u e = \alpha_1 f_c bx\left(h_0 - \frac{x}{2}\right) + f_y' A_s'(h_0 - a_s') \quad (11\text{-}6)$$

式中 N_u——受压承载力设计值；

α_1——系数，当混凝土强度等级不超过 C50 时，α_1 取为 1.0，当混凝土强度等级为 C80 时，α_1 取为 0.94，其间按线性内插法确定；

x——受压区计算高度；

e——轴向力作用点至受拉钢筋 A_s，合力点之间的距离。

$$e = \eta e_i + \frac{h}{2} - a_s \quad (11\text{-}7)$$

$$e_i = e_0 + e_a$$

式中 e_a——附加偏心距，其值取偏心方向截面尺寸的 $\frac{1}{30}$ 和 20 mm 中的较大值。

2. 适用条件

（1）为了保证构件破坏时受拉区钢筋应力先达到屈服强度，要求：

$$x \leqslant x_b \quad (11\text{-}8)$$

式中 x_b——界限破坏时，受压区计算高度，$x_b = \xi_b h_0$，ξ_b 与受弯构件的相同。

（2）为了保证构件破坏时，受压钢筋应力能达到屈服强度和双筋受弯构件相同，要求满足：

$$x \geqslant 2a_s' \quad (11\text{-}9)$$

式中 a_s'——纵向受压钢筋合力点至受压区边缘的距离。

11.3.5 矩形截面小偏心受压构件正截面受压承载力计算公式

小偏心受压破坏时，受压区混凝土被压碎，受压钢筋 A_s' 的应力达到屈服强度，而远侧钢筋 A_s，可能受拉或受压但都不屈服，见图 11-9。在计算时，受压区的混凝土曲线压应力图仍用等效矩形图来替代。

根据力的平衡条件及力矩平衡条件可得：

$$N_u = \alpha_1 f_c bx + f_y' A_s' - \sigma_s A_s \quad (11\text{-}10)$$

$$N_u e = \alpha_1 f_c bx\left(h_0 - \frac{x}{2}\right) + f_y' A_s'(h_0 - a_s') \quad (11\text{-}11)$$

或 $$N_u e' = \alpha_1 f_c bx\left(\frac{x}{2} - a_s'\right) + \sigma_s A_s(h_0 - a_s') \quad (11\text{-}12)$$

式中 x——受压区计算高度，当 $x > h$，在计算时，取 $x = h$；

σ_s——钢筋 A_s 的应力值，可根据截面应变保持平面的假定计算，亦可取近似取值；

e'——轴向力作用点至受压钢筋 A_s' 合力点之间的距离。

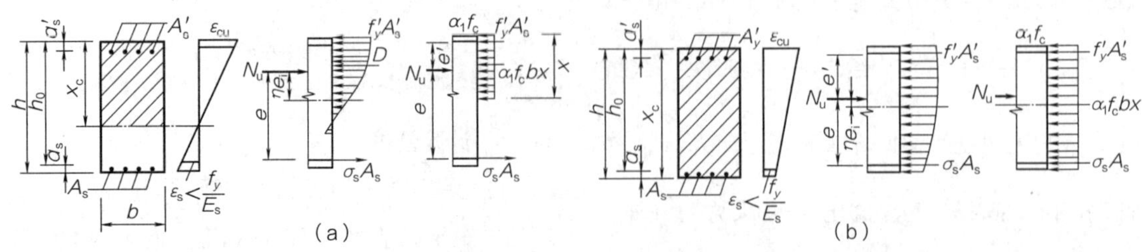

图 11-9 小偏心受压计算图形

（a）A_s 受拉不屈服；（b）A_s 受压不屈服

$$e' = \frac{h}{2} - \eta e_i - a_s' \qquad (11-13)$$

11.3.6 矩形截面大、小偏心受压的判别方法

1. 非对称配筋时的判别方法

先算出偏心距增大系数 η 、初始偏心距 e_i，初步判别构件的偏心类型，当 $\eta e_i > 0.3h_0$ 时，可先按大偏心受压情况计算；当 $\eta e_i \leq 0.3h_0$ 时，则先按属于小偏心受压情况计算，然后应用有关计算公式求得钢筋截面面积 A_s 及 A_s'。然后再计算 x，用 $x \leq \xi_b h_0$（即 $\xi \leq \xi_b$，属于大偏心），$x > \xi_b h_0$（即 $\xi > \xi_b$，属于小偏心）来检查原先假定的是否正确，如果不正确需要重新计算。

在所有情况下，A_s 及 A_s'，还要满足最小配筋率的规定；同时（$A_s + A_s'$）不宜大于 bh_0 的5%。

2. 对称配筋时的判别方法

在对称配筋情况下，对于大偏心受压柱，式（11-5）被简化成 $N_u = \alpha_1 f_c bx$，

$$x = \frac{N}{\alpha_1 f_c b}$$

所以：

当 $x \leq \xi_b h_0$ 时，为大偏心；

当 $x > \xi_b h_0$ 时，为小偏心。

11.4 对称配筋矩形截面偏心受压构件正截面受压承载力计算方法

在实际工程中，当偏心受压构件在不同内力组合下，可能有相反方向的弯矩且弯矩数值相差不大时，应采用对称配筋构件，截面配筋取 $A_s = A_s'$。当相反方向的弯矩在数值上相差较大时，采用对称配筋截面就会造成一定的钢筋浪费；但对称配筋偏心受压构件施工时不易发生差错。它在工程中的应用实例很多，如屋架上弦及厂房柱等。装配式柱为了保证吊装不会出错，一般采用对称配筋。

截面设计

对称配筋时，截面两侧的配筋相同，即 $A_s = A_s'$，$f_y = f_y'$。

1. 大偏心受压构件的计算

这时 $x \leq x_b = \xi_b h_0$，由式（11-5）可得：

$$x = \frac{N}{\alpha_1 f_c b} \qquad (11-14)$$

代入式（11-6），可以求得：

$$A_s = A_s' = \frac{Ne - \alpha_1 f_c bx\left(h_0 - \dfrac{x}{2}\right)}{f_y'(h_0 - a_s')} \qquad (11-15)$$

当 $x < 2a_s'$ 时，可按不对称配筋计算方法一样处理。若 $x > x_b = \xi_b h_0$（即 $\xi > \xi_b$ 时），则认为受拉筋 A_s 达不到受拉屈服强度，而属于“受压破坏”情况，就不能用大偏心受压的计算公式进行配筋计算。应使用小偏心受压公式进行计算。

2. 小偏心受压构件的计算

这时 $x > x_b = \xi_b h_0$，由于对称配筋时，截面两侧的配筋相同，即 $A_s = A_s'$，$f_y = f_y'$，并取 $x = \xi h_0$、$N = N_u$ 通过式（11-10）、式（11-11）、式（11-12）可求出配筋面积 $A_s = A_s'$。由于这种方法相对繁复，我国《混凝土结构设计规范》GB 50010—2010（2015年版）中提供了另一种简化方法，其近似公式如下：

$$\xi=\frac{N-\xi_b\alpha_1 f_c bh_0}{\dfrac{Ne-0.43\alpha_1 f_c bh_0^2}{(\beta_1-\xi_b)(h_0-\alpha_s')}+\alpha_1 f_c bh_0}+\xi_b \tag{11-16}$$

$$A_s'=\frac{Ne-\alpha_1 f_c bh_0^2\xi(1-0.5\xi)}{f_y'(h_0-\alpha_s')} \tag{11-17}$$

式中　β_1——矩形应力图受压区高度与中和轴高度（中和轴到受压区边缘的距离）的比值，当混凝土强度等级不超过C50时，β_1取为0.8，当混凝土强度等级为C80时，β_1取为0.74，其间按线性内插法确定。

3. 例题计算

【例题11-2】某钢筋混凝土柱承受轴向压力设计值$N=350$ kN，弯矩$M=160$ kN · m，截面尺寸$b\cdot h=300$ mm × 400 mm，$a_s=a_s'=35$ mm，混凝土强度等级为C25，钢筋为采用HRB335钢筋，$\dfrac{l_0}{h}=6$。设计成对称配筋时，求所需钢筋截面面积A_s'、A_s。

【解】$f_c=11.9\text{ N/mm}^2$，$f_y=f_y'=300\text{ N/mm}^2$，$\xi_b=0.55$，$\alpha_1=1.0$

$$e_0=\frac{M}{N}=\frac{160\times10^6\text{ N}\cdot\text{mm}}{350\times10^3\text{ N}}\approx457\text{ mm}$$

e_a值取偏心方向截面尺寸的$\dfrac{1}{30}$和20 mm中的较大值，故$e_a=20$ mm

$$e_i=e_0+e_a=457\text{ mm}+20\text{ mm}=477\text{ mm}$$

$\dfrac{l_0}{h}=6$，故取$\eta=1.0$

$$e=\eta e_i+\frac{h}{2}-a_s=1.0\times477\text{ mm}+\frac{400}{2}\text{ mm}-35\text{ mm}=642\text{ mm}$$

$$h_0=400\text{ mm}-35\text{ mm}=365\text{ mm}$$

判别大小偏心：

$$x=\frac{N}{\alpha_1 f_c b}=\frac{350\times10^3\text{ N}}{1.0\times11.9\text{ N/mm}^2\times300\text{ mm}}\approx98.04\text{ mm}<\xi_b h_0=0.55\times365\text{ mm}\approx200.8\text{ mm}$$

属于大偏心受压情况

$x>2a_s'=2\times35\text{ mm}=70\text{ mm}$

$$A_s=A_s'=\frac{Ne-\alpha_1 f_c bx\left(h_0-\dfrac{x}{2}\right)}{f_y'(h_0-\alpha_s')}$$

$$=\frac{350\times10^3\text{ N}\times642\text{ mm}-1.0\times11.9\text{ N/mm}^2\times300\text{ mm}\times98.04\text{ mm}\times\left(365-\dfrac{98.04}{2}\right)\text{mm}}{300\text{ N/mm}^2(365-35)\text{ mm}}$$

$$\approx1\,153\text{ mm}^2$$

柱内短边侧每边配置 4Φ20 的钢筋，$A_s = A_s' = 1\,256\ \mathrm{mm}^2$。

【例题 11-3】某钢筋混凝土柱承受轴向压力设计值 $N = 2\,400$ kN，弯矩 $M = 240$ kN·m，截面尺寸 $b \cdot h = 400\ \mathrm{mm} \times 700\ \mathrm{mm}$，$a_s = a_s' = 35$ mm，混凝土强度等级为 C25，钢筋为采用 HRB335 钢筋，$\dfrac{l_0}{h} = 4$。设计成对称配筋时，求所需钢筋截面面积 A_s'、A_s。

【解】$f_c = 11.9\ \mathrm{N/mm^2}$，$f_y = f_y' = 300\ \mathrm{N/mm^2}$，$\xi_b = 0.55$，$\alpha_1 = 1.0$

$$e_0 = \frac{M}{N} = \frac{240\times10^6\ \mathrm{N\cdot mm}}{24\times10^5\ \mathrm{N}} = 100\ \mathrm{mm}$$

e_a的取值：$\dfrac{700}{30}\ \mathrm{mm} = 23\ \mathrm{mm} > 20\ \mathrm{mm}$，故 $e_a = 23$ mm

$$e_i = e_0 + e_a = 100\ \mathrm{mm} + 23\ \mathrm{mm} = 123\ \mathrm{mm}$$

$\dfrac{l_0}{h} = 4$，故取 $\eta = 1.0$

$$e = \eta e_i + \frac{h}{2} - a_s = 1.0\times123\ \mathrm{mm} + \frac{700}{2}\ \mathrm{mm} - 35\ \mathrm{mm} = 438\ \mathrm{mm}$$

$$h_0 = 700\ \mathrm{mm} - 35\ \mathrm{mm} = 665\ \mathrm{mm}$$

判别大小偏心：

$$x = \frac{N}{\alpha_1 f_c b} = \frac{24\times10^5\ \mathrm{N}}{1.0\times11.9\ \mathrm{N/mm^2}\times400\ \mathrm{mm}} \approx 504\ \mathrm{mm} > \xi_b h_0 = 0.55\times665\ \mathrm{mm} \approx 365.8\ \mathrm{mm}$$

属于小偏心受压情况

$$x > 2a_s' = 2\times35\ \mathrm{mm} = 70\ \mathrm{mm}$$

β_1 取 0.8 依公式（11-16）求 ξ

$$\xi = \frac{N - \xi_b\alpha_1 f_c b h_0}{\dfrac{Ne - 0.43\alpha_1 f_c b h_0^2}{(0.8-\xi_b)(h_0 - \alpha_s')} + \alpha_1 f_c b h_0} + \xi_b$$

$$= \frac{24\times10^5\ \mathrm{N} - 0.55\times1.0\times11.9\ \mathrm{N/mm^2}\times400\ \mathrm{mm}\times665\ \mathrm{mm}}{\dfrac{24\times10^5\ \mathrm{N}\times438\ \mathrm{mm} - 0.43\times1.0\times11.9\ \mathrm{N/mm^2}\times400\ \mathrm{mm}\times665^2\ \mathrm{mm^2}}{(0.8-0.55)(665-35)\ \mathrm{mm}} + 1.0\times11.9\ \mathrm{N/mm^2}\times400\ \mathrm{mm}\times665\ \mathrm{mm}} + 0.55$$

≈ 0.711

$$x = \xi h_0 = 0.711\times665 = 473\ \mathrm{mm}$$

$$A_s = A_s' = \frac{Ne - \alpha_1 f_c bx\left(h_0 - \dfrac{x}{2}\right)}{f_y'\,(h_0 - a_s')}$$

$$= \frac{24\times10^5\,\text{N}\times438\,\text{mm} - 1.0\times11.9\,\text{N/mm}^2\times400\,\text{mm}\times473\,\text{mm}\times\left(665 - \dfrac{473}{2}\right)\text{mm}}{300\,\text{N/mm}^2\times(665-35)\,\text{mm}}$$

$\approx 457.4\ \text{mm}^2 < \rho'_{\min} bh_0 = 0.002\times400\ \text{mm}\times665\ \text{mm} = 532\ \text{mm}^2$

取$A_s = A_s' = 532\ \text{mm}^2$

配筋方案为：柱内短边侧每边配置 3 Φ16 的钢筋（$A_s = A_s' = 603\ \text{mm}^2$）。

习 题

1. 已知某多层四跨现浇框架结构的第二层内柱，轴心压力设计值N = 1 100 kN，楼层高H = 6 m，混凝土强度等级为 C20，采用 HRB335 级钢筋。柱截面尺寸为 350 mm × 350 mm，求所需纵筋面积。

2. 已知柱的轴向压力设计值N = 800 kN，弯矩M = 160 kN · m；截面尺寸b = 300 mm，h = 500 mm，$a_s = a_s'$ = 45 mm；混凝土强度等级为 C20，采用 HRB335 级钢筋；计算长度l_0 = 3.5 m。求钢筋截面面积A_s'及A_s。

3. 已知柱的轴向压力设计值N = 550 kN，弯矩M = 450 kN · m；截面尺寸b = 300 mm，h = 600 mm，$a_s = a_s'$ = 45 mm；混凝土强度等级为 C35，采用 HRB400 级钢筋；计算长度l_0 = 7.2 m。求钢筋截面面积A_s'及A_s。

Chapter 12

第12章 预应力混凝土结构的基本知识

Basic Knowledge of Prestressed Concrete Structure

12.1 预应力混凝土的概念

12.1.1 预应力概念

预应力混凝土结构（Prestressed Concrete Structure）简称 PC 结构，是由配置受力的预应力钢筋通过张拉或其他方法建立预加应力的混凝土制成的结构。

普通钢筋混凝土构件的主要缺点在于混凝土的极限拉伸变形和抗拉强度均很低，混凝土的极限拉伸变形为（0.1×10^{-3}）~（0.15×10^{-3}），即每米只能拉长 0.1 ~ 0.15 mm。构件即将开裂时钢筋中的应力只有 20 ~ 30 N/mm^2，因而在使用阶段钢筋混凝土构件一般是带裂缝工作的。但是，在有些情况下，如处于潮湿环境或侵蚀介质中的构件，裂缝的存在会使钢筋锈蚀，影响构件的承载力及耐久性。对于受振动作用的构件，裂缝的存在还会影响构件的耐疲劳性能。

虽然，在正常的使用条件下，构件是允许带裂缝工作的，但裂缝宽度应有所限制，一般不得超过 0.2 ~ 0.3 mm，否则会有钢筋锈蚀等不良后果发生。对构件抗裂性和裂缝宽度限制的要求，使高强钢筋在普通钢筋混凝土中不可能应用，因而其技术经济指标就难以进一步得到改善。此外，由于裂缝的存在，不免要降低构件抵抗变形的刚度及其工作的可靠性，尤其是在动力荷载作用下的情况更为突出。

解决上述矛盾的有效办法是对构件采用预加应力的措施。形成预应力混凝土构件的基本思路是：在混凝土构件加荷以前，对其将发生受拉的部位以某种方法预先给以加压，使之建立预压应力；这样，在外荷作用时，混凝土的预压应力将抵消由于外荷作用引起的拉伸，因此就有可能在很大的荷载下，使受拉区的混凝土不发生拉应力或发生完全可以由混凝土抵抗得了的拉应力，构件可以保持不出现裂缝。图 12-1（a）、（b）分别示仅有预压力和仅有外荷载作用时梁的工作情况，图 12-1（c）是预压力和外荷载共同作用时梁的工作情况。可以看出：由于施加预压力，使梁下边缘的混凝土拉应力大大降低，梁的实际挠度也降低了，从而大大地改善了梁的工作状况。

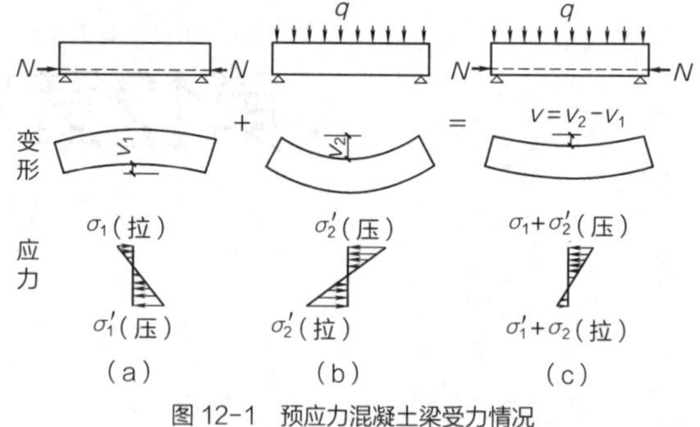

图 12-1 预应力混凝土梁受力情况
（a）对构件预加压力；（b）构件在外荷载作用下；（c）构件在预压力和外荷载共同作用下

施加预应力的概念在我们日常生活中经常遇到。例如，木桶用铁箍箍紧，就可以使木块挤紧得到预压应力，桶内盛水后，桶壁内产生拉应力，当拉应力小于预压应力时，木桶就不会出现缝隙漏水，见图 12-2。再如，当我们想要横端一摞书时，我们会很自然地用双手压紧这摞书的两端然后才能把它端起（图 12-3）。这里实际也包含了“预应力”的原理。一摞书就像一根“梁”，端起时它的下部将因为“梁”弯曲而拉开，此时若不对受弯后可能被拉开的部位预先压紧，那么这摞书就很难端起。同时，我们对书加压总是把压力加在书的偏下部，因为这根“梁”受弯后可能被拉开的部位在下部，倘若在上部加压，不但不会帮助下部压紧，反而会使下部更快地拉开，一切适得其反。

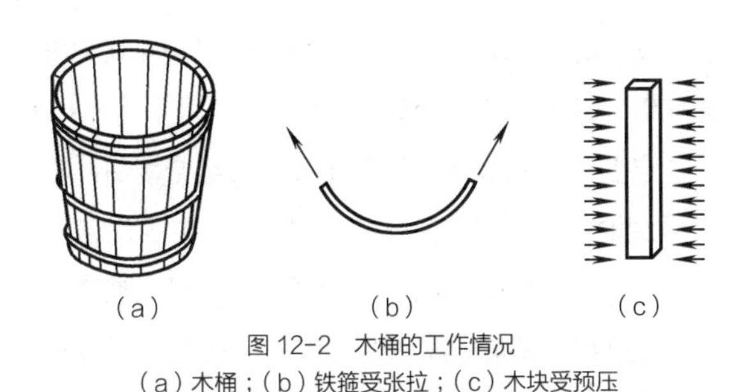

图 12-2　木桶的工作情况
（a）木桶；（b）铁箍受张拉；（c）木块受预压

加预压　加预压

图 12-3　成摞书的预压搬运

1928 年法国工程师 Freyssinet 首次将高强钢丝应用于预应力混凝土梁，这是现代预应力混凝土的雏形。1939 年 Freyssinet 设计出锥形锚具，用于锚固后张预应力混凝土构件端部的钢丝。1940 年比利时 Magnel 教授开发了新型后张锚具，使后张预应力混凝土得到进一步发展。从 20 世纪 50 年代以来，先张法预应力混凝土构件和后张法预应力混凝土结构在工程中得到广泛应用，先张法预应力混凝土构件主要用于中小跨度桥梁、预制桥面板、厂房等。后张法预应力混凝土结构则主要用于箱形桥梁、大型厂房结构、现浇框架结构等。预应力混凝土结构已成为当前世界上最有发展前途的建筑结构之一。

施加预应力的概念虽然早已存在，但预应力混凝土结构的推广应用，还只是由于近 50 年来有了高强钢筋才变为现实。因为构件在施加预应力之后钢筋是有应力损失的，如果钢筋强度不高，扣除应力损失后，实际建立的有效预应力所剩无几，达不到预期的效果。此外，因为预应力混凝土结构工程费用比较高，只有采用高强钢筋大量节约钢材之后，才能获得经济效益。

12.1.2　预应力混凝土结构的优缺点及应用情况

预应力混凝土结构的优点很多，归纳起来有以下几点：

1. 提高构件的抗裂性

预应力能使构件受拉区避免开裂，根据经验表明，一般情况下预应力能提高受弯构件的抗裂度 2～4 倍，使中心受拉构件抗裂度提高 4～8 倍，可见预应力对提高中心受拉构件的抗裂度特别明显。另外，构件采用预应力后，由于抗裂度的提高，裂缝得以避免，使构件的抗侵蚀能力和耐久性也大大增高。

2. 提高构件的刚度

由于预加应力推迟了裂缝的出现和限制了裂缝的开展，预应力构件受荷时不带裂缝工作（或裂缝很小），故截面刚度较大。另外，也由于预压应力使构件产生反挠度，所以它使构件在外荷作用时出现的变形较小。

3. 节约材料，降低造价

由于预应力提高了构件的抗裂性和刚度，同时由于预应力使高强材料得到有效地应用，所以构件截面尺寸能够减小，可以节约材料，降低造价，而且结构自重也可随之减轻。一般来说，预应力结构能节约混凝土 20%～40%，钢材 30%～60%，自重减轻 20%～40%。

4. 扩大钢筋混凝土结构的应用范围

由于预应力提高了构件的抗裂性能和刚度，减小了构件的尺寸和自重，因而它可以使钢筋混凝土结构扩大应用到较大的跨度上。例如，非预应力吊车梁一般只做到 6 m，而预应力吊车梁一般可做到 12 m；非预应力屋架一般只用到 18～21 m，而预应力屋架一般可用到 30～36 m 或更大些。还应指出，预应力对装配式钢筋混凝土结构的发展也起重要的作用，某些大型构件可以分段分块制造，然后用预应力的方法加以拼装，使施工制造、运输安装工作更加方便。

预应力混凝土构件具有很多的优点，其缺点是构造、施工和计算均较钢筋混凝土构件复杂，且延性也差些。

下列结构物宜优先采用预应力混凝土：

（1）要求裂缝控制等级较高的结构。

（2）大跨度或受力很大的构件。

（3）对构件的刚度和变形控制要求较高的结构构件，如工业厂房中的吊车梁、码头和桥梁中的大跨度梁式构件等。

12.1.3 预应力混凝土的分类

在预应力混凝土的发展初期，设计要求在全部使用荷载作用下，混凝土应当永远处于受压状态而不允许出现拉应力，即要求为“全预应力混凝土”。但后来的大量工程实践和科学研究表明，要求预应力混凝土中一律不出现拉应力实属过严，在一些情况下，预应力混凝土中不仅可以出现拉应力，而且可以出现宽度不超过一定限值的裂缝，即所谓的“部分预应力混凝土”。目前，部分预应力混凝土的设计思想已在世界范围内得到了广泛的承认和应用。

当使用荷载作用下，不允许截面上混凝土出现拉应力的构件，称为全预应力混凝土，大致相当于《混凝土结构设计规范》GB 50010—2010（2015年版）中裂缝控制等级为一级，即严格要求不出现裂缝的构件。

当使用荷载作用下，允许出现裂缝，但最大裂缝宽度不超过允许值的构件，则称为部分预应力混凝土，大致相当于《混凝土结构设计规范》GB 50010—2010（2015年版）中裂缝控制等级为三级，即允许出现裂缝的构件。

当使用荷载作用下根据荷载效应组合情况，不同程度地保证混凝土不开裂的构件，则称为限值预应力混凝土，大致相当于《混凝土结构设计规范》GB 50010—2010（2015年版）中裂缝控制等级为二级，即一般要求不出现裂缝的构件。限值预应力混凝土也属部分预应力混凝土。

12.1.4 施加预应力的方法

施加预应力一般是靠张拉钢筋来实现的，即是张拉高强度的钢筋，并将其锚固在混凝土构件内，由于钢筋企图弹性回缩，就使混凝土受压。

张拉钢筋一般采用千斤顶或其他张拉工具。根据张拉钢筋与浇筑混凝土的先后，可分为先张法和后张法两种。它们的张拉工艺和设备以及锚固装置有所不同，不同的生产工艺和设备，其技术经济效果相差很大。因此，正确选择生产工艺是设计预应力结构的一个前提。本节仅将这两种主要施工方法的工艺简单介绍如下。

1. 先张法

先张法就是在浇灌混凝土之前，先在台座上张拉钢筋，然后才浇灌混凝土，待混凝土达到一定强度（一般到达强度的70%）时就把张拉的钢筋放松，由于混凝土与钢筋的粘结阻止了钢筋的回缩，从而使混凝土受到预压应力，而预应力钢筋仍保持受拉状态。

在先张法构件中，预应力的传递主要依靠钢筋与混凝土之间的粘结力（简称自锚），构件端部不需任何锚具设备。但采用先张法需要特制专门的张拉台座、拉伸机、传力架和夹具等设备，其工序如图12-4所示。

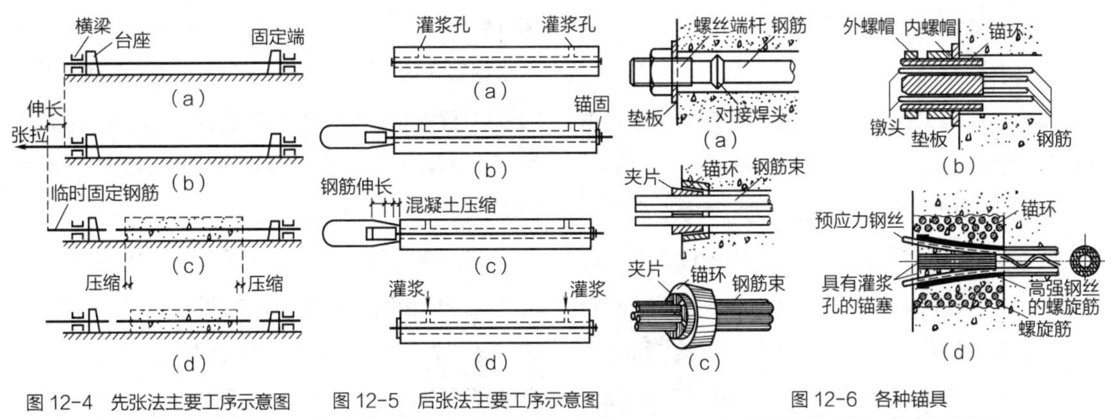

图 12-4 先张法主要工序示意图
（a）钢筋就位；（b）张拉钢筋；（c）临时固定钢筋，浇灌混凝土并养护；（d）放松钢筋，钢筋回缩，混凝土受预压

图 12-5 后张法主要工序示意图
（a）制作构件，预留孔道，穿入预应力钢筋；（b）安装千斤顶；（c）张拉钢筋；（d）锚固钢筋，拆除千斤顶、孔道压力灌浆

图 12-6 各种锚具
（a）螺丝端杆锚具；（b）镦头锚具；（c）JM12 锚具；（d）锥形锚具

2. 后张法

后张法就是先浇灌构件，并在构件中预留钢筋孔道，待混凝土达到充分强度（一般不低于设计强度等级的 70%）后，将预应力钢筋穿人孔道，利用构件本身作加力台座进行张拉，两面张拉钢筋，构件一面受压，最后在构件端部用锚具把预应力钢筋锚住，并卸去张拉装置。由于锚具阻止了预应力钢筋自由回缩，从而使得所建立的预应力得以保存下来，如图 12-5 所示。

在后张法构件中，预应力的传递主要依靠钢筋两端的锚具，钢筋张拉时不需特别的台座，张拉力的反力由已结硬的混凝土构件负担。目前，在构件空预留孔道的常用方法有：无缝钢管抽芯法、橡胶管充水（或充气）加压抽芯法。通常在钢筋张拉及锚固完毕后用水泥砂浆填注管道空隙。

后张法构件的预应力钢筋两端，要有特制的锚具将钢筋端锚固于构件端部以维持其预应力。锚具形式很多，我国目前常用的锚具有螺丝端杆锚具、镦头锚具、JMl2 夹片锚具及锥形锚具等，如图 12-6 所示。

总的来说，后张法比较灵活，不需要专门的台座张拉钢筋，故适宜于现场生产或工厂预制现场拼装。后张法由于施工比较麻烦，成本较高，故多用于现场中型和大型构件的生产。

12.1.5 预应力混凝土材料

1. 混凝土

预应力混凝土结构构件所用的混凝土，需满足下列要求：

（1）强度高。预应力混凝土必须采用强度高的混凝土。因为强度高的混凝土对采用先张法的构件可提高钢筋与混凝土之间的粘结力，对采用后张法的构件，可提高锚固端的局部承压承载力。

（2）收缩、徐变小。以减少因收缩、徐变引起的预应力损失。

（3）快硬、早强。可尽早施加预应力，加快台座、锚具、夹具的周转率，以利加速施工进度。

因此，《混凝土结构设计规范》GB 50010—2010（2015 年版）规定，预应力混凝土构件的混凝土强度等级不应低于 C30。对采用钢绞线、钢丝、热处理钢筋作预应力钢筋的构件，特别是大跨度结构，混凝土强度等级不宜低于 C40。

2. 钢材

预应力混凝土构件所用的钢筋（或钢丝），需满足下列要求：

（1）强度高。混凝土预压应力的大小，取决于预应力钢筋张拉应力的大小。考虑到构件在制作过程中会出现各种应力损失，因此需要采用较高的张拉应力，这就要求预应力钢筋具有较高的抗拉强度。

（2）具有一定的塑性。为了避免预应力混凝土构件发生脆性破坏，要求预应力钢筋在拉断前，具有一定的伸长率。当构件处于低温或受冲击荷载作用时，更应注意对钢筋塑性和抗冲击韧性的要求。一般要求极限伸长率＞4%。

（3）良好的加工性能。要求有良好的可焊性，同时要求钢筋“镦粗”后并不影响其原来的物理力学性能。

（4）与混凝土之间能较好地粘结。对于采用先张法的构件，当采用高强度钢丝时，其表面应经过“刻痕”或“压波”等措施进行处理。

我国目前用于预应力混凝土构件中的预应力钢材主要有钢绞线、钢丝、热处理钢筋三大类。

（1）钢绞线：常用的钢绞线是由直径 5 ~ 6 mm 的高强度钢丝捻制成的。常用 3 根或 7 根钢丝捻制。钢绞线的极限抗拉强度标准值可达 1 860 N/mm^2，在后张法预应力混凝土中采用较多。

钢绞线经最终热处理后以盘或卷供应，每盘钢绞线应由一整根组成，如无特殊要求，每盘钢绞线长度≥ 200 m。成品的钢绞线表面不得带有润滑剂、油渍等，以免降低钢绞线与混凝土之间的粘结力。钢绞线表面允许有轻微的浮锈，但不得锈蚀成目视可见的麻坑。

（2）钢丝：预应力混凝土所用钢丝可分为冷拉钢丝及消除应力钢丝两种。按外形分有光圆钢丝、螺旋肋钢丝、刻痕钢丝；按应力松弛性能分则有普通松弛即Ⅰ级松弛与低松弛即Ⅱ级松弛两种。钢丝的公称直径有 3 ~ 9 mm，其极限抗拉强度标准值可达 1 770 N/mm^2。要求钢丝表面不得有裂纹、小刺、机械损伤、氧化铁皮和油污。

（3）热处理钢筋：热处理钢筋是用热轧的螺纹钢筋经淬火和回火的调质热处理而成。热处理钢筋按其螺纹外形可分为有纵肋和无纵肋两种。钢筋经热处理后应卷成盘，每盘钢筋由一整根钢筋组成，其公称直径有 6 ~ 10 mm，极限抗拉强度标准值可达 1 470 N/mm^2。

热处理钢筋表面不得有肉眼可见的裂纹、结疤、折叠。钢筋表面允许有凸块，但不得超过横肋的高度，钢筋表面不得沾有油污，端部应切割正直。在制作过程中，除端部外，应使钢筋不受到切割火花或其他方式造成的局部加热影响。

12.2 预应力混凝土结构计算基本原理

12.2.1 张拉控制应力 σ_{con}

张拉控制应力是指预应力钢筋在进行张拉时所控制达到的最大应力值。其值为张拉设备（如千斤顶油压表）所指示的总张拉力除以预应力钢筋截面面积而得的应力值，以 σ_{con} 表示。

张拉控制应力的取值，直接影响预应力混凝土的使用效果，如果张拉控制应力取值过低，则预应力钢筋经过各种损失后，对混凝土产生的预压应力过小，不能有效地提高预应力混凝土构件的抗裂度和刚度。如果张拉控制应力取值过高，则可能引起以下的问题：

（1）在施工阶段会使构件的某些部位受到拉力（称为预拉力）甚至开裂，对后张法构件可能造成端部混凝土局压破坏。

（2）构件出现裂缝时的荷载值与极限荷载值很接近，使构件在破坏前无明显的预兆，构件的延性较差。

（3）为了减少预应力损失，有时需进行超张拉，有可能在超张拉过程中使个别钢筋的应力超过它的实际屈服强度，使钢筋产生较大塑性变形或脆断。

张拉控制应力值的大小与施加预应力的方法有关，对于相同的钢种，先张法取值高于后张法。这是由于先张法和后张法建立预应力的方式是不同的。先张法是在浇灌混凝土之前在台座上张拉钢筋，故在预应力钢筋中建立的拉应力就是张拉控制应力 σ_{con}。后张法是在混凝土构件上张拉钢筋，在张拉的同时，混凝土被压缩，张拉设备千斤顶所指示的张拉控制应力已扣除混凝土弹性压缩后的钢筋应力。为此，后张法构件的 σ_{con} 值应适当低于先张法。

张拉控制应力值大小的确定，还与预应力的钢种有关。由于预应力混凝土采用的都为高强度钢筋，其塑性较差，故控制应力不能取得太高。

根据长期积累的设计和施工经验，《混凝土结构设计规范》GB 50010—2010（2015 年版）规定，在一般情况下，张拉控制应力不宜超过表 12-1 的限值。

表 12-1　张拉控制应力限值

钢筋种类	张拉方法	
	先张法	后张法
预应力钢丝、钢绞线 热处理钢筋	$0.75f_{ptk}$ $0.70f_{ptk}$	$0.75f_{ptk}$ $0.65f_{ptk}$

注：① 表中 f_{ptk} 为预应力钢筋的强度标准值；
② 预应力钢丝、钢绞线、热处理钢筋的张拉控制应力值不应小于 $0.4f_{ptk}$。

符合下列情况之一时，表 12-1 中的张拉控制应力限值可提高 $0.05f_{ptk}$：

① 要求提高构件在施工阶段的抗裂性能，而在使用阶段受压区内设置的预应力钢筋；

② 要求部分抵消由于应力松弛、摩擦、钢筋分批张拉以及预应力钢筋与张拉台座之间的温差等因素产生的预应力损失。

12.2.2　预应力损失

通过钢筋张拉建立起来的预应力不是全部有效的，实际的有效预应力将受种种因素影响而有所降低。因此，设计时要正确计算预应力损失值，施工时要尽量减少预应力损失，这是预应力结构的成败关键。

造成预应力损失的原因主要有以下六种：

1. 锚具变形引起的预应力损失

预应力直线钢筋两端的锚具在压力作用下，由于垫圈和夹具缝隙的挤紧压缩，以及钢筋在锚头中的相对滑移，使预应力钢筋缩短而引起预应力损失。锚具变形越大，预应力损失亦越大，一般损失常在 15 ~ 60 N/mm^2。

2. 预应力钢筋与孔道壁之间的摩擦引起预应力损失

在后张法中，预应力钢筋在构件的预留孔道内张拉时，由于钢筋与孔道壁之间的摩擦妨碍了钢筋伸长，因此引起钢筋实际预应力值的降低，这项损失一般在 30 ~ 150 N/mm^2。

3. 温度差引起预应力损失

在先张法中，为了缩短施工工期，常在浇灌混凝土后进行蒸汽养护。构件升温时由于温度变化使钢筋受热膨胀产生线性伸长，但台座之间距离始终维持不变，从而使钢筋中的拉应力下降，即引起预应力损失。每度温差约可引起 2 N/mm^2 的预应力损失。平常在长线台座上进行蒸汽养护时，这种温差常在 20 ~ 25℃。

4. 钢筋应力松弛引起的预应力损失

钢筋在长期紧张状态下会随时间的增长而松弛，由于钢筋的松弛，预应力会随之减小。这种现象犹如胡琴的弦拉紧后时间长了就会自己松弛一样。这项损失，在软钢中可达张拉应力 5%；在硬钢中，可达张拉应力的 7%。

5. 混凝土收缩、徐变引起的预应力损失

由于混凝土的收缩，以及预应力长期作用下混凝土的压缩徐变，会使构件继续缩短，因而预应力钢筋也会随之缩短一些，由此引起预应力钢筋的应力减少。收缩与徐变虽是两种性质完全不同的现象，但它们的影响因素、变化规律较为相似，故《混凝土结构设计规范》GB 50010—2010（2015 年版）将这两项预应力损失合在一起考虑。这类预应力损失一般在 60 ~ 120 N/mm^2，最大时可达 150 ~ 170 N/mm^2。这是一项数值较大并占很大比重的预应力损失，必须认真对待。

6. 环形配筋对混凝土局部挤压引起的预应力损失

直径不大于 3 m 的圆筒形结构（如水管等）采用环形配筋时，因钢筋在圆筒上做螺旋式张拉时，混凝土受到局部挤压而产生压陷，这样将会引起钢筋的预应力损失。

以上六种预应力损失值的计算，《混凝土结构设计规范》GB 50010—2010（2015 年版）在总结试验和实践的基础上已提出明确的方法和现成的公式，可供设计时直接用来进行计算。

这六种预应力损失，不是任何构件生产中都同时存在的。比如先张法生产的构件一般只具有 1、3、4、5 等四种预应力损失。而后张法生产的构件一般可具有 1、2、4、5、6 等五种预应力损失。一般情况下预应力损失总值可达 200 ~ 250 N/mm^2 之多，故此，在设计及制作时要对它有足够的重视和估计。

考虑到各项预应力的离散性，实际损失值有可能比按《混凝土结构设计规范》GB 50010—2010（2015 年版）的计算值高，所以当求得的预应力总损失值小于下列数值时，则按下列数值取用：

先张法构件：100 N/mm^2；

后张法构件：80 N/mm^2。

当后张法构件的预应力钢筋采用分批张拉时，应考虑后批张拉钢筋所产生的混凝土弹性压缩（或伸长）对先批张拉钢筋的影响，将先批张拉钢筋的张拉控制应力增加（或减小）。

12.2.3 预应力混凝土计算原理

上面讨论了与预应力计算有关的钢筋张拉控制应力和预应力损失等两个问题，对这两个问题的一般概念有所了解之后，下面再来说明预应力混凝土结构计算的基本原理。

预应力混凝土结构计算内容除承载力计算外，一般还应包括裂缝和变形验算。承载力是任何构件都必须保证的，对预应力构件也不例外，所以承载力计算是预应力结构必不可少的计算内容；裂缝和变形验算是为了满足预应力结构的正常使用和耐久性要求。此外，还应进行施工阶段的应力校核。

1. 承载力计算

受弯构件使用阶段正截面承载力计算：预应力混凝土受弯构件与钢筋混凝土受弯构件相似，如果 $\xi \leqslant \xi_b$，破坏时截面上受拉区的预应力钢筋先到达屈服强度，然后受压区边缘的压应变达到混凝土的极限压应变值，受压区混凝土被压碎使截面破坏。

如果在截面上还有非预应力钢筋 A_s、A_s'，破坏时其应力都能达到屈服强度。受压区的预应力钢筋 A_p'，及非预应力钢筋 A_s、A_s'的应力均可按平截面假定确定。

受弯构件斜截面受剪承载力计算：预应力混凝土梁的斜截面受剪承载力比钢筋混凝土梁的大些，主要是由于预应力抑制了斜裂缝的出现和发展，增加了混凝土剪压区高度，从而提高了混凝土剪压区的受剪承载力。因此，计算预应力混凝土梁的斜截面受剪承载力可在钢筋混凝土梁计算公式的基础上增加一项由预应力而提高的斜截面受剪承载力设计值 V_p，根据矩形截面有箍筋预应力混凝土梁的试验结果，V_p 的计算公式为：

$$V_p = 0.05 N_{p0} \tag{12-1}$$

为此，对矩形、T 形及 I 字形截面的预应力混凝土受弯构件，当仅配置箍筋时，其斜截面的受剪承载力按下列公式计算：

$$V = V_{cs} + V_p \tag{12-2}$$

式中　N_{p0}——混凝土法向预应力等于零时预应力钢筋及非预应力钢筋的合力；

V_{cs}——构件斜截面上混凝土和箍筋的受剪承载力设计值。

2. 裂缝验算

采用预应力是提高构件抗裂度的主要手段。所谓抗裂验算，就是考虑混凝土获得预压应力后，在使用荷载作用下受拉区应力是否超过混凝土的抗拉强度 f_{tk}。而混凝土预压应力的大小，取决于钢筋可能弹性回缩的程度，这就需要考虑钢筋张拉多大的力？预应力损失值有多大？剩下的预应力效果有多少等问题。钢筋张拉应力减去预应力损失，剩下的有效预应力如能使构件在荷载作用下受拉区应力不超过混凝土抗拉强度 f_{tk}，构件就不会开裂，这就是抗裂验算。

3. 变形验算

预应力混凝土受弯构件在正常作用状态的挠度，可根据构件的刚度用结构力学的方法计算。构件的总挠度为外荷载作用下构件的挠度减去构件在预应力钢筋产生压力的作用下的反拱值。

在外荷载作用下构件的挠度，应按荷载短期效应组合并考虑长期效应组合影响的长期刚度进行计算。

计算所得的构件总挠度不应超过规范所规定的允许值。

12.3　预应力混凝土构件的截面形状和尺寸

预应力混凝土构件的构造要求，除应满足钢筋混凝土结构的有关规定外，还应根据预应力张拉工艺、锚固措施及预应力钢筋种类的不同，满足有关的构造要求。

12.3.1　截面形式和尺寸

预应力轴心受拉构件通常采用正方形或矩形截面。预应力受弯构件可采用 T 形、I 形及箱形等截面。为了便于布置预应力钢筋以及预压区在施工阶段有足够的抗压能力，可设计成上、下翼缘不对称的 I 形截面，其下部受拉翼缘的宽度可比上翼缘狭些，但高度比上翼缘大。

截面形式沿构件纵轴也可以变化，如跨中为 I 形，近支座处为了承受较大的剪力并能有足够位置布置锚具，在两端往往做成矩形。

由于预应力构件的抗裂度和刚度较大，其截面尺寸可比钢筋混凝土构件小些。对预应力混凝土受弯构件，其截面高度$h=\frac{l}{20}\sim\frac{l}{14}$，最小可为$\frac{l}{35}$（$l$为跨度），大致可取为钢筋混凝土梁高的70%左右。翼缘宽度一般可取$\frac{h}{3}\sim\frac{h}{2}$，翼缘厚度可取$\frac{h}{10}\sim\frac{h}{6}$，腹板宽度尽可能小些，可取$\frac{h}{15}\sim\frac{h}{8}$。

12.3.2 预应力纵向钢筋及端部附加竖向钢筋的布置

直线布置：当荷载和跨度不大时，直线布置最为简单，见图 12-7（a），施工时用先张法或后张法均可。

曲线布置、折线布置：当荷载和跨度较大时，可布置成曲线形（图 12-7 b）或折线形（图 12-7 c），施工时一般用后张法，如预应力混凝土屋面梁、吊车梁等构件。为了承受支座附近区段的主拉应力及防止由于施加预应力而在预拉区产生裂缝和在构件端部产生沿截面中部的纵向水平裂缝，在靠近支座部位，宜将一部分预应力钢筋弯起，弯起的预应力钢筋沿构件端部均匀布置。

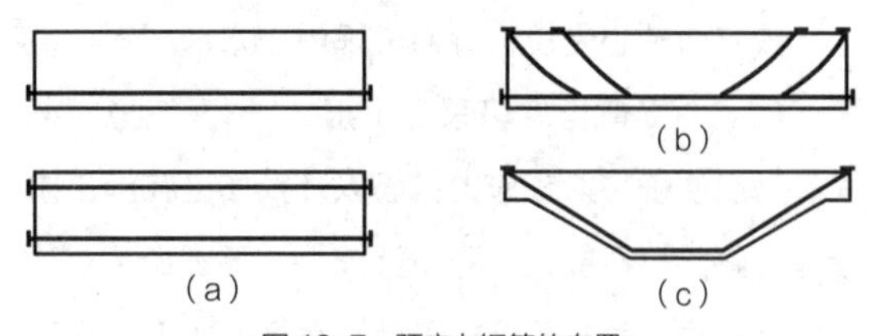

图 12-7 预应力钢筋的布置
（a）直线形；（b）曲线形；（c）折线形

对槽形板类构件，为防止板面端部产生纵向裂缝，应在构件端部 100 mm 范围内，沿构件板面设置附加横向钢筋，其数量不少于 2 根。

对预制肋形板，宜设置加强其整体性和横向刚度的横肋，端横肋的受力钢筋应弯入纵肋内。当采用先张法生产有端横肋的预应力混凝土肋形板时，应在设计和制作上采取防止放张预应力时，端横肋产生裂缝的有效措施。

当构件在端部有局部凹进时，为防止在预加应力过程中，端部转折处产生裂缝，应增设折线构造钢筋，或其他有效的构造钢筋。

12.3.3 非预应力纵向钢筋的布置

预应力构件中，除配置预应力钢筋外，为了防止施工阶段因混凝土收缩和温差及施加预应力过程中引起预拉区裂缝以及防止构件在制作、堆放、运输、吊装时出现裂缝或减小裂缝宽度，可在构件截面（即预拉区）设置足够的非预应力钢筋。

在后张法预应力混凝土构件的预拉区和预压区，应设置纵向非预应力构造钢筋；在预应力钢筋弯折处，应加密箍筋或沿弯折处内侧布置非预应力钢筋网片，以加强在钢筋弯折区段的混凝土。

对预应力钢筋在构件端部全部弯起的受弯构件或直线配筋的先张法构件，当构件端部与下部支承结构焊接时，应考虑混凝土的收缩、徐变及温度变化所产生的不利影响，宜在构件端部可能产生裂缝的部位，应设置足够的非预应力纵向构造钢筋。

12.3.4 钢筋、钢丝、钢绞线净间距

先张法预应力钢筋之间的净间距应根据浇筑混凝土、施加预应力及钢筋锚固要求确定。预应力钢筋之间的净距不应小于其公称直径或有效直径的 2.5 倍，且应符合下列规定。

对热处理钢筋和钢丝不应小于 15 mm；

对三股钢绞线不应小于 20 mm；对七股钢绞线

不应小于25 mm。

当先张法预应力钢丝按单根配筋困难时，可采用相同直径钢丝并筋的配筋方式，并筋的等效直径，对双并筋应取为单筋直径的1.4倍，对三并筋应取为单筋直径的1.7倍。

并筋的保护层厚度、锚固长度、预应力传递长度及正常使用极限状态验算均应按等效直径考虑。等效直径为与钢丝束截面面积相同的等效圆截面直径。

12.3.5　预应力钢筋的预留孔道

（1）预制预应力构件孔道之间的水平净间距不宜小于50 mm，孔道至构件边缘的净距不宜小于30 mm，且不宜小于孔道直径的一半。

（2）在框架梁中曲线预留孔道在竖直方向的净间距不应小于孔道外径水平方向的净间距不应小于1.5倍孔道外径。从孔壁算起的混凝土保护层厚度：梁底不宜小于50 mm，梁侧不宜小于40 mm。

（3）预留孔道的内径应比预应力钢筋束或钢绞线外径及需穿过孔道的锚具外径大10 ~ 15 mm。

（4）在构件两端及跨中应设置灌浆孔或排气孔，其孔距不宜大于12 m。

（5）凡制作时需要起拱的构件，预留孔道宜随构件同时起拱。

Chapter13

第13章 钢筋混凝土平面楼盖与楼梯

Reinforced Concrete Floor and Stairs

楼盖是房屋建筑的重要组成部分，常用的楼盖大多采用钢筋混凝土结构。在混合结构房屋中，楼盖（屋盖）的造价约占房屋总造价的 30% ~ 40%，其中钢材大部用在楼盖中；在 6 ~ 12 层的框架结构中，楼盖的用钢量约占 30% ~ 50%。因此，合理地选择楼盖结构的形式和正确地进行设计，将在较大程度上影响整个建筑物的技术经济指标。

钢筋混凝土平面楼盖结构的形式主要有：肋梁楼盖、无梁楼盖及密肋式楼盖。

由相交的梁和板组成的楼盖称之为肋梁楼盖。肋梁楼盖又分为单向板肋梁楼盖及双向板肋梁楼盖。楼板直接支承在柱上而不设梁的楼盖为无梁楼盖。以密铺小梁为主要构件的楼盖称为密肋式楼盖，但整体式密肋楼盖现已很少采用。

按施工方法又可将楼盖分为：现浇整体式楼盖、装配式楼盖及装配整体式楼盖。

本章将介绍几种常用的楼盖形式及其计算和构造要点，其中以整体式单向板肋梁楼盖为重点。此外，还将介绍楼梯的计算与构造要点。

13.1 现浇单向板肋梁楼盖的组成及结构布置

钢筋混凝土现浇楼盖具有整体性好和适应性强的优点。对于楼面荷载较大，平面形状复杂的建筑物，对于防渗、防漏或抗震要求较高的建筑物，或在构件运输和吊装有困难的场合，宜采用现浇肋梁楼盖。现浇楼盖的缺点是模板用量较多，现场工作量大。

现浇肋梁楼盖是钢筋混凝土楼盖结构中最普遍的形式，它既可以作为楼面和屋面，也可用作整片式基础以及桥梁、挡土墙、储水池的池顶和池底等结构，因此肋梁楼盖的计算原理和构造措施在工程结构中具有较普遍的意义。

现浇肋梁楼盖是由板、次梁和主梁（有时没有主梁）组成，三者整体相连。肋梁楼盖的板一般四边都有支承，板上荷载通过双向受弯传到支座上。当板的长边尺寸 l_2 与短边尺寸 l_1 的比大于 2 $\left(\frac{l_2}{l_1}>2\right)$ 时，板在楼面荷载作用下，主要沿短边方向弯曲（图 13-1 a），长边方向的弯曲很小，可以忽略不计，因而可以认为板是单向受弯的，板上荷载绝大部分沿短边方向传至次梁，这种板叫作单向板。楼板为单向板的楼盖称单向板肋梁楼盖。

当板的长边尺寸与短边尺寸的比小于 2 $\left(\frac{l_2}{l_1}\leqslant 2\right)$ 时，板的长边方向的弯曲不可忽略（图 13-1 b），板是双向受弯的，板上的荷载沿两个方向传到梁上，这种板叫双向板。由双向板组成的楼盖叫双向板肋梁楼盖。

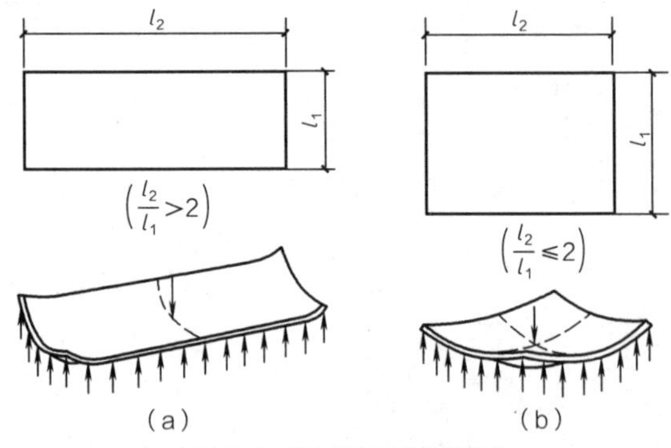

图 13-1 单向板与双向板的弯曲
（a）单向板；（b）双向板

13.1.1 结构平面布置

单向板肋梁楼盖的荷载传递途径为：板一次梁一主梁一柱或砖墙。次梁的间距即为板的跨度，主梁的间距为次梁的跨度，柱或墙的间距决定了主梁的跨度。工程实践表明，单向板、次梁、主梁常用跨度为，单向板：1.7 ~ 2.5 m，荷载较大时取较小值，一般不宜超过 3 m；

次梁：4 ~ 6 m；

主梁：5 ~ 8 m。

合理地布置柱网和梁格，是楼盖设计中的首要问题。因为这对建筑物的使用、造价和美观等方面都有很大的影响。单向板肋梁楼盖结构平面布置方案通常有以下三种：

（1）主梁横向布置，次梁纵向布置，如图 13-2（a）所示。其优点是主梁和柱可形成横向框架，横向抗侧移刚度大，各榀横向框架间由纵向的次梁相连，房屋的整体性较好。此外，由于外纵墙处仅设次梁，故窗户高度可开得大些，对采光有利。

（2）主梁纵向布置，次梁横向布置，如图 13-2（b）所示。这种布置适用于横向柱距比纵向柱距大得多的情况。它的优点是减小了主梁的截面高度，增加室内净高，但房屋横向刚度差一些。

（3）只布置次梁，不设主梁，如图 13-2（c）所示。它仅适用于有中间走道的砌体墙承重的混合结构房屋。

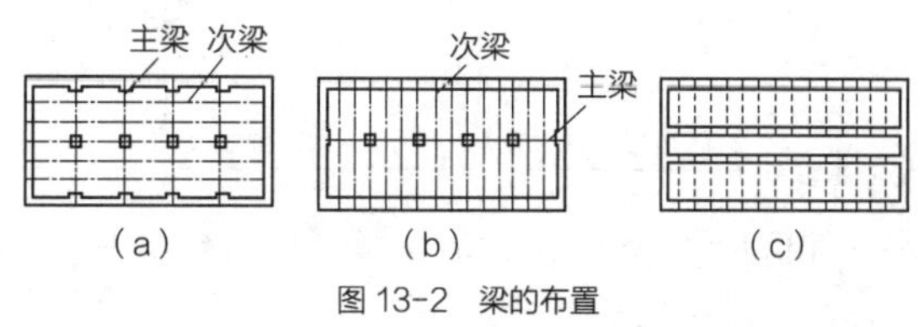

图 13-2　梁的布置

（a）主梁沿横向布置；（b）主梁沿纵向布置；（c）不设主梁

在进行楼盖的结构平面布置时，应注意以下问题：

（1）柱网的布置应与梁格统一考虑。柱网的柱距决定主梁和次梁的跨度。梁的跨度过大会造成梁截面过大而增加材料的用量；反之若柱距过小，则会影响房屋的使用。因此在柱网布置中，应综合考虑房屋的使用要求及梁的合理跨度。

（2）次梁的间距决定板的跨度及次梁的数量。次梁的间距增大，可使次梁的数量少一些，但会增加板的跨度，从而导致板厚的增加。最合理的次梁间距（即板的跨度）应当是在满足板的刚度、强度要求的同时，使板厚接近于构造所要求的最小厚度。

（3）受力合理。荷载传递要简捷，梁宜拉通，避免凌乱；主梁跨间最好不要只布置 l 根次梁，以减小主梁跨间弯矩的不均匀；尽量避免把梁，特别是主梁搁置在门、窗过梁上；在楼、屋面上有机器设备、冷却塔、悬挂装置等荷载比较大的地方，宜设次梁；楼板上开有较大尺寸（大于 800 mm）的洞口时，应在洞口周边设置加劲的小梁。

（4）满足建筑要求。不封闭的阳台、厨房间和卫生间的板面标高宜低于其他部位 30 ~ 50 mm（现时，有室内地面装修的，也常做平）；当不做吊顶时，一个房间平面内不宜只放 1 根梁。

（5）方便施工。梁的截面种类不宜过多，梁的布置尽可能规则，梁截面尺寸应考虑设置模板的方便，特别是采用钢模板时。

13.1.2　计算简图

构件（组）的结构计算简图包括计算模型及计算荷载两个方面。

1. 计算模型及简化假定

在现浇单向板肋梁楼盖中，板、次梁、主梁的计算模型为连续板或连续梁，其中，次梁是板的支座，主梁是次梁的支座，柱或墙是主梁的支座。为了简化计算，通常作如下简化假定：

（1）支座可以自由转动，但没有竖向位移。

（2）不考虑薄膜效应对板内力的影响。

（3）在确定板传给次梁的荷载以及次梁传给主

梁的荷载时，分别忽略板、次梁的连续性，按简支构件计算支座竖向反力。

（4）跨数超过五跨的连续梁、板，当各跨荷载相同，且跨度相差不超过 10%时，可按五跨的等跨连续梁、板计算。

假定支座处没有竖向位移，实际上忽略了次梁、主梁、柱的竖向变形对板、次梁、主梁的影响。柱子的竖向位移主要由轴向变形引起，在通常的内力分析中都是可以忽略的。忽略主梁变形，将导致次梁跨中弯矩偏小、主梁跨中弯矩偏大。当主梁的线刚度比次梁的线刚度大得多时，主梁变形对次梁内力的影响才比较小。次梁变形对板内力的影响也是这样。如要考虑这种影响，需按交叉梁系进行内力分析，比较复杂。

在荷载传递过程中，忽略梁、板连续性影响的假定（3），主要是为了简化计算，且误差也不大。

等跨连续梁，当其跨数超过五跨时，中间各跨的内力与第三跨非常接近，为了减少计算工作量，所有中间跨的内力和配筋都可以按第三跨来处理。等跨连续梁的内力有现成的图表可以利用，非常方便。对于非等跨，但跨度相差不超过 10%的连续梁也可借用等跨连续梁的内力图表，以简化计算。

2. 计算单元及面积

结构内力分析时，采用从实际结构中选取有代表性的一部分为计算对象，称为计算单元。

板通常取 1 m 宽板带作为计算单元，承受该板带（1 m 宽）上的均布荷载和板自重。次梁承受左右两边板上传来的均布荷载和次梁自重。主梁承受次梁传来的集中荷载和主梁自重；为了便于计算，一般将主梁自重折成几个集中荷载分别加在次梁传来的集中恒载中（图 13-3）。当计算板传给次梁和次梁传给主梁的荷载时，可不考虑结构连续性的影响。

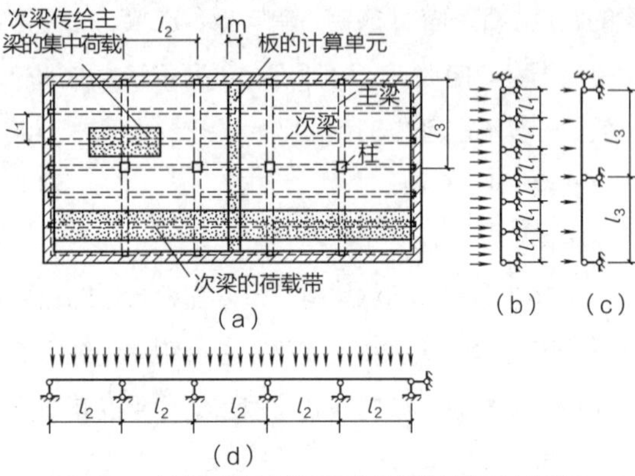

图 13-3 单向板交梁楼盖平面上的荷载划分及计算简图
（a）平面上的荷载划分；（b）板的计算简图；
（c）主梁的计算简图；（d）次梁的计算简图

对于支座，如梁、板支承在砖墙或砖柱上，可取为铰支座；如梁、板的支座是与板或梁整体连接的钢筋混凝土梁或柱时，柱对主梁弯曲转动的约束能力取决于主梁线刚度与柱子线刚度之比，当比值较大时，约束能力较弱。一般认为，当主梁的线刚度与柱子线刚度之比大于 5 时，可忽略这种影响，按连续梁模型计算主梁，支座仍近似地定为铰支座，否则应按梁、柱刚接的框架模型计算（图 13-4）。

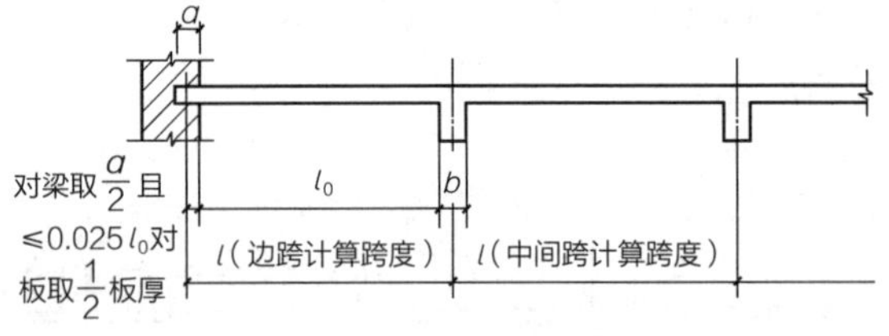

图 13-4 按弹性理论计算时连续梁、板的计算跨度

3. 计算跨度

连续梁、板的弯矩计算跨度为相邻两支座反力作用点间的距离。当按弹性理论计算方法时，中间各跨取支承中心线之间的距离；边跨由于端支座情况有差别，梁、板的计算跨度可按下述规定取值：

$$边跨梁\ l = l_0 + \frac{a}{2} + \frac{b}{2}\ 或\ l = l_0 + 1.025\ l_0 + \frac{b}{2}$$

两者中取小值，

边跨板 $l = l_0 + \frac{h}{2} + \frac{b}{2}$ 或 $l = l_0 + 1.025\ l_0 + \frac{b}{2}$

两者中取小值，

中间跨梁、板 $l = l_0 + b$，

式中　l_0——净跨度；

a——边跨支承长度；

b——中间支座支承宽度；

h——板厚。

4. 荷载分项系数

楼盖上的荷载有恒荷载和活荷载两类。恒荷载包括结构自重、建筑面层、固定设备等。活荷载包括人群、堆料和临时设备等。

恒荷载的标准值可按其几何尺寸和材料的重力密度计算。民用建筑楼面上的均布活荷载标准值可以从《建筑结构荷载规范》GB 50009—2012 的有关表格中查得。工业建筑楼面活荷载，在生产、使用或检修、安装时，由设备、管道、运输工具等产生的局部荷载，均应按实际情况考虑，可采用等效均布活荷载代替。

确定荷载效应组合的设计值时，恒荷载的分项系数取为：当其效应对结构不利时，对由活荷载效应控制的组合，取 1.2，对由恒荷载效应控制的组合，取 1.35；当其效应对结构有利时，对结构计算，取 1.0，对倾覆和滑移验算取 0.9。活荷载的分项系数一般情况下取 1.4，对楼面活荷载标准值大于 4 kN/m^2 的工业厂房楼面结构的活荷载，取 1.3。

对于民用建筑，当楼面梁的负荷范围较大时，负荷范围内同时布满活荷载标准值的可能性相当小，故可以对活荷载标准值进行折减。折减系数依据房屋的类别和楼面梁的负荷范围大小，从 0.6 ~ 1.0 不等。

5. 荷载的调整

前述简化假定（1）忽略了支座对被支承构件的转动约束。在连续梁、板的计算简图中，假定支座为理想的铰支座，支座对它们没有转动约束，这与实际情况是有出入的。以连续板为例，其支座为次梁，板与次梁整体相连，当板在荷载作用下在支座处发生转动时，作为支座的次梁由于两端固结在主梁上而不能自由转动，这样，板在支座处的转动受到了次梁的约束，从而减小了板的跨中弯矩值。同样情况也发生在次梁与主梁之间。但须指出，当活荷载隔跨作用时，支座处转动最大，支座的约束影响也最为显著，因而支座约束的有利因素主要体现在活荷载作用时。为了不改变计算简图而同时又考虑这种有利因素，在工程上近似地采取了减小活荷载加大恒载的办法（即调整活荷载与恒载的数值）以降低梁、板的弯矩值，折算荷载的取值如下：

$$\text{连续板}\quad g' = g + \frac{q}{2};\ q' = \frac{q}{2} \qquad (13\text{-}1)$$

$$\text{连续梁}\quad g' = g + \frac{q}{4};\ q' = \frac{3q}{4} \qquad (13\text{-}2)$$

式中　g、q——单位长度上恒荷载、活荷载设计值；

g'、q'——单位长度上折算恒荷载、折算活荷载设计值。

当板或梁搁置在砌体或钢结构上时，则荷载不作调整。

13.1.3　连续梁、板按弹性理论的内力计算方法

现浇整体式钢筋混凝土连续梁、板的内力，可采用两种方法计算：按弹性体系计算方法及按考虑塑性变形内力重分布计算方法。

按弹性体系计算方法是在假定结构构件为理想的匀质弹性体的基础上进行内力分析，因此可根据一般结构力学的原理计算梁、板的内力。为了减少

计算工作量，还可利用现成的等跨连续梁的内力计算表格。

1. 活荷载的不利布局

对于单跨梁，全部恒载和活荷载同时都作用在梁上时，会出现最大的内力；而对多跨连续梁，由于活荷载的可变性对梁的内力分布的影响很大。在很多情况下，对某些截面往往并不是所有荷载都同时满布于梁上时出现最大内力，因此需要研究活荷载作用的位置对连续梁内力的影响。

由弯矩分配法知，某一跨单独布置活荷载时，① 本跨支座为负弯矩，相邻跨支座为正弯矩，隔跨支座又为负弯矩；② 本跨跨中为正弯矩，相邻跨跨中为负弯矩，隔跨跨中又为正弯矩。

图 13-5 为五跨连续梁在恒载及某一跨布置活荷载时的弯矩图。恒载始终满布于梁的各跨，其弯矩图如图 13-5（a）所示。图 13-5（b）~（d）为活荷载依次作用在 1 至 3 跨上的弯矩图。研究这些弯矩和剪力分布规律以及不同组合后的效果，可以得出活荷载最不利布置的规律：

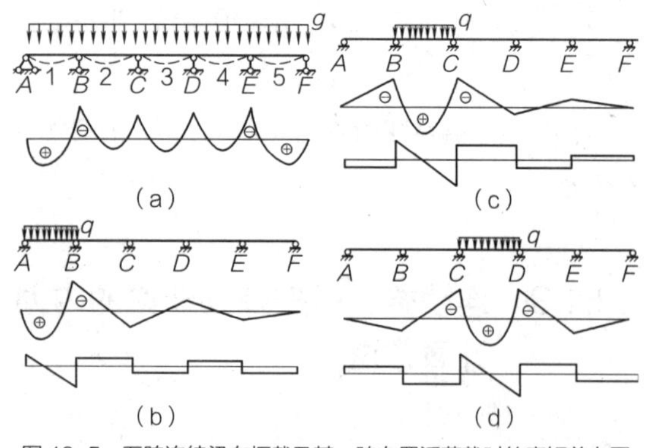

图 13-5 五跨连续梁在恒载及某一跨布置活荷载时的弯矩剪力图

（1）某跨跨内出现最大正弯矩时，活荷载在本跨布置，然后隔跨布置。

（2）某跨跨内出现最大负弯矩时，活荷载本跨不布置，而在其左右邻跨布置，然后隔跨布置。

（3）某支座出现绝对值最大的负弯矩时，或支座左、右截面最大剪力时，活荷载在该支座左右两跨布置，然后隔跨布置。

2. 内力包络图

根据上述最不利活荷载布置原则，五跨连续梁各主要截面弯矩和剪力最大值的荷载应按表 13-1 布置。

表 13-1 五跨等跨连续梁板各主要截面弯矩和剪力最大值的荷载布置

状况	计算内力	恒荷载布置	活荷载布置
A	$-M_{Bmax}$，V_{Bmax}	各跨满布	第 1、2、4 跨
B	$M_{1\,max}$，$M_{3\,max}$，V_{Amax}，$M_{2\,min}$	各跨满布	第 1、3、5 跨
C	$-M_{Cmax}$，V_{Cmax}，$-M_{Bmin}$	各跨满布	第 2、3、5 跨
D	$M_{2\,max}$，$M_{1\,min}$，$M_{3\,min}$	各跨满布	第 2、4 跨
E	$-M_{Dmax}$，V_{Dmax}，$-M_{Cmin}$	各跨满布	第 1、3、4 跨

注：由于结构对称，本表只列出左半边各主要截面最大（最小）内力的荷载布置。

将 A、B、C、D、E 五种受力情况的弯矩和剪力分别计算并绘成图形，然后将五种受力情况下的弯矩图和剪力图分别叠合在一起，形成图 13-6 所示的弯矩叠合图和剪力叠合图。此图的外包线所形成的图形叫作“弯矩包络图”（图 13-6 a）。弯矩包络图表示连续梁在各种不同位置的荷载作用下，各截面可能产生的最大弯矩：无论活荷载如何分布，梁的各截面上的弯矩，总不会超出该包络图所示的弯矩值。同样也可画出剪力包络图（图 13-6 b）。

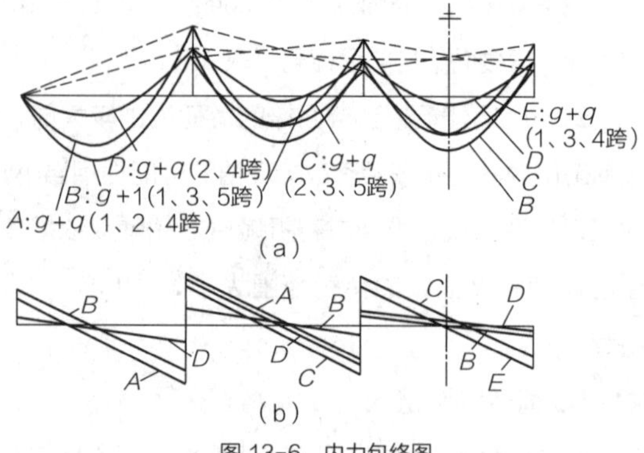

图 13-6 内力包络图

梁、板的截面就是根据这些可能出现的最大内力进行设计的。

3. 内力计算

现浇单向板肋梁楼盖按弹性方法设计时，连续梁、连续板的内力可以采取力法、位移法、弯矩分配法等方法计算。对于等跨连续梁、板，可由附录查出相应的弯矩、剪力系数，利用下列公式计算跨内或支座截面的最大内力。

均布及三角形荷载作用下：

$$M = k_1 gl^2 + k_2 ql^2 \tag{13-3}$$

$$V = k_3 gl + k_4 ql \tag{13-4}$$

集中荷载作用下：

$$M = k_5 Gl + k_6 P \tag{13-5}$$

$$V = k_7 G + k_8 P \tag{13-6}$$

式中　g、q——单位长度上的均布恒荷载设计值、均布活荷载设计值；

G、P——集中恒荷载设计值、集中活荷载设计值；

l——计算跨度；

k_1、k_2、k_5、k_6——弯矩系数；

k_3、k_4、k_7、k_8——剪力系数。

4. 支座弯矩和剪力设计值

按弹性理论计算连续梁内力时，由于其支座简化为铰支时忽略了支座的宽度，计算跨度是取支座中到中的距离，因而求得的支座弯矩是支座中线处的弯矩，该处弯矩值最大，但其截面并不是危险截面，因为与梁整体连接的支座可作为梁截面的一部分而参加梁的工作，而支座边缘截面的弯矩虽比支座中线处为小，但由于没有支座参加工作，因而支座边缘截面才是最危险的截面。在强度计算中应取支座边缘截面的弯矩作为支座截面配筋的根据，这样既符合实际情况，也比较经济。故取：

弯矩设计值：$M = M_c - V_0 \cdot \dfrac{b}{2}$　（13-7）

剪力设计值：

均布荷载：$V = V_c - (g + q) \cdot \dfrac{b}{2}$　（13-8）

集中荷载：$V = V_c$　（13-9）

式中　M_c、V_c——支承中心处的弯矩、剪力设计值；

V_0——按简支梁计算的支座剪力设计值（取绝对值）；

b——支座宽度。

13.1.4　超静定结构的塑性理论分析

1. 塑性铰及塑性变形

图 13-7 为一钢筋混凝土简支梁，受拉区配有适量的钢筋，在荷载作用下弯矩不断增加，跨中截面附近的钢筋应力首先达到屈服，之后该处钢筋的应变急剧增加，裂缝迅速扩大，受压区混凝土应力——应变亦急剧增加，形成一显著的塑性变形区，塑性变形区两侧的梁段绕塑性变形区而转动，直至受压区混凝土被压碎而破坏。在梁段转动过程中，塑性变形区好似一个铰，梁段绕该铰而转动，但它与理想铰有所不同，它只允许梁段（或它两侧的截面）在一定范围内沿一定方向做有限的转动，且能承受一个不变的弯矩，这个铰称为“塑性铰”，相应的弯矩称为“塑性弯矩”。

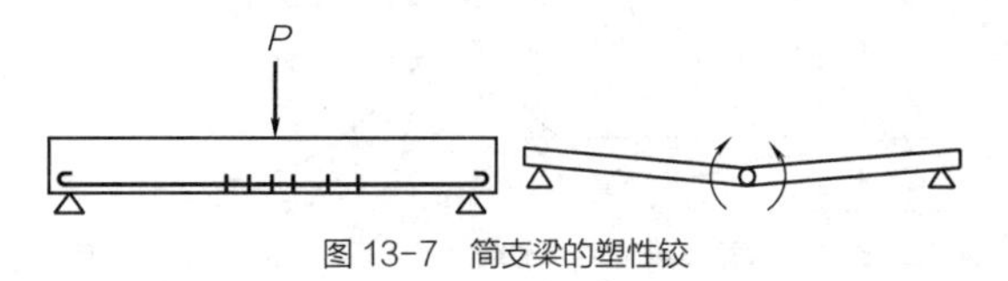

图 13-7　简支梁的塑性铰

2. 内力重分布

在简支梁中，当某个截面出现塑性铰后，即变成几何可变体系而失去承载力；但对超静定连续梁，由于存在多余的联系，在某个截面出现塑性铰后，只能减少一个多余联系，还不足以使构件变成可变体系，还能继续承受后续的荷载；不过，此时梁的工作（计算）简图已有所改变，内力不再按原来的规律分布，塑性变形带来了内力重分布。

以图 13-8 中两跨连续梁为例，如按弹性体系计算，其支座最大弯矩为 M_B，跨中最大弯矩为 M_1。鉴于支座弯矩较大，为了使支座的钢筋不致配得太多而过于拥挤，在截面设计时人为地将支座截面钢筋配得少一些，即按小于 M_B 的某一弯矩值 M'_B 配筋，而跨中截面的钢筋则适当加大。这样，当荷载加到使支座截面弯矩到达 M'_B 时，支座上便形成塑性铰。荷载继续增大后，作为塑性铰的中间支座截面只能发生转动而弯矩保持为 M'_B 不变，其两边跨中截面的弯矩仍可随荷载的增大而增大，但后加荷载引起的弯矩增量是在两跨梁内以简支梁的工作状态下形成的（此时梁的两端均在转动），当全部荷载 q 作用时，跨中最大弯矩为 M'_1，其值比按弹性体系计算的 M_1 大，这就促成了支座截面的内力向跨中截面转移，内力发生重分布。这就是连续梁考虑塑性变形内力重分布的概念，利用它在参照梁的弯矩包络图的情况下调整连续梁的支座弯矩及跨中弯矩，可取得经济上的效益。

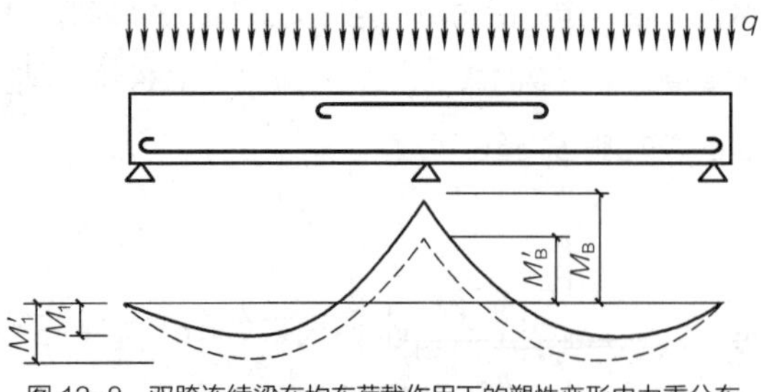

图 13-8 双跨连续梁在均布荷载作用下的塑性变形内力重分布

3. 考虑内力重分布的意义和适用范围

超静定混凝土结构在承载过程中，由于混凝土的非弹性变形、裂缝的出现和发展、钢筋的锚固滑移，以及塑性铰的形成和转动等因素的影响，结构构件的刚度在各受力阶段不断发生变化，从而使结构的实际内力与变形明显地不同于按刚度不变的弹性理论算得的结果。所以在设计混凝土连续梁、板时，恰当地考虑结构的内力重分布，不仅可以使结构的内力分析与截面设计相协调，而且具有以下优点：

（1）能更正确地估计结构的承载力和使用阶段的变形、裂缝。

（2）利用结构内力重分布的特性，合理调整钢筋布置，可以克服支座钢筋拥挤现象，简化配筋构造，方便混凝土浇捣，从而提高施工效率和质量。

（3）根据结构内力重分布规律，在一定条件和范围内可以人为控制结构中的弯矩分布，从而使设计得以简化。

（4）可以使结构在破坏时有较多的截面达到其承载力极限，从而充分发挥结构的潜力，有效地节约材料。

考虑内力重分布是以形成塑性铰为前提的，因此下列情况不宜采用：

（1）在使用阶段不允许出现裂缝或对裂缝开展有较严格限制的结构，如水池池壁、自防水屋面，以及处于侵蚀性环境中的结构。

（2）直接承受动力和重复荷载的结构。

（3）预应力结构和二次受力叠合结构。

（4）要求有较高安全储备的结构。

13.1.5 连续梁、板按调幅法的内力计算

1. 调幅法的概念和原则

超静定混凝土结构考虑塑性内力重分布的计算方法很多，但只有弯矩调幅法为多数国家的设计规

范所采用。我国颁布的《钢筋混凝土连续梁和框架梁考虑内力重分布设计规程》CECS　51：93 也推荐用弯矩调幅法来计算钢筋混凝土连续梁、板和框架的内力。该方法概念明确、计算方便。在我国积累有较多的工程实践经验，为设计人员所熟悉，有利于保证设计质量。

所谓弯矩调幅法，就是对结构按弹性理论所算得的弯矩值和剪力值进行适当的调整。通常是对那些弯矩绝对值较大的截面弯矩进行调整，然后按调整后的内力进行截面设计和配筋构造，是一种实用设计方法。截面弯矩的调整幅度用弯矩调幅系数 β 来表示，即：

$$\beta=\frac{M_e-M_a}{M_e} \qquad (13\text{-}10)$$

式中　M_e——按弹性理论算得的弯矩值；

M_a——调幅后的弯矩值。

综合考虑影响内力重分布的影响因素后，我国新修订的《混凝土结构设计规范》GB 50010—2010（2015 年版）提出了下列设计原则：

（1）弯矩调幅后引起结构内力图形和正常使用状态的变化，应进行验算，或有构造措施加以保证。

（2）受力钢筋宜采用 HRB335 级、HRB400 级热轧钢筋，混凝土强度等级宜在 C20 ~ C45 范围。截面的相对受压区高度 ξ 应满足 $0.10\leqslant\xi\leqslant0.35$。

弯矩调幅法按下列步骤进行：

（1）用线弹性方法计算，并确定荷载最不利布置下的结构控制截面的弯矩最大值 M_e；

（2）采用调幅系数 β 降低各支座截面弯矩，即设计值按下式计算：

$$M=(1-\beta)M_e \qquad (13\text{-}11)$$

其中 β 值不宜超过 0.2。

（3）结构的跨中截面弯矩值应取弹性分析所得的最不利弯矩值和按下式计算值中之较大值

$$M=1.02M_0-\frac{1}{2}(M^l+M^r) \qquad (13\text{-}12)$$

式中　M_0——按简支梁计算的跨中弯矩设计值。

M^l、M^r——连续梁或连续单向板的左、右支座截面弯矩调幅后的设计值。

（4）调幅后，支座和跨中截面的弯矩值均应不小于 M_0 的 $\frac{1}{3}$。

（5）各控制截面的剪力设计值按荷载最不利布置和调幅后的支座弯矩由静力平衡条件计算确定。

2. 用调幅法计算等跨连续梁、板

在相等均布荷载和间距相同、大小相等的集中荷载作用下，等跨连续梁各跨跨中和支座截面的弯矩设计值 M 可分别按下列公式计算：

承受均布荷载时：

$$M=\alpha_m(g+q)l_0^2 \qquad (13\text{-}13)$$

承受集中荷载时：

$$M=\eta\alpha_m(G+Q)l_0 \qquad (13\text{-}14)$$

式中　g——沿梁单位长度上的恒荷载设计值；

q——沿梁单位长度上的活荷载设计值；

G——一个集中恒荷载设计值；

Q——一个集中活荷载设计值；

α_m——连续梁考虑塑性内力重分布的弯矩计算系数，按表 13-2 采用；

η——集中荷载修正系数，按表 13-3 采用；

l_0——计算跨度，按表 13-4 采用。

在均布荷载和间距相同、大小相等的集中荷载作用下，等跨连续梁支座边缘的剪力设计值 y 可分别按下列公式计算：

（1）均布荷载：

$$V=\alpha_v(g+q)l_n \qquad (13\text{-}15)$$

（2）集中荷载：

$$V=\alpha_v n(G+Q) \qquad (13\text{-}16)$$

式中 α_v——考虑塑性内力重分布梁的剪力计算系数，按表 13-5 采用；

l_n——净跨度；

n——跨内集中荷载的个数。

表 13–2 连续梁和连续单向板考虑塑性内力重分布的弯矩计算系数 α_m

支承情况		截面位置					
		端支座	边跨跨中	离端第二支座	离端第二跨跨中	中间支座	中间跨跨中
		A	Ⅰ	B	Ⅱ	C	Ⅲ
梁、板搁支在墙上		0	$\frac{1}{11}$	二跨连续：$-\frac{1}{10}$ 三跨以上连续：$-\frac{1}{11}$	$\frac{1}{16}$	$-\frac{1}{14}$	$\frac{1}{16}$
板	与梁整浇连接	$-\frac{1}{16}$	$\frac{1}{14}$				
梁	与梁整浇连接	$-\frac{1}{24}$					
梁与柱整浇连接		$-\frac{1}{16}$	$\frac{1}{14}$				

注：① 表中系数适用于荷载比 $\frac{q}{g}>0.3$ 的等跨连续梁和连续单向板；

② 连续梁或连续单向板的各跨长度不等，但相邻两跨的长跨与短跨之比值小于 1.10 时，仍可采用表中弯矩系数值。计算支座弯矩时应取相邻两跨中的较长跨度值，计算跨中弯矩时应取本跨长度。

表 13–3 集中荷载修正系数 η

荷载情况	截面					
	A	Ⅰ	B	Ⅱ	C	Ⅲ
当在跨中中点处作用一个集中荷载时	1.5	2.2	1.5	2.7	1.6	2.7
当在跨中三分点处作用两个集中荷载时	2.7	3.0	2.7	3.0	2.9	3.0
当在跨中四分点处作用三个集中荷载时	3.8	4.1	3.8	4.5	4.0	4.8

表 13–4 梁、板的计算跨度 l_0

支承情况	计算跨度	
	梁	板
两端与梁（柱）整体连接	净跨 l_n	净跨 l_n
两端支承在砖墙上	$1.05\,l_n$ $(\leqslant l_n+b)$	l_n+h $(\leqslant l_n+a)$
一端与梁（柱）整体连接，另一端支承在砖墙上	$1.025\,l_n$ $\left(\leqslant l_n+\frac{b}{2}\right)$	$l_n+\frac{h}{2}$ $\left(\leqslant l_n+\frac{a}{2}\right)$

注：表中 b 为梁的支承宽度，a 为板的搁置长度，h 为板厚。

表 13–5 连续梁考虑塑性内力重分布的剪力计算系数 α_v

支承情况	截面位置				
	A 支座	离端第二支座		中间支座	
	内侧 A_{in}	外侧 B_{ex}	内侧 B_{in}	外侧 C_{ex}	内侧 C_{in}
搁支在墙上	0.45	0.60	0.55	0.55	0.55
与梁或柱整体连接	0.50	0.55			

（3）等跨连续板：

承受均布荷载的等跨连续单向板，各跨跨中及支座截面的弯矩设计值 M 可按下式计算：

$$M=\alpha_m(g+q)\,l_0^2 \qquad (13\text{-}17)$$

式中 g、q——沿板跨单位长度上的恒荷载设计值、活荷载设计值；

α_m——连续单向板考虑塑性内力重分布的弯矩计算系数，按表 13-2 采用；

l_0——计算跨度，按表 13-4 采用。

13.1.6 截面设计与配筋构造

1. 板

（1）板的截面设计

现浇钢筋混凝土单向板的厚度 h 除应满足建筑功能外，还应符合下列要求：

跨度＜1 500 mm 的屋面板 $h\geqslant 50$ mm；

跨度≥1 500 mm 的屋面板 $h\geqslant 60$ mm；

民用建筑楼板 $h\geqslant 60$ mm；

工业建筑楼板 $h\geqslant 70$ mm。

此外，为了保证刚度，单向板的厚度尚应不小于跨度的 $\frac{1}{40}$（连续板）、$\frac{1}{35}$（简支板）以及 $\frac{1}{12}$（悬臂板）；因为板的混凝土用量占整个楼盖的 50%以上，因此在满足上述条件的前提下，板厚应尽可能薄些。板的配筋率一般为 0.3% ~ 0.8%。

现浇板在砌体墙上的支承长度不宜小于120 mm。

由于板的跨高比远比梁小，对于一般工业与民用建筑楼盖，仅混凝土就足以承担剪力，可不必进行斜截面受剪承载力计算。

（2）板内拱的作用

在板的内力计算中，由于板破坏前在支座附近板的上部以及在跨中板的下部有裂缝存在，使板形成了一个具有一定矢高的拱（图13-9）。如果板的四周与梁整体连接则拱的支座（梁）具有抵抗横向位移的能力，支座处将产生附加推力以平衡拱中的压力，从而提高了板的承载能力。为了考虑四边与梁整体连接的中间区格单向板拱作用的有利因素，对中间区格的单向板，其中间跨的跨中截面弯矩及支座截面弯矩可各折减20%，但边跨的跨中截面弯矩及第一支座截面弯矩则不折减。

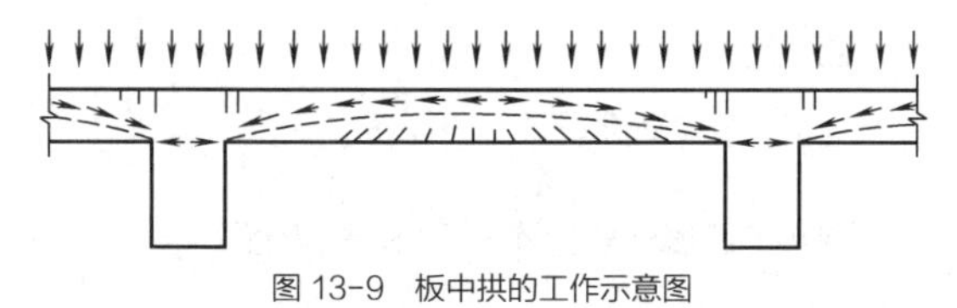

图13-9　板中拱的工作示意图

（3）板内配筋构造

1）板中受力筋：板内受力钢筋有承受负弯矩板面负筋和承受正弯矩的正筋两种。常用直径为ϕ6、ϕ8、ϕ10、ϕ12等。正钢筋采用HPB300级钢筋时，端部采用半圆弯钩，负钢筋端部应做成直钩支撑在底模上。为了施工中不易被踩下，负钢筋直径一般不小于ϕ8。对于绑扎钢筋，当板厚$h \leqslant 150$ mm时，间距不应大于200 mm；$h > 150$ mm时，不应大于$1.5h$，且不应大于300 mm。伸入支座的钢筋，其间距不应大于400 mm，且截面积不得少于受力钢筋的$\frac{1}{3}$。钢筋间距也不宜小于70 mm。在简支板支座处或连续板端支座及中间支座处，下部正钢筋伸入支座的长度不应小于$5d$。

为了施工方便，选择板内正、负钢筋时，一般宜使它们的间距相同而直径不同，直径不宜多于两种。

连续板受力钢筋的配筋方式有弯起式和分离式两种，见图13-10。弯起式配筋是将相邻跨的一部分跨中受力筋（通常为$\frac{1}{3}\sim\frac{1}{2}$）在支座附近弯起，以承受支座上的负弯矩。弯起式配筋的钢筋锚固较好，可节省钢材，但施工较复杂。分离式配筋是将跨中受正弯矩的钢筋与支座上受负弯矩的钢筋分离放置。分离式配筋的施工简便，但钢筋用量较大，钢筋的锚固不如弯起式，但设计和施工都比较方便，是目前最常用的方式。当板厚超过120 mm且承受的动荷载较大时，不宜采用分离式配筋。

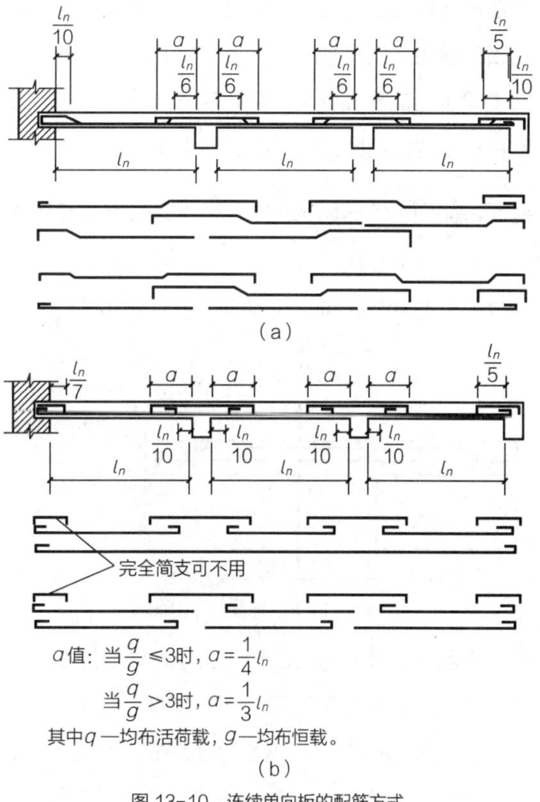

图13-10　连续单向板的配筋方式
（a）弯起式；（b）分离式

2）板中构造钢筋：连续单向板除了按计算配置

受力钢筋外，通常还应布置以下四种构造钢筋：

分布钢筋：在平行于单向板的长跨，与受力钢筋垂直的方向设置分布筋，分布筋放在受力筋的内侧。分布筋的截面面积不应少于受力钢筋的 10%，且每米宽度内不少于 3 根，在受力钢筋的弯折处也宜设置分布筋。

分布筋具有以下主要作用：① 浇筑混凝土时固定受力钢筋的位置；② 承受混凝土收缩和温度变化所产生的内力；③ 承受并分布板上局部荷载产生的内力；④ 对四边支承板，可承受在计算中未计及但实际存在的长跨方向的弯矩。

与主梁垂直的附加负筋：由于板与主梁整体连接，在主梁上部的板中实际上存在着一定的负弯矩，这在计算中可以不考虑，但为了避免出现裂缝，应在该区沿主梁梁长方向每米长度内配置不少于 5 根与主梁垂直的附加钢筋，其直径不小于 6 mm，在单位长度内的截面面积不小于板中单位长度内受力钢筋截面面积的$\frac{1}{3}$，钢筋伸入板中的长度从梁边算起每边不小于板净跨的$\frac{1}{4}$，如图 13-11 所示。

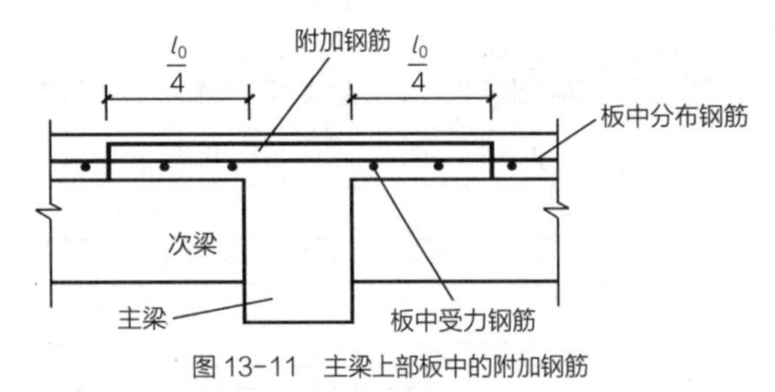

图 13-11 主梁上部板中的附加钢筋

与承重砌体墙垂直的附加负筋：对嵌固在承重墙内的板，为了避免沿墙边产生裂缝，在板的上部每米长度内应配置 5 根 $\phi 6$ 的构造钢筋（包括弯起钢筋在内），其伸出墙边的长度不小于$\frac{l_1}{7}$，l_1 为板的短边长度。

板角附加钢筋：对两边均嵌固在墙内的板角部分，应双向配置上述构造筋，其伸出长度应不小于$\frac{1}{4}l_1$，配置在离墙边$\frac{1}{4}l_1$的范围内，如图 13-12 所示。

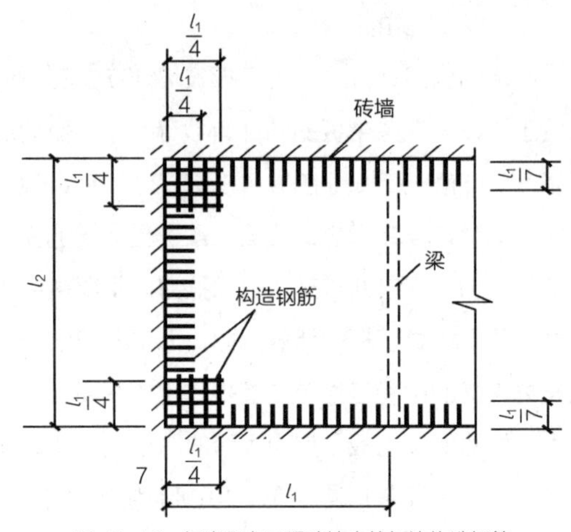

图 13-12 板嵌固在承重砖墙内的板边构造钢筋

2. 次梁

（1）次梁截面设计

次梁的跨度一般为 4 ~ 6 m，高跨比取$\frac{1}{18}$ ~ $\frac{1}{12}$；宽高比取$\frac{1}{3}$ ~ $\frac{1}{2}$。纵向钢筋的配筋率一般为 0.6% ~ 1.5%。

在现浇肋梁楼盖中，板可作为次梁的上翼缘。在跨内正弯矩区段，板位于受压区，故应按 T 形截面计算；在支座附近的负弯矩区段，板处于受拉区，应按矩形截面计算。

（2）配筋构造

次梁的配筋方式也有弯起式和连续式，如图 13-13 所示。沿梁长纵向钢筋的弯起和切断，原则上应按弯矩及剪力包络图确定。但对于相邻跨度相差不超过 20%，活荷载和恒荷载的比值$\frac{q}{g} \leqslant 3$的连续梁，可参考图 13-13 布置钢筋。

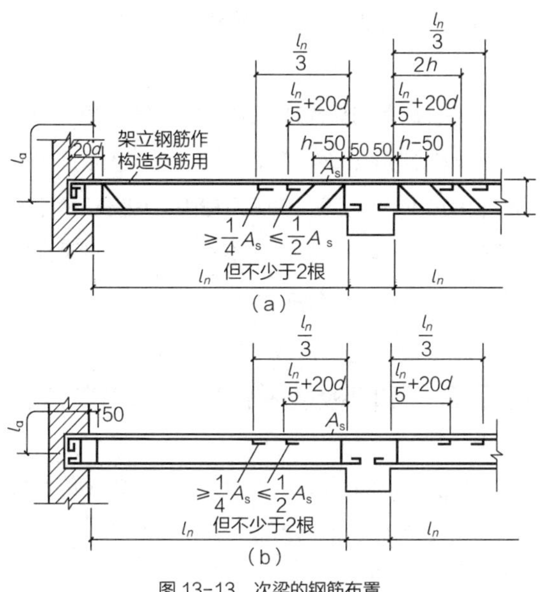

图 13-13　次梁的钢筋布置
（a）有弯起钢筋；（b）无弯起钢筋

3. 主梁

主梁的跨度一般为 5～8 m；梁高为跨度的 $\frac{1}{15}\sim\frac{1}{10}$。主梁除承受自重和直接作用在主梁上的荷载外，主要是次梁传来的集中荷载。为简化计算，可将主梁的自重等效成集中荷载，其作用点与次梁的位置相同。因梁、板整体浇筑，故主梁跨内截面按 T 形截面计算，支座截面按矩形截面计算。

如果主梁是框架横梁，水平荷载（如风载、水平地震作用等）也会在梁中产生弯矩和剪力，此时，应按框架梁设计。

由于在主梁支座处的板、次梁和主梁纵横交错，其负弯矩钢筋相互交叉重叠，致使主梁承受负弯矩的纵筋位置下移，梁的有效高度减小。所以在计算主梁支座截面负钢筋时，截面有效高度 h_0 应按图 13-14 确定，具体为：一排钢筋时，$h_0 = h -（50\sim60）$mm；两排钢筋时 $h_0 = h - (70\sim80)$ mm，h 是截面高度。

次梁与主梁相交处，在主梁高度范围内受到次梁传来的集中荷载的作用。此集中荷载并非作用在主梁顶面，而是靠次梁的剪压区传递至主梁的腹部，特别是当集中荷载作用在主梁的受拉区时，会在梁腹部产生斜裂缝，而引起的局部破坏。为此，需设置附加横向钢筋，把此集中荷载传递到主梁顶部受压区。

附加横向钢筋应布置在长度为 $s = 2h_1 + 3b$ 的范围内（图 13-15）。附加横向钢筋可采用附加箍筋和吊筋，宜优先采用附加箍筋。附加箍筋和吊筋的总截面面积按下式计算

$$F_1 \leqslant 2f_y A_{sb}\sin\alpha + mnf_{yv}A_{sv1} \qquad (13\text{-}18)$$

式中　F_1——由次梁传递的集中力设计值；

f_y——吊筋的抗拉强度设计值；

f_{yv}——附加箍筋的抗拉强度设计值；

A_{sb}——吊筋的截面积；

A_{sv1}——单肢箍筋的截面积；

m——附加箍筋的排数；

n——在同一截面内附加箍筋的肢数；

α——吊筋与梁轴线间的夹角。

主梁搁置在砌体上时，应设置梁垫，并进行砌体的局部受压承载力计算。主梁纵向钢筋的弯起和切断，原则上应按弯矩包络图和剪力包络图确定。

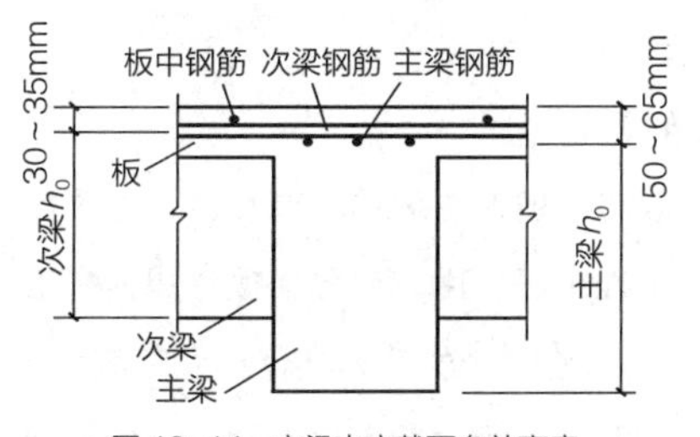

图 13-14　主梁支座截面有效高度

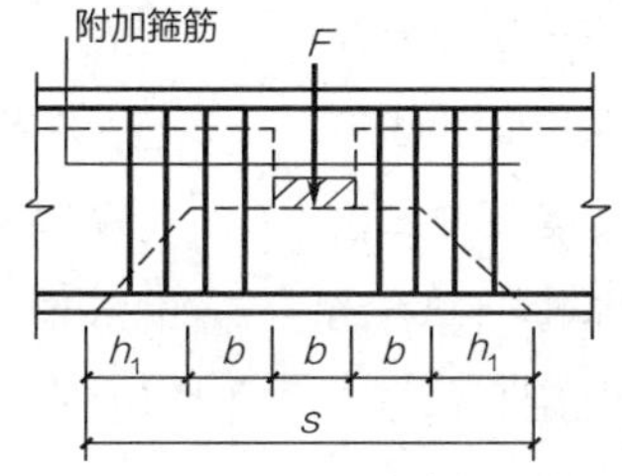

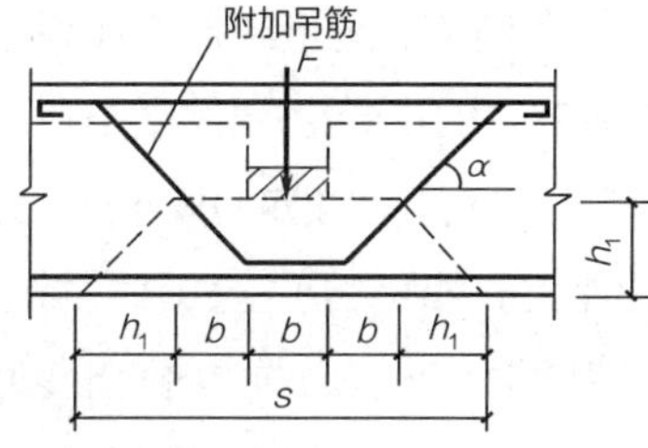

图 13-15　梁的附加横向钢筋的布置

13.2 现浇双向板肋梁楼盖

13.2.1 双向板的受力特点

双向板肋梁楼盖的梁格可以布置成正方形或接近正方形，外观整齐美观，常用于民用房屋的大厅处；当楼盖为 5 m 左右方形区格且使用荷载较大时，双向板楼盖比单向板楼盖经济，所以也常用于工业房屋的楼盖。

双向板的工作特点是两个方向同时工作，在荷载作用下，荷载分配给两个方向承担，板双向受弯。两个方向的弯矩与板的边长比有关，板在短跨方向的弯矩大。图 13-16 为受均布荷载 q 作用的四边简支板的受力特征，当 $l_1 > l_2$ 时，板带 l_2 的曲率要比 l_1 板带大，相应地 l_2 板带所受的弯矩也就大，换言之，由短跨方向板带所承担的部分表面荷载亦多。

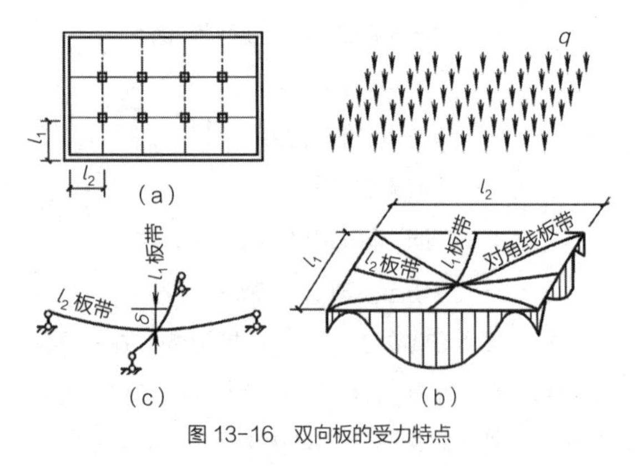

图 13-16 双向板的受力特点

我国《混凝土结构设计规范》GB 50010—2010（2015 年版）当长边与短边长度之比小于或等于 2.0 时，应按双向板计算；当长边与短边长度之比大于 2.0，但小于 3.0 时，宜按双向板计算；当按沿短边方向受力的单向板计算时，应沿长边方向布置足够数量的构造钢筋；当长边与短边长度之比大于或等于 3.0 时，可按沿短边方向受力的单向板计算。

双向板比单向板优越，受力好，板的刚度也好。故双向板的跨度可做到 5 m 左右，双向板板厚也较同跨度的单向板为薄。实际工程中，板区格两个方向边长比大于等于 3 的情况不多，因此双向板肋梁楼盖在工程中应用十分广泛。

13.2.2 双向板按弹性理论的内力计算

双向板的计算方法也有两种：弹性理论的计算方法及考虑塑性变形内力重分布的计算方法，本节仅介绍弹性体系的计算方法。

1. 单跨双向板

当板厚远小于板短边边长的 $\frac{1}{30}$，且板的挠度远小于板的厚度时，双向板可按弹性薄板理论计算，但比较复杂。实际工程中可通过查表方法获取相应系数进行计算，附录 4 中列出在均布荷载作用下六种支承情况板的弯矩系数和挠度系数。计算时，只需根据实际支承情况和短跨与长跨的比值，直接查出弯矩系数，即可算得有关弯矩：

$$m = \text{表中系数} \times p l_{01}^2 \qquad (13\text{-}19)$$

式中 m——跨中或支座单位板宽内的弯矩设计值，kN · m/m；

p——均布荷载设计值，kN/m^2；

l_{01}——短跨方向的计算跨度，m；计算方法与单向板相同。

2. 多跨连续双向板

多跨连续双向板按弹性理论的精确计算是很复杂的。因此，工程中多采用以单区格板计算为基础的实用计算方法。此方法假定支承梁不产生竖向位移且不受扭；同时还规定，双向板沿同一方向相邻跨度的比值$\frac{l_{min}}{l_{max}} \geqslant 0.75$，以免计算误差过大。

（1）跨中最大正弯矩

计算多跨连续双向板的最大弯矩，应和多跨连续单向板一样，需要考虑活荷载的不利位置。在确定活荷载的最不利位置时，采用了既能接近实际情况又便于利用单跨板计算表的布置方案：当求支座负弯矩时，楼盖各区格板均满布活荷载；当求跨中正弯矩时，在该区格及其前后左右每隔一区格布置活荷载。即棋盘式布置（见图 13-17）。

为了利用已有的单跨板弯矩系数表，计算时可将荷载分解为正反两种对称情况，即图 13-17（b）、（c）形式。其荷载分别为：

$$g' = g + \frac{1}{2}q \text{——正对称}$$

$$q' = \pm\frac{1}{2}q \text{——反对称}$$

这里 g 是均布恒荷载，q 是均布活荷载。在正对称荷载分布情况下（图 13-17 b），由于各内支座两侧均作用有对称的荷载，故连续双向板的内支座上转动很小，可视为嵌固边，可以利用附表 4 的弯矩系数及式（13-19）分别按单跨板计算，只是公式中荷载项改为 g'。

在反对称荷载分布情况下（图 13-17 c），内支座截面的转动很大且该处为板带的反弯点，弯矩为零。亦可以利用附表 4 的弯矩系数及式（13-19）按单跨板计算，只是将式中的（$g+g$）改为 q'。

将以上两种情况叠加，得到各区格板的跨中最大弯矩。

（2）支座最大负弯矩

支座最大负弯矩可近似按满布活荷载时求得。这时认为各区格板都固定在中间支座上，楼盖周边仍按实际支承情况确定，然后按单块双向板计算出各支座的负弯矩。由相邻区格板分别求得的同一支座负弯矩不相等时，取绝对值的较大值作为该支座最大负弯矩。

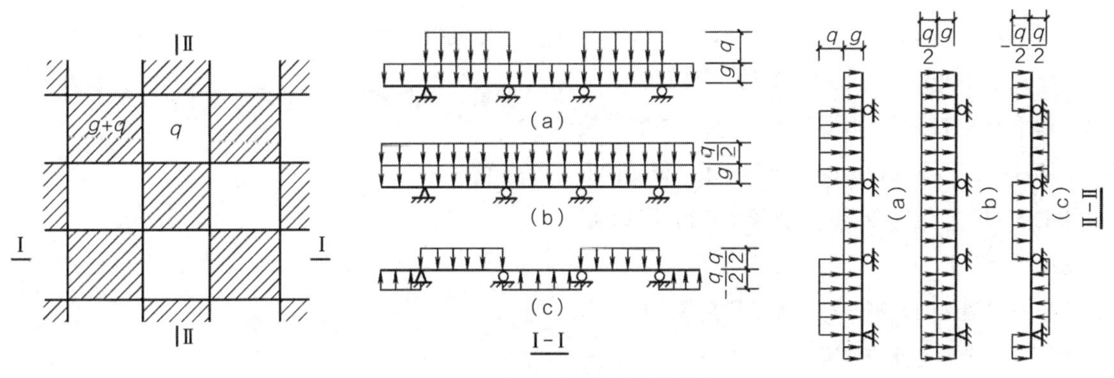

图 13-17　多跨连续双向板的计算简图

13.2.3　支承梁按弹性理论的内力计算

双向板承受的荷载将朝最近的支承梁传递。因此，支承梁承受的荷载可用从板角作 45′分角线的方法确定。如为正方形板，则四条分角线将相交于一点，双向板支承梁的荷载均为三角形荷载。如为矩形板，四条分角线分别交于两点，该两点的连线平行于长边方向。这样，将板上荷载分成四个部分，短边支承梁承受三角形荷载，长边支承梁承受梯形荷载，见图 13-18。

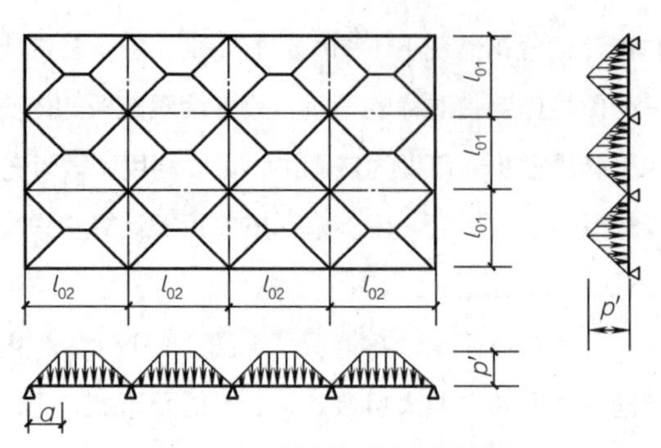

图 13-18 双向板支承梁承受的荷载

按弹性理论设计计算梁的支座弯矩时，可按支座弯矩等效的原则，按下式将三角形荷载和梯形荷载等效为均布荷载 p_e。

三角形荷载作用时：

$$p_e = \frac{5}{8}p' \tag{13-20}$$

梯形荷载作用时：

$$p_e = (1 - 2\alpha_1^2 + \alpha_1^3)p' \tag{13-21}$$

式中 $p' = p \cdot \frac{l_{02}}{2} = (g+q) \cdot \frac{l_{02}}{2}$

g、q——分别为板面的均布恒荷载和均布活荷载；

l_{01}、l_{02}——分别为长跨与短跨的计算跨度。

对于无内柱的双向板楼盖，通常称为井字形楼盖。这种楼盖的双向板仍按连续双向板计算，其支承梁的内力则按结构力学的交叉梁系进行计算，或查有关设计手册。

当考虑塑性内力重分布计算支承梁内力时，可在弹性理论求得的支座弯矩基础上，进行调幅，选定支座弯矩后，利用静力平衡条件求出跨中弯矩。

13.2.4 双向板的截面设计与构造要求

1. 截面设计

对于周边与梁整体连接的双向板，由于在两个方向受到支承构件的变形约束，整块板内存在穹顶作用，使板内弯矩大大减小。鉴于这一有利因素，对四边与梁整体连结的板，规范允许其弯矩设计值按下列情况进行折减：

（1）中间跨和跨中截面及中间支座截面，减小 20%。

（2）边跨的跨中截面及楼板边缘算起的第二个支座截面，当 $\frac{l_b}{l_0} < 1.5$ 时减小 20%；当 $1.5 \leqslant \frac{l_b}{l_0} \leqslant 2.0$ 时减小 10%，式中 l_0 为垂直于楼板边缘方向板的计算跨度；l_b 为沿楼板边缘方向板的计算跨度。

（3）楼板的角区格不折减。

由于是双向配筋，两个方向的截面有效高度不同。考虑到短跨方向的弯矩比长跨方向的大，故应将短跨方向的跨中受拉钢筋放在长跨方向的外侧，以期具有较大的截面有效高度。通常其取值分别如下：短跨方向，$h_{01} = h - 20$（mm）；长跨方向，$h_{02} = h - 30$（mm），其中 h 为板厚。

2. 构造要求

双向板的厚度不宜小于 80 mm。由于挠度不另作验算，双向板的板厚与短跨跨长的比值为 $\frac{h}{l_{01}}$，应满足要求：

$$简支板 \quad \frac{h}{l_{01}} \geqslant \frac{1}{45}$$

$$连续板 \quad \frac{h}{l_{01}} \geqslant \frac{1}{50}$$

双向板的配筋形式与单向板相似，有弯起式和分离式两种。

按弹性理论方法设计时，所求得的跨中正弯矩钢筋数量是指板的中央处的数量，靠近板的两边，其数量可逐渐减少。考虑到施工方面，可按下述方法配置：将板在 l_{01} 和 l_{02} 方向各分为三个板带，如

图 13-19 所示。两个方向的边缘板带宽度均为$\frac{l_{01}}{4}$，其余则为中间板带。在中间板带上，按跨中最大正弯矩求得的单位板宽内的钢筋数量均匀布置；而在边缘板带上，按中间板带单位板宽内的钢筋数量一半均匀布置。

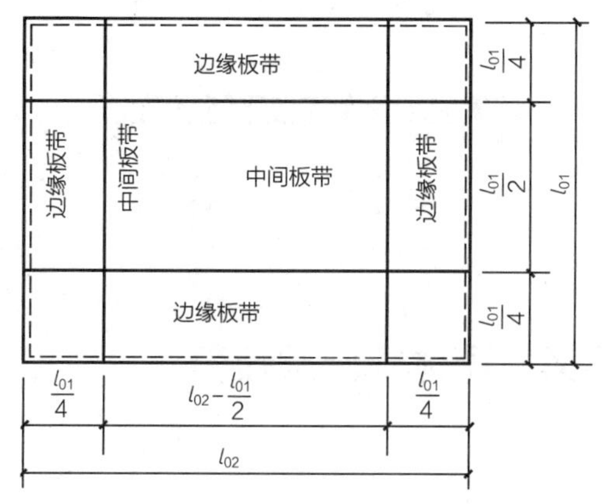

图 13-19　板带的划分

支座上承受负弯矩的钢筋，按计算值沿支座均匀布置，并不在板带内减少。

受力钢筋的直径、间距及弯起点、切断点的位置等规定，与单向板的有关规定相同。

13.3　井式楼盖与双向密肋楼盖

13.3.1　井式楼盖

钢筋混凝土现浇井式楼盖由双向板和交叉梁格组成，这些梁不分主梁与次梁，而是互相协同工作，共同承受板上传来的荷载，这种楼盖楼板是四边支承在梁上的双向板，两个方向的梁各自支承在四边的墙（或周边大梁）上，整个梁格成为四边支承的双向受弯结构体系。整个楼盖像一块双向带肋的大型双向楼板。

它与现浇单向板肋形楼盖的主要区别是，两个方向梁的截面高度通常相等，没有主梁与次梁之分，共同承受楼板传来的荷载。它与现浇双向板肋形楼盖的主要区别是，在梁的交叉点处不设柱，梁的间距一般为 1.5 ~ 3 m，比双向板肋形楼盖中梁的间距小。

其梁格可布置成正交正置的（图 13-20 a、b）和正交斜置的（图 13-20 c）。为了充分发挥两个方向梁的作用，前者适合用于正方形或接近正方形（长边与短边之比不大于 1.5）的长方形或正方形平面。井字梁通常以房屋四周的墙或刚度较大的边梁作为支座，以避免梁端支承的不均匀沉陷。梁的截面高度取 $h=\frac{1}{18}l\sim\frac{1}{16}l$，梁宽 $b=\frac{h}{4}\sim\frac{h}{3}$，$l$ 为楼盖平面的短边长度；当梁的间距较小时，梁截面高度可取小一些。

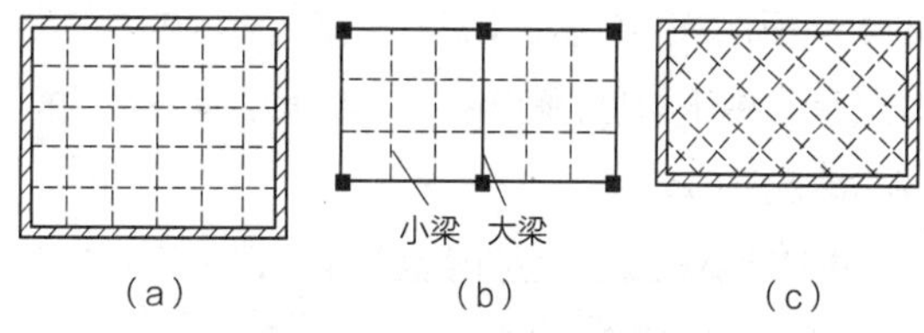

图 13-20　井式楼盖的布置方案
（a）、（b）正交正置井式楼盖；（c）正交斜置井式楼盖

井式楼盖的主要优点是：

1. 梁的交叉点处不设柱，可以形成较大的使用空间

因而特别适用于车站、候机楼、图书馆、展览馆、会议厅、影剧院门厅、多功能活动厅、仓库、车库等要求室内不设或少设柱的建筑。

2. 节省材料，造价较低

由于双向设梁，双向传力，且梁距较密，梁的截面高度较小，不但楼盖的厚度较薄，而且材料用量较省，与一般楼板体系相比，可以节约钢材和混凝土 30% ~ 40%。由于采用大型塑料模壳施工，节省大量木材，施工简便，速度快，与一般楼盖相比，造价可降低$\frac{1}{3}$。

3. 外形美观

由于两个方向的梁等高，通常两个方向梁的间距也相等，楼盖底部一个个整齐的方格，加之适当的艺术处理，外形十分美观。

13.3.2 双向密肋楼盖

双向密肋楼盖与井式楼盖的区别在于梁肋的间距比井式楼盖小，通常规定梁肋的间距不大于 1.5 m。由于双向密肋楼盖中梁的间距小，因而传力的效果更好，梁的截面高度也可以比较小，因此更经济。

钢筋混凝土双向密肋楼盖的楼板可按四边支承的双向板计算，不考虑交叉梁格变形对其内力的影响。而且由于梁肋的间距很密，板面通常只需按构造要求配筋即可。

钢筋混凝土双向密肋楼盖的梁可以按照井字梁的方法解高次超静定求其内力与变形。除此之外，钢筋混凝土双向密肋楼盖还可以采用拟板法计算其内力与变形。

在钢筋混凝土受弯构件中，由于混凝土的抗拉强度很低，在构件临近破坏时，受拉区混凝土由于开裂而退出工作。因此，可以将受拉区的混凝土挖去一部分，变矩形截面为 T 形截面，既可以节约材料，减轻自重，又不会降低结构构件的承载能力。依照同样的道理，可以将现浇钢筋混凝土双向密肋楼盖看成是将受拉区一部分混凝土挖去后的实心平板（图 13-21），因而可以按双向板求双向密肋楼盖的内力和变形。

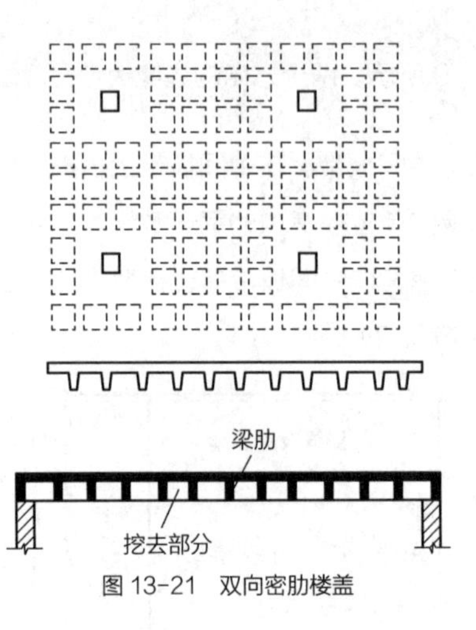

图 13-21 双向密肋楼盖

13.4 整体式无梁楼盖

13.4.1 楼盖组成

无梁楼盖的特点是楼盖直接支撑在柱上，而不设主梁和次梁。由于没有梁，钢筋混凝土板直接支承在柱上，故与相同柱网尺寸的肋梁楼盖相比，其板厚要大些。为了提高柱顶处平板的受冲切承载力以及减小板的计算跨度，往往在柱顶设置柱帽。

无梁楼盖的建筑构造高度比肋梁楼盖小，这使得建筑楼层的有效空间加大，同时，平滑的板底可以大大改善采光、通风和卫生条件，故无梁楼盖常用于多层的工业与民用建筑中，如商场、书库、冷藏库、仓库等，水池顶盖和某些整板式基础也采用这种结构形式。为了减轻自重，采用双向密肋的无梁楼盖。目前，我国在公共建筑和住宅建筑中正在推广采用现浇混凝土空心无柱帽无梁楼盖，板中的空腔宜是双向的，可由预制的薄壁盒作为填充物构成。

无梁楼盖根据施工方法的不同可分为现浇式和

装配整体式两种。无梁楼盖可采用升板施工技术，在现场逐层将在地面预制的屋盖和楼盖分阶段提升至设计标高后，通过柱帽与柱整体连接在一起，由于它将大量的空中作业改在地面上完成，故可大大提高施工进度。其设计原理，除需考虑施工阶段验算外，与一般无梁楼盖相同。无梁楼盖因没有梁，抗侧刚度比较差，所以当层数较多或有抗震要求时，宜设置剪力墙，构成板柱—抗震墙结构。

无梁楼盖的柱网通常布置成正方形或矩形，以正方形最为经济。楼盖的四边可支撑在墙上或支撑在边柱的圈梁上，或旋臂伸出边柱以外（图13-22）。采用后一种方法能使楼盖边区格的弯矩更接近中间区格的弯矩，有利于节省材料，但在房屋的四周会形成一条狭窄的空间。根据以往经验，当楼面活荷载标准值在5 kN/m^{2}以上，柱网为6 m×6 m时，无梁楼盖比肋梁楼盖经济。

柱帽是无梁楼盖的重要组成部分，它扩大了板在柱上的支承面积，避免板被柱冲切破坏；它还可以减少板的跨度以减少板的弯矩；由于柱帽的固结作用，楼板和柱的联系增强，从而增加了房屋的刚度。常用的矩形柱帽有无帽顶板的、有折线顶板的和有矩形顶板的三种形式，如图13-23所示。通常柱和柱帽的形式为矩形，有时因建筑要求也可做成圆形。

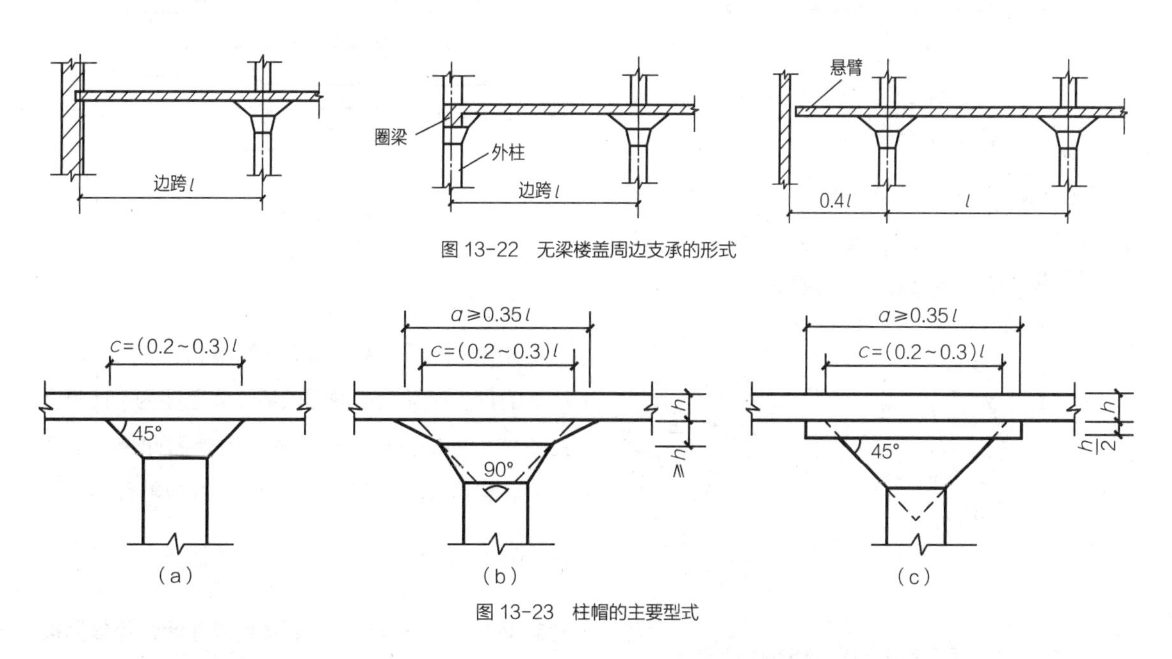

图13-22　无梁楼盖周边支承的形式

图13-23　柱帽的主要型式

13.4.2　受力分析

无梁楼板是四点支承的双向板，在竖向荷载作用下，无梁楼盖相当于受点支承的平板，根据无梁楼盖板的静力工作特点，可将楼板在纵向和横向各分为两种板带：柱上板带及跨中板带。跨中板带以柱上板带为支托，柱上板带则通过柱帽支承在柱上（图13-24）。

试验表明，无梁楼板在开裂前，处于弹性工作阶段；随着荷载增加，裂缝首先在柱帽顶部出现，随后不断发展，在跨中部$\frac{1}{3}$跨度处，相继出现成批的板底裂缝，这些裂缝相互正交，且平行于柱列轴线。即将破坏时，在柱帽顶上和柱列轴线上的板顶裂缝以及跨中的板底裂缝中出现一些特别大的裂缝，在这些裂缝处，受拉钢筋屈服，受压的混凝土压应变达到极限压应变值，最终导致楼板破坏。

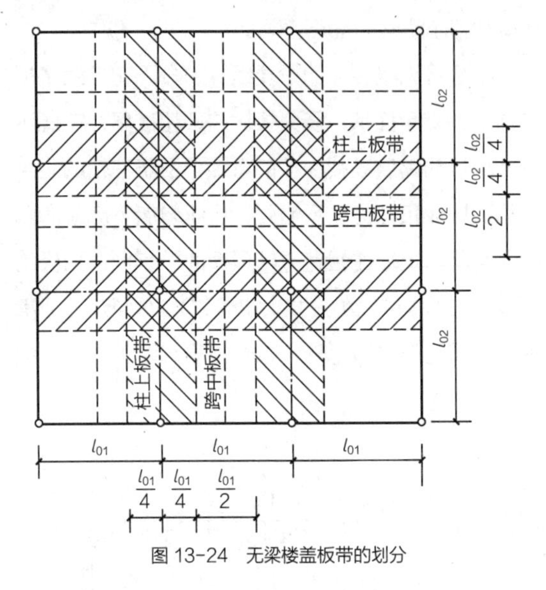

图 13-24 无梁楼盖板带的划分

在荷载作用下各板带的弯曲变形和弯矩分布如图 13-25 所示。不论柱上板带或跨中板带，其跨中均产生正弯矩，其支座均产生负弯矩。

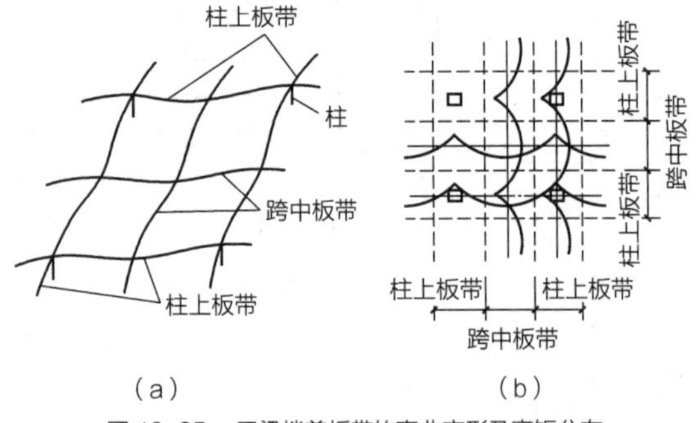

图 13-25 无梁楼盖板带的弯曲变形及弯矩分布
（a）弯曲变形；（b）弯矩分布

13.4.3 构造要求

1. 板厚及板的配筋

无梁楼盖的板通常是等厚的。对板厚的要求，除满足承载力要求外，还需满足刚度的要求。目前常用板厚 h 与长跨 l 的比值来控制其挠度。一般为：有帽顶板时，$\frac{h}{l} \leqslant \frac{1}{35}$；无帽顶板时，$\frac{h}{l} \leqslant \frac{1}{32}$；无柱帽时，柱上板带可适当加厚，加厚部分的宽度可取相应跨度的 0.3 倍。

板的配筋通常采用绑扎钢筋的双向配筋方式。为减少钢筋类型，又便于施工，一般采用一端弯起、另一端直线段的弯起式配筋。对于支座上承受负弯矩的钢筋，为使其在施工阶段具有一定的刚性，其直径不宜小于 12 mm。配筋情况见图 13-26。

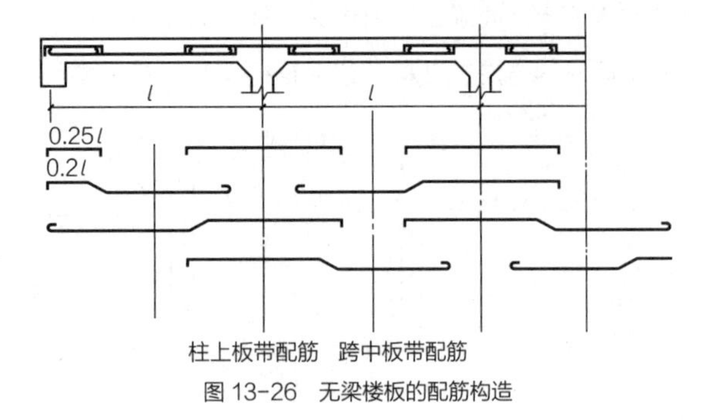

图 13-26 无梁楼板的配筋构造

2. 柱帽配筋构造要求

柱帽的配筋根据板的受冲切承载力确定。计算所需的箍筋应配置在冲切破坏锥体范围内。此外，还应按相同的箍筋直径和间距向外延伸至不小于 $0.5h_0$ 范围内。箍筋宜为封闭式，并应箍住架立钢筋，箍筋直径不应小于 6 mm，其间距不应大于 $\frac{h_0}{3}$。弯起钢筋可由一排或两排组成，其弯起角可根据板的厚度选择在 30° ~ 45° 之间。不同类型柱帽的一般构造要求，如图 13-27 所示。

3. 边梁

无梁楼盖的周边，应设置边梁，其截面高度不小于板厚的 2.5 倍。边梁除与半个柱上板带一起承受弯矩外，还要承受未计及的扭矩，所以应另设置必要的抗扭构造钢筋。

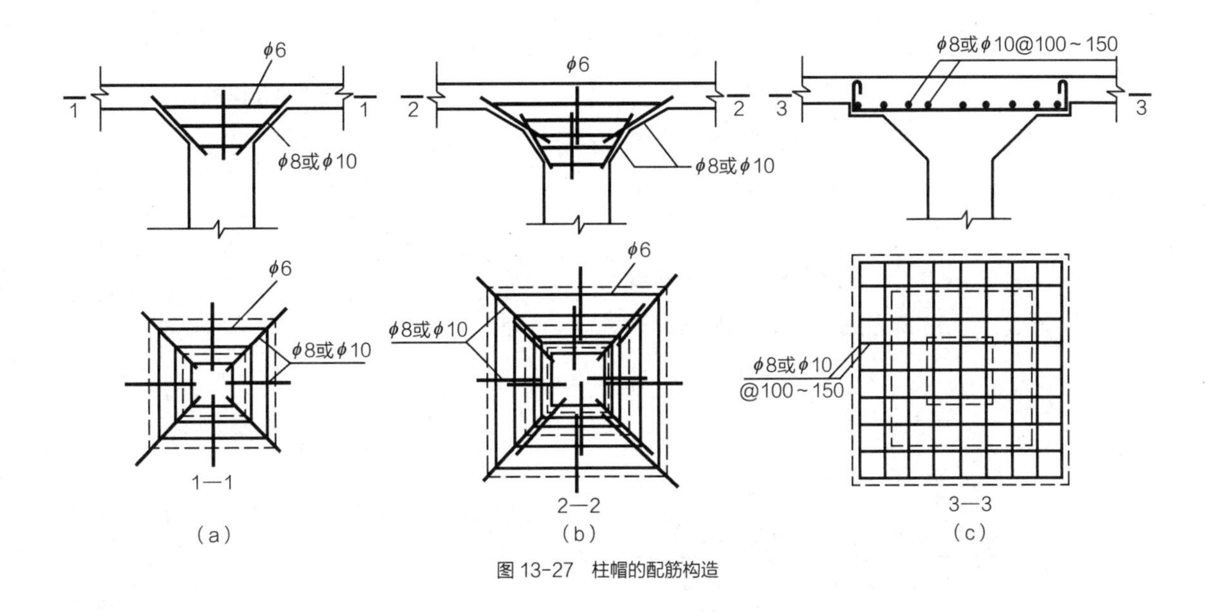

图 13-27　柱帽的配筋构造

13.5　装配铺板式楼盖

在建筑中采用装配式钢筋混凝土铺板式楼盖结构，有利于房屋建筑标准化，加快施工进度、节省劳动力、节约模板和降低造价。装配式楼盖结构的设计，应着重解决以下问题：合理地选择楼盖构件的形式，合理地布置楼盖结构构件，可靠地处理构件之间的联结。

装配式楼盖主要有铺板式、密肋式和无梁式等，其中铺板式应用最广。铺板式楼盖的主要构件是预制板和预制梁。各地大量采用的是本地的通用定型构件，由各地预制构件厂供应，当有特殊要求或施工条件受到限制时，才进行专用的构件设计。

13.5.1　预制板的形式

我国常用的预制铺板，其截面形式有平板、空心板、正（倒）槽形板和夹心板等，按支承条件又可以分为单向板和双向板。为了节约材料，提高构件刚度，预制板应尽可能做成预应力的。

1. 平板

平板为矩形实心板，其上下板面平整，制作简单，利于地面及顶棚处理。钢筋混凝土平板的自重很大，且浪费材料，一般用于小跨度的走廊板、楼梯平台板、管沟盖板等。一般板厚为 60 ~ 100 mm，跨度在 2.40 m 以内，预应力混凝土平板的厚度可做得小一些，为 40 ~ 60 mm。

轻质混凝土平板，例如加气混凝土板。由于其自重小、导热系数小，可用作屋面板，做到既保温隔热又承重。其板厚为 125 ~ 200 mm，板跨为 1.8 ~ 6.0 m，可用作不上人的轻屋盖，但加气混凝土板不宜用在潮湿的环境中。

2. 空心板

空心板具有工形截面受弯构件的优点并且还具有与实心平板相同的上下板面平整的优点；在板厚相同的情况下，节省材料，自重小，隔声效果也有所改善；在混凝土用量相同的情况下，空心板有较高的截面，较好的刚性，钢筋用量少。但空心板的制作比实心平板复杂些。

空心板孔洞的形状有圆形、矩形和长圆形等（图 13-28）；其中以圆孔板的制作比较简单，这种板当前在国内外应用最广泛。表 13-6 是我国常用的空心板的规格。板跨的级差为 300 mm；板宽常采用 600、900 mm 及 1 200 mm，此外为调节铺板在宽度方向的尺寸，有的定型图上还附有宽度较小的调缝板。图 13-29 为空心板的截面配筋。

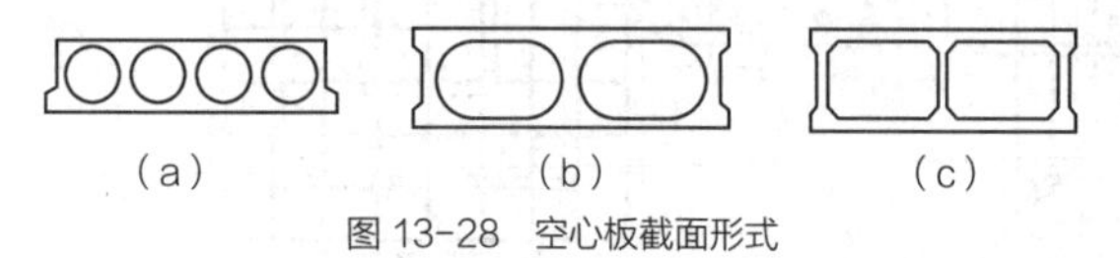

图 13-28 空心板截面形式

表 13-6 常用的空心板的规格（单位：mm）

板厚	普通钢筋混凝土空心板板跨	预应力混凝土空心板板跨
110 或 120	2 400 ~ 3 300	2 400 ~ 4 200
180	3 300 ~ 4 800	4 200 ~ 6 000

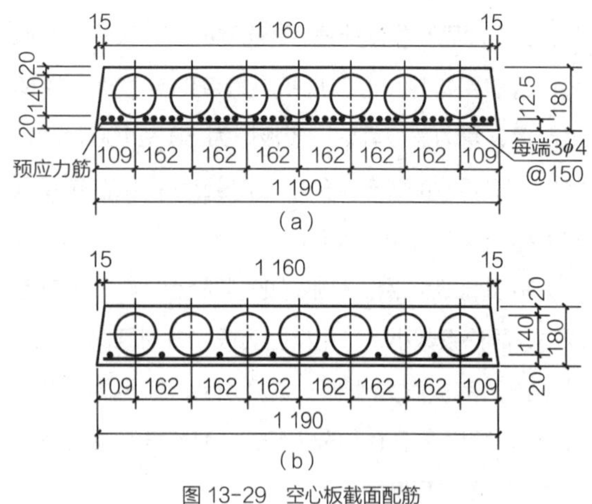

图 13-29 空心板截面配筋
（a）预应力空心板；（b）非预应力空心板

在布置楼盖铺板时，如果制作、运输及吊装条件允许，宜优先选用宽度较大的铺板，以减少构件的数量，加速施工进度，经济指标也较好。如能采用一个房间一块的大型铺板，则除了具有上述优点外，还可在吊装前做好地面，减少现场湿作业，大型板的顶棚亦比小型板的平整。

3. 槽形板

槽形板也是常用的一种预制铺板，有正槽形板及反槽形板两种（图 13-30）。

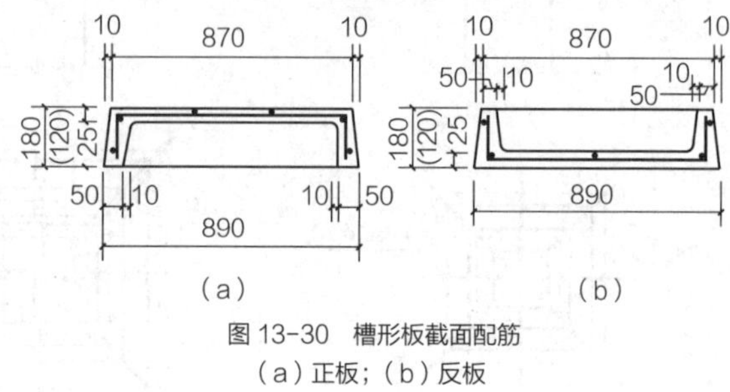

图 13-30 槽形板截面配筋
（a）正板；（b）反板

正槽形板的上部充分地利用了混凝土的抗压性能，下部去除了多余的混凝土，形成很合理的受力截面，因此它和空心板比较，具有自重轻、节省材料、造价低廉和便于开孔等优点。但它的截面形状不封闭，不能提供平整的顶棚，因而缺乏美感；又由于板面很薄，隔声性能很差。正槽板一般用在仓库及厂房、厨房、卫生间等房屋中。

反槽形板的受力性能及经济指标比正槽形板差，但它能提供平整的顶棚，所以也用作楼盖及屋盖结构。反槽形板还可与正槽形板组成双层屋盖，在两层槽板间铺以保温层，用作寒冷地区的保暖屋盖。

4. 双 T 板

双 T 楼板有预应力的及非预应力的。它们具有布置灵活、受力性能好、制作简便和节约材料等优点。由于板的宽度可以通过翼板来调整，因而板肋的截面及间距可用统一的规格利用定型胎模生产。板的长度亦可进行调整。这样，一种模板可以生产多种规格双 T 板。对于柱距不规则的厂房或平面不规则的房屋，可以减少构件的类型，简化模板。双 T 板既用于单层工业厂房，也能用于多层工业厂房；既能用于工业建筑，也能用于民用建筑；可用作楼板、屋面板，也可作为外墙板。在楼盖结构中目前已使用 12 m 及 12 m 以下的双 T 板。双 T 板存在的问题是，板间的连接比较薄弱，对有振动设备的楼盖尚无实践经验。图 13-31 为预应力双 T 板的截面及配筋。

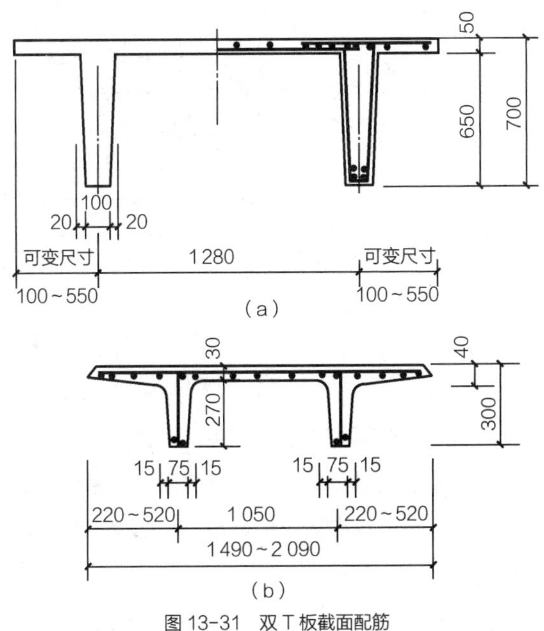

图 13-31　双 T 板截面配筋

（a）工业用 12 m 预应力双 T 板；（b）6 m 预应力双 T 屋面板

双 T 板的肋高，根据跨度、荷载和使用要求而定。工业房屋板跨为 6 m 以上的双 T 板，肋高不宜小于 400 mm，民用房屋双 T 板的肋高可根据具体情况予以减小。板面厚度，作为工业用楼板，由于荷载较大并考虑到在制作、运输过程中不致碰坏或产生裂缝，宜取 50 mm，如有现浇层，板厚可减为 40 mm，屋面板及民用楼板的板面厚度可适当减小。

5. 板的标志尺寸与构造尺寸

铺板的标志尺寸是根据建筑平面尺寸按模数关系而定下的名义尺寸。考虑到构件在制作时可能发生的正公差，如果铺板的实际尺寸采用标志尺寸，则在按建筑平面安装铺板时，有可能铺放不下，因此板的设计尺寸应比标志尺寸小一些，这个尺寸叫作构造尺寸。一般预制板的构造宽度比标志宽度小 5～10 mm，构造长度比标志长度小 10～20 mm。

13.5.2　预制梁的形式

装配式铺板的支承梁一般采用简支梁或带伸臂的简支梁，有时也采用连续梁。梁的截面形式可见图 13-32，图 13-32（b）、（c）也称花篮梁。矩形截面梁的外形简单，施工方便，应用广泛。当梁高较大时，为了不致过多地影响房屋净空，可采用十字形梁或花篮梁。花篮梁可以是全部预制的，也可以做成叠合梁（图 13-32 g），这样做不仅增加了房屋净空，还加强了楼盖的整体性。

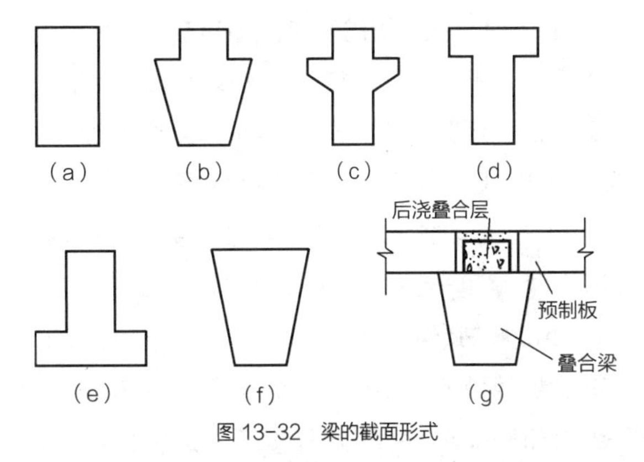

图 13-32　梁的截面形式

两端简支楼盖梁的高跨比一般为 $\frac{1}{18} \sim \frac{1}{14}$。

13.5.3　铺板式楼盖结构的布置方案

铺板式楼盖结构就其铺板的铺设方向，有沿房屋纵向布置的，横向布置的，或纵、横向混合布置。其布置方案的确定必须根据墙体结构和柱网的布置，并结合楼盖构件的选型综合考虑。结构和构件选型应满足房屋的使用要求和防火所要求的耐火极限。

13.5.4 铺板式楼盖的连接

在建筑物中铺板式楼盖的作用是把水平力分配给各竖向构件（墙或柱），楼盖本身在自身平面内弯曲，从而产生弯曲正应力和剪应力。因此，预制板板缝间的连接应能承担这些应力以保证装配式楼盖水平方向的整体性。对于多层混合结构，楼盖与纵横墙之间的可靠连接，对保证水平力传给墙体至关重要。

对于竖向荷载，特别是在局部的竖向荷载作用下，增强各预制板之间的连接，对于改善各单个铺板的工作性能也是有利的。

装配式楼盖的连接包括板与板之间、板与墙(梁)之间以及梁与墙之间的连接。

1. 位于非抗震设防区的连接构造

（1）板与板的连接：预制板间下部缝宽约20 mm，上部缝宽稍大，一般应采用不低于C15的细石混凝土或不低于M15的水泥砂浆灌缝(图13-33 a)。

（2）板与支承墙或支承梁的连接：一般依靠支承处坐浆和一定的支承长度来保证。坐浆厚10～20 mm，板在砖砌体上的支承长度不应小于100 mm，在混凝土梁上不应小于60 mm（或80 mm），见图13-33（b）。空心板两端的孔洞应用混凝土或砖块堵实，避免在灌缝或浇筑楼盖面层时漏浆。

（3）板与非支承墙的连接：一般采用细石混凝土灌缝（图13-33 b），当沿墙有现浇带时更有利于加强板与墙的连接。板与非支承墙的连接不仅起着将水平荷载传给横墙的作用，还起着保证横墙稳定的作用。因此，当预制板的跨度大于4.8 m时，往往在板的跨中附近加设锚拉筋以加强其与横墙的连接，具体构造见图13-34（a）。当横墙上有圈梁时可将灌缝部分与圈梁连成整体（图13-33 d）。

（4）梁与砌体墙的连接：梁在砌体墙上的支承长度，应考虑梁内受力纵筋在支承处的锚固要求，并满足支承下砌体局部受压承载力要求。当砌体局部受压承载力不足时，应按计算设置梁垫。预制梁的支承处应坐浆，必要时应在梁端设拉结钢筋。

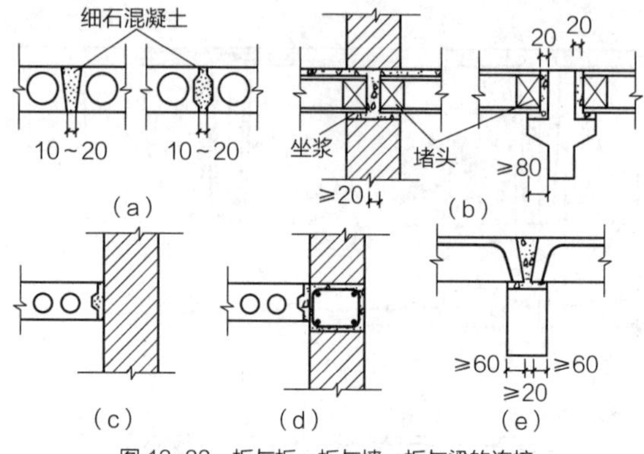

图13-33 板与板、板与墙、板与梁的连接

2. 抗震设防区的连接构造

位于抗震设防区的多层砌体房屋，当采用装配式楼盖时，在结构布置上应尽量采用横墙承重方案或纵、横墙承重方案。

多层砌体房屋楼盖的连接应符合下列要求：

（1）当圈梁未设在预制板的同一标高时，板端伸进外墙的长度不应小于120 mm，伸进内墙的长度不宜小于100 mm，且不小于80 mm，在梁上不应小于80 mm。

（2）当板跨大于4.8 m，并与外墙平行时，靠外墙的预制板侧边应与墙或圈梁拉结（图13-34），板缝用细石混凝土填实。

（3）房屋端部大房间的楼盖，8度区的屋盖和9度区的楼、屋盖，当圈梁设在板底时，预制板应相互拉结，并与梁、墙或圈梁拉结（图13-35）。

（4）如遇圈梁位于预制板边的情况，此时应先搁置预制板，然后再浇筑圈梁。当预制板的端部没有外伸的钢筋时，板端头的连接应符合图13-34、图13-35的要求。当圈梁位于预制板边，但预制板的端头有钢筋伸出，可直接将伸出主筋弯成直钩埋入后浇的混凝土中。

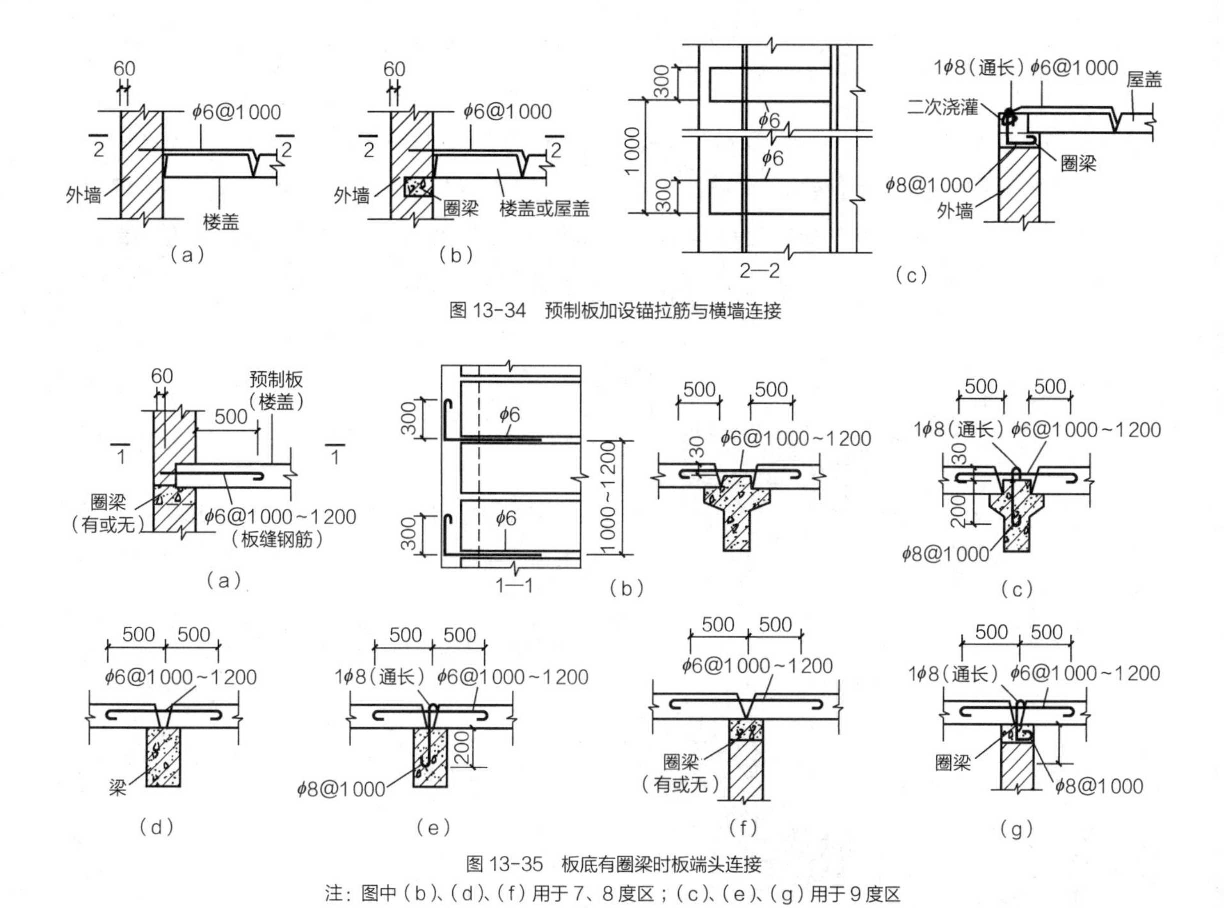

图 13-34　预制板加设锚拉筋与横墙连接

图 13-35　板底有圈梁时板端头连接

注：图中（b）、（d）、（f）用于 7、8 度区；（c）、（e）、（g）用于 9 度区

13.6　楼梯

楼梯是多层及高层房屋中的竖向通道，它由梯段和休息平台组成。楼梯的平面布置、踏步尺寸、栏杆形式等由建筑设计确定。楼梯的形式，按其平面布置可分为单跑楼梯、双跑楼梯、三跑楼梯及其他形式楼梯；按施工方法可分为整体式楼梯与装配式楼梯；按结构构造分有梁式楼梯、板式楼梯或其他形式等，在宾馆等一些公共建筑也采用螺旋板式楼梯和悬挑板式楼梯等特种楼梯。

楼梯的结构设计步骤包括：① 根据建筑要求和施工条件，确定楼梯的结构形式和结构布置；② 根据建筑类别，确定楼梯的活荷载标准值；③ 进行楼梯各部件的内力分析和截面设计；④ 绘制施工图，处理连接部件的配筋构造。

13.6.1　梁式楼梯的计算与构造要点

梁式楼梯由踏步板、梯段斜梁、平台板和平台梁组成，见图 13-36。有时，当梯段较窄时，只在中间设一根梁（图 13-37 b）。

1. 踏步板

踏步板两端支承在斜梁上，截面大多为梯形，按两端简支的单向板计算。计算时，一般取一个踏步为计算单元，按等截面面积的原则，板的截面高度可以近似取平均高度 $h=\frac{h_1+h_2}{2}$（图 13-38）。踏步下斜板的厚度一般为 30 ~ 40 mm。踏步板的钢筋布置在踏步下斜板中，每个踏步下应配置不少于 2ϕ6 的受力钢筋，分布钢筋在整个梯段上均匀布置 ϕ6@300。

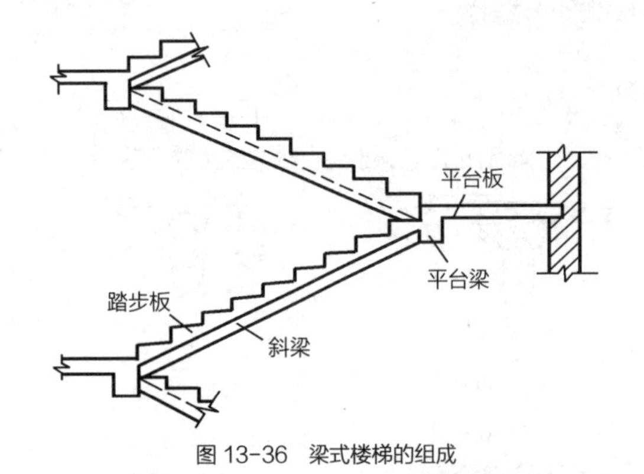

图 13-36　梁式楼梯的组成

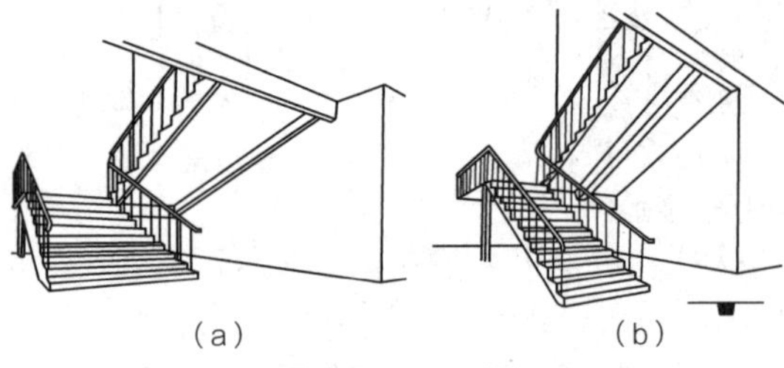

图 13-37　梁式楼梯
（a）双梁式；（b）单梁式

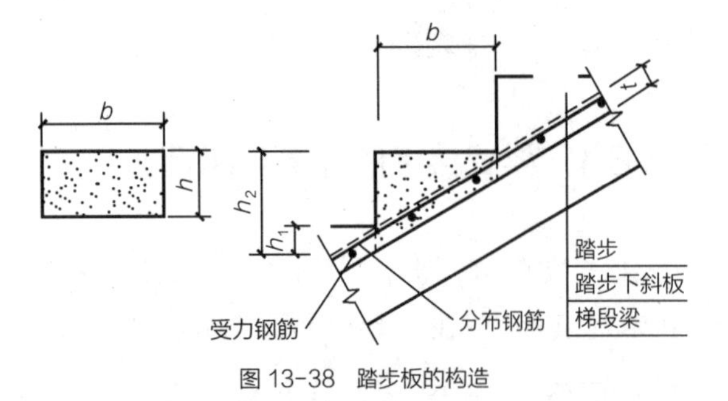

图 13-38　踏步板的构造

2. 梯段梁（斜梁）

梯段梁为支承在上、下平台梁上的简支梁，承担踏步传来的荷载。斜梁可化作水平梁计算，计算跨度按斜梁的水平投影长取值，荷载亦同时化作沿斜梁的水平投影长度上的均布荷载（这里主要是指梯段自重，梯段上的活荷载本来就是以单位水平面积取值的）；斜梁的跨中弯矩等于水平梁的跨中弯矩，斜梁的剪力 V 为水平梁的剪力 V 乘以 $\cos\alpha$，α 为斜梁的倾角（图 13-39），故斜梁跨中最大弯矩和支座最大剪力可以表示为：

$$M_{\max}=\frac{1}{8}pl_n^2 \qquad (13-22)$$

$$V_{\max}=\frac{1}{2}pl_n\cos\alpha \qquad (13-23)$$

梯段梁按倒 L 形截面计算，踏步下斜板为其受压翼缘。梯段梁的配筋与一般梁相同。

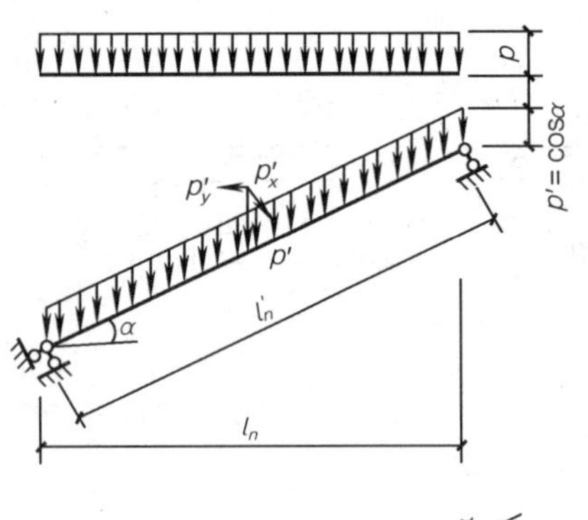

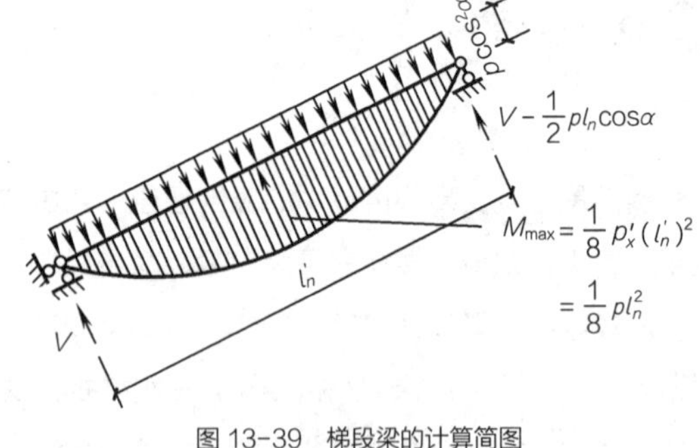

图 13-39　梯段梁的计算简图

3. 平台梁与平台板

平台梁主要承受斜梁传来的集中荷载（由上下跑梯段斜梁传来）和由平台板传来的均布荷载，平台梁一般按简支梁计算。

平台板一般设计成单向板，可取 1 m 宽板带进行计算，平台板一端与平台梁整体连接，另一端可能支承在砖墙上，也可能与过梁整浇。跨中弯矩可近似取 $M=\frac{pl^2}{8}$，或 $M\approx\frac{pl^2}{10}$。考虑到板支座的转动会受到一定约束，一般应将板下部钢筋在支座附近弯起一半，或在板面支座处另配短钢筋，伸出支承边缘长度为 $\frac{l_n}{4}$，见图 13-40。

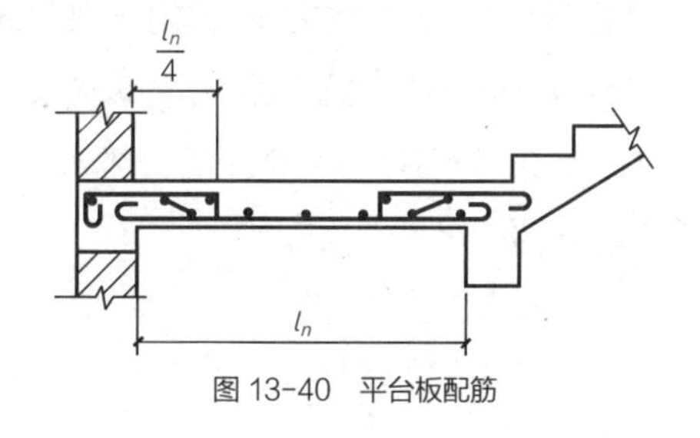

图 13-40　平台板配筋

13.6.2　板式楼梯的计算与构造要点

板式楼梯的特点是，梯段由踏步和踏步下的斜向梯段板组成而不设梯段梁（图 13-41）。梯段板为沿梯跑方向的受弯构件，支承在上、下平台梁上。板式楼梯构造简单、支模方便、外形美观。梯段板的厚度一般为 100 ~ 120 mm，或为梯段板水平跨度的 $\frac{1}{30}\sim\frac{1}{25}$，其水平投影跨度一般不超过 3 m，否则应做成梁式楼梯。

1. 梯段板

按斜置的简支受弯构件计算，内力计算与梯段梁基本相同。考虑到梯段板与平台梁整浇，平台对斜板的转动变形有一定的约束作用，故计算板的跨中正弯矩时，常近似取 $M_{max}=\frac{pl^2}{10}$。截面承载力计算时，斜板的截面高度应垂直于斜面量取，并取齿形的最薄处。

为避免斜板在支座处产生过大的裂缝，应在板面配置一定数量钢筋，一般取 $\phi8$@200，长度为 $\frac{l_n}{4}$。斜板内分布钢筋可采用 $\phi6$ 或 $\phi8$，每级踏步不少于 1 根，放置在受力钢筋的内侧。

2. 平台梁和平台板

平台梁所受的荷载为平台板传来的均布荷载及梯段板传来的均布荷载，按单跨简支梁计算，平台板一般设计成单向板，结构设计与梁式楼梯相似。

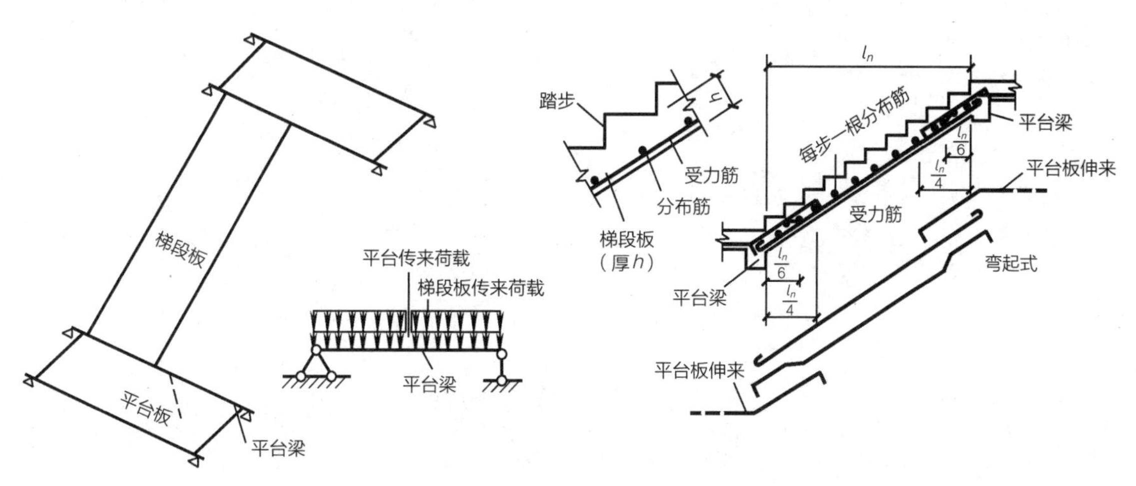

图 13-41　板式楼梯的组成及梯段板的配筋

13.6.3 现浇楼梯的一些构造处理

（1）当楼梯下净高不够时，可将楼层梁向内移动，这样板式楼梯的梯段板成为折线形。此时，设计应注意两个问题：① 梯段板中的水平段，其板厚应与梯段斜板相同，不能和平台板同厚；② 折角处的受拉钢筋不允许沿板底弯折，以免产生向外的合力，将该处的混凝土崩脱，应将此处纵筋断开，各自延伸至上面再行锚固。若板的弯折位置靠近楼层梁，板内可能出现负弯矩，则板上面还应配置承担负弯矩的短钢筋，见图 13-42。

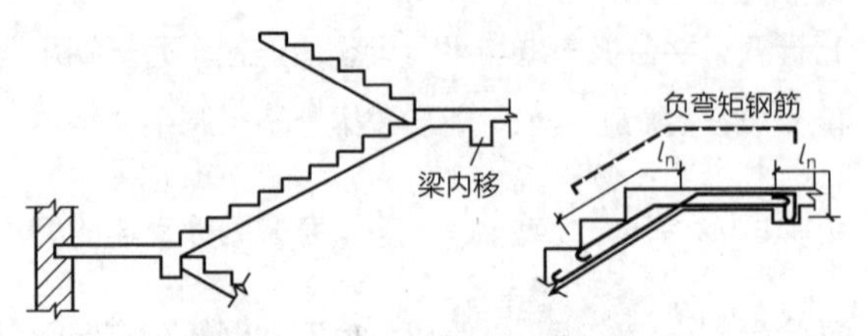

图 13-42　楼层梁内移及板内折角处配筋

（2）楼层梁内移后，会出现折线形斜梁，折线梁内折角处的受拉纵向钢筋应分开配置，并各自延伸以满足锚固要求，同时还应在该处增设附加箍筋。该箍筋应足以承受未伸入受压区锚固的纵向受拉钢筋的合力，且在任何情况下不应小于全部纵向受拉钢筋合力的 35%。

Chapter14

第14章 Masonry Building Structure 砌体房屋结构

14.1 概述

砌体结构是指由块体和砂浆砌筑而成的墙、柱作为建筑物主要受力构件的结构。其是砖砌体、砌块砌体和石砌体结构的统称。砌体结构具有良好的耐火性，以及较好的化学稳定性和大气稳定性；较易就地取材；能节约钢材、水泥、木材等重要材料；降低工程造价；具有较好的隔热、隔声性能等优点。砌体结构具有悠久的历史在当代建筑中又得到了广泛的应用。我国几千年来在建造砌体房屋方面积累了丰富的经验。砌体结构是我国建筑工程中量大面广的最常用的结构形式。

当房屋的墙体由砌体材料建造，而屋盖和楼板则用钢筋混凝土建造时，被称为混合结构房屋。大多数民用房屋和一般中、小型工业厂房常采用混合结构。

目前，国外砌体结构从材料、计算理论、设计方法到工程应用都有不少进展。黏土砖的强度可达到 70 N/mm^2，砂浆的强度等级也能达到 20 N/mm^2 以上。用砌体结构建造十几层或更高的高层楼房已不是困难的事。如美国丹佛市 17 层的“五月市场”公寓和 20 层的派克兰塔楼等，前者高度 50 m，墙厚仅 280 mm。瑞士用高强度空心砖（60 MPa）在苏黎世建造了 19 层塔式建筑。

我国当前正在大力推广应用空心砖和混凝土小型空心砌块。KP1 型空心砖虽然孔洞率仅 25%，但对节土节能还是有意义的。采取异形块配芯柱可提高砌体抗弯、抗剪能力，适应抗震需要。此外，已生产出多孔模数砖 DM 型，经坯体改性，提高孔洞率，提高施工速度，又便于配筋，已经得到应用。

混凝土小型空心砌块近年来在各地得到较广泛应用。建筑砌块的生产与应用技术水平显著提高。由于混凝土小型空心砌块的诸多优点，它已经成为替代传统黏土砖最有竞争力的墙体材料。

对于配筋砌体结构，特别是砌块配筋的中高层体系，经各地的试验研究和应用显示出具有广阔的发展前景。早在 1983 年和 1986 年广西南宁在国内首次建成了 10 层、11 层的小砌块试点房屋，辽宁本溪市用煤矸石砌块修建了几十万平方米的 10 层住宅楼。1997 年辽河油田建成了 15 层配筋砌块点式住宅楼，1998 年上海住宅总公司修建了 13 层配筋砌块剪力墙房屋，这两栋砌块高层的墙厚均为 190 mm。

在砌体结构设计计算方面，我国于 1973 年制订出第一本《砖石结构设计规范》GB J3—73，此后的十多年，高等学校、科研、设计、施工部门在有关部门组织下进行了大量有重点的科研试验，取得了大批数据和成果，并在 1988 年又颁布的《砌体结构设计规范》GB J3—88。目前实施规范是《砌体结构设计规范》GB 50003—2011。本章内容依据该规范的规定进行编写，以适应教学的需要。

14.2 砌体材料

14.2.1 块体

砌体结构中常用的块体有砖、砌块、石材三类。

1. 砖

砖分为烧结砖、蒸压砖和混凝土砖三类。

（1）烧结砖

1）烧结普通砖：由黏土、页岩、煤矸石或粉煤灰为主要原料，经过焙烧而成的实心或孔洞率不大于规定值且外形尺寸符合规定的砖。分烧结黏土砖、烧结页岩砖、烧结煤矸石砖、烧结粉煤灰砖等。实心黏土砖是烧结普通砖的主要品种。它的生产：工艺简单，便于手工砌筑，保温隔热及耐火性能良好，能用于承重墙体。烧结普通砖具有全国统一的规格，其规格尺寸（长 × 宽 × 厚）为 240 mm × 115 mm × 53 mm，具有这种尺寸的砖通称"标准砖"。

2）烧结多孔砖：以黏土、页岩、煤矸石或粉煤灰为主要原料，经焙烧而成、孔洞率不小于 25%，孔的尺寸小而数量多，主要用于承重部位的砖。简称多孔砖。目前多孔砖分为 P 型砖和 M 型砖。这种砖可节约一定的黏土，减轻墙体自重，改善砖砌体的技术经济指标，保温隔热性能有了进一步改善，多孔砖的厚度较大，抗弯抗剪能力较强，而且节省砂浆。其主要规格尺寸有：KP1 型 240 mm × 115 mm × 90 mm；KP2 型 240 mm × 180 mm × 115 mm；KM1 型 190 mm × 190 mm × 90 mm。前两者可与标准砖同时使用，后者符合建筑模数但尚需有异型砖方能组砌。

烧结普通砖、烧结多孔砖的强度等级为 MU30，MU25，MU20，MU15 和 MU10。

（2）蒸压砖

非烧结硅酸盐砖是用工业废料，煤渣及粉煤灰加生石灰和少量石膏振动成型，经蒸压制成的，其尺寸与标准砖相同。现行规范对这类材料仅将其中的蒸压灰砂砖、蒸压粉煤灰砖纳入规范，其强度等级为 MU25，MU20，MU15 和 MU10。

（3）混凝土砖

以水泥为胶结材料。以砂、石为主要集料，加水搅拌、成型、养护制成的一种多孔的混凝土半盲孔砖或实心砖。

2. 砌块

由普通混凝土或轻骨料混凝土制成，空心率在 25% ~ 50% 的空心砌块为混凝土小型空心砌块，简称混凝土砌块或砌块。这种砌块现已成为替代黏土砖的最有竞争力的墙体材料，北方寒冷地区还生产应用了浮石、火山渣等轻骨料制成的轻骨料混凝土空心砌块，是寒冷地区保温及承重的较理想的墙体材料。砌块的主规格尺寸为 390 mm × 190 mm × 190 mm。

砌块的强度等级为 MU20、MU15、MU10、MU7.5 和 MU5。

3. 石材

天然石材当自重大于 18 kN/m^2 时称为重石（花岗石、石灰石、砂石等），自重小于 18 kN/m^2 时称为轻石（凝灰岩、贝壳灰岩等）。重石材由于强度高，抗冻性、抗渗性、抗气性均较好，故通常用于建筑物的基础、挡土墙等，也可用于某些房屋的墙体。

石材按加工程度分为细料石、半细料石、粗料石、毛料石以及形状不规则中部厚度不小于 200 mm 的毛石等 5 种。

石材强度等级有 MU100、MU80、MU60、MU50、MU40、MU30 和 MU20。石材的强度等级用边长为 70 mm 的立方体试块的抗压强度来表示，如果试块为其他尺寸时，则应乘以规定的换算系数。

14.2.2　砂浆

砂浆由胶凝材料和细骨料与水按合理配比经搅拌而制成。所用胶凝材料有水泥、石灰、石膏和黏土等种。砂浆在砌体中的作用是使砌体中的块体连成一整体以承受荷载，并因抹平块材表面使其应力分布均匀。同时，砂浆填满了块材间的缝隙，降低了砌体的透气性，从而提高了砌体的隔热性能和隔声性能。

对砌体所用砌筑砂浆的基本要求是强度、可塑性（流动性）和保水性。砂浆的强度等级是用边长为 70.7 mm 的立方体试块，在温度 15 ~ 25℃的室内自然条件下养护 24 h，拆模后再在同样条件下养护 28 d，测得的抗压强度极限值来划分的。砂浆的强度等级应按下列规定采用：

① 烧结普通砖、烧结多孔砖、蒸压灰砂普通砖和蒸压粉煤灰普通砖砌体的普通砂浆强度等级：M15、M10、M7.5、M5 和 M2.5；

② 蒸压灰砂普通砖和蒸压粉煤灰普通砖砌体采用的专用砌筑砂浆强度等级：Ms15、Ms10、Ms7.5、Ms5，s 为英文单词蒸汽压力 Steam Pressure 及硅酸盐 Silicate 的第一个字母；

③ 混凝土普通砖、混凝土多孔砖、单排孔混凝土砌块和煤矸石混凝土砌块砌体采用的砂浆强度等级：Mb20、Mb15、Mb10、Mb7.5 和 Mb5，b 为英文单词“砌块”或“砖”Brick 的第一个字母；

④ 双排孔或多排孔轻集料混凝土砌块砌体采用的砂浆等级强度：Mb10、Mb7.5 和 Mb5；

⑤ 毛料石、毛石砌块采用的砂浆强度等级：M7.5、M5 和 M2.5。

验算施工阶段新砌筑的砌体承载力及稳定性时，因为砂浆尚未硬化，可取砂浆强度等级为零，即 M0。

砂浆按其配合成分可分为水泥砂浆、混合砂浆和非水泥砂浆三种。无塑性掺和料的纯水泥砂浆，由于能在潮湿环境中硬化，一般多用于含水量较大的地基土中的地下砌体。混合砂浆（水泥石灰砂浆、水泥黏土砂浆）强度较好，施工方便，常用于地上砌体。非水泥砂浆有：石灰砂浆，强度不高，通常用于地上砌体；黏土砂浆，强度低，用于简易建筑；石膏砂浆，硬化快，一般用于不受潮湿的地上砌体中。

砂浆按其重力密度可分为：重力密度不小于 15 kN/m^3 的重砂浆；重力密度小于 15 kN/m^3 的轻砂浆。

由水泥、砂、水以及根据需要掺入的掺和料和外加剂等组分，按一定比例，采用机械拌合制成，专门用于砌筑混凝土砌块的砌筑砂浆称为混凝土砌块砌筑砂浆，简称砌块专用砂浆，其强度等级以符号 Mb 表示。

14.2.3 混凝土砌块灌孔混凝土

由水泥、集料、水以及根据需要掺入的掺和料的外加剂等组分，按一定比例，采用机械搅拌后，用于浇筑混凝土砌块砌体芯柱或其他需要填实部位孔洞的混凝土，简称灌孔混凝土，其强度等级以符号 Cb 表示。

14.2.4 砌体材料的选择

对于砌体材料除了强度之外还要考虑耐久性问题。砌体材料耐久性不足时，在使用期间经多次冻融循环后将会引起块体剥蚀和强度降低。另外，对地面以下或防潮层以下的砌体所用材料，还应提出最低强度等级的要求。表 14-1 为现行规范中的相应规定。

表 14-1 地面以下的或防潮层以下的砌体、潮湿房间的墙所用材料的最低强度等级

潮湿程度	烧结普通砖	混凝土普通砖、蒸压普通砖	混凝土砌块	石材	水泥砂浆
稍潮湿的	MU15	MU20	MU7.5	MU30	M5
很潮湿的	MU20	MU20	MU10	MU30	M7.5
含水饱和的	MU20	MU25	MU15	MU40	M10

注：① 在冻胀地区，地面以下或防潮层以下的砌体，不宜采用多孔砖，如采用时，其孔洞应用水泥砂浆灌实；当采用混凝土砌块砌体时，其孔洞应采用强度等级不低于 Cb20 的混凝土灌实；

② 对安全等级为一级或设计使用年限大于 50 年的房屋，表中材料强度等级应至少提高一级。

14.3　砌体及其力学性能

14.3.1　砌体种类

砌体按其材料的不同可分为砖砌体、石砌体、砌块砌体；按其砌筑形式可分为实心砌体和空心砌体；按其作用不同可分为承重砌体和非承重砌体；按配筋程度可分为无筋砌体、约束砌体和配筋砌体。

砌体能成为整体承受荷载，除了靠砂浆使块材粘结之外，还需要使块材在砌体中合理排列，也即上、下皮块材必须互相搭砌，并避免出现过长的竖向通缝。下面介绍几种按材料不同划分的砌体类别。

1. 砖砌体

砖砌体通常用作承重外墙、内墙、砖柱、围护墙及隔墙。墙体的厚度是根据强度和稳定的要求来确定的。对于房屋的外墙，还须要满足保温、隔热和不透风的要求。北方寒冷地区的外墙厚度往往是由保温条件确定的，但在截面较小受力较大的部位（如多层房屋的窗间墙）还需进行强度校核。

砖砌体按照砖的搭砌方式，常用的有一顺一丁，梅花丁（即同一皮内，丁顺间砌）和三顺一丁砌法。

黏土砖还可以砌成空心砌体。我国应用的轻型砌体有：空斗墙、空气夹层墙、填充墙、多层墙等多种。

由外层半砖、里层一砖，中间形成40 mm空气层的400 mm厚夹层墙，其热工效果可相当于两砖厚的实心墙，对节省材料减轻自重有一定好处，只是施工及其砌筑质量要求较高，且空气夹层容易被砂浆堵塞。

填充墙是用砖砌成内外薄壁，在其中填充轻质保温材料，如玻璃棉、岩棉、苯板、膨胀珍珠岩等。这种由几种材料组成的墙体又叫多层墙。

由蒸压灰砂砖、蒸压粉煤灰砖砌成的各种砌体，根据各地的具体条件也得到应用。

2. 砌块砌体

目前我国常规使用的砌块砌体有：混凝土小型空心砌块砌体和粉煤灰中型实心砌块砌体。和砖砌体一样，砌块砌体也应分皮错缝搭砌。中型砌块上、下皮搭砌长度不得小于砌块高度的$\frac{1}{3}$，而且不小于150 mm；小型砌块上、下皮搭砌长度不得小于90 mm。

混凝土小型空心砌块由于块小便于手工砌筑，在使用上比较灵活，多层砌块房屋可以利用砌块的竖向孔洞做成配筋芯柱，其作用相当于多层砖房的构造柱，解决房屋抗震构造要求。

利用天然资源如浮石、火山渣、人工制成的陶粒以及工业废料（炉渣、粉煤灰等）制作轻骨料混凝土空心砌块，在有条件的地区也得到广泛应用。

3. 石砌体

石砌体是由天然石材和砂浆砌筑而成，它可分为料石砌体和毛石砌体两大类。在石材产地充分利用这一天然资源比较经济，应用较为广泛。石砌体可用作一般民用房屋的承重墙、柱和基础。料石砌体还用于建造拱桥、坝和涵洞等构筑物。

4. 配筋砌体

为了提高砌体的强度或当构件截面尺寸受到限制时，可在砌体内配置适量的钢筋，这就是配筋砌体。目前国内采用的配筋砌体主要有两种：网状配筋砌体和组合砖砌体。前者将钢筋网配在砌体水平灰缝内（即横向配筋），后者在砌体外侧预留的竖向凹槽内配置纵向钢筋，浇灌混凝土而制成的组合砖砌体。

利用普通混凝土小型空心砌块的竖向孔洞配以竖向和水平钢筋，浇筑注芯混凝土形成配筋砌块剪力墙，建造中、高层房屋，是配筋砌体的又一种逐渐推广应用的形式。

14.3.2 砌体的抗压性能

1. 砖砌体轴心受压的破坏特征

砖柱的受压试验表明，砌体轴心受压破坏大致经历三个阶段。第一阶段加载约为破坏荷载的 50% ~ 70%时，砖柱内的单块砖出现裂缝（图 14-1a），这一阶段的特点是如果停止加载，则裂缝也不扩展。当继续加载约为破坏荷载的 80% ~ 90%时，则裂缝也将继续发展，而砌体逐渐转入第二阶段工作（图 14-1b），单块砖的个别裂缝将连接起来形成贯通几皮砖的竖向裂缝。其特点是如果荷载不再增加，裂缝仍将继续发展。因为房屋是处在长期荷载作用下工作，应该认为这就是砌体的实际破坏阶段。如果荷载是短期作用，则加载到砌体完全破坏瞬间，可视为第三阶段（图 14-1c），此时，砌体裂成互不相连的几个小立柱，最终因被压碎或丧失稳定而破坏。

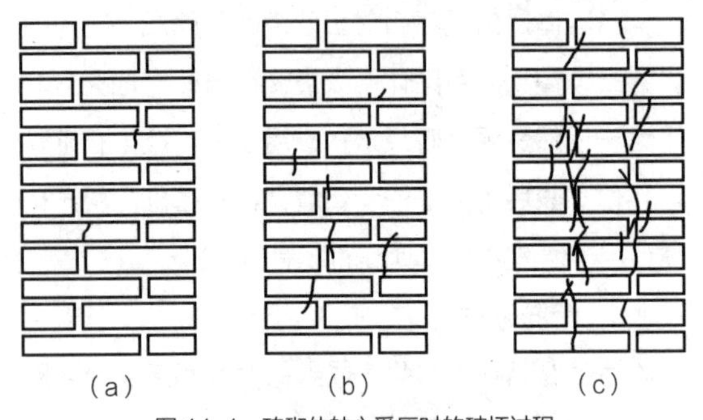

图 14-1　砖砌体轴心受压时的破坏过程

2. 影响砌体抗压强度的主要因素

由于砖的表面不平整，砂浆铺设又不可能十分均匀，这就造成了砌体中每一块砖不是均匀受压，而是同时受弯曲及剪切作用。因为砖的抗剪、抗弯强度远低于抗压强度，所以砖砌体的抗压强度总是低于单砖的强度。影响砌体抗压强度的因素是多方面的，可以概括如下：

（1）块体和砂浆强度

块体和砂浆强度是影响砌体抗压强度的最主要因素。因砖砌体的破坏主要由于单块砖受弯剪应力作用引起的，所以砖除了要求有一定的抗压强度外，还应有一定的抗弯（抗折）强度。一般来说，砌体强度随块体和砂浆强度的提高而增大，但并不能按相同的比例提高砌体的强度。在一般砖砌体中，提高砖的强度比提高砂浆的强度等级对增加砌体抗压强度的效果好。

（2）砂浆的性能

使用流动性大（和易性好）的砂浆，容易形成厚度均匀和密实的水平灰缝，能减少块体的弯剪应力，因而可提高砌体的抗压强度；砂浆的弹性模量越低（即越易变形），块体受到的横向拉应力越大，使得砌体的强度越低。

（3）块体的形状及灰缝厚度

块体的外形比较规则、平整，则块体在砌体中所受弯剪应力相对较小，从而使砌体强度相对得到提高。砌体中灰缝越厚，越难保证均匀与密实，所以当块体表面平整时，灰缝宜尽量减薄，对砖和小型砌块砌体灰缝厚度应控制在 8 ~ 12 mm；对料石砌体不宜大于 20 mm。

（4）砌筑质量

水平灰缝的饱满度越好，砌体的抗压强度越高。我国施工及验收规范规定，水平灰缝的砂浆饱满度不得低于 80%。在保证质量的前提下快速砌筑有利于提高砌体的抗压强度。对于砖砌体，砖的含水率较大时易于保证砌筑质量，干砖砌筑和用含水饱和的砖都会降低砖与砂浆的粘结强度，从而降低砌体的抗压强度。

14.3.3 砌体的抗拉、抗弯、抗剪性能

砌体的抗压性能比抗拉、抗弯、抗剪性能好得多，

所以砌体结构通常都用于受压构件，但在工程中有时也能遇到受拉、受弯、受剪的情况。例如，圆形砖水池池壁环向受拉，挡土墙在土侧压力作用下像悬臂板一样受弯，等等。

砌体的受拉、受弯和受剪的破坏一般都发生在砂浆和块体的连接面上，即砌体的抗拉、弯曲抗拉及抗剪强度主要取决于灰缝的强度，亦即砂浆的强度。但当块体强度低时，也可能发生沿块体截面的破坏。

砌体的轴心抗拉强度设计值 f_t、弯曲抗拉强度设计值 f_{tm} 和抗剪强度设计值 f_v 可见书后附录5。

14.3.4 强度调整系数 γ_a

考虑不同因素对砌体强度的影响，在设计时对下列情况的各种砌体，其强度设计值应乘以调整系数 γ_a:

（1）有吊车房屋、跨度大于等于9 m的梁下烧结普通砖砌体、跨度大于等于7.5 m的梁下烧结多孔砖、蒸压粉煤灰砖、蒸压灰砂砖砌体和混凝土小型空心砌块砌体，$\gamma_a=0.9$。这是考虑厂房受吊车动力影响而且柱的受力情况较为复杂而采取的降低抗力、保证安全的措施。

（2）砌体截面面积 $A<0.3\ m^2$ 时，$\gamma_a=0.7+A$。这是考虑截面较小的砌体构件，局部碰损或缺陷对强度影响较大而采用的调整系数。

（3）各类砌体，当采用水泥砂浆砌筑时，对抗压强度：$\gamma_a=0.9$；对抗剪强度：$\gamma_a=0.8$。

（4）对配筋砌体构件，当其中的砌体采用水泥砂浆砌筑时，仅对砌体的强度乘以调整系数 γ_a；或当其中砌体的截面面积小于 $0.2\ m^2$ 时，γ_a 为其截面积加0.8。

（5）当施工质量控制等级为C级时，γ_a 为0.89。

（6）当验算施工中房屋的构件时，γ_a 为1.1。

14.4 无筋砌体构件的承载力计算

14.4.1 砌体房屋结构静力计算方案

砌体房屋结构的静力计算方案，实际上就是通过对房屋空间工作情况的分析，从房屋空间刚度的大小确定墙、柱设计时的结构计算简图。所以房屋静力计算方案是关系到墙、柱构造要求和承载力计算方法的主要根据。

房屋的空间工作情况

混合结构房屋是由屋盖、楼盖、墙、柱、基础构成承重体系，承受作用在房屋上的全部荷载。房屋在垂直荷载和水平荷载作用下是一个空间工作体系，只有分析清楚房屋空间工作情况，才能确定墙、柱的构造要求，从而正确地进行墙柱截面选择和承载力验算。

现以各类单层房屋为例分析其受力特点。图14-2是一单层房屋，外纵墙承重，屋盖为预制钢筋混凝土屋面板和屋面大梁，两端没有设置山墙。假定作用于房屋的荷载是均匀分布的，在荷载作用下，这类房屋墙顶水平位移主要决定于纵墙的刚度，而屋盖结构的刚度只是保证传递水平荷载时两边墙（柱）的位移相同。这种两端没有山墙的单层房屋在风荷载作用下的静力分析问题就如同结构力学中平面排架在水平力作用下的内力分析一样。

图14-3所示的两端有山墙的单层房屋。由于两端山墙的约束，其传力途径发生了变化。在这类房屋中，风荷载的传力体系已不是平面受力体系，即风荷载不只是在纵墙和屋盖组成的平面排架内传递，而且通过屋盖平面和山墙平面进行传递，组成了空间受力体系。这时，纵墙顶部的水平位移不仅与纵墙本身刚度有关，而且与屋盖结构水平刚度和山墙顶部水平方向的位移有很大的关系。

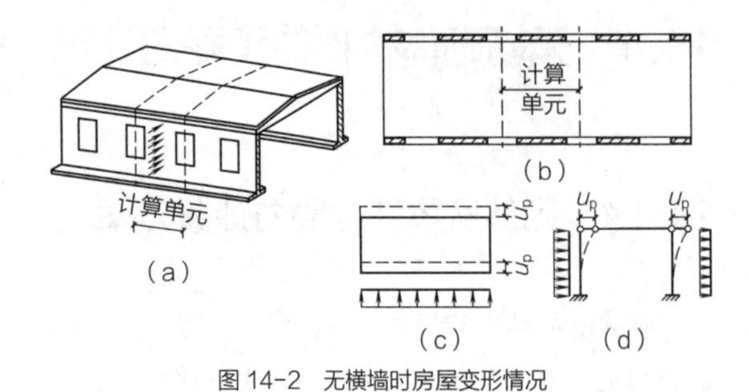

图 14-2 无横墙时房屋变形情况

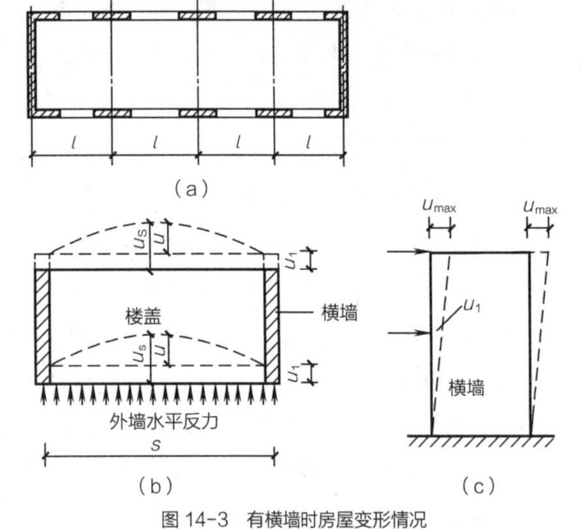

图 14-3 有横墙时房屋变形情况

比较无山墙与两端有山墙这两类单层房屋的受力特点，可以看出：对于无山墙的单层房屋，在风荷载的作用下，它的每个计算单元的纵墙顶上的水平位移都是一样的，而与房屋的长短无关。用 u_p 来表示这类房屋墙顶的水平位移（平面变位）。两端有山墙的单层房屋则不同，由于山墙的存在，其纵墙顶上的水平位移沿纵向是变化的，和屋盖结构水平方向的位移一致，两端小、中间大。这时屋盖的受力如同一根在水平方向受弯的梁，跨中产生水平位移 u。在屋盖传来的作用力下（有时还有纵墙直接传来的均布水平力），横墙的受力如同一根直立的悬臂梁，其顶部水平位移为 u_1 故纵墙顶部最大水平位移 $u_s = u + u_1$。

u_p 的大小主要取决于纵墙本身的刚度。u_s 的大小除取决于纵墙本身的刚度外，还取决于两山墙间的距离、山墙的刚度和屋盖的水平刚度。当两端山墙的距离很远时，也即屋盖水平梁的跨度很大时，跨中水平位移大。山墙的刚度差时，山墙顶上的水平位移大，也即屋盖水平梁的支座位移大，因而屋盖水平梁的跨中水平位移也大。屋盖本身的刚度差时，也加大屋盖水平梁的跨中水平位移。反之，当山墙的刚度足够大时，两端山墙的距离越近，屋盖的水平刚度越大，房屋的空间受力作用越显著，则 u_s 越小。

多层房屋的空间工作情况比单层房屋更复杂，除了上述影响因素外，层与层之间的相互作用也是不能忽略的。

14.4.2 房屋的静力计算方案

我国《砌体结构设计规范》GB 50003—2011，根据房屋空间刚度大小，规定砌体结构房屋的静力计算可分别按下列三种方案来进行。

1. 刚性方案

即 $u_s \approx 0$，这类房屋的空间刚度很好。当房屋的横墙间距较小，楼盖和屋盖的水平刚度较大，则房屋的空间刚度较大，在荷载作用下，房屋的水平位移较小。在确定墙柱的计算简图时，可以忽略房屋的水平位移，楼盖、屋盖均可视作墙柱的不动铰支承，墙柱内力可按不动铰支承的竖向构件计算，这种房屋称为刚性方案房屋。一般混合结构的多层住宅、办公楼、教学楼、宿舍、医院等均属刚性方案房屋。

2. 弹性方案

即 $u_s \approx u_p$，亦即房屋的空间刚度很小。当房屋的横墙间距较大，楼盖和屋盖的水平刚度较小，则房屋的空间刚度较小，在荷载作用下，房屋的水平位移很大，由楼盖或屋盖提供给外墙的水平支反力，常小到可以忽略不计，故在计算墙柱时，就不能把屋盖和楼盖视为不动的支撑，而应视为可以自由位移的悬臂端，墙柱内力应按有侧移的平面排架计算，这种房屋称为弹性方案房屋。一般单层厂房、仓库、礼堂、饭堂等多属弹性方案房屋。

3. 刚弹性方案

$0<u_s<u_p$，这类房屋在荷载作用下，其受力状态介于刚性方案和弹性方案之间，房屋在水平荷载作用下的水平位移虽较弹性方案为小，但又不能忽略。如按刚性方案考虑，则偏于不安全；如按弹性方案考虑，则又不经济。设计时可按考虑空间工作的平面排架或框架计算。

由此可见，房屋静力计算方案的确定，主要取决于房屋的空间刚度，而房屋空间刚度则与楼盖、屋盖的刚度及横墙间距和横墙刚度有关。为此，规范按各种不同类型的楼盖、屋盖规定了三种不同方案的横墙间距，设计时可按表 14-2 来确定房屋静力计算方案。

表 14-2　房屋的静力学计算方案

	屋盖或楼盖类别	刚性方案	刚弹性方案	弹性方案
1	整体式、装配整体和装配式无檩体系钢筋混凝土屋盖或钢筋混凝土楼盖	$s<32$	$32\leqslant s\leqslant 72$	$s>72$
2	装配式有檩体系钢筋混凝土屋盖、轻钢屋盖和有密铺望板的木屋盖或木楼盖	$s<20$	$20\leqslant s\leqslant 48$	$s>48$
3	瓦材屋面的木屋盖和轻钢屋盖	$s<16$	$16\leqslant s\leqslant 36$	$s>36$

注：① 表中 s 为房屋横墙间距，其长度单位为 m；
② 对无山墙或伸缩缝处无横墙的房屋，应按弹性方案考虑。

14.4.3　刚性及刚弹性方案房屋横墙构造及平面布置

刚性方案和刚弹性方案的刚性横墙是指有足够刚度的承重横墙，是起受力作用的。轻质隔墙或后砌的隔墙不起受力作用。规范规定刚性方案和刚弹性方案房屋的刚性横墙，应符合下列要求：

① 横墙中开有洞口时，洞口的水平截面面积不超过横墙全截面面积的 50%；

② 横墙的厚度，一般不小于 180 mm；

③ 单层房屋的横墙长度，不宜小于其高度；多层房屋的横墙长度，不小于其总高度的 $\frac{1}{2}$；

④ 当横墙不能同时符合上述①、②、③项的要求时，应对横墙的刚度进行验算，如其最大水平位移值 $u_{max}\leqslant\frac{H}{4\,000}$（$H$ 为横墙的高度）时，仍可视作刚性和刚弹性方案房屋的横墙。

凡符合上式要求的一般横墙或其他结构构件，如框架等，也可视作刚性和刚弹性方案房屋的横墙。

在混合结构房屋中，一般来说，沿房屋平面较短方向布置的墙称为横墙；沿房屋较长方向布置的墙体称为纵墙。按墙体的承重体系，其结构布置大体可分为下列几种方案：

1. 横墙承重方案

将预制楼板（及屋面构件）沿房屋纵向搁置在横墙上，而外纵墙只起围护作用。楼面荷载经由横墙传到基础，这种承重体系称为横墙承重体系。其特点是：① 横墙是主要承重构件，纵墙主要起围护、隔断和将横墙连成整体的作用。这样，外纵墙立面处理较方便，可以开设较大的门、窗洞口。② 由于横墙间距很短，每开间就有一道，又有纵墙在纵向拉结，因此房屋的空间刚度很大，整体性很好。③ 在承重横墙上布置短向板对楼盖（屋盖）结构来说比较经济合理，能节约钢材和水泥。

这种方案的缺点是：横墙太多建筑的平面布置受到限制，而且北方寒冷地区外纵墙由于保温要求不能太薄，只作为围护结构，其强度不能充分利用。再就是砌体材料用量相对较多。

横墙承重方案由于横墙间距密，房间大小固定，适用于宿舍、住宅等居住建筑。

2. 纵墙承重方案

采用纵墙承重时，预制楼板的布置有两种方式：一种是楼板沿横向布置，直接搁置在纵向承重墙上；另一种是楼板沿纵向布置铺设在大梁上，而大梁搁置在纵墙上。横墙、山墙虽然也是承重的，但它仅承受墙身两侧的一小部分荷载，荷载主要的传递途径是板、梁经由纵墙传至基础，因此称之为纵墙承重方案。其特点是：① 纵墙是主要承重墙，横墙的设置主要为了满足房屋空间刚度和整体性的要求，它的间距可以比较长；这种承重体系房间的空间较大，有利于使用上的灵活布置。② 由于纵墙承受的荷载较大，在纵墙上开门、开窗的大小和位置都要受到一定限制。③ 相对于横墙承重方案，楼盖的材料用 . 量较多，墙体的材料用量较少。

纵向承重体系结构适用于使用上要求有较大空间的房屋，或隔断墙位置可能变化的房间，如教学楼、实验楼、办公楼、医院等。

3. 内框架承重方案

民用房屋有时由于使用要求，往往采用钢筋混凝土柱代替内承重墙，以取得较大的空间。例如，沿街住宅底层为商店的房屋大都采用内框架承重方案。这时，梁板的荷载一部分经由外纵墙传给墙基础，一部分经由柱子传给柱基础。这种结构既不是全框架承重（全由柱子承重），也不是全由砖墙承重，称为内框架承重方案。它的特点是：① 墙和柱都是主要承重构件。以柱代替内承重墙在使用上可以取得较大的空间。② 由于横墙较少，房屋的空间刚度较差。③ 由于柱和墙的材料不同，施工方法不同，给施工带来一定的复杂性。

内框架承重方案一般用于教学楼、旅馆、商店等建筑。

除了上述三种承重方案外，实际工程上还可以采用纵横墙混合承重方案、底部框架上部砖混承重方案等。

14.4.4 受压构件的高厚比

墙、柱的计算高度 H_0 与墙厚 h（或柱边长）的比值称为高厚比 β。墙、柱的高厚比越大，其稳定性越差，容易产生倾斜或过大振动。因此进行墙体设计时，必须限制其高厚比，给它规定允许值。墙柱的允许高厚比 $[\beta]$ 值，是从构造要求上规定的，它是保证砌体结构房屋稳定性的一项重要构造措施。

混合结构房屋的窗间墙和砖柱承受上部传来的竖向荷载和自重，一般都属于无筋砌体受压构件（包括轴心受压和偏心受压）。其承载力与柱的高厚比 β 值有关。

1. 受压构件的高厚比

受压构件的高厚比可以用下式表示：

对矩形截面 $$\beta = \gamma_\beta \frac{H_0}{h} \tag{14-1}$$

对 T 形截面 $$\beta = \gamma_\beta \frac{H_0}{h_T} \tag{14-2}$$

式中 γ_β——不同砌体材料构件的高厚比修正系数，可按表 14-3 采用；

H_0——受压构件的计算高度，可按表 14-4 确定；

h——矩形截面轴向力偏心方向的边长，当轴心受压时为截面较小边长；

h_T——T 形截面的折算厚度，可近似按 $3.5i$ 计算；

i——截面回转半径。

表 14-3　高厚比修正系数 γ_β

砌体材料类别	γ_β	砌体材料类别	γ_β
烧结普通砖、烧结多孔砖	1.0	蒸压灰砂普通砖、蒸压粉煤灰普通砖、细料石	1.2
混凝土普通砖、混凝土多孔砖、混凝土及轻集料混凝土砌块	1.1	粗料石、毛石	1.5

注：对灌孔混凝土砌块砌体，γ_β 取 1.0。

表 14-4　受压构件的计算高度 H_0

房屋类别			柱		带壁柱墙或周边拉结的墙		
			排架方向	垂直排架方向	$s>2H$	$2H \geqslant s>H$	$s \leqslant H$
有吊车的单层房屋	变截面柱上段	弹性方案	$2.50H_u$	$1.25H_u$	$2.50H_u$		
		刚性、刚弹性方案	$2.00H_u$	$1.25H_u$	$2.00H_u$		
	变截面柱下段		$1.00H_l$	$0.80H_l$	$1.00H_l$		
无吊车的单层和多层房屋	单跨	弹性方案	$1.50H$	$1.00H$	$1.50H$		
		刚弹性方案	$1.20H$	$1.00H$	$1.20H$		
	多跨	弹性方案	$1.25H$	$1.00H$	$1.25H$		
		刚弹性方案	$1.10H$	$1.00H$	$1.10H$		
	刚性方案		$1.00H$	$1.00H$	$1.00H$	$0.40s+0.20H$	$0.60s$

注：① 表中 H_u 为变截面柱的上段高度；H_l 为变截面柱的下段高度；
② 对于上端为自由端的构件，$H_0=2H$；
③ 独立砖柱，当无柱间支撑时，柱在垂直排架方向的 H_0 应按表中数值乘以 1.25 后采用；
④ s 为房屋横墙间距；
⑤ 自承重墙的计算高度应根据周边支撑或拉接条件确定。

构件高度 H，在房屋中即楼板或其他水平支点间的距离，在单层房屋或多层房屋的底层，构件下端的支点，一般可以取基础顶面，当基础埋置较深且有刚性地坪时，可取室外地坪下 500 mm 处。对于无壁柱的山墙的 H 值，可取层高加山墙端尖高度的 $\frac{1}{2}$；对于带壁柱的山墙 H 值可取壁柱处的山墙高度。

2. 墙、柱的允许高厚比

墙、柱的高度和其厚的比值称为高厚比。墙、柱的高厚比太大，虽然承载力没有问题，但可能在施工中产生倾斜，鼓肚等现象；此外，还可能因振动等原因而产生不应有的危险。因此，进行墙柱设计时必须限制其高厚比，给它规定允许值。墙、柱的允许高厚比 $[\beta]$ 与承载力计算无关而是从构造要求上规定的，它是保证墙体具备必要的稳定性和刚度的一项重要构造措施。

表 14-5　墙柱的允许高厚比 $[\beta]$ 值

砂浆强度等级	墙	柱
M2.5	22	15
M5.0 或 Mb5.0、Ms5.0	24	16
≥M7.5 或 Mb7.5、Ms7.5	26	17

注：① 毛石墙、柱允许高厚比应按表中数值降低 20%；
② 组合砖砌体构件的允许高厚比，可按表中数值应提高 20%，但不大于 28；
③ 验算施工阶段砂浆尚未硬化的新砌砌体高厚比时，允许高厚比对墙取 14，对柱取 11。

对于矩形截面墙、柱的高厚比值应符合下列规定：

$$\beta=\frac{H_0}{h} \leqslant \mu_1 \mu_2 [\beta] \tag{14-3}$$

式中 $[\beta]$——墙、柱的允许高厚比，按表14-5采用；

H_0——墙、柱的计算高度，按表14-4采用；

μ_1——非承重墙 $[\beta]$ 的修正系数；

当墙厚 $h = 240$ mm 时，$\mu_1 = 1.2$；

$h = 90$ mm 时，$\mu_1 = 1.5$；

240 mm ＞ h ＞ 90 mm 时，μ_1 可在 1.2 ~ 1.5 之间按插入法取值。

上端为自由端的墙的 $[\beta]$ 值，除按上述规定提高外，尚可提高 30%。

μ_2——有门窗洞口的墙 $[\beta]$ 的修正系数。该修正系数按下式计算：

$$\mu_2 = 1 - 0.4\frac{b_s}{s} \qquad (14-4)$$

式中 b_s——在宽度 s 范围内的门窗洞口宽度；

s——相邻窗间墙或壁柱之间的距离。

当按式（14-4）算得的 μ_2 值小于 0.7 时，取 0.7。当洞口高度等于或小于墙高的 $\frac{1}{5}$ 时，可取 $\mu_2 = 1.0$。

对于带壁柱的墙应按下列规定验算高厚比：

（1）验算整体高厚比，应以壁柱的折算厚度来确定高厚比。在求算带壁柱截面的回转半径时翼缘宽度 b_f 可按下列规定采用。

多层房屋：当有门窗洞口时，可取窗间墙宽度；当无门窗洞口时，每侧翼墙宽度可取壁柱高度的 $\frac{1}{3}$；

单层房屋：可取壁柱宽度加 $\frac{2}{3}$ 墙高，同时不得大于窗间墙宽度和相邻壁柱间距。

（2）验算局部高厚比，此时除按上述折算厚度验算墙的高厚比外，还应对壁柱之间墙厚为 h 的墙面进行高厚比验算。壁柱可视为墙的侧向不动铰支点。计算 H_0 时 s 取壁柱间的距离。

当壁柱间的墙较薄、较高以致超过高厚比限值时，可在墙高范围内设置钢筋混凝土圈梁，而且 $\frac{b}{s} \geqslant \frac{1}{30}$（$b$ 为圈梁宽度）时，该圈梁可以作为墙的不动铰支点（因为圈梁水平方向刚度较大，能够限制壁柱间墙体的侧向变形）。这样，墙高也就降低为由基础顶面至圈梁底面的高度（图 14-4）。

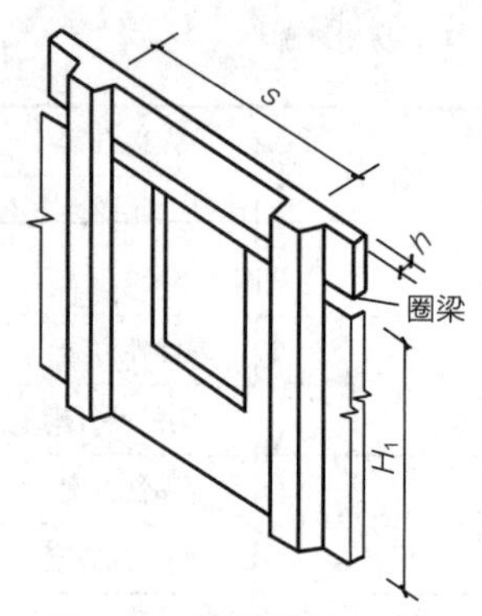

图 14-4 带壁柱墙的 β 计算

对于设置构造柱的墙可按下列规定验算高厚比：

（1）按式（14-3）计算带构造柱墙的高厚比时，公式中 h 取墙厚，当确定的计算高度时，s 应取相邻横墙间的距离。

（2）为考虑设置构造柱后的有利作用，可将墙的允许高厚比 $[\beta]$ 乘以提高系数 μ_c。

$$\mu_c = 1 + \gamma\frac{b_c}{l} \qquad (14-5)$$

式中 γ——系数，对细料石、半细料石砌体，$\gamma = 0$；

对混凝土砌块，粗料石、毛料石及毛石砌体，$\gamma = 1.0$；

其他砌体，$\gamma = 1.5$；

b_c——构造柱沿墙长方向的宽度；

l——构造柱的间距；

当 $\frac{b_c}{l} > 0.25$ 时，取 $\frac{b_c}{l} = 0.25$；当 $\frac{b_c}{l} < 0.05$ 时取 $\frac{b_c}{l} = 0$。

3. 影响允许高厚比的因素

（1）砂浆强度等级：[β] 既是保证稳定性和刚度的条件，就必然和砖砌体的弹性模量有关。由于砌体弹性模量和砂浆强度等级有关，所以砂浆强度等级是影响 [β] 的一项重要因素。因此，《砌体结构设计规范》GB 50003—2011 按砂浆强度等级来规定墙柱的允许高厚比限值（表 14-5），这是在特定条件下规定的允许值，当实际的客观条件有所变化时，有时是有利一些，有时是不利一些，所以还应该从实际条件出发作适当的修正。

（2）横墙间距：横墙间距越远，墙体的稳定性和刚度越差；因此墙体的 [β] 应该越小，而砖柱的 [β] 应该更小。

（3）构造的支承条件：刚性方案时，墙柱的 [β] 可以相对大一些，而弹性和刚弹性方案时，墙柱的 [β] 应该相对小一些。

（4）砌体截面形式：截面惯性矩越大，越不易丧失稳定；相反，墙体上门窗洞口削弱越多，对保证稳定性越不利，墙体的 [β] 应该越小。

（5）构件重要性和房屋使用情况：房屋中的次要构件，如非承重墙，[β] 值可以适当提高，对使用时有振动的房屋，[β] 值应比一般房屋适当降低。

【例题 14-1】某教学楼平面尺寸见图 14-5，外墙为 370 mm 厚，内纵墙及横墙为 240 mm 厚，底层墙高为 4.5 m（至基础顶面）。120 mm 隔墙高 3.5 m。砂浆用 M2.5。钢筋混凝土楼盖。试验算各墙的高厚比。

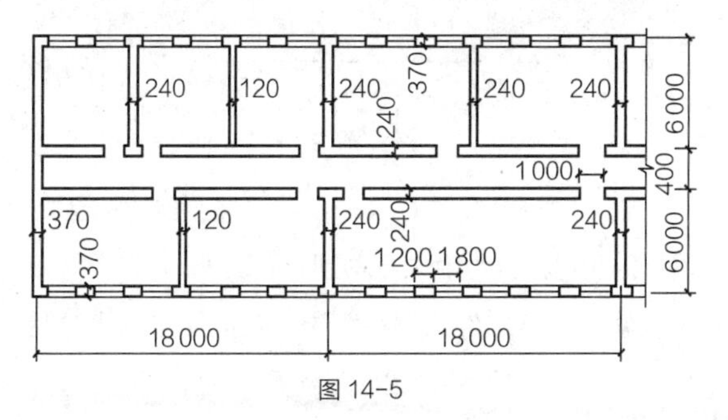

图 14-5

【解】（1）外纵墙高厚比验算。

最大横墙间距 s = 18 m，查表 14-2 确定为刚性方案。

由于 s = 18 m ＞ 2H = 9 m，查表 14-4 得 $H_0 = 1.0H = 4.5$ m，并查表 14-5，得 [β] = 22。

$s = 1.8 + 1.2 = 3$ m，$b_s = 1.8$ m，

则 $\mu_2 = 1 - 0.4 \times \dfrac{1.8}{3} = 0.76$

$$\beta = \frac{H_0}{h} = \frac{4\,500\text{ mm}}{370\text{ mm}} \approx 12.2$$

$\mu_2[\beta] = 0.76 \times 22 = 16.72 > \beta$（满足要求）。

（2）内纵墙高厚比验算。

$s = 18$ m，$b_s = 2$ m

$$\mu_2 = 1 - \frac{0.4 \times 2\text{ m}}{18\text{ m}} \approx 0.96$$

$$\beta = \frac{H_0}{h} = \frac{4\,500\text{ mm}}{240\text{ mm}} = 18.75$$

$\mu_2[\beta] = 0.96 \times 22 = 21.12 > \beta$（满足要求）。

（3）横墙高厚比验算。

由于 $2H = 9\text{ m} > s = 6\text{ m} > H = 4.5\text{ m}$

查表 14-4，得 $H_0 = 0.4s + 0.2H = 0.4 \times 6 + 0.2 \times 4.5 = 3.3$ m

$$\beta = \frac{H_0}{h} = \frac{3\,300\text{ mm}}{370\text{ mm}} \approx 8.9 < [\beta] = 22$$（满足要求）

（4）隔墙高厚比验算。

隔墙上端砌筑时一般用斜放立砖顶住梁底，可按顶端不动铰支点考虑；但隔墙两侧与纵墙无搭缝，故按两侧无拉结考虑，因此：

$H_0 = 1.0H = 3.5$ m，

$$\beta = \frac{H_0}{h} = \frac{3\,500\text{ mm}}{120\text{ mm}} \approx 29.2,$$

对于 h = 120 mm 的非承重墙，$\mu_1 = 1.44$，

$\mu_1[\beta] = 1.44 \times 22 = 31.68 > \beta$（满足要求）。

14.4.5 受压构件承载力计算

1. 计算公式

砌体房屋的墙和柱都是受压构件，当压力作用于构件截面形心时是轴心受压构件，当压力作用于构件截面形心以外（但在截面的一根对称轴线上）是偏心受压构件。如果构件上作用有轴心压力 N 同时作用有弯矩 M 时，也是偏心受压构件，其偏心距 $e=\dfrac{M}{N}$。

根据研究结果，无筋砌体轴心受压和偏心受压构件的承载力，统一按下式进行计算：

$$N \leqslant \varphi f A \tag{14-6}$$

式中 N——荷载产生的轴向压力设计值；

φ——高厚比 β 和轴向力的偏心距 e 对受压构件承载力的影响系数；

f——砌体抗压强度设计值，对于砖砌体可按照附表 5-1 采用；

A——截面面积，对各类砌体均按毛截面计算。

使用式（14-6）时，还应注意后面所述及的几个问题。

2. 影响系数 φ

细长柱在承受轴心压力时，往往由于侧向变形增大而产生纵向弯曲破坏，其承载力小于相同截面的短柱。在承受偏心压力作用时，细长柱因纵向弯曲而产生侧向变形（挠度），而侧向变形又成为一个附加偏心距卧，使荷载偏心距增大，这样的作用加剧了柱的破坏。为了综合考虑上述影响且计算简便，《砌体结构设计规范》GB 50003—2011 将高厚比和轴向力的偏心距对受压构件承载力的影响用影响系数甲来考虑。根据试验和分析结果，影响系数 φ 和砌体砂浆的强度等级、构件的高厚比值，以及纵向力偏心距等因素有关。

当 $\beta \leqslant 3$ 时构件的纵向弯曲对承载力的影响很小，可以不加考虑，这时承载力的影响系数可按下列公式计算：

$$\varphi = \frac{1}{1+12\left(\dfrac{e}{h}\right)^2} \tag{14-7}$$

当 $\beta > 3$时构件的纵向弯曲的影响已不可忽视，需考虑其对承载力的影响，这时承载力的影响系数应按下列公式计算：

$$\varphi = \frac{1}{1+12\left[\dfrac{e}{h}+\sqrt{\dfrac{1}{12}\left(\dfrac{1}{\varphi_0}-1\right)}\right]^2} \tag{14-8}$$

$$\varphi_0 = \frac{1}{1+\alpha\beta^2} \tag{14-9}$$

式中 e——轴向力的偏心距；

h——矩形截面的轴向力偏心方向的边长；

φ_0——轴心受压构件的稳定系数；

α——与砂浆强度等级有关的系数：

当砂浆强度等级≥M5时，$\alpha = 0.0015$；

当砂浆强度为 M2.5 时，$\alpha = 0.002$；

当砂浆强度为零时，$\alpha = 0.009$。

β——构件的高厚比。

将式（14-9）代入式（14-8）可得系数 φ 的最终计算公式：

$$\varphi = \frac{1}{1+12\left[\dfrac{e}{h}+\beta\sqrt{\dfrac{\alpha}{12}}\right]^2} \tag{14-10}$$

式（14-8）及式（14-10）计算相当麻烦，因此设计时也可直接查附录 6 得到 φ。

偏心受压构件的偏心距过大，构件的承载力明显下降，从经济性和合理性角度看都不宜采用，此外，偏心距过大可能使截面受拉边出现过大的水平裂缝。因此，《砌体结构设计规范》GB 50003—2011 规定轴向力偏心距 f 不应超过 $0.6y$，y 是截面重心到受压边缘的距离。

【例题 14-2】截面尺寸为 370 mm×490 mm 的砖柱，砖的强度等级为 MU10，混合砂浆强度等级为 M5，柱高 3.2 m，两端为不动铰支座。柱顶承受轴向压力标准值 N = 120 kN（其中永久荷载 95 kN，已包括砖柱自重），试验算该柱的承载力。

【解】$N = 1.2 \times 95\ \text{kN} + 1.4 \times 25\ \text{kN} = 149\ \text{kN}$

$$B = \frac{H_0}{h} = \frac{3\,200\ \text{mm}}{370\ \text{mm}} \approx 8.65$$

查附录 6 得影响系数 $\varphi = 0.90$

柱截面面积 $A = 0.37\ \text{m} \times 0.49\ \text{m} = 0.181\,3\ \text{m}^2 < 0.3\ \text{m}^2$

故 $\gamma_a = 0.7 + 0.18 = 0.88$

根据砖和砂浆的强度等级，查附表 5-1 得砌体轴心抗压强度 $f = 1.5\ \text{N/mm}^2$，则

$\varphi fA = 0.88 \times 0.18 \times 10^6\ \text{mm}^2 \times 0.9 \times 1.5\ \text{N/m}^2 \approx 214\ \text{kN} > 149\ \text{kN}$　安全

14.4.6　砌体局部受压计算

当外力只作用于砌体的部分面积上时称为局部受压。在混合结构房屋中经常遇到砌体局部受压的情况，例如：屋架支承在砌体墩上，钢筋混凝土梁支承在砌体墙上，使砌体墩或墙局部受压。

砌体局部受压常见有以下四种情况：砌体截面局部均匀受压；梁端支承处砌体局部受压；在梁端设有刚性垫块的砌体局部受压；垫梁下砌体局部受压。本节仅对砌体截面局部均匀受压情况加以分析。

试验显示，局部受压时由于砌体周围未直接受荷部分对直接受荷部分砌体的横向变形起了像套箍一样的箍住作用，阻止局部受压部分的横向膨胀，产生三向受力状态；以及直接位于支承面（接触面）下的局部受压砌体与支承面之间产生与局部受压砌体横向变形方向相反的摩擦力，对砌体的横向变形产生了有效的约束；因而使局部受压砌体的抗压强度提高了。

当荷载均匀地作用在砌体的局部面积上时，砌体局部均匀受压的承载力可按下列公式计算：

$$N \leqslant \gamma f A_l \qquad (14\text{-}11)$$

$$\gamma = 1 + 0.35\sqrt{\frac{A_0}{A_l} - 1} \qquad (14\text{-}12)$$

式中　N——局部受压面积上荷载产生的轴向压力设计值；

γ——局部抗压强度提高系数；

f——砌体抗压强度设计值，局部受压面积小于 0.3 mm²，可不考虑强度调整系数的 γ_a 影响；

A_l——局部受压面积；

A_0——影响局部抗压强度的计算面积，可按图 14-6 确定。

式（14-12）的物理意义：其第一项为砌体局部受压面积本身的抗压强度，第二项是非局部受压面积 $\frac{A_0}{A_l}$ 所提供的侧压力的影响。

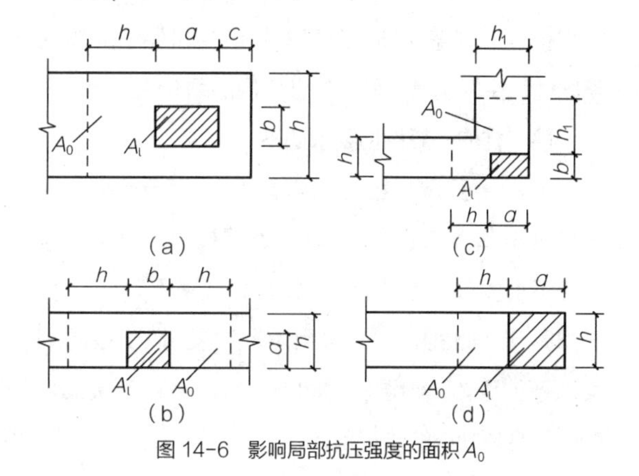

图 14-6　影响局部抗压强度的面积 A_0

为了避免$\frac{A_0}{A_l}$超过某一限值时会出现危险的劈裂破坏，《砌体结构设计规范》GB 50003—2011对γ值作了上限规定：对于图14-6（a）的情况，$\gamma \leqslant 2.5$；图14-6（b）情况，$\gamma \leqslant 2.0$；图14-6（c）情况，$\gamma \leqslant 1.5$；图14-6（d）情况，$\gamma \leqslant 1.25$；对空心砖砌体尚应符合$\gamma \leqslant 1.5$；对于未灌实的混凝土小型空心砌块砌体$\gamma = 1.0$。

影响砌体局部抗压强度的计算面积可按下列规定采用：

① 在图14-6（a）的情况下，$A_0=(a+c+h)h$；

② 在图14-6（b）的情况下，$A_0=(b+2h)h$；

③ 在图14-6（c）的情况下，$A_0=(a+h)h+(b+h_1-h)h_1$；

④ 在图14-6（d）的情况下，$A_0=(a+h)h$。

14.5 砌体房屋构造措施

14.5.1 墙、柱的一般构造要求

砌体结构房屋设计时，构造上除满足高厚比要求外，还需注意房屋一般构造要求，使房屋中的墙、柱和楼盖、屋盖之间有可靠的拉结，以保证房屋的整体性和空间刚度，同时保证房屋的耐久性。

墙、柱的一般构造要求如下：

（1）5层及5层以上房屋的墙，以及受振动或层高大于6 m的墙、柱所用材料最低强度等级，应符合下列要求：砖采用MU10；砌块采用MU7.5；石材采用MU30；砂浆采用M5。地面以下或防潮层以下的砌体，潮湿房间的墙，所用材料的最低强度应符合具规范的体规定。

（2）承重独立砖柱截面尺寸，不应小于240 mm×370 mm。毛石墙的厚度，不宜小于350 mm，毛料石柱截面的较小边长不宜小于400 mm。当有振动荷载时，墙、柱不宜用毛石砌体。

（3）预制钢筋混凝土板在墙上的支承长度，不宜小于100 mm；在钢筋混凝土圈梁上不宜小于80 mm，这是考虑墙体施工时可能的偏斜、板在制作和安装时的误差等因素对墙体承载力和稳定性的不利影响而确定的。

预制钢筋混凝土梁在墙上的支承长度不宜小于180 ~ 240 mm。支承在砖墙、柱上跨度$l \geqslant 9$ m的预制梁、屋架的端部，应采用锚固件与墙、柱上的垫块锚固。对砌块和料石墙$l \geqslant 7.2$ m，就应采取上述措施。

（4）在跨度大于6 m的屋架和跨度大于对砖砌体4.8 m，对砌块、料石砌体4.2 m，对毛石砌体3.9 m的梁的支承面下，应设置混凝土或按构造要求配置双层钢筋网的钢筋混凝土垫块。当墙体中设有圈梁时，垫块与圈梁宜浇成整体。

对墙厚$h \geqslant 240$ mm的房屋，当大梁跨度对砖墙为6 m，对砌块、料石墙为4.8 m时，其支承处的墙体宜加设壁柱或构造柱。山墙处的壁柱宜砌至山墙的顶端。屋面构件应与山墙可靠拉结。

（5）砌块砌体应分皮错缝搭砌，小型空心砌块上下皮搭砌长度，不得小于90 mm。当搭砌长度不满足上述要求时，应在水平灰缝内设置不少于$2\phi4$的钢筋网片，网片每端均应超过该垂直缝，其长度不得小于300 mm。砌块墙与后砌隔墙交接处，应沿墙高每400 mm在水平灰缝内设置不少于$2\phi4$的焊接钢筋网片。

（6）混凝土小型空心砌块房屋，宜在外墙转角处、楼梯间四角的纵横墙交接处，距墙中心线每边不小于300 mm范围内的孔洞，采用不低于Cb20

灌孔混凝土灌实，灌实高度应为全部墙身高度。

（7）混凝土小型空心砌块墙体的下列部位，如未设圈梁或混凝土垫块，应采用不低于 Cb20 灌孔混凝土将孔洞灌实：

1）搁栅、檩条和钢筋混凝土楼板的支承面下，高度不应小于 200 mm 的砌体；

2）屋架、大梁的支承面下，高度不应小于 600 mm，长度不应小于 600 mm 的砌体；

3）挑梁支承面下，距墙中心线每边不应小于 300 mm，高度不应小于 600 mm 的砌体。

（8）作为高效节能墙体的夹心墙应符合下列规定：

1）混凝土砌块的强度等级不应低于 MU10；

2）夹心墙的夹层厚度不宜大于 100 mm；

3）夹心墙外叶墙的最大横向支承间距不宜大于 9 m。

14.5.2　防止或减轻墙体开裂的主要措施

砌体结构房屋墙体产生裂缝的根本原因有二：一是由于温差和砌体干缩变形引起；二是由于地基不均匀沉降引起。

1. 防止温差和砌体干缩变形引起墙体开裂的措施

当气温变化或材料收缩时。组成混合结构房屋的钢筋混凝土屋盖、楼盖和砌体墙体，由于线膨胀系数和收缩率不同，将产生各自不同的变形，导致彼此的制约作用而产生应力。当拉应力超过其极限抗拉强度时，裂缝就会不可避免地出现，房屋越长，温度变化和墙体干缩变形时产生的拉应力越大，墙体开裂情况越严重。所以，为了防止温差和砌体干缩引起墙体开裂，可根据具体情况采取下列措施：

（1）设置温度伸缩缝。伸缩缝应设在因温度和收缩变形可能引起应力集中、砌体产生裂缝可能性最大的地方。表 14-6 是规范规定砌体房屋伸缩缝的最大间距。

表 14-6　砌体房屋伸缩缝的最大间距（单位：m）

屋盖或楼盖类别		间距
整体式或装配整体式钢筋混凝土结构	有保温层或隔热层的屋盖、楼盖	50
	无保温层或隔热层的屋盖	40
装配式无檩体系钢筋混凝土结构	有保温层或隔热层的屋盖、楼盖	60
	无保温层或隔热层的屋盖	50
装配式有檩体系钢筋混凝土结构	有保温层或隔热层的屋盖	75
	无保温层或隔热层的屋盖	60
瓦材屋盖、木屋盖或楼盖、轻钢屋盖		100

注：① 对烧结普通砖、多孔砖、配筋砌块砌体房屋取表中数值；对石砌体、蒸压灰砂砖、蒸压粉煤灰砖和混凝土砌块房屋取表中数值乘以 0.8 的系数。当有实践经验并采取有效措施时，可不遵守本表规定；
② 在钢筋混凝土屋面上挂瓦的屋盖应按钢筋混凝土屋盖采用；
③ 按本表设置的墙体伸缩缝，一般不能同时防止由于钢筋混凝土屋盖的温度变形和砌体干缩变形引起的墙体局部裂缝；
④ 层高大于 5 m 的烧结普通砖、多孔砖、配筋砌块砌体结构单层房屋，其伸缩缝间距可按表中数值乘以 1.3；
⑤ 温差较大且变化频繁地区和严寒地区不供暖的房屋及构筑物墙体的伸缩缝的最大间距，应按表中数值予以适当减小；
⑥ 墙体的伸缩缝应与结构的其他变形缝相重合，在进行立面处理时，必须保证缝隙的伸缩作用。

（2）屋盖结构层上应设置有效保温层、隔热层，以减小钢筋混凝土屋盖顶板的温度变形。屋面保温（隔热）层或屋面刚性面层及砂浆找平层应设置分隔缝，分隔缝间距不宜大于 6 m，并与女儿墙隔开，其宽度不宜小于 30 mm。

（3）宜优先采用装配式有檩体系钢筋混凝土瓦材屋盖。

（4）房屋顶层屋面板下设置现浇钢筋混凝土圈梁，并沿内外墙拉通，房屋两端圈梁下的墙体内宜适当设置水平钢筋。

（5）房屋顶层端部墙体内适当增设构造柱；女

儿墙宜设构造柱，其间距不宜大于 4 m，顶屋及女儿墙砂浆强度等级不低于 M7.5（Mb7.5、Ms7.5）。

（6）对于非烧结硅酸盐砖和砌块房屋，应严格控制块体出厂时间，并应避免现场堆放时块体遭受雨淋。

（7）在钢筋混凝土屋面板与砌体圈梁的连接面处设置水平滑动层，滑动层可采用两层油毡夹滑石粉或橡胶片等；对于长纵墙，可只在其两端的 2 ~ 3 个开间内设置，对于横墙可只在其两端各 $\frac{l}{4}$ 长度范围内设置（l 为横墙长度）。

2. 防止由于地基的不均匀沉降引起墙体开裂的主要措施

（1）房屋建于土质差别较大的地基上，或房屋相邻部分的高度、荷载、结构刚度、地基基础的处理方法等有显著差别，以及施工时间不同时，宜用沉降缝将其划分成若干个刚度较好的单元，或将两者隔开一定距离，其间可设置能自由沉降的连接体或简支悬挑结构。

沉降缝和温度缝不同之处是：前者自基础断开，后者是地面以上结构断开，沉降缝也可以兼作为温度缝。

墙体温度缝的宽度一般不小于 30 mm。而墙体的沉降缝一般大于 50 mm，为避免上端结构在地基沉降后相互顶碰，房屋比较高时缝宽还应加大，最大可达 120 mm 以上。缝内应嵌以软质可塑材料，墙面粉刷层应断开。在立面处理时，应保证该缝能起应有的作用。

（2）设置钢筋混凝土圈梁或钢筋砖圈梁，以加强墙体的稳定性和整体刚度，特别是宜增大地圈梁的刚度。

（3）在软土地区或土质变化较复杂的地区，利用天然地基建造多层房屋时，房屋体形应力求简单，横墙间距不宜过大；较长房屋宜用沉降缝分段，而不宜采用整体刚度较差且对地基不均匀沉降较敏感的内框架结构。

（4）宜在底层窗台下墙体灰缝内配置三道焊接钢筋网片或 2ϕ6拉结筋，并伸入两边窗间墙内不小于 600 mm。

（5）采用钢筋混凝土窗台板，窗台板嵌入窗间墙内不小于 600 mm。

（6）合理安排施工程序，宜先建较重单元，后建较轻单元。

14.6 过梁、圈梁

14.6.1 过梁

1. 过梁的形式与构造

墙体开有洞口时，为了承受门窗洞口上部墙体的重量和楼盖传来的荷载，在门窗洞口上沿设置的梁称为过梁。过梁有砖砌过梁及钢筋混凝土过梁。

常用的砖过梁有钢筋砖过梁和砖砌平拱过梁（图 14-7）。

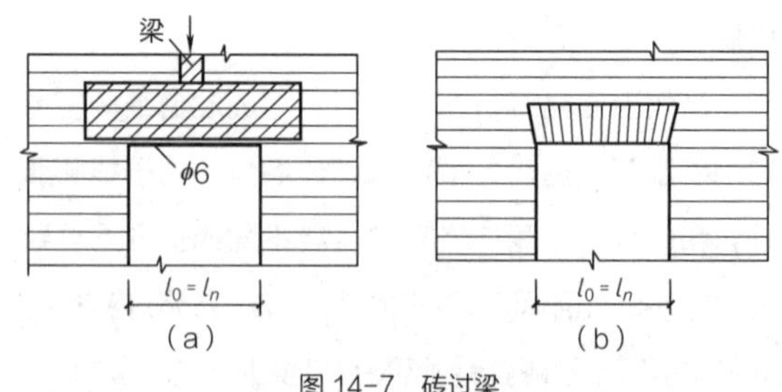

图 14-7 砖过梁
（a）钢筋砖过梁；（b）砖砌平拱过梁

钢筋砖过梁的砌法与墙体相同，为平砌的砌体，只是过梁部分所用的砂浆强度等级较高，一般不低于 M5。过梁的构造高度（用强度等级较高的砂浆砌筑的砌体高度）应不小于240 mm。为防止下层砖的脱落，在过梁下皮的砂浆层内（厚30 mm）设置构造钢筋，每半砖厚墙中至少有一根5～6 mm的钢筋，其末端应伸过洞口边缘240 mm（一砖），并且上弯一皮砖的高度。钢筋砖过梁适用于跨度$l \leqslant 1.5$ m。

砖砌平拱过梁是用立砌和侧砌的砖组成的楔形砌体，楔形砌体的两侧（即拱脚）伸入墙中20～30 mm。平拱式过梁的构造高度（楔形体的高度）应不小于240 mm（立砖）。砌筑用的砂浆强度等级一般不低于M5。平拱过梁适用于跨度$l \leqslant 1.2$ m。

砖过梁所用砖的强度等级不得低于MU10。

当遇到下列情况时，应采用钢筋混凝土过梁。

（1）过梁跨度超过砖砌过梁限值时。

（2）对有较大振动或可能产生不均匀沉降的房屋。

（3）楼盖梁（板）支承在过梁的构造高度范围以内，或有较大的集中力作用时，此外，为了便于现场施工，也常采用预制钢筋混凝土过梁。

钢筋混凝土过梁的截面有矩形和L形的。一般内墙均用矩形，外墙由于保温的需要用L形。过梁的高度应为砖厚的整数倍，如120、180、240 mm等，过梁在墙上的支承长度一般为240 mm。

2. 过梁的计算

过梁的工作不同于一般的简支梁。由于过梁与其上部砌体及窗间墙砌筑成一整体，彼此有着共同工作的关系，亦即，上部砌体不仅仅是过梁的荷载，而且由于它本身的整体性而具有拱的作用，相当部分的荷载通过这种拱的作用直接传递到窗间墙上，从而减轻了过梁的负担。但在工程上，为了简化计算，仍按简支梁计算。并通过调整荷载的办法来考虑共同工作的有利影响。

（1）过梁的荷载

试验研究表明，过梁本身不是独立工作的构件，由于过梁与其上部的砖墙砌体及窗间墙砌筑成为整体，因此它们之间有共同工作的关系。当过梁上墙体高度$h_w > \frac{l_n}{3}$（l_n为过梁的净跨度）时，由于墙体本身已具有一定的刚度，因而将一部分的重量直接传到了支座。这时，即使墙体继续往上砌筑，过梁承受的墙体荷载并不再增加，而是接近于$\frac{l_n}{3}$高度的墙体重量。这是由于过梁与墙砌体共同工作而使过梁卸荷的一个特征。

试验研究结果也表明，过梁上面的梁板荷载传给过梁的多少，与梁板所在位置距过梁的远近有关。梁板在过梁上的位置越高，梁板传给过梁的荷载就越少。当在过梁上砌体高度$h_w \geqslant 0.8l_n$时，绝大部分的梁板荷载就直接传到支座上去，过梁只承担很小的一部分荷载而已。这是过梁与墙砌体共同工作而卸荷的另一个特征。

规范根据试验研究结果，对于砖砌砌体中过梁的荷载取值作出如下规定：

1）梁、板荷载

对砖和小型砌块砌体，当梁、板下的墙体高度$h_w < l_n$时，应计入梁、板传来的荷载。当梁、板下的墙体高度$h_w \geqslant l_n$时，可不考虑梁、板荷载。

2）墙体荷载

① 对砖砌体，当过梁上的墙体高度$h_w < \frac{l_n}{3}$时，应按全部墙体的均布自重采用。当墙体高度$h_w \geqslant \frac{l_n}{3}$时，则按高度为$\frac{l_n}{3}$墙体的均布自重采用；

② 对混凝土砌块砌体，当过梁上的墙体高度$h_w < \frac{l_n}{2}$时，应按墙体的均布自重采用。当墙体高度

$h_w \geqslant \frac{l_n}{2}$时，应按高度为$\frac{l_n}{2}$墙体的均布自重采用。

过梁的计算跨度l_0：对砖过梁为净跨l_n，对钢筋混凝土过梁为$1.05\,l_n$。

（2）过梁的设计计算：

1）平拱过梁

平拱过梁的截面计算高度一般取等于$\frac{l_n}{3}$，当计算中考虑上部梁板荷载时，则取梁板底画到过梁底的高度作为计算高度。

平拱过梁跨中截面抗弯承载力应按下式计算：

$$M \leqslant f_{tm}W \tag{14-13}$$

式中 M——荷载产生的弯矩设计值；

f_{tm}——砌体的弯曲抗拉强度设计值。

W——过梁计算截面的抵抗矩，矩形截面时$W=\frac{bh^2}{6}$；

b——截面宽度，即为墙厚；

h——过梁的截面计算高度。

平拱过梁的抗剪承载力按下式计算：

$$V \leqslant f_v bz \tag{14-14}$$

式中 V——荷载产生的剪力设计值；

f_v——砌体的抗剪强度设计值；

b——截面宽度，即为墙厚；

z——截面内力臂，当截面为矩形时等于$\frac{2}{3}$的截面高度。

2）钢筋砖过梁

过梁的弯曲抗剪承载力计算方法与平拱过梁相同。过梁跨中截面抗弯承载力可按下式计算：

$$M \leqslant 0.85\,h_0 A_s f_y \tag{14-15}$$

式中 M——按简支梁计算的跨中弯矩设计值；

f_y——钢筋的抗拉强度设计值；

A_s——受拉钢筋的截面面积；

h_0——过梁截面有效高度，$h_0=h-a_s$；

a_s——受拉钢筋中心至梁底边缘的距离，一般取$a_s=15\sim20$ mm。

3）钢筋混凝土过梁

钢筋混凝土过梁可按钢筋混凝土受弯构件一样进行计算，在验算过梁支座处砌体局部受压时，可不计入上层荷载的影响。

14.6.2 圈梁

为了增强房屋的整体性和空间刚度，防止由于地基不均匀沉降或较大振动荷载等对房屋引起的不利影响，可在墙中设置钢筋混凝土圈梁或钢筋砖圈梁。圈梁是沿建筑物外墙四周及纵横墙设置的连续封闭梁。以钢筋混凝土材料为主，钢筋砖圈梁在工程中应用很少。

1. 圈梁的设置

圈梁布置的位置和道数，应根据地基的强弱、房屋的整体刚度和墙体稳定性、荷载的性质等因素，结合其他结构措施全面考虑确定。

圈梁以设置在基础顶面和檐口部位对抵抗不均匀沉降的作用最为有效。如果房屋可能发生微凹形沉降，则基础顶面的圈梁作用较大：如果发生微凸形沉降，则檐口部位的圈梁作用较大。

在一般情况下，混合结构房屋可参照下列规定设置圈梁：

（1）砖砌体房屋，檐口标高为5～8 m时，应在檐口标高处设置圈梁一道，檐口标高大于8 m时，应增加设置数量。

（2）砌块及石砌体房屋，檐口标高为4～5 m时，应在檐口标高处设圈梁一道，檐口标高大于5 m时：应增加设置数量。

（3）对有电动桥式吊车或较大振动设备的单层工业房屋，除在檐口或窗顶标高处设置钢筋混凝土圈梁外，还应在吊车梁标高处或其他适当位置增设。

（4）对多层民用房屋，如宿舍、办公楼等，当墙厚 $h \leqslant 240$ mm，且层数为 3 ~ 4 层时，应在檐口标高处设置圈梁一道。当层数超过 4 层时，应在所有纵横墙上每层设置。

（5）对多层工业房屋，应每层设置钢筋混凝土圈梁。

（6）建筑在软弱地基或不均匀地基上的砌体房屋，除按上述规定设置圈梁外，还应符合《建筑地基基础设计规范》GB 50007—2011 的规定。

2. 圈梁的构造要求

（1）圈梁应连续地设置在同一水平面上，并形成封闭状态；除在外墙和内纵墙中设置外，还应与横墙适当连接；连接的距离不宜大于 25 m，条件许可时，宜在横墙上做成连续贯通的，不然，也可适当位置做成 1.5 m 长非贯通的。

（2）当圈梁被门窗洞口截断时，应在洞口上设置截面不小于圈梁的钢筋混凝土过梁搭接，搭接长度 $L \geqslant 2H$ 且不小于 1 m（图 14-8）。

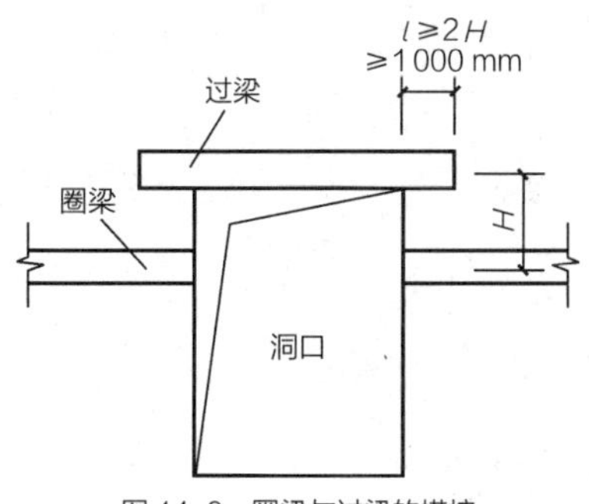

图 14-8　圈梁与过梁的搭接

（3）房屋转角处或纵横墙交接处的圈梁应有可靠的连接。刚弹性和弹性方案房屋的横墙间距较大，圈梁应与屋架、大梁等构件可靠连接。

（4）钢筋混凝土圈梁的宽度一般与墙厚相同。当外墙为清水墙时，考虑美观要求，或在北方地区，为了保温的需要，而且墙厚 $h \geqslant 240$ mm 时，设置在外墙的圈梁的宽度可小于墙厚，但不宜小于 $\frac{2}{3}h$。圈梁高度应为砖厚的整数倍，且不小于 120 mm。钢筋混凝土圈梁的配筋一般根据实践经验确定，纵向钢筋不少于 4ϕ10，箍筋直径 ϕ4 ~ ϕ6，间距不大于 300 mm。混凝土强度等级不应低于 C15。

（5）采用现浇钢筋混凝土楼（屋）盖的多层砌体结构房屋的未设置圈梁的楼层，其楼面板嵌入墙内的长度不应小于 120 mm，并在楼板内沿墙的方向配置不少于 2ϕ10 的纵向钢筋。

（6）采用装配式楼（屋）盖或装配整体式楼（屋）盖的多层砌体结构房屋的圈梁应留出钢筋与楼（屋）盖拉接。

（7）圈梁兼作为过梁时，过梁部分的钢筋应按计算用量单独配置。

Chapter 15

第15章 钢筋混凝土单层厂房

Reinforced Concrete Single-story Workshop

15.1 单层厂房的组成及受力特点

15.1.1 单层厂房的结构形式

单层厂房按结构材料大致可分为：混合结构、混凝土结构和钢结构。一般说来，无吊车或吊车吨位不超过 5 t，且跨度在 15 m 以内，柱顶标高在 8 m 以下，无特殊工艺要求的小型厂房，可采用由砖柱、钢筋混凝土屋架或木屋架或轻钢屋架组成的混合结构。当吊车吨位在 250 t（中级载荷状态）以上，或跨度大于 36 m 的大型厂房，或有特殊工艺要求的厂房（如设有 10 t 以上锻锤的车间以及高温车间的特殊部位等），一般采用钢屋架、钢筋混凝土柱或全钢结构。其他大部分厂房均可采用混凝土结构。

目前，我国混凝土单层厂房的结构形式主要有排架结构和刚架结构两种。

排架结构由屋架（或屋面梁）、柱和基础组成，柱与屋架铰接，与基础刚接。根据生产工艺和使用要求的不同，排架结构可做成等高、不等高和锯齿形等多种形式，见图 15-1。排架结构是目前单层厂房结构的基本结构形式，其跨度可超过 30m，高度可达 20 ~ 30m 或更高，吊车吨位可达 150t 甚至更大。排架结构传力明确，构造简单，施工亦较方便。

目前常用的刚架结构是装配式钢筋混凝土门式刚架，见图 15-2。它的特点是柱和横梁刚接成一个构件，柱与基础通常为铰接。刚架顶节点做成铰接的，称为三铰刚架，做成刚接的称为两铰刚架，前者是静定结构，后者是超静定结构。为了便于施工吊装，两铰刚架通常做成三段，在横梁中弯矩为零（或很小）的截面处设置接头，用焊接或螺栓连接成整体。刚架顶部一般为人字形，见图 15-2（a）、（b），也有做成弧形的，见图 15-2（c）、（d）。刚架立柱和横梁的截面高度都是随内力（主要是弯矩）的增减沿轴线方向做成变高的，以节约材料。构件截面一般为矩形，但当跨度和高度都较大时，为减轻自重，也有做成工字形或空腹的，见图 15-2（d）。

刚架的优点是梁柱合一，构件种类少，制作较简单，且结构轻巧，当跨度和高度较小时，其经济指标稍优于排架结构。刚架的缺点是刚度较差，承载后会产生跨变，梁柱转角处易产生早期裂缝，所以对于吊车吨位较大的厂房，刚架的应用受到一定的限制。此外，由于刚架构件呈“Γ”形或“Y”形，使构件的翻身、起吊和对中、就位等都比较麻烦，跨度大时尤其是这样。

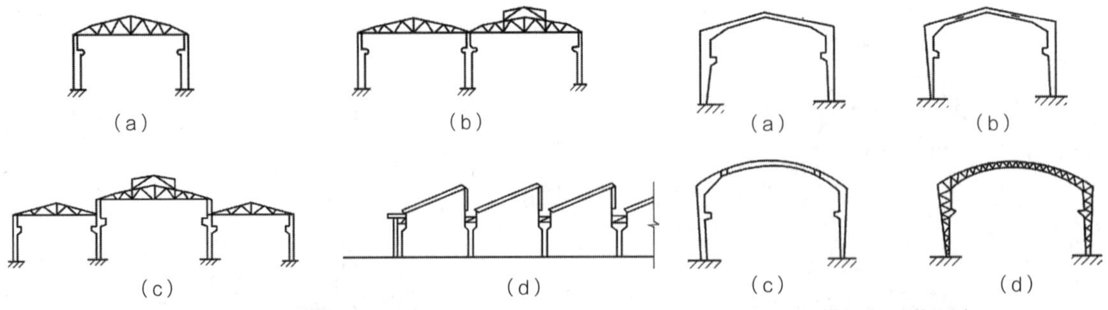

图 15-1 钢筋混凝土排架结构
（a）单跨；（b）双跨等高；（c）多跨不等高；（d）锯齿形

图 15-2 刚架形式
（a）三铰刚架；（b）两铰刚架；（c）弧形刚架；（d）弧形或工字形空腹刚架

本章主要讲述单层厂房装配式钢筋混凝土排架结构设计中的主要问题。

15.1.2　单层厂房的结构组成与传力途径

1. 结构组成

单层厂房排架结构通常由下列结构构件组成并相互连接成整体，见图15-3。

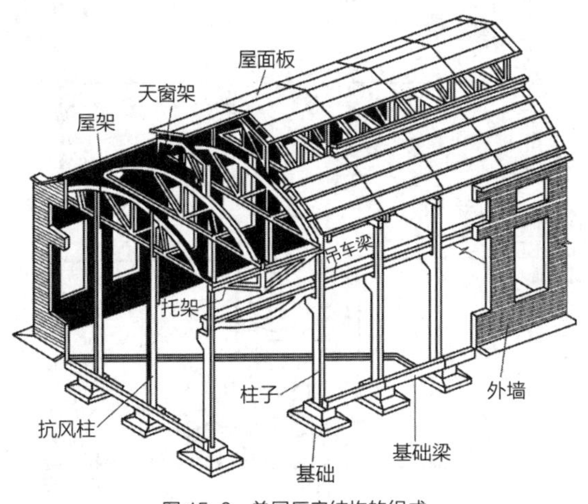

图15-3　单层厂房结构的组成

（1）屋盖结构：屋盖结构在单层厂房结构中占有很大比重，无论在材料用量上或是在土建造价上，它占全部工程的40%～50%。屋盖结构可分无檩和有檩两种屋盖体系。无檩屋盖体系是将大型屋面板直接支承在屋架或屋面梁上；有檩屋盖体系则是在屋架上设置檩条，在檩条上再铺设小型屋面板或瓦材。屋盖包括以下构件：

1）屋面板：屋面板直接承受屋面荷载。并将这部分荷载传给屋架或天窗架。

2）天窗架：承受天窗上的荷载并将其传给屋架。

3）屋架或屋面大梁：承受整个屋盖上的荷载，一般情况下将力传给柱子。在特殊情况下，当遇有扩大柱距（≥12m）时。屋架则放在托架上。

4）托架：在扩大柱距时，用托架支承屋架，把力传给柱子。

（2）横向平面排架

横向平面排架由横梁（屋架或屋面梁）、横向柱列和基础组成，是厂房的基本承重结构。厂房结构承受的竖向荷载、横向水平荷载以及横向水平地震作用都是由横向平面排架承担并传至地基的。

（3）纵向平面排架：纵向平面排架由纵向柱列、连系梁、吊车梁、柱间支撑和基础等组成，其作用是保证厂房的纵向稳定性和刚性，并承受作用在山墙、天窗断壁以及通过屋盖结构传来的纵向风荷载、吊车纵向水平荷载等，再将其传至地基，见图15-4，另外它还承受纵向水平地震作用、温度应力等。吊车梁一般为装配式的，简支在柱的牛腿上，主要承受吊车竖向荷载、横向或纵向水平荷载，并将它们分别传至横向或纵向平面排架。吊车梁是直接承受吊车动力荷载的构件。

（4）支撑：单层厂房的支撑包括屋盖支撑和柱间支撑两种，其作用是加强厂房结构的空间刚度，

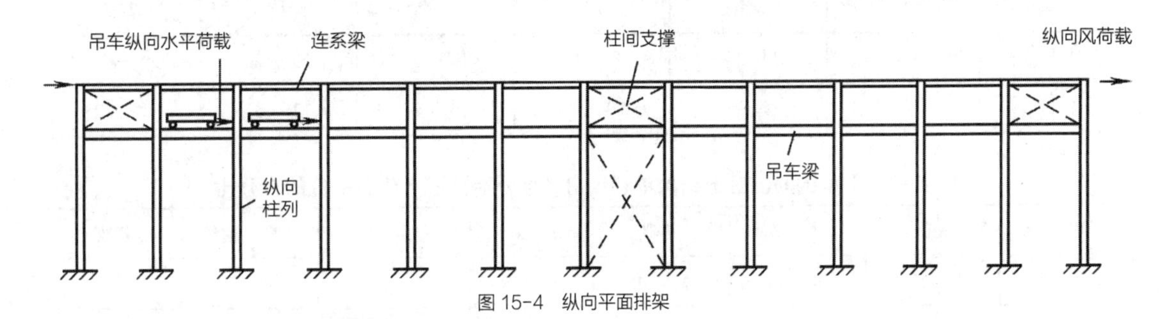

图15-4　纵向平面排架

保证结构构件在安装和使用阶段的稳定和安全，同时起着把风荷载、吊车水平荷载或水平地震作用等传递到相应承重构件的作用。

（5）基础：基础承受柱和基础梁传来的荷载并将它们传至地基。

（6）围护结构：围护结构包括纵墙、横墙（山墙）及由连系梁、抗风柱（有时还有抗风梁或抗风桁架）和基础梁等组成的墙架。这些构件所承受的荷载，主要是墙体和构件的自重以及作用在墙面上的风荷载等。

2. 传力途径

单层厂房结构有以下几条传力途径：

（1）屋盖上的竖向荷载及横向水平荷载通过屋架作用在排架柱顶上，由柱子支持，传到基础（图 15-5 a）。

（2）吊车的竖向及横向水平作用经由吊车梁传到排架柱上，再传到基础（图 15-5 b）。

（3）在比较高大的厂房中，墙身只能承受自重，它经由基础梁直接传到基础。墙身上所受的横向水平风荷载仍由排架柱支持，传到基础（图 15-5 c）。

（4）作用在厂房上的纵向荷载（纵向风力，吊车纵向制动力等）由支撑等纵向结构系统承担，传至基础（图 15-4）。

单层厂房结构所承受的各种荷载，基本上都是传递给排架柱，再由柱传至基础及地基的，因此屋架（或屋面梁）柱、基础是单层厂房的主要承重构件。在有吊车的厂房中，吊车梁也是主要承重构件，设计时应予以重视。

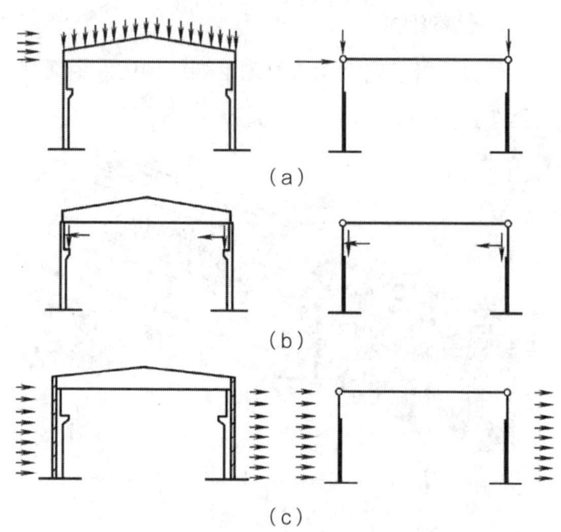

图 15-5　排架结构的传力途径
（a）屋盖上的荷载；（b）吊车荷载；（c）风荷载

根据对一般中型厂房（跨度 24 m，吊车起重量 15 t）的统计结果，表 15-1 列出了其中几种主要构件的材料用量，表 15-2 列出了厂房各部分造价占土建总造价的百分比。

表 15-1　中型钢筋混凝土结构单层厂房各主要构件材料用量表

材料	每平方米建筑面积构件材料用量	每种构件材料用量占总用量的百分比（%）				
		屋面板	屋架	吊车梁	柱	基础
混凝土	130 ~ 180（kg）	30 ~ 40	8 ~ 12	10 ~ 15	15 ~ 20	25 ~ 35
钢材	18 ~ 20（kg）	25 ~ 30	20 ~ 30	20 ~ 32	12 ~ 25	8 ~ 12

表 15-2　中型钢筋混凝土结构单层厂房各部分造价占土建总造价的百分比

项目	屋盖	柱、梁	基础	墙	地面	门、窗	其他
百分比（%）	30 ~ 50	10 ~ 20	5 ~ 10	10 ~ 18	4 ~ 7	5 ~ 11	3 ~ 6

15.2　单层厂房的结构布置

15.2.1　厂房的柱网

1．柱网布置

结构布置的第一步就是确定跨度、跨数和柱子间距。厂房承重柱或承重墙的定位轴线，在平面上构成的网络，称为柱网。柱网布置就是确定纵向定位轴线之间的尺寸（跨度）和横向定位轴线之间的尺寸（柱距）。柱网布置既是确定柱的位置，也是确定屋面板、屋架和吊车梁等构件尺寸（跨度）的依据，并涉及结构构件的布置。柱网布置恰当与否，将直接影响厂房结构的经济合理性和先进性，对生产使用也有密切关系。

柱网布置的原则一般为：符合生产和使用要求；建筑平面和结构方案经济合理；在厂房结构形式和施工方法上具有先进性和合理性；符合《厂房建筑模数协调标准》GB/T 50006—2010 的有关规定；适应生产发展和技术革新的要求。

厂房跨度在18 m及以下时，应采用扩大模数 30M 数列；在 18 m 以上时，宜采用扩大模数 60M 数列，见图 15-6。当跨度在 18 m 以上，工艺布置有明显优越性时，也可采用扩大模数 30M 数列。从经济指标、材料用量和施工条件等方面衡量，特别是高度较低的厂房，采用 6 m 柱距比 12 m 柱距优越。但从现代工业发展趋势来看，扩大柱距对增加厂房有效面积，提高设备布置和工艺布置的灵活性，机械化施工中减少结构构件的数量和加快施工进度等，都是有利的。当然，由于构件尺寸增大，也给制作、运输和吊装带来不便。

2. 变形缝

变形缝包括伸缩缝、沉降缝和防震缝。

在确定柱网布置时，要考虑伸缩缝的设置问题。因为在气温变化时，房屋的地上部分要热胀冷缩，但建筑物埋在地下部分受温度变化影响很小，基本上不产生变形，这样就使暴露在大气中的上部结构的伸缩受到限制，从而在结构内部产生了温度应力。当厂房的长度和宽度较大时，这一应力有可能使墙面、屋面，或结构构件开裂，影响使用。

影响温度应力的因素很多，厂房本身又是复杂的结构体系，要准确地估算这种应力较为困难。因此目前是采取沿厂房纵向和横向在一定长度内设置伸缩缝的办法来减少温度应力，以保证建筑物的正常使用。伸缩缝如图 15-7 所示，在柱列中间设置双柱，从基础顶面开始，将上部结构构件完全分开，则由于温度变化引起的屋盖伸缩量将大为减少，从而柱内的温度内力等随之大大减少。

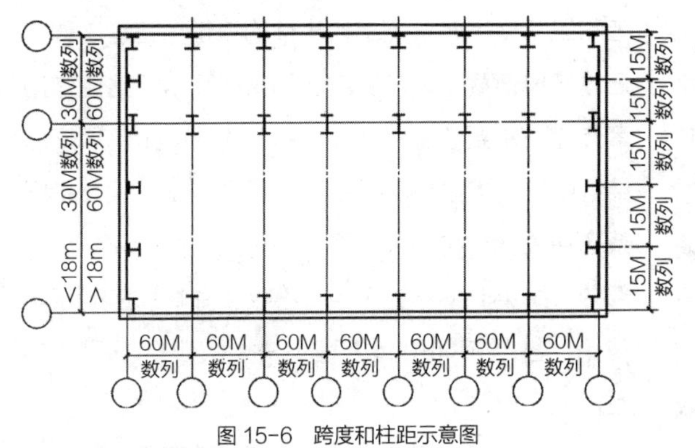

图 15-6　跨度和柱距示意图

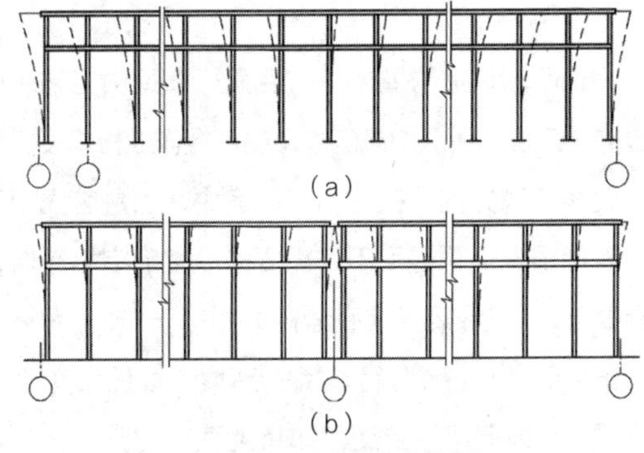

图 15-7　厂房的温度变形
（a）不设伸缩缝；（b）设置伸缩缝

伸缩缝的最大间距与厂房结构类型有关。根据大量的实际调查和以往的实践经验，《混凝土结构设计规范》GB 50010—2010（2015 年版）对钢筋混凝土结构伸缩缝的最大距离作了规定，见本书附表 3-4。当厂房的伸缩缝间距超过规定值时，应验算温度应力。

在有些情况下，为避免厂房因基础不均匀沉降而引起开裂和损坏，需在适当部位用沉降缝将厂房划分成若干刚度较一致的单元。在一般单层厂房中可不做沉降缝，只有在特殊情况下才考虑设置，如厂房相邻两部分高度相差很大（如 10 m 以上），两跨间吊车吨位相差悬殊，地基承载力或下卧层土质有巨大差别，或厂房各部分的施工时间先后相差很长，地基土的压缩程度不同等情况。沉降缝应将建筑物从屋顶到基础全部分开，以使在缝两边发生不同沉降时不致损坏整个建筑物。沉降缝可兼作伸缩缝。

防震缝是为了减轻厂房震害而采取的措施之一。当厂房平、立面布置复杂，结构高度或刚度相差很大，以及在厂房侧边贴建生活间、变电所、炉子间等披屋时，应设置防震缝将相邻两部分分开。地震区的伸缩缝和沉降缝均应符合防震缝要求。

15.2.2 厂房的标高

无吊车厂房的屋架下弦底面标高是由工艺所提出的生产设备所需的高度以及生产操作或检修设备所需要净空决定的。在有吊车厂房中，也是首先由工艺设计根据运输起吊工作需要的净空确定吊车轨顶标高 H_1，而屋架下弦底面标高即等于 H_1+H+d（图 15-8）（H 为吊车桥的高度，根据吊车规格查得，d 为屋架下弦至吊车桥上面的空隙，一般取 $d \geqslant 220$ mm）。

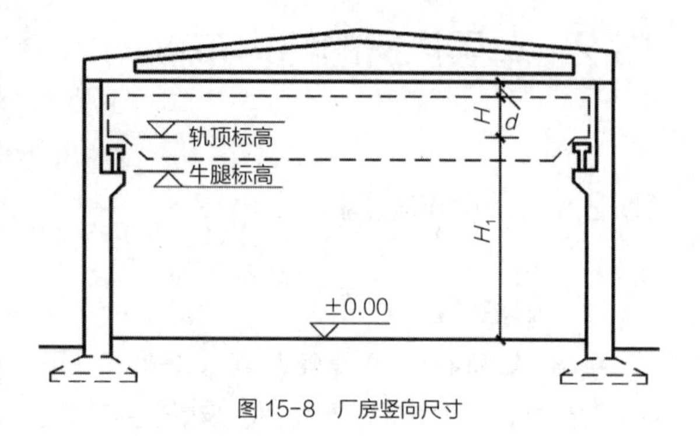

图 15-8 厂房竖向尺寸

吊车轨顶标高减去吊车轨道系统和吊车梁的高度即为柱牛腿顶面标高。

在确定屋架下弦底面标高时，还应考虑建筑模数的要求。当外墙采用大型板材时，还应与板材的尺寸相适应。

对于多跨厂房应尽可能避免有高度差，以增加厂房屋盖刚度，简化结构构造。《厂房建筑模数协调标准》GB/T 50006—2010 规定在工艺有高低要求的多跨厂房中，当高差不大于 1.5 m 或高跨一侧仅有一个低跨且高差不大于 1.8 m 时，不宜设置高度差。

15.2.3 单层厂房的支撑

支撑的作用可以概括为：使厂房形成整体的空间骨架，保证厂房的整体稳定性和空间刚度；在施工和正常使用时保证结构构件的稳定与正常工作；把纵向风荷载、吊车纵向水平荷载及水平地震作用等传递到主要承重构件。在装配式混凝土单层厂房结构中，支撑虽然不是主要的承重构件，但却是联系各种主要结构构件并把它们构成整体的重要组成部分。如果支撑布置不当，不仅会影响厂房的正常使用，甚至可能引起工程事故，故应给予足够的重视。

厂房支撑分屋盖支撑和柱间支撑两类。以下扼要讲述屋盖支撑和柱间支撑的作用和布置原则。

屋盖支撑

屋盖支撑通常包括上、下弦水平支撑、垂直支撑及纵向水平系杆。

屋盖上、下弦水平支撑是指布置在屋架（屋面梁）上、下弦平面内以及天窗架上弦平面内的水平支撑。支撑节间的划分应与屋架节间相适应。水平支撑一般采用十字交叉的形式。交叉杆件的交角一般为 30° ~ 60°，其平面图如图 15-9 所示。屋盖垂直支撑是指布置在屋架（屋面梁）间或天窗架（包括挡风板立柱）间的支撑。垂直支撑的形式见图 15-10。

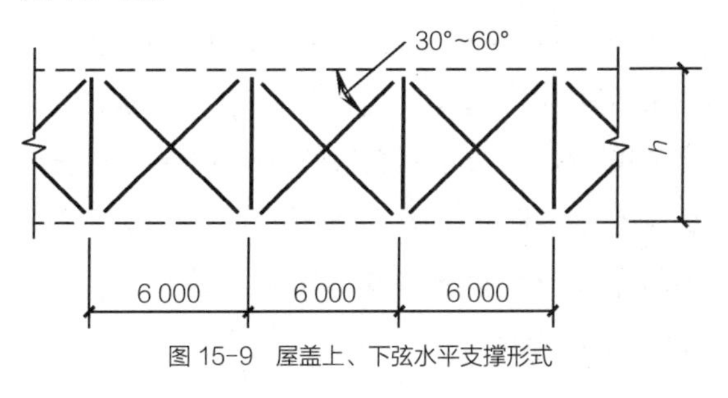

图 15-9　屋盖上、下弦水平支撑形式

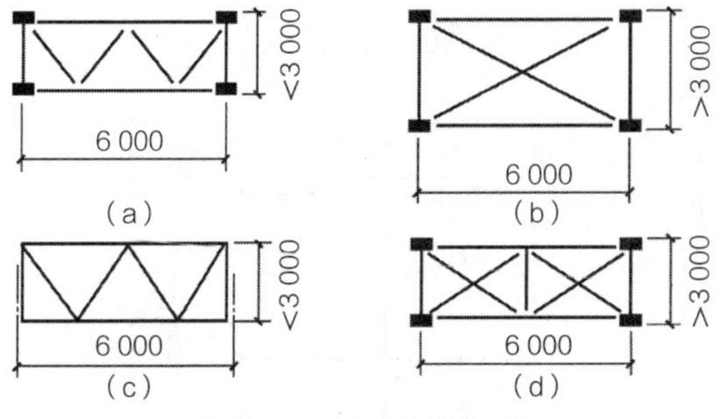

图 15-10　屋盖垂直支撑形式
（a）、（b）、（c）为钢支撑；（d）为钢筋混凝土支撑

系杆分刚性（压杆）和柔性（拉杆）两种。系杆设置在屋架上、下弦及天窗上弦平面内。

（1）屋架（屋面梁）上弦支撑

屋架上弦支撑是指厂房每个伸缩缝区段端部的横向水平支撑，它的作用是：在屋架上弦平面内构成刚性框，增强屋盖的整体刚度，保证屋架上弦或屋面梁上翼缘平面外的稳定，同时将抗风柱传来的风荷载传递到（纵向）排架柱顶。

当采用钢筋混凝土屋面梁的有檩屋盖体系时，应在梁的上翼缘平面内设置横向水平支撑，并应布置在端部第一柱距内以及伸缩缝区段两端的第一或第二个柱距内，见图 15-11。当采用大型屋面板且连接可靠、能保证屋盖平面的稳定并能传递山墙风荷载时，则认为大型屋面板能起上弦横向支撑的作用，可不再设置上弦横向水平支撑。

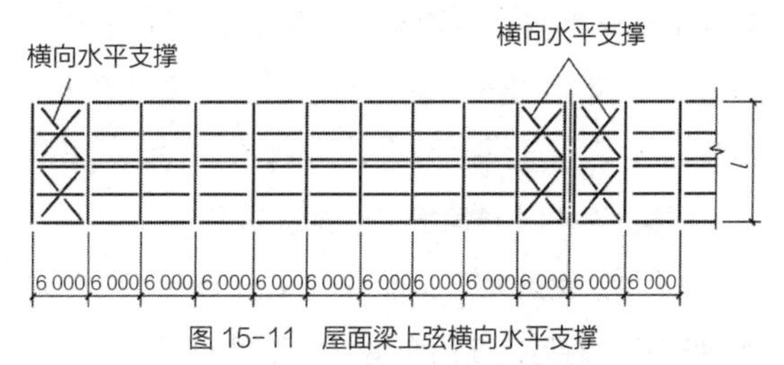

图 15-11　屋面梁上弦横向水平支撑

对于采用钢筋混凝土拱形及梯形屋架的屋盖系统，应在每一个伸缩缝区段端部的第一或第二个柱距内布置上弦横向水平支撑。当厂房设置天窗时可根据屋架上弦杆件的稳定条件，在天窗范围内沿厂房纵向设置连系杆。

（2）屋架（屋面梁）下弦支撑

包括下弦横向水平支撑和纵向水平支撑两种。下弦横向水平支撑的作用是承受垂直支撑传来的荷载，并将山墙风荷载传递至两旁柱上。

当厂房跨度 $L \geqslant 18$ m 时，下弦横向水平支撑应布置在每一伸缩缝区段端部的第一个柱距内，见图 15-12。当 $L < 18$ m 且山墙上的风荷载由屋架上弦水平支撑传递时，可不设屋盖下弦横向水平支撑。当设有屋盖下弦纵向水平支撑时，为保证厂房空间刚度，必须同时设置相应的下弦横向水平支撑。

下弦纵向水平支撑能提高厂房的空间刚度，增强排架间的空间作用，保证横向水平力的纵向分布。

当厂房柱距为 6 m，且厂房内设有普通桥式吊车，吊车吨位≥10 t（重级）或吊车吨位≥30 t 等情况时，应设置下弦纵向水平支撑。

（3）屋架（屋面梁）垂直支撑和水平系杆

垂直支撑除能保证屋盖系统的空间刚度和屋架安装时结构的安全外，还能将屋架上弦平面内的水平荷载传递到屋架下弦平面内（图 15-13）。所以垂直支撑应与屋架下弦横向水平支撑布置在同一柱间内。在有檩屋盖体系中，上弦纵向系杆是用来保证屋架上弦或屋面梁受压翼缘的侧向稳定的（即防止局部失稳），并可减小屋架上弦杆的计算长度。

屋架间垂直支撑可按下述原则设置：

1）屋架跨度大于 18 m 时，由于屋架下弦侧向刚度较差，为防止在吊车运行时和其他振动影响下屋架下弦产生颤动，应在厂房伸缩缝区段两端第一或第二柱间（与上弦横向支撑在同一柱间，后同）设置中间垂直支撑，并在相应的下弦节点处设置通常水平系杆（图 15-14），以增加屋架下弦的侧向刚度。这种垂直支撑可根据屋架跨度 l 大小，设置一道（l = 18～30 m）或两道（l ≥ 30 m）。

2）当采用梯形屋架或端部竖杆较高的折线形屋架时，这时屋架端部较高，为使屋面传来的水平荷载可靠地传到柱顶，以及为了保证施工安装时的屋架侧向稳定，除了如上述设置中间垂直支撑及纵向水平系杆外，尚应在温度缝区段两端第一或第二柱间，设置屋架端部垂直支撑及相应的纵向水平系杆（图 15-15）。

3）当屋架下弦设置有悬挂式吊车时，在悬挂吊车所在节点处也应设置垂直支撑（图 15-15）。

在一般情况下，当屋面采用大型屋面板时，应在未设置支撑的屋架间相应于垂直支撑平面的屋架上弦和下弦节点处，设置通长的水平系杆。对于有檩体系，屋架上弦的水平系杆可以用檩条代替（但应对檩条进行稳定和承载力验算），仅在下弦设置通长的水平系杆。

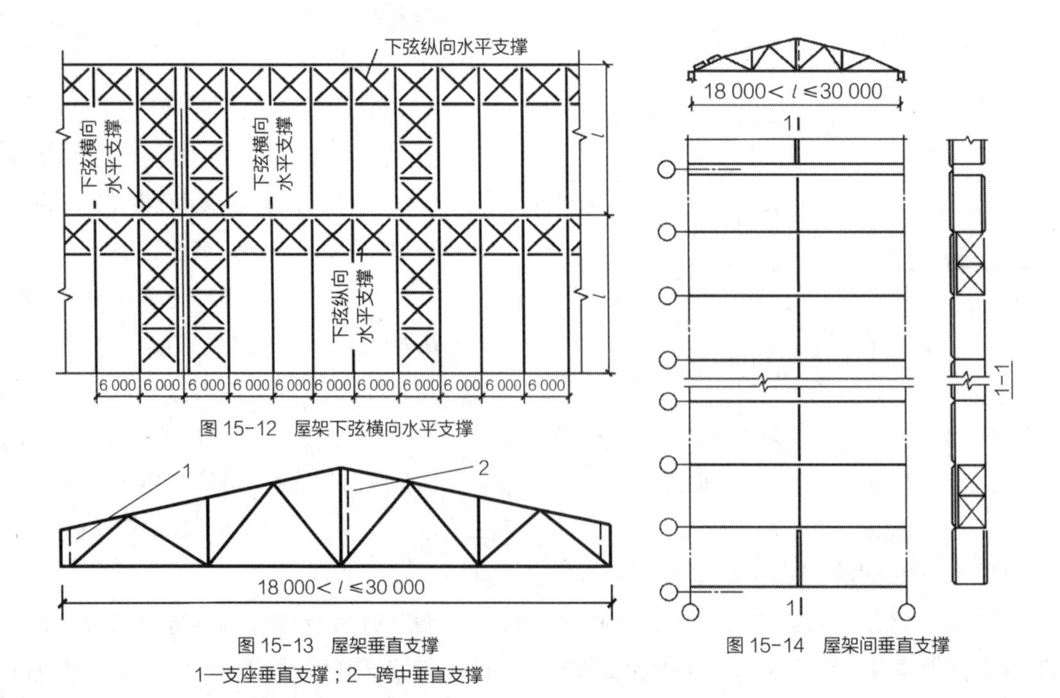

图 15-12　屋架下弦横向水平支撑

图 15-13　屋架垂直支撑
1—支座垂直支撑；2—跨中垂直支撑

图 15-14　屋架间垂直支撑

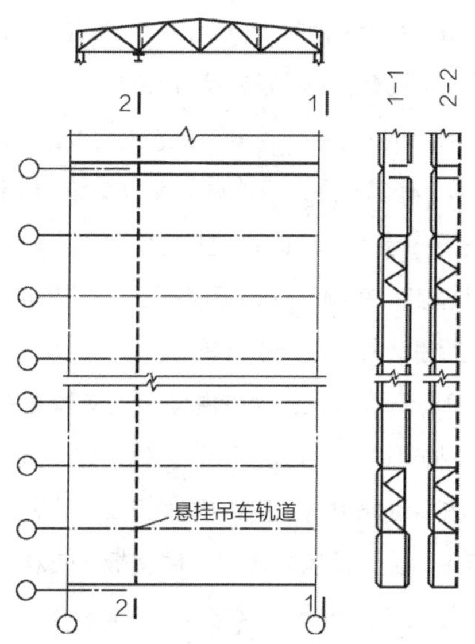

图 15-15　屋架端部垂直支撑及悬挂式吊车所在节点处屋架间垂直支撑

（4）天窗架间的支撑

天窗架间的支撑有天窗上弦水平支撑和天窗架间的垂直支撑两种。一般设置在天窗两端。它的作用是保证天窗架系统的空间不变性，增强整体刚度，并把天窗端壁上的水平风荷载传给屋架（图 15-16）。

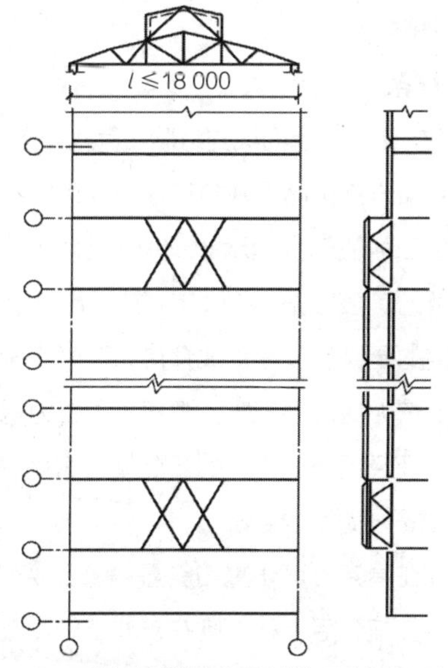

图 15-16　天窗架上弦横向水平支撑与天窗架间垂直支撑

天窗架支撑的设置柱间，一般都和屋架上弦横向水平支撑的设置柱间一致。

由上可知，在每一个温度区段内，屋盖支撑的构成思路是这样的：由上、下弦水平支撑分别在温度区段的两端构成横向的上、下水平刚性框，再用垂直支撑和水平系杆把两端的水平刚性框连接起来。天窗架间的支撑构成思路也与此相同。

（5）柱间支撑

柱间支撑一般包括上部柱间支撑、中部及下部柱间支撑，见图 15-17。柱间支撑通常宜采用十字交叉形支撑；它具有构造简单、传力直接和刚度较大等特点。交叉杆件的倾角一般在 35° ~ 50° 之间。在特殊情况下，因生产工艺的要求及结构空间的限制，可以采用其他形式的支撑。当$\frac{l}{h}\geqslant 2$时可采用人字形支撑；$\frac{l}{h}\geqslant 2.5$时可采用八字形支撑；当柱距为 15 m 且 h_2 较小时，采用斜柱式支撑比较合理。

柱间支撑的作用是保证厂房结构的纵向刚度和稳定，并将水平荷载（包括天窗端壁部和厂房山墙上的风荷载、吊车纵向水平制动力以及作用于厂房纵向的其他荷载）传至基础。

具有下列情况之一者，应设置柱间支撑：

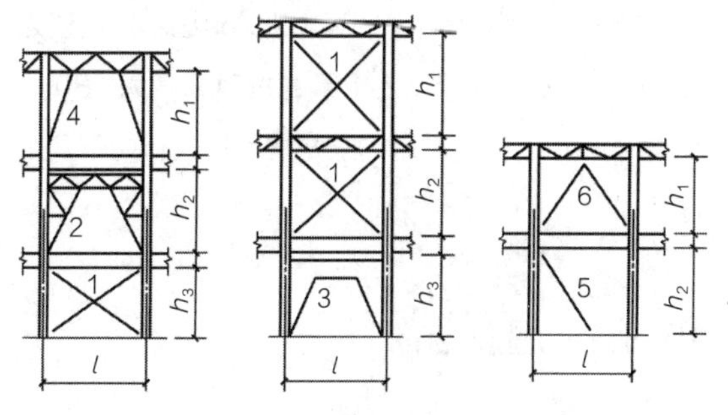

图 15-17　柱间支撑形式

1—十字交叉形支撑；2—空腹门形支撑；3—刚架形支撑；4—八字形支撑；5—单斜杆形支撑；6—人字形支撑

1）厂房内设有悬臂吊车或 3 t 及以上悬挂吊车；

2）厂房内设有重级工作制吊车，或设有中级、轻级工作制吊车，起重量在 10 t 及以上；

3）厂房跨度在 18 m 以上或柱高在 8 m 以上；

4）纵向柱列的总数在 7 根以下；

5）露天吊车栈桥的柱列。

柱间支撑应布置在伸缩缝区段的中央或临近中央（上部柱间支撑在厂房两端第一个柱距内也应同时设置），这样有利于在温度变化或混凝土收缩时，厂房可较自由变形而不致产生较大的温度或收缩应力。并在柱顶设置通长刚性连系杆来传递荷载。当屋架端部设有下弦连系杆时，也可不设柱顶连系杆。

15.3 单层厂房主要构件的类型和选用

选择单层厂房各构件的形式要结合具体功能要求、施工条件、材料供应和技术经济指标进行综合分析后才能决定。在单层厂房主要构件中，屋面板、屋架、天窗架、托架、吊车梁等构件有各种现成的通用图可供设计时选用。柱和基础则往往需要自行设计。

在一般中型厂房中，每平方米建筑面积用钢量为 18 ~ 20 kg/m^2，混凝土用量的折算厚度为 130 ~ 180 mm/m^2。目前常用的主要构件形式有如下几个方面：

15.3.1 屋盖结构

在一般单层厂房中，屋盖结构的材料用量和造价所占的比例都较大，并且其自身重力也是厂房结构的一项主要荷载，所以在选用屋盖结构形式时，应尽可能减轻其自身重力，这不仅可节省其本身的材料用量，而且也可同时节约支承它的柱和基础等构件的材料用量，对抗震亦是有利的。

屋盖结构根据构造不同可分为两种类型。

（1）有檩方案：各种类型板瓦放置在檩条上，檩条搁置在屋架上。这种方案的屋面刚度较差，配件和搭缝多，在频繁振动下容易松动，但可大大减轻屋盖重量，并适合于小机具吊装。

（2）无檩方案：大型屋面板直接搁置在屋架上，这种方案的屋面刚度大，整体性好，是一般厂房中最常用的一种较成熟的屋面形式。目前广泛采用 1.5 m×6 m 预应力混凝土屋面板，其材料指标为：混凝土 52 kg/m^2，钢材 3.51~4.69 kg/m^2（卷材防水、Ⅳ级钢筋方案），也有采用 3 m×6 m 和 3 m×12 m 的。

现仅就屋盖结构中的屋面板及屋架结构形式作一些分析介绍。

1. 屋面板

单层厂房中常用的屋面板形式、特点和适用条件列于表 15-3，其中序号 1—3 适用于无檩体系，序号 4 用于有檩体系，序号 5 用于黏土瓦屋面而不需要另设檩条。

2. 檩条

檩条支承小型屋面板并将屋面荷载传递到屋架。它应与屋架连接牢固，并与支撑构件组成整体，保证厂房的空间刚度，可靠地传递水平力。

檩条的跨度一般为 4、6 m 或 9 m。目前应用较为普遍的是钢筋混凝土或预应力混凝土檩条，也有采用上弦为钢筋混凝土、腹杆和下弦为钢材的组合式檩条及轻钢檩条的。钢筋混凝土或预应力混凝土檩条可按一般简支梁设计。

檩条在屋架上可正置和斜置，前者要在屋架上弦设水平支托；后者往往需在支座处的屋架上弦预埋件上焊以短钢板，以防倾翻，见图 15-18。

表 15-3　常用屋面板表

序号	构件名称(标准图号)	型式	特点及适用条件
1	预应力混凝土屋面板(G410、CG411)	1 490；5 970~8 970；240，300	有卷材防水和非卷材防水两种；屋面水平刚度好，适用于大、中型和振动较大，对屋面刚度要求较高的厂房；屋面坡度：卷材防水最大 1∶5，非卷材防水 1∶4
2	预应力混凝土 F 形屋面板（CG412）	1 490；5 370；200	屋面自防水，板沿纵向互相搭接，横缝及脊缝加盖瓦和脊瓦；适用于中、小型非保温厂房，不适用于对屋面刚度和防水要求高的厂房；屋面坡度 (1∶8)～(1∶4)
3	预应力混凝土夹心保温屋面板(三合一板)	130；1 490；5 950	具有承重、保温、防水三种作用，故亦称三合一板；适用于一般保温厂房，不适用于气候寒冷、冻融频繁地区和有腐蚀性气体和湿度大的厂房；屋面坡度 (1∶12)～(1∶8)
4	预应力混凝土槽瓦	900；3 300~3 900；100	在檩条上互相搭接，沿横缝及脊缝加盖瓦和脊瓦；可在长线台座上叠层制作，材料省，屋面较轻；刚度较差，如构造和施工不当，易渗漏；一般适用于非保温、积灰少的中小型厂房，有腐蚀介质和振动较大的厂房不宜使用；屋面坡度 (1∶5) ～ (1∶3)
5	钢筋混凝土挂瓦板	100~150；635；2 380~5 980	挂瓦板密排在屋架上，其上铺黏土瓦，有平整的平顶；适用于采用黏土瓦的小型厂房和仓库；屋面坡度 (1∶2.5)～(1∶2)

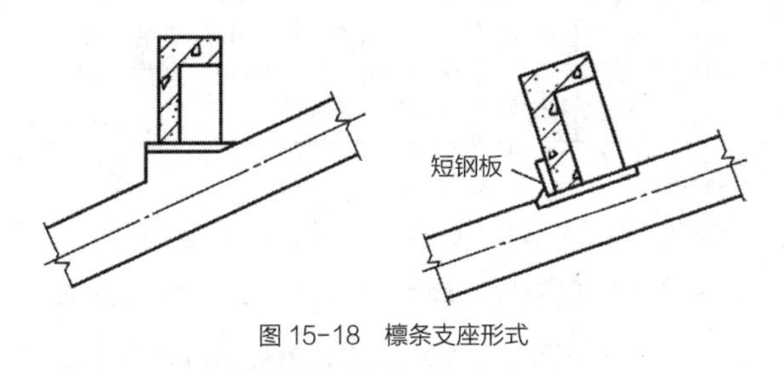

图 15-18　檩条支座形式

3. 屋面梁和屋架

单层厂房屋盖结构主要有屋面梁、两铰拱或三铰拱屋架、桁架式屋架三种。其形式、材料用量、特点和适用条件列于表 15-4。屋面梁和屋架形式的选择，应考虑厂房的生产使用要求、跨度大小、有无吊车及吊车起吊质量和载荷状态等级、建筑构造、现场条件及当地使用经验等因素。根据国内工程实践经验，建议如下：

厂房跨度在 15 m 及以下时，当吊车起吊质量 $Q \leqslant 10$ t，且无大的振动荷载时，可选用表 15-4 中序号 3—6 或序号 7（有檩体系时）；当 $Q > 10$ t，宜选用序号 2 或 8。

表 15-4 常用屋面梁、屋架（6m 柱距）

序号	构件名称（通用图集号）	构件型式	跨度	材料用量			特点及适用条件
				允许荷载	混凝土	钢材	
			m	$\frac{kg}{m^2}$	$\frac{cm}{m^2}$	$\frac{kg}{m^2}$	
1	预应力混凝土单坡屋面梁（G414）		9	450	2.13	2.83	高度小，重心低，侧向刚度好，施工方便，但自重大，经济指标较差；适用于有较大振动和腐蚀介质的厂房，屋面坡度为（1∶12）～（1∶8）
			12		2.32	4.96	
2	预应力混凝土双坡屋面梁（G414）		12	450	2.43	4.80	
			15		2.64	5.82	
			18		3.37	6.14	
3	钢筋混凝土两铰拱屋架（G310、CG313）		9	300	1.08	2.50	上弦为钢筋混凝土，下弦为角钢，自重较轻，适用于中、小型厂房，应防止下弦受压，屋面坡度：卷材防水为 1∶5，非卷材防水为 1∶4
			12		1.49	3.25	
			15		1.93	3.88	
4	钢筋混凝土三铰拱屋架（G312、CG313）		9	300	1.00	2.85	顶节点为铰接；上弦为钢筋混凝土，下弦为角钢，自重较轻，适用于中、小型厂房，应防止下弦受压，屋面坡度：卷材防水为 1∶5，非卷材防水为 1∶4
			12		1.29	3.51	
			15		1.60	3.80	
5	预应力混凝土三铰拱屋架（CG424）		9	300	0.68	2.04	上弦为先张法预应力，下弦为角钢，或上弦为钢筋混凝土，下弦为角钢；自重较轻，适用于中、小型厂房，应防止下弦受压，屋面坡度：卷材防水为 1∶5，非卷材防水为 1∶4
			12		1.01	2.60	
			15		1.21	3.38	
			18		1.49	4.09	
6	钢筋混凝土组合式屋架（CG315）		12	300	1.02	4.00	上弦及受压腹杆为钢筋混凝土，下弦及受拉腹杆为角钢；自重较轻、适用于中、轻型厂房。屋面坡度为 1∶4
			15		1.39	5.20	
			18		1.36	6.00	
7	钢筋混凝土三角形屋架（原 G145）		12	300	1.67	4.14	屋架上设檩条或挂瓦板，自重较大；适用于有檩体系中的中、小型厂房，屋面坡度为（1∶3）～（1∶2）
			15		1.89	4.00	

厂房跨度在 18 m 及以上时，一般宜选用序号 9—11；对于冶金厂房的高温车间，宜选用序号 12；当跨度为 18 m 时，亦可选用序号 5 或 6（$Q \leq$ 10 t 时）或序号 2。

（1）屋面梁设计

屋面梁构造简单、高度小、重心低、较稳定、耐侵蚀、施工方便。但自重大、费材料。一般采用单坡、双坡工字形截面的实腹式屋面梁（6 m 单坡屋面梁可采用 T 形截面）。12 m 和 15 m 跨度的单坡梁，也可采用折线形。屋面梁的坡度常用 1：10（卷材防水）或 1：7.5（非卷材防水）。

预应力混凝土屋面梁为减少模板类型及便于安

装，梁端高宜取300 mm的倍数，亦可取100 mm的倍数，一般不应小于600 mm。上翼缘宽度应保证梁的侧向稳定并使屋面板有足够的支承长度，通常取$b_f' = 300 \sim 320$ mm，$h_f' = 100$ mm。下翼缘尺寸应满足纵向受力钢筋的排列要求，一般可取$b_f = 240$ mm，$h_f = 120 \sim 150$ mm。为减轻梁自重，腹板应尽量薄些，但应满足截面承载力要求及浇捣混凝土时的方便。当梁平卧浇捣时，最小厚度不应小于60 mm（15 m跨度及以下）或80 mm（18 m跨度）；直立浇捣时，不应小于80 mm；有预应力钢筋通过的腹板区段，则不应小于120 mm。

钢筋混凝土屋面梁的混凝土强度等级，一般采用C20～C30，当设有悬挂吊车时，不应小于C30；预应力梁则一般采用C30～C40，当设有悬挂吊车时，不应小于C40，如施工条件可能时，也可采用C50。

预应力钢筋宜采用冷拉Ⅳ级钢筋、碳素钢丝或钢绞线等。纵向非预应力钢筋，应优先采用HRB400或HRB335级钢筋，亦可采用HPB235级钢筋。箍筋宜采HPB235或HRB335级钢筋。

作用于梁上的荷载包括屋面板传来的全部荷载、梁自重以及有时还有天窗架立柱传来的集中荷载、悬挂吊车或其他悬挂设备的重力。

屋面梁可按简支受弯构件计算其正截面受弯承载力、斜截面受剪承载力计算和变形验算。非预应力梁需进行裂缝宽度验算，预应力梁则应按抗裂等级进行抗裂验算，以及张拉或放张预应力筋时的验算和梁端局部受压验算（后张法梁）；施工阶段梁的翻身扶直、吊装运输时的验算；必要时对整个梁进行抗倾覆验算。

（2）屋架设计

1）一般要求

柱距6 m、跨度15～30 m时，一般应优先选用预应力混凝土折线形屋架；跨度9～15 m时，可采用钢筋混凝土屋架。屋面积灰的厂房可采用梯形屋架；屋面材料为石棉瓦时，可选用三角形屋架。

钢筋混凝土屋架应设计成整体的。预应力混凝土屋架，一般宜设计成整体的，有必要时也可采用两块体或多块体的组合屋架（图15-19）。设有1 t以上锻锤的锻造车间的屋架，应采用预应力混凝土整体式屋架。

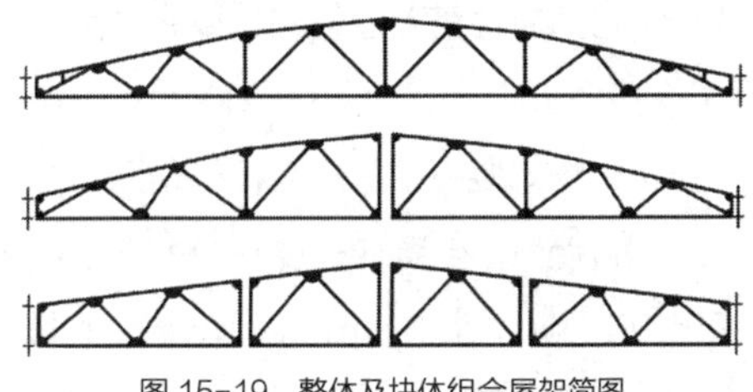

图15-19　整体及块体组合屋架简图

天窗架和挡风板支架等构件在屋架上弦的支承点，大型管道和悬挂吊车（或捯链）在屋架上的吊点，应尽量设在上弦节点处。对上述支承点和吊点，在构造上应力求使其合力作用点位于或尽可能接近于屋架的轴线，以避免或减少屋架受扭。

2）屋架的外形及杆件截面尺寸

屋架的外形应与厂房的使用要求、跨度大小及屋面构造相适应，同时应尽可能接近简支梁弯矩图形，使杆件内力均匀些。屋架的高跨比一般采用（1:10）～（1:6）。双坡折线形屋架的上弦坡度可采用1 : 5（端部）和1 : 15（中部）。单坡折线形屋架的上弦坡度可采用1 : 7.5。这既适用于卷材防水屋面，也适用于非卷材防水屋面。梯形屋架的上弦坡度可采用1 : 7.5（用于非卷材防水屋面）或1 : 10（用于卷材防水屋面）。

屋架节间长度要有利于改善杆件受力条件和便于布置天窗架及支撑。上弦节间长度一般采用3 m，个别的可用1.5 m或4.5 m（当设置9 m天窗架时）。下弦节间长度一般采用4.5 m和6 m，个别的可用 3 m。第一节间长度宜一律采用 4.5 m。

屋架上、下弦杆及端斜压杆，应采用相同的截面宽度，以便于施工制作。上弦截面宽度，应满足支承屋面板及天窗架的构造要求，一般不应小于 200 mm，高度不应小于 160 mm（9m 屋架）或 180 mm（12 ~ 30 m 屋架）。钢筋混凝土屋架的下弦杆的截面宽度一般不小于 200 mm，高度不小于 140 mm；预应力屋架下弦杆截面尺寸，还应满足预应力筋孔道的构造要求。其最小截面尺寸一般不小于 120 mm × 100 mm。组合屋架块体拼接处的双竖杆，每一竖杆的截面尺寸可为 120 mm × 80 mm，当腹杆长度及内力均很小时，亦可采用 100 mm × 100 mm。此外，腹杆长度（中心线距离）与其截面短边之比，不应大于 40（对拉杆）或 35（对压杆）。

当屋架的高跨比符合上述要求时，一般可不验算挠度。

屋架跨中起拱值，钢筋混凝土屋架可采用 $\frac{l}{700} \sim \frac{l}{600}$，预应力屋架可取$\frac{l}{1\,000} \sim \frac{l}{900}$，此处 l 为屋架跨度。

4. 吊车梁

吊车梁承受吊车传来的竖向荷载及水平制动力，由于吊车桥往返运行，因此吊车梁除了要满足强度和刚度要求外，还要满足疲劳强度的要求。目前我国常用的有钢筋混凝土、预应力混凝土等截面或变截面的吊车梁以及组合式吊车梁。

钢筋混凝土 T 形等截面吊车梁，可适用于跨度 12 ~ 30 m，吊车为轻级 3 ~ 5t、中级 3 ~ 30t，重级 5 ~ 20t 的厂房。

变截面吊车梁有鱼腹式和折线式两种，分别如图 15-20 所示，它们都可以是钢筋混凝土或预应力混凝土的。因其外形较接近于弯矩包络图形，故各正截面的受弯承载力接近等强。这种吊车梁除了可以节省混凝土外，还由于纵向钢筋在支座附近向上弯起可以兼而承受剪力作用，受力比较合理，经济指标较好。但制作、堆放及运输费事，柱子用料也会有所增加。

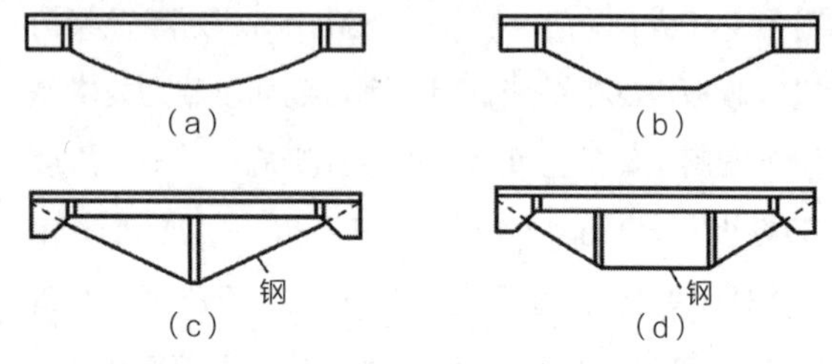

图 15-20　变截面吊车梁和组合式吊车梁
（a）鱼腹式吊车梁；（b）折线式吊车梁；（c）、（d）组合式吊车梁

吊车梁的混凝土强度等级可采用 C30 ~ C50，预应力混凝土吊车梁一般宜采用 C40，必要时用 C50。预应力钢筋可采用碳素钢丝、钢绞线或热处理钢筋；非预应力钢筋宜采用 HRB335 或 HRB400 级钢筋，对非受力钢筋也可采用 HRB235 级钢筋。

吊车梁截面尺寸梁高可取跨度的$\frac{1}{12} \sim \frac{1}{4}$；钢筋混凝土吊车梁的腹板一般取 b = 140、160、180 mm，在梁端部分逐渐加厚至 200、250、300 mm。上翼缘宽度取梁高的$\frac{1}{3} \sim \frac{1}{2}$，不小于 400 mm，一般用 400、500、600 mm。

15.3.2　柱

柱的种类很多，较常用的有：实腹矩形柱、工字形柱、双肢柱、圆管柱等见图 15-21。

1. 矩形截面柱外形简单，抗扭能力好，设计施工都较方便，但有一部分混凝土不能充分发挥作用，自重大、费材料，仅在柱截面高度小于 800 mm 时采用。

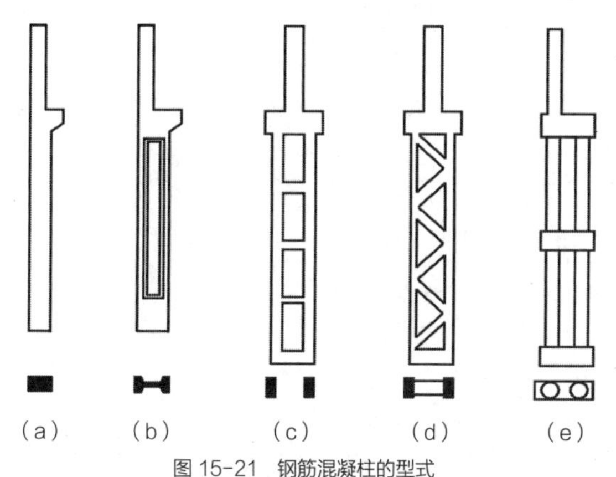

图 15-21　钢筋混凝柱的型式
（a）矩形柱；（b）工字形柱；（c）横腹杆双肢柱；
（d）斜腹杆双肢柱；（e）圆管柱

2. 工字形截面柱的截面形式合理，整体性能好，刚度大，适用范围较广，是一种普遍采用的形式。

3. 双肢柱有平腹杆双肢柱和斜腹杆双肢柱两种。平腹杆双肢柱由两个柱肢和若干横向连杆所组成（图 15-21 c）。吊车的垂直荷载通常沿一肢的轴线传递。适用于吊车吨位较大的厂房。斜腹杆双肢柱（图 15-21 d）具有桁架受力特点，杆件内力以轴力为主，弯矩较小，因而能节省材料。刚度也比平腹杆为好。适用于水平荷载大的厂房。但斜腹杆双肢柱的节点多，构造复杂，施工略复杂。

4. 圆管柱的肢（圆管）是在离心机上制造成型的，管壁很薄，一般仅为 50～100 mm，这种柱自重轻、质量好、可机械化生产。但管柱接头较复杂，用钢量和成本比一般柱子稍高。

柱截面形成可参考以下按截面高度 h 选定：

① 当 $h \leqslant 600$ mm 时，宜采用矩形截面；

② 当 $h = 600 \sim 800$ mm 时，宜采用工字形或矩形截面；

③ 当 $h = 900 \sim 1\,400$ mm 时，宜采用工字形截面；

④ 当 $h > 1\,400$ mm 时，宜采用双肢柱。

由于矩形、工字形和斜腹杆双肢柱的侧移刚度和受剪承载力都较大，因此《建筑抗震设计规范》GB 50011—2010（2016 年版）规定，当抗震设防烈度为 8 度和 9 度时，厂房宜采用矩形、工字形截面和斜腹杆双肢柱，不宜采用薄壁工字形柱、腹板开孔柱、预制腹板的工字形柱和管柱；柱底至室内地坪以上 500 mm 范围内和阶形柱的上柱宜采用矩形截面。

15.3.3　基础

单层厂房柱一般采用柱下独立基础。按受力形式，柱下独立基础有轴心受压和偏心受压两种，单层厂房中常用的是偏心受压钢筋混凝土独立基础，其形式有阶梯形和锥体形两种（图 15-22 a、b）。因为它与预制柱连接部分做成杯口，故又称杯口形基础。当基础由于地质条件所限制，或是附近有较深的设备基础或地坑而需深埋时，为了不使预制柱过长，可做成把杯口位置升高到和其他柱基相同的标高处，从而使预制柱长度一致的高杯口基础（图 15-22 c）。当上部荷载较大而坚实土层又较深时可采用桩基础形式（图 15-22 d）。

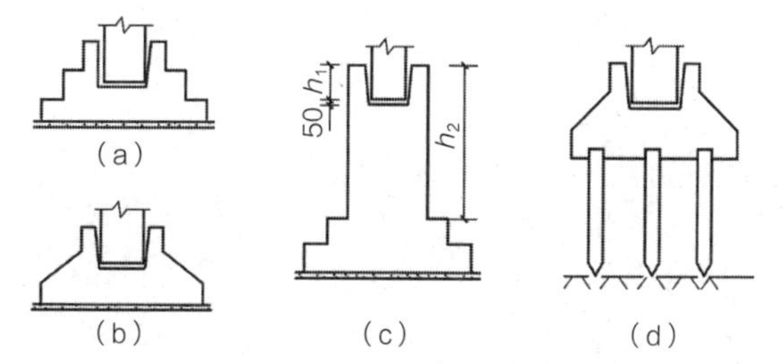

图 15-22　常用柱下独立基础形式
（a）阶梯形基础；（b）锥形基础；（c）高杯口基础；（d）桩基础

Chapter 16

第16章 高层建筑结构

High-rise Building Structure

16.1 概述

高层建筑，顾名思义是层数较多、高度较高的建筑。目前，世界各国对多层建筑与高层建筑的划分界限并不统一。同一个国家的不同建筑标准，或者同一建筑标准在不同时期的划分界限也可能不尽相同。表 16-1 中列出了一部分国家对高层建筑起始高度的规定。

表 16-1 一部分国家对高层建筑起始高度的规定

国家和组织名称	高层建筑起始高度
苏联	住宅为 10 层及 10 层以上，其他建筑为 7 层及 7 层以上
美国	22 ~ 25m，或 7 层以上
法国	住宅为 8 层及 8 层以上，或大于等于 31m
英国	24.3m
日本	11 层，31m
德国	大于等于 22m（从室内地面起）
比利时	25m（从室外地面起）
中国	《建筑设计防火规范》GB 50016—2014（2018 年版）：大于等于 10 层或大于等于 24m；《高层建筑混凝土结构技术规程》JGJ 3—2010：大于等于 10 层，或大于等于 28m。高度大于等于 100m 的建筑为超高层建筑

我国高层建筑的层数一般为 8 ~ 30 层，个别建筑层数较高。高度在 150 m 以上的高层建筑已超过 100 幢。我国《高层建筑混凝土结构技术规程》JGJ 3—2010 适用于 10 层及 10 层以上或房屋高度超过 28 m 的非抗震设计和抗震设防烈度为 6 至 9 度抗震设计的高层民用建筑结构。住宅、旅馆和办公楼是目前多层与高层民用建筑中数量最多的，医院、学校则一般多采用多层方案，国外情况亦基本如此。

在城市中建造多层与高层建筑至少具有以下三方面意义:

（1）节约用地。不扩大城市面积，房屋层数增多之后，建筑密度相对提高。

（2）节约市政基础设施费用（包括小区道路、文化福利设施、上下水、煤气及热力网等）费用和投资。以住宅为例，面积密度提高 1%，小区市政设施费用可降低 0.5% ~ 0.7%。

（3）改善城市市容。高层建筑也是一个国家和地区经济繁荣与科技进步的象征。

表 16-2 是目前世界上已建成的十大最高建筑，图 16-1 是其立面图。

然而，也并非房屋层数越多越有利。房屋层数增多之后，建筑物受力增大，附属设备（电梯、空调、供水加压、消防、煤气等）增加，施工相对复杂，造价提高（一幢十几层民用房屋的造价将比 5 ~ 6 层民用房屋高一倍左右，层数再多相差还要多），当层数多到一定程度后，经济上不一定可取，而且还会带来使用和生活上的不便。

世界上已经建成的高层建筑中，层数最多的已达 162 层，高度最高的已超过 800 m。但是，世界各国仍是将高层建筑定位在 10 层或 30 m 左右。其原因与许多因素有关。例如，火灾发生时，不超过 10 层左右的建筑可通过消防车进行扑救，更高的建筑利用消防车扑救则很困难，需要有许多自救措施。又如，从受力上讲，10 层左右的建筑，由竖向荷载产生的内力占主导地位，水平荷载的影响较小。当建筑物建造得更高时，水平荷载对建筑物的作用愈加明显，图 16-2 表示出建筑物高度的增加对内力、侧移的影响。由于弯矩与高度的平方成正比，侧移与高度的四次方成正比，这时风荷载和地震作用产生的内力占主导地位，竖向荷载的影响相对较小，侧移验算不可忽视。此外，高层建筑由于荷载较大，内力大，梁柱截面尺寸也较大，竖向荷载中恒载所占比重较大。

表 16-2　世界十大最高建筑

排名	建筑名称	所在城市	建成年份	层数	高度（m）	结构	用途
1	哈利法塔	迪拜	2010	162	828	组合	综合
2	上海中心大厦	上海	2016	118	632	组合	综合
3	麦加皇家钟塔饭店	沙特阿拉伯	2012	95	601	组合	饭店
4	平安金融中心	深圳	2016	115	600	组合	综合
5	乐天世界大厦	首尔	2016	123	554.5	组合	综合
6	纽约世界贸易中心	纽约	2014	82	541.3	组合	办公
7	广州 CTF 金融中心	广州	2016	111	530	组合	综合
8	台北 101 大厦	台北	2004	101	509.2	组合	综合
9	上海全球贸易中心	上海	2008	101	492	组合	综合
10	国际商贸中心	香港	1974	108	484	组合	综合

注：该排名统计时间为 2021 年初。

图 16-1　世界上已建成的十大最高建筑
（a）迪拜哈利法塔；（b）上海中心大厦；（c）麦加皇家钟塔饭店；（d）平安金融中心；（e）乐天世界大厦；（f）纽约世界贸易中心；（g）广州 CTF 金融中心；（h）台北 101 大厦；（i）上海全球贸易中心；（j）国际商贸中心

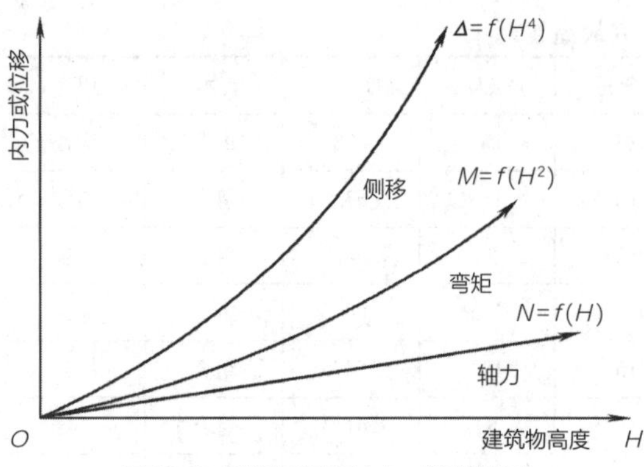

图 16-2 建筑物高度对内力、侧移的影响

在高层建筑结构设计中，抗侧力结构的设计成为关键。设计时必须从选择结构材料、结构体系、基础形式等各方面着手，采用合理而可行的计算方法和设计方法，还要十分重视构造、连接、锚固等细部处理。并且要尽可能地提高材料利用率，降低材料消耗、节约造价。

高层建筑物的建筑功能、结构安全性、经济性要求很高，设备多、施工技术和管理都更复杂。所以，一幢优秀的高层建筑物必然是建筑、结构、设备以及施工等几方面的密切配合及相互合作的产物。建筑师和结构工程师都必须充分认识高层建筑的特点并充分合作，才能做出好的、经济合理的设计。

16.2 高层建筑的结构类型与结构体系

16.2.1 高层建筑的结构类型

钢和钢筋混凝土这两种材料是建造高层建筑物的主要结构材料，但其各自有着不同的特点。充分利用其优点、克服弱点，是合理又经济地建造高层建筑的先决条件。

钢材强度高、韧性大、易于加工。高层钢结构具有结构断面小、自重轻、抗震性能好等优点；钢构件可在工厂加工下，能缩短现场施工工期，施工方便。但是高层钢结构用钢量大，造价很高，而且钢材耐火性能不好。需要用大量防火涂料。在发达国家，大多数高层建筑采用钢结构。在我国，随着高层建筑建造高度的增加，也开始采用高层钢结构。在一些地基软弱或抗震要求高而高度又较大的高层建筑中，采用钢结构显然是合理的。

钢筋混凝土结构造价较低，且材料来源丰富，并可浇筑成各种复杂的断面形状，还可以组成多种结构体系；可节省钢材，承载能力也不低，经过合理设计，可获得较好的抗震性能。钢筋混凝土主要缺点是构件断面大，占据面积大、自重大。

在当前的发展趋势中，出现了同时采用钢和钢筋混凝土材料的混合结构。这种结构可以使两种材料的性能相互补充，取得经济合理、技术性能优良的效果。目前有两种组合方式：

（1）用钢材加强钢筋混凝土构件。即钢材放在构件内部，外部由钢筋混凝土做成，称为钢骨（或型钢）混凝土构件；也可在钢管内部填充混凝土，做成外包钢构件，称为钢管混凝土。前者既可充分利用外包混凝土的刚度和耐火性能，又可利用钢骨减小构件断面和改善抗震性能，当前应用较为普遍。例如：北京的香格里拉饭店就采用了钢骨混凝土柱。

（2）部分抗侧力结构用钢结构，另一部分采用钢筋混凝土结构（或部分采用钢骨混凝土结构）。这种结构可称为混合结构，多数情况下是用钢筋混凝土做筒（剪力墙），用钢材做框架梁、柱。例如，上海静安希尔顿饭庙就是这种混合结构。香港中银大厦（70 层，高 369 m）则是另一种混合方式，它采用钢骨混凝土角柱，而横梁及斜撑都采用钢结构。上海金茂大厦，就是用钢筋混凝土做核心筒，外框用钢骨混凝土柱和钢柱的混合结构。深圳地王大厦也是用钢筋混凝土做核心筒、外框为钢结构的混合结构。

我国目前的情况是，在高层建筑中仍以钢筋混凝土材料为主。钢结构高层建筑已有相当数量，在高度超过 100 m 时可酌情采用。目前，我国已建、在建高层钢结构 40 多幢，其中一半为混合结构。预期今后混合结构和钢骨混凝土结构会逐步增多。

本章介绍以常见的钢筋混凝土高层建筑为主，但其原理与方法也适合于高层钢结构与混合结构。

16.2.2　高层建筑的结构体系

结构体系是指结构抵抗外部作用构件的组成方式。在高层建筑中，抵抗水平力成为设计的主要矛盾，因此抗侧力结构体系的确定和设计成为结构设计的关键问题。高层建筑中的结构体系主要有：框架结构体系、剪力墙结构体系、框架—剪力墙结构体系、框架—筒体结构体系、筒体结构体系等。

1. 框架结构体系

框架结构是由梁和柱为主要构件组成的承受竖向和水平荷载的结构。整幢结构都由梁、柱组成，就称为框架结构体系，有时称为纯框架结构。

框架结构的主要优点：建筑平面布置灵活，可以提供较大的建筑空间，如会议室、餐厅、车间、营业室、教室等；外墙用非承重构件，可使立面设计灵活多变。如果采用轻质隔墙和外墙，就可大大降低房屋自重，节省材料。

框架结构构件类型少，易于标准化、定型化；可以采用预制构件，也易于采用定型模板而做成现浇结构，有时还可采用现浇柱及预制梁板的半现浇半预制结构。现浇结构的整体性好，抗震性能好，在地震区应优先采用。

框架结构的主要缺点：框架抗侧刚度主要取决于梁、柱的截面尺寸。通常梁柱截面惯性矩小，侧向变形较大，使得框架结构抗水平荷载能力较弱，这也限制了框架结构的使用高度。框架结构一般也称作柔性结构体系，建造高度以 15～20 层以下为宜。如果用于层数更多的建筑，则会由于水平荷载的作用使得梁柱截面尺寸过大，在技术经济上不如其他结构合理。图 16-3 是北京民航办公大楼平面图，该工程为装配整体式框架结构体系，地上 15 层，总高度 58m，地下 2 层。

2. 剪力墙结构体系

剪力墙结构是由剪力墙组成的承受竖向和水平荷载的结构。在这种结构体系中，墙体同时也作为建筑物的围护及房间分隔构件。

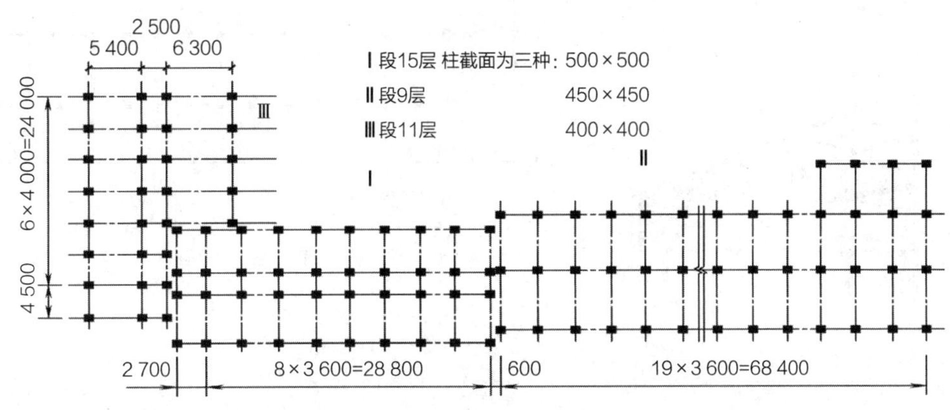

图 16-3　北京民航办公大楼标准层平面图

剪力墙结构体系的主要优点：结构集承重、抗风、抗震、围护与分隔为一体，经济合理地利用了结构材料；结构整体性强，抗侧刚度大，侧向变形小，易于满足承载要求，适于建造较高的建筑；抗震性能好，具有承受强烈地震裂而不倒的良好性能；与框架结构体系相比，施工相对快捷。

剪力墙结构体系的主要缺点：墙体较密，使建筑平面布置和空间利用受到限制，很难满足大空间建筑功能的要求；结构自重较大，加上抗侧向刚度较大，结构自振周期较短，导致较大的地震作用。

剪力墙结构体系的适用范围：适于隔墙较多的住宅、公寓和旅馆建筑；为了适应下部设置大空间公共设施的高层住宅、公寓和旅馆建筑的需要，可以使用部分框支剪力墙结构体系（图 16-4）。

3. 框架—剪力墙结构体系

框架—剪力墙结构是由框架和剪力墙共同承受竖向和水平荷载的结构。在这种体系中，剪力墙将负担大部分的水平荷载（有时可达 80%～90%），而框架则以负担竖向荷载为主，达到了分工合理、取长补短的效果。如果把剪力墙布置成筒体，又可称为框架—筒体结构体系。筒体的承载能力、侧向刚度和抗扭能力都较单片剪力墙提高很多。在结构上，这是提高材料利用率的一种途径；在建筑布置上，则往往利用筒体作电梯间、楼梯间和竖向管道的通道，也是十分合理的。

这种结构既能提供较大较灵活布置的建筑空间，又具有良好的抗震性能，因此在各类房屋建筑中得到了广泛的应用。当建筑高度不大时，如 10～20 层，可利用单片剪力墙作为基本单元。我国早期的框架—剪力墙结构都属于这种类型，如北京饭店东楼。当采用剪力墙筒体作为基本单元时，建造高度可增大到 30～40 层；例如上海的联谊大厦（29 层，高 106.5 m）。框架—剪力墙结构一般以用于 25 层以下为宜。图 16-5 是北京饭店东楼平面图，该工程为框架剪力墙结构体系，地上 18 层，总高度 79.77 m。

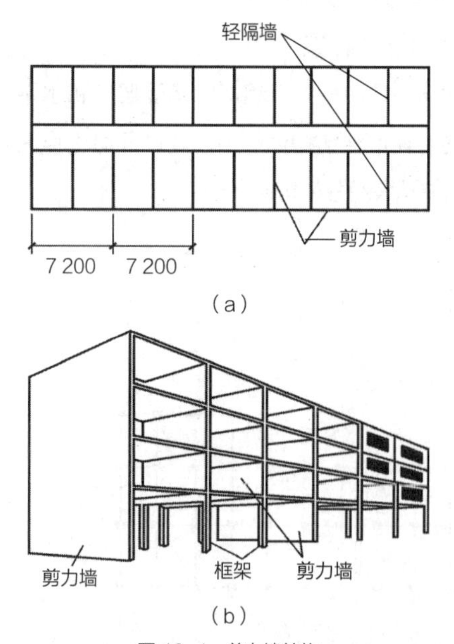

图 16-4 剪力墙结构
（a）全剪力墙平面布置；（b）部分框支剪力墙结构

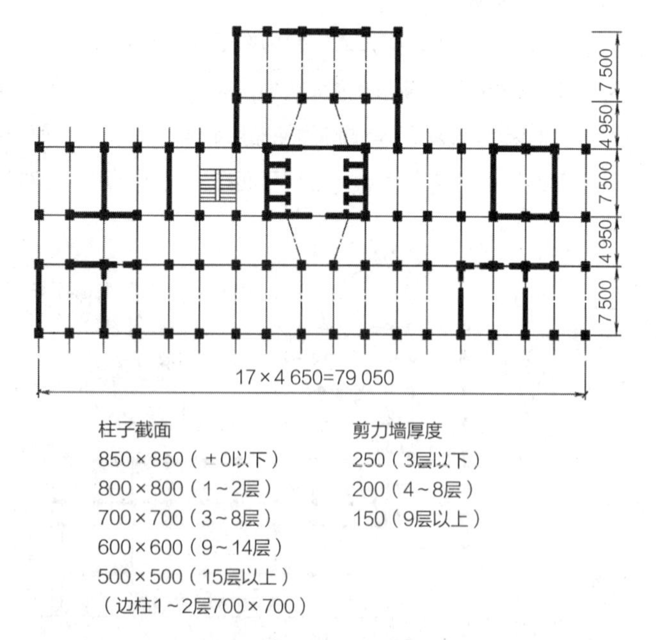

图 16-5 北京饭店东楼标准层平面图

4. 筒体结构体系

筒体结构是由竖向筒体为主组成的承受竖向和水平荷载的高层建筑结构。筒体结构的筒体分剪力墙围成的薄壁筒和由密柱框架或壁式框架围成的框筒等。筒体结构是框架—剪力墙结构和剪力墙结构的演变与发展，它将剪力墙集中到房屋的内部与外部形成空间封闭筒体，使整个结构体系既具有极大的刚度、又能因为剪力墙的集中而获得较大的空间，使建筑平面设计重新获得良好的灵活性，所以适用于办公楼等各种公共与商业建筑。

筒式结构根据房屋高度和水平荷载的性质、大小的不同，可以采用四种不同的形式：框架内单筒、框架外单筒、筒中筒和成束筒（图 16-6）。

内筒一般是由电梯间、楼梯间等组成的井筒，通常称为中央服务竖井，而外筒体则多为由密排柱（通常柱距为 1.5～3.0m）和截面尺寸很大的横梁组成的框筒。框架内单筒结构体系很接近于框架—剪力墙结构体系，故一般只适用于层数不很多、水平荷载较小的高层建筑。有时也可将内单筒从整个体系移出设于一旁。对于平面为正方形、圆形及正多边形的塔式建筑、由于平面尺寸小，则一般以采用框架外单筒较为适宜。当层数较高（一般大于 25 层）或者地震作用较大时，单筒体结构体系一般常难以满足刚度要求，而多采用筒中筒结构体系。内外筒通过楼面结构连成一个整体，因而具有比单筒体系大得多的抗侧力刚度。

5. 其他结构体系

较为新颖的竖向承重结构有悬挂结构、巨型框架结构、巨型桁架结构、高层钢结构中的刚性横梁或刚性桁架等多种形式（图 16-7）。这些结构形式已经在实际工程中得到应用，如香港汇丰银行大楼采用的是悬挂结构，深圳香格里拉大酒店采用的是巨型框架结构，香港中国银行采用的是巨型桁架结构。由于这些结构目前工程中采用较少、经验还不多，

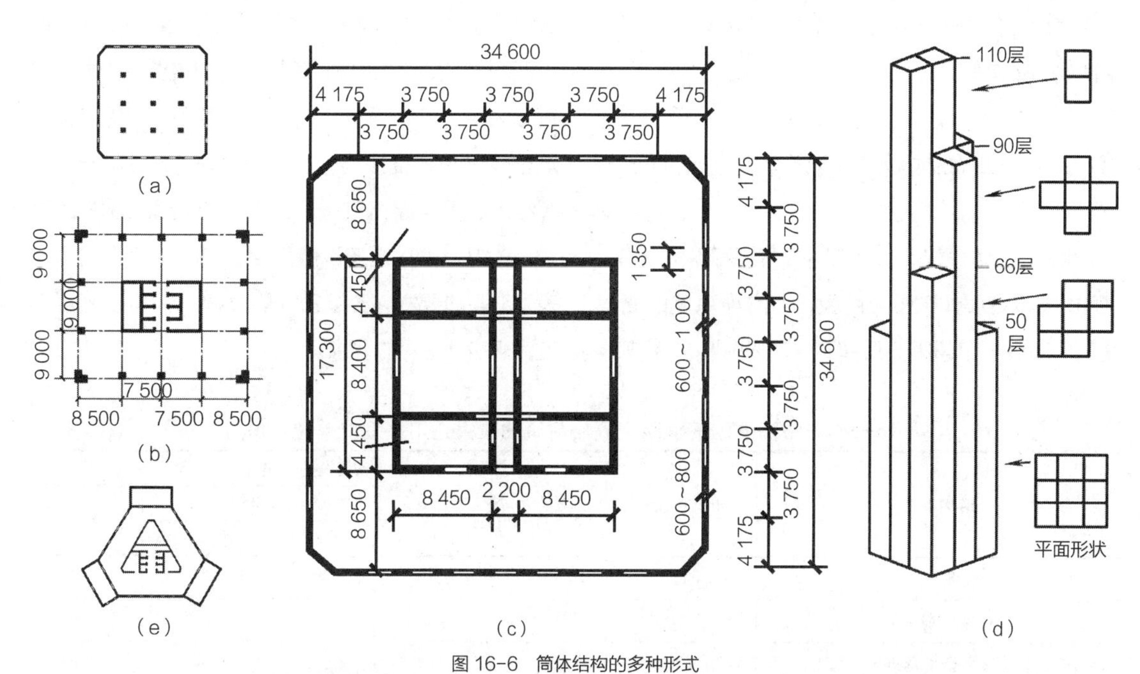

图 16-6　筒体结构的多种形式

（a）框架外单筒；（b）框架内单筒（上海联谊大厦，29 层 106.5m）；
（c）筒中筒（深圳国际贸易中心大厦，50 层 158.65m）；（d）束筒（西尔斯大厦）；（e）框架—多筒

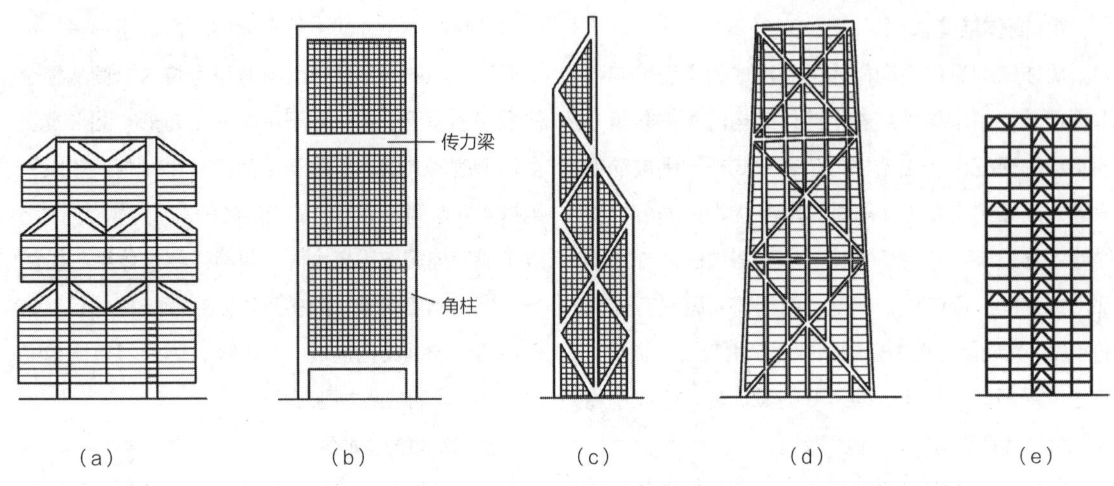

图 16-7 竖向承载结构的多种形式
(a)悬挂结构；(b)巨型框架结构；(c)、(d)巨型桁架结构；(e)刚性横梁或刚性桁架结构

需要针对具体工程进一步研究其设计方法，因此暂未将它们列入我国《高层建筑混凝土结构技术规程》JGJ 3—2010 中。

巨型结构适合于超高层建筑中采用。其特点是结构分两级，第二级为一般框架，只承受竖向荷载，并将其传递给第一级结构。第一级结构承受全部水平荷载和竖向荷载。

16.2.3 各结构体系适用的最大高度

我国《高层建筑混凝土结构技术规程》JGJ 3—2010 中将高层建筑分为两级，即常规高度的高层建筑（A 级）和超限高层建筑（B 级），分别规定了最大适用高度和高宽比分，具体可见表 16-3 及表 16-4。B 级高度高层建筑结构的最大适用高度和高宽比可较 A 级适当放宽，其结构抗震等级、有关的计算和构造措施相应加严。

我国《建筑工程抗震设防分类标准》GB 50223—2008 和《建筑抗震设计规范》GB 50011—2010（2016 年版）中根据其使用功能的重要性将高层建筑分为甲、乙、丙三个抗震设防类别。A 级甲类建筑宜按设防烈度提高一度后符合表 16-3 的要求；A 级乙、丙类建筑宜按设防烈度符合表 16-3 的要求。B 级甲类建筑按设防烈度提高一度后不宜大于表 16-4 的要求；B 级乙、丙类建筑按设防烈度不宜大于表 16-4 的要求。

表 16-3 A 级高度钢筋混凝土高层建筑的最大适用高度（单位：m）

<table>
<tr><th colspan="2" rowspan="3">结构类型</th><th rowspan="3">非抗震设计</th><th colspan="5">抗震设防烈度</th></tr>
<tr><th rowspan="2">6 度</th><th rowspan="2">7 度</th><th colspan="2">8 度</th><th rowspan="2">9 度</th></tr>
<tr><th>0.20g</th><th>0.30g</th></tr>
<tr><td colspan="2">框架</td><td>70</td><td>60</td><td>50</td><td>40</td><td>35</td><td>24</td></tr>
<tr><td colspan="2">框架—剪力墙</td><td>150</td><td>130</td><td>120</td><td>100</td><td>80</td><td>50</td></tr>
<tr><td rowspan="2">剪力墙</td><td>全部落地剪力墙</td><td>150</td><td>140</td><td>120</td><td>100</td><td>80</td><td>60</td></tr>
<tr><td>部分框支剪力墙</td><td>130</td><td>120</td><td>100</td><td>80</td><td>50</td><td>不应采用</td></tr>
</table>

续表

结构类型		非抗震设计	抗震设防烈度				
			6度	7度	8度		9度
					0.20 g	0.30 g	
筒体	框架—核心筒	160	150	130	100	90	70
	筒中筒	200	180	150	120	100	80
板柱—剪力墙		110	80	70	55	40	不应采用

注：① 表中框架不含异形柱框架结构；
② 部分框支剪力墙结构指地面以上有部分框支剪力墙的剪力墙结构；
③ 甲类建筑，6、7、8度时宜按本地区抗震设防烈度提高一度后符合本表的要求，9度时应专门研究；
④ 框架结构、板柱—剪力墙结构以及9度抗震设防的表列其他结构，当房屋高度超过本表数值时，结构设计应有可靠依据，并采取有效的加强措施。

表16-4　B级高度钢筋混凝土高层建筑的最大适用高度（单位：m）

结构类型		非抗震设计	抗震设防烈度			
			6度	7度	8度	
					0.20 g	0.30 g
框架—剪力墙		170	160	140	120	100
剪力墙	全部落地剪力墙	180	170	150	130	110
	部分框支剪力墙	150	140	120	100	80
筒体	框架—核心筒	220	210	180	140	120
	筒中筒	330	280	230	170	150

注：① 部分框支剪力墙结构指地面以上有部分框支剪力墙的剪力墙结构；
② 甲类建筑，6、7度时宜按本地区设防烈度提高一度后符合本表的要求，8度时应专门研究；
③ 当房屋高度超过表中数值时，结构设计应有可靠依据，并采取有效的加强措施。

16.3　结构总体布置原则

由于高层建筑中保证结构安全及经济合理等要求比一般低层和多层建筑更为突出，所以在进行高层建筑设计时必须充分考虑结构布置的可能性与合理性，既要满足建筑在使用、造型和建筑美学的要求，又要做到结构布置合理及便于施工。高层建筑结构总体布置原则包括以下四个方面。

16.3.1　控制结构高宽比（$H:B$）

高层建筑中控制侧向位移是结构设计中主要解决的问题。而且，随着高度增加，倾覆力矩也将迅速增大。因此，建造宽度很小的建筑物是不适宜的。设计中使用高宽比（$H:B$）进行控制，H是指建筑物地面到檐口高度，B是指建筑物平面的短方向总宽。一般应将结构的高宽比（$H:B$）控制在5~6以下，当设防烈度在8度以上时，$H:B$限制应更严格一些。

我国《高层建筑混凝土结构技术规程》JGJ 3—2010对各种结构的高宽比给出了限值。钢筋混凝土高层建筑结构的高宽比不宜超过表16-5的规定。

高层建筑的高宽比，是对结构刚度、整体稳定、承载能力和经济合理性的宏观控制。从目前大多数常规高层建筑来看，这一限值是各方面都可以接受的，也是比较经济合理的。

表 16-5 钢筋混凝土高层建筑结构适用的最大高宽比

结构类型	非抗震设计	抗震设防烈度		
		6、7 度	8 度	9 度
框架	5	4	3	—
板柱—剪力墙	6	5	4	—
框架核心筒	8	7	6	4
框架—剪力墙、剪力墙	7	6	5	4
筒中筒	8	8	7	5

16.3.2 结构的平面布置

高层建筑一般可分为板式和点式两大类。板式建筑平面宽度较小而长度较大，点式建筑平面的长度与宽度相接近。结构平面布置应遵从以下原则。

（1）在一个独立结构单元内平面形状宜简单、规则，刚度和承载力分布均匀。不应采用严重不规则的平面布置。

（2）宜选用风作用效应较小的平面形状。

（3）选择有利于抗震的结构平面。

长度较大的“一字形”的板式建筑短边方向侧向刚度差，当建筑高度较大时，不仅在水平荷载作用下侧向变形会加大，还会出现沿建筑长度平面各点变形不一致的情况。因此“一字形”建筑的高宽比（$H:B$）需要控制更严格一些。另外，当建筑长度较大时，也会出现因风力不均匀及风向紊乱变化而引起的结构扭转、楼板平面挠曲等现象。故应对建筑长度加以限制，当设防烈度为 6、7 度时，长宽比（$L:B$）不宜超过 6，当设防烈度≥ 8 度时，长宽比（$L:B$）不宜超过 5。国内外高度较大的高层建筑都采用点式，其中就考虑了这一因素。

“一字形”可做成折板式或曲线式来增加结构的侧向刚度和稳定，见图 16-8。

点式建筑的平面可选择圆形、方形、长宽比较小的矩形，Y 形、井形、三角形等简单、对称的形状。

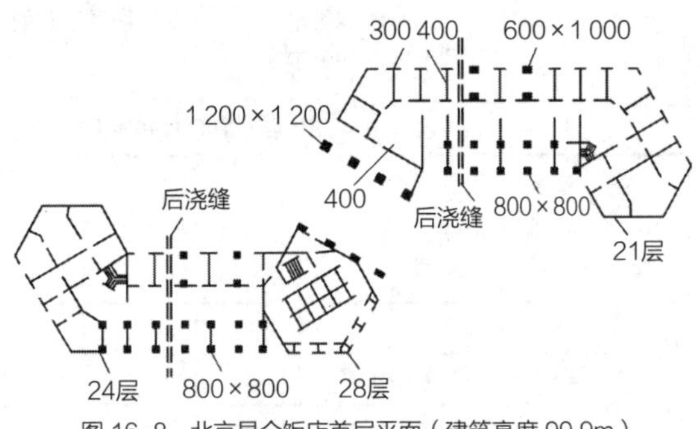

图 16-8 北京昆仑饭店首层平面（建筑高度 99.9m）

简单、规则、对称的平面布置对建筑物抗震有利。复杂、不规则、不对称的结构必然会带来难于计算和处理的复杂地震应力，如应力集中和扭转等，这对抗震不利。平面过于狭长的建筑物在地震时由于两端地震波输入有位相差，容易产生不规则震动，造成较大的震害；平面有较长的外伸时，外伸段容易产生局部振动而引发凹角处破坏。角部重叠和细腰的平面容易产生应力集中使楼板开裂、破坏，不宜采用。

平面的布置应使结构的刚度中心和质量中心尽量重合，以减少扭转。凹凸不规则的平面，在拐角处容易造成应力集中而遭到破坏。要注意楼板的局部不连续，当楼板平面比较狭长、有较大的凹入和开洞而使楼板有较大削弱时，都是对抗震不利的。应在设计中考虑楼板削弱产生的不利影响。规范中规定：楼面凹入或开洞尺寸不宜大于楼面宽度的一半；楼板开洞总面积不宜超过楼面面积的 30%；在扣除凹入或开洞后，楼板在任一方向的最小净宽度不宜小于5m，且开洞后每一边的楼板净宽度不应小于2m。另外，在拐角部位应力往往比较集中，应避免在拐角处布置楼电梯间。

楼板开大洞削弱后，宜采取以下构造措施予以加强：

（1）加厚洞口附近楼板，提高楼板的配筋率；采用双层双向配筋，或加配斜向钢筋。

（2）洞口边缘设置边梁、暗梁。

（3）在楼板洞口角部集中配置斜向钢筋。

我国的规范中对平面长度、突出部分长度等都作了相应规定。具体可见表16-6和表16-7的内容。

表16-6　L、l的限值

设防烈度	$L:B$	$L:B_{max}$	$l:b$
6度和7度	≤6.0	≤0.35	≤2.0
8度和9度	≤5.0	≤0.30	≤1.5

表16-7　抗震结构的平面选择

平面		说明
好	不好	
	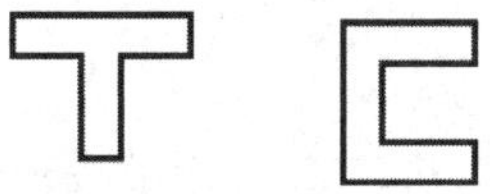	规则、对称、形状简单的平面对抗震有利；不对称对抗震不利
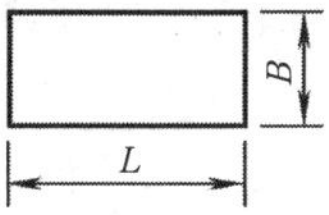	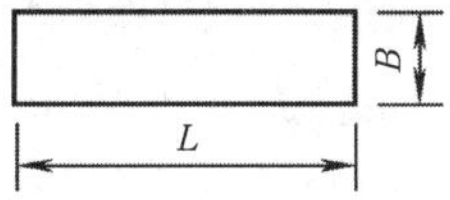	$L:B$宜小于4，不应大于5（8、9度）或6（6、7度），$L:B$太大时，两端地震影响不同
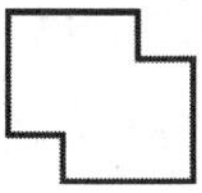	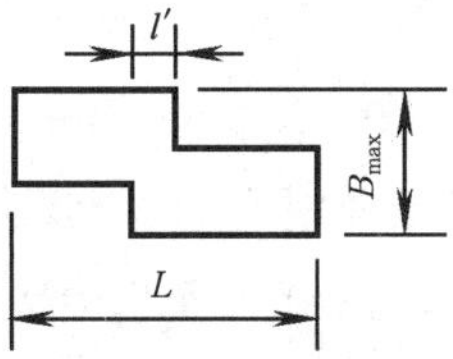	两部分重合处应大，突出部分应小，$l':B_{max}$宜大于1；否则对抗震不利
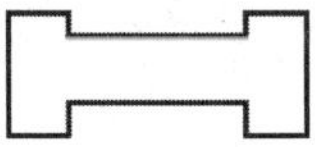	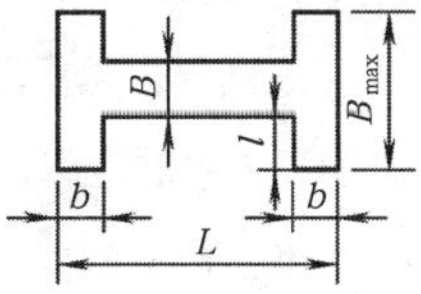	两翼突出部分不宜太长，$l:b$、$l:B_{max}$宜分别小于1.5、0.3（8、9度），或2、0.35（6、7度）；如两翼过长，则两翼地震影响将不同
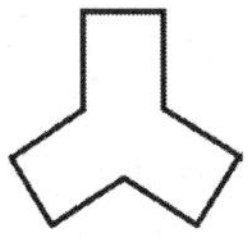	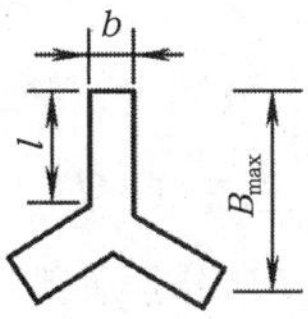	$l:b$宜小于1.5（8、9度），或2（6、7度）；太大对抗震不利
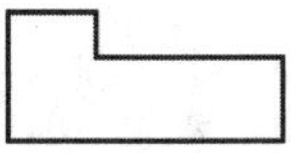	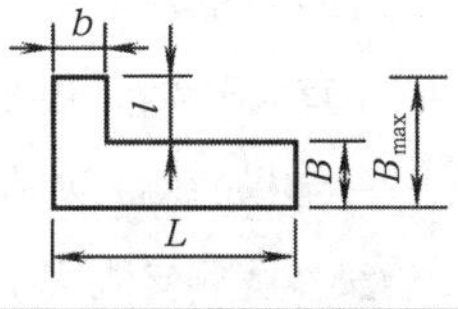	突出部分不宜太长，$l:b$、$l:B_{max}$宜分别小于1.5、0.3（8、9度），或2、0.35（6、7度）；突出过长，对抗震不利

续表

平面		说明
好	不好	
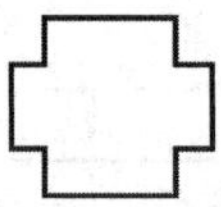	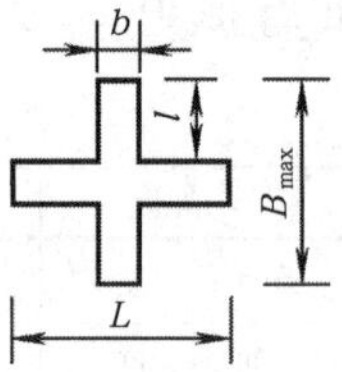	突出部分不宜太长，$l:b$、$l:B_{max}$ 宜分别小于 1.5、0.3（8、9 度），或 2、0.35（6、7 度）；突出过长，对抗震不利
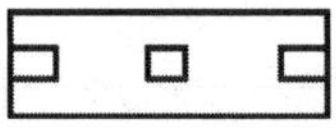	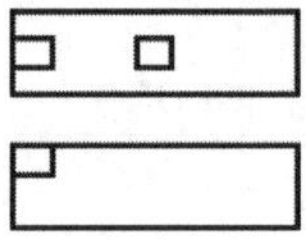	剪力墙、筒体等宜对称布置；不对称则刚度偏心，对抗震不利

注：表中 $l:B_{max}$ 宜小于 4（8、9 度），或 5（6、7 度）。

16.3.3 结构的竖向布置

高层建筑的竖向布置应选择有利于抗震的形式，体型宜规则、均匀，避免有过大的外挑和内收。结构的侧向刚度宜下大上小，逐渐均匀变化，不应采用竖向布置严重不规则的结构。

由于沿建筑竖向刚度突变而造成的震害例子也很多。1972 年美国圣菲南多 8 度地震中，奥立弗医疗中心的破坏是一个非常典型的底部为柔性结构、上部为刚性结构的结构布置造成严重震害的例子。奥立弗医疗中心的主楼是 6 层的钢筋混凝土结构，一、二层全部是钢筋混凝土柱，上面 4 层布置有钢筋混凝土墙，房屋的刚度上部比下部约大 10 倍。这种刚度的突然变化。地震时底层柱子严重酥裂，普通配筋柱碎裂，房屋虽未倒塌，但产生很大的非弹性变形，震后量测柱了侧移达 60 cm，上部结构产生平移。在我国唐山地震中，也有这种底层柔上部刚、沿高度刚度突变的建筑造成严重震害的例子。

另一种情况是下部刚度大，到顶部刚度突然减小的结构，也容易造成震害。例如，天津南开大学主楼，7 层框架结构，高 27 m，上面有 3 层塔楼，顶高约 50 m，塔楼刚度突然变化，柱截面又很小（240 mm × 240 mm），1976 年 7 月 28 日地震时，下部 7 层框架无损伤，但塔楼严重破坏，向南倾斜 20 cm，最后在余震中塔楼整个塌落下来。震害是由于上部刚度较小的部位有“鞭端”效应，使变形加大，而塔楼部分柱子的承载力和延性都不足，造成了倒塌。

根据震害分析取得的经验，高层建筑有过大的外挑和内收时应满足以下规定：

当结构上部楼层收进部位到室外地面的高度 H_1 与房屋高度 H 之比大于 0.2 时，上部楼层收进后的水平尺寸 B_1 不宜小于下部楼层水平尺寸 B 的 0.75 倍见图 16-9（a）、（b）；当上部结构楼层相对于下部楼层外挑时，上部楼层水平尺寸 B_1 不宜大于下部楼层的水平尺寸 B 的 1.1 倍，且水平外挑尺寸 a 不宜大于 4 m 见图 16-9（c）、（d）。

结构的侧向刚度宜下大上小，逐渐均匀变化，当某楼层侧向刚度小于上层时，不宜小于相邻上部楼层的 70%。在地震区，不要采用完全由框支剪力墙组成的底部有软弱层的结构体系，也不应出现剪力墙在某一层突然中断而形成的中部具有软弱层的情况。当底部采用部分框支剪力墙或中部楼层部分剪力墙被取消时，应进行计算并采用有效构造措施防止由于刚度变化而产生的不利影响。顶层尽量不布置空旷的大跨度房间，如不能避免时，应考虑由下到上刚度逐渐变化。当采用顶层有塔楼的结构形式时，要使刚度逐渐减小，不应造成突变。在顶层突出部分（如电梯机房等）不宜采用砖石结构。

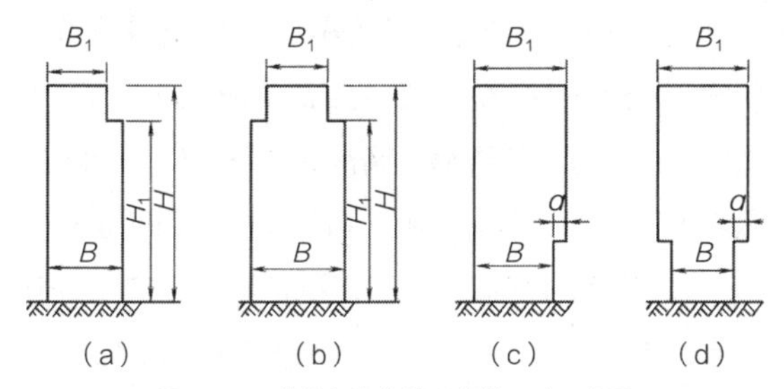

图 16-9　结构竖向收进和外挑尺寸示意图

16.3.4　缝的设置与构造

高层建筑除了平面和竖向要求还要考虑沉降、温度收缩和体型复杂等因素对房屋结构的不利影响。一般会采用沉降缝、伸缩缝或防震缝将房屋分成若干独立的部分，从而消除这些因素对结构的危害。另一方面，在高层建筑中，常常由于建筑使用要求和立面效果考虑，以及防水处理困难等，希望少设或不设缝；特别是在地震区，由于缝将房屋分成几个独立的部分，地震时常因为互相碰撞而造成震害。因此，在高层建筑中，目前的总趋势是避免设缝，并从总体布置上或构造上采取一些相应的措施来减少沉降、温度收缩和体型复杂引起的问题。例如，很多高层建筑做成塔式楼，这样就不必考虑因平面过长引起的温度应力问题。在日本，习惯的做法是 10 层以上的建筑不设缝。

下面分别介绍有关三种缝的处理方法。

1. 沉降缝

在高层建筑中，常在主体结构周围设置 1 ~ 3 层高的裙房，它们与主体结构高度、重量相差悬殊，使用中会产生较大沉降差。以往常在两者间设置沉降缝，将结构从顶到基础整个断开，使各部分自由沉降，以避免由沉降差引起的附加应力对结构的危害。但是，高层建筑常常设置地下室，设置沉降缝会使地下室构造复杂，缝部位的防水构造也不容易做好；在地震区沉降缝两侧上部结构容易碰撞造成危害，因此目前在一些建筑中不设沉降缝，而将高低部分的结构连成整体，基础也连成整体，同时采取以下的相应措施以减小沉降差。

（1）利用压缩性小的地基，减小总沉降量及沉降差。当土质较好时，可加大埋深，利用天然地基，以减小沉降量。当地基不好时，可以用桩基础将重量传到压缩性小的土层中以减少沉降差。

（2）将高低部分的结构及基础设计成整体，但在施工时将它们暂时断开，待主体结构施工完毕，已完成大部分沉降量（50%以上）以后再浇灌连接部分的混凝土，将高低层连成整体。这种缝称为后浇施工缝。这种做法要求地基土较好，房屋的沉降能在施工期间内基本完成。北京长城饭店采用的就是这种处理方法。

（3）将裙房做在悬挑基础上。这样裙房与高层部分沉降一致，不必用沉降缝分开，如图 16-10 所示。这种方法适用于地基土软弱，后期沉降较大的情况。由于悬挑部分不能太长，因此裙房的范围不宜过大。上海联谊大厦就采用了这样的处理方法。

有时，可以同时使用上述几种办法综合处理结构的沉降问题。

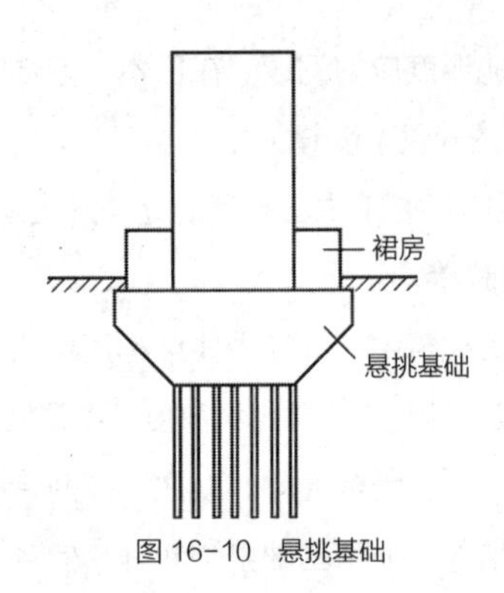

图 16-10 悬挑基础

2. 伸缩缝

混凝土硬结收缩的大部分将在施工后的头 1～2 个月完成。由于季节导致的温度变化引起的结构内力称温度应力，它在房屋的长度方向和高度方向都会产生影响。这里仅讨论混凝土收缩和温度应力对房屋长度方向的影响和所采取的措施。

在高层建筑中，温度应力的危害在房屋的底部数层和顶部数层较为明显，房屋基础埋在地下。它的收缩量和温度变化的影响都较小，因而底部数层的温度变形及收缩会受到基础的约束；在顶部，由于日照直接作用在屋盖上，相对于下部各层楼板，屋顶层的温度变化剧烈，可以认为屋顶层受到下部楼层的约束；而中间各楼层，使用期间温度条件接近，变化也接近，温度应力影响较小。因此，在高层建筑中，常可在底部或顶部看到温度收缩裂缝。严重时缝宽可达 1～2 mm。在顶层的横墙上，有时也能看到由于温度收缩产生的裂缝。

为了消除温度和收缩对结构造成的危害，设计时可使用伸缩缝将上部结构从顶到基础顶面断开，分成独立的温度区段。现行规范中规定了结构温度区段的宜用长度，见表 16-8。

表 16-8 钢筋混凝土结构伸缩缝的最大间距

结构体系	施工方法	最大间距（m）
框架结构	现浇	55
剪力墙结构	现浇	45

设置伸缩缝会造成多用材料、构造复杂和施工困难。但是，温度收缩应力问题必须重视。近年来，国内外已比较普遍地采取了不设伸缩缝而从施工或构造处理的角度来解决收缩应力问题的方法，房屋长度可达 100 m 左右，取得了较好的效果。当采用下列构造措施和施工措施减少温度和混凝土收缩对结构的影响时，可适当放宽伸缩缝的间距。

（1）顶层、底层、山墙和纵墙端开间等温度变化影响较大的部位提高配筋率。

（2）顶层加强保温隔热措施，外墙设置外保温层。

（3）设后浇带；混凝土早期收缩占总收缩的大部分，建筑物过长时，可在适当距离选择对结构无严重影响的位置设后浇缝，通常每 30～40 m 间距留出施工后浇带，带宽 800～1000 mm，如图 16-11 所示。钢筋采用搭接接头，后浇带混凝土宜在两个月后浇灌。这样，带两边的混凝土在带浇灌以前能自由收缩。

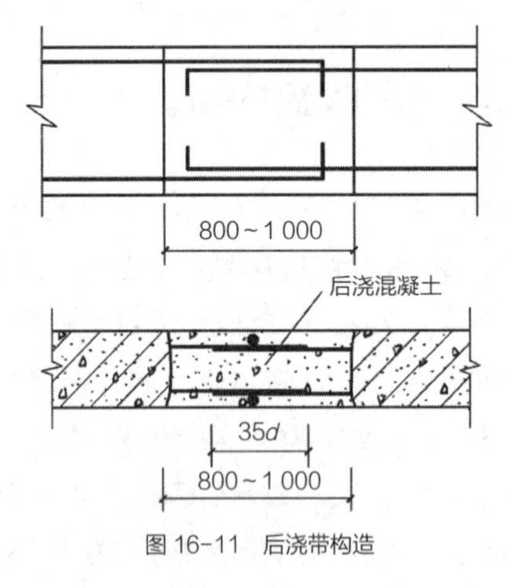

图 16-11 后浇带构造

（4）顶部楼层改用刚度较小的结构形式或顶部设局部温度缝，将结构划分为长度较短的区段。

（5）采用收缩小的水泥、减少水泥用量、在混凝土中加入适宜的外加剂。

（6）提高每层楼板的构造配筋率或采用部分

预应力结构。

3. 防震缝

当房屋平面复杂、不对称或房屋各部分刚度、高度和重量相差悬殊时，在地震作用下，会造成扭转及复杂的振动状态，在连接薄弱部位会造成震害。设置防震缝将其划分为较简单的几个结构单元。避免这种震害的产生。

但是，在国内外的大地震中，由于防震缝设置不当，沉降缝、伸缩缝或防震缝宽度留得不够，导致相邻建筑物碰撞，造成震害的情况常有发生。

例如，天津友谊宾馆主楼东西两段是由防震缝隔开的，缝宽 150 mm。在唐山地震时，东西段之间产生了明显的碰撞，防震缝上部砖封檐墙震坏后落入缝内，卡在东西段上部设备层大梁之间，将大梁挤断；防震缝两侧所有刚性建筑构造，如外檐墙、内檐墙、楼面、屋面、女儿墙等均遭破坏。

因此，在设计地震区的高层建筑时，第一，要避免设缝；第二，如果必须设缝，就要给予足够的宽度。

避免设缝的方法是：优先采用平面布置简单、长度不大的塔式楼；在体型复杂时，采取加强结构整体性的措施而不设缝。例如：加强连接处楼板配筋，避免在连接部位的楼板内开洞等。

凡是设缝的地方应考虑相邻结构在地震作用下因结构变形、基础转动或平移引起的最大可能侧向位移设置防震缝。防震缝宽度要留够，要允许相邻房屋可能出现反向的振动，而不发生碰撞。现行规范规定，对于高层混凝土结构，当必须设置防震缝时，其最小宽度应满足下列要求：

（1）框架结构房屋，当高度不超过 15 m 时不应小于 100 mm；当超过 15 m 时，6、7、8 度和 9 度相应每增加高度 5、4、3 m 和 2 m，宜加宽 20 mm。

（2）框架—剪力墙结构房屋的防震缝宽度可按第一款最后数值的 70%；剪力墙房屋的防震缝宽度可按第一款最后数值的 50%，同时均不宜小于 100 mm。

（3）防震缝两侧结构体系不同时，防震缝宽度按不利的体系考虑，并按较低高度计算缝宽。

（4）防震缝应沿房屋全高设置，地下室、基础可不设防震缝，但在防震缝处应加强构造和连接。

16.3.5　高层建筑楼盖

在一般层数不太多，布置规则，开间不大的高层建筑中，楼盖体系与多层建筑的楼盖相类似：但在层数更多（如 20～30 层以上，高度超过 50 m）的高层建筑中，由于对楼盖的水平刚度及整体性要求更高，降低楼盖结构高度、减轻楼盖的重量、加大楼盖的跨度的要求更突出，通用的预制楼盖不再适用，需要考虑另外一些楼盖形式。为此，现行规范对楼盖结构提出了以下一些要求。

房屋高度超过 50 m 时，宜采用现浇楼面结构，框架—剪力墙结构应优先采用现浇楼面结构。

房屋高度不超过 50 m 时，除现浇楼面外，还可采用装配整体式楼面，也可采用与框架梁或剪力墙有可靠连接的预制大楼板楼面。装配整体式楼面的构造要求应满足下面的规定：

抗震设计的框架—剪力墙结构在 8、9 度区不宜采用装配式楼面，在 6、7 度区采用装配式楼面时每层宜设现浇层；现浇层厚度不应小于 50mm，混凝土强度等级不应低于 C20，并应双向配置直径 6～8mm、间距 150～200mm 的钢筋网，钢筋应锚固在剪力墙内。

当框架—剪力墙结构采用装配式楼面时，预制板应均匀排列，板缝拉开的宽度不宜小于 40mm，板缝大于60 mm时应在板缝内配钢筋，形成板缝梁，并宜贯通整个结构单元。预制板板缝、板缝梁混凝土强度等级不应低于C20。

高度小于50 m的框架结构或剪力墙结构采用预制板时，应符合上面规定的板缝构造要求。

预应力平板厚度可按跨度的$\frac{1}{50}\sim\frac{1}{45}$采用。板厚不宜小于150 mm，预应力平板预应力钢筋保护层厚度不宜小于30 mm。预应力平板设计中应采用适当措施以防止或减少竖向和横向主体结构对楼板施加预应力的阻碍作用。

房屋的顶层、结构转换层、平面复杂或开洞过大的楼层应采用现浇楼面结构。顶层楼板厚度不宜小于120 mm；转换层楼板厚度不宜小于180 mm；地下室顶板厚度不宜小于160 mm；一般楼层现浇楼板厚度不应小于80 mm。

综合起来，在高度较大的高层建筑中应选择结构高度小、整体性好、刚度好、重量较轻、满足使用要求并便于施于的楼盖结构。当前国内外总的趋势是采用现浇楼盖或预制与现浇结合的叠合板，应用预应力或部分预应力技术，并采用工业化的施工方法。

叠合楼板有两种形式，一种是用预制的预应力薄板作模板，上部现浇普通混凝土，硬化后，与预应力薄板共同受力，形成叠合楼板；另一种是以压型钢板为模板，上面浇普通混凝土，硬化后共同受力。叠合板可以加大板跨，减小楼板厚度，又可节约模板，整体性好，在我国比较广泛。

16.4 多层框架结构

框架是框架结构体系的主体承重结构，同时也是框架—剪力墙结构体系及框筒结构中的基本承力单元，其主要构件是梁、柱及梁柱的连接节点。本节着重介绍在高层钢筋混凝土框架中，如何估算各构件的截面尺寸，截面设计及构件配筋构造的特殊要求，特别是在地震作用下抗震结构的要求等。

16.4.1 框架结构布置、截面尺寸和材料要求

1. 框架结构布置

框架结构在进行结构布置时，首先要确定柱网和柱子在的平面中位置。柱网的尺寸必须满足建筑使用和结构受力合理的要求，同时也要考虑施工的方便和经济因素，由建筑师和结构工程师共同商讨确定。

柱网的开间及进深可设计成大柱网或小柱网，见图16-12。大柱网将增大梁、柱的截面尺寸。在抗震结构中，过大的柱网将给实现延性框架增加一定的困难。

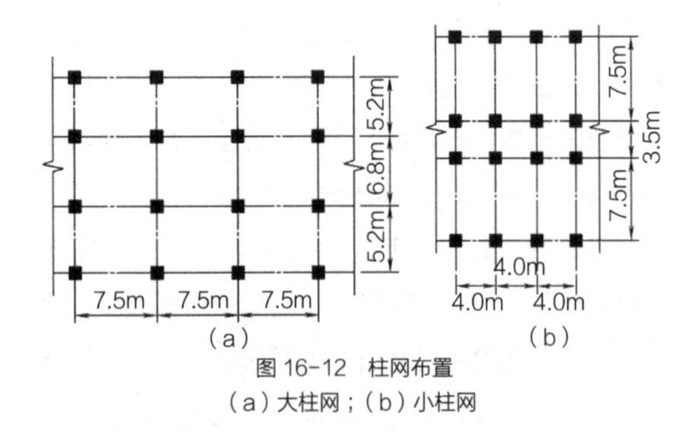

图16-12 柱网布置
(a)大柱网；(b)小柱网

承重框架是指直接支承楼板传来的竖向荷载的框架。根据楼板中梁板布置的不同，一般可分为横向承重、纵向承重和双向承重等几种布置方式。由于风及地震可能从任一方向作用，无论纵向还是横向框架都是抗侧力框架。抗侧力框架必须做成刚接框架，不得采用横向为框架、纵向为铰接排架的结

构体系。高层框架中不得采用纵向连系梁的做法，纵、横两方向都是框架梁，截面都不能太小。

为了保证纵、横两方向都有足够的承载力和刚度，高层框架宜采用方形、圆形、多边形或接近方形的截面，使两个方向上的尺寸和刚度相近。柱截面高宽比不宜大于1.5。

框架梁、柱构件的轴线宜重合于同一平面内。如果二者不重合，其偏心不宜大于柱截面在该方向边长的$\frac{1}{4}$。

通常，框架沿高度方向各层平面的柱网尺寸相同。柱子截面需要由下至上逐渐缩小时，尽可能做到轴线不变，或不做大的变化，使柱子上下对齐或仅有较小的偏心。当楼层高度不同而形成楼板错层，或在某些轴线上取消柱子形成不规则框架时，都对抗震十分不利，要尽可能避免这些不规则的情况。否则，应视不规则程度采取相应的措施以避免薄弱部位被破坏。

在高层建筑中，不宜采用全装配式框架结构，可采用装配整体式或全现浇框架结构。应注意由于施工方法不同对结构设计会提出不同的要求，例如预制构件对柱网尺寸的特殊要求，装配整体式结构应进行整浇前及整浇后两阶段受力分析，等等。在抗震结构中，延性框架宜设计成全现浇框架，或至少是现浇柱（预制板、梁）方案。

2. 框架结构截面尺寸及材料强度要求

（1）框架梁截面尺寸

在一般荷载作用下，满足下列要求的梁，可不进行刚度计算。框架结构的主梁截面高度h_b可按$\left(\frac{1}{18}\sim\frac{1}{10}\right)l_b$确定，$l_b$为主梁计算跨度；梁净跨与截面高度之比不宜小于4。梁的截面宽度不宜小于200 mm，梁截面的高宽比不宜大于4。

（2）框架柱截面尺寸

框架柱截面可做成方形、圆形或边长相差不大的矩形。非抗震设计时不宜小于250 mm，抗震设计时不宜小于300 mm；圆柱截面直径不宜小于350 mm；柱剪跨比宜大于2；柱截面高宽比不宜大于3。

初步设计时，可根据柱支承的楼板面积计算由竖向荷载产生的轴力N，（考虑分项系数1.25），并由轴压比式估算柱面积A_c然后确定柱边长尺寸。抗震设计时，钢筋混凝土柱轴压比不宜超过表16-9的规定；对于Ⅳ类场地上较高的高层建筑，其轴压比限值应适当减小。

表16-9 轴压比限制值

结构类型	抗震等级		
	一	二	三
框架	0.70	0.80	0.90
板柱—剪力墙、框架—剪力墙、框架—核心筒、筒中筒	0.75	0.85	0.95
部分框支剪力墙	0.60	0.70	—

注：轴压比限指柱考虑地震作用组合的轴压力设计值与柱全截面面积和混凝土轴心抗压强度设计值乘积的比值，即$\frac{N}{A_C\cdot f_C}$。

（3）混凝土强度等级

现浇框架梁、柱、节点的混凝土强度等级，按一级抗震等级设计时，不应低于C30；按二至四级和非抗震设计时，不应低于C20。

现浇框架梁的混凝土强度等级不宜大于C40；框架柱的混凝土强度等级，抗震设防烈度为9度时不宜大于C60，抗震设防烈度为8度时不宜大于C70。

16.4.2 延性框架设计基本措施

钢筋混凝土框架可以设计成具有较好塑性变形能力的延性框架。震害调查分析和结构试验研究表明，钢筋混凝土结构的“塑性铰控制”理论在抗震结构设计中发挥着越来越重要的作用，其基本要点是：

（1）钢筋混凝土结构可以通过选择合理截面形式及配筋构造控制塑性铰出现部位。

（2）抗震延性结构应当选择并设计有利于抗震的塑性铰部位。所谓有利，就是一方面要求塑性铰本身有较好的塑性变形能力和吸收耗散能量的能力；另一方面要求这些塑性铰能使结构具有较大的延性而不会造成其他不利后果，例如，不会使结构局部破坏或出现不稳定现象。

（3）在预期出现塑性铰的部位，应通过合理的配筋构造增大它的塑性变形能力，防止过早出现脆性的剪切及锚固破坏。在其他部位，也要防止过早出现剪切及锚固破坏。

根据这一理论及试验研究结果，钢筋混凝土延性框架的基本措施是：

1）塑性铰应尽可能出在梁的两端，设计成强柱弱梁框架；

2）避免梁、柱构件过早剪坏，在可能出现塑性铰的区段内，应设计成强剪弱弯；

3）避免出现节点区破坏及钢筋的锚固破坏，要设计成强节点、强锚固。

许多经过地震考验的结构证明上述措施是有效的。由于延性框架设计方法的改进，近20年来，在美国、日本及我国都已相继建成20～30层的抗震钢筋混凝土框架结构。现在，延性框架结构的理论和设计方法仍在继续研究和改进中。

16.4.3 强柱弱梁设计原则

在地震作用下，框架中塑性铰可能出现在梁上，也可能出现在柱上，但是不允许在梁的跨中出铰。梁的跨中出铰将导致局部破坏。在梁端和柱端的塑性铰都必须具有延性，这才能使结构在形成机构之前，结构可以抵抗外荷载并具有延性，见图16-13。

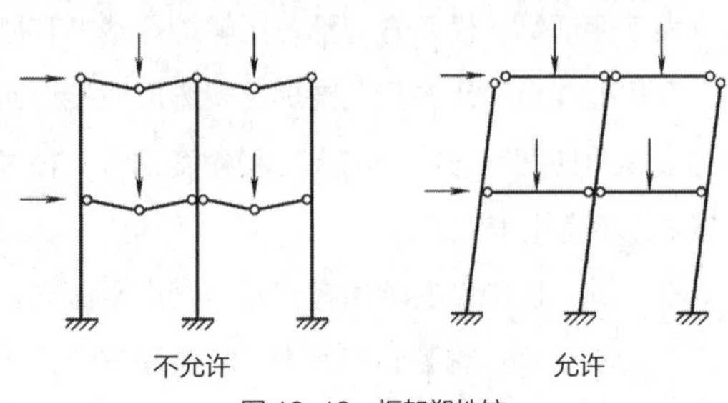

图16-13 框架塑性铰

在随机的地震作用下，对某个构件的延性比要求很难定量。但是，由大量计算及实验分析，可找到某些规律：

（1）当梁相对较弱、柱相对较强时，大部分铰出在梁端，柱内塑性铰数量减少。而且，柱相对较强时，对梁的延性比要求增加，对柱的延性比要求降低。

（2）当柱相对较弱时，柱中塑性铰数量增加，对其延性比要求也会增至较高数值。

（3）当梁较强时，柱中轴力增大，会减小柱的延性。

通过分析，并考虑到以下一些原因，延性框架要求设计成“强柱弱梁”型。

（1）塑性铰出现在梁端，不易形成破坏机构，可能出现的塑性铰数量多，耗能部位分散（图16-14 a）。是所有梁端都有塑性铰的理想情况，只要柱脚处不出现铰，则结构不会形成破坏机构。

（2）塑性铰出现在柱上，结构很容易形成破坏机构（图16-14 b）。是典型的出现软弱层的情况。此时，塑性铰数量虽少，但该层已形成破坏机构，楼层可能倒塌。

（3）柱通常都承受较大轴力，在高轴压下，钢筋混凝土柱很难具有高延性性能。而梁是受弯构件，比较容易实现高延性比要求。

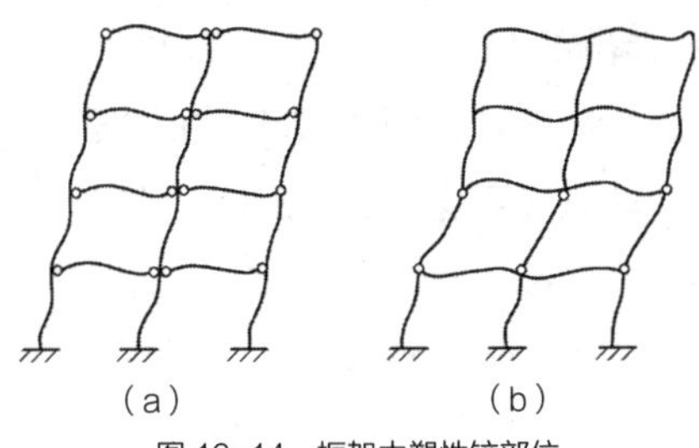

图 16-14　框架中塑性铰部位
（a）梁端塑性铰；（b）柱端塑性铰

（4）柱是主要承重构件，出现较大的塑性变形后难于修复，柱子破坏可能引起整个结构倒塌。

在震害调查中，也发现了由于强梁弱柱引起的结构震害比较严重这一规律。1976 年唐山地震以后，石油规划设计院曾对 48 幢框架结构作了调查统计，发现凡是具有现浇楼板的框架，由于现浇楼板大大加强了梁的强度和刚度，地震破坏都发生在柱中，破坏较严重；凡是没有楼板的构架式框架，裂缝出在梁中，破坏较轻。

所谓强柱弱梁型框架是指：要使梁中的塑性铰先出、多出，尽量减少或推迟柱中塑性铰的出现，特别是要避免在同一层各柱的两端都出塑性铰，即避免软弱层。

要使梁端塑性铰先于柱端铰出现，则应适当提高柱端截面配筋，使柱的相对强度大于梁的相对强度。

试验证明，楼板对梁的抵抗弯矩有很大影响，在考虑强柱弱梁的设计中，应当取一定宽度楼板作为翼缘，考虑楼板中钢筋对梁极限抗弯承载力的影响。

16.5　剪力墙结构

剪力墙结构体系是由钢筋混凝土墙体互相连接构成的承重墙结构体系，用以承担竖向荷载及水平荷载。在地震区，设置剪力墙可以改善结构抗震性能。在抗震结构中剪力墙也称为抗震墙。

钢筋混凝土剪力墙的设计要求是：在正常使用荷载及风载、小震作用下，结构应处于弹性工作阶段，裂缝宽度不能过大；在中等强度地震作用下（设防烈度），允许进入弹塑性状态，必须保证在非弹性变形的反复作用下，有足够的承载力、延性及良好吸收地震能量的能力；在强烈地震作用（罕遇烈度）下，剪力墙不允许倒塌，要保证剪力墙结构仍能站住。

按施工工艺剪力墙结构体系分为：大模现浇剪力墙结构体系、滑模现浇剪力墙结构体系、全装配大板结构体系、内浇外挂剪力墙结构体系。

16.5.1　剪力墙结构布置原则

剪力墙的布置对于发挥其承载作用非常关键，设计中应注意遵守以下要求。

（1）剪力墙应合理地尽可能地远离房屋重心；房屋的重心应尽可能布置得低一些，这样可以有效地提高房屋的抗扭能力（封闭的筒形截面最宜抗扭，所以外筒或筒中筒的筒式结构抗扭性能最好）。

（2）剪力墙宜沿主轴方向或其他方向双向布置；抗震设计的剪力墙结构，应避免仅单向有墙的结构布置形式，以使其具有较好的空间工作性能，并宜使两个方向抗侧力刚度接近。剪力墙要均匀布置，数量要适当。剪力墙配置过少时，结构抗侧力刚度不够；剪力墙配置过多时，墙体得不到充分利用，抗侧力刚度过大，会使地震作用加大，自重加大。

（3）剪力墙宜自下到上连续布置，避免刚度突变；为了使剪力墙的刚度沿房屋高度不发生突变，剪力墙应上下层位置对齐，而且宜贯通房屋全高。

（4）应尽可能采取措施增加剪力墙承担的竖向荷载；若剪力墙承担的竖向荷载较小，在较大的水平荷载作用下，墙截面一般处于大偏心受压状态，钢筋用量较多。因此，设计上应采取措施，适当增加剪力墙承担的竖向荷载。如尽端山墙作为剪力墙时，一般宜适当增大尽端开间尺寸，或在尽端房间内布置较重的固定设备等。

（5）剪力墙墙肢截面宜简单、规则，剪力墙的竖向刚度应均匀，剪力墙的门窗洞口宜上下对齐、成列布置，形成明确的墙肢和连梁。宜避免使墙肢刚度相差悬殊的洞口设置。抗震设计时，一、二、三级抗震等级剪力墙的底部加强部位不宜采用错洞墙；一、二、三级抗震等级的剪力墙均不宜采用叠合错洞墙（图 16-15 f）。

（6）为了避免剪力墙脆性破坏，较长的剪力墙宜开设洞口，将其分成长度较均匀的若干墙段，墙段之间宜采用弱梁连接，每个独立墙段的总高度与其截面高度之比不应小于 2。墙肢截面高度不宜大于 8 m。

16.5.2 剪力墙的受力特点

建筑中的剪力墙因功能需要会在其上开有门窗洞口。每榀剪力墙从其本身开洞的情况又可以分成多种类型。由于墙的形式不同，相应的受力特点、计算图与计算方法也不相同。下面先对受力特点、计算图的特点和计算方法作一个概述，然后再针对每一种类型的墙介绍具体的计算方法。

1. 整体墙和小开口整体墙

不开洞或开洞面积不大于 15% 的墙叫作整体墙（图 16-15 a）。这种类型的剪力墙可以忽略洞口的影响，它实际上是一个整体的悬臂墙，符合平面假定，正应力为直线规律分布。

当门窗洞口稍大一些，墙肢应力中已出现局部弯矩（图 16-15 b），但局部弯矩的值不超过整体弯矩的 15%时，可以认为截面变形大体上仍符合平面假定，按材料力学公式计算应力，然后加以适当的修正。这种墙叫作小开口整体墙。

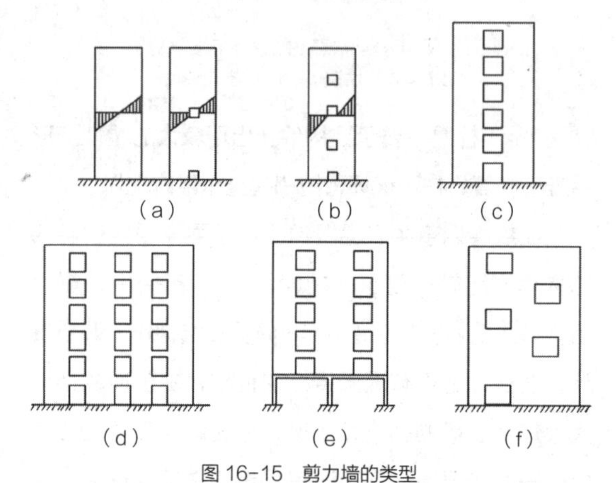

图 16-15 剪力墙的类型
（a）整体墙；（b）小开口整体墙；（c）双肢墙；（d）多肢墙；（e）框支剪力墙；（f）开有不规则大洞口的墙

2. 双肢剪力墙和多肢剪力墙

开有一排较大洞口的剪力墙叫作双肢剪力墙（图 16-15 c），开有多排较大洞口的剪力墙叫作多肢剪力墙（图 16-15 d）。由于洞口开得较大，截面的整体性已经破坏，正应力分布较直线规律差别较大。其中，洞口更大些，且连梁刚度很大，而墙肢刚度较弱的情况，已接近框架的受力特性，有时也称为壁式框架（图 16-16）。

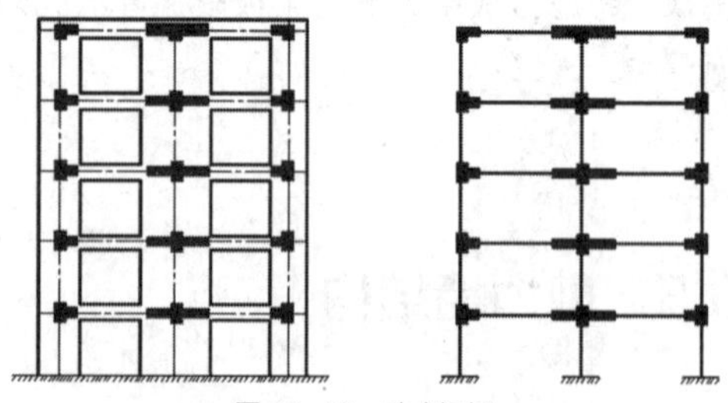

图 16-16 壁式框架

3. 框支剪力墙

当底层需要大的空间，采用框架结构支承上部剪力墙时，就是框支剪力墙（图 16-15 e）。

4. 开有不规则大洞口的墙

有时由于建筑使用的要求会出现开有不规则大洞口的墙（图 16-15 f）。

剪力墙结构随着类型和开洞大小的不同，计算方法与计算图的选取也不同。除了整体墙和小开口整体墙基本上采用材料力学的计算公式外，其他的大体上还有以下一些算法。

（1）连梁连续化的分析方法

此法将每一层楼层的连系梁假想为分布在整个楼层高度上的一系列连续连杆（图 16-17），借助于连杆的位移协调条件建立墙的内力微分方程，解微分方程便可求得内力。

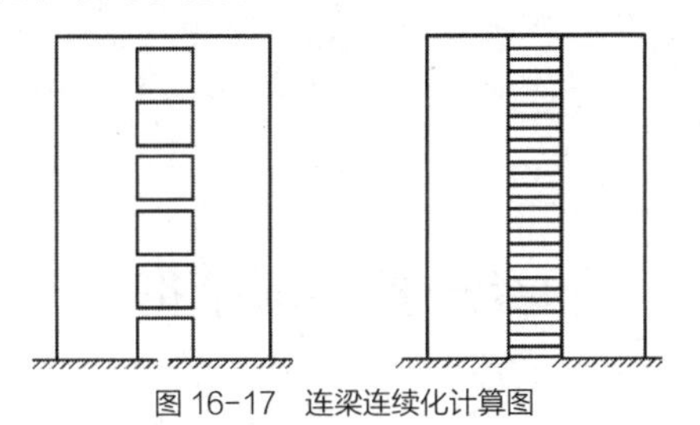

图 16-17　连梁连续化计算图

这种方法可以得到解析解，特别是将解答绘成曲线后，使用还是比较方便的。通过试验验证，其结果的精度可满足工程需要。但是，由于假定条件较多，使用范围受到限制。

（2）带刚域框架的算法

将剪力墙简化为一个等效多层框架。由于墙肢及连系梁都较宽，在墙梁相交处形成一个刚性区域，在这区域内，墙梁的刚度为无限大。因此，这个等效框架的杆件便成为带刚域的杆件（图 16-16）。

带刚域框架（或称壁式框架）的算法又分两种：

简化计算法：利用现成的图表曲线，采取进一步的简化，对壁式框架进行简化计算。

矩阵位移法：这是框架结构用计算机计算的通用方法，也可以用来计算壁式框架。应指出的是，用矩阵位移法求解不仅是解一个平面框架，而且可以将整个结构作为空间问题来求解。由于所作假定较少，应用范围较广，精确度也比较高，这种方法已成为用计算机计算时的通用方法。

（3）有限单元和有限条带法

将剪力墙结构作为平面问题（或空间问题），采用网格划分为矩形或三角形单元（图 16-18 a），取结点位移作为未知量，建立各节点的平衡方程，用电子计算机求解。采用有限单元法对于任意形状尺寸的开孔及任意荷载或墙厚变化都能求解，精确度也较高。对于剪力墙结构，由于其外形及边界较规整，也可将剪力墙结构划分为条带（图 16-18 b），即取条带为单元。条带与条带间以结线相连。每条带沿 y 方向的内力与位移变化用函数形式表示，在 x 方向则为离散值。以结线上的位移为未知量，考虑条带间结线上的平衡方程求解。由于采用条带为计算单元，未知量数目会大大减少。

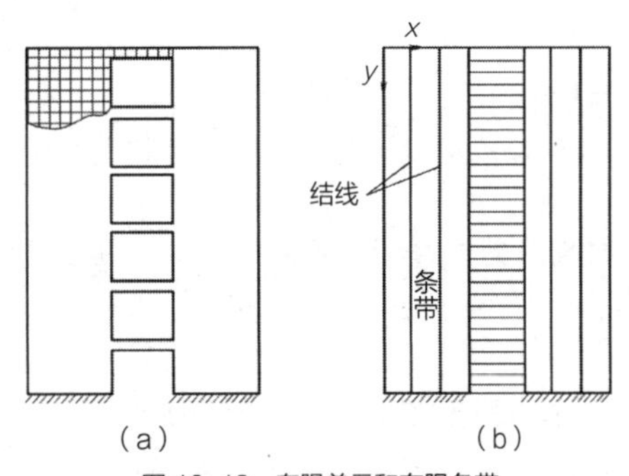

图 16-18　有限单元和有限条带
（a）有限单元；（b）有限条带

16.5.3　构造要求

（1）剪力墙结构混凝土强度等级不应低于 C20；带有筒体和短肢剪力墙的剪力墙结构的混凝土强度等级不应低于 C25（短肢剪力墙是指墙肢截面高度与厚度之比为 5 ~ 8 的剪力墙，一般剪力墙是指墙肢截面高度与厚度之比大于 8 的剪力墙）。

（2）按一、二级抗震等级设计的剪力墙的截面厚度，底部加强部位不应小于层高或剪力墙无支长度的$\frac{1}{16}$，且不应小于 200 mm；其他部位不应小于层高或剪力墙无支长度的$\frac{1}{20}$，且不应小于 160 mm。当为无端柱或翼墙的一字形剪力墙时，其底部加强部位截面厚度尚不应小于层高的$\frac{1}{12}$；其他部位尚不应小于层高的$\frac{1}{15}$，且不应小于 180 mm。

（3）按三、四级抗震等级设计的剪力墙的截面厚度，底部加强部位不应小于层高或剪力墙无支长度的$\frac{1}{20}$，且不应小于 160 mm；其他部位不应小于层高或剪力墙无支长度的$\frac{1}{25}$，且不应小于 160 mm。

（4）非抗震设计的剪力墙，其截面厚度不应小于层高或剪力墙无支长度的$\frac{1}{25}$，且不应小于 160 mm。

（5）短肢剪力墙截面厚度不应小于 200 mm。

（6）配筋形式：剪力墙内竖向和水平分布钢筋有单排配筋及多排配筋两种形式，见图 16-19。单排配筋施工方便，因为在同样含钢率下，钢筋直径较粗。但是，当墙厚度较大时，表面容易出现温度收缩裂缝。此外，在墙及楼电梯间墙上仅一侧有楼板，竖向力产生平面外偏心受压；在水平力作用下，垂直于力作用方向的剪力墙也会产生平面外弯矩。因此，在高层剪力墙中，不应采用单排配筋。当剪力墙截面厚度 *bw* 不大于 400 mm 时，可采用双排配筋；当 *bw* 大于 400 mm，但不大于 700 mm 时，宜采用三排配筋；当 *bw* 大于 700 mm 时，宜采用四排配筋。受力钢筋可均匀分布成数排。各排分布钢筋之间的拉结筋间距不应大于 600 mm，直径不应小于 6 mm，在底部加强部位，约束边缘构件以外的拉结筋间距尚应适当加密。

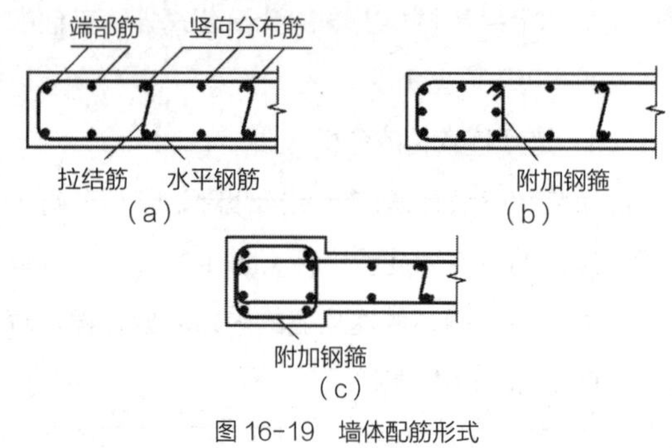

图 16-19 墙体配筋形式
（a）双排筋；（b）暗柱；（c）明柱

16.6 框架—剪力墙结构

框架—剪力结构是由框架和剪力墙两种构件组成的结构体系。本节将讨论框架—剪力墙结构中剪力墙的合理数量和布置，框—剪结构中框架内力的调整，有边框剪力墙设计和构造，板柱—剪力墙设计和构造等。

16.6.1 框架—剪力墙结构体系中剪力墙的布置与类型

1. 剪力墙的合理数量

框架—剪力结构中，剪力墙的数量一直是广大设计人员关注的焦点。日本曾分析多次地震中钢筋混凝土建筑物的震害，获得了一个重要规律：墙越多，震害越轻。1978 年罗马尼亚地震和 1988 年苏联亚美尼亚地震都有明显的规律：框架结构在强震中大量破坏、倒塌，而剪力墙结构震害轻微。所以，在钢筋混凝土结构中，剪力墙数量越多，地震震害减轻得越多，多设剪力墙对抗震是有利的。但是，剪力墙超过了必要的限度，是不经济的，剪力墙太多，虽然有较强的抗震能力，但由于刚度太大，周期太短，地震作用要加大，不仅使上部结构材料增加，而且带来基础设计的困难。所以，从经济的角度看，剪力墙则不宜过多。这样，就有一个剪力墙合理数量的问题。既兼顾抗震性又考虑经济性两方面的要求。

现在一些框架—剪力墙结构优化程序，可以在符合规范规定的前提下，合理布置剪力墙，使得用钢量或造价最低。但这类计算程序较为复杂，对于方案阶段，还多采用更简便、更实用的设计方法。

国内已建成大量框架—剪力墙结构，这些工程一般都有足够的剪力墙，使得其刚度能满足要求，自振周期在合理范围，地震作用的大小也较合适。这些工程的设计经验，可以作为布置剪力墙时的参考。表16-10给出了底层结构截面（即剪力墙截面面积 A_w 和柱截面面积 A_c 之和）与楼面面积 A_f 之比、剪力墙截面面积 A_w 与楼面面积 A_f 之比，可作为框架—剪力结构确定中剪力墙的数量的依据。

表16-10　底层结构截面与楼面面积之比

设计条件	$\frac{(A_w+A_c)}{A_f}$	$\frac{A_w}{A_f}$
7度、Ⅱ类土	3% ~ 5%	2% ~ 3%
8度、Ⅱ类土	4% ~ 6%	3% ~ 4%

注：① 当设防烈度、场地上情况不同时，可根据上述数值适当增减；
② 层数多、高度大的框架—剪力墙结构，宜取表中上限值。

2. 剪力墙的布置

剪力墙的布置，应遵循“均匀、分散、对称、周边”的原则。均匀、分散是指剪力墙宜片数较多，均匀分散布置在建筑平面上。对称是指剪力墙在结构单元的平面上应尽可能对称布置，使水平力作用线尽可能靠近刚度中心，避免产生过大的扭转。周边是指剪力墙应尽可能布置在建筑平面周边，以加大其抗扭转的力臂，提高其抵抗扭转的能力；同时，在端附近设剪力墙可以避免端部楼板外排长度过大。在非抗震设计、层数不多的长矩形平面中，允许只在横向设剪力墙，纵向不设剪力墙。因为，此时风力较小，框架跨数较多，可以由框架承受。

一般情况下，剪力墙宜布置在结构平面的以下部位：

（1）竖向荷载较大处：用剪力墙承受大的竖向荷载，可以避免设置截面尺寸过大的柱子，满足结构布置的要求；剪力墙是主要的抗侧力结构，承受很大的弯矩和剪力，需要较大的竖向荷载来避免出现轴向拉力，提高截面承载力，也便于基础设计。

（2）平面形状变化较大的角隅部位：这些部位楼面上容易产生大的应力集中，地震时也常常发生震害，设置剪力墙予以加强。

（3）建筑物端部附近：这样可以有较大的抗扭刚度，同时减少楼面外伸段的长度。但纵向剪力墙宜布置在中部附近，这主要是为避免纵向端部约束而使结构产生大的温度应力和收缩应力。

（4）楼梯、电梯间：楼梯、电梯间楼板开洞大，削弱严重，采用剪力墙结构进行加强是有效的措施。

框架—剪力墙结构可采用下列布置形式：

（1）框架与剪力墙（单片墙、连肢墙或较小井筒）分开布置（图16-20 c、d）。

（2）在框架结构的若干跨内嵌入剪力墙（带边框剪力墙）（图16-20 a、b）。

（3）在单片抗侧力结构内连续分别布置框架和剪力墙。

（4）上述两种或三种形式的混合。

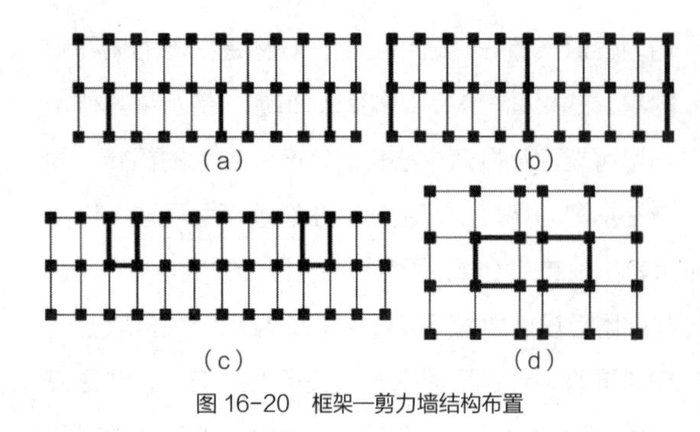

图 16-20　框架—剪力墙结构布置

3. 剪力墙的间距

从结构布置上看，在两片剪力墙（或两个筒体）之间布置框架时，楼盖必须有足够的平面内刚度，才能将水平剪力传递到两端的剪力墙上去，发挥剪力墙为主要抗侧力结构的作用。否则，楼盖在水平力作用下将产生弯曲变形，这将导致框架侧移增大，框架水平剪力也将成倍增大。通常以限制 $L:B$ 比值作为保证楼盖刚度的主要措施。这个数值与楼盖的类型和构造有关，与地震烈度有关。现行高层规定的剪力墙间距 L 见表 16-11。楼面有较大开洞时，剪力墙间距应予以减小。

16.6.2　构造要求

框架—剪力墙结构中的钢筋混凝土剪力墙，常常和梁、柱连在一起形成有边框剪力墙。当剪力墙和梁、柱现浇成整体时，或者预制梁、柱和现浇剪力墙形成整体连接构造，并有可靠的锚固措施时，墙和梁柱是整体下作，柱即剪力墙的端柱，形成丁形或 T 形截面。墙截面的端部钢筋在端柱中，再配以钢箍约束混凝土，将大大有利于剪力的抗弯、抗剪及延性性能。

在各层楼板标高处，剪力墙内设有横梁（与剪力墙重合的框架梁），这种梁功；可做成宽度与墙厚相同的暗梁，暗梁高度可取墙厚的 2 倍。这种边框横梁并不承受弯矩，在剪力墙的截面承载力计算中也不起什么作用，但是从构造上它有两个作用：楼板中有次梁时，它可以作为次梁的支座将垂直荷载传到墙上，减少支座下剪力墙内的应力集中；周边梁、柱共同约束剪力墙，墙内的斜裂缝贯穿横梁时，将受到约束而不致开展过大。这种剪力墙的边框梁的截面尺寸及配筋均按框架梁的构造要求设置。

在框架—剪力墙结构中，剪力墙的数量不会很多，但它们担负了整个结构大部分的剪力，是主要的抗侧力结构。为了保证这些剪力墙的安全，除了应符合一般剪力墙的构造要求外，还要注意下面一些要求：

（1）抗震设计时，一、二级剪力墙的底部加强部位均不应小于 200 mm，且不应小于层高的 $\frac{1}{16}$；其他情况下剪力墙的厚度不应小于 160 mm，且不应小于层高的 $\frac{1}{20}$，其混凝土强度等级宜与边柱相同。

（2）有边柱但边梁做成暗梁时，暗梁的配筋可

表 16-11　剪力墙间距 L（取较小值）（单位：m）

楼盖形式	非抗震设计	抗震设防烈度		
		6、7 度	8 度	9 度
现浇	5.0B，60	4.0B，50	3.0B，40	2.0B，30
装配整体	3.5B，50	3.0B，40	2.5B，30	—

注：① 表中 B 为楼面宽度，单位为 m；
② 现浇层厚度大于 60mm 的叠合楼板可作为现浇板考虑。

按构造配置，且应符合一般框架梁的最小配筋要求。

（3）边柱的配筋应符合一般框架柱配筋的规定。

（4）剪力墙端部的纵向受力钢筋应配置在边柱截面内。

（5）抗震设计时剪力墙水平和竖向分布钢筋的配筋率均不应小于 0.25%，并应双排布置，拉筋间距不应大于 600 mm。

（6）剪力墙的水平钢筋应全部锚入边柱内，锚固长度应满足规定要求（详见《高层建筑混凝土结构技术规程》JGJ 3—2010）。

16.7　筒体结构

16.7.1　平面形状

筒体结构的平面外形宜选用圆形、正多边形、椭圆形或矩形，内筒宜居中。研究表明，筒中筒结构在侧向荷载作用下，其结构性能与外框筒的平面外形也有关。对正多边形来讲，边数越多，剪力滞后现象越不明显，结构的空间作用越大；反之，边数越少，结构的空间作用越差。

表 16-12 为圆形、正多边形和矩形平面框筒的性能比较。假定 5 种外形的平面面积和筒壁混凝土用量均相同，以正方形的筒顶位移和最不利柱的轴向力为标准，在相同的水平荷载作用下，以圆形的侧向刚度和受力性能最佳，矩形最差；在相同的基本风压作用下，圆形平面的风载体形系数和风荷载最小，优点更为明显；矩形平面相对更差；由于正方形和矩形平面的利用率较高，仍具有一定的实用性，但对矩形平面的长宽比需加限制。矩形的长宽比越接近 1，轴力比 $N_c : N_m$ 越小，结构空间作用越佳（$N_c : N_m$ 分别为外框筒在侧向力作用下，框筒翼缘框架角柱和中间柱的轴向力）。一般来讲，当长宽比 $L : B = 1$（即正方形）时，$N_c : N_m = 2.5 \sim 5$；当 $L : B = 2$ 时，$N_c : N_m = 6 \sim 9$；当 $L : B = 3$ 时，$N_c : N_m > 10$，此时，中间柱已不能发挥作用，说明在设计筒中筒结构时，矩形平面的长宽比不宜大于 2。

由表 16-13 可知，正三角形的结构性能也较差，应通过切角使其成为六边形来改善外框筒的剪力滞后现象，提高结构的空间作用。外框筒的切角长度不宜小于相应边长的 $\frac{1}{8}$，其角部可设置刚度较大的角柱或角筒；内筒的切角长度不宜小于相应边长的 $\frac{1}{10}$，切角处的筒壁宜适当加厚。

16.7.2　构造要求

组成筒体结构的元件是梁、柱（如在框筒中）

表 16–12　规则平面框筒的性能比较

平面形状		圆形	正六边形	正方形	正三角形	矩形长宽比为 2
当水平荷载相同时	筒顶位移	0.90	0.96	1	1	1.72
	最不利柱的轴向力	0.67	0.96	1	1.54	1.47
当基本风压相同时	筒顶位移	0.48	0.83	1	1.63	2.46
	最不利柱的轴向力	0.35	0.83	1	2.53	2.69

和剪力墙（如在实腹筒中），因而其截面设计和构造措施的有关要求可参见框架和剪力墙的相应要求。本节针对筒体结构的特点，根据《高层建筑混凝土结构技术规程》JGJ 3—2010 的规定，作一些补充。

无论是框架—核心筒结构还是筒中筒结构都应充分发挥其空间结构的性能，做成空间受力的筒式结构。

（1）筒体结构的高度不宜低于 80 m，筒中筒结构的高宽比不宜小于 3，筒体结构的混凝土强度等级不宜低于 C30。这是因为结构总高度与宽度之比（$H:B$）大于 3 时，才能充分发挥筒的作用，在矮而胖的结构中不宜采用框筒或筒中筒结构。

（2）框筒必须做成密柱深梁，以减小剪力滞后，充分发挥结构的空间作用。一般情况下，矩形平面的柱距不宜大于 4 m，框筒柱的截面长边应沿筒壁方向布置，必要时可采用 T 形截面。这是因为框筒、梁柱的弯矩主要是在腹板框架和翼缘框架平面内，框架平面外的柱弯矩较小。

洞口面积不宜大于墙面面积的 60%，洞口高宽比宜与层高与柱距之比值相似。

角柱截面要增大，它承受较大轴向力，截面大可减少压缩变形，通常可取角柱面积为中柱面积的 1 ~ 2 倍。

框筒、梁的截面高度不宜小于柱净距的$\frac{1}{4}$及 600 mm。

（3）内筒面积不宜过小，内筒的边长可为高度的$\frac{1}{15}\sim\frac{1}{10}$，如有另外的角筒和剪力墙时，内筒平面尺寸还可适当减小。

内筒位置宜居中，墙肢宜均匀、对称布置，角部附近不宜开洞。内筒宜贯通建筑物全高，竖向刚度宜均匀变化。

（4）楼盖体系在筒体结构中起着重要作用，一方面承受竖向荷载，另一方面在水平荷载作用下还起刚性隔板的作用，因而应具有良好的水平刚度和整体性。对框筒，它起着维持筒体平面形状的作用；对筒中筒，通过楼盖内、外筒才能协同工作。

楼板构件（包括楼板和梁）的高度不宜太大，要尽量减小楼盖构件与柱子间的弯矩传递，有的筒中筒结构将楼板与柱的连接处理成铰接；在多数钢筋混凝土筒中筒结构中，将楼盖做成平板式或密肋楼盖，减小端弯矩，使框筒及筒中筒结构的传力体系更加明确。内外筒间距（即楼盖跨度）通常约为 10 ~ 12 m，一般情况下，不再设柱。当跨距大于 12 m 时，宜另设内柱或采用预应力混凝土楼盖等措施。

由于剪力滞后，框筒中各柱的竖向压缩量不同，角柱压缩变形最大，因而楼板四角下沉较多，出现翘曲现象。设计楼板时，对角板面宜设置双向附加钢筋（图 16-21），防止角部面层混凝土出现裂缝。附加钢筋单层单向配筋率不宜小于 0.3%，钢筋的直径不应小于 8 mm，间距不应大于 150 mm，配筋范围不宜小于外框架（或外筒）至内筒外墙中距的$\frac{1}{3}$和 3 m。

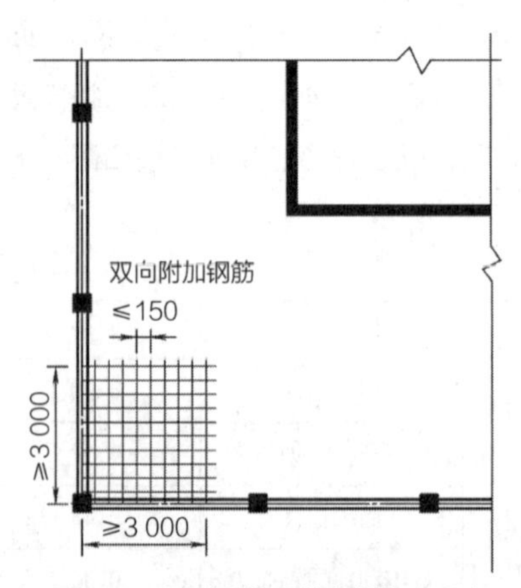

图 16-21 板角附加钢筋（单位：mm）

（5）简体墙的正截面承载力宜按双向偏心受压构件计算；截面复杂时，可分解为若干矩形截面，按单向偏心受压构件计算；斜截面承载力可取腹板部分，按矩形截面计算；当承受集中力时，尚应验算局部受压承载力。

简体墙的配筋和加强部位，以及暗柱等设置，与剪力墙结构相同。

核心筒或内筒的外墙不宜连续开洞。个别小墙肢的截面高度不宜小于 1.2 m，其配筋构造应按柱进行。

角柱应按双向偏心受压构件计算，纵向钢筋面积宜乘以增大系数 1.3。

Chapter 17

第17章 钢结构基本概念

Basic Concept of Steel Structure

17.1 概述

17.1.1 钢结构的特点

钢结构是用钢板、热轧型钢或冷加工成型的薄壁型钢制造而成的。和其他材料的结构相比，钢结构有如下一些特点：

1. 材料的强度高，塑性和韧性好

钢材和其他建筑材料相比，强度要高得多。因此，特别适用于跨度大或荷载很大的构件和结构。钢材还具有塑性和韧性好的特点。塑性好，结构在一般条件下不会因超载而突然断裂；韧性好，结构对动力荷载的适应性强。良好的吸能能力和延性还使钢结构具有优越的抗震性能。另一方面，由于钢材的强度高，做成的构件截面小而壁薄，受压时需要满足稳定的要求。

2. 材质均匀，和力学计算的假定比较符合

钢材内部组织比较接近于匀质和各向同性体，而且在一定的应力幅度内几乎是完全弹性的。因此，钢结构的实际受力情况和工程力学计算结果比较符合。

3. 钢结构制造简便，施工周期短

钢结构所用的材料单纯而且是成材，加工比较简便，并能使用机械操作。因此，大量的钢结构一般在专业化的金属结构厂做成构件，精确度较高。构件在工地拼装，以缩短施工周期。小量的钢结构和轻钢屋架，也可以在现场就地制造，随即用简便机具吊装。此外，对已建成的钢结构也比较容易进行改建和加固，用螺栓连接的结构还可以根据需要进行拆迁。

4. 质量轻

由于钢材的强度与密度之比要比混凝土大得多。以同样的跨度承受同样荷载，钢屋架的质量最多不过钢筋混凝土屋架的$\frac{1}{4}$~$\frac{1}{3}$，冷弯薄壁型钢屋架甚至接近$\frac{1}{10}$，为吊装提供了方便条件。质量轻的屋盖结构，对抵抗地震作用有利。另一方面，质轻的屋盖结构对可变荷载的变动比较敏感，荷载超额的不利影响比较大。设计沿海地区的房屋结构，如果对飓风作用下的风吸力估计不足，则屋面系统有被掀起的危险。

5. 耐腐蚀性差

钢材耐腐蚀的性能比较差，尤其是暴露在大气中的结构如桥梁，更应特别注意对结构防护。这使维护费用比钢筋混凝土结构高。不过在没有侵蚀性介质的一般厂房中，构件经过防锈处理后，锈蚀问题并不严重。近年来出现的耐候钢具有较好的抗锈性能，已经逐步推广应用。

6. 耐热但不耐火

钢材在长期经受 100℃辐射热时，强度没有多大变化，具有一定的耐热性能；但温度达 150℃以上时，就须用隔热层加以保护。钢材不耐火，重要的结构必须注意采取防火措施。防护使钢结构造价提高。

17.1.2 钢结构的应用范围

从技术角度看，钢结构的合理应用范围包括以下几个方面：

1. 大跨度建筑

结构跨度越大，自重在全部荷载中所占比重也就越大，减轻自重可以获得明显的经济效果。因此，钢结构强度高而质量轻的优点对于大跨桥梁和大跨建筑结构特别突出。我国人民大会堂的钢屋架、各地体育馆的悬索结构、钢网架都是大跨度屋盖的具体例子。很多大型体育馆屋盖结构的跨度都已超过100 m。

2. 多高层建筑

钢结构由于抗震性能优良，结构装配化程度高，可用于公共建筑和住宅建筑中。当层数较高时，钢结构自重轻，构件断面小，与钢筋混凝土结构混合，形成钢筋混凝土核心筒—钢框架的混合结构体系，应用广泛。

3. 重型厂房结构

就是车间里吊车的起重质量大（常在100 t以上，有的达到440 t）的工业厂房，其中有些作业也十分繁重（24 h运转）。这些车间的主要承重骨架往往全部或部分采用钢结构。钢铁联合企业和重型机械制造业有许多车间属于重型厂房。

4. 受动力荷载影响的结构

由于钢材具有良好的韧性，设有较大锻锤或其他产生动力作用设备的厂房，即使屋架跨度不很大，也往往用钢制成。对于抗震能力要求高的结构，用钢来做也是比较适宜的。

5. 可拆卸的结构、临时性展览馆等

钢结构最为适宜。

6. 轻型钢结构

钢结构质量轻不仅对大跨结构有利，对使用荷载特别轻的小跨结构也有优越性。因为使用荷载特别轻时，结构的自重荷载也就成了一个重要因素。冷弯薄壁型钢屋架在一定条件下的用钢量可以不超过钢筋混凝土屋架的用钢量。轻型门式刚架因其轻便和安装迅速，近20年应用十分广泛。

在地基条件差的场地，多层房屋即使高度不是很大，钢结构因其质轻而降低基础工程造价，仍然可能是首选。在地价高昂的区域，钢结构则以占用土地面积小而显示它的优越性。工期短，投资及早得到回报，是有利于选用钢结构的又一重要因素。施工现场可利用的面积狭小，也是需要借重钢结构的一个条件。此外，现代化的建筑物中各类服务设施包括供电、供水、中央空调和信息化、智能化设备，需用管线很多。钢结构易于和这些设施配合，使之少占用空间。因此，对多层建筑采用钢结构也逐渐成为一种趋势。

17.1.3　钢结构的组成原理

任何结构都必须是几何不变的空间整体，并且在各类作用下保持稳定性能、必要的承载力和刚度。钢结构的组成可以划分成两类，即跨越结构和高耸结构。前者是跨越地面上一定空间的结构，包括桥梁和单层房屋结构；后者则是从地面向上发展的结构，包括高层房屋、塔架和桅杆结构。层数不多的房屋则介于两者之间。

1. 跨越结构

早期的跨越结构都是由平面体系加支撑组成。最典型的当属支在钢筋混凝土桥墩上的桁架桥。桁架桥的承重主体是两榀相互平行的桁架，称为主桁。两主桁的上弦之间组成水平支撑桁架，称为纵向联结系。下弦之间也是如此。

跨度较大的单层房屋的屋盖结构也常由平面屋架和支撑体系组成，和桁架桥十分相似。不过屋盖结构中桁架榀数多，水平支撑架只需设在一部分桁架之间，未设支撑的开间则用纵向构件相联系。如图17-1所示为单层房屋结构组成的示意图。纵向构件包括有设置在两侧的纵向支撑架，使在屋架上弦平面内形成刚性片体，以加强空间作用。

空间跨越结构体系中平板网架是我国用得较早而又较多的空间屋盖结构体系。它的特点是把屋面荷载双向或三向传递，减少甚至省去辅助性的支撑结构，从而使钢材利用得更为有效。图 17-2 的平板网架由许多倒置的四角锥组成，所有构件都是主要承重体系的部件，完全没有附加的支撑。

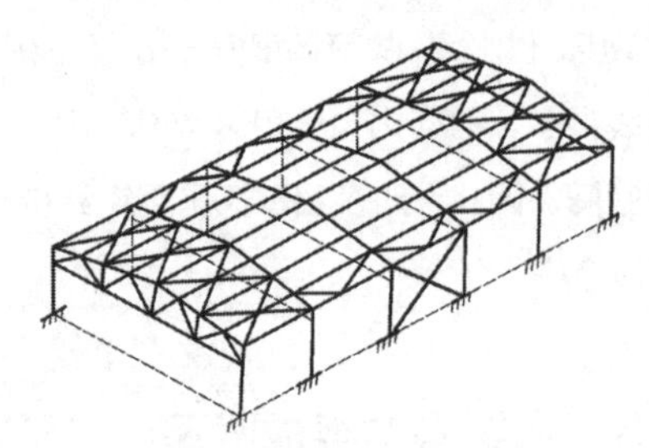

图 17-1 单层房屋结构的组成

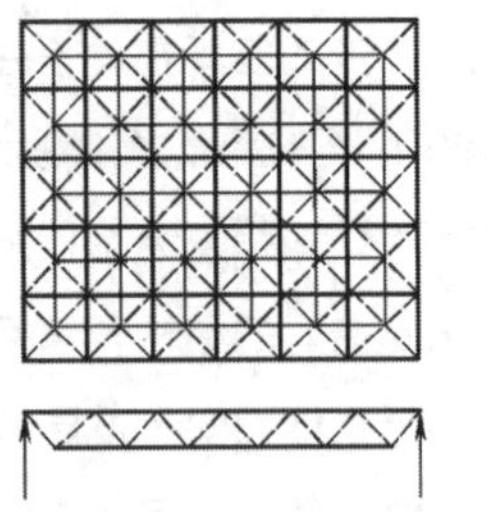

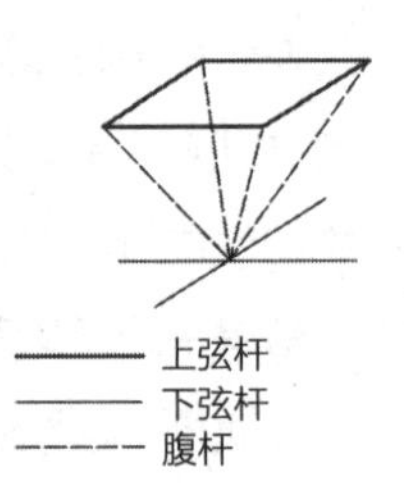

图 17-2 空间屋盖结构

大跨度的框架也可做成空间体系。如图 17-3 所示为一座体育馆，采用了三个大型空间框架。每个框架都是几何不可变体系，不需要设置支撑。屋面结构悬吊在三榀框架的下弦之间。

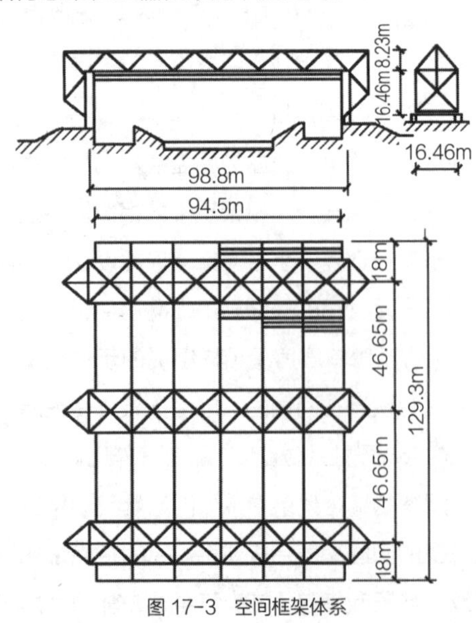

图 17-3 空间框架体系

2. 高耸结构

高层房屋结构当两个方向的梁都和柱刚性连接而形成空间刚架，可以无须设置支撑（图 17-4 a）。但是，高耸结构不同于跨越结构的一个重要特点是，水平荷载（风力、地震的水平作用）可能居于主导地位。刚架以其构件的抗弯和抗剪来抵抗水平荷载，侧移变形比较大，对 20 层以上的楼房就显得刚度不足，需要借助于支撑或剪力墙（图 17-4 b、c）。如果房屋平面为狭长形，则可以仅在窄的一边设置支撑。高度很大而两个方向都需要支撑或剪力墙时可以做成竖筒。图 17-4（d）是重型支撑组成的外筒，适合于 100 层左右的房屋。这种结构方案已经像是一座塔架了。

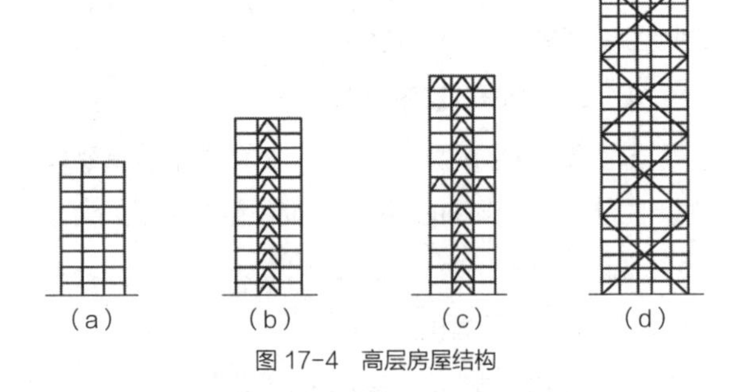

图 17-4 高层房屋结构

图 17-5 是一个横截面为正六边形的塔架，它本身就是一座空间桁架。为了保证横截面的几何不变性，需要适当设置横隔。除了顶面和塔柱倾角改变处必须设置外，每隔一定高度还应设置。

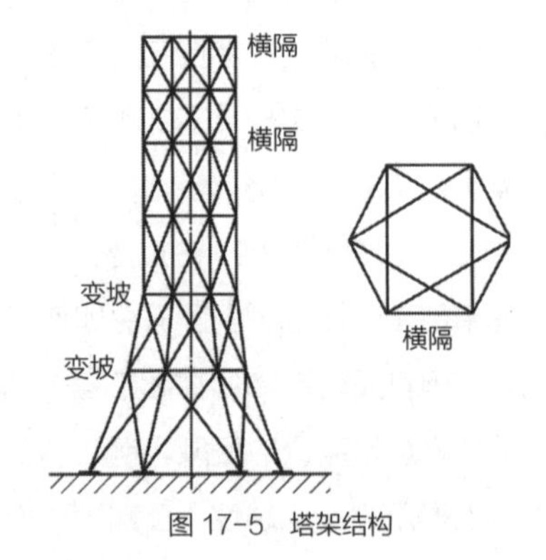

图 17-5 塔架结构

17.1.4　建筑钢材的类别及选用

钢结构建筑选用的钢材必须具备高强度、足够的变形能力和良好的加工等性能。钢结构用的钢材主要有两种，即碳素结构钢和低合金高强度结构钢。

1. 碳素结构钢

碳素结构钢的牌号（简称钢号）有 Q195、Q215 A 及 B，Q235 A、B、C 及 D，Q255 A 及 B 以及 Q275。其中的 Q 是屈服强度中屈字汉语拼音的字首，后接的阿拉伯字表示以 N / mm^2 为单位屈服强度的大小，A、B、C 或 D 等表示按质量划分的级别。Q195 及 Q215 的强度比较低，而 Q255 的含碳量上限和 Q275 的含碳量都超出低碳钢的范围，所以建筑结构在碳素结构钢这一钢种中主要应用 Q235 这一钢号。

2. 低合金高强度结构钢

低合金高强度结构钢是在钢的冶炼过程中添加少量几种合金元素（合金元素的总量低于 5%），使钢的强度明显提高，故称低合金高强度结构钢。低合金高强度结构钢分为 Q345、Q390、Q420、Q460、Q500、Q550、Q620、Q690，其符号的含义和碳素结构钢牌号的含义相同。其中 Q345、Q390 和 Q420 是钢结构设计规范规定采用的钢种。这三种钢都包括 A、B、C、D、E 五种质量等级。A、B 级属于镇静钢，C、D、E 级属于特殊镇静钢。

3. 高强钢丝和钢索材料

悬索结构和斜张拉结构的钢索、桅杆结构的钢丝绳等通常都采用由高强钢丝组成的平行钢丝束、钢绞线和钢丝绳。高强钢丝是由优质碳素钢经过多次冷拔而成，分为光面钢丝和镀锌钢丝两种类型。钢丝强度的主要指标是抗拉强度，其值在 1 570 ~ 1 700 N / mm^2 范围内，而屈服强度通常不作要求。

平行钢丝束由 7、19、37 根或 61 根钢丝组成。钢绞线亦称单股钢丝绳，由多根钢丝捻成，钢丝根数也为 7、19、37 根。由于各钢丝之间受力不均匀，钢绞线的抗拉强度比单根钢丝绳低 10% ~ 20%，弹性模量也有所降低。钢绞线也可几根平行放置组成钢绞线束。

钢丝绳多由 7 股钢绞线捻成，以一股钢绞线为核心，外层的 6 股钢绞线沿同一方向缠绕。钢芯绳承载力较高，适合于土建结构。钢丝绳的强度和弹性模量比钢绞线又有不同程度降低。其中纤维芯绳又略逊于钢芯绳。

17.1.5　型钢规格

钢结构构件一般宜直接选用型钢，这样可减少制造工作量，降低造价。型钢尺寸不够合适或构件很大时则用钢板制作。构件间或直接连接或附以连接钢板进行连接。所以，钢结构中的元件是型钢及钢板。型钢有热轧及冷成型两种（图 17-6 及图 17-7）。现分别介绍如下。

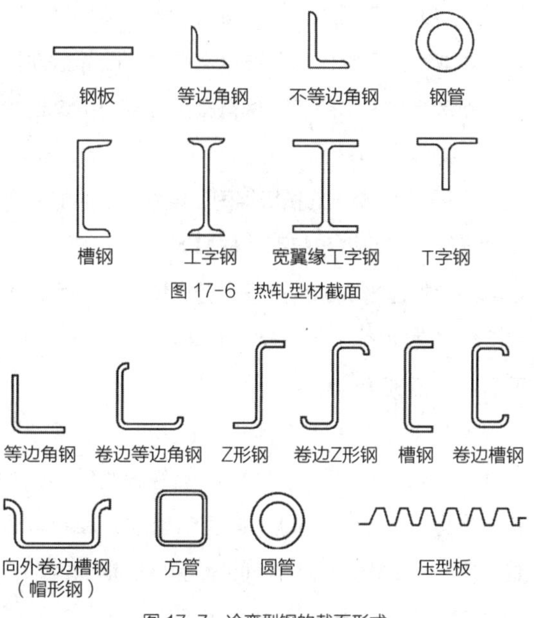

图 17-6　热轧型材截面

图 17-7　冷弯型钢的截面形式

1. 热轧钢板

热轧钢板分厚板及薄板两种，厚板的厚度为4.5～60 mm，薄板厚度为0.35～4 mm。前者广泛用来组成焊接构件和连接钢板，后者是冷弯薄壁型钢的原料。在图纸中钢板用“厚 × 宽 × 长（单位为毫米）”前面附加钢板横断面的方法表示，如：−12×800×2 100等。

2. 热轧型钢

（1）角钢：有等边和不等边两种。等边角钢（也叫等肢角钢），以边宽和厚度表示，如∟100×10为肢宽100 mm、厚10 mm的等边角钢。不等边角钢（也叫不等肢角钢）则以两边宽度和厚度表示，如∟100×80×8等。我国目前生产的等边角钢，其肢宽为20～200 mm，不等边角钢的肢宽为25×16 mm～200×125 mm。

（2）槽钢：我国槽钢有两种尺寸系列，即热轧普通槽钢与热轧轻型槽钢。前者的表示法如[30 a，指槽钢外廓高度为30 cm且腹板厚度为最薄的一种；后者的表示法例如[25 Q，表示外廓高度为25 cm，Q是汉语拼音“轻”的拼音字首。同样号数时，轻型者由于腹板薄及翼缘宽而薄，因而截面积小但回转半径大，能节约钢材减少自重。不过轻型系列的实际产品较少。

（3）工字钢：与槽钢相同，也分成上述的两个尺寸系列：普通型和轻型。与槽钢一样，工字钢外轮廓高度的厘米数即为型号，普通型者当型号较大时腹板厚度分a、b及c三种。两种工字钢表示法如：工32 c，工32 Q等。

（4）H型钢和剖分T型钢：热轧H型钢分为三类：宽翼缘H型钢（HW）、中翼缘H型钢（HM）和窄翼缘H型钢（HN）。H型钢型号的表示方法是先用符号HW、HM和HN表示H型钢的类别，后面加“高度（毫米）× 宽度（毫米）”，例如HW300×300。剖分T型钢也分为三类，即：宽翼缘剖分T型钢（TW）、中翼缘剖分T型钢（TM）和窄翼缘剖分T型钢（TN）。剖分T型钢系由对应的H型钢沿腹板中部对等剖分而成。其表示方法与H型钢类同，如TN225×200即表示截面高度为225 mm，翼缘宽度为200 mm的窄翼缘剖分T型钢。

3. 冷弯薄壁型钢

是用2～6 mm厚的薄钢板经冷弯或模压而成型的（图17-7）。在国外，冷弯型钢所用钢板的厚度有加大范围的趋势，如美国可用到1英寸（25.4 mm）厚。压型钢板是近年来开始使用的薄壁型材，所用钢板厚度为0.4～2 mm，用作轻型屋面等构件。

17.2 钢结构构件

17.2.1 轴心受力构件的截面形式

轴心受力构件广泛地用于主要承重钢结构，如平面、空间桁架和网架等。轴心受压构件还常用于工业建筑的平台和其他结构的支柱。各种支撑系统也常常由许多轴心受力构件组成。

轴心受力构件的截面形式有如图17-8所示的三种。第一种是热轧型钢截面，有圆钢、圆管、方管、角钢、工字钢、T型钢和槽钢等；第二种是冷弯薄壁型钢截面，有带卷边或不带卷边的角形、槽形截面和方管等；第三种是用型钢和钢板连接而成的组合截面，有实腹式组合截面和格构式组合截面。

对轴心受力构件截面形式的共同要求是：① 能提供强度所需要的截面积；② 制作比较简便；③ 便于和相邻的构件连接；④ 截面开展而壁厚较薄，以满足刚度要求。对于轴心受压构件，截面开展更具有重要意义，因为这类构件的截面积往往取决于稳定承载力，整体刚度大则构件的稳定性好，用料比较经济。对构件截面的两个主轴都应如此要求。

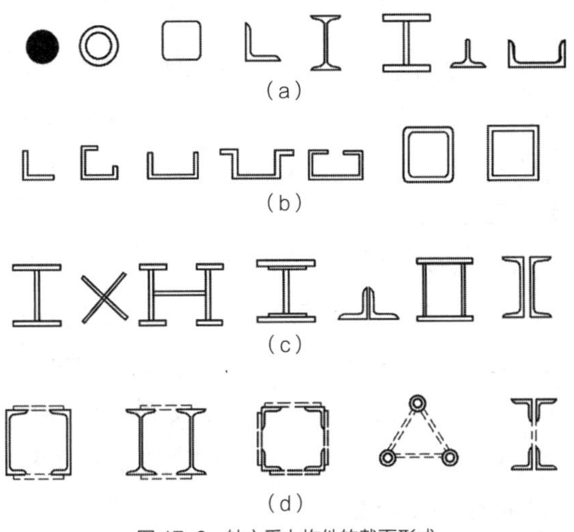

图 17-8　轴心受力构件的截面形式
（a）热轧型钢截面；（b）冷弯薄壁型钢截面；（c）实腹式组合截面；（d）格构式组合截面

17.2.2　受弯构件—梁

1. 梁的类型

钢梁主要用于承受横向荷载，在建筑物得到广泛应用。如楼盖梁、工作平台梁、吊车梁、檩条等。钢梁按制作方法的不同可以分为型钢梁和组合梁两大类，如图 17-9 所示。型钢梁又可分为热轧型钢梁和冷弯薄壁型钢梁两种。热轧型钢梁常用普通工字钢、槽钢或 H 型钢做成（图 17-9 a ~ c），应用最为广泛，成本也较为低廉。对受荷较小，跨度不大的梁用带有卷边的冷弯薄壁槽钢（图 17-9 d、f）或 Z 型钢（图 17-9 e）制作，可以有效地节省钢材。受荷很小的梁，也有时用单角钢做成。由于型钢梁具有加工方便和成本较低的优点，在结构设计中应该优先采用。

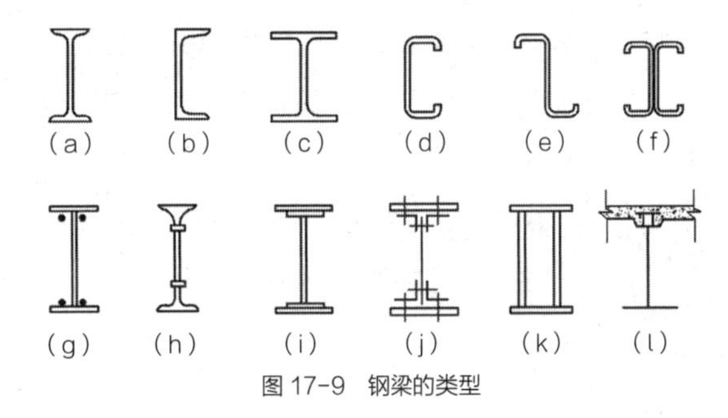

图 17-9　钢梁的类型

当荷载和跨度较大时，型钢梁受到尺寸和规格的限制，常不能满足承载能力或刚度的要求，此时可考虑采用组合梁。组合梁按其连接方法和使用材料的不同，可以分为焊接组合梁（简称焊接梁）、铆接组合梁、钢与混凝土组合梁等。组合梁截面的组成比较灵活，可使材料在截面上的分布更为合理。

最常用的组合梁是由两块翼缘板加一块腹板做成的焊接工字形截面（图 17-9 g），它的构造比较简单、制作方便，必要时也可考虑采用双层翼缘板组成的截面（图 17-9 h）必要时也可考虑采用双层翼缘板组成的截面（图 17-9 i）。铆接梁（图 17-9 j）除翼缘板和腹板外还需要有翼缘角钢，和焊接梁相比，它既费料又费工，属于已经淘汰的结构形式。

对于荷载较大而高度受到限制的梁，可考虑采用双腹板的箱形梁（图 17-9 k），这种截面形式具有较好的抗扭刚度。

为了充分地利用钢材强度，可考虑受力较大的翼缘板采用强度较高的钢材，腹板采用强度稍低的钢材，做成异种钢组合梁。

混凝土宜于受压，钢材宜于受拉，为了充分发挥两种材料的优势，钢与混凝土组合梁得到了广泛的应用（图 17-9 l），并收到了较好的经济效果。

为了节约钢材，可以把预应力技术用于钢梁。它的基本原理是在梁的受拉侧设置具有较高预拉力的高强度钢筋或钢索，使梁在受荷前受反向的弯曲作用，从而提高钢梁在外荷载作用下的承载能力（图 17-10）。但预应力钢梁的制作，施工过程较为复杂。

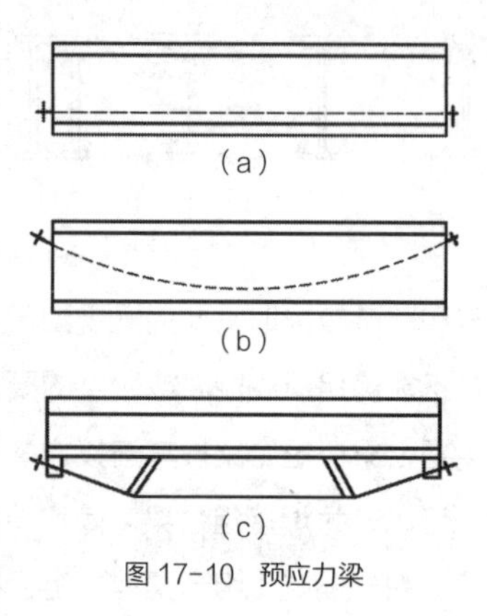

图 17-10　预应力梁

梁的承载能力极限状态计算包括截面的强度、构件的整体稳定、局部稳定。对于直接受到重复荷载作用的梁，如吊车梁，当应力循环次数 $n>10^5$ 时尚应进行疲劳验算。

2. 梁格布置

梁格是由许多梁排列而成的平面体系，例如楼盖和工作平台等。梁格上的荷载一般先由铺板传给次梁，再由次梁传给主梁，然后传到柱或墙，最后传给基础和地基。

根据梁的排列方式，梁格可分成下列三种典型的形式：

（1）简式梁格（图 17-11 a）只有主梁，适用于梁跨度较小的情况。

（2）普通式梁格（图 17-11 b）有次梁和主梁，次梁支承于主梁上。

（3）复式梁格（图 17-11 c）除主梁和纵向次梁外，还有支承于纵向次梁上的横向次梁。铺板可采用钢筋混凝土板或钢板，目前大多采用钢筋混凝土板。铺板宜与梁牢固连接使两者共同工作，分担梁的受力，节约钢材，并能增强梁的整体稳定性。

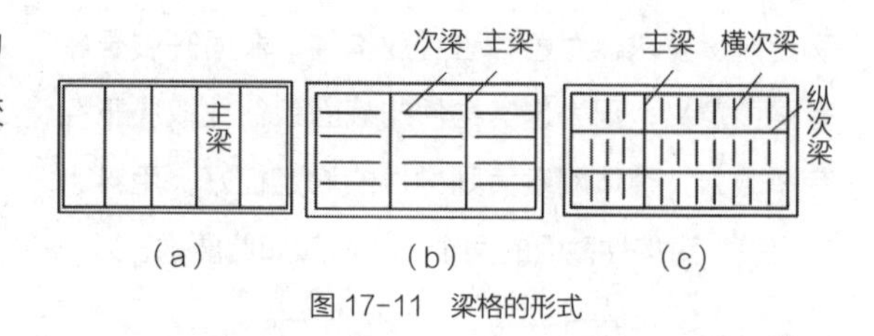

图 17-11　梁格的形式

布置梁格时，在满足使用要求的前提下，应考虑材料的供应情况、制造和安装的条件等因素，对几种可能的布置方案进行技术经济比较，选定最合理、最经济的方案。

3. 梁的设计步骤

设计梁时，应满足下列要求：安全适用、用料节约、制造省工、安装方便。其中，安全适用要求必须确保，其他要求则根据情况灵活处理，尽可能达到降低造价、缩短工期，以使取得较好的经济效益。

一般梁的设计步骤如下。

（1）确定结构方案：根据使用要求，确定结构的平面图形状、尺寸、使用荷载、层高和净空要求等。选择几种不同的梁格布置形式，进行初步设计和技术经济比较：选定最佳或较好的梁格结构布置形式，确定各梁（主梁和次梁）的荷载、跨度、间距、最大容许高度等。

（2）确定梁的高度：根据经济条件求得梁的经济高度，再根据梁的刚度条件求得梁的最小高度，并考虑生产工艺和使用上的最大容许高度，经综合考虑初步决定梁的设计高度。

（3）梁的截面选择：在梁的设计高度（截面高度）确定后，根据梁的荷载和跨度，求得梁的最大弯矩。根据梁的正应力强度能够充分发挥的条件（应力接近而不超过强度设计值），选定梁的腹板厚度、翼缘宽度、翼缘厚度。

（4）验算梁的强度：必须验算梁中下列各个部位：有最大弯矩处、截面有削弱处（净截面）、截面改变处、有集中荷载而又无横向加劲肋处、剪力最大处、剪力和弯矩都较大处。各处的正应力、剪应力、折算应力都不能超过强度设计值。此外还要验算翼缘和腹板间焊缝的强度，以及接头处的连接焊缝或高强度螺栓等的强度。

（5）验算梁的整体稳定性：有些梁在荷载作用下，虽然截面最大的正应力、剪应力、折算应力等都低于钢材的强度设计值。但梁的变形会突然偏离原来的弯曲变形平面，同时发生侧向弯曲和扭转。这就称为梁的整体失稳。必须充分重视梁的整体失稳的严重性。突然失稳破坏，与钢材脆性破坏具有同样的后果，它事先是没有预兆的。在确定结构方案和选择梁的截面时就要防止梁可能出现整体失稳问题。等到验算时才发现有问题而加大梁的截面则已经较迟，也很不经济。

梁整体失稳的主要原因如下：侧向刚度不够，抗扭刚度太小，侧向支承点的间距太大等，设计时应尽量保证梁不会失去整体稳定。

（6）验算梁的刚度：梁的挠度过大常会使人感到不舒适、缺少安全感，甚至影响设备的正常使用。吊车梁的挠度过大会使吊车运行时就像一会儿上坡，一会儿下坡，运行困难，吊车耗能增加。根据工艺条件或使用要求，梁的挠度与其跨度的比值应有一定的限制。规范对各种用途的梁都规定了最大的容许比值。在选择梁的高度时已经考虑到根据刚度条件求得的最小高度。一般情况下刚度验算均能满足要求。

（7）验算梁的局部稳定：如果梁受压翼缘的宽度与厚度之比太大，或腹板的高度与厚度之比太大，则在受力过程中它们都会出现波状的局部屈曲，这种现象就叫局部失稳。为了保证受压翼缘不会局部失稳，应使翼缘的宽度与厚度的比值符合规定的要求。在选择截面时，就应满足这一规定。对于腹板则常用加劲肋将它分隔成较小的区格来保证腹板不会失去局部稳定。此外，还应设计和验算加劲肋的截面尺寸和刚度。

17.2.3 拉杆、压杆和柱

拉杆和压杆是指桁架中那些承受拉力和压力的杆件。这些杆件的两端与节点板相连接。当拉杆只承受轴心拉力时，称为轴心拉杆，同时承受轴心拉力和偏心弯矩的拉杆，称为拉弯杆件或偏心拉杆。同样压杆也分为轴心压杆和偏心压杆两种。

柱是用来支承梁、桁架、网架等结构，并将荷载传递给基础的受压构件。它由柱头、柱身和柱脚三部分组成（图17-12）。柱也分为轴心受压柱和偏心受压柱两种。

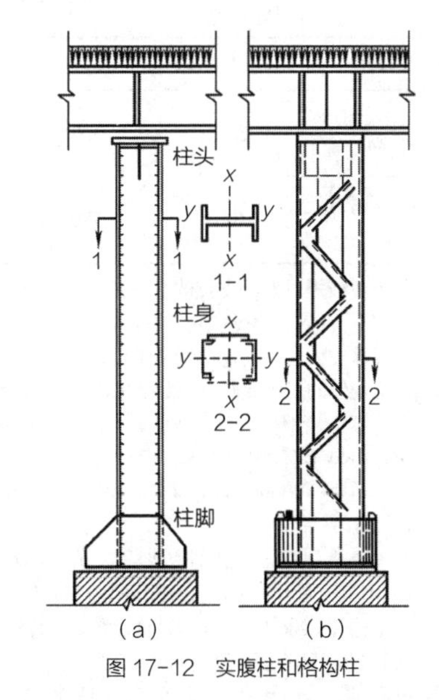

图17-12 实腹柱和格构柱

柱按截面的构造形式可分为实腹式（图17-12a）和格构式（图17-12b）两类。实腹式构件制造省工，与其他构件连接方便，构造简单。格构式构件制造费工，但省钢材。当受压构件较高大时，可采用格构式，加大两肢的间距，增加惯性矩，提高刚度，节约钢材。

1. 轴心拉杆的截面形式

实腹式轴心拉杆常用圆钢、角钢、槽钢、工字钢以及双角钢、双槽钢等组成。双角钢、双槽钢等组合成的拉杆应每隔一定距离用填板将两个角钢或槽钢焊牢成整体。作用力 N 通过拉杆截面形心，并与杆件的轴线重合。

格构式轴心拉杆的截面常由圆钢、角钢、槽钢、钢管等型钢用缀条或缀板使它们保持一定间距而组成。其特点是刚度大、变形小、振动小。

受拉构件容许长细比可见表 17-1。

表 17—1 受拉构件的容许长细比

项次	构件名称	承受静力荷载或间接承受动力荷载的结构		直接承受动力荷载的结构
		无吊车和有轻、中级工作制吊车的厂房	有重级工作制吊车的厂房	
1	桁架的杆件	350	250	250
2	吊车梁或吊车桁架以下的柱间支撑	300	200	—
3	支撑（第 2 项和张紧的圆钢除外）	400	350	—

注：① 除为腹杆提供面外支点的弦杆外，承受静力荷载的结构中，可仅计算受拉构件在竖向平面内的长细比；
② 在直接或间接承受动力荷载的结构中，计算单角钢受拉构件的长细比时，应采用角钢的最小回转半径；在计算单角钢交叉受拉杆们：平面外的长细比时，应采用与角钢肢边平行轴的回转半径；
③ 中、重级工作制吊车桁架下弦杆的长细比不宜超过 200；
④ 在没有夹钳吊车或刚性料耙吊车的厂房中，支撑（表中第 2 项除外）的长细比不宜超过 300；
⑤ 受拉构件的永久荷载与风荷载组合作用下受压时，其长细比不宜超过 250；
⑥ 跨度等于或大于 60m 的桁架，其受拉弦杆与腹杆的长细比不宜超过 300（承受静力荷载或间接承受动力荷载）或 250（直接承受动力荷载）；
⑦ 吊车梁及吊车桁架下的支撑按拉杆设计时，柱子的轴力应按无支撑时考虑。

2. 偏心拉杆的截面形式

偏心拉杆承受轴心拉力和偏心弯矩（或横向荷载引起的弯矩）。当拉力较大而弯矩较小时，偏心拉杆采用的截面形式与轴心拉杆的相同。当拉力较小而弯矩较大时，采用的截面形式与偏心压杆的相同。

3. 轴心受压实腹柱

实腹式轴心压杆常用的截面形式有如图 17-8 所示的型钢和组合截面两种。

选择截面的形式时不仅要考虑用料经济而且还要尽可能构造简便，制造省工和便于运输。为了用料经济一般也要选择壁薄而宽敞的截面。这样的截面有较大的回转半径，使构件具有较高的承载力。不仅如此，还要使构件在两个方向的稳定系数接近相同。

单角钢截面适用于塔架、桅杆结构和起重机臂杆，轻便桁架也可用单角钢做成。双角钢便于在不同情况下组成接近于等稳定的压杆截面，常用于由节点板连接杆件的平面桁架。

热轧普通工字钢虽然有制造省工的优点，但因为两个主轴方向的回转半径差别较大，而且腹板又较厚，很不经济。因此，很少用于单根压杆。轧制 H 型钢的宽度与高度相同者对强轴的回转半径约为弱轴回转半径的二倍，对于在中点有侧向支撑的独立支柱最为适宜。

焊接工字形截面可以利用自动焊作成一系列定型尺寸的截面，其腹板按局部稳定的要求可做得很薄以节省钢材，应用十分广泛。为使翼缘与腹板便于焊接，截面的高度和宽度做得大致相同。工字形截面的回转半径与截面轮廓尺寸的近似关系是 $i_x = 0.43h$、$i_y = 0.24b$。所以，只有两个主轴方向的计算长度相差一倍时，才有可能达到等稳定的要求。

十字形截面在两个主轴方向的回转半径是相同的，对于重型中心受压柱，当两个方向的计算长度相同时，这种截面较为有利。

圆管截面轴心压杆的承载能力较高，但是轧制钢管取材不易，应用不多。

方管或由钢板焊成的箱形截面，因其承载能力和刚度都较大，虽然和其他构件连接构造相对复杂些，但可用作轻型或高大的承重支柱。

在轻型钢结构中，可以灵活地应用各种冷弯薄壁型钢截面组成的压杆，从而获得经济效果。冷弯薄壁方管是轻钢屋架中常用的一种截面形式。

4. 轴心受压格构柱

格构式轴心压杆通常由两个肢件组成，如图17-13所示。肢件为槽钢、工字钢或H型钢，用缀材把它们连成整体。对于十分强大的柱，肢件有时用焊接组合工字形截面。槽钢肢件的翼缘向内者比较普遍，因为这样可以有一个如图17-13（a）所示平整的外表，而且与图17-13（b）所示肢件翼缘向外的比较，在轮廓尺寸相同的情况下，前者可以得到较大的截面惯性矩。

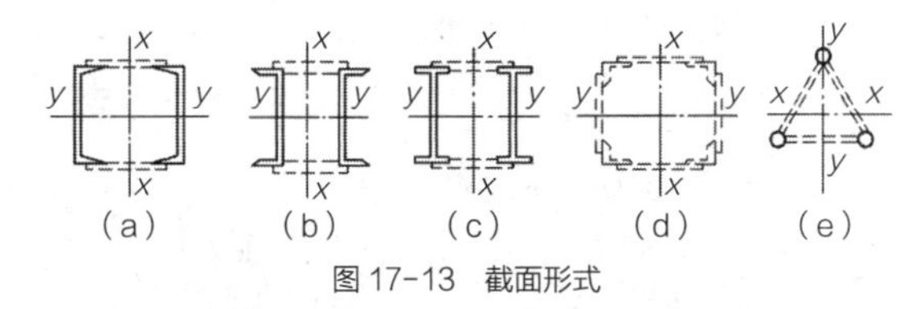

图17-13　截面形式

缀材有缀条和缀板两种。缀条用斜杆组成，如图17-14（a）所示，也可以用斜杆和横杆共同组成，如图17-14（b）所示，一般用单角钢作缀条。缀板用钢板组成，如图17-14（c）所示。

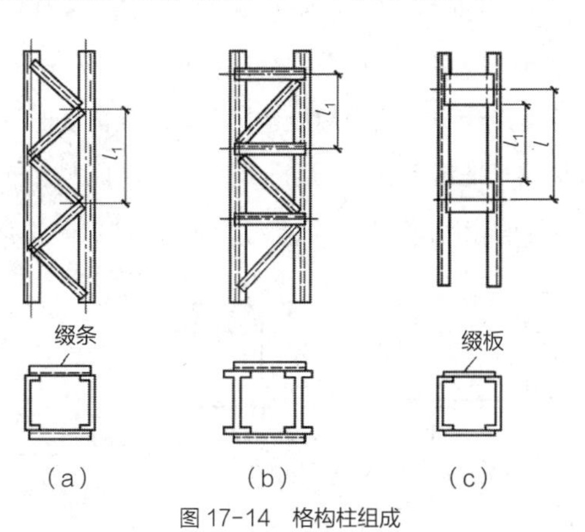

图17-14　格构柱组成

对于长度较大而受力不大的压杆，肢件可以由四个角钢组成如图17-13（d）所示，四周均用缀材连接，由三个肢件组成的格构柱如图17-13（e）所示有时用于桅杆等结构。

在构件的截面上与肢件的腹板相交的轴线称为实轴，如图17-13（a）~（c）中的y轴，与缀材平面相垂直的轴线称为虚轴，如图17-13（a）~（c）中的x轴。图17-13（d）、（e）中的x轴与y轴都是虚轴。

17.3　钢结构的连接

17.3.1　钢结构的连接方法及特点

钢结构是由钢板、型钢通过必要的连接组成构件，各构件再通过一定的安装连接而形成整体结构。连接部位应有足够的强度、刚度及延性。连接设计不合理会影响结构的造价、安全和寿命。因此选定合适的连接方案和节点构造是钢结构设计中重要的环节。

钢结构的连接方法可分为焊接、铆接、普通螺栓连接和高强度螺栓连接（图17-15）。

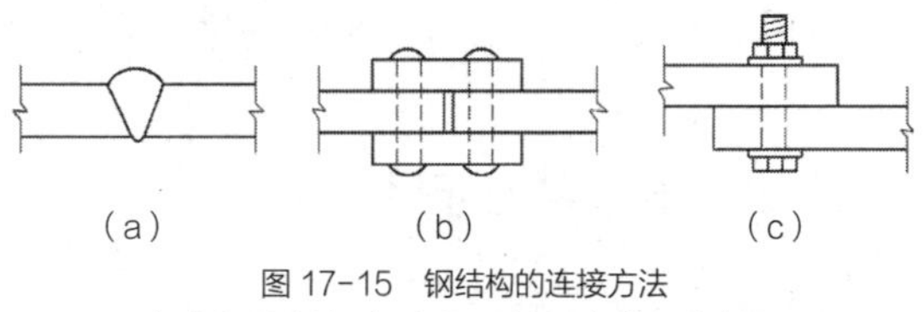

图17-15　钢结构的连接方法
（a）焊缝连接；（b）铆钉连接；（c）螺栓连接

焊缝连接是钢结构最主要的连接方法，其优点是构造简单、不削弱构件截面、节约钢材、加工方便、易于采用自动化操作、连接的密封性好、刚度大。缺点是焊接残余应力和残余变形对结构有不利影响，焊接结构的低温冷脆问题也比较突出。目前除少数直接承受动载结构的某些连接，如重级工作制吊车梁和柱及制动梁的相互连接、桁架式桥梁的节点连接，从目前使用情况看不宜采用焊接外，焊接可广泛用于工业与民用建筑钢结构。

铆钉连接的优点是塑性和韧性较好，传力可靠，质量易于检查，适用于直接承受动载结构的连接。缺点是构造复杂，用钢量多，目前已很少采用。

普通螺栓连接的优点是施工简单、拆装方便。缺点是用钢量多。适用于安装连接和需要经常拆装的结构。普通螺栓又分为C级螺栓和A级、B级螺栓。C级螺栓一般用Q235钢（用于螺栓时也称为4.6级）制成。A、B级螺栓一般用45号钢和35号钢（用于螺栓时也称8.8级）制成。A、B两级的区别只是尺寸不同，其中A级包括$d \leqslant 24$ mm，且$L \leqslant 150$ mm的螺栓，B级包括$d > 24$ mm或$L > 150$ mm的螺栓，d为螺杆直径，L为螺杆长度。C级螺栓加工粗糙，尺寸不够准确，成本低。由于螺栓杆与螺孔之间存在着较大的间隙，传递剪力时，连接较早产生滑移，但传递拉力的性能仍较好，所以C级螺栓广泛用于承受拉力的安装连接，不重要的连接或用作安装时的临时固定。A、B级螺栓需要机械加工，尺寸准确。这种螺栓连接传递剪力的性能较好，变形很小，但制造和安装比较复杂，价格昂贵，目前在钢结构中较少采用。

17.3.2 梁与梁的连接

主次梁相互连接的构造与次梁的计算简图有关。次梁可以简支于主梁，也可以在和主梁连接处做成连续的。就主次梁相对位置的不同，连接构造可以区分为叠接和侧面连接。

1. 叠接

次梁直接放在主梁上（图17-16），用螺栓或焊缝固定其相互位置，不需计算。为避免主梁腹板局部压力过大，在主梁相应位置应没支承加劲肋。叠接构造简单、安装方便。缺点是主次梁所占净空大，不宜用于楼层梁系。

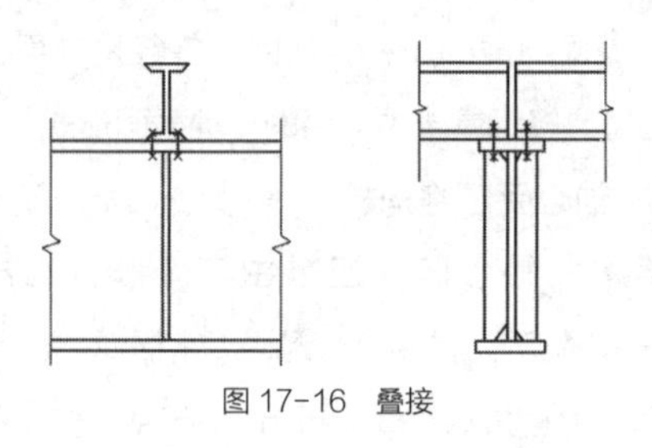

图17-16　叠接

2. 侧面连接

如图17-17所示为几种典型的主次梁简支连接，其中前三个图的次梁都是只连腹板，不连翼缘。不同的是有的用连接角钢，有的用连接板或利用主梁加劲肋。图17-17（a）图的主次梁用短角钢螺栓连接，需将次梁上翼缘局部切除，次梁腹板每侧各放一个短角钢，其中一侧的短角钢应预先固定在主梁腹板上，以便利次梁就位。图17-17（b）图的连接板较宽，使次梁不必切除部分翼缘。图17-17（d）图在次梁下面设有承托角钢，可便于安装。承托虽然能够传递次梁的全部支座压力，但为了提供扭转约束，次梁腹板上部还需要有连接角钢，可只在一侧设置。图17-17（c）图需将次梁上下翼缘的一侧局部切除。考虑到连接处有一定的约束作用，并非理想铰接，可将次梁反力R加大20%~30%进行连接计算。当用螺栓连接不能满足需要时，也可采用工地焊缝连接（图17-17e），此时螺栓只起临时固定作用。

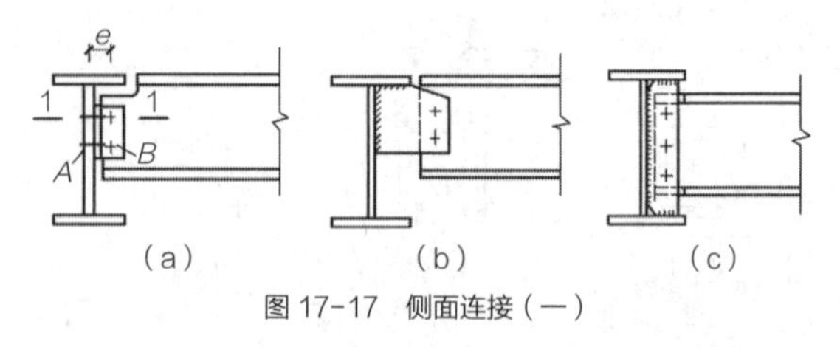

图17-17　侧面连接（一）

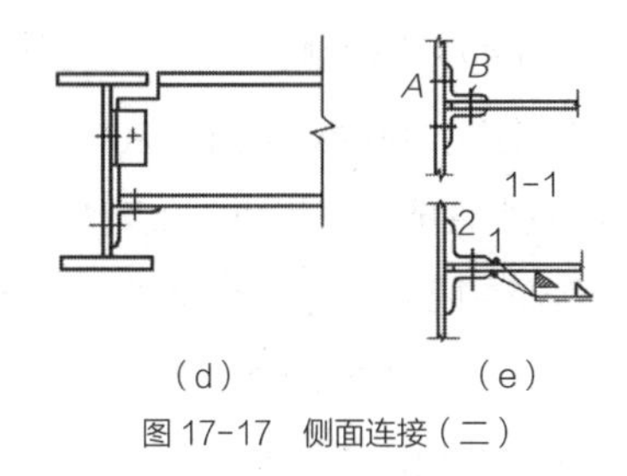

图 17-17　侧面连接（二）

17.3.3　梁与柱的连接

梁柱的连接按转动刚度的不同分为柔性连接（铰接）、刚接、半刚按三类。连接的转动刚度和连接的构造方式有直接关系。图 17-18 给出了八种不同的连接构造，其中用两段 T 型钢连接的⑤转动刚度最大，可以认为是刚性连接。用端板的连接有①和②，刚度次之。梁上下翼缘用角钢或角钢和钢板连于柱的是⑥和⑧，刚度再次之，这四种连接可认为是半刚性的。但②的连接端板足够厚时，可以作为刚性连接。仅将梁腹板用单角钢③，用双角钢④或端板⑦连于柱的，转动刚度很小，属于柔性连接。

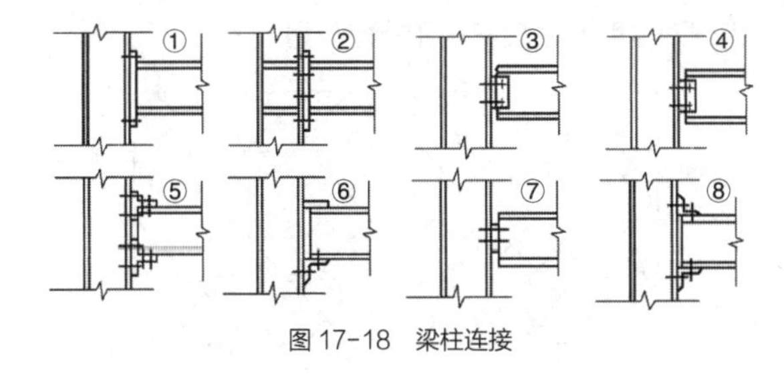

图 17-18　梁柱连接

17.4　大跨度钢结构体系概论

17.4.1　大跨度屋盖结构

大跨钢结构按几何形状、组成方法、结构材料及受力特点的不同可分为平面结构体系和空间结构体系两大类。属于平面结构体系的有：梁式结构（平面桁架、空间桁架），平面刚架和拱式结构。属于空间结构体系的有：网格结构（平板网架结构和网壳结构）、预应力钢结构、悬索结构、斜拉结构等。

网格结构是由很多杆件从两个方向或几个方向按一定的规律布置，通过节点连接而成的一种网状空间杆系结构，可分为平板网架结构和网壳结构，外形呈平板状的叫平板网架，简称网架；外形呈曲面状的叫作曲面网架，简称网壳。平板网架是由杆件按一定规律组成的结构，大多数为高次超静定结构。网架具有多向传力的性能，空间刚度大，整体性好，且有良好的抗震性能，既适用于大跨度建筑，也适用于中小跨度的房屋，能覆盖各种形状的平面。网壳是由杆件按一定规律组成的曲面结构，分单层及双层两大类。网壳可设计成各种曲面，能充分满足建筑外形及功能方面的要求。网壳结构主要承受压力，稳定问题比较突出。跨度较大时，不能充分利用材料的强度。杆件和节点的几何偏差、曲面偏离等初始缺陷对网壳内力和整体稳定影响较大。

预应力钢结构是在结构上施加荷载以前，对钢结构或构件用特定的方法预加初应力，其应力符号与荷载引起的应力符号相反；当施加荷载时，以保证结构的安全和正常使用。结构或构件先抵消初应力，而且还应考虑预应力的作用，然后再按照一般受力情况工作的钢结构称为预应力钢结构。

悬索结构为一系列高强度钢索按一定规律组成的一种张力结构。不同的支承结构形式和钢索布置可适用各种平面形状和建筑造型的要求。钢索承受拉力，能充分利用钢材强度，因而悬索结构自重轻，可以较经济地跨越很大跨度。悬索屋盖为柔性结构体系，设计时应注意采取有效措施保证屋盖结构。

斜拉结构是由斜拉桥结构演变而来，是将屋盖钢结构用许多拉索直接拉在索塔上的一种结构，是由承压的塔、受拉的索和承弯的屋盖结构组合起来的一种结构体系。

17.4.2 网架结构

1. 网架的形式

网架按弦杆层数不同可分为双层网架和三层网架。双层网架是由上弦、下弦和腹杆组成的空间结构（图 17-19 a），是最常用的网架形式。三层网架是由上弦、中弦、下弦、上腹杆和下腹杆组成的空间结构（图 17-19 b），其特点是增加网架高度，减小弦杆内力，减小网格尺寸和腹杆长度。当网架跨度较大时，三层网架用钢量比双层网架用钢量省。但构造复杂，造价有所提高。

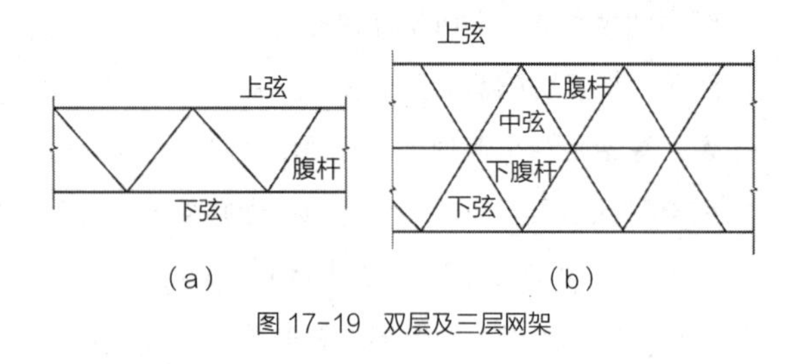

图 17-19 双层及三层网架

2. 双层网架的常用形式

（1）平面桁架系网架

这类网架上下弦杆长度相等，上下弦杆与腹杆位于同一垂直平面内。一般情况下竖杆受压，斜杆受拉。斜腹杆与弦杆夹角宜在 40°～60° 之间。

1）两向正交正放网架（图 17-20）：在矩形建筑平面中，网架的弦杆垂直于及平行于边界，故称正放。两个方向网格数宜布置成偶数，如为奇数，桁架中部节间应做成交叉腹杆。由于上下弦杆组成的网格为矩形，且平行于边界，腹杆又在弦杆平面内，属几何可变体系。对周边支承网架宜在支承平面（与支承相连弦杆组成的平面）设置水平斜撑杆。斜撑可以沿周边设置（图 17-20）。两向正交正放网架的受力性能类似于两向交叉梁。对周边支承者，平面尺寸越接近正方形，两个方向桁架杆件内力越接近，空间作用越显著。随着建筑平面边长比的增大，短向传力作用明显增大。

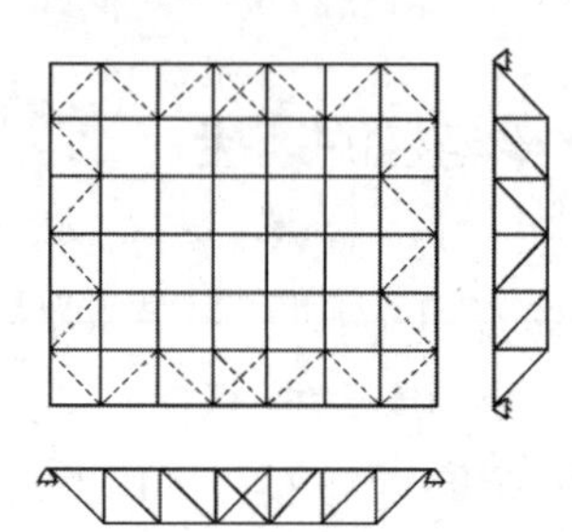
图 17-20 两向正交正放网架水平斜撑及腹杆布置

2）两向正交斜放网架（图 17-21）：两向正交斜放网架为两个方向的平面桁架垂直相交。用于矩形建筑平面时，两向桁架与边界夹角为 45°。当有可靠边界时，体系是几何不变的。各榀桁架的跨度长短不等，靠近角部的桁架跨度小，对与它垂直的长桁架起支承作用，减小了长桁架跨中弯矩，长桁架两端要产生负弯矩和支座拉力。

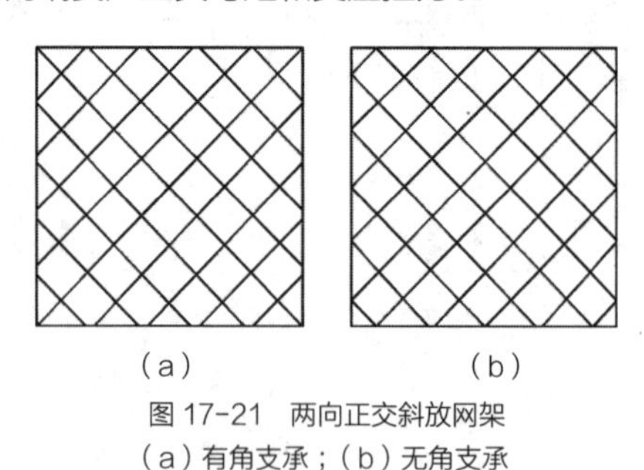

图 17-21 两向正交斜放网架
（a）有角支承；（b）无角支承

3）三向网架（图 17-22）：由三个方向平面桁架按 60° 角相互交叉而成，上下弦平面内的网格均为几何不变的三角形。网架空间刚度大，受力性能好，内力分布也较均匀，但汇交于一个节点的杆件最多可达 13 根。节点构造较复杂，宜采用钢管杆件及焊接空心球节点。三向网架适用于大跨度

（$L>60$ m）的多边形及圆形平面。用于中小跨度（$L\leqslant 60$ m）时，不够经济。

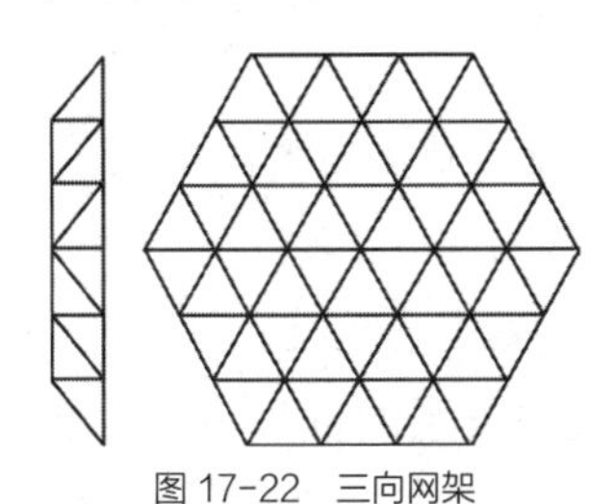

图 17-22　三向网架

（2）四角锥体系网架

四角锥体系网架是由若干倒置的四角锥（图 17-23）按一定规律组成。网架上下弦平面均为方形网格，下弦节点均在上弦网格形心的投影线上，与上弦网格四个节点用斜腹杆相连。通过改变上下弦的位置、方向，并适当地抽去一些弦杆和腹杆，可得到各种形式的四角锥网架。

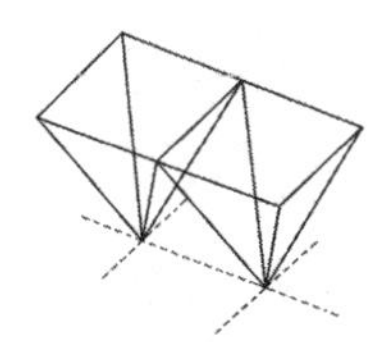

图 17-23　四角锥体系基本单元

1）正放四角锥网架（图 17-24）：建筑平面为矩形时，正放四角锥网架的上下弦杆均与边界平行或垂直。上下弦节点各连接 8 根杆件，构造较统一。如果网格两个方向尺寸相等且腹杆下弦与平面夹角为 45° 时，上下弦杆和腹杆长度均相等，正放四角锥网架空间刚度较好，但杆件数量较多，用钢量偏大。适用于接近方形的中小跨度网架，宜采用周边支承。

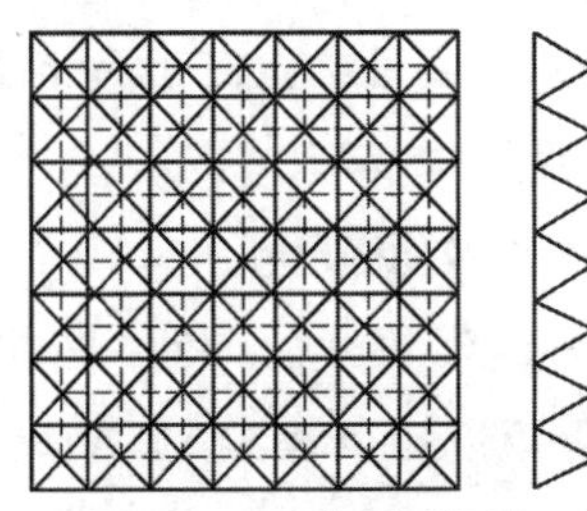

图 17-24　正放四角锥网架

2）正放抽空四角锥网架（图 17-25）：将正放四角锥网架适当抽掉一些腹杆和下弦杆，如每隔一个网格抽去斜腹杆和下弦杆，使下弦网格的宽度等于上弦网格的二倍，从而减小杆件数量，降低了用钢量，但刚度较正放四角锥网架弱一些。在抽空部位可设置采光或通风天窗。由于周边网格不宜抽杆，两个方向网格数宜取奇数。

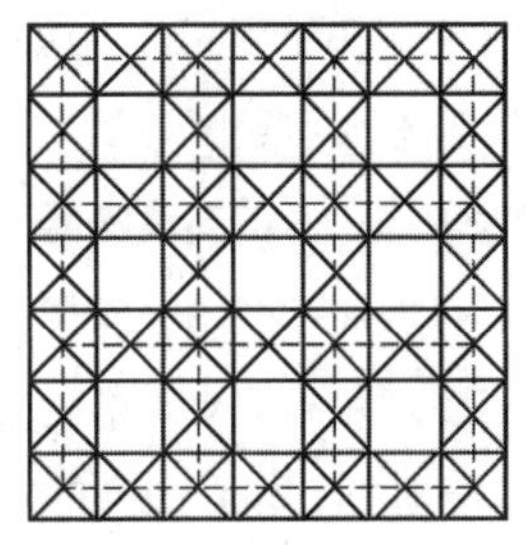

图 17-25　正放抽空四角锥网架

3）斜放四角锥网架（图 17-26）：将正放四角锥上弦杆相对于边界转动 45° 放置，则得到斜放四角锥网架。上弦网格呈正交斜放，下弦网格为正交正放。网架上弦杆短，下弦杆长，受力合理。下弦节点连接 8 根杆，上弦节点只连 6 根杆。适用于中小跨度周边支承，或周边支承与点支承相结合的矩形平面。

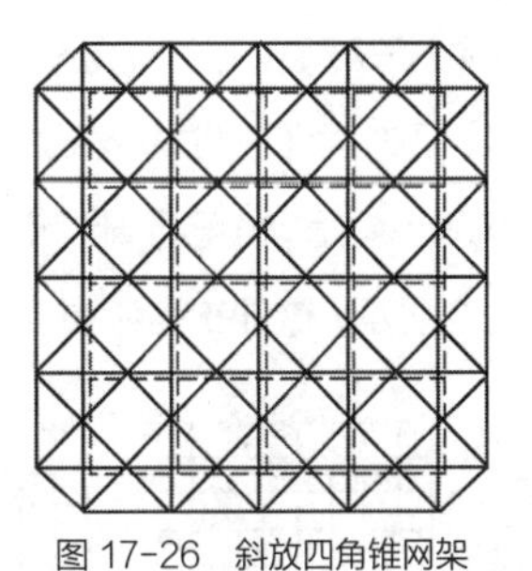

图 17-26　斜放四角锥网架

3. 网架选型

网架选型应结合工程的平面形状、建筑要求、荷载和跨度的大小、支撑情况和造价等因素综合分析确定。我国目前对网架的划分为：大跨度为 60 m 以上；中跨度为 30～60 m；小跨度为 30 m 以下。

平面形状为矩形的周边支承网架，当其边长比（长边：短边）小于或等于 1.5 时，宜选用正放或斜放四角锥网架、正放抽空四角锥网架、两向正交斜放或正放网架。对中小跨度，也可选用星形四角锥网架。

平面形状为矩形的周边支承网架，当其边长比大于 1.5 时，宜选用两向正交正放网架，正放四角锥网架或正放抽空四角锥网架。当边长比不大于 2 时，也可用斜放四角锥网架。

平面形状为矩形、多点支承的网架，可选用正放四角锥网架、正放抽空四角锥网架，两向正交正放网架。对多点支承和周边支承相结合的多跨网架还可选用两向正交斜放网架或斜放四角锥网架。

平面形状为圆形、正六边形及接近正六边形且为周边支承网架，可选用三向网架，三角锥网架或抽空三角锥网架。对中小跨度也可选用蜂窝形三角锥网架。

4. 网架结构的支承

网架的支承方式有周边支承、点支承、周边支承与点支承相结合，两边和三边支承等。

（1）周边支承是在网架四周全部或部分边界节点设置支座（图 17-27 a，b），支座可支承在柱顶或圈梁上，网架受力类似于四边支承板，是常用的支承方式。为了减小弯矩，也可将周边支座略为缩进，如图 17-27（c）所示，这种布置和点支承已很接近。

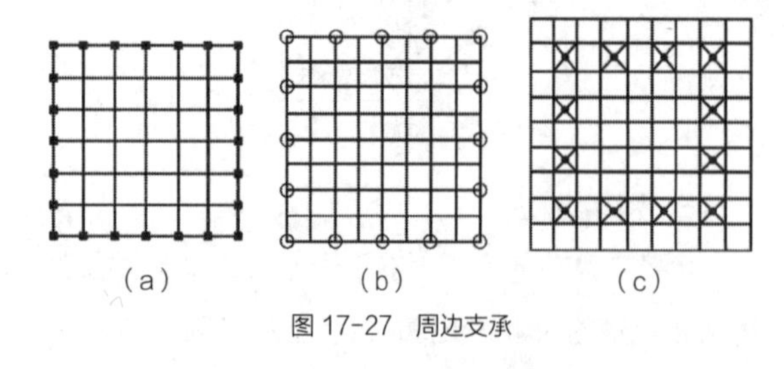

图 17-27　周边支承

（2）点支承是指整个网架支承在多个支承柱上，点支承网架受力与钢筋混凝土无梁楼盖相似，为减小跨中正弯矩及挠度，设计时应尽量带有悬挑，多点支承网架的悬挑长度可取跨度的$\frac{1}{4}\sim\frac{1}{3}$（图 17-28）。点支承网架与柱子相连宜设柱帽以减小冲剪作用。柱帽可设置于下弦平面之下（图 17-29 a），也可设置于上弦平面之上（图 17-29 b）。当柱子直接支承上弦节点时，也可在网架内设置伞形柱帽（图 17-29 c），这种柱帽承载力较低，适用于中小跨度网架。

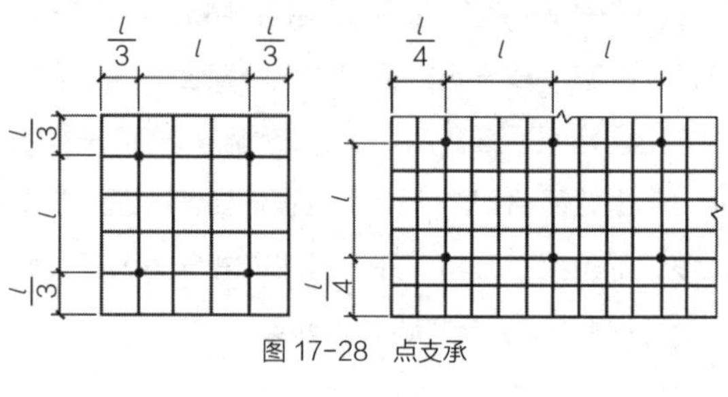

图 17-28　点支承

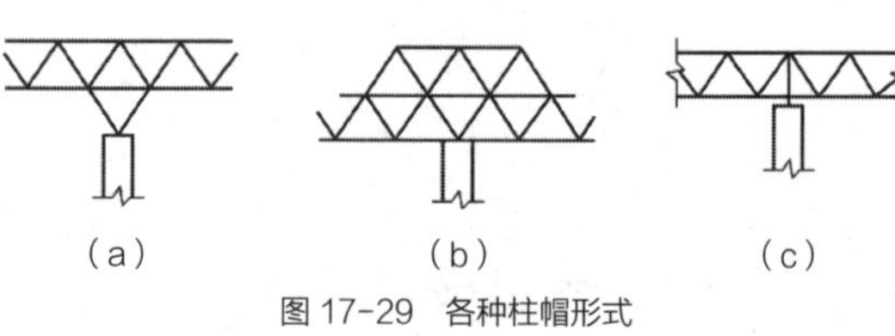

图 17-29　各种柱帽形式

（3）平面尺寸很大的建筑物，除在网架周边设置支承外，可在内部增设中间支承，以减小网架杆件内力及挠度。

（4）在工业厂房的扩建端、飞机库、船体车间、剧院舞台口等不允许在网架的一边或两边设柱子时，需将网架设计成三边支承一边自由或两边支承两边自由的形式。对这种网架应采取设置边桁架，局部加大杆件截面或局部三层网架等措施加强其开口边的刚度。

5. 网架高度及网格尺寸

网架的高度与屋面荷载、跨度、平面形状、支承条件及设备管道等因素有关。屋面荷载较大、跨度较大时，网架高度应选得大一些。平面形状为圆形、正方形或接近正方形时，网架高度可取得小一些，狭长平面时，单向传力明显，网架高度应大一些。点支承网架比周边支承的网架高度要大一些。当网架中有穿行管道时，网架高度要满足要求。

网架的网格尺寸与高度关系密切，斜腹杆与弦杆夹角应控制在40°～55°之间为宜。如夹角过小，节点构造困难。网格尺寸要与屋面材料相适应，网架上直接铺设钢筋混凝土板时，网格尺寸不宜过大，一般不超过3m，否则安装困难。当屋面采用有檩体系时，檩条长度一般不超过6m。对周边支承的各类网架高度及网格尺寸可按表17-2选用。

表17–2　网架上弦网格数和跨高比

网架形式	钢筋混凝土屋面体系		钢檩条屋面体系	
	网格数	跨高比	网格数	跨高比
两向正交正放网架，正放四角锥网架，正放抽空四角锥网架	$(2\sim4)+0.2L_2$	10～14	$(6\sim8)+0.07L_2$	$(13\sim17)-0.03L_2$
两向正交斜放网架，棋盘形四角锥网架，斜放四角锥网架，星形四角锥网架	$(6\sim8)+0.08L_2$			

注：① L_2为网架短向跨度，单位为米；
② 当跨度在18m以下时，网格数可适当减少。

网架的挠度要求及屋面排水坡度。

（1）网架结构的容许挠度不应超过下列数值：用作屋盖——$\frac{L_2}{250}$；用作楼面——$\frac{L_2}{300}$。L_2为网架的短向跨度。

（2）网架屋面排水坡度一般为3%～5%，可采用下列办法找坡：

1）在上弦节点上加设不同高度的小立柱（图17-30 a），当小立柱较高时，须注意小立柱自身的稳定性；

2）对整个网架起拱（图17-30 b）；

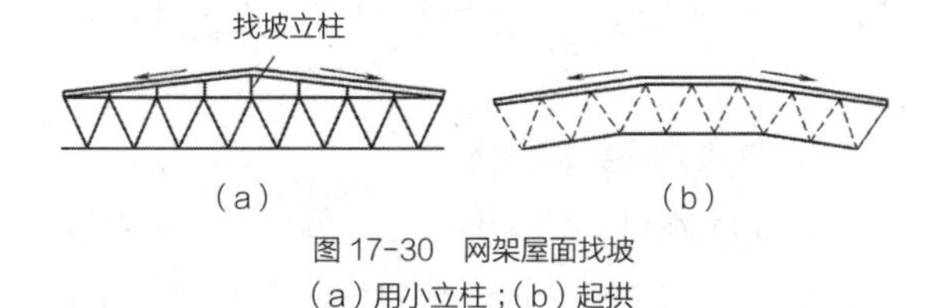

图17-30　网架屋面找坡
（a）用小立柱；（b）起拱

3）采用变高度网架，增大网架跨中高度，使上弦杆形成坡度，下弦杆仍平行于地面，类似梯形桁架。

（3）有起拱要求的网架（为消除网架在使用阶段的挠度），其拱度可取不大于短向跨度的$\frac{1}{300}$。

6. 网架杆件设计

网架杆件可采用钢管、热轧型钢和冷弯薄壁型钢。在截面积相同的条件下，管截面具有回转半径大，截面特性无方向性，抗压屈承载力高等优点，钢管端封闭后，内部不易锈蚀，是目前网架杆件常用的截面形式。管材可采用高频焊管或无缝钢管，有条件时也可采用薄壁管形截面。材质主要有Q235钢及Q345钢。

网架杆件的计算长度l_0应按表17-3采用，表中l为杆件几何长度（节点中心间距）。

网架杆件的长细比不宜超过下列数值：

（1）受压杆件：180。

（2）受拉杆件：

1）一般杆件400；

2）支座附近处杆件300；

3）直接承受动力荷载的杆件250。

表 17-3　杆件的计算长度 l_0

结构体系	杆件形式	节点形式				
		螺栓球	焊接空心球	板节点	毂节点	相贯节点
网架	弦杆及支座腹杆	1.0 l	0.9 l	1.0 l	—	—
	腹杆	0.8 l	0.8 l	0.8 l		

网架杆件主要受轴力作用，截面强度及稳定计算应满足钢结构设计规范的要求。普通角钢截面杆件的最小截面尺寸不宜小于 50 mm × 3 mm，钢管不宜小于 ϕ148 × 2 mm。无缝圆管和焊接圆管压杆在稳定计算中分别属于 a 类和 b 类截面。

7. 节点设计

网架节点数量多，节点用钢量约占整个网架用钢量的 20% ~ 25%，节点构造的好坏，对结构性能、制造安装、耗钢量和工程造价都有相当大的影响。网架的节点形式很多，目前国内常用的节点形式主要有：

① 焊接空心球节点；② 螺栓球节点；③ 焊接钢板节点；④ 焊接钢管节点；⑤ 杆件直接汇交节点（图 17-31）。网架的节点构造应满足下列要求：

① 受力合理，传力明确；

② 保证杆件汇交于一点，不产生附加弯矩；

③ 构造简单，制作安装方便，耗钢量小；

④ 避免难于检查、清刷、涂漆和容易积留湿气或灰尘的死角或凹槽，管形截面应在两端封闭。

焊接空心球节点。

焊接空心球节点构造简单，适用于连接钢管杆件（图 17-32）。球面与管件连接时，只需将钢管沿正截面切断，施工方便。

（1）焊接空心球是由两块钢板经热压成两个半球，然后相焊而成。分为不加肋和加肋两种。空心球的钢材宜采用 Q235 钢及 Q345 钢。

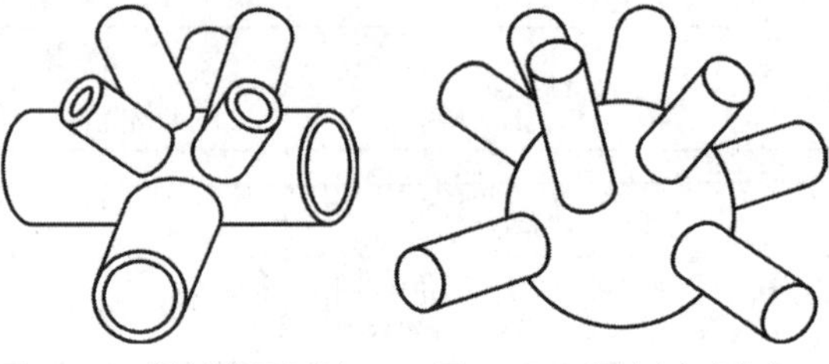

图 17-31　管件直接汇交节点　　图 17-32　焊接空心球节点

（2）空心球外径 D 可根据连接构造要求确定。为便于施焊，球面上相连接杆件之间的缝隙。不宜小于 10 mm。按此要求，空心球外径 D 可初步按下式估算：

$$D = \frac{(d_1 + 2a + d_2)}{\theta} \qquad (17\text{-}1)$$

式中　θ——汇交于球节点任意两钢管杆件间的夹角，°；

d_1，d_2——组成口角的钢管外径。

限于篇幅限制，螺栓球节点等节点形式就不再赘述。

17.4.3　预应力钢结构

1. 预应力钢结构分类

预应力钢结构根据杆件类别的构成分为刚性预应力钢结构、刚柔混合预应力钢结构、柔性预应力钢结构三类。其中刚性预应力钢结构的构件全部为刚性构件，刚柔混合预应力钢结构的构件类型包括刚性的梁、杆和柔性的拉索。其分类示意如图 17-33 所示。

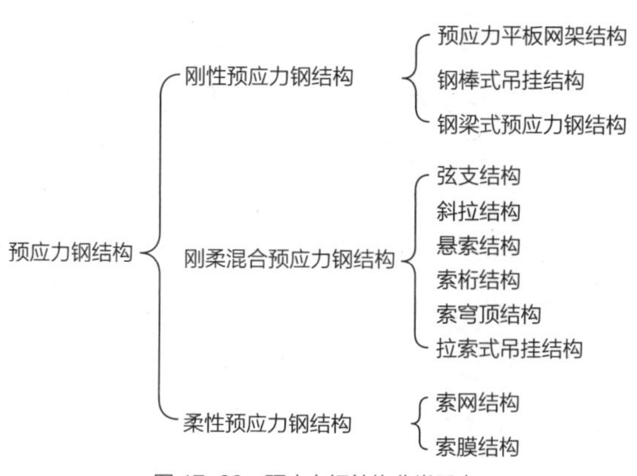

图 17-33　预应力钢结构分类示意

2. 预应力钢结构的拉索

拉索是预应力钢结构的核心构件，它依靠预先对其施加的预应力从而在结构中仅能承受拉力荷载，属于柔性构件。拉索使得结构内部的力流分布得到优化，提高了结构的性能，而拉索的特性的改变对结构的性能产生较大的影响。

拉索从用途上可分为建筑结构用索和桥梁用索；按索体材料的构成要素大致可分成钢丝绳、钢绞线、钢丝束和钢拉杆四类，如图 17-34 ~图 17-37 所示。

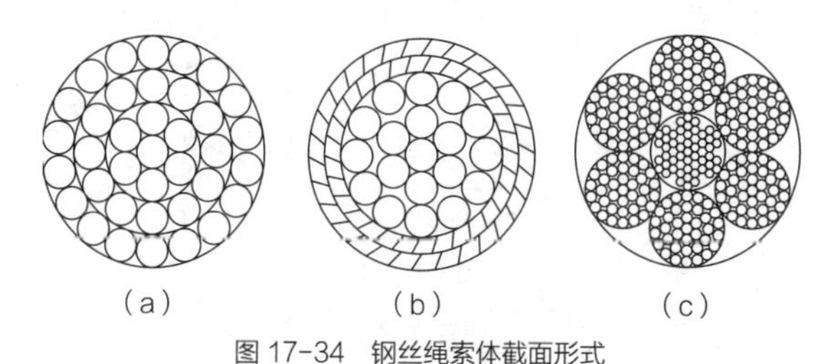

图 17-34　钢丝绳索体截面形式
（a）单股钢丝绳；（b）密封钢丝绳；（c）多股钢丝绳

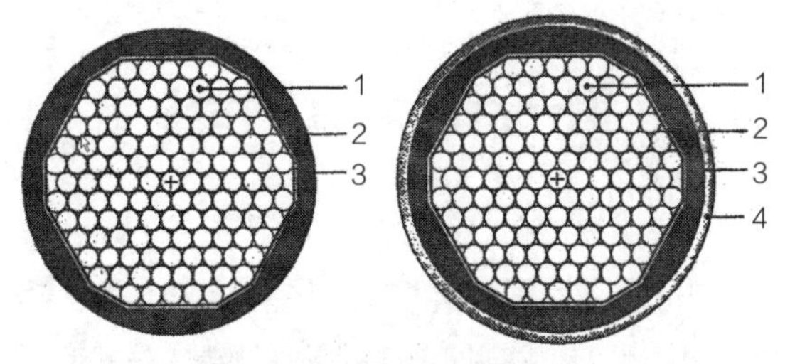

图 17-35　钢绞线索体截面形式
1—钢绞线；2—防腐油脂层；3—高强缠包带；4—HDPE 护套

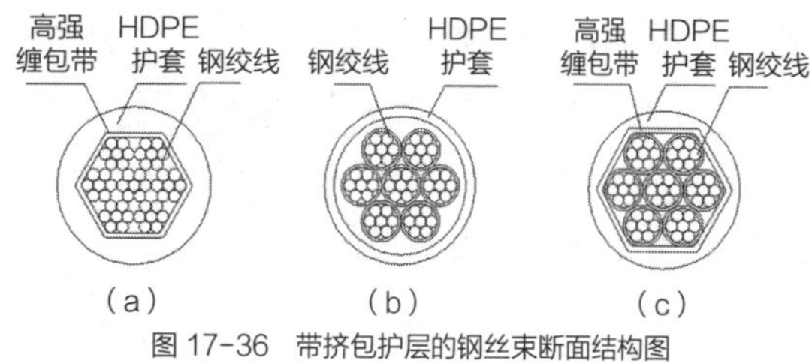

图 17-36　带挤包护层的钢丝束断面结构图
（a）整体型；（b）单根防腐整体型；（c）单根防腐型

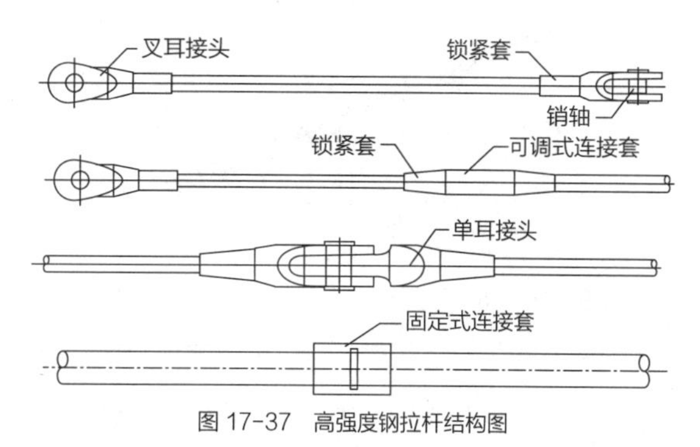

图 17-37　高强度钢拉杆结构图

3. 预应力钢结构体系

刚柔混合预应力钢结构是常用的一类预应力结构，其中，张弦（弦支）结构是一个重要分支，是预应力钢结构中应用比较广泛的一类。它在传统刚性结构的基础上引入柔性的预应力拉索，并施加一定的预应力，使结构的内力分布和变形特征得到改变，结构性能得到优化，结构跨越能力更强，在工程中已得到了广泛的应用。

张弦（弦支）结构这种刚柔结合的复合大跨度建筑钢结构，与传统的梁、网架、网壳相比，其受力更为合理；与索穹顶、索网结构、索膜结构相比，施工过程简单，并且在屋面结构选材方面张弦结构也较索穹顶结构更为容易。张弦结构体系根据上部刚性结构的不同主要分为：张弦梁、张弦桁架、张弦刚架、弦支穹顶、弦支筒壳、弦支混凝土楼盖等其他弦支结构。

（1）张弦梁结构

张弦梁（弦支梁）是最早出现的一种张弦结构，如图 17-38 所示，1839 年德国建筑师乔治 · 路德维希·弗德里希·拉维斯（Georg Ludwig Friedrich Laves），发明了一种预应力梁“拉维斯光束（Laves Beam）”，他把梁分成上下两层，两者之间仅用立柱连接，梁的强度通过这种方式可以显著提高，并用在了海伦豪森（Herrenhausen）花园的温室中，这是目前已知的最早张弦梁的雏形。

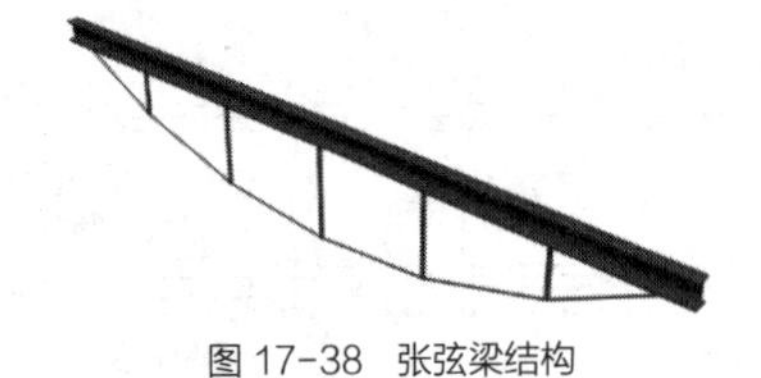

图 17-38　张弦梁结构

（2）张弦桁架结构

张弦桁架（弦支桁架）是由撑杆连接上部作为抗弯受压构件的桁架和下部作为抗拉构件的高强钢拉索而形成的一种新型空间结构形式，如图 17-39 所示。它充分利用了上弦拱形桁架的受力优势，同时也发挥了高强钢拉索的抗拉性能。

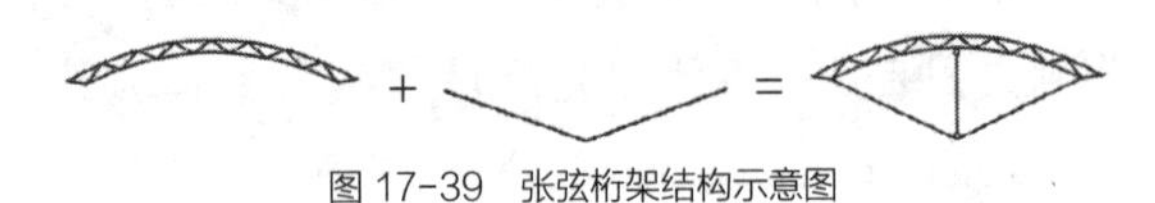

图 17-39　张弦桁架结构示意图

（3）平面组合型弦支结构体系

平面组合型弦支结构又称为可分解的空间型弦支结构，它是由平面型弦支结构组合形成的一种空间弦支结构，具有空间受力特性，在提高结构承载能力的同时，有效地解决了平面弦支结构平面外稳定问题。典型的可分解型空间弦支结构包括如双向弦支结构、多向弦支结构和辐射弦支结构，如图 17-40 所示。

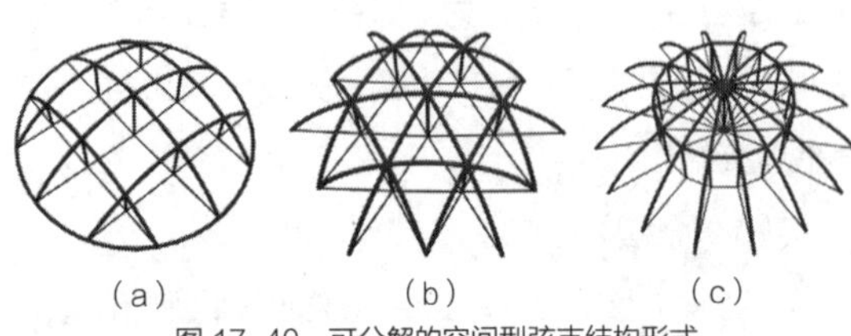

（a）　（b）　（c）

图 17-40　可分解的空间型弦支结构形式

（a）双向弦支结构；（b）多向弦支结构；（c）辐射式弦支结构

（4）弦支穹顶结构

弦支穹顶结构是基于张拉整体概念而产生的一种预应力空间结构，它综合了单层网壳结构和张拉整体结构的优点，具有力流合理、造价经济和效果美观等特点，目前已广泛应用于各类大型场馆中（图 17-41）。日本政法大学（Hosei University）川口卫（M.kawaguchi）教授于 1993 年提出了由将索穹顶上层索网以单层网壳代替所构组成的弦支穹顶（Suspen-dome Structures）。相比于单层网壳结构，它具有更高的稳定性且有效地减小了支座的水平推力。

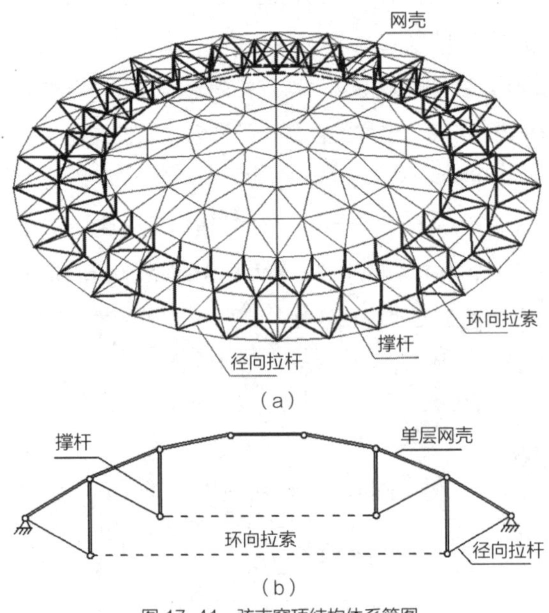

图 17-41　弦支穹顶结构体系简图

（a）弦支穹顶结构三维结构示意图；（b）弦支穹顶结构剖面示意图

17.5　钢—混凝土组合结构

由两种或者两种以上性质不同的材料组合成整体，共同受力、协调变形的结构，称为组合结构。钢与混凝土组合结构是由钢材与混凝土材料组合而成，是一种应用广泛的组合结构，它充分发挥了钢与混凝土两种材料的优良特性：钢材具有良好的抗拉强度和延性，而混凝土则具有优良的抗压强度和刚度，并且混凝土的存在提高了钢材抵抗整体和局部屈曲的能力，由两种材料组合而成的组合结构在地震作用下具有良好的刚度、强度、延展性以及较好的耗能能力。

组合结构按照构件类型可分为组合板、组合梁、组合柱、组合剪力墙、组合支撑等。

17.5.1　钢—混凝土组合楼板

在高层建筑结构中，采用高强、轻规格的压型钢板楼盖，上面浇筑混凝土面层。这种做法已成为标准的楼板构造做法。压型钢板是将薄钢板压成各种形状，可与浇筑的混凝土面层形成组合作用。在压成各种形式的凹凸肋与各种形式槽纹的钢板上浇筑混凝土而制成的组合楼盖，依靠凹凸肋及不同的槽纹使钢板与混凝土组合在一起（图 17-42）。

图 17-42　组合板结构

由于钢板中肋的形式与槽纹图案的不同，钢与混凝土的共同工作性能有很大区别。在与混凝土共同工作性能较差的压型钢板上可焊接附加钢筋或栓钉，以保证钢材与混凝土的完全组合作用。

组合楼盖的特点就是利用混凝土造价低、抗压强度高、刚度大等特点作为板的受压区，而受拉性能好的钢材放在受拉区，代替板中受拉纵筋，使得两种材料合理受力，各得其所，都能发挥各自的优点。其突出的优点还在于受压型钢板在施工时先行安装，可作为浇筑混凝土的模板及施工平台。这样不仅节省了全部昂贵而稀缺的木模板，获得一定的经济效益，而且使施工安装工作可以数个楼层立体作业，大大加快了施工进度。因此，近年来组合板应用发展很快，已在许多工程中用作楼板、屋面板以及工业厂房的操作平台板等。形成的组合楼盖可作为水平隔板，在每个楼层上将所有的竖向构件联系在一起，将剪力水平传递到各个支承构件上。此外，它还可以作为钢梁受压翼缘的稳定性支撑。由隔板剪力产生的剪应力大部分由组合楼盖中的混凝土板承担，因为组合楼盖中的混凝土板在平面内的刚度比压型钢板大许多。因此，水平力必须通过焊接的栓钉从楼板传递到梁的上翼缘。组合楼盖除承受重力荷载外，还作为传递水平荷载的构件。在组合结构的抗震设计中，组合楼盖的抗震设计是一个重要的内容。

此外，近年来叠合板、钢筋桁架楼承板等新型组合楼板层出不穷。预应力混凝土叠合板可以将预制结构与现浇结构结合起来，节省工期和建筑材料，是一种绿色环保的板体系。钢筋桁架楼承板是属于无支撑压型组合楼承板的一种；钢筋桁架是在后台加工场定型加工，现场施工需要先将压型板使用栓钉固定在钢梁上，再放置钢筋桁架进行绑扎，验收后浇筑混凝土。

17.5.2　钢—混凝土组合梁

将钢梁与混凝土板组合在一起形成组合梁（图 17-43）。混凝土板可以是现浇混凝土板，也可以是预制混凝土板、压型钢板混凝土组合板或预应力混凝土板。钢梁可以用轧制或焊接钢梁。钢梁形式有工字钢、槽钢或箱形钢梁。混凝土板与钢梁之间用剪切连接件连接，使混凝土板作为梁的翼缘与钢梁组合在一起，整体共同工作形成组合T形梁。其特点同样是使混凝土受压，钢梁主要是受拉与受剪，受力合理，强度与刚度显著提高，充分利用了混凝土的有利作用。由于组合梁能按照各组成部件所处的受力位置和特点，较大限度地发挥了钢与混凝土各自材料的特性，所以不但满足了结构的功能要求，而且也有较好的经济效益。组合梁有以下特点：

（1）充分发挥了钢材和混凝土各自材料的特性：尤其对于简支梁，钢—混凝土组合梁截面的上缘受压，下缘受拉，正好发挥了混凝土受压性能好和钢材受拉性能好的长处。

（2）节省钢材：实践表明，由于钢筋混凝土板参与了共同工作，提高了梁的承载能力，减少了钢梁上翼板的截面，组合梁方案与钢结构方案比较，可节省钢材 20% ~ 40%，每平方米造价可降低 10% ~ 30%。

（3）增大了梁的刚度：组合梁方案和钢梁方案相比较，由于钢筋混凝土板有效参加工作，截面刚度大，梁的挠度可减小$\frac{1}{3}$～$\frac{1}{2}$；另外，还可提高梁的自振频率。

（4）减少结构高度：组合梁和钢梁或者钢筋混凝土梁相比可减少结构高度，对于高层建筑结构，若每层减少十几厘米，数十层累计将是一个可观的数字，从而可降低整个房屋造价；对于公路桥梁，由于结构高度减小，可以降低桥面标高，减小两端路堤长度。

（5）节省费用：组合梁可利用已安装好的钢梁支模板，然后浇筑混凝土板，节约了模板的费用。

（6）抗震性能好，噪声小：由于组合梁整体性强，抗剪性能好，表现出了良好的抗震性能。组合梁一开始出现就广泛地在桥梁结构中应用。另外，组合梁在活载作用下比全钢梁桥的噪声小，在城市中采用组合梁桥更合适。

（7）耐火等级差、耐腐蚀性差：对耐火等级高的房屋结构，需对钢梁涂耐火涂料；对有水流的组合梁桥需采取防腐措施。

（8）在钢梁制作过程中需要增加焊接连接件的工序，有的连接件需要专门的焊接工艺，有的连接件在钢梁吊装就位后还需进行现场校正。

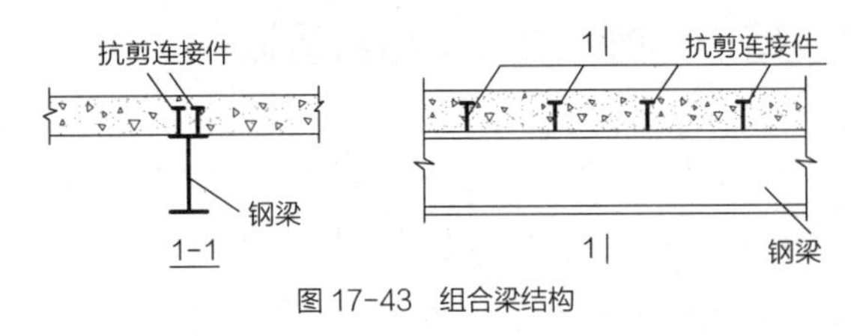

图 17-43 组合梁结构

17.5.3 钢—混凝土组合柱

工程中常用的钢—混凝土组合柱主要有两大类：一类是钢管混凝土柱，是在钢管中浇筑混凝土形成的柱子形式，分为圆钢管混凝土柱、矩形钢管混凝土柱和空心钢管混凝土柱等形式。另一类是型钢混凝土柱，把钢骨架埋入钢筋混凝土中的一种结构形式，根据截面形状分为圆形、矩形、多边形、椭圆形等。

1. 钢管混凝土柱

在钢管混凝土柱中，一般在混凝土中不再配纵向钢筋与钢箍，所用钢管一般为薄壁圆钢管以及方矩形钢管，或者为钢板焊接钢管。按照截面形式不同，分为圆钢管混凝土柱、矩形钢管混凝土柱和异形钢管混凝土柱等（图 17-44）。

在钢管混凝土受压构件中，钢管与混凝土共同承担压力。但就薄壁圆钢管而言，在压力的作用下，容易发生局部屈曲，是很不利的。而在管中填充混凝土，大大改善了管壁的侧向刚度，因此对钢管的受压极为有利。钢管混凝土构件受力性能的优越性更主要地表现在合理地应用了钢管对混凝土的紧箍力。这种紧箍力改变了混凝土柱的受力状态，将单向受压改变为三向受压，混凝土的抗压强度得到了很大程度上的提高；使混凝土的抗压性能更为有利地发挥，从而构件断面可以大大减小。钢管主要承受环向拉力，恰好发挥钢材受拉强度高的特长。钢管虽然也承受纵向与径向压力，但是钢管中被混凝土充填，所以对防止钢管失稳极为有利。此外，为了防止钢管壁屈曲，进一步加强对混凝土的约束作用，可以在钢管混凝土中设置双层钢管，对大截面方矩形钢管混凝土中，一般设置加劲肋。

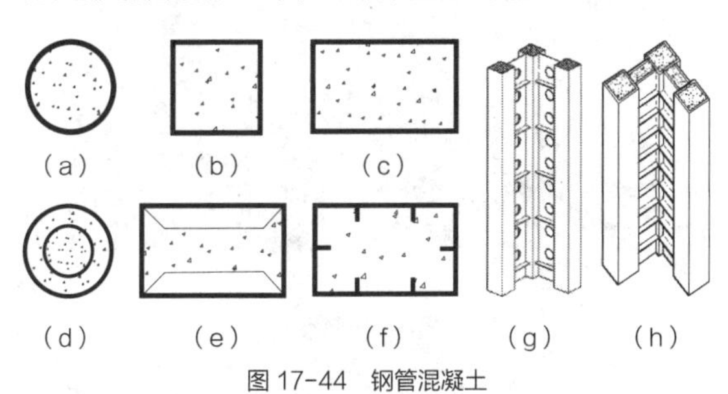

图 17-44　钢管混凝土
（a）圆形截面；（b）方形截面；（c）矩形截面；
（d）双层钢管截面；（e）加横向加劲肋；（f）加纵向加劲肋；
（g）开孔钢板连接式异形柱；（h）钢板连接式异形柱

钢管混凝土柱充分发挥了混凝土和钢材各自的优点，特别是避免了薄壁钢材容易失稳的缺点，所以受力非常合理，大大节省材料。据资料分析，其与钢结构相比可节省钢材 50% 左右，降低造价 40% ~ 50%；与钢筋混凝土柱相比，还节省水泥 70% 左右，因而减轻自重 70% 左右。钢管本身就是浇筑混凝土的模板，故可省去全部模板，并不需要支模、钢筋制作与安装，简化了施工。比钢筋混凝土柱用钢量约增加 10%。钢管混凝土柱的另一突出优点是延性较好，这是因为一方面其外壳是延性很好的钢管；另一方面约束混凝土比混凝土单向受压的延性要好得多。

2. 型钢混凝土柱

在混凝土中配置型钢或者以配型钢为主的组合柱称为型钢混凝土柱。与钢管混凝土柱不同，型钢混凝土柱中钢材配置在柱内部，并且外侧仍然配置钢筋。与钢管混凝土柱相比，型钢混凝土柱不用考虑型钢的局部屈曲，并且钢防锈、防火条件良好。但是型钢混凝土中钢不能提供给外侧混凝土约束，使得混凝土强度没有钢管混凝土柱中那样得到很大提高。型钢混凝土多种多样，内部型钢可使用 H 型钢、钢管等不同形式，见图 17-45。

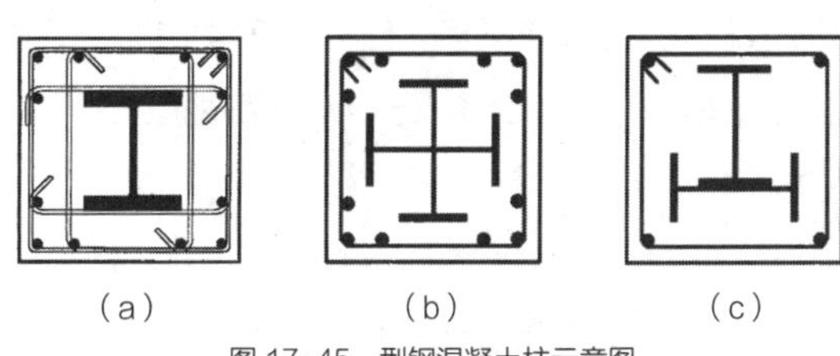

图 17-45　型钢混凝土柱示意图
（a）H 型钢混凝土；（b）十字型钢混凝土；（c）T 型钢混凝土

17.5.4　钢—混凝土组合结构体系及应用

组合梁、组合柱、组合板、组合墙具有承载力高、延性好、抗震性能优越、造价低、施工方便等优点，因此，以其为基本单元的结构体系也具有良好的力学性能。

在建筑结构中，主要有框架体系、框架—支撑体系、框架—核心筒、框架—剪力墙体系、剪力墙体系、巨柱—剪力墙—伸臂桁架体系等。框架支撑体系一般采用钢管混凝土或者型钢混凝土柱以及组合梁。框架支撑体系即在框架体系的基础上增加钢支撑或者组合结构支撑构件。将钢板剪力墙与组合柱结合即构成了框架—剪力墙或者框架—核心筒体系。对于超高层结构，许多应用钢管混凝土的巨型柱来承担竖向荷载，并与核心筒以及伸臂桁架形成统一的抗侧力体系。

天津津湾广场9号楼项目位于天津市和平区赤峰路、解放北路、哈尔滨路、合江路交会处。其中，主楼占地约2 500 m^2（50.1 m×50.1 m），地下4层，地上70层，建筑面积约为150 000 m^2，总建筑高度299.65 m，为超高层建筑，见图17-46。主体结构采用钢筋混凝土核心筒—矩形钢管混凝土柱框架抗侧力结构体系。由于结构在低层（第一至四层）框架部分需要大空间，故结构第一至八层的外框架采用8根巨柱加4根角柱。结合建筑避难层及立面收进的要求，在第八层全层设置转换桁架，完成由稀柱至密柱的转换。结构自第九层起，周边框架的柱距为4.5 m，略大于4 m，外周钢框架梁高度为0.95 m。由于结构高区立面收进，在第五十八层沿结构外侧设置腰桁架，该腰桁架承托上部楼层的立柱，并且为控制整个结构在侧向荷载作用下的变形提供刚度。

（a）

（b）

图17-46 天津津湾广场9# 楼
（a）效果图；（b）在建过程图

图17-47是天津泰安道五号院工程，工程总建筑面积181 000 m^2。塔楼地下3层，地上47层，地下三层地面标高 -14.4 m，屋顶高度250.8 m，最高点高度252.2 m，属于超高层建筑。塔楼部分结构形式为框筒结构，核心筒结构为钢筋混凝土结构，外框为钢管混凝土柱，框架钢结构与核心筒预埋铁板连接形成整体空间结构，圆管柱与钢梁之间连接为栓焊刚性连接，钢梁与核心筒为高强螺栓铰接连接。图17-47（a）为五号院施工中图片，图17-47（b）为五号院典型梁柱节点。

（a）

（b）

图17-47 天津市泰安道五号院
（a）五号院施工中的情景；（b）五号院梁柱节点

万郡大都城是由高度为97 m左右的32层钢结构住宅组成的建筑群（图17-48）。截至2015年，是目前国内最大的全钢结构住宅小区，小区面积近100 m^2。结构抗震设防烈度为8度，结构体系为钢框架及钢支撑组合的双重抗侧力结构体系，采用矩形钢管混凝土柱、H 型钢梁和钢支撑、现浇钢筋桁架楼承板，围护使用轻钢龙骨及 CCA 灌浆墙体、断桥铝合金双层夹芯玻璃门窗。该项目不仅实现了工业化生产，标准化制作，改变了粗放型建设模式造成的资源严重浪费，达到节能环保和可持续发展的目标，更创造了很高的可回收率。

（a）

（b）

图 17-48　万郡大都城钢结构住宅项目
（a）建设过程中；（b）建成后全貌

沧州市福康家园公共租赁住房住宅项目（图 17-49）位于沧州市永济路北、永安大道西侧。本工程共 8 栋住宅楼，2 个独立商业以及 1 个住宅楼中商业等若干个单体。结构体系采用方钢管混凝土组合异形柱框架—支撑体系（18 层）和方钢管混凝土组合异形柱框架—剪力墙体系（25 层和 26 层），填充墙体采用砌块墙，楼板体系采用钢筋桁架楼承板。地上建筑总面积 117 953 m^2。工程中采用的方钢管组合异形柱体系适用于钢结构住宅，室内没有凸角，柱子与墙体融合一体，是钢结构在住宅建筑中应用的成功范例。福康家园公租房项目是河北省首个采用钢结构的保障房项目，走出了一条建筑业与钢铁产业转型升级共同发展的路子。

（a）

（b）

图 17-49　沧州市福康家园公租房项目
（a）建设中情景；（b）异形柱节点

Chapter 18

第18章 地基和基础

Ground and Foundation

18.1 地基基础的设计原则

地基基础设计在建筑物设计中占有很重要的地位，它对建筑物的安全、正常使用和工程造价影响很大。设计时，要考虑地基的工程地质条件和水文地质条件，同时也要考虑建筑物的使用要求、上部结构特点和荷载大小及其性质等因素。

基础按其埋深可分为浅基础和深基础两大类。能用普通基坑开挖和敞坑排水方法修建的，不考虑基侧与土的摩阻力的基础，称为浅基础，如砖混结构的墙下条形基础，高层建筑的箱形基础等；当需用特殊装备及方法将基础置于深层地基中且考虑基侧与土的摩阻力的基础，称为深基础，如桩基础、沉井、地下连续墙等。

地基与基础的组合方案主要有天然地基浅基础、天然地基深基础和人工地基浅基础三种。确定地基基础方案应根据上部结构类型、荷载大小、施工的设备及技术力量、工程及水文地质条件，以及可能提供的建筑材料等因素综合考虑，通过技术经济比较，确定最佳方案。一般来说，天然地基浅基础往往造价较低和施工简便，故进行地基基础设计时，应优先考虑。

地基基础设计应遵循《建筑地基基础设计规范》GB 50007—2011（以下简称《地基规范》），基础的计算还应符合现行国家标准《混凝土结构设计规范》GB 50010—2010（2015 年版）和《砌体结构设计规范》GB 50003—2011 的规定。

当进行地基基础设计时，通常需具备下列资料：

（1）建筑场地的地形图。

（2）建筑场地的工程地质及水文地质勘察资料。

（3）建筑物的平、立、剖面图，作用在基础上的荷载、设备基础以及各种管道的布置和标高。

（4）建筑材料的供应情况，施工单位的设备和技术力量等。

18.1.1 地基基础设计等级

地基基础设计的内容和要求与建筑物的安全等级有关。根据地基复杂程度，建筑物规模和功能特征以及由于地基问题可能造成建筑物破坏或影响正常使作的程度，现行的《地基规范》将地基基础设计分为三个设计等级，具体情况见表 18-1。

表 18-1 地基基础设计等级

设计等级	建筑和地基类型
甲级	重要的工业与民用建筑物 30 层以上的高层建筑 体型复杂，层数相差超过 10 层的高低层连成一体建筑物 大面积的多层地下建筑物（如地下车库，商场，运动场等） 对地基变形有特殊要求的建筑物 复杂地质条件下的坡上建筑物（包括高边坡） 对原有工程影响较大的新建建筑物 场地和地基条件复杂的一般建筑物 位于复杂地质条件及软土地区的 2 层及 2 层以上地下室的基坑工程
乙级	除甲级，丙级以外的工业与民用建筑物
丙级	场地和地基条件简单，荷载分布均匀的 7 层及 7 层以下民用建筑及一般工业建筑物，次要的轻型建筑物

18.1.2 设计原则

基础作为建筑物的下部结构应保证有足够的强度、刚度和耐久性。

地基作为承重地层，虽不同于建筑结构，但它与基础、上部结构共同工作，因此对地基的要求可用下列两种功能表示：

1. 在长期荷载作用下，地基变形不致造成承重结构的损坏

这里包含地基设计的两个原则，即强度和变形原则。

在地基设计中，要保证承重结构不致损坏，首先应保证地基有足够的强度；同时还应考虑地基中不出现过大的变形和差异变形。由于地基的变形具有时间效应，且属大变形材料，有时尽管承载力已满足要求，但长时间变形也会导致建筑物损坏。因此，地基的变形值应满足正常使用极限状态的容许变形值，确保建筑物的安全。

2. 在最不利荷载作用下，地基不出现失稳现象

根据建筑物地基基础设计等级及长期荷载作用下地基变形对上部结构的影响程度，《地基规范》规定地基基础设计应符合下列规定：

（1）所有建筑物的地基计算均应满足承载力计算的有关规定。

（2）设计等级为甲级、乙级的建筑物，均应按地基变形规定。

（3）设计等级为丙级的建筑物可不作变形验算，如有下列情况之一时，仍应作变形验算：

1）地基承载力特征值小于 130 kPa，且体型复杂的建筑；

2）在基础上及其附近有地面堆载或相邻基础荷载差异较大，可能引起地基产生过大的不均匀沉降时；

3）软弱地基上的建筑物存在偏心荷载时；

4）相邻建筑距离过近，可能发生倾斜时；

5）地基内有厚度较大或厚薄不均的填土，其自重固结未完成时。

18.2　天然地基上浅基础

无筋扩展基础系指由砖、毛石、混凝土或毛石混凝土、灰土和三合土等材料组成的墙下条形基础或柱下独立基础。这种基础设计时假定其不发生弯曲变形和剪切变形，因而基础断面较大，所以曾经又被称为刚性基础。无筋扩展基础适用于多层民用建筑和轻型厂房。

18.2.1　无筋扩展基础

无筋扩展基础的常用材料如表 18-2 所示。用砖或毛石砌筑时应用水泥砂浆砌筑。荷载较大，或要减小基础构造高度（H_0）时，可采用强度等级较低的混凝土基础，也可用毛石混凝土基础以节约水泥。我国华北和西北地区，环境比较干燥，还广泛采用灰土做基础。灰土是用石灰和土配制而成的。石灰以块状生石灰为宜，经消化 1～2 天后立即使用；土料用塑性指数较低的粘性土。在我国南方则常用三合土基础。灰土基础和三合土基础都是在基槽内分层夯实而成的。无筋扩展基可以做成墙下条形的（图 18-1）或柱下单独的（图 18-2）。

表 18-2　无筋扩展基础台阶宽高比的允许值

基础材料	质量要求	台阶宽高比的允许值		
		$p_k \leqslant 100$	$100 < p_k \leqslant 200$	$200 < p_k \leqslant 300$
混凝土基础	C15 混凝土	1 : 1.00	1 : 1.00	1 : 1.25
毛石混凝土基础	C15 混凝土	1 : 1.00	1 : 1.25	1 : 1.50
砖基础	砖不低于 MU10、砂浆不低于 M5	1 : 1.50	1 : 1.50	1 : 1.50
毛石基础	砂浆不低于 M5	1 : 1.25	1 : 1.50	—

续表

基础材料	质量要求	台阶宽高比的允许值		
		$p_k \leqslant 100$	$100 < p_k \leqslant 200$	$200 < p_k \leqslant 300$
灰土基础	体积比为 3∶7 或 2∶8 的灰土，其最小干密度： 粉土 1.55 t/m³ 粉质黏土 1.50 t/m³ 黏土 1.45 t/m³	1∶1.25	1∶1.50	—
三合土基础	体积比 1∶2∶4～1∶3∶6（石灰∶砂∶骨料），每层约虚铺 220 mm，夯至 150 mm	1∶1.50	1∶2.00	—

注：① p_k 为荷载效应标准组合基础底面处的平均压力值（kPa）；
② 阶梯形毛石基础的每阶伸出宽度，不宜大于 200mm；
③ 当基础由不同材料叠合组成时，应对接触部分作抗压验算；
④ 基础底面处的平均压力值超过 300kPa 的混凝土基础，尚应进行抗剪验算；对基底反力集中于立柱附近的岩石地基，应进行局部受压承载力验算。

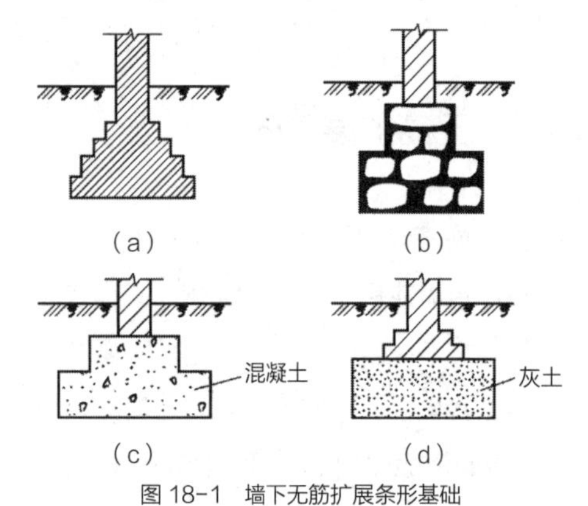

图 18-1 墙下无筋扩展条形基础
（a）砖基础；（b）毛石基础；（c）混凝土或毛石混凝土基础；（d）三合土或灰土基础

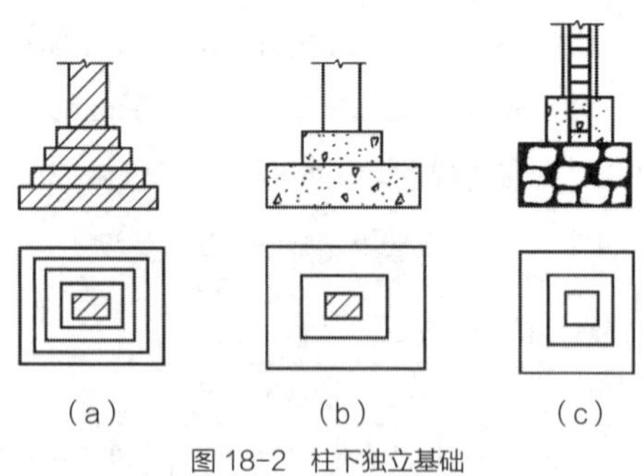

图 18-2 柱下独立基础
（a）砖（石）基础；（b）混凝土基础；（c）钢筋混凝土柱下的毛石基础

无筋扩展基础的材料都具有较好的抗压性能，但抗拉、抗剪强度却不高。设计时必须保证发生在基础内的拉应力和剪应力不超过相应的材料强度设计值。这种保证通常是通过对基础构造（图 18-3）的限制来实现的，即基础每个台阶的宽度与其高度之比都不得超过如表 18-2 所列的台阶宽高比的允许值（可用图 18-3 中角度 α 的正切 $\tan\alpha$ 表示）。设计时一般先选择适当的基础埋置深度 d 和基础底面尺寸。基础底面宽度与基础的构造高度应符合下式要求：

$$H_0 \geqslant \frac{(b-b_0)}{2\tan\alpha} \tag{18-1}$$

式中 b——基础底面宽度；

b_0——基础顶面的墙体宽度或柱脚宽度；

H_0——基础高度；

$\tan\alpha$——基础台阶宽高比 $b_2 : H_0$，其允许值可按表 18-2 选用（b_2 为基础台阶宽度）。

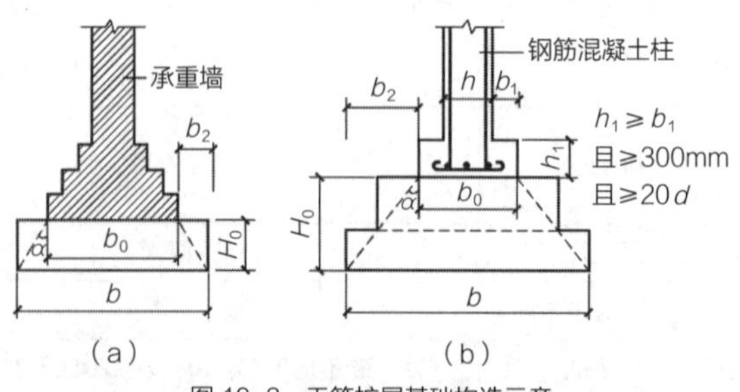

图 18-3 无筋扩展基础构造示意
d——柱中纵向钢筋直径

当基础荷载较大、因而按地基承载力确定的基础底面宽度 b 也较大时，这样会使得设计出的基础用料多、自重大，并且还会对施工带来不便。所以，无筋扩展基础一般只可用于6层和6层以下（三合上基础不宜超过4层）的民用建筑和轻型厂房。

18.2.2 扩展基础

扩展基础系指墙下钢筋混凝土条形基础（图18-4）和柱下钢筋混凝土独立基础（图18-5）。

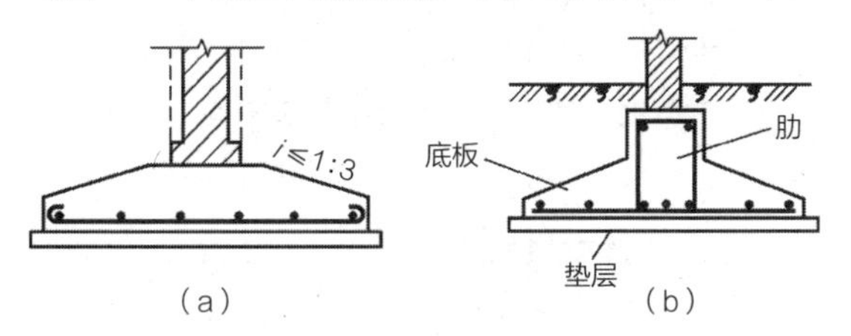

图18-4 墙下钢筋混凝土条形基础
（a）无肋的；（b）有肋的

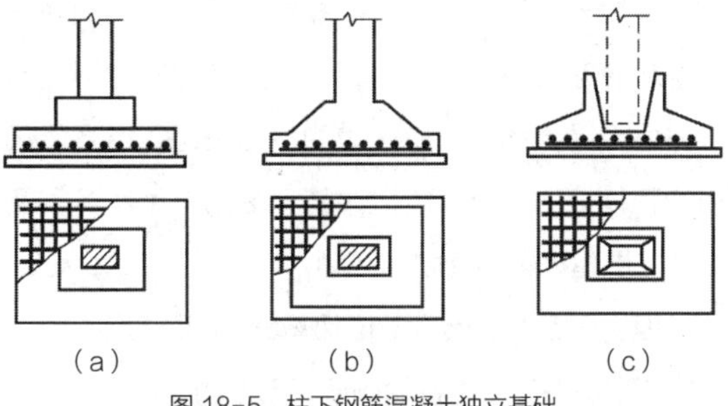

图18-5 柱下钢筋混凝土独立基础
（a）阶形基础；（b）锥形基础；（c）杯口基础

钢筋混凝土扩展基础的抗弯和抗剪性能良好，可在竖向荷载较大、地基承载力不高，以及承受水平力和力矩荷载等情况下使用。由于这类基础的高度不受台阶宽高比的限制，故适宜于需要"宽基浅埋"的场合下采用。例如当软土地基的表层具有一定厚度的所谓"硬壳层"，并拟利用该层作为持力层时，更可考虑采用这类基础形式。

墙下基础的构造如图18-4所示。如地基不均匀，为了增强基础的整体性和抗弯能力，可以采用有肋的墙基础（图18-4 b），肋部配置足够的纵向钢筋和箍筋。柱基础的构造如图18-5。其中图18-5（a）和（b）是现浇柱基础，图18-5（c）是预制柱（杯口）基础。钢筋混凝土基础施工前可在基坑底面敷设C10的混凝土垫层上其厚度不宜小于70 mm。

钢筋混凝土扩展基础混凝土强度等级不应低于C20。锥形基础的边缘高度，不宜小于200 mm；锥形基础每阶高度，宜为300 ~ 500 mm。基础底板受力钢筋的最小直径不宜小于10 mm；间距不宜大于200 mm，也不宜小于100 mm。墙下钢筋混凝土条形基础纵向分布钢筋的直径不小于8 mm；间距不大于300 mm；每延米分布钢筋的面积应不小于受力钢筋面积的15%。当有垫层时钢筋保护层的厚度不小于40 mm；无垫层时不小于70 mm。

柱下基础按受力性质可分为轴心受压基础和偏心受压基础。轴心受压柱下独立基础的底画应采用正方形；偏心受压柱下独立基础的底面一般做成矩形，其长边与弯矩作用平面平行，长边与短边之比一般为（1：1）~（2：1）。

现浇柱和基础的连接可以通过由基础内伸出的插筋（其用量与柱的配筋相同）连接，施工可分作两个阶段进行，第一阶段先浇灌混凝土至基础顶面，待基础有一定强度之后，再在其上绑扎柱的钢筋、支模及浇灌混凝土。装配式柱和基础的连接，可以先在基础内预留杯口（图18-5 c），待柱身插入杯口后，再用细石混凝土填严而形成固接。

柱下条形基础常用于多层框架或排架结构的一种基础类型。一般在下列情况下采用：① 柱荷载较大或地基承载力不足，需加大基础底面面积，而配置柱下扩展基础又在平面尺寸上受到限制时；② 由于相邻柱荷载差异大或地基不均匀，采用柱下扩展基础，可能出现过大差异沉降时。

条形基础可以沿柱列单向配置，也可以双向相交于柱位处形成交叉条形基础。交叉条形基础的特点是：每个长条形结构单元都共同承载柱的集中荷载，设计时必须考虑各单元纵向（长度方向）和横向（横截面方向）的弯矩和剪力。

柱下条形基础由沿柱列轴线的肋梁以及从梁底沿横向伸出的翼板组成（图 18-6）。基础的走向应结合柱网行列间距、荷载分布及地基情况适当选择。

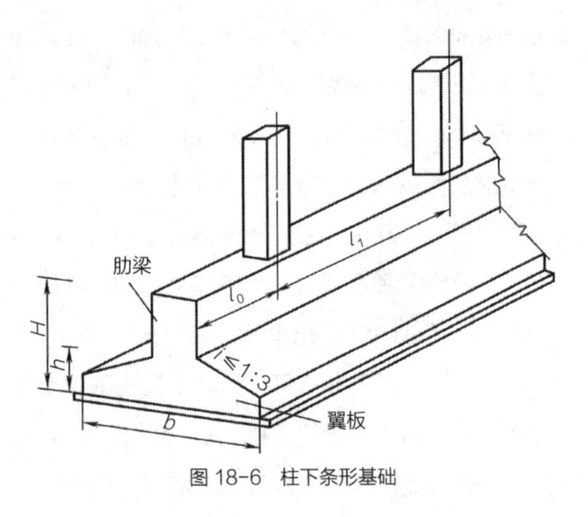

图 18-6 柱下条形基础

柱下条形基础梁的高度宜为柱距的 $\frac{1}{8}$ ~ $\frac{1}{4}$。翼板厚度不应小于 200 mm。当翼板厚度大于 250 mm 时，宜采用变厚度翼板，其坡度宜小于或等于 1 : 3；条形基础的端部宜向外伸出，其长度宜为第一跨距的 0.25 倍；现浇柱与条形基础梁的交接处，其平面尺寸不应小于图 18-7 的规定。

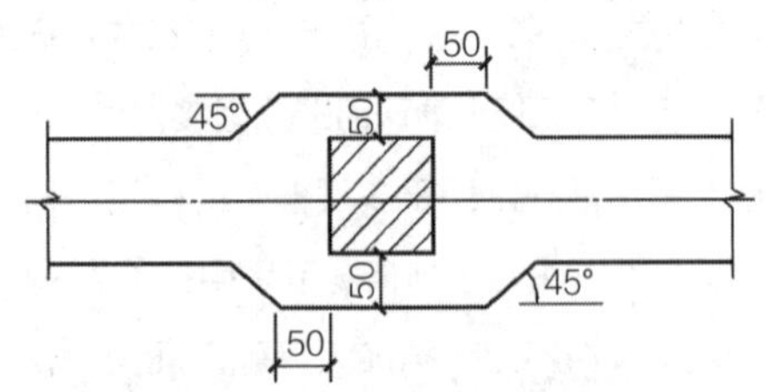

图 18-7 现浇柱与条形基础肋梁连接处的平面尺寸

通常，条形基础端部应伸出边柱以外。其作用在于增加基底面积，调整基底形心位置，使基底压力分布较为均匀，并使各柱下弯矩与跨中弯矩趋于均衡以利配筋。计算表明：当内柱荷载比较接近，而边柱荷载小于内柱时，伸出长度 l_0 宜为边跨柱距 l_1 的 $\frac{1}{4}$ ~ $\frac{1}{3}$。

为使基础截面拉、压区配筋量的比例较为适中，并考虑可能出现的整体弯曲，基础顶面和底面的纵向受力钢筋中应有 2 ~ 4 根通长配置，其面积不少于纵向钢筋总面积的 $\frac{1}{3}$。作为地下结构物的条形基础，其配筋率应较高，一般双筋截面上下的最小配筋率均不小于 0.15%。横向受力筋按计算确定。

柱下条形基础的混凝土强度等级不低于 C20。

18.2.3 筏形基础

筏形基础可以大面积地覆盖于建筑物地基上，它不仅易于满足软弱地基承载力的要求，减少地基的附加应力和不均匀沉降，还具有能跨越地下局部软弱层；提供地下比较宽敞的使用空间；增强建筑物的整体抗震性能。所以，筏型基础常用作多层及高层房屋建筑物的基础。

但由于筏形基础平面面积较大，而厚度有限，造成它只具有有限的抗弯刚度，无力调整过大的沉降差异，尤其是对土岩组合地基等软硬明显不均的情况，就须局部处理才能适应；由于它的连续性，在局部荷载下，既要有正弯矩钢筋，也要有负弯矩钢筋，还需有一定数量的构造钢筋，因此经济指标较高。

筏形基础按构造分为梁板式和平板式两种类型（图 18-8），其选型应根据工程地质、上部结构体系、柱距、荷载大小以及施工条件等因素确定。梁板式通常为有纵、横柱列方向的筏形顶面或底面的肋梁。平板式一般在荷载不太大、柱网较均匀且柱距较小的情况下采用。

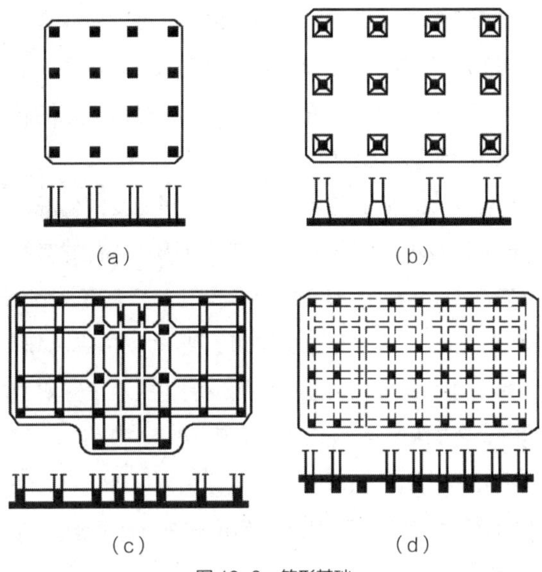

图 18-8　筏形基础
（a）、（b）平板式；（c）、（d）梁板式

平板式筏形基础的厚度不应小于 400 mm，当柱荷载较大时，可将柱位下筏形局部加厚（图 18-8 b）。梁板式筏形基础的板厚，其底板厚度与最大双向板格的短边净跨之比不应小于$\frac{1}{14}$，且不应小于400 mm。筏板与肋梁的总高度的选定与柱距有关。柱侧肋梁可加腋，以便承受较大柱荷载引起的剪力。筏形厚度应按受冲切和受剪承载力计算确定。

在一般情况下，筏板边缘应伸出边柱和角柱外侧包线或侧墙以外，伸出长度宜不大于伸出方向边跨柱距的$\frac{1}{4}$，无外伸肋梁的筏板，其伸出长度一般不宜大于 1.5 m。可以通过改变底板在四边的外挑长度来调整基底的形心位置，以便尽量减少基础所受的偏心力矩。当恒荷载与活荷载组合、而无风载时，要求偏心距不超过基础宽度的$\frac{1}{60}$，有风荷载时为$\frac{1}{30}$。

按基底反力直线分布计算的梁板式筏基，其基础梁的内力可按连续梁分析，边跨跨中弯矩以及第一内支座的弯矩值乘以 1.2 的系数。梁板式筏基的底板和基础梁的配筋除满足计算要求外，纵横方向的底部钢筋还应有$\frac{1}{3}$～$\frac{1}{2}$贯通全跨，且其配筋率不应小于 0.15%，顶部钢筋按计算配筋全部连通。

平板式筏基柱下板带和跨中板带的底部钢筋应有$\frac{1}{3}$～$\frac{1}{2}$贯通全跨，且配筋率不应小于 0.15%；顶部钢筋应按计算配筋全部连通。

筏板的钢筋保护层等构造要求同柱下扩展基础，但垫层厚度宜为 100 mm。

筏形基础的混凝土强度等级不应低于 C30。对于设置架空层或地下室的筏形基础的底板、肋梁及侧墙，均须考虑所用混凝土的防渗等级。

18.2.4　箱形基础

箱形基础是由底板、顶板、侧墙及一定数量内隔墙构成的整体刚度较好的单层或多层钢筋混凝土基础（图 18-9）。箱形基础适用于高层，重型或对不均匀沉降有严格要求的建筑物。

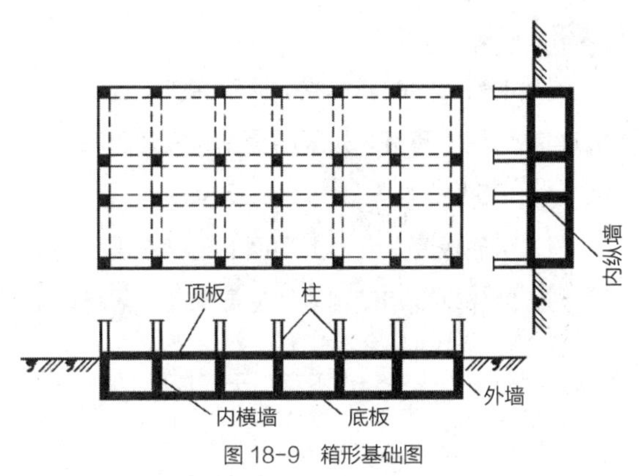

图 18-9　箱形基础图

箱基宽阔的基础底面使地基受力层范围大为扩大，较大的埋置深度（$d \geqslant 3$ m）和中空的结构形式使开挖卸去的土重抵偿了上部结构传来的部分荷

载在地基中引起的附加应力（补偿效应），所以，与一般实体基础（扩展基础和柱下条形基础）相比，它能显著提高地基稳定性、降低基础沉降量。

由顶、底板和纵、横墙形成的结构整体性使箱基具有比筏形基础大得多的空间刚度，用以抵抗地基或荷载分布不均匀引起的差异沉降和架越不太大的地下洞穴，而建筑物却只发生大致均匀的下沉或不大的整体倾斜（但须注意其横向倾斜），而不引起上部结构中过大的次应力。此外，箱基的抗震性能较好。

箱基形成的地下室可以提供多种使用功能。冷藏库和高温炉体下的箱基有隔断热传导的作用以防地基土的冻胀和干缩；高层建筑的箱基可作为商店、库房、设备层和人防之用。但由于内墙分隔，使它不如筏基那样提供可充分利用地下空间的条件，因而难以适应工业生产流程和提供停车场通道。箱基的用料多、工期长、造价高、施工技术比较复杂，尤其当须进行深基坑开挖时，要考虑人工降低地下水位、坑壁支护和对邻近建筑物的影响问题。此外，还要对箱基地下室的防水、通风采取周密的措施。综上所述，箱基的采用与否，应该慎重地综合考虑各方面因素，通过方案比较后确定，才能收到技术和经济上的最大效益。

天然地基上的钢筋混凝土框架结构和现浇剪力墙结构高层民用建筑，如采用箱基，其建筑高度可达 60 m（20 层）左右。

箱基从底板底面到顶板顶面的高度应满足结构承载力、整体刚度和使用功能的要求，一般可取建筑物高度的$\frac{1}{12}$～$\frac{1}{8}$，也不宜小于箱基长度的$\frac{1}{18}$，并应不小于 3 m。

箱基的平面尺寸应根据地基承载力、地基变形允许值以及上部结构的布局和荷载分布等条件确定。平面形状应力求简单，以便获得较好的整体刚度。对单幢建筑物，在均匀地基条件下，竖向荷载合力对基底形心的偏心距要求与前述筏形基础相同，必要时可调整箱基的平面尺寸或仅调整箱形基础的底板外伸尺寸以满足要求。

箱基顶、底板及墙身的厚度应根据受力情况、整体刚度及防水要求确定。一般底板及外墙的厚度不小于 250 mm，内墙及顶板厚度不小于 200 mm。顶、底板厚度应满足抗剪验算的要求，并应计算底板的受冲切承载力。顶、底板及墙体内应设置双面钢筋，竖向和水平钢筋的直径不应小于 10 mm，间距不应大于 200 mm。除上部为剪力墙外，内、外墙的墙顶处宜配置两根直径不小于 20 mm的通胀构造钢筋。

箱基外墙沿建筑物四周布置，内墙一般沿上部结构柱网和剪力墙的位置纵横均匀布置。平均每平方米箱基面积上的墙体长度不小于 0.4 m；墙体的水平截面积不小于箱基面积的$\frac{1}{10}$，其中纵墙配置量不小于总配置量的$\frac{3}{5}$。门洞宜设在柱间居中部位，洞边至上层柱中心的水平距离不宜小于 1.2 m，洞口上过梁的高度不宜小于层高的$\frac{1}{5}$，洞口面积不宜大于柱距与箱形基础全高乘积的$\frac{1}{6}$。

箱形基础的混凝土强度等级不应低于C 20，其外围一般采用密实混凝土刚性防水方案。

18.2.5 基础埋置深度的选择

埋置深度的选择是基础设计工作中的重要环节，因为它关系到地基是否可靠、施工的难易及造价的高低。影响基础埋深选择的因素很多，但就每项工程来说，往往只是其中一、二种因素起决定作用。某些建筑物需要具备一定的使用功能或宜采用某种基础形式，这些要求常成为其基础埋深选择的先决条件，例如必须设置地下室或设备层的建筑物、半埋式结构物，其基础埋深由地下结构物的地面标高确定；具有地下管道及设备基础的建筑物，通常要考虑管道标高及设备基础的影响。

高层建筑的基础埋置深度必须满足地基变形和稳定的要求，以减少建筑物的整体倾斜，防止倾覆和滑移。当采用土质天然地基时，埋置深度不小于建筑物高度的$\frac{1}{15}$；采用桩基础时可不小于建筑物高度的$\frac{1}{18}$，桩的长度不计在埋置深度内。抗震设防烈度为6度或非抗震设计的建筑，基础埋置深度可适当减小。高层建筑一般均宜设置地下室。其原因之一是出于使用上要求，地下室可提供大面积的停车场和汽车库以及仓库、机房、配电间等一类附属用房；原因之二是设置地下室可减轻基底压力，提高房屋层数，增加房屋抗倾覆能力和改善房屋的抗震性能。而位于岩质地基上的高层建筑，可不设地下室，但应采用地锚等措施，并应满足抗滑的要求。

采用无筋扩展基时，基础埋置深度应满足无筋扩展基的构造要求。

基础埋置深度还与工程地质条件、水文地质条件、场地环境条件、地基冻胀和融沉有关。相关内容可见现行规范。

18.2.6　基础底面尺寸的确定

设计浅基础时，一般先确定埋深d，然后可按持力层地基承载力特征值f计算所需基地尺寸。当轴心荷载作用时，基础底面的压力，应符合下式要求：

$$P_k \leqslant f \qquad (18\text{-}2)$$

式中　P_k——相应于荷载效应标准组合时，基础底面处的平均压力值；

f——地基承载力设计值。

当偏心荷载作用时，除符合式（18-2）要求外，还应符合下式要求：

$$P_{kmax} \leqslant 1.2f \qquad (18\text{-}3)$$

式中　P_{kmax}——相应于荷载效应标准组合时，基础底面边缘的最大压力值。

基础底面的压力可按下列公式确定：

1. 当轴心荷载作用时：

$$P_k = \frac{F_k + G_k}{A} \qquad (18\text{-}4)$$

式中　F_k——相应于荷载效应标准组合时，上部结构传至基础顶面的竖向力值；

G_k——基础自重和基础上的土重，对一般实体基础，可以近似取$G_k = \gamma_G A h$（γ_G为基础及回填土的平均密度，可取γ_G = 20kN/m^3）；

A——基础底面面积。

由式（18-2）、式（18-4）可得基础底面面积计算公式为：

$$A \geqslant \frac{F}{f - \gamma_G h} \qquad (18\text{-}5)$$

对于条形基础，F为基础每米长度上的外荷载，此时，沿基础长度方向取单位长度（1m）计算，故上式可改写为：

$$b \geqslant \frac{F}{f - \gamma_G h} \qquad (18\text{-}6)$$

式中　b——为条形基础底面宽度。

h的取法，外墙和外柱从室内设计地面与室外设计地面平均标高处至基础底；内墙和内柱从室内设计地面标高处至基础底，见图18-10。

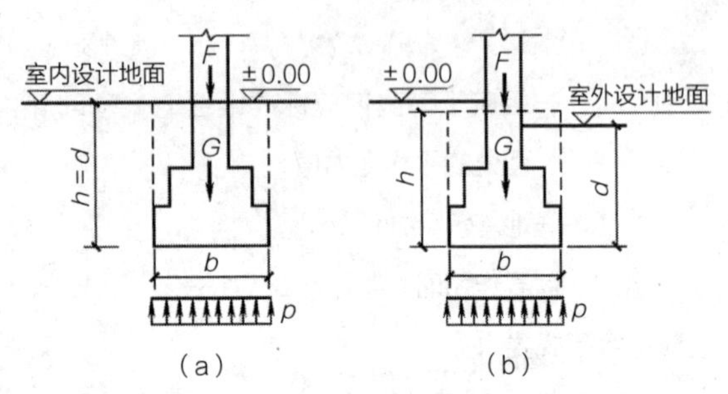

图 18-10 轴心荷载作用下的基底压力分布
(a)内墙或内柱基础;(b)外墙或外柱基础

2. 当偏心荷载作用时

$$P_{kmax}=\frac{F_k+G_k}{A}+\frac{M_k}{W} \quad (18-7)$$

$$P_{kmin}=\frac{F_k+G_k}{A}-\frac{M_k}{W} \quad (18-8)$$

式中 M_k——相应于荷载效应标准组合时,作用于基础底面的力矩值;

W——基础底面的抵抗矩;

P_{kmin}——相应于荷载效应标准组合时,基础底面边缘的最小压力值。

【例题18-1】某 240 mm 厚室内承重墙(图18-11),由上部结构传至基础顶面的轴心压力设计值 F = 162 kN/m,基础埋深 $d=h$ = 1.6 m,地基承载力设计值 f = 180 kN/m^2,灰土抗压承载力 f_1 = 250 kN/m^2,试设计该墙下无筋扩展型基础。

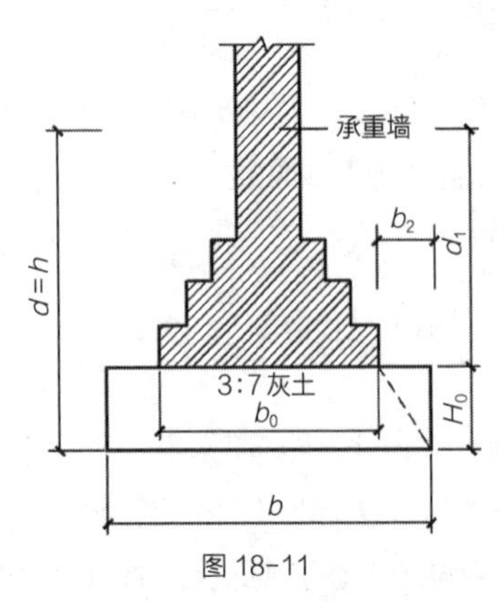

图 18-11

解:(1)按地基承载力要求确定基础底面宽度 b 基础自重及回填土的平均密度 γ_G = 20 kN/m^3

$$b\geqslant\frac{F}{f-\gamma_G h}=\frac{162\ \text{kN/m}}{180\text{kN/m}^2-20\ \text{N/m}^3\times1.6\ \text{m}}$$

$$\approx1.10\ \text{m}$$

取两步 3:7 灰土基础,H_0 = 300 mm,由表 18-2 可知$\frac{b_2}{H_0}\leqslant\frac{1}{1.5}$

故 b_2 = 200 mm

(2)验算砖砌基础与灰土基础接触面的灰土受压承载力

$b_0=b-2b_2$ = 1100 mm − 2 × 200 mm = 700mm

根据砖的模数选 b_0 = 740 mm

由灰土基础高 H_0 = 300 mm,可得出砖基础埋深 d_1 = 1.30 m,基础底面压力为:

$$P_k=\frac{F_k+G_k}{A}$$

$$=\frac{162\ \text{kN}+20\ \text{kN/m}^3\times0.74\ \text{m}\times1\ \text{m}\times1.3\ \text{m}}{0.74\ \text{m}\times1\ \text{m}}$$

$$\approx245\ \text{kN/m}^2<f_1=250\ \text{kN/m}^2$$

设计合理。

18.3 桩基础

18.3.1 概述

建筑物基础设计时应充分利用地基土的承载力,尽量采用浅基础。但若浅层土质不良、无法满足建筑物对地基变形和强度方面的要求时,可以利用下部坚实土层或岩层作持力层采用深基础的方案来满足要求。深基础主要有桩基础、墩基础、沉井和地下连续墙等几种类型,其中以桩基础最为常用。

桩基础常用于竖向荷载大而集中或受大面积地面荷载影响的结构以及在沉降方面有较高要求的建筑物和精密设备的基础；桩基础能有效地承受一定的水平荷载和上拔力，可用于作用有很大倾覆力矩的高耸结构物和多层及高层房屋。此外，还用于减小机器基础的振幅，减弱机器振动对结构的影响以及作为地震区的结构抗震措施。

桩基础由基桩和连接于桩顶的承台共同组成。若桩身全部埋于土中，承台底面与土体接触，则称为低承台桩基础；若桩身上部露出地面而承台底位于地面以上，则称为高承台桩基础。

桩基础具备很多优点，但如不根据地基和建筑物的具体情况盲目采用，也会收到相反的效果。例如，当桩通过较好土层而支承于软弱土层时，则建筑物荷载通过桩端传到软弱土层，反而使基础的沉降增加。所以，桩基础的采用与否，必须经过多方面的分析比较。

18.3.2　桩的分类

桩基础结构可见图 18-12。绝大多数桩基础的桩数不止一根，而承台的作用是将各桩的上端联成一体，并将荷载传递到各桩上。因此，群桩的工作情况就和独立于群桩之外的单桩有所不同。桩基础中桩可以按桩传力方式分类和按桩制作工艺和材料分类。

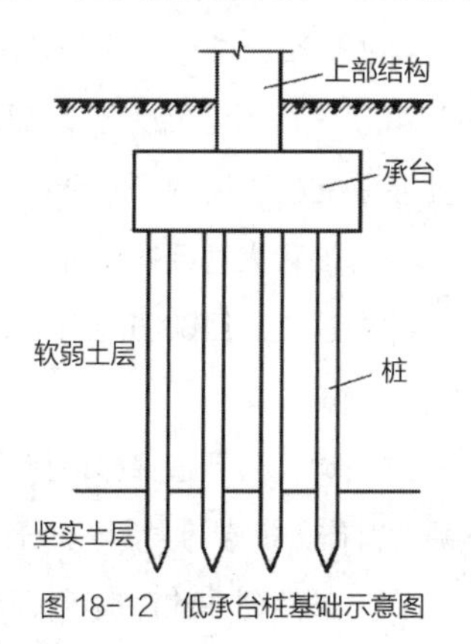

图 18-12　低承台桩基础示意图

1. 按桩的传力方式分类

（1）端承桩：其荷载主要依靠桩端处的硬层（土层或岩层）支承的桩。这种桩适用于软弱土层下不深处有坚实土层的情况。由于桩的下沉量小，桩与桩周土的相对位移小，因此桩侧摩擦力不大，可以忽略不计。

（2）摩擦桩：桩端未达硬层，其荷载由桩侧摩擦力和桩端土的阻力共同承受的桩。这种桩适用于软弱土层较深的情况。

2. 按制作工艺和材料分类

（1）预制桩：预制桩可用钢筋混凝土、钢材或木料在现场或工厂制作后以锤击、振动打入、静压或旋入等方式设置。下面主要介绍钢筋混凝土预制桩。

钢筋混凝土桩的优点是，长度和截面形状、尺寸可在一定范围内根据需要选择，质量较易保证，桩尖可达坚硬粘性土或强风化基岩，承载力较高，耐久性好。其横截面有方、圆等各种形状。普通实心方桩的截面边长一般为 250 ~ 550 mm。现场预制桩的长度一般在 25 ~ 30 m 以内。工厂预制桩的分节长度一般不超过 12 m，沉桩时在现场连接到所需长度。

大截面实心桩的自重较大，其配筋主要受起吊、运输、吊立和沉桩等各阶段的应力控制，因而用钢量较大。采用预应力钢筋混凝土桩，则可减轻自重、节约钢材、提高桩的承载力和抗裂性。

（2）灌注桩：灌注桩是直接在所设计桩位处开孔，然后在孔内加放钢筋笼再浇灌混凝土而成。与钢筋混凝土预制桩比较，灌注桩一般只根据使用期间可能出现的内力配置钢筋，用钢量较省。当持力层顶面起伏不平时，桩长可在施工过程中根据要求在某一范围内取定。灌注桩的横截面呈圆形，可以做成大直径和扩底桩。保证灌注桩承载力的关键在于施工时桩身的成形和混凝土质量。

灌注桩品种较多，大体可归纳为沉管灌注桩和钻（冲、磨、挖）孔灌注桩两大类。

1）沉管灌注桩

沉管灌注桩可采用锤击振动、振动冲击等方法沉管开孔。

锤击沉管灌注桩的常用直径（指预制桩尖的直径）为 300 ~ 500 mm，桩长常在 20 m 以内，可打至硬塑黏土层或中、粗砂层。这种桩的施工设备简单，打桩进度快，成本低，但很易产生缩颈（桩身截面局部缩小）、断桩、局部夹土、混凝土离析和强度不足等质量事故。目前，这类桩对于含水量大而灵敏度高的淤泥和淤泥质土，采用直径 400 mm 以下的锤击（或振动）沉管灌注桩，由于难以采取有效的预防措施，以致产生的质量事故还很多，因此宜慎重采用。

2）钻（冲、磨）孔灌注桩

各种钻孔桩在施工时都要把桩孔位置处的土排出地面，然后清除孔底残渣，安放钢筋笼，最后浇灌混凝土。

18.3.3 桩基础设计

桩基础的设计应符合安全、合理和经济的要求。对桩和承台来说，应有足够的强度、刚度和耐久性；对地基（主要是桩端持力层）来说，要有足够的承载力和不产生过量的变形。一般来说，桩基础的沉降以初始沉降为主，且较快稳定。

在设计之前，必须具备一些基本资料，其中包括上部结构的情况（结构形式、平面布置、荷载大小以及构造和使用上的要求）、工程地质勘察资料以及施工设备和技术条件。总的来说，选择桩基础具体方案时，对桩端持力层情况和荷载大小必须了解清楚，其次是考虑当地的桩基础施工能力。

1. 设计的内容和步骤

桩基础设计可按下列程序进行：

（1）确定桩的类型和几何尺寸，初步选择承台底面标高。

（2）确定单桩承载力。

（3）确定桩的数量及其在平面上的布置。

（4）确定群桩或带桩基础的承载力，必要时验算群桩地基的承载力和沉降。

（5）桩基础中各桩的荷载验算。

（6）桩身结构设计。

（7）承台设计。

（8）绘制桩基础施工图。

下面将分别讨论（1）、（3）、（5）及（6）各项。

2. 桩的类型、截面和桩长的选择

桩基础设计的第一步，就是根据建筑结构类型、楼层数量、荷载情况、地层条件和施工能力，选择预制桩或灌注桩的类别、桩的截面尺寸和长度、桩端持力层、确定桩的计算图式（端承桩或摩擦桩）。

从楼层多少和荷载大小来看（如为工业厂房可将荷载折算为相应的楼层数），10 层以下的，可考虑采用直径 500 mm 左右的灌注桩和边长为 400 mm 的预制桩；10 ~ 20 层的可采用直径 800 ~ 1000 mm 的灌注桩和边长 450 ~ 500 mm 的预制桩；20 ~ 30 层的可用直径 1000 ~ 1200 mm 的钻（冲、挖）孔灌注桩和边长等于或大于 500 mm 的预制桩；30 ~ 40 层的可用直径大于 1200 mm 的钻（冲、挖）孔灌注桩和边长 500 ~ 550 mm 的预应力钢筋混凝土空心桩和大直径钢管桩，楼层更多则可用直径更大的灌注桩。目前国内采用的人工挖孔桩，最大直径为 5 m。

确定桩长的关键，在于选择桩端持力层。坚实土层和岩层最适宜作为桩端持力层。对于 10 层以下的房屋，如在施工条件允许的深度内没有坚实土层存在时，也可选择中等强度的土层作为持力层。

对于桩端进入坚实土层的深度和桩端下坚实土层的厚度，一般可作如下考虑：对粘性土和砂土，进入的深度不宜小于1.5～3倍桩径；对碎石土，不宜少于1倍桩径。桩端以下坚实土层的厚度，一般不宜小于4倍桩径。穿越软弱土层而支承在倾斜岩层面上的桩，当风化岩层厚度小于2倍桩径时，桩端应进入新鲜（微风化）基岩。端承桩嵌入微风化或中等风化岩体的最小深度，不宜小于0.5 m，以确保桩端与岩体接触。

端承桩在桩底下三倍桩径范围内应无软弱夹层、断裂带、洞穴和空隙分布。这对于荷载很大的柱下单桩（大直径灌注桩）是至关重要的。岩层表面往往起伏不平。且常有隐伏的沟槽。尤其在可溶性的碳酸岩类（如石灰岩）分布区，溶槽、石芽密布，此时桩端可能坐落在岩面隆起的斜面上而易招致滑动。为确保桩端和岩体的稳定，在桩端下应力影响范围内，应无岩体临空面（例如沟、槽、洞穴的侧面，或倾斜、陡立的岩面）存在。

在确定桩长之后，施工时桩的设置深度必须满足设计要求。如果土层比较均匀，坚实土层层面比较平坦，那么桩的实际长度常与设计桩长比较接近；当场地土层复杂，或者桩端持力层层面起伏不平时，桩的实际长度常与设计桩长不一致。为了避免浪费和便于施工，在勘察工作中，应尽可能仔细探明可作为持力层的地层层面标高。打入桩的入土深度应按所设计的桩端标高和最后贯入度（先进行试打确定）两方面控制。最后贯入度是指打桩结束以前每次锤击的沉入量，通常以最后每阵（10击）的平均贯入量表示。一般要求最后二三阵的贯入度为10～30 mm/阵锤重、桩长者取大值，质量为7 t以上的单动柴油锤可增至30～50 mm/阵；振动沉桩者，可用1 min作为一阵。例如，采用100 kN振动力的边长为400 mm的桩，要求最后二阵的贯入度、即沉入速度为20～60 mm/min。打进可塑或硬可塑粘性土中的桩，其承载力主要由桩侧摩阻力提供，沉桩时宜按桩端设计标高控制所应达到的深度，同时以最后贯入度作参考，并尽可能使同一承台或同一地段内各桩的桩端实际标高大致相同。打到基岩面或坚实土层的端承桩，主要按最后贯入度控制，要求各桩的贯入度比较接近。大直径的钻（冲、挖）孔桩则以取出的岩屑（可分辨出风化程度）为主、结合钻进速度等来确定施工桩长。

在确定桩的类型和几何尺寸后，应初步确定承台底面标高，以便计算单桩承载力。一般情况下，主要从结构要求和方便施工的角度来选择承台埋深。季节性冻土上的承台埋深，应根据地基土的冻胀性考虑，并应考虑是否需要采取相应的防冻害措施。

3. 桩的根数和布置

（1）桩的根数：若不考虑承台底面处地基土的承载力，则在按前述的方法确定单桩设计用的承载力N之后，即可初步估算桩数。当桩基础为轴心受压时，桩数n应满足下列要求：

$$n=\frac{F+G}{N} \tag{18-9}$$

式中　F——作用在承台顶面的轴向压力设计值；

G——桩基承台及承台上土的重力；

N——单桩承载力设计值。

偏心受压时，桩的根数应按上式确定的结果增加10%～20%，所选的桩数是否合适，还需验算各桩受力后决定。

承受水平荷载的桩基础，在确定桩数时，还应满足对桩的水平承载力的要求。此时，可以用各单桩水平承载力之和，作为桩基础的水平承载力。这样做是偏于安全的。

应当指出，在很软的黏土中，不宜采用桩距小而桩数多的桩基础，否则，软黏土结构破坏严重，会使土体强度明显降低，加之相邻各桩的相互影响，桩基础的沉降和不均匀沉降都将显著增加。这时，宜采用承载力高而桩数较少的桩基础。

（2）桩的间距：桩的间距（中心距）一般采用3～4倍桩径。间距太大会增加承台的体积和用料，太小则将使桩基础（摩擦桩）的沉降量增加，且给施工造成困难。通常规定，预制桩的最小间距为3d（d为桩径），对于灌注桩，则不得小于表18-3的规定。

表18-3 灌注桩的最小间距

土类与成桩工艺		一般情况	排数不少于3排且桩数不少于9根的摩擦型桩基
非挤土和部分挤土的灌注桩		2.5d	3.0d
钻、挖孔灌注桩		1.5D+1m（D>2m时）	—
沉管夯扩灌注桩		2.0D	—
挤土灌注桩	穿越非饱和土	3.0d	3.5d
	穿越饱和软土	3.5d	4.0d

注：d——桩身设计直径；D——扩大端设计直径。

（3）桩在平面上的布置：桩在平面内可以布置成方形（或矩形）网格或三角形网格（梅花式）的形式，如图18-13（a）、（b）所示；也可采用不等距排列，如图18-13（c）所示。为了使桩基础中各桩受力比较均匀，群桩横截面的重心应与荷载合力的作用点重合或接近。

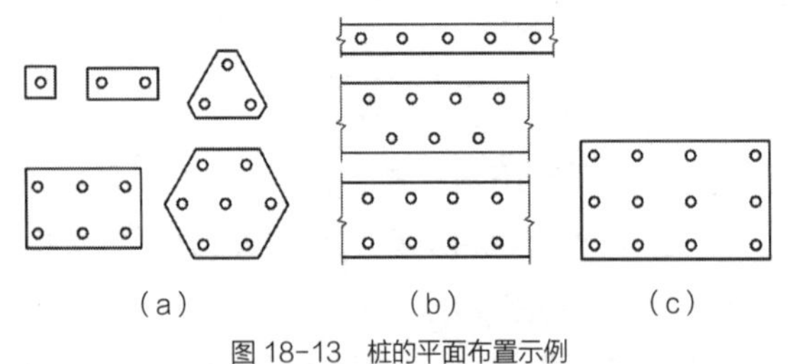

图18-13 桩的平面布置示例
（a）柱下桩基，按相等桩距排列；（b）墙下桩基，按相等桩距排列；（c）柱下桩基，按不等桩距布置

当作用在承台底面的弯矩较大时，应增加桩基础横截面的惯性矩。此时，对于柱下的单独桩基础和整片式的桩基础，宜采用外密内疏的布置方式；对于横墙下的桩基础，则可考虑在外纵墙之外，布置一两根“探头”桩，如图18-14所示（横墙下的承台梁也同时挑出）。

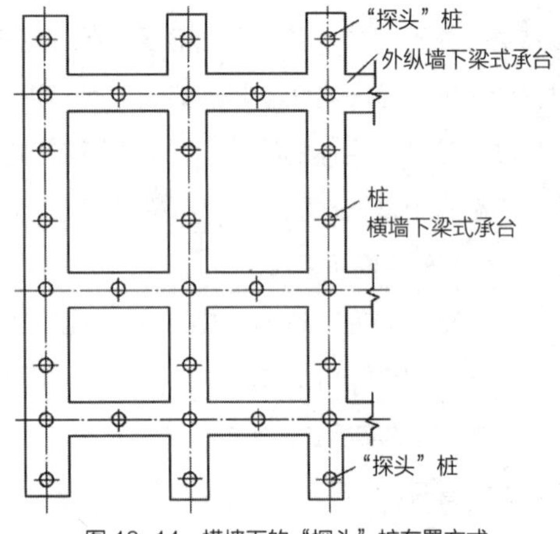

图18-14 横墙下的“探头”桩布置方式

在有门洞的墙下布桩应将桩设置在门洞的两侧。梁式或板式基础下的群桩，布桩时应注意使梁、板中的弯矩尽量减小，即多在柱、墙下布桩，以减少梁和板跨中的桩数。

为了节省承台用料和减少承台施工的工作量，在可能情况下，墙下应尽量采用单排桩基础，柱下的桩数也应尽量减少。一般地说，桩数较少而桩长较大的桩基础，无论在承台的设计和施工方面，还是在提高群桩的承载力以及减小桩基础沉降量方面，都比桩数多而桩长小的桩基础优越。如果由于单桩承载力不足而造成桩数过多、布桩不够合理时，宜重新选择桩的类型及几何尺寸。

18.3.4　桩基础构造要求

1. 桩的构造要求

（1）混凝土预制桩的截面边长不应小于 200 mm；预应力混凝土预制桩的截面边长不宜小于 350 mm；预应力混凝土离心管桩的外径不宜小于 300 mm。扩底灌注桩的扩底直径，不应大于桩身直径的 3 倍。

（2）摩擦型桩的中心距不宜小于桩身直径的 3 倍; 扩底灌注桩的中心距不宜小于扩底直径的 1.5 倍，当扩底直径大于 2 m 时，桩端净距不宜小于 1 m。在确定桩距时还应考虑施工工艺中挤土等效应对邻近桩的影响。

（3）预制桩的混凝土强度等级不应低于 C30；预应力柱不应低于 C40；灌注桩不应低于 C25。

（4）桩的主筋应经计算确定。打入式预制桩的最小配筋率不宜小于 0.8%，静压预制桩的最小配筋率不宜小于 0.6%；灌注桩最小配筋率不宜小于 0.2% ~ 0.65%（小直径桩取大值）。

（5）桩顶嵌入承台内的长度不宜小于 50 mm。主筋伸入承台内的锚固长度不宜小于钢筋直径（HPB300）的 30 倍和钢筋直径（HRB335 和 HRB400）的 35 倍。对于大直径灌注桩，当采用一柱一桩时，可设置承台或将桩和柱直接连接。柱纵筋插入桩身的长度应满足锚固长度的要求。

（6）在承台及地下室周围的回填中，应满足填土密实性的要求。

2. 承台的构造要求

（1）承台的宽度不应小于 500 mm。边桩中心至承台边缘的距离不宜小于桩的直径或边长，且桩的外边缘至承台边缘的距离不小于 150 mm。对于条形承台梁，桩的外边缘至承台梁边缘的距离不小于 75 mm。

（2）承台的最小厚度距离不小于 300 mm。

（3）承台的配筋，对于矩形承台其钢筋应按双向均匀通常布置，钢筋直径不宜小于 10 mm，间距不宜大于 200 mm，对于三桩承台，钢筋应按三向板带均匀布置，且最里面的三根钢筋围成的三角形应在柱截面范围内。承台梁的主筋除满足计算要求外，尚应符合现行《混凝土结构设计规范》GB 50010—2010（2015 年版）关于最小配筋率的规定，主筋直径不宜小于 12 mm，架立筋不宜小于 10 mm，箍筋直径不宜小于 6 mm。

（4）承台混凝土强度等级不应低于 C20，纵向钢筋的混凝土保护层厚度不应小于 70 mm，当有混凝土垫层时，不应小于 50 mm。

（5）承台之间的连接应符合下列要求：

1）单桩承台，宜在两个互相垂直的方向上设置连系梁；

2）两桩承台，宜在其短向设置连系梁；

3）有抗震要求的柱下独立承台，宜在两个主轴方向设置连系梁；

4）连系梁顶面宜与承台位于同一标高。连系梁的宽度不应小于 250 mm，梁的高度可取承台中心距的 $\frac{1}{15}$ ~ $\frac{1}{10}$，且不小于 400 mm；

5）连系梁的主筋应按计算要求确定。连系梁内上下纵向钢筋直径不应小于 12 mm 且不应少于 2 根，并应按受拉要求锚入承台。

Chapter 19

第19章 房屋抗震设计基本知识

Basic Knowledge of Building Seismic Design

19.1 概述

地震是一种自然现象，由于地壳中岩层发生断裂或错动，以及火山爆发都可能导致地面发生程度不同的振动，我们把这种现象称为地震。随每次地震强烈程度的不同，释放出能量的大小是不同的，所引起的地震灾害也是不同的。强地震将会引起建筑物的严重破坏，甚至倒塌，同时造成严重的人身伤亡。另外由地震引起的次生灾害（火灾、水灾、海啸、爆炸等）往往要比地震本身带来的直接灾害还要大。为了抗御与减轻地震灾害，有必要进行建筑工程与结构的抗震分析与抗震设计。

由地壳构造运动造成的地震叫作构造地震，它发生的次数占地震发生总是约 90%。

地球内部断层错动并引起周围介质震动的部位称为震源。震源正上方的地面位置叫作震中。地面某处至震中水平距离叫作震中距。

19.1.1 地震震级与地震烈度

地震震级是表示地震本身强弱的一种度量。它直接取决于一次地震所释放出的能量的大小，所以每次地震都有一个确定的震级。地震烈度则是用以描述某一地区地面和建筑物遭受地震影响的程度的指标，显然对于距震中远近不同的地区所受震害是不同的，因而同一地震引起的各地区的地震烈度是不同的。一般来说，距震中越远，地震烈度就越低。

在工程中为了控制建筑结构的抗震设防，对每一地区都规定了一个基本烈度，它是该地区在一定时期内（我国取 50 年）可能遭受的最大烈度。它是一个地区进行抗震设计的依据。

19.1.2 建筑物抗震设防的指导思想

建筑结构抗震设防的基本目的是在一定的经济条件下，最大限度地限制和减轻建筑物的地震破坏，保障人民生命财产的安全。为了实现这一目的我国以“小震不坏、中震可修、大震不倒”作为建筑抗震设计的基本准则。世界上许多国家的抗震设计规范都趋向这个准则。

我国对小震、中震、大震规定了具体的概率水准。从概率意义上说，小震就是发生机会较多的地震。根据分析，当分析年限取为 50 年时，上述概率密度曲线的峰值烈度所对应的被超越概率为 63.2%，因此，可以将这一峰值烈度定义为小震烈度，又称为多遇地震烈度。全国地震区划图所规定的各地的基本烈度，可取为中震对应的烈度。它在 50 年内的超越概率一般为 10%。大震是罕遇的地震，它所对应的地震烈度在 50 年内超越概率为 2%左右，这个烈度又可称为罕遇地震烈度。

对应于前述设计准则，我国《建筑抗震设计规范》GB 50011—2010（2016 年版）明确提出了三个水准的抗震设防要求：

第一水准：当遭受低于本地区设防烈度的多遇地震影响时，建筑物一般不受损坏或不需修理仍可继续使用；

第二水准：当遭受相当于本地区设防烈度的地震影响时，建筑物可能损坏，但经一般修理即可恢复正常使用；

第三水准：当遭受高于本地区设防烈度的罕遇地震影响时，建筑物不致倒塌或发生危及生命安全的严重破坏。

在一般情况下，上述设防烈度采用基本烈度，但对进行过抗震设防区划工作并经主管部门批准的城市，按批准的抗震设防区划确立设防烈度或设计地震动参数。我国《建筑抗震设计规范》GB 50011—2010（2016年版）对我国主要城镇中心地区的抗震设防烈度、设计地震加速度值给出了具体规定。在这些规定中，还同时指出了所在城镇的设计地震分组，这主要是为了反映潜在震源远近的影响。一般而言，潜在震源远，地震时传来的地震波长周期分量较显著。为反映这一影响，对各城镇在规定抗震设防烈度、抗震设计地震动加速度值的同时，还给出了设计地震分组。这一划分使对地震作用的计算更为细致。

我国采取6度起设防的方针。根据这一方针，我国地震设防区面积约占国土面积的百分之六十。

19.1.3　建筑物重要性分类与设防标准

对于不同使用性质的建筑物，地震破坏所造成后果的严重性是不一样的。因此，对于不同用途建筑物的抗震设防，不宜采用同一标准，而应根据其破坏后果加以区别对待。为此，我国建筑抗震设计规范将建筑物按其用途的重要性分为四类：

（1）甲类建筑：指重大建筑工程和地震时可能发生严重次生灾害的建筑。这类建筑的破坏会导致严重的后果，其确定须经国家规定的批准权限批准。

（2）乙类建筑：指地震时使用功能不能中断或需尽快恢复的建筑。例如抗震城市中生命线工程的核心建筑。城市生命线工程一般包括供水、供电、交通、消防、通信、救护、供气、供热等系统。

（3）丙类建筑：指一般建筑，包括除甲、乙、丁类建筑以外的一般工业与民用建筑。

（4）丁类建筑：指次要建筑，包括一般的仓库、人员较少的辅助建筑物等。

对各类建筑抗震设防标准的具体规定为：甲类建筑在6～8度设防区应按设防烈度提高一度计算地震作用和采取抗震构造措施，当为9度区时，应作专门研究。乙类建筑按设防烈度进行抗震计算，但在抗震构造措施上提高一度考虑。丙类建筑的抗震计算与构造措施均按设防烈度考虑。丁类建筑按设防烈度进行抗震计算，但其抗震构造措施可适当降低要求（设防烈度为6度时不再降低）。

19.1.4　抗震设计方法

在进行建筑抗震设计时，原则上应满足上述三水准的抗震设防要求。在具体做法上，我国建筑抗震设计规范采用了简化的两阶段设计方法。

第一阶段设计：按多遇地震烈度对应的地震作用效应和其他荷载效应的组合验算结构构件的承载能力和结构的弹性变形。

第二阶段设计：按罕遇地震烈度对应的地震作用效应验算结构的弹塑性变形。

第一阶段的设计，保证了第一水准的承载力要求和变形要求。第二阶段的设计，则旨在保证结构满足第三水准的抗震设防要求。如何保证第二水准的抗震设防要求，尚在研究之中。目前一般认为，良好的抗震构造措施有助于第二水准要求的实现。

19.1.5　抗震设计的总体原则

一般说来，建筑抗震设计包括三个层次的内容与要求：概念设计、抗震计算与构造措施。概念设计一在总体上把握抗震设计的基本原则；抗震计算为建筑抗震设计提供定量手段；构造措施则可以在保证结构整体性、加强局部薄弱环节等意义上保证抗震计算结果的有效性。抗震设计上述三个层次的内容是一个不可割裂的整体，忽略任何一部分，都可能造成抗震设计的失败。首先讨论抗震概念设计的总体原则。

建筑抗震设计在总体上要求把握的基本原则可以概括为：注意场地选择，把握建筑体型，利用结构延性，设置多道防线，重视非结构因素。

1. 注意场地选择

建筑场地的地质条件与地形地貌对建筑物震害有显著影响，这已为大量的震害实例所证实。从建筑抗震概念设计角度考察，首先应注意场地的选择。简单地说，地震区的建筑宜选择有利地段，避开不利地段。例如在地质上有断层的区域，或在非岩质陡坡、河岸、带状山脊、高耸山包、故河道附近，地震烈度都要比一般开阔平坦的地区高，所以应尽可能不把房址选在这样一些地点。另外震害分析还表明，建于岩石类坚硬土层上的大多数房屋的破坏要比建于一般土层上的房屋轻（地震烈度通常可低半度到一度）；而建于软弱场地土上的房屋，尤其细高、轻柔的房屋，要比建造在一般场地土上的房屋震害重（烈度通常高大约一度）；而且与基岩以上所覆盖土层的厚度有关，厚度越大，震害越重。松砂、淤泥和淤泥质土，以及地震时易于液化的土层都属于软弱地基，故应尽可能避免在这类场地土上建造房屋。

当确实需要在不利地段或危险地段建筑工程时，应遵循建筑抗震设计的有关要求，进行详细的场地评价并采取必要的抗震措施。

2. 合理规划，避免地震时发生严重的次生灾害

国外一些震害表明，由地震引起的诸如火灾、爆炸、有毒气体扩散之类的次生灾害所造成的生命与财产损失常常比地震本身直接造成的损失还要大。因此将地震时易于酿成火灾、爆炸和有毒气体扩散的工业建筑尽可能建于远离城市和人口密集的地方。同时应保证房屋间留有必要的安全间距，以保证地震时人员的安全疏散。另外诸如烟囱、水塔这样一类高耸易倒的建筑物也应与一般房屋保持一定的安全间距，以免它们在地震时倒塌，砸坏附近的房屋。

3. 把握建筑体型

建筑物平、立面布置的基本原则是：对称、规则、质量与刚度变化均匀。房屋中抗侧力结构的布置应尽可能均匀、对称，使房屋各楼层的总体刚度中心尽可能与楼层的质量中心相重合或相接近，并应尽可能使房屋的刚度和质量沿竖向均匀连续，没有突变。

震害调查表明，规则对称的方形、矩形、圆形平面建筑，在地震发生时，其振动相对比较单纯，整体协调一致，有较好的抗震能力。而平面复杂形状的房屋，由于各部分刚度不等，地震反应也不同，各部分振动不协调，因而在各部分的连接部位将出现应力集中，造成比较大的破坏。若房屋必须采用比较复杂的平面形状时，则宜以防震缝将房屋划分为几个平面规整、对称的独立单元结构对称，有利于减轻结构的地震扭转效应。而形状规则的建筑物，在地震时结构各部分的振动易于协调一致，应力集中现象较少，因而有利于抗震。质量与刚度变化均匀有两方面的含义：其一是结构平面方向，应尽量使结构刚度中心与质量中心相一致，否则，扭转效应将使远离刚度中心的构件产生较严重的震害；其二是指结构立面，沿结构高度方向，结构质量与刚度不宜有悬殊的变化。

4. 注意增强结构的整体性和空间稳定性，使房屋具有足够的整体刚度

需要特别注意的是，应保证房屋各构件间的可靠连接，尤其是对于装配式和装配整体式房屋这一点就更加重要。通过可靠的连接使各抗侧力结构和构件连成一空间整体结构，共同抵抗地震作用。如果连接不好，形成薄弱环节，就会导致房屋局部破坏，甚至整体倒塌。这样的例子在各次地震中很多。例如，厂房中大型屋面板与屋架间焊接不好或漏焊造成的倒塌，厂房柱与墙体间拉结钢筋未砌入墙体内形成的墙体外闪，和砖石房屋纵横墙不同时咬槎砌筑造成的外墙外闪倒塌等。

另外对有抗震设防要求的房屋，在进行房屋结构设计时保证结构具有足够的延性是和保证其具有足够的强度同等重要的。也就是说，除了要保证结构的强度外，还要通过合理的选材，正确的整体与构件设计，以及连接设计，使结构具有充分的塑性变形能力，地震时房屋结构则可通过各构件（在应力超过弹性阶段以后）的延性大量吸收地震能量，从而使房屋承受的地震作用随本身刚度的降低而降低，则房屋可以免于破坏。

5. 尽可能减轻结构自重，降低房屋的重心

因为作用在房屋结构上的地震作用大小是与房屋的总质量大小成正比的，如果我们能使房屋总质量大幅度降低，则地震作用也会相应大幅度降低，因此用于抵抗地震作用的抗侧力结构的材料用量也会减少，反过来又使房屋自重减轻，这是一良性循环，因而可获得可观的经济效果。如果可能，尽量将房屋中的重型设备、库房移至房屋的底层，这将会大大减小房屋所受的地震作用。

6. 尽量不做或少做诸如高门脸、女儿墙、挑檐等易倒、易脱落的装饰物

因为地震时它们的振动将会在房屋主体振动的基础上得到放大，它们的运动速度、加速度将会比主体结构大得多，因而作用于它们上的地震作用将放大很多，工程中称这种地震作用放大现象为“鞭端效应”，而像高门脸和女儿墙这样一些构件本身的抗震能力又都很低，所以常常发生破坏，甚至倾覆倒塌。

19.2　场地与地基

19.2.1　场地及其地震效应

场地是指建筑物群体所在地。其范围相当于厂区、居民小区和自然村或不小于 1 km^2 的平面面积。建筑物震害除与地震类型、结构类型等有关外，还与其下卧层的构成、覆盖层厚度密切相关。历史震害资料及我国 1975 年海城地震、1976 年唐山地震等大地震的宏观震害调查资料表明：在土层厚度为 50 m 左右的场地上，3 ~ 5 层的建筑物破坏相对较多；而在厚度为 150 ~ 300 m 的冲积层上，10 ~ 24 层的建筑物震害最为严重。房屋倒塌率随土层厚度的增加而加大。比较而言，软弱场地上的建筑物震害一般重于坚硬场地。

从原理上分析，在岩层中传播的地震波，本来具有多种频率成分，其中，在振幅谱中幅值最大的频率分量所对应的周期，称为地震动的卓越周期。在地震波通过覆盖土层传向地表的过程中，与土层固有周期相一致的一些频率波群将被放大，而另一些频率波群将被衰减甚至被完全过滤掉。这样，地震波通过土层后，由于土层的过滤特性与选择放大作用，地表地震动的卓越周期在很大程度上取决于场地的固有周期。当建筑物的固有周期与地震动的卓越周期相接近时，建筑物的振动会加大，相应地，震害也会加重。

进一步深入的理论分析证明，多层土的地震效应主要取决于三个基本因素：覆盖土层厚度、土层剪切波速、岩土阻抗比。在这三个因素中，岩土阻抗比主要影响共振放大效应，而其他两者则主要影响地震动的频谱特性。

19.2.2 覆盖层厚度

覆盖层厚度的原意是指从地表面至地下基岩面的距离。从地震波传播的观点看，基岩界面是地震波传播途径中的一个强烈的折射与反射面，此界面以下的岩层振动刚度要比上部土层的相应值大很多。根据这一背景，工程上常这样判定：当下部土层的剪切波速达到上部土层剪切波速的 2.5 倍，且下部土层中没有剪切波速小于 400 m/s 的岩土层时，该下部土层就可以近似看作基岩。由于工程地质勘察手段往往难以取得深部土层的剪切波速数据，为了实用上的方便，我国建筑抗震设计规范进一步采用土层的绝对刚度定义覆盖层厚度，即：地下基岩或剪切波速大于 500 m/s 的坚硬土层至地表面的距离，称为“覆盖层厚度”。

19.2.3 场地的类别

土层剪切波速可通过对土层钻孔勘察的方法测量得出。对丁类建筑及层数不超过 10 层且高度不超过 24 m 的丙类建筑，当无实测剪切波速时，可根据岩土名称和性状，按表 19-1 划分土的类型，再利用当地经验在表 19-1 的剪切波速范围内估计各土层的剪切波速。

不同场地上的地震动，其频谱特征有明显的差别，为了反映这一特点，我国建筑抗震设计规范根据土层等效剪切波速和场地覆盖层厚度将场地划分为 4 个类别，见表 19-2。

表 19-1 土的类型划分和剪切波速范围

土的类型	岩土名称和性状	土层剪切波速范围 (m/s)
岩石	坚硬、较硬且完整的岩石	$v_s > 800$
坚硬土或软质岩石	破碎和较破碎的岩石或软和较软的岩石，密实的碎石土	$800 \geqslant v_s > 500$
中硬土	中密、稍密的碎石土，密实、中密的砾、粗、中砂，$f_{ak} > 150$ 的粘性土和粉土，坚硬黄土	$500 \geqslant v_s > 250$
中软土	稍密的砾、粗、中砂，除松散外的细、粉砂，$f_{ak} \leqslant 150$ 的粘性土和粉土，$f_{ak} > 130$ 的填土，可塑新黄土	$250 \geqslant v_s > 150$
软弱土	淤泥和淤泥质土，松散的砂，新近沉积的粘性土和粉土，$f_{ak} \leqslant 130$ 的填土，流塑黄土	$v_s \leqslant 150$

注：f_{ak} 为由载荷试验等方法得到的地基承载力特征值（kPa）；v_s 为岩土剪切波速。

表 19-2 各类建筑场地的覆盖层厚度（单位：m）

岩石的剪切波速或土的等效剪切波速（m/s）	场地类别				
	I_0	I_1	Ⅱ	Ⅲ	Ⅳ
$v_{se} > 800$	0				
$800 \geqslant v_{se} > 500$		0			
$500 \geqslant v_{se} > 250$		< 5	⩾ 5		
$250 \geqslant v_{se} > 150$		< 3	3 ~ 50	> 50	
$v_{se} \leqslant 150$		< 3	3 ~ 15	15 ~ 80	> 80

注：表中 v_{se} 系岩石的剪切波速。

19.2.4 地基抗震设计原则

地基是指建筑物基础下面受力层范围内的土层。历史震害资料表明，一般土层地基在地震时很少发生问题。造成上部建筑物破坏的主要是松软土地基和不均匀地基。因此，设计地震区的建筑物，应根据土质的不同情况采用不同的处理方案。

1. 松软土地基

在地震区，对饱和的淤泥和淤泥质土、充填土和杂填土、不均匀地基土，不能不加处理地直接用作建筑物的天然地基。工程实践已经证明，尽管这些地基土在静力条件下具有一定的承载能力，但在地震时地面运动的影响下，会全部或部分地丧失承载能力，或者产生不均匀沉陷和过量沉陷，造成建筑物的破坏或影响其正常使用。松软土地基的失效不能用加宽基础、加强上部结构等措施克服，而应采用地基处理措施（如置换、加密、强夯等），消除土的动力不稳定性；或者采用桩基等深基础，避开可能失效的地基对上部建筑的不利影响。

2. 一般土地基

历史震害资料表明，建造于一般土质天然地基上的房屋，遭遇地震时，极少有因地基承载力不足或较大沉陷导致的上部结构破坏。因此，我国建筑抗震设计规范规定，下述建筑可不进行天然地基及基础的抗震承载力验算：

（1）砌体房屋。

（2）地基主要受力层范围内不存在软弱粘性土层的一般厂房、单层空旷房屋和8层、高度25 m以下的一般民用框架房屋，以及与其基础荷载相当的多层框架厂房。这里，软弱粘性土层是指设防烈度为7度、8度和9度时，地基土静承载能力标准值分别小于80 kPa、100 kPa和120 kPa的土层。

（3）规范中规定可不进行上部结构抗震验算的建筑。

3. 地裂危害的防治

当地震烈度为7度以上时，在软弱场地土及中软弱场地土地区，地面裂隙比较多，建筑物特别是砖结构建筑物常因地裂通过而被撕裂。因此，对位于软弱场地土上的建筑物，当基本烈度为7度以上时，应采取防地裂措施。例如，对于砖结构房屋，可在承重砖墙的基础内设置现浇钢筋混凝土圈梁；对于单层钢筋混凝土柱厂房，可沿外墙一圈设置现浇整体基础墙梁或有现浇接头的装配整体式基础墙梁。位于中软场地土上的建筑物，当基本烈度为9度时，亦应采取上述的防地裂措施。

4. 地基土抗震承载力

地基土抗震承载力的计算采取在地基土静承载力的基础上乘以提高系数的方法。我国建筑抗震设计规范规定，在进行天然地基抗震验算时，地基土的抗震承载力按下式计算：

$$f_{aE}=\xi_s f_a \tag{19-1}$$

式中 f_{aE}——调整后的地基土抗震承载力；

ξ_s——地基土抗震调整系数，按表19-3采用；

f_a——深宽修正后的地基土静承载力特征值，按现行《建筑地基基础设计规范》GB 50007—2011采用。

表19-3 地基土抗震承载力调整系数

岩土名称和性状	ξ_s
岩石，密实的碎石土，密实的砾、粗、中砂，$f_{ak}\geqslant 300$kPa的粘性土和粉土	1.5
中密、稍密的碎石土，中密和稍密的砾、粗、中砂，密实和中密的细、粉砂，150kPa $\leqslant f_{ak}<$ 300kPa的粘性土和粉土，坚硬黄土	1.3
稍密的细、粉砂，100kPa $\leqslant f_{ak}<$ 150kPa的粘性土和粉土，可塑黄土	1.1
淤泥、淤泥质土，松散的砂、杂填土，新近堆积黄土及流塑黄土	1.0

地基土抗震承载力一般高于地基土静承载力，其原因可以从地震作用下只考虑地基土的弹性变形而不考虑永久变形这一角度得到解释。

19.2.5 地基土液化及其防治

1. 地基土液化及其危害

饱和松散的砂土或粉土（不含黄土），地震时易发生液化现象，使地基承载力丧失或减弱，甚至喷水冒砂，这种现象一般称为砂土液化或地基土液化。其产生的机理是：地震时，饱和砂土和粉土颗粒在强烈振动下发生相对位移，颗粒结构趋于压密，颗粒间孔隙水来不及排泄而受到挤压，因而使孔隙水压力急剧增加。当孔隙水压力上升到与土颗粒所受到的总的正压应力接近或相等时，土粒之间因摩擦产生的抗剪能力消失，土颗粒便形同"液体"一样处于悬浮状态，形成所谓液化现象。

液化使土体的抗震强度丧失，引起地基不均匀沉陷并引发建筑物的破坏甚至倒塌。发生于1964年的美国阿拉斯加地震和日本新潟地震，都出现了因大面积砂土液化而造成建筑物的严重破坏，从而，引起了人们对地基土液化及其防治问题的关切。在我国，1975年海城地震和1976年唐山地震也都发生了大面积的地基液化震害。我国学者经过长期研究，并经大量实践工作的校正，提出了较为系统而实用的液化判别及液化防治措施。

2. 液化地基的抗震措施

对于液化地基，要根据建筑物的重要性、地基液化等级的大小，针对不同情况采取不同层次的措施。当液化土层比较平坦、均匀时，可依据表19-4选取适当的抗液化措施。

表19-4 抗液化措施

建筑类别	地基的液化等级		
	轻微	中等	严重
乙类	部分消除液化沉陷，或对基础和上部结构进行处理	全部消除液化沉陷，或部分消除液化沉陷且对基础和上部结构进行处理	全部消除液化沉陷
丙类	对基础和上部结构进行处理，亦可不采取措施	对基础和上部结构进行处理，或采用更高要求的措施	全部消除液化沉陷，或部分消除液化沉陷且对基础和上部结构进行处理
丁类	可不采取措施	可不采取措施	对基础和上部结构进行处理，或采用其他经济的措施

表19-4中全部消除地基液化沉陷、部分消除地基液化沉陷、进行基础和上部结构处理等措施的具体要求如下：

（1）全部消除地基液化沉陷

1）此时，可采用桩基、深基础、土层加密法或挖除全部液化土层等措施；

采用桩基时，桩端伸入液化深度以下稳定土层中的长度（不包括桩尖部分）应按计算确定，且对碎石土，砾，粗、中砂，坚硬黏性土和密实粉土不应小于0.8 m，对其他非岩石土尚不宜小于1.5 m；

2）采用深基础时，基础底面埋入液化深度以下稳定土层中的深度不应小于0.5 m；

3）采用加密方法（如振动加密、强夯等）对可液化地基进行加固时，应处理至液化深度下界，且处理后土层的标准贯入锤击数实测值应大于规定的液化判别标准贯入锤击数临界值；

4）当直接位于基底下的可液化土层较薄时，可采用全部挖除液化土层，然后分层回填非液化土；在采用加密法或换土法处理时，在基础边缘以外的处理宽度，应超过基础底面下处理深度的$\frac{1}{2}$，且不小于处理宽度的$\frac{1}{5}$。

（2）部分消除液化地基沉陷

此时，应符合下列要求：

1）处理深度应使处理后的地基液化指数减少，当判别深度为15 m时，其值不宜大于4，当判别深度为20 m时，其值不宜大于5；对于独立基础和条形基础，尚不应小于基础底面下液化土特征深度和基础宽度的较大值；

2）在处理深度范围内，应使处理后液化土层的标准贯入锤击数大于规定的液化判别标准贯入锤击数临界值。

3. 基础和上部结构处理

对基础和上部结构，可综合考虑采取如下措施：

1）选择合适的地基埋深，调整基础底面积，减少基础偏心；

2）加强基础的整体性和刚度，如采用箱基、筏基或钢筋混凝土交叉条形基础，加设基础圈梁等；

3）减轻荷载，增强上部结构的整体刚度和均匀对称性，合理设置沉降缝，避免采用对不均匀沉降敏感的结构形式等；

4）管道穿过建筑处应预留足够尺寸或采用柔性接头等。

一般情况下，除丁类建筑外，不应将未经处理的液化土层作为地基的持力层。

19.3 地震作用

19.3.1 地震作用的概念

地震时，地面上原来静止的结构物因地面运动而产生强迫振动。因此，结构地震反应是一种动力反应，其大小（或振动幅值）不仅与地面运动有关，还与结构动力特性（自振周期 振型和阻尼）有关，一般需采用结构动力学方法分析才能得到。

“作用”一词在结构工程中指能引起结构内力、变形等反应的各种因素。按引起结构反应的方式不同，“作用”可分为直接作用与间接作用。结构地震反应是地震动通过结构惯性引起的，因此地震作用（即结构地震惯性力）是间接作用，而不称为荷载。但工程上为应用方便，有时将地震作用等效为某种形式的荷载作用，这时可称为等效地震荷载。

地震时地面的运动有六个分量，沿X、Y、Z三个方向的线位移和绕三个轴的转动。目前的工程抗震设计主要考虑沿三个方向的线位移分量。如图19-1所示，当地面作水平运动时，将会在房屋结构中产生水平方向的惯性力，它将引起房屋的支承结构（墙或柱）产生很大的内力；同理，当地面作竖向运动时，将会在房屋结构中产生竖向的惯性力，它也将在房屋的承重构件中引起很大的地震内力。本节重点讨论水平地震作用和竖向地震作用。

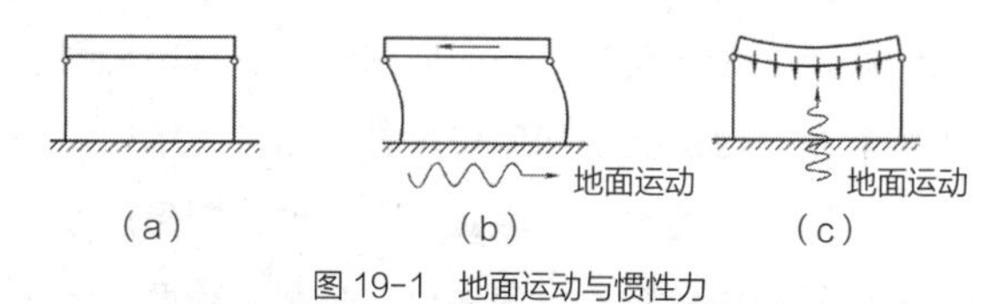

图19-1 地面运动与惯性力

（a）单层空旷房屋计算模型；（b）水平地震作用；（c）竖向地震作用

19.3.2 结构动力计算简图

进行结构地震反应分析的第一步，就是确定结构动力计算简图。

结构动力计算的关键是结构惯性的模拟，由于结构的惯性是结构质量引起的，因此结构动力计算简图的核心内容是结构质量的描述。

结构工程中采用集中质量方法确定结构动力计算简图。这种方法需先定出结构质量集中位置。可取结构各区域主要质量的质心为质量集中位置，将该区域主要质量集中在该点上，忽略其他次要质量或将次要质量合并到相邻主要质量的质点上去。例如，水塔建筑的水箱部分是结构的主要质量，而塔柱部分是结构的次要质量，对此，可将水箱的全部质量及部分塔柱质量集中到水箱质心处，使结构成为一单质点体系（图 19-2 a）。又如，多、高层建筑的楼盖部分是结构的主要质量（图 19-2 b），可将结构的质量集中到各层楼盖标高处，成为一多质点结构体系。

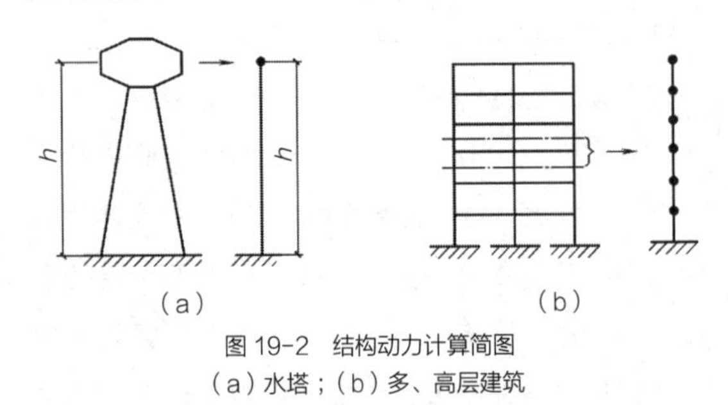

图 19-2 结构动力计算简图
（a）水塔；（b）多、高层建筑

空间中的一个自由质点可有三个独立位移，因此一个自由质点在空间有三个自由度。结构体系上的质点，由于受到结构构件的约束，其自由度数可能小于自由质点的自由度数。当考虑结构的竖向约束作用而忽略质点竖向位移时，则各质点在竖直平面内只有一个自由度，在空间有两个自由度。

19.3.3 水平地震作用计算

1. 单质点体系水平地震作用

当建筑物采用集中质量方法简化为一单质点体系来分析地震作用与其运动关系时，在水平方向上，质点受迫振动的惯性力大小与以下因素有关：

（1）与地面加速度成正比。

（2）与建筑物本身的刚度有极为重要的关系。

例如：结构本身趋于刚度无穷时，质点运动的速度、加速度都必然与地面运动的速度、加速度趋于相等；而结构本身刚度极小，趋于零时，则在地震发生时地面无论做如何强烈的运动，质点将趋于不动。即，结构的刚度不同作用在质点上的惯性力也就不同。

（3）建筑物自重成正比。

基于这些因素，地震作用可概念性地表达为：

$$F = ma_{max} = \alpha G \qquad (19\text{-}2)$$

式中 a_{max}——质点运动的峰值加速度；

m——质点的质量；

α——地震影响系数；

G——质点的重力。

由此可见，为了确定作用于结构上的地震作用，就需知道 α 值大小，因此就必需知道地面的振动情况和结构的反应。然而在设计一幢具体房屋之初，这一切都不可能是已知的。但是大量的震害分析表明，各种不同场地条件下各种不同周期房屋在各种不同地震影响下的 α 值尽管有较大的离散性，但还是有其明显的规律的，完全可以根据这些规律反过来指导我们的工程设计，为此现行《建筑抗震设计规范》GB 50011—2010（2016 年版）（以下简称《抗震规范》）将其统计规律规范化为如图 19-3 所示，工程上称其为地震加速度反应谱，或简称地震反应谱。地震反应谱表示了单质点体系地震最大绝对加速度反应与其自振周期 T 的关系。

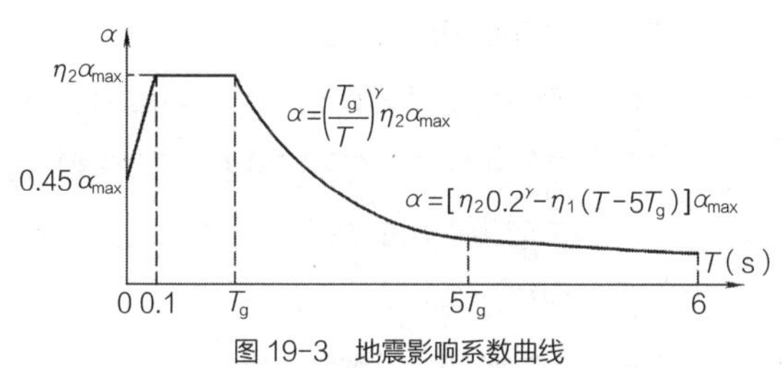

图 19-3　地震影响系数曲线

α—地震影响系数；α_{max}—地震影响系数最大值；
η_1—直线下降段的下降斜率调整系数；γ—衰减指数；
T_g—特征周期；η_2—阻尼调整系数；T—结构自振周期

其中　T_g——特征周期，与场地条件与设计地震分组有关，按表 19-5 确定；

α_{max}——水平地震影响系数最大值，按表 19-6 确定。

2. 多质点体系水平地震作用

多质点体系与在地震波影响下的受迫振动与单质点体系有所不同，对于多质点体系在振动中会可能出现多种不同的振动方式，或者说存在多种可能出现的振型。图 19-4 为三质点体系可能出现的三种振型。每一种振型都有自己的振动周期，要想把各种振型下的地震作用及其效应确定出了是比较麻烦的。

表 19-5　特征周期值 T_g(单位：s)

设计地震分组	场地类别				
	I_0	I_1	Ⅱ	Ⅲ	Ⅳ
第一组	0.20	0.25	0.35	0.45	0.65
第二组	0.25	0.30	0.40	0.55	0.75
第三组	0.30	0.35	0.45	0.65	0.90

表 19-6　水平地震影响系数最大值 α_{max}

地震影响	6 度	7 度	8 度	9 度
多遇地震	0.04	0.08（0.12）	0.16（0.24）	0.32
罕遇地震	0.28	0.50（0.72）	0.90（1.20）	1.40

注：括号中数值分别用于设计基本地震加速度为 0.15g 和 0.30g 的地区。

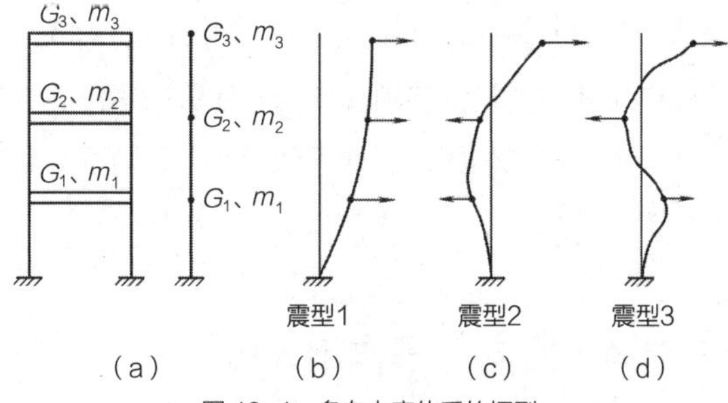

图 19-4　多自由度体系的振型
（a）三自由度体系计算模型；（b）第一振型；
（c）第二振型；（d）第三振型

对结构抗震设计最有意义的是结构最大地震作用。目前有两种计算多自由度弹性体系最大地震作用的方法，一种是振型分解反应谱法，另一种是底部剪力法。其中前者的理论基础是地震作用分析的振型分解法及地震反应谱概念，而后者则是振型分解反应谱法的一种简化。

采用振型分解反应谱法计算结构最大地震作用精度较高，一般情况下无法采用手算，必须通过计算机计算，且计算量较大。理论分析表明，当建筑物高度不超过 40 m，结构以剪切变形为主且质量和刚度沿高度分布较均匀时，结构的地震作用将以第一振型反应为主，而结构的第一振型接近直线。为简化计算，设计时可不必根据质点运动方程逐一求解各质点的地震作用，而是设法求出所有各质点上的全部地震作用，即作用于基础顶面的总地震作用，然后再把它分配到各质点上去，这就是底部剪力法。

上述的建筑结构以外，宜采用振型分解反应谱法。

采用底部剪力法时，各楼层可仅取一个自由度，结构的水平地震作用标准值，可按下列公式确定（图 19-5）：

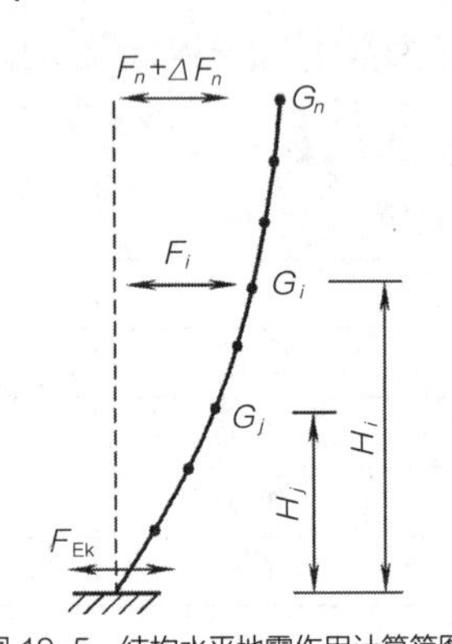

图 19-5 结构水平地震作用计算简图

$$F_{Ek}=\alpha_1 G_{eq} \quad (19\text{-}3)$$

$$F_i=\frac{G_iH_i}{\sum_{j=1}^{n}G_jH_j}F_{Ek}(1-\delta_n)\,(i=1,2,\cdots,n) \quad (19\text{-}4)$$

$$\Delta F_n=\delta_n F_{Ek} \quad (19\text{-}5)$$

式中 F_{Ek}——结构总水平地震作用标准值；

α_1——相应于结构基本自振周期的水平地震影响系数值，多层砌体房屋、底部框架和多层内框架砖房，宜取水平地震影响系数最大值；

G_{eq}——结构等效总重力荷载，单质点应取总重力荷载代表值，多质点可取总重力荷载代表值的 85%；

F_i——质点 i 的水平地震作用标准值；

G_i、G_j——分别为集中于质点 i、j 的重力荷载代表值；

H_i、H_j——分别为质点 i、j 的计算高度；

δ_n——顶部附加地震作用系数，多层钢筋混凝土和钢结构房屋可按表 19-7 采用，多层内框架砖房可采用 0.2，其他房屋可采用 0.0；

ΔF_n——顶部附加水平地震作用。

表 19-7 顶部附加地震作用系数

T_g(s)	$T_1>1.4T_g$	$T_1\leqslant 1.4T_g$
$\leqslant 0.35$	$0.08T_1+0.07$	0.0
$<0.35\sim0.55$	$0.08T_1+0.01$	
>0.55	$0.08T_1-0.02$	

3. 鞭端效应

底部剪力法适用于重量和刚度沿高度分布均比较均匀的结构。当建筑物有局部突出屋面的小建筑（如屋顶间、女儿墙、烟囱）等时，由于该部分结构的重量和刚度突然变小，将产生鞭端效应，即局部突出小建筑的地震作用有加剧的现象。因此，当采用底部剪力法计算这类小建筑的地震作用效应时，按式（19-3）计算作用在小建筑上的地震作用需乘以增大系数，《抗震规范》规定该增大系数取为 3。但是，应注意鞭端效应只对局部突出小建筑有影响，因此作用在小建筑上的地震作用向建筑主体传递时（或计算建筑主体的地震作用效应时），则不乘增大系数。

19.3.4 竖向地震作用计算

在地面竖向振动作用下，结构中也会产生竖向地震作用，对于大跨度结构和高度较高的（> 60 m）高层建筑，它是一项十分重要的荷载。我国现行《抗震规范》规定：设防烈度为8度和9度的大跨度屋盖结构，长悬臂结构，烟囱及类似高耸结构和设防烈度为9度的高层建筑，应考虑其地震作用。其结构底部的竖向地震作用标准值可按下式计算（图19-6）：

$$F_{Evk}=\alpha_{vmax}G_{eq} \quad (19-6)$$

$$F_{vi}=\frac{G_iH_i}{\sum G_jH_j}F_{Evk} \quad (19-7)$$

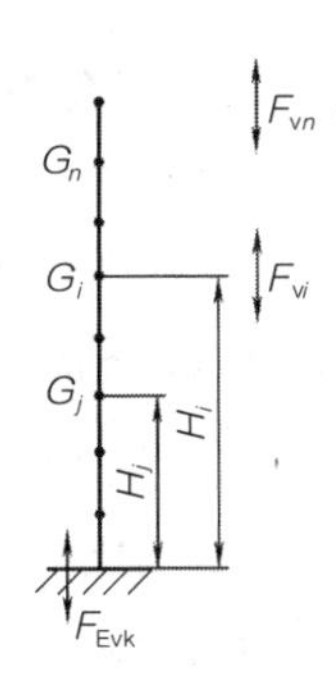

图19-6　结构竖向地震作用计算简图

式中　F_{Evk}——结构总竖向地震作用标准值；

F_{vi}——质点 i 的竖向地震作用标准值；

α_{vmax}——竖向地震影响系数的最大值，可取水平地震影响系数最大值的65%；

G_{eq}——结构等效总重力荷载，可取其重力荷载代表值的75%。

平板型网架屋盖和跨度大于24 m屋架的竖向地震作用标准值，宜取其重力荷载代表值和竖向地震作用系数的乘积；竖向地震作用系数可按表19-8采用。

表19-8　竖向地震作用系数

结构类型	烈度	场地类别		
		Ⅰ	Ⅱ	Ⅲ、Ⅳ
平板型网架、钢屋架	8	可不计算（0.10）	0.08（0.12）	0.10（0.15）
	9	0.15	0.15	0.20
钢筋混凝土屋架	8	0.10（0.15）	0.13（0.19）	0.13（0.19）
	9	0.20	0.25	0.25

注：括号中数值分别用于设计基本地震加速度为0.15g和0.30g的地区。

19.4　多层砌体结构房屋的抗震设计要点

砌体结构是建筑工程中使用最广泛的一种结构形式，据不完全统计，在整个建筑工业中砌体结构的比例约占60%～70%。这种房屋由于其墙多、墙厚、刚度很大，加之房屋自重大，因而出现在房屋结构体系上的地震作用必然很大。但这种房屋的结构却又具有强度低、延性差的特点，不易承担出现在本身上的地震作用，从而使得震害往往较严重。因此，地震区多层砌体房屋的抗震设计具有十分重要的意义。

19.4.1　震害及其分析

在强烈地震作用下，多层砌体房屋的破坏部位主要是墙身和构件的连接处，楼盖、屋盖结构本身的破坏较少。下面就几种多层砌体房屋中最常见的震害及其造成的原因作一简要说明。

1. 墙体的破坏

在砌体房屋中，与水平地震作用方向平行的墙体是主要承担地震作用的构件。这类墙体往往因为拉应力强度不足而引起斜裂缝破坏。由于水平地震反复作用，两个方向的斜裂缝组成交叉型裂缝。这种裂缝在多层砌体房屋中一般规律是下重上轻。这是因多层房屋墙体下部地震剪力大的缘故（图19-7）。另外，外墙外闪与倒塌也是常见的墙体的破坏。这是因为内外墙连接处刚度较大，因而地震作用较强烈，而在结构上连接构造往往较弱，故地震时此部位常常开裂，甚至外闪、倒塌（图19-8）。

2. 墙体转角处的破坏

由于墙角位于房屋尽端，房屋对它的约束作用减弱，使该处抗震能力相对降低，因此较易破坏。此外，在地震过程中当房屋发生扭转时，墙角处位移反应较房屋其他部位大，这电是造成墙角破坏的一个原因（图 19-9）。

图 19-7 墙体的破坏

图 19-8 墙体全部倒塌

图 19-9 墙体转角处的震害

3. 楼梯间墙体的破坏

楼梯间除顶层外，一般层墙体计算高度较房屋其他部位墙体小，其刚度较大，因而该处分配的地震剪力大，故容易造成震害，而顶层墙体的计算高度又较其他部位的大，其稳定性差，所以也易发生破坏。

4. 屋盖的破坏

在强烈地震作用下，坡屋顶的木屋盖常因屋盖支撑系统不完善，或采用硬山搁檩而山尖未采取抗震措施，造成屋盖失稳而破坏。

5. 突出屋面的附属结构的破坏

在房屋中，突出屋面的小阁楼、电梯机房、女儿墙等附属结构，由于地震“鞭端效应”的影响出现较下部的主体结构破坏严重，几乎在 6 度区就有破坏发生，在 7 度区普遍破坏，8、9 度区几乎全部损坏或倒塌。

19.4.2 抗震设计中建筑尺寸的规定

1. 控制多层房屋的层数、高度和层高

国内外历次地震表明，在一般场地下，砌体房屋层数越多，高度越高，它的震害程度和破坏率也就越大。因此，国内外建筑抗震设计规范都对砌体房屋的层数和总高度加以限制。实践证明，限制砌体房屋层数和总高度，是一项既经济又有效的抗震措施。

多层房屋的层数、高度和层高应符合下列要求:

（1）一般情况下，房屋的层数和总高度不应超过表 19-9 的规定:

表 19-9 房屋的层数和高度限制（高度单位：m）

房屋类别		最小抗震墙厚度(mm)	烈度和设计基本地震加速度											
			6		7				8				9	
			0.05g		0.10g		0.15g		0.20g		0.30g		0.40g	
			高度	层数	高度	层数	高度	层数	高度	层数	高度	层数	高度	层数
多层砌体房屋	普通砖	240	21	7	21	7	21	7	18	6	15	5	12	4
	多孔砖	240	21	7	21	7	18	6	18	6	15	5	9	3
	多孔砖	190	21	7	18	6	15	5	15	5	12	4	—	—
	小砌块	190	21	7	21	7	18	6	18	6	15	5	9	3
底部框架—抗震墙砌体房屋	普通砖	240	22	7	22	7	19	6	16	5	—	—	—	—
	多孔砖													

续表

房屋类别		最小抗震墙厚度（mm）	烈度和设计基本地震加速度											
			6		7				8				9	
			0.05g		0.10g		0.15g		0.20g		0.30g		0.40g	
			高度	层数	高度	层数	高度	层数	高度	层数	高度	层数	高度	层数
底部框架—抗震墙砌体房屋	多孔砖	190	22	7	19	6	16	5	13	4	—	—	—	—
	小砌块	190	22	7	22	7	19	6	16	5	—	—	—	—

注：① 房屋的总高度指室外地面到檐口或主要屋面板板顶的高度，半地下室可从地下室室内地面算起，全地下室和嵌固条件好的半地下室可从室外地面算起；带阁楼的坡屋面应算到山尖墙的 $\frac{1}{2}$ 高度处；

② 室内外高差大于 0.6m 时，房屋的总高度可比表中数据增加 1m；

③ 乙类的多层砌体房屋仍按本地区设防烈度查表，其层数应减少一层且总高度应降低 3m；不应采用底部框架 M 抗震墙砌体房屋；

④ 本表小砌块砌体房屋不包括配筋混凝土小型空心砌块砌体房屋。

（2）对医院、教学楼等及横墙较少的多层砌体房屋（横墙较少指同一楼层内开间大于 4.20 m 的房间占该层总面积的 40% 以上），总高度应比表 19-9 的规定降低 3 m，层数相应减少一层；各层横墙很少的多层砌体房屋，还应根据具体情况再适当降低总高度和减少层数。

（3）多层砌体承重房屋的层高，不应超过 3.6 m。底部框架—抗震墙砌体房屋的底部，层高不应超过 4.5 m；当底层采用约束砌体抗震墙时，底层的层高不应超过 4.2 m。

2. 房屋最大高宽比的限制

为了保证砌体房屋整体弯曲承载力，房屋总高度与总宽度的最大比值，应符合表 19-10 的要求。

表 19-10　房间最大高宽比

烈度	6	7	8	9
最大高宽比	2.5	2.5	2.0	1.5

注：① 单面走廊房屋的总宽度不包括走廊宽度；

② 建筑平面接近正方形时，其高宽比适当减小。

3. 抗震横墙间距的限制

多层砌体房屋的横向水平地震作用主要由横墙来承受。对于横墙，除了要求满足抗震承载力外，还要使横墙间距能保证楼盖对传递水平地震作用所需的刚度要求。前者可通过抗震承载力验算来解决，而横墙间距则必须根据楼盖的水平刚度要求给予一定的限制。

现行抗震规范规定了多层砌体房屋抗震横墙的间距限制见表 19-11 的要求：

表 19-11　房屋抗震横墙最大间距（单位：m）

房屋类别		烈度			
		6	7	8	9
多层砌体房屋	现浇或装配整体式钢筋混凝土楼、屋盖	15	15	11	7
	装配式钢筋混凝土楼、屋盖	11	11	9	4
	木屋盖	9	9	4	—
底部框架—抗震墙砌体房屋	上部各层	同多层砌体房屋			—
	底层或底部两层	18	15	11	—

注：① 多层砌体房屋的顶层，除木屋盖外的最大横墙间距应允许适当放宽，但应采取相应加强措施；

② 多孔砖抗震横墙厚度为 190mm 时，最大横墙间距应比表中数值减少 3m。

4. 房屋局部尺寸的限制

为保证房屋各部分墙体具有必要的抗剪承载能力和抗倾覆能力，应对窗间墙、尽端墙段、突出屋顶的女儿墙等这些易受地震破坏的薄弱部位进行加强。现行抗震规范规定，多层砌体房屋的局部尺寸限值，应符合表 19-12 的要求：

表 19-12　房屋局部尺寸限值（单位：m）

部位	烈度			
	6	7	8	9
承重窗间墙最小宽度	1.0	1.0	1.2	1.5
承重外墙尽端至门窗洞边的最小距离	1.0	1.0	1.2	1.5
非承重外墙尽端至门窗洞边的最小距离	1.0	1.0	1.0	1.0
内墙阳角至门窗洞边的最小距离	1.0	1.0	1.5	2.0
无锚固女儿墙（非出入口处）的最大高度	0.5	0.5	0.5	0.0

注：① 局部尺寸不足时应采取局部加强措施弥补，且最小宽度不宜小于$\frac{1}{4}$层高和表列数据的 80%；
② 出入门处的女儿墙应有锚固。

19.4.3　多层砌体房屋的结构体系要求

多层房屋的结构体系，应符合下列要求：

（1）应优先采用横墙承重或纵、横墙共同承重的结构体系。

（2）纵、横墙的布置宜均匀对称，沿水平面内宜对齐，沿竖向应上下连续；同一轴线上的窗间墙宜均匀。

（3）楼梯间不宜设于房屋的尽端和转角处。

（4）房屋有下列情况之一时宜设置防震缝，缝两侧均应设置墙体，缝宽应根据烈度和房屋高度确定，可采用 70 ~ 100 mm。

1）房屋立面高差在 6 m 以上；

2）房屋有错层，且楼板高差大于层高的$\frac{1}{4}$；

3）各部分结构刚度、质量截然不同。

（5）烟道、风道、垃圾道等不应削弱墙体；当墙体被削弱时，应对墙体采取加强措施；不宜采用无竖向配筋的附墙烟囱及出屋面的烟囱。

（6）不应采用无锚固的钢筋混凝土预制挑檐。

19.4.4　抗震构造措施

1. 设置钢筋混凝土构造柱

大量抗震设计经验表明，在多层砖房中的适当部位设置钢筋混凝土构造柱（以下简称构造柱）并与圈梁连接使之共同工作，可以增加房屋的延性，提高房屋的抗侧力能力，防止或延缓房屋在地震作用下发生突然倒塌，或者减轻房屋的损坏程度。因此，设置构造柱是防止房屋倒塌的一种有效措施。

多层普通黏土砖、多孔黏土砖房屋的现浇钢筋混凝土构造柱（以下简称构造柱）设置，应符合下列要求：

（1）构造柱设置部位应符合表 19-13 的要求，构造柱与内外墙的关系可见图 19-10。

（2）外廊式和单面走廊式的多层房屋，应根据房屋增加 1 层后的层数，按表 19-13 要求设置构造柱，且单面走廊两侧的纵墙均应按外墙处理；

（3）教学楼、医院等横墙较少的房屋，应根据房屋增加 1 层后的层数，按表 19-13 的要求设置构造柱；当教学楼、医院等横墙较少的房屋为外廊式或单面走廊式时，应按表中要求设置构造柱，但6度不超过4层、7度不超过3层和8度不超过2层时，应按增加2层后的层数考虑。

表19-13　砖房构造柱设置要求

房屋层数				设置部位	
6度	7度	8度	9度		
四、五	三、四	二、三		楼、电梯间四角，楼梯斜梯段上下端对应的墙体处； 外墙四角和对应转角； 错层部位横墙与外纵墙交界处； 大房间内外墙交接处； 较大洞口两侧	隔12m或单元横墙与外纵墙交接处； 楼梯间对应的另一侧内横墙与外纵墙交接处
六	五	四	二		隔开间横墙（轴线）与外墙交接处； 山墙与内纵墙交接处
七	≥六	≥五	≥三		内墙（轴线）与外墙交接处； 内墙的局部较小墙垛处； 内纵墙与横墙（轴线）交接处

注：较大洞口，内墙指不小于2.1m的洞口；外墙在内外墙支援处已设置构造柱时应允许适当放宽，但洞侧墙体应加强。

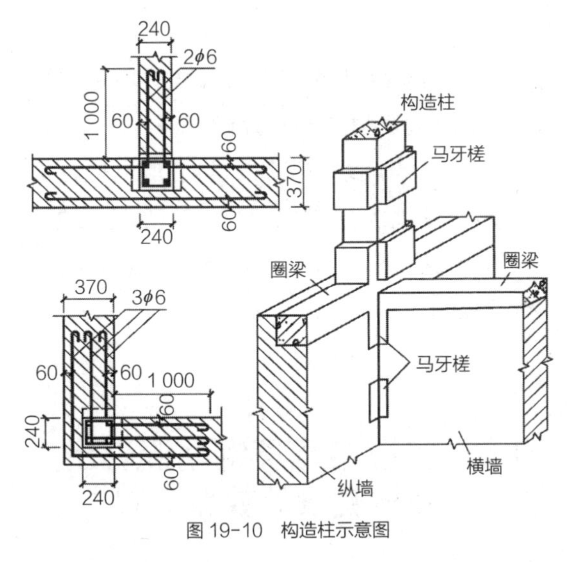

图19-10　构造柱示意图

多层普通黏土砖、多孔黏土砖房屋构造柱截面尺寸、配筋和连接的要求：

（1）构造柱最小截面可采用240mm×180mm，纵向钢筋宜采用4ϕ12，箍筋间距不宜大于250 mm，且在柱上下端宜适当加密；6、7度时超过6层、8度时超过5层和9度时，构造柱纵向钢筋宜采用4ϕ14，箍筋间距不应大于200 mm；房屋四角的构造柱可适当加大截面及配筋。

（2）构造柱与墙连接处应砌成马牙槎，并应沿墙高每隔500 mm设2ϕ6拉结钢筋和ϕ4分布短筋平面内点焊组成的拉结网片或ϕ4点焊钢筋网片，每边伸入墙内不宜小于1 m。6、7度时底部$\frac{1}{3}$楼层，8度时底部$\frac{1}{2}$楼层，9度时全部楼层，上述拉结钢筋网片应沿墙体水平通长设置。

（3）构造柱与圈梁连接处，构造柱的纵筋应穿过圈梁，保证构造柱纵筋上下贯通。

（4）构造柱可不单独设置基础，但应伸入室外地面下500 mm，或与埋深小于500 mm的基础圈梁相连。

2. 设置钢筋混凝土圈梁

钢筋混凝土圈梁是增加墙体的连接，提高楼盖、屋盖刚度，抵抗地基不均匀沉降，限制墙体裂缝开展，保证房屋整体性，提高房屋抗震能力的有效构造措施，而且是减小构造柱计算长度，充分发挥抗震作用不可缺少的连接构件。

多层普通黏土砖、多孔黏土砖房屋的现浇钢筋混凝土圈梁设置，应符合下列要求：

（1）装配式钢筋混凝土楼盖、屋盖或木楼盖、屋盖的砖房，横墙承重时应按表19-14的要求设置圈梁，纵墙承重时每层均应设置圈梁，且抗震横墙上的圈梁间距应比表内要求适当加密。

表 19-14 砖房现浇钢筋混凝土圈梁设置要求

墙类	烈度		
	6、7	8	9
外墙和内纵墙	屋盖处及每层楼盖处	屋盖处及每层楼盖处	屋盖处及每层楼盖处
内横墙	同上； 屋盖处间距不应大于 4.5m； 楼盖处间距不应大于 7.2m； 构造柱对应部位	同上； 各层所有横墙，且间距不应大于 4.5m； 构造柱对应部位	同上； 各层所有横墙

（2）现浇或装配整体式钢筋混凝土楼盖、屋盖与墙体可靠连接的房屋可不另设圈梁，但楼板沿墙体周边应加强配筋，并应与相应的构造柱钢筋可靠连接。

（3）圈梁应闭合，遇有洞口应上下搭接（图 14-8），圈梁宜与预制板设在同一标高处或紧靠板底（图 19-11）。

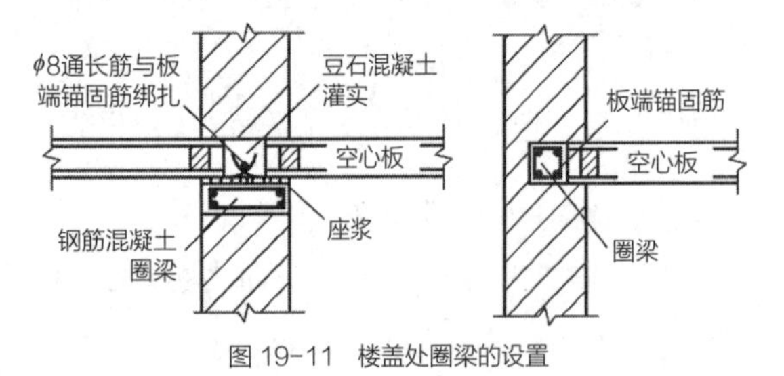

图 19-11 楼盖处圈梁的设置

（4）圈梁在表 19-14 要求的间距内无横墙时，应利用梁或板缝中配筋替代圈梁。

圈梁的截面高度一般不应小于 120 mm，配筋应符合表 19-15 的要求。

表 19-15 圈梁配筋要求

配筋	烈度		
	6、7	8	9
最小纵筋	4ϕ10	4ϕ12	4ϕ14
最大箍筋间距（mm）	250	200	150

3. 楼盖、屋盖构件具有足够的搭接长度和可靠的连接

（1）现浇钢筋混凝土楼板或屋面板伸进纵、横墙内的长度，均不宜小于 120 mm。

（2）装配式钢筋混凝土楼板或屋面板，当圈梁未设在板的同一标高时，板端伸进外墙的长度不应小于 120 mm，伸进内墙的长度不应小于 100 mm 或采用硬架支模连接，在梁上不应小于 80 mm 或采用硬架支模连接。

（3）当板的跨度大于 4.8 m 并与外墙平行时，靠外墙的预制板侧边应与墙或圈梁拉结。

（4）房屋端部大房间的楼盖，6 度时房屋的屋盖和 7 ~ 9 度时房屋的楼、屋盖，当圈梁设在板底时，钢筋混凝土预制板应相互拉结，并应与梁、墙或圈梁拉结。

19.5 多层与高层钢筋混凝土房屋抗震设计要点

1. 控制房屋的高度

根据国内外震害调查和工程设计经验，为使建筑达到既安全适用又经济合理的要求，现浇钢筋混凝土房屋高度不宜建得太高。房屋适宜的最大高度与房屋的结构类型、设防烈度、场地类别等因素有关。钢筋混凝土结构的高层建筑的最大高度应不超过表 16-2 与表 16-3 的规定要求。

2. 房屋平面力求简单、规整

震害调查表明，建筑立面和平面不规则常是造成震害的主要原因。因此，建筑及其抗侧力结构的平面布置宜规则、对称，并应具有良好的整体性；建筑的立面和竖向剖面宜规则，结构的侧向刚度宜均匀变化，竖向抗侧力构件的截面尺寸和材料强度宜自下而上逐渐减小，避免抗侧力结构的侧向刚度和承载力突变。图 19-12 表示了一些平面的尺寸，设计时应尽量满足$\frac{t}{b}\leqslant 1$、$\frac{t}{d}\leqslant 0.3$的要求。立面尺寸的抗震要求可参见图 16-9 以及相关章节。

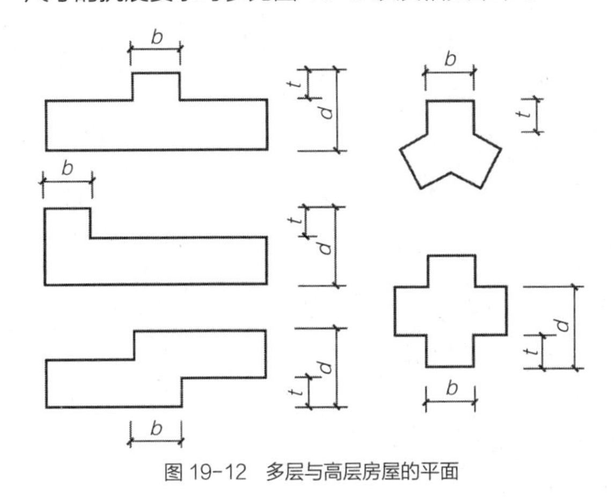

图 19-12　多层与高层房屋的平面

3. 结构布置

（1）框架、框架—剪力墙结构中，框架和剪力墙均应双向布置，为了防止在地震作用下柱发生扭转，柱中线与剪力墙中线、梁中线与柱中线之间的偏心距不宜大于柱宽的$\frac{1}{4}$。

（2）为保证框架—剪力墙结构房屋的总体刚度和框架与剪力墙的协同工作，要求楼（屋）盖在平面内应具有足够的刚度和强度，除在设计中尽量设法增强楼（屋）盖本身的强度、刚度和整体性外，还要求楼盖（屋盖）的跨度不要太大，宽度不要太小。为此现行抗震规范规定：框架—剪力墙结构中，剪力墙之间无大洞口的楼、屋盖的长宽比 $L：B$ 值不宜超过表 19-16 的规定；超过时，应考虑楼盖平面内变形的影响。

（3）采用装配式楼、屋盖时，应采取措施保证楼、屋盖的整体性及其与抗震墙的可靠连接。采用配筋现浇面层加强时，厚度不宜小于 50 mm。

（4）框架—抗震墙结构中的抗震墙设置，宜符合下列要求：

1）震墙宜贯通房屋全高，且横向与纵向的抗震墙宜相连；

2）抗震墙宜设置在墙面不需要开大洞口的位置；

3）房屋较长时，刚度较大的纵向抗震墙不宜设置在房屋的端开间；

4）抗震墙洞口宜上下对齐；洞边距端柱不宜小于 300 mm。

表 19-16　剪力墙之间楼（屋）盖长宽比

楼、屋盖类型		设防烈度			
		6	7	8	9
框架—抗震墙结构	现浇或叠合楼、屋盖	4	4	3	2
	装配整体式楼、屋盖	3	3	2	不宜采用
板柱—抗震墙结构的现浇楼、屋盖		3	3	2	—
框支层的现浇楼、屋盖		2.5	2.5	2	—

Appendix
附 录

附录1 型钢规格表

附表1-1 普通工字钢

符号：h——高度；

b——翼缘宽度；

d——腹板厚；

t——翼缘平均厚度；

I——惯性矩；

W——截面抵抗矩；

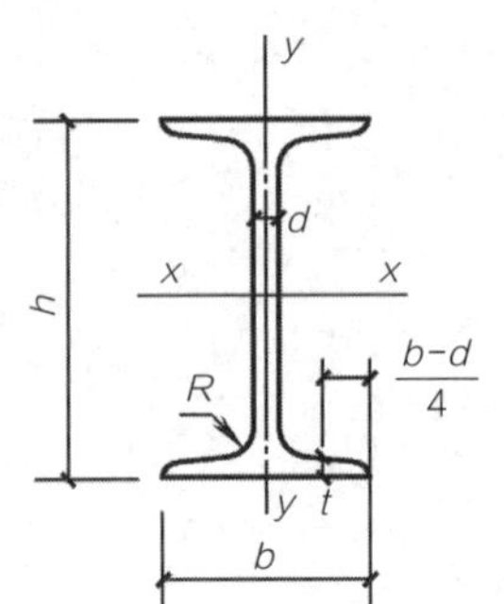

i——回转半径；

S_x——半截面的面积矩。

长度：型号10～18，

长5～19 m；

型号20～63，

长6～19 m。

型号	尺寸（mm）					截面积	质量	x-x轴				y-y轴		
	h	b	d	t	R	(cm²)	(kg/m)	I_x (cm⁴)	W_x (cm³)	i_x (cm)	I_x/S_x (cm)	I_y (cm⁴)	W_y (cm³)	i_y (cm)
10	100	68	4.5	7.6	6.5	14.3	11.2	245	49	4.14	8.59	33	9.7	1.52
12.6	126	74	5.0	8.4	7.0	18.1	14.2	488	77	5.19	16.8	47	12.7	1.61
14	140	80	5.5	9.1	7.5	21.5	16.9	712	102	5.79	12.0	64	16.1	1.73
16	160	88	6.0	9.9	8.0	26.1	20.5	1 130	141	6.58	13.8	93	21.2	1.89
18	180	94	6.5	10.7	8.5	30.6	24.1	1 660	185	7.36	15.4	122	26.0	2.00
20 a	200	100	7.0	11.4	9.0	35.5	27.9	2 370	237	8.15	17.2	158	31.5	2.12
b	200	102	9.0	11.4	9.0	39.5	31.1	2 500	250	7.96	16.9	169	33.1	2.06
22 a	220	110	7.5	12.3	9.5	42.0	33.0	3 400	309	8.99	18.9	225	40.9	2.31
b	220	112	9.5	12.3	9.5	46.4	36.4	3 570	325	8.78	18.7	239	42.7	2.27
25 a	250	116	8.0	13.0	10.0	48.5	38.1	5 020	402	10.18	21.6	280	48.3	2.40
b	250	118	10.0	13.0	10.0	53.5	42.0	5 280	423	9.94	21.3	309	52.4	2.40
28 a	280	122	8.5	13.7	10.5	65.4	43.4	7 110	508	11.3	24.6	345	56.6	2.49
b	280	124	10.0	13.7	10.5	61.0	47.9	7 480	534	11.1	24.2	379	61.2	2.49
a	320	130	9.5	15.0	11.5	67.0	52.7	11 080	692	12.8	27.5	460	70.8	2.62
32 b	320	132	11.5	15.0	11.5	73.4	57.7	11 620	726	12.6	27.1	502	76.0	2.61
c	320	134	13.5	15.0	11.5	79.9	62.8	12 170	760	12.3	26.8	544	81.2	2.61
a	360	136	10.0	15.8	12.0	76.3	59.9	15 760	875	14.4	30.7	552	81.2	2.69
36 b	360	138	12.0	15.8	12.0	83.5	65.6	16 530	919	14.1	30.3	582	84.3	2.64
c	360	140	14.0	15.8	12.0	90.7	71.2	17 310	962	13.8	29.9	612	87.4	2.60
a	400	142	10.5	16.5	12.5	86.1	67.6	21 720	1 090	15.9	34.1	660	93.2	2.77
40 b	400	144	12.5	16.5	12.5	94.1	73.8	22 780	1 140	15.6	33.6	692	96.2	2.71
c	400	146	14.5	16.5	12.5	102	80.1	23 850	1 190	15.2	33.2	727	99.6	2.65
a	450	150	11.5	18.0	13.5	102	80.4	32 240	1 430	17.7	38.6	855	114	2.89
45 b	450	152	13.5	18.0	13.5	111	87.4	33 760	1 500	17.4	38.0	894	118	2.84

续表

型号	尺寸（mm）					截面积 (cm²)	质量 (kg/m)	x–x 轴				y–y 轴		
	h	b	d	t	R			I_x (cm⁴)	W_x (cm³)	i_x (cm)	I_x/S_x (cm)	I_y (cm⁴)	W_y (cm³)	i_y (cm)
c	450	154	15.5	18.0	13.5	120	94.5	35 280	1 570	17.1	37.6	938	122	2.79
a	500	158	12.0	20	14	119	93.6	46 470	1 860	19.7	42.8	1 120	142	3.07
50 b	500	160	14.0	20	14	129	101	48 560	1 940	19.4	42.4	1 170	146	3.01
c	500	162	16.0	20	14	139	109	50 640	2 080	19.0	41.8	1 220	151	2.96
a	560	166	12.5	21	14.5	135	106	65 590	2 342	22.0	47.7	1 370	165	3.18
56 b	560	168	14.5	21	14.5	146	115	68 510	2 447	21.6	47.2	1 487	174	3.16
c	560	170	16.5	21	14.5	158	124	71 440	2 551	21.3	46.7	1 558	183	3.16
a	630	176	13.0	22	15	155	122	93 920	2 981	24.6	54.2	1 701	193	3.31
63 b	630	178	15.0	22	15	167	131	98 080	3 164	24.2	53.5	1 812	204	3.29
c	630	180	17.0	22	15	180	141	102 250	3 298	23.8	52.9	1 925	214	3.27

附表 1–2　普通工字钢

符号：同普通工字型钢

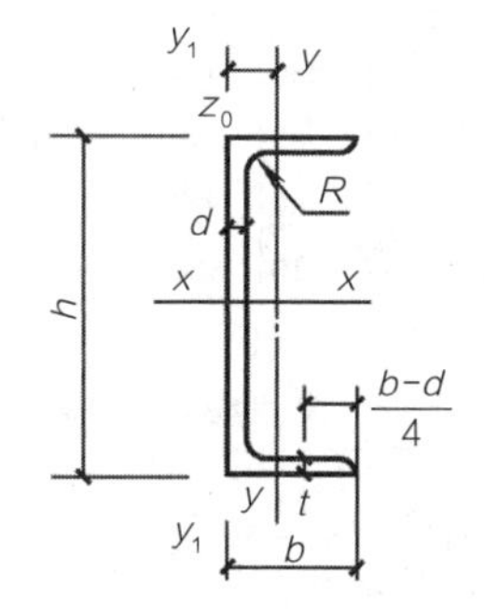

长度：型号 5 ~ 8，长 5 ~ 12 m；
型号 10 ~ 18，长 5 ~ 19 m；
型号 20 ~ 40，长 6 ~ 19 m。

型号	尺寸（mm）					截面积 (cm²)	质量 (kg/m)	x–x 轴			y–y 轴			y_1–y_1 轴	z_0 (cm)
	h	b	d	t	R			I_x (cm⁴)	W_x (cm³)	i_x (cm)	I_y (cm⁴)	W_y (cm³)	i_y (cm)	I_{y1} (cm⁴)	
5	50	37	4.5	7.0	7.0	6.9	5.4	26	10.4	1.94	8.3	3.55	1.10	20.9	1.35
6.3	63	40	4.8	7.5	7.5	8.4	6.6	51	16.1	2.45	11.9	4.50	1.18	28.4	1.36
8	80	43	5.0	8.0	8.0	10.2	8.0	101	25.3	3.15	16.6	5.79	1.27	37.4	1.43
10	100	48	5.3	8.5	8.5	12.7	10.0	198	39.7	3.95	25.6	7.8	1.41	55	1.52
12.6	126	53	5.5	9.0	9.0	15.7	12.4	391	62.1	4.95	38.0	10.2	1.57	77	1.59
14 a	140	58	6.0	9.5	9.5	18.5	14.5	564	80.5	5.52	53.2	13.0	1.70	107	1.71
14 b	140	60	8.0	9.5	9.5	21.3	16.7	609	87.1	5.35	61.1	14.1	1.69	121	1.67
16 a	160	63	6.5	10.0	10.0	21.9	17.2	866	108	6.28	73.3	16.3	1.83	144	1.80
16 b	160	65	8.5	10.0	10.0	25.1	19.7	934	117	6.10	83.4	17.5	1.82	161	1.75
18 a	180	68	7.0	10.5	10.5	25.7	20.2	1 273	141	7.04	98.6	20.0	1.96	190	1.88
18 b	180	70	9.0	10.5	10.5	29.3	23.0	1 370	152	6.84	111	21.5	1.95	210	1.84
20 a	200	73	7.0	11.0	11.0	28.8	22.6	1 780	178	7.86	128	24.2	2.11	244	2.01
20 b	200	75	9.0	11.0	11.0	32.8	25.8	1 914	191	7.64	144	25.9	2.09	268	1.95

续表

型号	尺寸 (mm)					截面积 (cm^2)	质量 (kg/m)	$x-x$ 轴			$y-y$ 轴			y_1-y_1 轴	z_0 (cm)
	h	b	d	t	R			I_x (cm^4)	W_x (cm^3)	i_x (cm)	I_y (cm^4)	W_y (cm^3)	i_y (cm)	I_{y1} (cm^4)	
22a	220	77	7.0	11.5	11.5	31.8	25.0	2 394	218	8.67	158	28.2	2.23	298	2.10
22b	220	79	9.0	11.5	11.5	36.2	28.4	2 571	234	8.42	176	30.0	2.21	326	2.03
25a	250	78	7.0	12.0	12.0	34.9	27.5	3 370	270	9.82	175	30.5	2.24	322	2.07
25b	250	80	9.0	12.0	12.0	39.9	31.4	3 530	282	9.40	196	32.7	2.22	353	1.98
25c	250	82	11.0	12.0	12.0	44.9	35.3	3 696	295	9.07	218	35.9	2.21	384	1.92
28a	280	82	7.5	12.5	12.5	40.0	31.4	4 765	340	10.9	218	35.7	2.33	388	2.10
28b	280	84	9.5	12.5	12.5	45.6	35.8	5 130	366	10.6	242	37.9	2.30	428	2.02
28c	280	86	11.5	12.5	12.5	51.2	40.2	5 495	393	10.3	268	40.3	2.29	463	1.95
32a	320	88	8.0	14.0	14.0	48.7	38.2	7 598	475	12.5	305	46.5	2.50	552	2.24
32b	320	90	10.0	14.0	14.0	55.1	43.2	8 144	509	12.1	336	49.2	2.47	593	2.16
32c	320	92	12.0	14.0	14.0	61.5	48.3	8 690	543	11.9	374	52.6	2.47	643	2.09
36a	360	96	9.0	16.0	16.0	60.9	47.8	11 870	660	14.0	455	63.5	2.73	818	2.44
36b	360	98	11.0	16.0	16.0	68.1	53.4	12 650	703	13.6	497	66.8	2.70	880	2.37
36c	360	100	13.0	16.0	16.0	75.3	59.1	13 430	746	13.4	536	70.0	2.67	948	2.34
40a	400	100	10.5	18.0	18.0	75.0	58.9	17 580	879	15.3	592	78.8	2.81	1 068	2.49
40b	400	102	12.5	18.0	18.0	83.0	65.2	18 640	932	15.0	640	82.5	2.78	1 136	2.44
40c	400	104	14.5	18.0	18.0	91.0	71.5	19 710	986	14.7	688	86.2	2.75	1 221	2.42

附表 1-3 宽、中、窄翼缘 H 型钢

类别	型号（高度×宽度）	截面尺寸 (mm)				截面面积 (cm^2)	理论重量 (kg/m)	截面特性参数					
								惯性矩 (cm^4)		惯性半径 (cm)		截面模数 (cm^3)	
		$H \times B$	t_1	t_2	r			I_x	I_y	i_x	i_y	W_x	W_y
HW	100×100	100×100	6	8	10	21.90	17.2	383	134	4.18	2.47	76.5	26.7
	125×125	125×125	6.5	9	10	30.31	23.8	847	294	5.29	3.11	136	47.0
	150×150	150×150	7	10	13	40.55	31.9	1 660	564	6.39	3.73	221	75.1
	175×175	175×175	7.5	11	13	51.43	40.3	2 900	984	7.50	4.37	331	112
	200×200	200×200	8	12	16	64.28	50.5	4 770	1 600	8.61	4.99	477	160
		#200×204	12	12	16	72.28	56.7	5 030	1 700	8.35	4.85	503	167
	250×250	250×250	9	14	16	92.18	72.4	10 800	3 650	10.8	6.29	867	292
		#250×255	14	14	16	104.7	82.2	11 500	3 880	10.5	6.09	919	304
	300×300	#294×302	12	12	20	108.3	85.0	17 000	5 520	12.5	7.14	1 160	365
		300×300	10	15	20	120.4	94.5	20 500	6 760	13.1	7.49	1 370	450
		300×305	15	15	20	135.4	106	21 600	7 100	12.6	7.24	1 440	466
	350×350	#344×348	10	16	20	146.0	115	33 300	11 200	15.1	8.78	1 940	646
		350×350	12	19	20	173.9	137	40 300	13 600	15.2	8.84	2 300	776

续表

类别	型号（高度×宽度）	截面尺寸（mm）				截面面积（cm^2）	理论重量（kg/m）	截面特性参数					
								惯性矩（cm^4）		惯性半径（cm）		截面模数（cm^3）	
		$H \times B$	t_1	t_2	r			I_x	I_y	i_x	i_y	W_x	W_y
HW	400×400	#388×402	15	15	24	179.2	141	49 200	16 300	16.6	9.52	2 540	809
		#394×398	11	18	24	187.6	147	56 400	18 900	17.3	10.0	2 860	951
		400×400	13	21	24	219.5	172	66 900	22 400	17.5	10.1	3 340	1 120
		#400×408	21	21	24	251.5	197	71 100	23 800	16.8	9.73	3 560	1 170
		#414×405	18	28	24	296.2	233	93 000	31 000	17.7	10.2	4 490	1 530
		#428×407	20	35	24	361.4	284	119 000	39 400	18.2	10.4	5 580	1 930
		*458×417	30	50	24	529.3	415	187 000	60 500	18.8	10.7	8 180	2 900
		*498×432	45	70	24	770.8	605	298 000	94 400	19.7	11.1	12 000	4 370
HM	150×100	148×100	6	9	13	27.25	21.4	1 040	151	6.17	2.35	140	30.2
	200×150	194×150	6	9	16	39.76	31.2	2 740	508	8.30	3.57	283	67.7
	250×175	244×175	7	11	16	56.24	44.1	6 120	985	10.4	4.18	502	113
	300×200	294×200	8	12	20	73.03	57.3	11 400	1 600	12.5	4.69	779	160
	350×250	340×250	9	14	20	101.5	79.7	21 700	3 650	14.6	6.00	1 280	292
	400×300	390×300	10	16	24	136.7	107	38 900	7 210	16.9	7.26	2 000	481
	450×300	440×300	11	18	24	157.4	124	56 100	8 110	18.9	7.18	2 550	541
	500×300	482×300	11	15	28	146.4	115	60 800	6 770	20.4	6.80	2 520	451
		488×300	11	18	28	164.4	129	71 400	8 120	20.8	7.03	2 930	541
	600×300	582×300	12	17	28	174.5	137	103 000	7 670	24.3	6.63	3 530	511
		588×300	12	20	28	192.5	151	118 000	9 020	24.8	6.85	4 020	601
		#594×302	14	23	28	222.4	175	137 000	10 600	24.9	6.90	4 620	701
HN	100×50	100×50	5	7	10	12.16	9.54	192	14.9	3.98	1.11	38.5	5.96
	126×60	125×60	6	8	10	17.01	13.3	417	29.3	4.95	1.31	66.8	9.75
	150×75	150×75	5	7	10	18.16	14.3	679	49.6	6.12	1.65	90.6	13.2
	175×90	175×90	5	8	10	23.21	18.2	1 220	97.6	7.26	2.05	140	21.7
	200×100	198×99	4.5	7	13	23.59	18.5	1 610	114	8.27	2.20	163	23.0
		200×100	5.5	8	13	27.57	21.7	1 880	134	8.25	2.21	188	26.8
	250×125	248×124	5	8	13	32.89	25.8	3 560	255	10.4	2.78	287	41.1
		250×125	6	9	13	37.87	29.7	4 080	294	10.4	2.79	326	47.0
	300×150	298×149	5.5	8	16	41.55	32.6	6 460	443	12.4	3.26	433	59.4
		300×150	6.5	9	16	47.53	37.3	7 350	508	12.4	3.27	490	67.7
	350×175	346×174	6	9	16	53.19	41.8	11 200	792	14.5	3.86	649	91.0
		350×175	7	11	16	63.66	50.0	13 700	985	14.7	3.93	782	113
	#400×150	#400×150	8	13	16	71.12	55.8	18 800	734	16.3	3.21	942	97.9

续表

类别	型号（高度×宽度）	截面尺寸（mm）				截面面积（cm²）	理论重量（kg/m）	截面特性参数					
								惯性矩（cm⁴）		惯性半径（cm）		截面模数（cm³）	
		$H\times B$	t_1	t_2	r			I_x	I_y	i_x	i_y	W_x	W_y
HN	400×200	396×199	7	11	16	72.16	56.7	20 000	1 450	16.7	4.48	1 010	145
		400×200	8	13	16	84.12	66.0	23 700	1 740	16.8	4.54	1 190	174
	#450×150	#450×150	9	14	20	83.41	65.5	27 100	793	18.0	3.08	1 200	106
	450×200	446×199	8	12	20	84.95	66.7	29 000	1 580	18.5	4.31	1 300	159
		450×200	9	14	20	97.41	76.5	33 700	1 870	18.6	4.38	1 500	187
	#500×150	#500×150	10	16	20	98.23	77.1	38 500	907	19.8	3.04	1 540	121
	500×200	496×199	9	14	20	101.3	79.5	41 900	1 840	20.3	4.27	1 690	185
		500×200	10	16	20	114.2	89.6	47 800	2 140	20.5	4.33	1 910	214
		#506×201	11	19	20	131.3	103	56 500	2 580	20.8	4.43	2 230	257
	600×200	596×199	10	15	24	121.2	95.1	69 300	1 980	23.9	4.04	2 330	199
		600×200	11	17	24	135.2	106	78 200	2 280	24.1	4.11	2 610	228
		#606×201	12	20	24	153.3	120	91 000	2 720	24.4	4.21	3 000	271
	700×300	#692×300	13	20	28	211.5	166	172 000	9 020	28.6	6.53	4 980	602
		700×300	13	24	28	235.5	185	201 000	10 800	29.3	6.78	5 760	722
	*800×300	*729×300	14	22	28	243.4	191	254 000	9 930	32.3	6.39	6 400	662
		*800×300	14	26	28	267.4	210	292 000	11 700	33.0	6.62	7 290	782
	*900×300	*890×299	15	23	28	270.9	213	345 000	10 300	35.7	6.16	7 760	688
		*900×300	16	28	28	309.8	243	411 000	12 600	36.4	6.39	9 140	843
		*912×302	18	34	28	364.0	286	498 000	15 700	37.0	6.56	10 900	1 040

注：① “#”表示的规格为非常用规格；

② “*”表示的规格，目前国内尚未生产；

③ 型号属同一范围的产品，其内侧尺寸高度是一致的；

④ 截面面积计算公式为“$t_1(H-2t_2)+2Bt_2+0.858r^2$”。

附表 1-4 部分 T 型钢

类别	型号（高度×宽度）	截面尺寸（mm）					截面面积（cm²）	理论重量（kg/m）	截面特性参数							对应 H 型钢系列
		h	B	t_1	t_2	r			惯性矩（cm⁴）		惯性半径（cm）		截面模数（cm³）		重心（cm）	
									I_x	I_y	i_x	i_y	W_x	W_y	C_x	型号
TW	50×100	50	100	6	8	10	10.95	8.56	16.1	66.9	1.21	2.47	4.03	13.4	1.00	100×100
	62.5×125	62.5	125	6.5	9	10	15.16	11.9	35.0	147	1.52	3.11	6.91	23.5	1.19	125×125
	75×150	75	150	7	10	13	20.28	15.9	66.4	282	1.81	3.73	10.8	37.6	1.37	150×150

续表

类别	型号（高度×宽度）	截面尺寸（mm）					截面面积（cm²）	理论重量（kg/m）	截面特性参数							对应H型钢系列
									惯性矩（cm⁴）		惯性半径（cm）		截面模数（cm³）		重心（cm）	
		h	B	t_1	t_2	r			I_x	I_y	i_x	i_y	W_x	W_y	C_x	型号
TW	87.5×175	87.5	175	7.5	11	13	25.71	20.2	115	492	2.11	4.37	15.9	56.2	1.55	175×175
	100×200	100	200	8	12	16	32.14	25.2	185	801	2.40	4.99	22.3	80.1	1.73	200×200
		#100	204	12	12	16	36.14	28.3	256	851	2.66	4.85	32.4	83.5	2.09	
	125×250	125	250	9	14	16	46.09	36.2	412	1 820	2.99	6.29	39.5	146	2.08	250×250
		#125	255	14	14	16	52.34	41.1	589	1 940	3.36	6.09	59.4	152	2.58	
	150×300	#147	302	12	12	20	54.16	42.5	858	2 760	3.98	7.14	72.3	183	2.83	300×300
		150	300	10	15	20	60.22	47.3	798	3 380	3.64	7.49	63.7	225	2.47	
		150	305	15	15	20	67.72	53.1	1 110	3 550	4.05	7.24	92.5	233	3.02	
	175×350	#172	348	10	16	20	73.00	57.3	1 230	5 620	4.11	8.78	84.7	323	2.67	350×350
		175	350	12	19	20	86.94	68.2	1 520	6 790	4.18	8.84	104	388	2.86	
	200×400	#194	402	15	15	24	89.62	70.3	2 480	8 130	5.26	9.52	158	405	3.69	400×400
		#197	398	11	18	24	93.80	73.6	2 050	9 460	4.67	10.0	123	476	3.01	
		200	400	13	21	24	109.7	86.1	2 480	11 200	4.75	10.1	147	560	3.21	
		#200	408	21	21	24	125.7	98.7	3 650	11 900	5.39	9.73	229	584	4.07	
		#207	405	18	28	24	148.1	116	3 620	15 500	4.95	10.2	213	766	3.68	
		#214	407	20	35	24	180.7	142	4 380	19 700	4.92	10.4	250	967	3.90	
TM	74×100	74	100	6	9	13	13.63	10.7	51.7	75.4	1.95	2.35	8.80	15.1	1.55	150×100
	97×150	97	150	6	9	16	19.88	15.6	125	254	2.50	3.57	15.8	33.9	1.78	200×150
	122×175	122	175	7	11	16	28.12	22.1	289	492	3.20	4.18	29.1	56.3	2.27	250×175
	147×200	147	200	8	12	20	36.52	28.7	572	802	3.96	4.69	48.2	80.2	2.82	300×200
	170×250	170	250	9	14	20	50.76	39.9	1 020	1 830	4.48	6.00	73.1	146	3.09	350×250
	200×300	195	300	10	16	24	68.37	53.7	1 730	3 600	5.03	7.26	108	240	3.40	400×300
	220×300	220	300	11	18	24	78.69	61.8	2 680	4 060	5.84	7.18	150	270	4.05	450×300
	250×300	241	300	11	15	28	73.23	57.5	3 420	3 380	6.83	6.80	178	226	4.90	500×300
		244	300	11	18	28	82.23	64.5	3 620	4 060	6.64	7.03	184	271	4.65	
	300×300	291	300	12	17	28	87.25	68.5	6 360	3 830	8.54	6.63	280	256	6.39	600×300
		294	300	12	20	28	96.25	75.3	6 710	4 510	8.35	6.85	288	301	6.08	
		#297	302	14	23	28	111.2	87.3	7 920	5 290	8.44	6.90	339	351	6.33	
TN	50×50	50	50	5	7	10	6.079	4.79	11.9	7.45	1.40	1.11	3.18	2.98	1.27	100×50
	62.5×60	62.5	60	6	8	10	8.499	6.67	27.5	14.6	1.80	1.31	5.96	4.88	1.63	125×60
	75×75	75	75	5	7	10	9.079	7.11	42.7	24.8	2.17	1.65	7.46	6.61	1.78	150×75

续表

类别	型号（高度×宽度）	截面尺寸（mm）					截面面积（cm^2）	理论重量（kg/m）	截面特性参数							对应H型钢系列
									惯性矩（cm^4）		惯性半径（cm）		截面模数（cm^3）		重心（cm）	
		h	B	t_1	t_2	r			I_x	I_y	i_x	i_y	W_x	W_y	C_x	型号
TN	87.5×90	87.5	90	5	8	10	11.60	9.11	70.7	48.8	2.47	2.05	10.4	10.8	1.92	175×90
	100×100	99	99	4.5	7	13	11.80	9.26	94.0	56.9	2.82	2.20	12.1	11.5	2.13	200×100
		100	100	5.5	8	13	13.79	10.8	115	67.1	2.88	2.21	14.8	13.4	2.27	
	125×125	124	124	5	8	13	16.45	12.9	208	128	3.56	2.78	21.3	20.6	2.62	250×125
		125	125	6	9	13	18.94	14.8	249	147	3.62	2.79	25.6	23.5	2.78	
	150×150	149	149	5.5	8	16	20.77	16.3	395	221	4.36	3.26	33.8	29.7	3.22	300×150
		150	150	6.5	9	16	23.76	18.7	465	254	4.42	3.27	40.0	33.9	3.38	
	175×175	173	174	6	9	16	26.60	20.9	681	396	5.06	3.86	50.0	45.5	3.68	350×175
		175	175	7	11	16	31.83	25.0	816	492	5.06	3.93	59.3	56.3	3.74	
	200×200	198	199	7	11	16	36.08	28.3	1 190	724	5.76	4.48	76.4	72.7	4.17	400×200
		200	200	8	13	16	42.06	33.0	1 400	868	5.76	4.54	88.6	86.8	4.23	
	225×200	223	199	8	12	20	42.54	33.4	1 880	790	6.65	4.31	109	79.4	5.07	450×200
		225	200	9	14	20	48.71	38.2	2 160	936	6.66	4.38	124	93.6	5.13	
	250×200	248	199	9	14	20	50.64	39.7	2 840	922	7.49	4.27	150	92.7	5.90	500×200
		250	200	10	16	20	57.12	44.8	3 210	1 070	7.50	4.33	169	107	5.96	
		#253	201	11	19	20	65.65	51.5	3 670	1 290	7.48	4.43	190	128	5.95	
	300×200	298	199	10	15	24	60.62	47.6	5 200	991	9.27	4.04	236	100	7.76	600×200
		300	200	11	17	24	67.60	53.1	5 820	1 140	9.28	4.11	262	114	7.81	
		#303	201	12	20	24	76.63	60.1	6 580	1 360	9.26	4.21	292	135	7.76	

注：“#”表示的规格为非常用规格。

附录2 《混凝土结构设计规范》GB 50010—2010规定的材料力学指标

附表2-1 混凝土强度标准值（N/mm^2）

强度种类	混凝土强度等级													
	C15	C20	C25	C30	C35	C40	C45	C50	C55	C60	C65	C70	C75	C80
f_{ck}	10.0	13.4	16.7	20.1	23.4	26.8	29.6	32.4	35.5	38.5	41.5	44.5	47.4	50.2
f_{tk}	1.27	1.54	1.78	2.01	2.20	2.39	2.51	2.64	2.74	2.85	2.93	2.99	3.05	3.11

附表 2-2　混凝土强度设计值（单位：N/mm^2）

强度种类	混凝土强度等级													
	C15	C20	C25	C30	C35	C40	C45	C50	C55	C60	C65	C70	C75	C80
f_c	7.2	9.6	11.9	14.3	16.7	19.1	21.1	23.1	25.3	27.5	29.7	31.8	33.8	35.9
f_t	0.91	1.10	1.27	1.43	1.57	1.71	1.80	1.89	1.96	2.04	2.09	2.14	2.18	2.22

注：① 计算现浇钢筋混凝土轴心受压及偏心受压构件时，如截面的长边或直径小于300mm，则表中混凝土的强度设计值应乘以系数0.8；当构件质量（如混凝土成型、截面和轴线尺寸等）确有保证时，可不受此限制；

② 离心混凝土的强度设计值应按专门标准取用。

附表 2-3　普通钢筋强度标准值（单位：N/mm^2）

牌号	符号	公称直径 d (mm)	屈服强度标准值 fyk	极限强度标准值 $Fstk$
HPB300	A	6～14	300	420
HRB335	B	6～14	335	455
HRB400	C	6～50	400	540
HRBF400	C^F			
RRB400	C^R			
HRB500	D	6～50	500	630
HRBF500	D^F			

附表 2-4　普通钢筋强度设计值（单位：N/mm^2）

牌号	抗拉强度设计值 f_y	抗压强度设计值 f_y'
HPB300	270	270
HRB335	300	300
HRB400、HRBF400、RRB400	360	360
HRB500、HRBF500	435	435

注：对轴心受压构件，当采用HRB500、HRBF500钢筋时，钢筋的抗压强度设计值 f_y' 应取400N/mm^2。

附录 3　《混凝土结构设计规范》GB 50010—2010 的有关规定

附表 3-1　混凝土结构的环境类别

环境类别	条件
一	室内干燥环境； 无侵蚀性静水浸没环境

续表

环境类别	条件
二（a）	室内潮湿环境； 非严寒和非寒冷地区的露天环境； 非严寒和非寒冷地区与无侵蚀性的水或土壤直接接触的环境； 严寒和寒冷地区的冰冻线以下与无侵蚀性的水或土壤直接接触的环境
二（b）	干湿交替环境； 水位频繁变动环境； 严寒和寒冷地区的露天环境； 严寒和寒冷地区的冰冻线以上与无侵蚀性的水或土壤直接接触的环境
三（a）	严寒和寒冷地区冬季水位变动区环境； 受除冰盐影响环境； 海风环境
三（b）	盐渍土环境； 受除冰盐作用环境； 海岸环境
四	海水环境
五	受人为或自然的侵蚀性物质影响的环境

注：① 室内潮湿环境是指构件表面经常处于结露或湿润状态的环境；
② 严寒和寒冷地区的划分应符合现行国家标准《民用建筑热工设计规范》GB 50176—2016 的有关规定；
③ 海岸环境和海风环境宜根据当地情况，考虑主导风向及结构所处迎风、背风部位等因素的影响，由调查研究和工程经验确定；
④ 受除冰盐影响环境是指受到除冰盐或盐雾影响的环境；受除冰盐作用环境是指被除冰盐溶液溅射的环境以及使用除冰盐地区的洗车房、停车楼等建筑；
⑤ 暴露的环境是指混凝土结构表面所处的环境。

附表 3-2　纵向受力钢筋的混凝土保护层最小厚度（单位：mm）

环境类别	板、墙、壳	梁、柱、杆
一	15	20
二 a	20	25
二 b	25	35
三 a	30	40
三 b	40	50

注：① 混凝土强度等级不大于 C25 时，表中保护层厚度值应增加 5mm；
② 钢筋混凝土基础宜设置混凝土垫层，基础中钢筋的混凝土保护层厚度应从垫层顶面算起，且不应小于 40mm。

附表 3-3　结构构件的裂缝控制等级及最大裂缝宽度限

环境类别	钢筋混凝土结构		预应力混凝土结构	
	裂缝控制等级	ω_{lim} (mm)	裂缝控制等级	ω_{lim} (mm)
一	三	0.3（0.4）	三	0.2
二	三	0.2	二	—
三	三	0.2	一	—

附表 3-4　钢筋混凝土结构伸缩缝最大间距（单位：m）

结构类别		室内或土中	露天
排架结构	装配式	100	70
框架结构	装配式	75	50
	现浇式	55	35
剪力墙结构	装配式	65	40
	现浇式	45	30
挡土墙、地下室墙壁等类结构	装配式	40	30
	现浇式	30	20

注：① 装配整体式房屋的伸缩缝间距宜按表中现浇式的数值取用；
② 框架—剪力墙或框架—核心筒房屋的伸缩缝间距可根据结构的具体布置情况取表中框架结构与剪力墙结构之间的数值；
③ 当屋面无保温或隔热措施时，框架结构、剪力墙结构的伸缩缝间距宜按表中露天栏的数值取用；
④ 现浇挑檐、雨罩等外露结构的伸缩间距不宜大于 12m。

附录 4　双向板弯矩、挠度计算系数

正负号的规定：

弯矩——使板的受荷面受压者为正；

挠度——变位方向与荷载方向相同者为正。

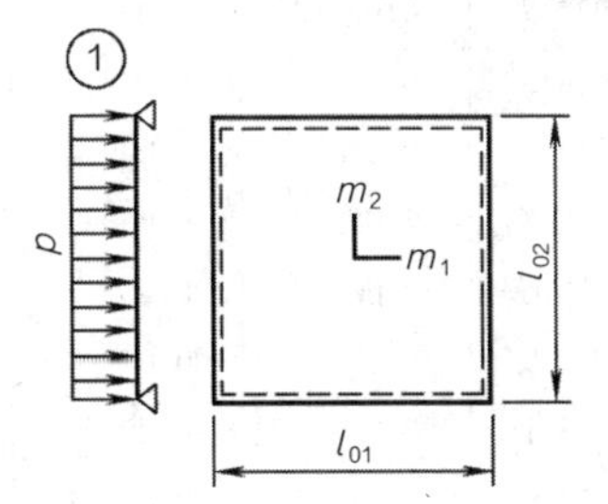

挠度 = 表中系数 × $\dfrac{pl_{01}^4}{B_C}$；

$\nu=0$，弯矩 = 表中系数 × pl_{01}^2。

这里 $l_{01}<l_{02}$。

附表 4-1　四边简支

l_{01}/l_{02}	f	m_1	m_2	l_{01}/l_{02}	f	m_1	m_2
0.50	0.010 13	0.096 5	0.017 4	0.80	0.006 03	0.056 1	0.033 4
0.55	0.009 40	0.089 2	0.021 0	0.85	0.005 47	0.050 6	0.034 8
0.60	0.008 67	0.082 0	0.024 2	0.90	0.004 96	0.045 6	0.035 8
0.65	0.007 96	0.075 0	0.027 1	0.95	0.004 49	0.041 0	0.036 4
0.70	0.007 27	0.068 3	0.029 6	1.00	0.004 06	0.036 8	0.036 8
0.75	0.006 63	0.062 0	0.031 7				

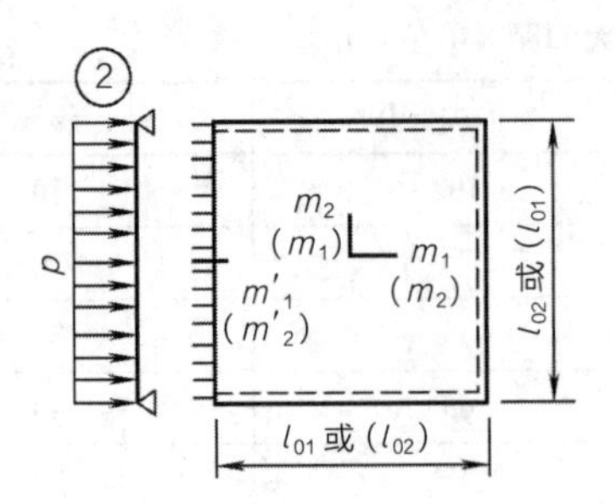

挠度 = 表中系数 $\times \frac{pl_{01}^4}{B_C}\left[\text{或} \times \frac{p(l_{01})^4}{B_C}\right]$；

$\nu=0$，弯矩 = 表中系数 $\times pl_{01}^2$ [或 $\times p(l_{01})^2$]；

这里 $l_{01} < l_{02}$，$(l_{01}) < (l_{02})$。

附表 4-2　三边简支一边固定

l_{01}/l_{02}	$(l_{01})/(l_{02})$	f	f_{max}	m_1	m_{1max}	m_2	m_{2max}	m'_1 或 (m'_2)
0.50		0.004 88	0.005 04	0.058 3	0.064 6	0.006 0	0.006 3	−0.121 2
0.55		0.004 71	0.004 92	0.056 3	0.061 8	0.008 1	0.008 7	−0.118 7
0.60		0.004 53	0.004 72	0.053 9	0.058 9	0.010 4	0.011 1	−0.115 8
0.65		0.004 32	0.004 48	0.051 3	0.055 9	0.012 6	0.013 3	−0.112 4
0.70		0.004 10	0.004 22	0.048 5	0.052 9	0.014 8	0.015 4	−0.108 7
0.75		0.003 88	0.003 99	0.045 7	0.049 6	0.016 8	0.017 4	−0.104 8
0.80		0.003 65	0.003 76	0.042 8	0.046 3	0.018 7	0.019 3	−0.100 7
0.85		0.003 43	0.003 52	0.040 0	0.043 1	0.020 4	0.021 1	−0.096 5
0.90		0.003 21	0.003 29	0.037 2	0.040 0	0.021 9	0.022 6	−0.092 2
0.95		0.002 99	0.003 06	0.034 5	0.036 9	0.023 2	0.023 9	−0.088 0
1.00	1.00	0.002 79	0.002 85	0.031 9	0.034 0	0.024 3	0.024 9	−0.083 9
	0.95	0.003 16	0.003 24	0.032 4	0.034 5	0.028 0	0.028 7	−0.088 2
	0.90	0.003 60	0.003 68	0.032 8	0.034 7	0.032 2	0.033 0	−0.092 6
	0.85	0.004 09	0.004 17	0.032 9	0.034 7	0.037 0	0.037 8	−0.097 0
	0.80	0.004 64	0.004 73	0.032 6	0.034 3	0.042 4	0.043 3	−0.101 4
	0.75	0.005 26	0.005 36	0.031 9	0.033 5	0.048 5	0.049 4	−0.105 6
	0.70	0.005 95	0.006 05	0.030 8	0.032 3	0.055 3	0.056 2	−0.109 6
	0.65	0.006 70	0.006 80	0.029 1	0.030 6	0.062 7	0.063 7	−0.113 3
	0.60	0.007 52	0.007 62	0.026 8	0.028 9	0.070 7	0.071 7	−0.116 6
	0.55	0.008 38	0.008 48	0.023 9	0.027 1	0.079 2	0.080 1	−0.119 3
	0.50	0.009 27	0.009 35	0.020 5	0.024 9	0.088 0	0.088 8	−0.121 5

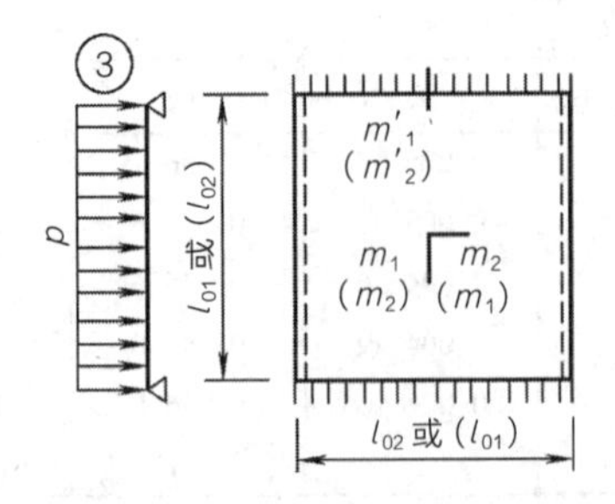

挠度 = 表中系数 $\times \frac{pl_{01}^4}{B_C}\left[\text{或} \times \frac{p(l_{01})^4}{B_C}\right]$；

$\nu=0$，弯矩 = 表中系数 $\times pl_{01}^2$ [或 $\times p(l_{01})^2$]；

这里 $l_{01} < l_{02}$，$(l_{01}) < (l_{02})$

附表 4–3　对边简支、对边固定

l_{01}/l_{02}	$(l_{01})/(l_{02})$	f	m_1	m_2	m'_1 或 (m'_2)
0.50		0.002 61	0.041 6	0.001 7	−0.084 3
0.55		0.002 59	0.041 0	0.002 8	−0.084 0
0.60		0.002 55	0.040 2	0.004 2	−0.083 4
0.65		0.002 50	0.039 2	0.005 7	−0.082 6
0.70		0.002 43	0.037 9	0.007 2	−0.081 4
0.75		0.002 36	0.036 6	0.008 8	−0.079 9
0.80		0.002 28	0.035 1	0.010 3	−0.078 2
0.85		0.002 20	0.033 5	0.011 8	−0.076 3
0.90		0.002 11	0.031 9	0.013 3	−0.074 3
0.95		0.002 01	0.030 2	0.014 6	−0.072 1
1.00	1.00	0.001 92	0.028 5	0.015 8	−0.069 8
	0.95	0.002 23	0.029 6	0.018 9	−0.074 6
	0.90	0.002 60	0.030 6	0.022 4	−0.079 7
	0.85	0.003 03	0.031 4	0.026 6	−0.085 0
	0.80	0.003 54	0.031 9	0.031 6	−0.090 4
	0.75	0.004 13	0.032 1	0.037 4	−0.095 9
	0.70	0.004 82	0.031 8	0.044 1	−0.101 3
	0.65	0.005 60	0.030 8	0.051 8	−0.106 6
	0.60	0.006 47	0.029 2	0.060 4	−0.111 4
	0.55	0.007 43	0.026 7	0.069 8	−0.115 6
	0.50	0.008 44	0.023 4	0.079 8	−0.119 1

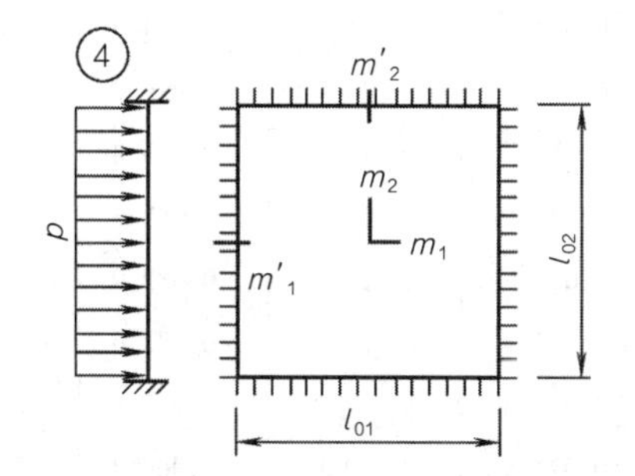

挠度 = 表中系数 × $\frac{pl_{01}^4}{B_C}$；

$\nu = 0$，弯矩 = 表中系数 × pl_{01}^2

这里 $l_{01} < l_{02}$

附表 4–4　四边固定

l_{01}/l_{02}	f	m_1	m_2	m'_1	m'_2
0.50	0.002 53	0.040 0	0.003 8	−0.082 9	−0.057 0
0.55	0.002 46	0.038 5	0.005 6	−0.081 4	−0.057 1
0.60	0.002 36	0.036 7	0.007 6	−0.079 3	−0.057 1
0.65	0.002 24	0.034 5	0.009 5	−0.076 6	−0.057 1
0.70	0.002 11	0.032 1	0.011 3	−0.073 5	−0.056 9
0.75	0.001 97	0.029 6	0.013 0	−0.070 1	−0.056 5

续表

l_{01}/l_{02}	f	m_1	m_2	m'_1	m'_2
0.80	0.001 82	0.027 1	0.014 4	−0.066 4	−0.055 9
0.85	0.001 68	0.024 6	0.015 6	−0.062 6	−0.055 1
0.90	0.001 53	0.022 1	0.016 5	−0.058 8	−0.054 1
0.95	0.001 40	0.019 8	0.017 2	−0.055 0	−0.052 8
1.00	0.001 27	0.017 6	0.017 6	−0.051 3	−0.051 3

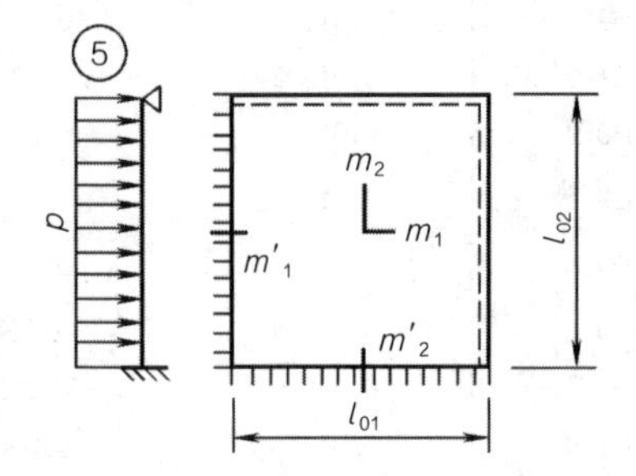

挠度 = 表中系数 × $\frac{pl_{01}^4}{B_C}$;

$\nu=0$，弯矩 = 表中系数 $\times pl_{01}^2$

这里 $l_{01} < l_{02}$

附表 4-5　邻边简支、邻边固定

l_{01}/l_{02}	f	f_{max}	m_1	$m_{1\,max}$	m_2	$m_{2\,max}$	m'_1	m'_2
0.50	0.004 68	0.004 71	0.055 9	0.056 2	0.007 9	0.013 5	−0.117 9	−0.078 6
0.55	0.004 45	0.004 54	0.052 9	0.053 0	0.010 4	0.015 3	−0.114 0	−0.078 5
0.60	0.004 19	0.004 29	0.049 6	0.049 8	0.012 9	0.016 9	−0.109 5	−0.078 2
0.65	0.003 91	0.003 99	0.046 1	0.046 5	0.015 1	0.018 8	−0.104 5	−0.077 7
0.70	0.003 63	0.003 68	0.042 6	0.043 2	0.017 2	0.019 5	−0.099 2	−0.077 0
0.75	0.003 35	0.003 40	0.039 0	0.039 6	0.018 9	0.020 6	−0.093 8	−0.076 0
0.80	0.003 08	0.003 13	0.035 6	0.036 1	0.020 4	0.021 8	−0.088 3	−0.074 8
0.85	0.002 81	0.002 86	0.032 2	0.032 8	0.021 5	0.022 9	−0.082 9	−0.073 8
0.90	0.002 56	0.002 61	0.029 1	0.029 7	0.022 4	0.023 8	−0.077 6	−0.071 6
0.95	0.002 32	0.002 37	0.026 1	0.026 7	0.023 0	0.024 4	−0.072 6	−0.069 8
1.00	0.002 10	0.002 15	0.023 4	0.024 0	0.023 4	0.024 9	−0.067 7	−0.067 7

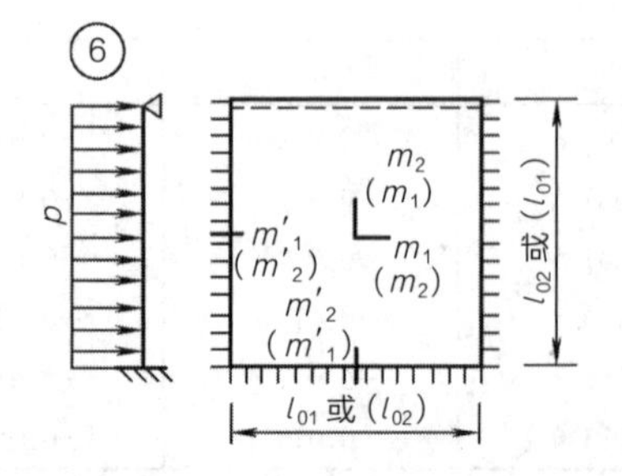

挠度 = 表中系数 $\times pl_{01}^4$ [或 $\times p(l_{01})^4$]；

$\nu=0$，弯矩 = 表中系数 $\times pl_{01}^2$ [或 $\times p(l_{01})^2$]；

这里 $l_{01} < l_{02}$，$(l_{01}) < (l_{02})$。

附表 4-6　三边固定一边简支

l_{01}/l_{02}	$(l_{01})/(l_{02})$	f	f_{max}	m_1	m_{1max}	m_2	m_{2max}	m'_1	m'_2
0.50		0.002 57	0.002 58	0.040 8	0.040 9	0.002 8	0.008 9	−0.083 6	−0.056 9
0.55		0.002 52	0.002 55	0.039 8	0.039 9	0.004 2	0.009 3	−0.082 7	−0.057 0
0.60		0.002 45	0.002 49	0.038 4	0.038 6	0.005 9	0.010 5	−0.081 4	−0.057 1
0.65		0.002 37	0.002 40	0.036 8	0.037 1	0.007 6	0.011 6	−0.079 6	−0.057 2
0.70		0.002 27	0.002 29	0.035 0	0.035 4	0.009 3	0.012 7	−0.077 4	−0.057 2
0.75		0.002 16	0.002 19	0.033 1	0.033 5	0.010 9	0.013 7	−0.075 0	−0.057 2
0.80		0.002 05	0.002 08	0.031 0	0.031 4	0.012 4	0.014 7	−0.072 2	−0.057 0
0.85		0.001 93	0.001 96	0.028 9	0.029 3	0.013 8	0.015 5	−0.069 3	−0.056 7
0.90		0.001 81	0.001 84	0.026 8	0.027 3	0.015 9	0.016 3	−0.066 3	−0.056 3
0.95		0.001 69	0.001 72	0.024 7	0.025 2	0.016 0	0.017 2	−0.063 1	−0.055 8
1.00	1.00	0.001 57	0.001 60	0.022 7	0.023 1	0.016 8	0.018 0	−0.060 0	−0.055 0
	0.95	0.001 78	0.001 82	0.022 9	0.023 4	0.019 4	0.020 7	−0.062 9	−0.059 9
	0.90	0.002 01	0.002 06	0.022 8	0.023 4	0.022 3	0.023 8	−0.065 6	−0.065 3
	0.85	0.002 27	0.002 33	0.022 5	0.023 1	0.025 5	0.027 3	−0.068 3	−0.071 1
	0.80	0.002 56	0.002 62	0.021 9	0.022 4	0.029 0	0.031 1	−0.070 7	−0.077 2
	0.75	0.002 86	0.002 94	0.020 8	0.021 4	0.032 9	0.035 4	−0.072 9	−0.083 7
	0.70	0.003 19	0.003 27	0.019 4	0.020 0	0.037 0	0.040 0	−0.074 8	−0.090 3
	0.65	0.003 52	0.003 65	0.017 5	0.018 2	0.041 2	0.044 6	−0.076 2	−0.097 0
	0.60	0.003 86	0.004 03	0.015 3	0.016 0	0.045 4	0.049 3	−0.077 3	−0.103 3
	0.55	0.004 19	0.004 37	0.012 7	0.013 3	0.049 6	0.054 1	−0.078 0	−0.109 3
	0.50	0.004 49	0.004 63	0.009 9	0.010 3	0.053 4	0.058 8	−0.078 4	−0.114 6

附录 5　砌体的抗压、拉、弯、剪强度设计值

附表 5-1　烧结普通砖和烧结多孔砖砌体的抗压强度设计值（单位：MPa）

砖强度等级	砂浆强度等级					砂浆强度
	M15	M10	M7.5	M5	M2.5	0
MU30	3.94	3.27	2.93	2.59	2.26	1.15
MU25	3.60	2.98	2.08	2.37	2.06	1.05
MU20	3.22	2.67	2.39	2.12	1.84	0.94
MU15	2.79	2.31	2.07	1.83	1.60	0.82
MU10	—	1.89	1.69	1.50	1.30	0.67

附表 5–2　蒸压灰砂砖和蒸压粉煤灰砖砌体的抗压强度设计值（单位：MPa）

砖强度等级	砂浆强度等级				砂浆强度
	M15	M10	M7.5	M5	0
MU25	3.60	2.98	2.68	2.37	1.05
MU20	3.22	2.67	2.39	2.12	0.94
MU15	2.79	2.31	2.07	1.83	0.82
MU10	—	1.89	1.69	1.50	0.67

附表 5–3　单排孔混凝土和轻骨料混凝土砌块砌体的抗压强度设计值（单位：MPa）

砌块强度等级	砂浆强度等级				砂浆强度
	Mb15	Mb10	Mb7.5	Mb5	0
MU20	5.68	4.95	4.44	3.94	2.33
MU15	4.61	4.02	3.61	3.20	1.89
MU10	—	2.79	2.50	2.22	1.31
MU7.5	—	—	1.93	1.71	1.01
MU5	—	—	—	1.19	0.70

注：① 对错孔砌筑的砌体，应按表中数值乘以 0.8；
② 对独立柱或厚度为双排组砌的砌块砌体，应按表中数值乘以 0.7；
③ 对 T 形截面砌体，应按表中数值乘以 0.85；
④ 表中轻骨料混凝土砌块为煤矸石和水泥煤渣混凝土砌块。

附表 5–4　轻骨料混凝土砌块砌体的抗压强度设计值（单位：MPa）

砌块强度等级	砂浆强度等级			砂浆强度
	Mb10	Mb7.5	Mb5	0
MU10	3.08	2.76	2.45	1.44
MU7.5	—	2.13	1.88	1.12
MU5	—	—	1.31	0.78

注：① 表中的砌块为火山渣、浮石和陶粒轻骨料混凝土砌块；
② 对厚度方向为双排组砌的轻骨料混凝土砌块砌体的抗压强度设计值，应按表中数值乘以 0.8。

附表 5–5　毛料石砌体的抗压强度设计值（单位：MPa）

毛料石强度等级	砂浆强度等级			砂浆强度
	M7.5	M5	M2.5	0
MU100	5.42	4.80	4.18	2.13
MU80	4.85	4.29	3.73	1.91
MU60	4.20	3.71	3.23	1.65
MU50	3.83	3.39	2.95	1.51

续表

毛料石强度等级	砂浆强度等级			砂浆强度
	M7.5	M5	M2.5	0
MU40	3.43	3.04	2.64	1.35
MU30	2.97	2.63	2.29	1.17
MU20	2.42	2.15	1.87	0.95

注：对下列各类料石砌体，应按表中数值分别乘以系数：
细料石砌体 1.5；半细料石砌体 1.3；粗料石砌体 1.2；干砌勾缝石砌体 0.8。

附表 5-6　毛石砌体的抗压强度设计值（MPa）

毛石强度等级	砂浆强度等级			砂浆强度
	M7.5	M5	M2.5	0
MU100	1.27	1.12	0.98	0.34
MU80	1.13	1.00	0.87	0.30
MU60	0.98	0.87	0.76	0.26
MU50	0.90	0.80	0.69	0.23
MU40	0.80	0.71	0.62	0.21
MU30	0.69	0.61	0.53	0.18
MU20	0.56	0.51	0.44	0.15

附表 5-7　沿砌体灰缝截面破坏时砌体的轴心抗拉强度设计值、弯曲抗拉强度设计值和抗剪强度设计值（MPa）

强度类别	破坏特征及砌体种类		砂浆强度等级			
			≥ M10	M7.5	M5	M2.5
轴心抗拉	沿齿缝	烧结普通砖、烧结多孔砖	0.19	0.16	0.13	0.09
		蒸压灰砂砖，蒸压粉煤灰砖	0.12	0.10	0.08	0.06
		混凝土砌块	0.09	0.08	0.07	
		毛石	0.08	0.07	0.06	0.04
弯曲抗拉	沿齿缝	烧结普通砖、烧结多孔砖	0.33	0.29	0.23	0.17
		蒸压灰砂砖，蒸压粉煤灰砖	0.24	0.20	0.16	0.12
		混凝土砌块	0.11	0.09	0.08	
		毛石	0.13	0.11	0.09	0.07

续表

强度类别	破坏特征及砌体种类		砂浆强度等级			
			≥M10	M7.5	M5	M2.5
弯曲抗拉	沿通缝	烧结普通砖、烧结多孔砖	0.17	0.14	0.11	0.08
		蒸压灰砂砖，蒸压粉煤灰砖	0.12	0.10	0.08	0.06
		混凝土砌块	0.08	0.06	0.05	
抗剪	烧结普通砖、烧结多孔砖		0.17	0.14	0.11	0.08
	蒸压灰砂砖，蒸压粉煤灰砖		0.12	0.10	0.08	0.06
	混凝土和轻骨料混凝土砌块		0.09	0.08	0.06	
	毛石		0.21	0.19	0.16	0.11

附录6 砌体受压构件的影响系数φ

附表6–1 影响系数φ（砂浆强度等级≥M5）

β	$\frac{e}{h}$或$\frac{e}{h_T}$						
	0	0.025	0.05	0.075	0.1	0.125	0.15
≤3	1	0.99	0.97	0.94	0.89	0.84	0.79
4	0.98	0.95	0.90	0.85	0.80	0.74	0.69
6	0.95	0.91	0.86	0.81	0.75	0.69	0.64
8	0.91	0.86	0.81	0.76	0.70	0.64	0.59
10	0.87	0.82	0.76	0.71	0.65	0.60	0.55
12	0.82	0.77	0.71	0.66	0.60	0.55	0.51
14	0.77	0.72	0.66	0.61	0.56	0.51	0.47
16	0.72	0.67	0.61	0.56	0.52	0.47	0.44
18	0.67	0.62	0.57	0.52	0.48	0.44	0.40
20	0.62	0.57	0.53	0.48	0.44	0.40	0.37
22	0.58	0.53	0.49	0.45	0.41	0.38	0.35
24	0.54	0.49	0.45	0.41	0.38	0.35	0.32

续表

β	$\frac{e}{h}$或$\frac{e}{h_T}$						
	0	0.025	0.05	0.075	0.1	0.125	0.15
26	0.50	0.46	0.42	0.38	0.35	0.33	0.30
28	0.46	0.42	0.39	0.36	0.33	0.30	0.28
30	0.42	0.39	0.36	0.33	0.31	0.28	0.26

β	$\frac{e}{h}$或$\frac{e}{h_T}$					
	0.175	0.2	0.225	0.25	0.275	0.3
≤ 3	0.73	0.68	0.62	0.57	0.52	0.48
4	0.64	0.58	0.53	0.49	0.45	0.41
6	0.59	0.54	0.49	0.45	0.42	0.38
8	0.54	0.50	0.46	0.42	0.39	0.36
10	0.50	0.46	0.42	0.39	0.36	0.33
12	0.47	0.43	0.39	0.36	0.33	0.31
14	0.43	0.40	0.36	0.34	0.31	0.29
16	0.40	0.37	0.34	0.31	0.29	0.27
18	0.37	0.34	0.31	0.29	0.27	0.25
20	0.34	0.32	0.29	0.27	0.25	0.23
22	0.32	0.30	0.27	0.25	0.24	0.22
24	0.30	0.28	0.26	0.24	0.22	0.21
26	0.28	0.26	0.24	0.22	0.21	0.19
28	0.26	0.24	0.22	0.21	0.19	0.18
30	0.24	0.22	0.21	0.20	0.18	0.17

附表 6-2　影响系数 φ（砂浆强度等级≥ M2.5）

β	$\frac{e}{h}$或$\frac{e}{h_T}$						
	0	0.025	0.05	0.075	0.1	0.125	0.15
≤ 3	1	0.99	0.97	0.94	0.89	0.84	0.79
4	0.97	0.94	0.89	0.84	0.78	0.73	0.67
6	0.93	0.89	0.84	0.78	0.73	0.67	0.62
8	0.89	0.84	0.78	0.72	0.67	0.62	0.57
10	0.83	0.78	0.72	0.67	0.61	0.56	0.52
12	0.78	0.72	0.67	0.61	0.56	0.52	0.47

续表

β	$\frac{e}{h}$或$\frac{e}{h_T}$						
	0	0.025	0.05	0.075	0.1	0.125	0.15
14	0.72	0.66	0.61	0.56	0.51	0.47	0.43
16	0.66	0.61	0.56	0.51	0.47	0.43	0.40
18	0.61	0.56	0.51	0.47	0.43	0.40	0.36
20	0.56	0.51	0.47	0.43	0.39	0.36	0.33
22	0.51	0.47	0.43	0.39	0.36	0.33	0.31
24	0.46	0.43	0.39	0.36	0.33	0.31	0.28
26	0.42	0.39	0.36	0.33	0.31	0.28	0.26
28	0.39	0.36	0.33	0.30	0.28	0.26	0.24
30	0.36	0.33	0.30	0.28	0.26	0.24	0.22

β	$\frac{e}{h}$或$\frac{e}{h_T}$					
	0.175	0.2	0.225	0.25	0.275	0.3
≤ 3	0.73	0.68	0.62	0.57	0.52	0.48
4	0.62	0.57	0.52	0.48	0.44	0.40
6	0.57	0.52	0.48	0.44	0.40	0.37
8	0.52	0.48	0.44	0.40	0.37	0.34
10	0.47	0.43	0.40	0.37	0.34	0.31
12	0.43	0.40	0.37	0.34	0.31	0.29
14	0.40	0.36	0.34	0.31	0.29	0.27
16	0.36	0.34	0.31	0.29	0.26	0.25
18	0.33	0.31	0.29	0.26	0.24	0.23
20	0.31	0.28	0.26	0.24	0.23	0.21
22	0.28	0.26	0.24	0.23	0.21	0.20
24	0.26	0.24	0.23	0.21	0.20	0.18
26	0.24	0.22	0.21	0.20	0.18	0.17
28	0.22	0.21	0.20	0.18	0.17	0.16
30	0.21	0.20	0.18	0.17	0.16	0.15

附表 6–3 影响系数 φ(砂浆强度 0)

β	$\frac{e}{h}$或$\frac{e}{h_T}$						
	0	0.025	0.05	0.075	0.1	0.125	0.15
≤ 3	1	0.99	0.97	0.94	0.89	0.84	0.79
4	0.87	0.82	0.77	0.71	0.66	0.60	0.55

续表

β	$\frac{e}{h}$或$\frac{e}{h_T}$						
	0	0.025	0.05	0.075	0.1	0.125	0.15
6	0.76	0.70	0.62	0.59	0.54	0.50	0.46
8	0.63	0.58	0.54	0.49	0.45	0.41	0.38
10	0.53	0.48	0.44	0.41	0.37	0.34	0.32
12	0.44	0.40	0.37	0.34	0.31	0.29	0.27
14	0.36	0.33	0.31	0.28	0.26	0.24	0.23
16	0.30	0.28	0.26	0.24	0.22	0.21	0.19
18	0.26	0.24	0.22	0.21	0.19	0.18	0.17
20	0.22	0.20	0.19	0.18	0.17	0.16	0.15
22	0.19	0.18	0.16	0.15	0.14	0.14	0.13
24	0.16	0.15	0.14	0.13	0.13	0.12	0.11
26	0.14	0.13	0.13	0.12	0.11	0.11	0.10
28	0.12	0.12	0.11	0.11	0.10	0.10	0.09
30	0.11	0.10	0.10	0.09	0.09	0.09	0.08

β	$\frac{e}{h}$或$\frac{e}{h_T}$					
	0.175	0.2	0.225	0.25	0.275	0.3
≤3	0.73	0.68	0.62	0.57	0.52	0.48
4	0.51	0.46	0.43	0.39	0.36	0.33
6	0.42	0.39	0.36	0.33	0.30	0.28
8	0.35	0.32	0.30	0.28	0.25	0.24
10	0.29	0.27	0.25	0.23	0.22	0.20
12	0.25	0.23	0.21	0.20	0.19	0.17
14	0.21	0.20	0.18	0.17	0.16	0.15
16	0.18	0.17	0.16	0.15	0.14	0.13
18	0.16	0.15	0.14	0.13	0.12	0.12
20	0.14	0.13	0.12	0.12	0.11	0.10
22	0.12	0.12	0.11	0.10	0.10	0.09
24	0.11	0.10	0.10	0.09	0.09	0.08
26	0.10	0.09	0.09	0.08	0.08	0.07
28	0.09	0.08	0.08	0.08	0.07	0.07
30	0.08	0.07	0.07	0.07	0.07	0.06

附录 7　民用建筑楼面均布活荷载标准值及其组合值、频遇值和准永久值系数

项次	类别	标准值（kN/m²）	组合值系数 ψ_c	频遇值系数 ψ_f	准永久值系数 ψ_q
1	（1）住宅、宿舍、旅馆、办公楼、医院病房、托儿所、幼儿园			0.5	0.4
	（2）教室、试验室、阅览室、会议室、医院门诊室	2.0	0.7	0.6	0.5
2	食堂、餐厅、一般资料档案室	2.5	0.7	0.6	0.5
3	（1）礼堂、剧场、影院、有固定座位的看台	3.0	0.7	0.5	0.3
	（2）公共洗衣房	3.0	0.7	0.6	0.5
4	（1）商店、展览厅、车站、港口、机场大厅及其旅客等候室	3.5	0.7	0.6	0.5
	（2）无固定座位的看台	3.5	0.7	0.5	0.3
5	（1）健身房、演出舞台	4.0	0.7	0.6	0.5
	（2）舞厅	4.0	0.7	0.6	0.3
6	（1）书库、档案库、贮藏室	5.0	0.9	0.9	0.8
	（2）密集柜书库	12.0			
7	通风机房、电梯机房	7.0	0.9	0.9	0.8
8	汽车通道及停车库：				
	（1）单向板楼盖（板跨不小于 2m）				
	客车	4.0	0.7	0.7	0.6
	消防车	35.0	0.7	0.7	0.6
	（2）双向板楼盖和无梁楼盖（柱网尺寸不小于 6m × 6m）				
	客车	2.5	0.7	0.7	0.6
	消防车	20.0	0.7	0.7	0.6
9	厨房：				
	（1）一般的	2.0	0.7	0.6	0.5
	（2）餐厅的	4.0	0.7	0.7	0.7
10	浴室、厕所、盥洗室：				
	（1）第 1 项中的民用建筑	2.0	0.7	0.5	0.4
	（2）其他民用建筑	2.5	0.7	0.6	0.5
11	走廊、门厅、楼梯：				
	（1）宿舍、旅馆、医院病房托儿所、幼儿园、住宅	2.0	0.7	0.5	0.4
	（2）办公楼、教室、餐厅，医院门诊部	2.5	0.7	0.6	0.5
	（3）消防疏散楼梯，其他民用建筑	3.5	0.7	0.5	0.3
12	阳台：				
	（1）一般情况	2.5	0.7	0.6	0.5
	（2）当人群有可能密集时	3.5			

参考文献 References

[1]吴承霞，吴大蒙. 建筑力学与结构基础知识[M]. 北京：中国建筑工业出版社，2005.

[2]周国瑾，施美丽，张景良. 建筑力学[M]. 上海：同济大学出版社，1992.

[3]慎铁刚. 建筑力学与结构[M]. 北京：中国建筑工业出版社，1992.

[4]张良成. 工程力学与建筑结构[M]. 北京：科学出版社，2002.

[5]（英）米莱. 建筑结构原理[M]. 童丽萍，陈治业，译. 北京：中国水利水电出版社，知识产权出版社，2002.

[6]哈尔滨建筑大学，华南理工大学. 建筑结构[M]. 2版. 北京：中国建筑工业出版社.

[7]熊丹安，刘声扬，肖贵泽. 建筑结构[M]. 广州：华南理工大学出版社.

[8]陈章洪. 建筑结构选型手册[M]. 北京：中国建筑工业出版社，2000.

[9]东南大学，天津大学，同济大学. 混凝土结构（上、中）[M]. 北京：中国建筑工业出版社，2002.

[10]张誉. 混凝土结构基本原理[M]. 北京：中国建筑工业出版社，2000.

[11]哈尔滨工业大学，华北水利水电学院. 混凝土及砌体结构[M]. 北京：中国建筑工业出版社，2003.

[12]陈绍蕃，顾强. 钢结构（上、下）[M]. 北京：中国建筑工业出版社，2003.

[13]李国强，李杰，苏小卒. 建筑结构抗震设计[M]. 北京：中国建筑工业出版社，2002.

[14]郭继武. 建筑抗震设计[M]. 北京：中国建筑工业出版社，2002.

[15]沈蒲生. 楼盖结构设计原理[M]. 北京：科学出版社，2003.

[16]宗听聪. 钢结构构件和结构体系概论[M]. 上海：同济大学出版社，1999.

[17]林同炎，S.D.斯多台斯伯利. 结构概念和体系[M]. 北京：中国建筑工业出版社，1999.

[18]包世华，张铜生. 高层建筑结构设计和计算[M]. 北京：清华大学出版社，2005.

[19]沈蒲生. 高层建筑结构疑难释义[M]. 北京：中国建筑工业出版社，2003.

[20]苑振芳，刘斌，王欣. 《砌体结构设计规范》（GB50003）中的一般构造措施[J]. 建筑结构，2003（5）：62-69.